国家出版基金项目
NATIONAL PUBLICATION FOUNDATION

脑计划出版工程:
类脑计算与类脑智能研究前沿系列
总主编: 张 钹

听觉信息处理研究前沿

党建武　俞　凯等 编著

上海交通大学出版社
SHANGHAI JIAO TONG UNIVERSITY PRESS

内容提要

听觉信息处理技术的创新能够推动实现高度智能化机器感知系统的发展，本分册主要介绍了国内外听觉信息处理方面的研究现状和阶段性成果，通过对人类言语产生与听觉机理，听觉机理的计算理论与方法，语音信号处理，语音识别声学建模，特殊场景语音识别，声纹与语种识别，韵律、情绪及音乐分析，统计语音合成，口语对话系统等技术研究成果的阐述与分析，展示我国在这些研究领域的优势与特色，并提出未来的技术挑战与发展方向。

图书在版编目（CIP）数据

听觉信息处理研究前沿/ 党建武等编著. 一上海：
上海交通大学出版社，2019(2021 重印)
(脑计划出版工程：类脑计算与类脑智能研究前沿
系列)
ISBN 978 - 7 - 313 - 22206 - 0

Ⅰ．①听… Ⅱ．①党… Ⅲ．①语音数据处理—研究
Ⅳ．①TN912.34

中国版本图书馆 CIP 数据核字(2020)第 017288 号

听觉信息处理研究前沿
TINGJUE XINXI CHULI YANJIU QIANYAN

编　　著：党建武　俞　凯 等
出版发行：上海交通大学出版社　　　　　　　　　　地　　址：上海市番禺路 951 号
邮政编码：200030　　　　　　　　　　　　　　　　电　　话：021 - 64071208
印　　制：苏州市越洋印刷有限公司　　　　　　　　经　　销：全国新华书店
开　　本：710 mm×1000 mm　1/16　　　　　　　　印　　张：34.5
字　　数：614 千字
版　　次：2019 年 12 月第 1 版　　　　　　　　　　印　　次：2021 年 5 月第 2 次印刷
书　　号：ISBN 978 - 7 - 313 - 22206 - 0
定　　价：248.00 元

序

    人工智能(artificial intelligence，AI)自 1956 年诞生以来，其 60 多年的发展历史可划分为两代，即第一代的符号主义与第二代的连接主义(或称亚符号主义)。两代人工智能几乎同时起步，符号主义到 20 世纪 80 年代之前一直主导着人工智能的发展，而连接主义从 20 世纪 90 年代开始才逐步发展起来，到 21 世纪初进入高潮。两代人工智能的发展都深受脑科学的影响，第一代人工智能基于知识驱动的方法，以美国认知心理学家 A. 纽厄尔(A. Newell)和 H. A. 西蒙(H. A. Simon)等人提出的模拟人类大脑的符号模型为基础，即基于物理符号系统假设。这种系统包括：① 一组任意的符号集，一组操作符号的规则集；② 这些操作是纯语法(syntax)的，即只涉及符号的形式，而不涉及语义，操作的内容包括符号的组合和重组；③ 这些语法具有系统性的语义解释，即其所指向的对象和所描述的事态。第二代人工智能基于数据驱动的方法，以 1958 年 F. 罗森布拉特(F. Rosenblatt)按照连接主义的思路建立的人工神经网络(ANN)的雏形——感知机(perceptron)为基础。而感知机的灵感来自两个方面，一是 1943 年美国神经学家 W. S. 麦卡洛克(W. S. McCulloch)和数学家 W. H. 皮茨(W. H. Pitts)提出的神经元数学模型——"阈值逻辑"线路，它将神经元的输入转换成离散值，通常称为 M - P 模型；二是 1949 年美国神经学家 D. O. 赫布(D. O. Hebb)提出的 Hebb 学习律，即"同时发放的神经元连接在一起"。可见，人工智能的发展与不同学科的相互交叉融合密不可分，特别是与认知心理学、神经科学与数学的结合。这两种方法如今都遇到了发展的瓶颈：第一代基于知识驱动的人工智能，遇到不确定知识与常识表示以及不确定性推理的困难，导致其应用范围受到极大的限制；第二代人工智能基于深度学习的数据驱动方法，虽然在模式识别和大数据处理上取得了显著的成效，但也存在不可解释和鲁棒性差等诸多缺陷。为了克服第一、二代人工智能存在的问题，亟须建立新的可解释和鲁棒性好的第三代人工智能理论，发展安全、可信、可靠和可扩展的人工智能方法，以推动人工智能的创新应用。如何发展第三代人工智能，其中一个重要的方向是从学科交叉，特别是与脑科学结合的角度去思考。"脑计划出版工程：类脑计算与类脑智能研究前沿系列"丛书从跨学科的角度总结与分析了人工智能的发展历程以及所取得的成果,这套丛书不仅可以帮助读者了解人工智能和脑科学发展的最新进展,还可以从中看清人工智能今后的发展道路。

人工智能一直沿着脑启发(brain-inspired)的道路发展至今,今后随着脑科学研究的深入,两者的结合将会向更深和更广的方向进一步发展。本套丛书共7卷,《脑影像与脑图谱研究前沿》一书对脑科学研究的最新进展做了详细介绍,其中既包含单个神经元和脑神经网络的研究成果,还涉及这些研究成果对人工智能的可能启发与影响;《脑-计算机交互研究前沿》主要介绍了如何通过读取特定脑神经活动,构建认知模型获取用户逻辑意图与精神状态,从而建立脑与外部设备间的直接通路,搭建闭环神经反馈系统。这两卷图书均以介绍脑科学研究成果及其应用为主要内容;《自然语言处理研究前沿》《视觉信息处理研究前沿》《听觉信息处理研究前沿》分别介绍了在脑启发下人工智能在自然语言处理、视觉与听觉信息处理上取得的进展。《自然语言处理研究前沿》主要介绍了知识驱动和数据驱动两种方法在自然语言处理研究中取得的进展以及这两种方法各自存在的优缺点,从中可以看出今后的发展方向是这两种方法的相互融合,也就是我们倡导的第三代人工智能的发展方向;视觉信息和听觉信息处理受第二代数据驱动方法的影响很深,深度学习方法的提出最初是基于神经科学的启发。在其发展过程中,它一方面引入新的数学工具,如概率统计、变分法以及各种优化方法等,不断提高其计算效率;另一方面也不断借鉴大脑的工作机理,改进深度学习的性能。比如,加拿大计算机科学家 G. 欣顿(G. Hinton)提出在神经网络训练中使用的 Dropout 方法,与大脑信息传递过程中存在的大量随机失效现象完全一致。在视觉信息和听觉信息处理中,在原前向人工神经网络的基础上,将脑神经网络的某些特性,如反馈连接、横向连接、稀疏发放、多模态处理、注意机制与记忆等机制引入,用以提高网络学习的性能,有关这方面的工作也在努力探索之中,《视觉信息处理研究前沿》与《听觉信息处理研究前沿》对这些内容做了详细介绍;《数据智能研究前沿》一书介绍了除深度学习以外的其他机器学习方法,如深度生成模型、生成对抗网络、自步-课程学习、强化学习、迁移学习和演化智能等。事实表明,在人工智能的发展道路上,不仅要尽可能地借鉴大脑的工作机制,还需要充分发挥计算机算法与算力的优势,两者相互配合,共同推动人工智能的发展。

《类脑计算研究前沿》一书讨论了类脑(brain-like)计算及其硬件实现。脑启发下的计算强调智能行为(外部表现)上的相似性,而类脑计算强调与大脑在工作机理和结构上的一致性。这两种研究范式体现了两种不同的哲学观,前者为心灵主义(mentalism)，后者为行为主义(behaviorism)。心灵主义者认为只有具有相同结构与工作机理的系统才可能产生相同的行为，主张全面而细致地模拟大脑神经网络的工作机理，比如脉冲神经网络、计算与存储一体化的结构等。这种主张有一定的根据，但它的困难在于，由于我们对大脑的结构和工作机理了解得很少，这条道路自然存在许多不确定性，需要进一步去探索。行为主义者认为，从行为上模拟人类智能的优点是："行为"是可观察和可测量的，模拟的结果完全可以验证。但是，由于计算机与大脑在硬件结构和工作原理上均存在巨大的差别，表面行为的模拟是否可行？能实现到何种程度？这都存在很大的不确定性。总之，这两条道路都需要深入探索，我们最后达到的人工智能也许与人类的智能不完全相同，其中某些功能可能超过人类，而另一些功能却不如人类，这恰恰是我们所期望的结果，即人类的智能与人工智能做到了互补，从而可以建立起"人机和谐，共同合作"的社会。

　　"脑计划出版工程：类脑计算与类脑智能前沿系列"丛书是一套高质量的学术专著，作者都是各个相关领域的一线专家。丛书的内容反映了人工智能在脑科学、计算机科学与数学结合和交叉发展中取得的最新成果，其中大部分是作者本人及其团队所做的贡献。本丛书可以作为人工智能及其相关领域的专家、工程技术人员、教师和学生的参考图书。

张　钹

清华大学人工智能研究院

前　言

　　人类的语言主要有两种承载形式：连续信号的有声语言和离散信号的文本语言,其中有声语言至今已有五万年的历史,而文本语言至今已有四千多年的历史。文本语言是对有声语言运用规则的总结和符号化的记录,反过来讲,它对有声语言的习得和使用也起到了一定的指导作用。从本质上看,有声语言是经过符号化语言信息的调制、承载说话人意图信息和生物信息的声信学号,而听觉是人类感知有声语言、解析和理解其承载信息的主要手段。在会话交流的听觉信息处理过程中,人们从感知到的声学信号中解调语音承载的语言信息、副语言信息和非语言信息信息,对所关注的信息进行加工处理。从科学研究的角度看,此处理过程涉及语音声学信号的处理、环境噪声的处理、语音识别、语音合成、说话人识别、言语韵律处理以及对话理解等多个研究领域。对于将有声语言作为物理声学信号进行处理的研究领域,通常称之为"语音",而对于将有声语言作为语言信息载体的研究领域,则称之为"言语"。

　　人类的言语产生功能和言语感知功能在其成长过程中共同进化、共同发育,在大脑中形成"听、说、读"多位一体的多模态言语链。从 1791 年冯·肯佩伦(von Kempelen)发明了第 1 台高度仿真人类发音机制的机械语音合成器(称为"说话机器")至今已有 230 年,从 1950 年贝尔实验室构建了最早的语音识别系统至今已有 70 年。其间,人们一直遵循语音产生和感知机理对语音信号处理的原理和方法进行探究,即如何基于人的语音产生机理来解码声道特性和声源特性、如何基于人的听觉感知机理去挖掘语音的物理声学特征。本书本着"温故而知新"的原则,在介绍语音产生和感知机理的同时,对传统的语音处理技术和方法进行了简单的归纳与回顾,希望通过"重温"这些原理性的语音技术能够启迪读者的灵感,对于深入理解听觉信息处理的前沿技术有所帮助。

　　近年来,随着基于深度神经网络的机器学习方法的迅速发展和计算机算力的大幅度提升,在理想环境下从语音信息到文字转写的能力已经与人类的水平相当。本书在简要回顾过往成功算法的基础上,首先针对包括各种加性噪声、混响噪声以及线路回声等复杂噪声环境,探讨了语音增强的主观和客观评价方法、单声道语音增强方法以及近年来蓬勃发展的基于深度学习的语音增强方法和基于麦克风阵列的语音增强前沿技术；在回顾基于隐马尔可夫模型的经典声学建模方法的同时，探讨了结合深度学习的声学建模方法以及端到端的声学建模方法；从语音的鲁棒性特征入手，探讨了鲁棒语音识别的前端处理方法以及环境表达与声学模型的自适应方法、参数结构化自适应及自适应训练、多语种声学与语言建模、低资源小语种的语言模型建模等技术。

言语包含了语言信息、副语言信息和非语言信息。说话人的性别、年龄、嗓音、病理以及生理状态等信息虽然都属于非语言信息。但是这些反映说话人特征的信息在言语交互和其他社会活动中起着不可或缺的作用。在说话人识别方面，本书重点介绍了基于深度学习的迁移学习、多任务学习及多数据库联合学习等方法；在声纹识别方面，本书介绍了说话人特征提取的方法，并着重介绍了时变鲁棒声纹识别、短语音声纹识别和防声纹假冒闯入对策以及基于深度学习的声纹识别算法。

言语的韵律超出了语音信号本身的范畴，它一方面是交际双方的生理、心理和信息处理能力的体现，另一方面也是交际双方社会属性的体现。言语韵律的分析与建模涉及情感语音识别、语音合成以及对话理解等领域。本书从汉语的特征出发，介绍了韵律标注系统的构建，韵律分析与建模以及汉语韵律研究的挑战问题。同时介绍了情感语音声学特征的分析方法，语音的情感分类与识别以及情感语音合成等方面的技术和最新成果。

在人机融合的智能社会中，语音合成是实现人机自然对话的主要途径之一。当今，语音合成技术已经融入智能手机、智能家电等设备，服务于有声读物、信息查询与发布系统、办公自动化系统、虚拟现实与增强现实等诸多领域。尽管如此，这种技术尚有"不尽人意"的地方。为了聚焦其挑战性问题，本书首先回顾了基于隐马尔可夫模型的统计语音合成方法，介绍了其关键技术以及该语音合成方法的优缺点；然后重点介绍了结合深度学习的统计语音合成方法的关键技术包括基于深度学习的声学建模方法、基于神经网络的语音合成前端处理、基于深度学习的韵律边界预测以及神经网络波形生成模型的构建；最后介绍了基于神经网络的语音合成端到端建模方法的前沿技术。

言语理解是语音技术真正融入人类生活的"最后1公里"。本书在介绍了言语对话理解基本概念的基础上，首先讨论了言语理解算法的前沿技术，其中包括口语理解中的不确定性建模，上下文建模及领域自适应技术；然后概述了人机口语对话系统，介绍了任务型人机口语对话系统的基本架构与对话系统的性能评估问题，探讨了对话状态跟踪的前沿技术及其挑战，通过有代表性的模型进行了详细解说;最后介绍了最新的端到端的 DST 模型以及多领域 DST 模型,探讨了对话策略优化、深度强化学习在对话策略训练中的应用以及对话策略优化训练中的前沿技术。

广大科研人员希望日益深入人心的语音技术不仅能为人们的日常生活锦上添花,更应当为听力残障人士雪中送炭,提高和改善他们的生活质量。为此,本书详细地介绍了面向健康医疗的语音技术。由于大部分言语障碍和听觉障碍是由发音/听觉器官的残疾或相关脑功能受损而引起的,本书在第 1 章和第 9 章对发音/听觉器官构造和机理从不同的侧面进行了阐述,对言语处理的脑神经机理及其前沿研究进行了介绍。此外还重点介绍了听障评估与助听技术的前沿研究、嗓音障碍产生机制与客观评估技术以及言语康复训练与学习相关的前沿技术及其研究。

本书从语音信号处理的角度全面地阐述了听觉信息处理的前沿技术与挑战性问题。本书的各位编者都是各相关领域的一线专家,其中的很多技术成果是他们及其团队多年来为我国在该领域研究做出的贡献。本书可以为听觉信息处理及相关领域的专家、工程技术人员以及对语音领域感兴趣的广大教师和学生提供学术参考。

编 者

目　　录

言语产生和听觉的机理及其研究

党建武　赵　彬　魏建国

党建武，天津大学，日本北陆先端科学技术大学院大学，电子邮箱：jdang@jaist. ac. jp
赵　彬，天津大学，电子邮箱：zhaobeiyi@tju. edu. cn
魏建国，天津大学，电子邮箱：jianguo@tju. edu. cn

　　语言使人类具备了抽象思维的能力、高度发达的精神世界和丰富的社会活动。人类语言从表现模态上讲，大致可分为手势语言、有声语言和书面语言。现代语言学的重要奠基者 Saussure[1]首次将语言规则及其运用从概念上进行区分。他认为，"语言规则"是一个系统，是在总结和研究人们使用手势语言、有声语言和书面语言时必须遵守的规则，而人们运用语言规则进行交流的过程和结果，称为"言语"。本书所述的"言语"主要是指有声语言(spoken language)。有声语言从本质上讲是经过语言信息调制、承载说话人意图信息和生物信息的声波，而听觉是人类感知有声语言最主要的手段。当我们把有声语言作为物理信号进行处理时，称之为"语音"或"语音信号"。在不混淆的情况下，本书一般不对"言语"和"语音"进行严格区分。

　　本章将首先介绍人类有声语言的产生和感知机理以及它们之间的联系和相互作用。之后会重点介绍部分与言语产生和感知相关的前沿性脑科学研究。最后，从人类言语产生和感知机理的角度介绍语音信号分析的基本概念和技术。

1.1　言语产生和感知的机理

　　声音无论对于人类还是其他动物，都是极为重要的信息交互手段。人类学、生物学和脑科学都在关注动物的声音交互与人类的语音交互之间所具有的共同点。人类的言语功能是在长期的进化过程中形成的，有突变，也有传承。包含言语产生器官及感知器官在内的人类体格结构是从灵长类动物进化而来的，但其产生的声音能够承载如此高密度的信息是人类言语特有的。粗略地说，作为载体的声音属于语音的生理物理特性，其承载的内容属于语音的社会特性。言语将这两类特性无缝地结合在一起，成为人类区别于其他动物的最重要标志之一。

1.1.1　有声语言产生的条件

　　人类的言语是如何产生的？其实，人类早期在情感和行为方面与动物有着许多共通之处，即充分利用所具有的 5 种感官——视觉、听觉、嗅觉、触觉和味觉——传递信息，比如用眼神、表情、手势、身势等进行交流，这些都归为"原始自然语言"。美国手语研究之父 Stokoe[2]提出人类语言发展的一个假说，即从最初的手势符号演化成手势语言，再由手势语言逐渐转化为有声语言。人类的先祖在"原始自然语言"所提供的各种交际手段中做出了取舍，选择了最简便且最经济的方式，逐渐地形成了现代的言语功能。

　　人类学、生物学以及计算机模拟的一系列研究结果显示，语言使人类具备了抽象思维的能力和高度发达的精神世界,而这种抽象思维的能力和高度发达的精神世界源于人类末梢器官(四肢和发音感知器官)的进化和脑部结构的复杂化[3]。人类的祖先由原先的四肢爬行进化为直立行走后,解放出来的前肢能够专门进行抓、握、采食、梳理毛发等更加精细和灵巧的动作,进而进化为灵巧的双手。人类的双手在视觉和随视觉而产生的知觉作用下可以指示并部分地模仿外部世界。视觉和手生成的带有明显语义的语言符号逐渐变成了手势语言。早期人类的眼睛就会很自然地看着双手以及双手的运动直接指向的事物,或双手模拟再现其他事物。在理解各种手势时,大脑领会的是一个完整的概念,包括了动作、动作的主体以及对象,即相当于现在包含主语、谓语和宾语的句子。毫无疑问,手势语言的出现直接地促进了脑部发育和脑部结构的复杂化,并使得人类逐步拥有了抽象思维的能力。在那个时代,声音也许只起到唤起、报警等作用。但近年来,脑科学的研究表明,手势语言和有声语言在大脑中激活相同的脑区,使用相同的系统[4]。这些结果表明了手势语言和有声语言的内在联系。

直立行走导致了另一末梢器官(口腔)的生理结构变革,即喉头变得更趋向咽喉的下方,并且与口腔的角度发生了改变。图1-1显示了人类发音器官的进化[5]。图1-1(a)是黑猩猩声道(声音通路)的核磁共振成像,图1-1(b)是人类声道的成像。在此进化过程中,口腔系统的变化主要有3个方面:① 支撑口腔顶部的骨质结构向后旋转缩短了口腔的水平长度;② 人类的舌头逐渐下降到咽部,使得相对长而扁平的舌体改变成厚圆形;③ 人类的颈部逐渐加长,将吞咽和

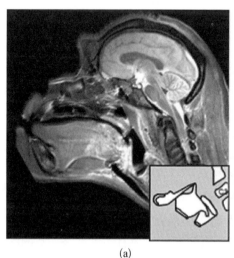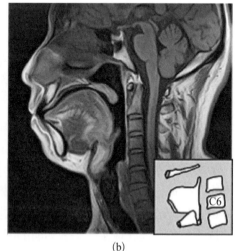

(a) (b)

C6—第6个颈椎

图1-1 人类发音器官的进化[5]

(a) 黑猩猩的声道和喉部构造 (b) 人类的声道和喉部构造

发音功能分离。与黑猩猩相比,人类的声道形状发生明显变化,由水平和垂直的两部分组成[见图1-1(b)]。它使得舌头由前后的一维运动变为前后、上下的二维运动。喉头位置及角度的改变,形成了更长的咽腔,有利于发音时产生共鸣,从而更容易发出清晰而多样的声音。黑猩猩等动物的喉头与舌骨粘连在一起[见图1-1(a)],而人类的喉头与舌骨分离,这使得人类可以将声源和发音状态简单地分割开来并进行控制。否则,声调变化就可能引起共鸣腔(声道)形状的变化,从而导致汉语的四声声调无法实现。综上,直立行走、手和脑部的进化、共鸣腔的形成等因素,为有声语言的产生提供了物理和生理上的必要条件。

人类学的研究结果显示,大约10万年前,人类声道就具有产生语音的条件,与现代人相差无几。而有声语言的真正出现大约在5万～4万年前[3]。因此,上述生理条件的变化只是为有声语言的产生奠定了必要的物质基础。然而,对有声语言的产生发挥更大作用的可能是社会因素,即人类祖先的群体性生活。群体性生活不仅在抵御猛兽攻击、抵抗自然灾害、寻找食物等方面发挥了巨大的作用,而且客观上使人们相互之间的联系更为紧密,有了相互交流的必要。"原始自然语言"(眼神、表情、手势、身势等)已经不能满足日益增长的表达、交流的需求。为了寻找更经济、更有效的表达手段,人类首先需要把双手从传递言语信息中解放出来。此外,人类希望在视线无法到达或光线不好的环境中也可以进行言语交流。这两个需求是有声语言产生的社会需求。随着发音器官进化的成熟,有声语言承担起手势语言的功能,逐渐成为言语交互的主要手段。

使用有声语言进行交流,听觉感知是必不可少的。人类的言语产生功能和言语感知功能共同进化,在成长过程中共同发育,在大脑中形成"听/说/看"多位一体的多模态言语链。人们在学习语言的过程中,通过学习发音(言语生成)和听音(言语感知)来掌握语言。即使在语言习得后,人们仍然可以利用听觉感知反馈机制对言语产生过程进行监控。

1.1.2　语音产生的机理

从机理上讲,人类语音丰富的声学特性源于咽喉下降、舌体移位及变形所构成的形状复杂的声管。我们将调制语音信号的声管称为声道。声道是由咽腔、口腔、鼻腔等形成的从声带到嘴唇或鼻孔的声波传播通路。图1-2给出了声道剖面中辅音发音部位示意图。在发音时,舌头、下颚、嘴唇、软口腭等发音器官协同运动,形成具有各种各样相对稳定声学特性的谐振腔(即声道)。声道的谐振特性是区分语音音素的基本特征。也就是说,如果给出具有适当声源的特定声道,那么声音是唯一确定的。但需要注意的是,有许多不同的声道形状能够产生

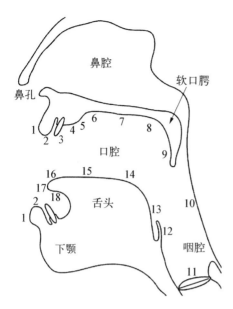

1—外唇；2—内唇；3—牙齿；4—齿龈；5—齿龈后部；6—硬腭前部；7—硬腭；8—软腭；9—小舌；10—咽腔壁；11—声门；12—会厌；13—舌根；14—舌面后；15—舌面前；16—舌叶；17—舌尖；18—舌尖下部。

图 1-2　声道剖面中辅音发音部位的示意图

相同的声音特性。这种一对多的关系求解是语音处理中常见的逆问题。

从语言声学的角度来看，语音是经过语言调制的声波；从语音产生的机理来看，语音是某种声源由时变声道形状调制经过唇部或鼻孔放射的声波。语音的基本特性取决于发音运动形成的时变声道的共振特性和声源的特性。每个特定的声道形状具有对应的固有共振（包括反共振）频率，相当于一个滤波器[6]。虽然共振和反共振都是产生声音的决定性因素，但前者在确定语音的特性方面至关重要。因此，在语音分析中，我们经常将声道视为全极滤波器，而忽略其反共振特性。就声道而言，其声学特性很大程度上取决于声道狭窄处的位置及其狭窄的程度。声道狭窄处的位置称为发音部位。图 1-2 显示了 18 个可能的发音部位。除此之外，软口腭的上下运动可打开或关闭鼻腔和口腔的通路，形成鼻音、鼻化音和非鼻音声学范畴。

语音是时变声道形状对声源调制的产物。语音产生原理的最简洁描述是"声源-滤波器"模型（source-filter model）[6]，即语音产生的过程是一个时变滤波器对给定声源的滤波过程。因此，声源也是至关重要的。声源可以分为两大类：浊音声源（voice sound source）和清音声源（unvoiced sound source）。浊音声源是由声带振动引起声门周期性的开闭而形成的周期性类三角波的脉冲序列。清音声源是由声道狭窄处产生的摩擦性或爆破性的乱流。发音时声带振动，呼出的气流通过口腔时不受阻碍，形成无摩擦音的声音，这种声音称为元音（vowel，亦称为母音）。元音发音时通常声带振动，因此属于浊音。也有部分语言发元音时声带不振动，这种元音称为清元音（voiceless vowel）。

不论声带振动与否，发音时呼出的气流通过口腔或鼻腔时，在如图 1-2 所示的声道某处受阻碍而形成的声音称为辅音（consonant，亦称为子音）。发音时声带不振动的辅音称为清辅音。发音时声带振动的辅音称为浊辅音。辅音发音时气流受到发音器官的各种阻碍，声带不一定振动，不像元音那样清晰响亮。辅音依附元音而存在,并与元音配合产生音节,形成语言多样化的发音。

1.1.3　语音感知的机理

1. 听觉器官的构造及其感知特性

听觉器官是在哺乳动物的各类器官中进化最成功的器官之一。爬行动物作为哺乳动物的祖先,其夜行习性的获取与听觉感官的进化同时进行。在那个漫长的过程中,听觉器官在构造和功能上发生了巨大的变化,作为接收声波的听觉器官进化出具有高灵敏度和可以感知较宽频率范围的听觉特性[5]。听觉系统由听觉器官的各级听觉中枢及其连接网络组成。听觉器官通称为耳,其结构中有特殊分化的细胞,能感受声波的机械振动并将其转换为神经信号。

人类听觉器官(耳)的结构如图 1-3 所示,分为 3 个部分:外耳、中耳和内耳。外耳包括耳郭、外耳道和鼓膜,主要起集声的作用。部分动物为了捕捉声音,能够自由转动耳郭。人类的耳郭运动能力已经退化,但前方和侧方来的声音可直接进入外耳道,且耳郭的形状有利于声波能量的聚集。实验证明,耳郭的形状可使频谱峰压点在 5.5 kHz 的纯音增益 10 分贝(dB)。耳郭边缘部亦对较宽频谱范围的声波有 1~3 dB 的增益效应。外耳道是声波传导的通路,一端开放,另一端由耳膜封闭。在声学上,一端开放另一端封闭的短管,其谐振(共鸣)频率服从下述公式:

$$f_n = \frac{(2n-1)c}{4l}, \quad n = 1, 2, 3, \cdots \tag{1-1}$$

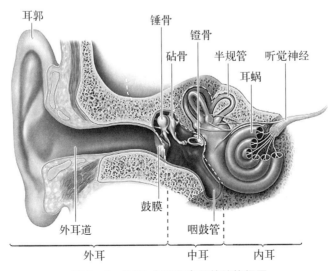

图 1-3　外耳、中耳和内耳的结构视图

式中，f_n 为第 n 次谐振频率；l 为管长；c 为声速。外耳道长约 2.5 cm，常温下声速约为 340 m/s，因此外耳道的初次谐振频率大约位于 3.5 kHz 附近，其 2 次谐振频率将达 10 kHz 前后。人们分别测量了外耳道口不同频率的声压，以及相应声波传至鼓膜外侧表面时的声压。其结果显示，频率 3～5 kHz 的声波在鼓膜附近比在外耳道约高 10 dB。实验证明，外耳主要作用之一是增强 3～12 kHz 频段的声音能量。

鼓膜和听骨链形成一个力学系统，其功能是将来自外耳的声波振动放大，并传输给内耳，为下一步的听觉信号转换做准备。中耳通过耳咽管与咽喉相通，以适应外界压力的突变。内耳的结构主要是骨迷路，由前庭系统（vestibule）和耳蜗（cochlea）构成。前庭系统是平衡觉的末梢器官，负责感应头部的线性加速度和角加速度。耳蜗是听觉的末梢器官，负责将来自外耳和中耳的机械振动（即声音）转换为神经信号，并通过听觉神经传递给大脑。

中耳位于外耳和内耳之间，主要由听骨链和咽鼓管组成。咽鼓管是连接鼓室与鼻咽腔的通道，主要功能是维持鼓膜两侧气压的平衡，从而使鼓膜处于正常状态，进而保持听骨链的正常增压功能。当外界声音通过中耳从空气传到内耳的淋巴液时，由于阻抗不匹配，大部分声能将在这两种介质的界面上反射，造成约 30 dB 的能量衰减。中耳对声能的传递起阻抗匹配作用，可降低能量损失。目前认为中耳的阻抗匹配作用主要有 3 种机制：① 面积比机制，鼓膜面积大于镫骨底板面积，两者相差 17 倍，当声音从面积较大的鼓膜传递到面积较小的镫骨底板时，面积效应使压强增加 17 倍，约相当于 25 dB 的增益；② 听骨链杠杆机制，听骨链由锤骨、砧骨和镫骨 3 个听小骨构成一个序列力学系统，相当于一个杠杆装置，由于锤骨柄与砧骨长突的长度比为 1.3，因此听骨链的杠杆作用使声压增加了 1.3 倍，相当于 2.3 dB 的增益；③ 鼓膜圆锥形杠杆机制，鼓膜的圆锥形或漏斗状形状使鼓膜与锤骨柄之间形成杠杆关系，因此鼓膜的振动幅度大于锤骨柄的振动幅度，可继续增加声压。上述效应结合在一起，可使中耳对声波放大的总增幅达到 35 倍左右（约 31 dB）[7]。这样，整个中耳的增幅作用基本上补偿了空气与淋巴液声阻抗的差异所造成的能量损失。此外，中耳结构也具有共振特性。研究发现，听骨链对 500～2 000 Hz 的声波产生较大的共振，起带通滤波器的作用。

内耳位于耳朵最深处，由耳蜗和前庭系统两部分组成。耳蜗是听觉的末梢器官，负责将来自外耳和中耳的机械振动（即声音）转换为神经信号，并通过听觉神经传递给大脑。前庭系统是平衡觉的末梢器官，负责感应头部的线性加速度和角加速度。平衡障碍可能会导致听觉症状，即可能会引发听力障碍、耳鸣等症状。因此，内耳兼有听觉和感受位置变化的双重功能。如图 1－3 所示，人类的耳蜗是一螺旋形骨管，由底端至顶端绕蜗轴卷曲约两周半，其展开的长度约为 35 mm。由蜗轴向管的中央伸出一片薄骨，称其为骨质螺旋板。骨质螺旋板的游离缘连着一个富有弹性的纤维膜(称为基底膜)，基底膜延伸到骨管对侧壁，与螺旋韧带相接。图 1-4 给出了耳蜗横截面图。耳蜗由 3 个内部充满淋巴液的空腔组成。这 3 个空腔由上到下依次为前庭阶、蜗管和鼓阶。前庭阶和鼓阶充满外淋巴液。由前庭膜、基底膜和一部分螺旋韧带围成的蜗管中充满内淋巴液。位于基底膜上的螺旋器(Corti 氏器)是感受声波刺激的听觉感受器，由支持细胞和毛细胞等组成。

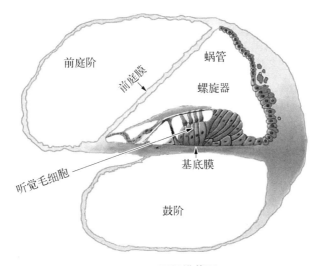

图 1-4　耳蜗横截面

耳蜗具有将机械运动转换成神经电信号的功能，该功能由位于基底膜上的听觉毛细胞(见图 1-4)承担。根据其形态和功能，听觉毛细胞可以分为外毛细胞和内毛细胞。外毛细胞不直接把神经信号传递给大脑，而是机械地把传入耳蜗的低水平声音放大。这种放大作用可能是由毛细胞发束的运动造成的，也可能是由毛细胞胞体的电驱动运动造成的。内毛细胞将耳蜗内液体的声音振动通过基底膜转化为神经电信号。随后，神经信号沿脑干听觉传导路径到达大脑颞叶听觉皮质而产生听觉感知[8]。这些毛细胞损伤会导致听觉灵敏度下降，甚至产生感觉神经性耳聋等问题。

如果我们把耳蜗拉直，其结构将如图 1-5(a)所示。耳蜗远处顶端的分隔开口(蜗孔)允许流体在上下两个腔之间自由通过。前庭阶在底部与前庭窗相接，是镫骨施力的部位。鼓阶在底端终止于蜗窗，毗邻中耳腔，是释放声压的窗口。声波由外耳传到中耳后，镫骨底板和前庭窗膜的振动推动前庭阶内的淋巴液，声波便以液体介质周期性压力变化的方式移动，其前进方向从前庭窗开始，沿前庭阶向蜗顶推进,穿过蜗孔后再沿鼓阶推向圆窗膜。淋巴液具有不可压缩性,当前庭窗膜向内推时圆窗膜向外鼓出,当前庭窗膜向外拉时它向内收缩,因此圆窗膜便起着重要的缓冲作用。由于声波的传播循序渐进,前庭阶和鼓阶的压力随输入声音的频率和时间变化,蜗管夹在二阶之间,二阶内的瞬态压力差便使相应部位的基底膜随时间上下波动。基底膜的波动也从耳蜗基部开始,依次向蜗顶移动,称为行波。行波与基底膜的谐振密切相关。基底膜的最低谐振频率为 20 Hz 左右。随着谐振频率升高,谐振峰值的位置向前庭窗方向移动。当谐振频率达到 20 000 Hz左右时,谐振峰值将移到基底膜的根部。其谐振频率和位置的关系基本上服从式(1-1)。Greenwood[9]提出了一个从位置计算谐振频率的较严谨的公式:

$$F = A(10^{ax} - k) \tag{1-2}$$

式中,F 为谐振频率;x 为基底膜位置;A、a、k 为人耳蜗系数,$A = 165.4$,$a = 2.1$(用 x 占基底膜总长度的比例表示),$k = 0.88$。图 1.5(b)给出了部分基底膜的谐振频率及其最大振幅在基底膜的位置。因此,从生理结构上来讲,人类的听

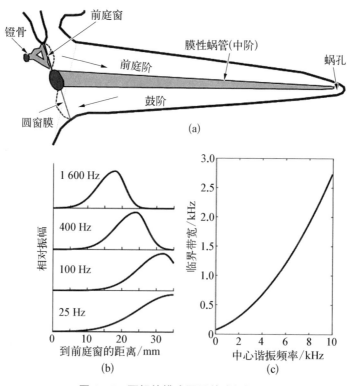

图 1-5 耳蜗的模式图及其感知机理

(a) 耳蜗拉直后的示意图 (b) 基底膜的谐振位置及其频率 (c) 中心谐振频率及其分辨率

觉范围被框定在 20～20 000 Hz 的频段上,受基底膜谐振频率范围的制约。尽管在哺乳动物中人类的可听频率范围较窄,但作为代偿,人耳具有良好的频率分辨率。人们可感知的声音强度的范围很大,最大强度和最小强度之差可达 10^{12} 倍。

从基底膜谐振频率峰值的分布可以直观地看出,低频率的分辨率高,高频率的分辨率低。不少研究者从心理声学的角度去测量不同频段听觉的临界带宽,形成一系列标准。其中有梅尔刻度(Mel scale)[10]、巴克刻度(Bark scale)[11]和耳捕刻度(ERB scale)[12]等。梅尔刻度是以人的音高感知特性为基准的尺度,而巴克刻度和耳捕刻度都是从听觉滤波器的概念出发得到的尺度。通过归一化比较发现,这些标准大同小异,没有本质的区别[13]。图 1-5(c)显示了基于巴克刻度的中心谐振频率与临界带宽关系。我们可以看到,随着中心谐振频率的增高,临界带宽指数增加,即可区分的频率粒度增大,其频率分辨率急速下降。由于这种听觉生理的限制,人们难以感知高频段上存在的微小差异。但从信号处理的角度上讲,计算机完全有可能突破人类的这个极限。Dang 等[14-15]的研究也验证了这一点。

综上所述,声波的振动被耳郭收集,通过外耳道传至鼓膜,引起鼓膜和听骨链的机械振动,听骨链的镫骨底板的振动通过前庭窗传入前庭阶内的淋巴液。声波传入前庭阶内的淋巴液后转变成液波振动,带动基底膜振动,进而引起位于基底膜上的螺旋器毛细胞静纤毛弯曲,引发毛细胞电位变化,毛细胞释放神经递质刺激螺旋神经节细胞轴突末梢,产生轴突动作电位。根据谐振位置,将语音信号按所含频率成分转换为神经信号,沿脑干听觉传导路径到达大脑颞叶听觉皮质中枢进行听觉感知。

听觉通路从耳蜗开始,通过听觉神经中的神经元以短脉冲即动作电位的形式传递信息[16],经过 4～7 个神经核团传输到听觉皮层。相比视觉通路,听觉通路经过了数量更多的神经核团的处理。通过先驱者的大量研究,人们发现语音的听觉编码主要有以下 3 种方式:频率编码(rate coding)、时间编码(temporal coding)和群体编码(population coding)。频率编码即神经元通过动作电位的发放频率来编码输入的语音信息。时间编码方式除了考虑一段时间内的脉冲发放频率,还考虑神经元发放动作电位的时序信息与语音信息的相关性。与频率编码相比,时间编码方式多了一个时间维度,因此更为有效。群体编码指一个神经元群组对输入语音共同编码的编码方式。实际上,耳蜗中的毛细胞对声音频谱的编码就属于群体编码。如图 1-4 和图 1-5 所示,每个毛细胞对应一条具有一个最佳响应频率的频率响应曲线,各个频率的毛细胞在耳蜗中沿膜性蜗管按照一定的顺序排列。当某个频率的声音出现时,就会激活与该频率相近的一组毛细胞,因此单个频率是由一组神经元的编码实现的。上述 3 种编码方式,无论在神经科学还是在计算建模方面都有广泛的使用。但相对而言,频率编码方式更广泛地用于描述听觉过程的神经活动。

2. 声音的物理特性及其感知

声音是由物体振动所产生、以机械波的形式传播的。声波是由某一质点在介质(空气、液体或固体)中沿某一轴向来回振动,并驱使周围的质点也发生振动,逐渐向各方向扩展而产生的。声波的传播不是介质质点的直接位移,而是能量以波动形式的扩散。也就是说,介质中每个质点都是在自己的平衡位置做往返的简谐运动,质点的位移幅度与时间的变化一般呈正弦函数关系。声波在空气中以纵波的方式传播,其介质质点的振动方向与波前进的方向平行。

声波的两个基本参数是频率(frequency)和振幅(amplitude)。频率是某一质点以中间轴为中心,1 s 内来回振动的次数(f,单位为 Hz),而质点完成一次全振动经过的时间为一个周期(T,单位为 s)。频率与周期互为倒数,其关系为 $f = 1/T$。频率与人耳主观感觉声音的音调有关。频率越高,音调也越高。对一个质点而言,振幅是质点振动时偏离中间轴的位移,最大位移为最大振幅。其振幅随时间周期性变化。振幅与声音的强度(声强)有关。声强是指单位时间内声波作用在与其传递方向垂直的、单位面积上的能量。由于人耳对两个强度不同声音的感觉大致上与其声强比值的对数成比例,因此人们习惯于用对数尺度来表示声音强度的等级(声强级),而不是用声强的物理学单位直接表示声音强度。

与声强类似,声音高低的度量也有客观度量和主观度量。频率是声音高低的物理特性,而音调则是频率的主观反映。声音的听觉感觉可以从"低"音高到"高"音高进行排序。例如,在 40 dB 的声压级(SPL),1 000 Hz 正弦波的音调为 1 000 Hz,音高的一半是 500 Hz,音高的两倍是 2 000 Hz。在 1 000 Hz 以上的频率范围,音调高低与频率的对数成正比。因此,在语音分析和识别中,Mel 刻度在诸如梅尔频率倒谱系数(Mel frequency cepstral coefficient, MFCC)的信号处理中应用广泛。

虽然我们用纯音来定义音高,但是现实生活中的声音,比如语音、乐器的声音等,其频率组成一般都很复杂。通过傅里叶级数等分析方法,复杂的声音可以分解为许多频率分量,每个分量可以认为是纯音。这些成分的有序排列称为频谱。对于语音来说,音调取决于频谱最低分量的频率,称为基频(fundamental frequency, F_0)。基频是汉语声调对应的物理参数,而我们的感知量(音高,pitch)则是主观量。汉语的声调本质上是对频率相对变化的感知结果。我们在不改变基频的情况下,可以通过改变声音强度来实现对声调的感知。也就是说,在频率不变的情况下,声音强度的变化对音调感知稍有影响。当声音强度增大时,低频率音调显得更低,而高频率音调显得更高。因此,在语音信号处理中,基频和音调的使用应该加以区分。这是因为它们的度量标准并不总是一致的。严格来说,音高是主观量,而基频是物理量。在大多数情况下,音高用于描述浊音的基频,即声带的振动频率。它不仅是声音频率的函数,还取决于声音强度和频率组成。这种现象在产生和感知汉语声调中十分明显。例如,你可以通过降低声音强度而不是降低基频来产生普通话的低音(第三声)。实验结果表明,对外国人来说学习第三声的发音往往很难,但许多外国学生经常通过降低声音强度来产生自然度很好的第三声[17]。由此可见声音强度的改变对音调感知的影响。

1.2 声源的产生与声道的调制

早在 19 世纪中叶,德国学者 Müller 就提倡用"声源-滤波器"的概念解释关于语音的产生机理[18],20 世纪 60 年代 Fant 确立了语音产生理论,包括声源-滤波器的计算模型[6]。实际上,在语音产生过程中,由于声源和声道(滤波器)之间有耦合作用,两者很难简单地分离。为了便于说明,我们仍然采取将声源产生和声道调制分开的方式进行说明。

1.2.1 声源产生机理与感知

语音根据声源的主要特性可以分为清音和浊音。清音是气流受到由声道中特定位置的阻塞而形成的摩擦音或爆破音。气流受到阻塞的位置称为发音部位。按发音部位分,普通话辅音可以分为 7 类:① 双唇音(b,p,m),由上唇和下唇阻塞气流而形成;② 唇齿音(f),由上齿和下唇接近阻碍气流而形成;③ 舌尖前音(z,c,s),由舌尖抵住或接近齿背阻碍气流而形成;④ 舌尖中音(d,t,n,l),由舌尖抵住上齿龈阻碍气流而形成;⑤ 舌尖后音(zh,ch,sh,r),由舌尖抵住或接近硬腭前部阻碍气流而形成;⑥ 舌面前音(j,q,x),由舌面前部抵住或接近硬腭前部阻碍气流而形成,俗称"舌面音";⑦ 舌面后音(g,k,ng,h),由舌面后部抵住或接近软腭阻碍气流而形成,俗称"舌根音"。浊音的声源是由处于喉部的声带振动提供的,其生理结构和机理都相对复杂,下面将对其进行简要阐述。

1. 声带的结构及振动机理

喉腔位于颈部,由软骨支架构成,软骨之间利用弹性膜及韧带相连接,加上肌肉与黏膜,构成了复杂且精细的喉部结构。声带由左右对称的黏膜皱襞(软组织)组成,处于喉腔的中部,形成声门上部和声门下部的结合点。图 1-6 给出了

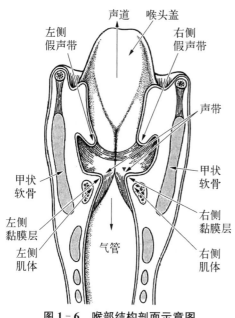

左侧假声带　声道　喉头盖　右侧假声带

声带

甲状软骨　　　　　甲状软骨

左侧黏膜层　　　　右侧黏膜层

左侧肌体　气管　右侧肌体

图1-6　喉部结构剖面示意图

以声带为中心的喉部结构剖面示意图。声带的结构通常用"黏膜-肌体(cover-body)"的概念描述[19]。基于该概念,声带通常可分成具有不同物理特性的两层软组织。声带黏膜是柔软的、不具有收缩性的黏性组织,并附着在声带肌体之上。与此相对,声带肌体由声带肌纤维和韧带组成。虽然对于声带的软组织层有不同的描述(详见文献[20]),但用"黏膜-肌体"的概念表述,对研究或模拟声带的振动特性是很方便的。

人们很早就发现,发声时浊音是由声带振动产生的。为了探索其工作原理,人们早在18世纪就对其他动物和人体的喉部进行解剖,并用气动实验观测声带的振动和声门的开闭运动。人们发现伴随着声带的振动,声门周期性地开闭形成断续的气流脉冲序列,因此称之为"声门气流声源"。

有关声带振动的机理,从19世纪末开始一直存在着争议。直到20世纪50年代van den Berg提出了肌肉弹性空气动力学后,人们的认识才接近了声带振动机理的实质。人们在安静呼吸时,声带外转(向外侧靠拢),处于张开状态;在发声时,声带内转(向中间靠拢)。肌肉弹性空气动力学认为,声门是由声门下部加压开启的,由声带肌体的弹性和声门处的伯努利效应产生的力使其闭合的[21]。通过频闪观测仪或高速摄影技术对声带振动的观测,人们已经确认声带振动时黏膜的表面波是沿着声带的下部到顶部传播的[22]。这种表面声波称为黏性波或垂直相位差,它在冠状切面中可以得到更清楚的观察。如果把开放过程和关闭过程的黏膜上部和下部的相位差考虑进来,声带的振动周期可以分为8个状态。图1-7中间的上下部分分别是声带闭合和声带开放状态的示意图,圆圈上逆时针方向显示了声带由闭合、经过开放过程到完全开放,再由完全开放,经过闭合过程回到闭合的8个状态。在声带振动周期开始时,黏膜下部向两侧横向移动,并带动上部继续这种移动,直到左侧和右侧分离,从而打开空气通道;一旦横向位移最大后,黏膜的下部开始向中线靠拢,随后上部也开始向中间靠拢,最终左右下部彼此接触,关闭空气通道,准备下一轮的开闭运动。整个振

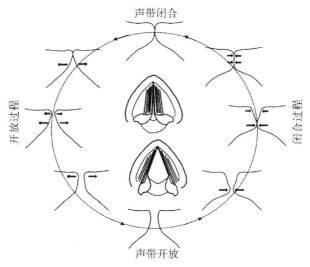

声带闭合

开放过程

闭合过程

声带开放

图 1-7 声带振动过程示意图

动过程周而复始,以基频(F_0)周期性地重复。值得注意的是,声带上部的横向位移与下部的横向位移不同相。也就是说,声带下部的相位领先声带上部,并在声带黏膜中形成自下而上的波浪运动。从总体上讲,声带振动由两种运动模式组合而成,一种是左右的横向运动,一种是自下而上的波浪运动[23-24]。根据上述观察,研究者发现,参与声带振动的主要组织是声带的黏膜,黏膜上下部的相位差带来的变形才是维持声带周期性振动的内在因素。因此,描述声带振动的理论由"肌弹性空气动力学"发展为"黏膜黏弹性空气动力学"[25]。声带的生理建模研究有着悠久的历史,代表性的生理计算模型有 Ishizaka 和 Flanagan 的2 质量模型[26],Story 和 Titze 的 3 质量模型[27] 等。这些模型在语音产生机理和病理语音的研究领域仍然发挥着重要作用。这个领域的最新动向之一,是通过三维有限元方法来研究声带结构细小变化对声源声学特性的影响(例如文献[28])。

2. 声音的高低与强弱

声音高低的变化是语音的重要特征之一。特别是汉语这样的声调语言,声调高低的不同会形成不同的语义。汉语普通话有 4 个声调:阴平、阳平、上声和去声。对于不同的方言,其声调数有所差异,粤语中声调最多,有 9 个声调。控制声音高低变化的机理是什么?声调变化会对语音的声学特性产生什么影响?我们依次回答这两个问题。

声音高低的变化,即语音基频(F_0)的升降,是构成语音韵律的最关键要素,在不同的语言中都发挥着形形色色的作用。F_0 是声带组织具有的固有谐振特性,在正常说话的范围内,F_0 的升降基本上与声带的张力成正比。此外,声调的调节还受到声门下部气压的影响。如果声门下部气压升高,F_0 也随之升高。声带张力和声门下压的调节应该不是完全独立,可能存在一定的互动或互补的关系。

声带张力是由声带长度决定的。随着声带拉长,其张力也随之增大。通过内窥镜测量发现,随着声调的增高,声带的伸长呈指数增长。基频每升高 1 倍,男性声带伸长的平均值为 2.8 mm,女性声带伸长的平均值为 1.9 mm[29]。另外,由于肺的呼气是声带振动的原动力,基频的变动也有空气动力学的要素。高压的呼气流会使声带黏膜沿变成弓形,从而增加了黏膜层的长度及张力,进而使得基频上升。通过将针刺入声门下的气管等方式对呼气压(声门下压)与音高的关系进行测量发现,每增加 1 cm 水柱(cmH_2O)呼气压,基频升高 2~4 Hz[30]。

在浊音的发声过程中,声带周期性振动,声门周期性开闭。随着声门的开闭,声门的开口面积不断发生周期性变化,从声门喷出的呼气流也随之变化。声门喷出的呼气流形成声门气流波(简称声门波)。声门波的形状是顶点向右偏移的非对称三角波,即上升沿缓慢、下降沿陡峭的三角波。影响音质的 3 个要素有声门开放率(OQ=开放区间/周期长度)、声门开闭速率(SQ=上升沿时长/下降沿时长)以及声带是否完全闭合。一般来讲,$OQ \approx 1$,$SQ > 1$。如果用紧张和松弛来描述声音的话,对于紧张的声音,OQ 减小,SQ 增大;对于松弛的声音,OQ 增大,SQ 减小。特别地,SQ 越大意味着下降沿变得越陡峭,声源中高频成分就越多,反之亦然。

由于对声门波的准确刻画可以对合成声音的特性进行细腻控制,许多研究者直接对声门波进行建模。其中代表性的模型有 Rosenberg-Klatt 模型[31],Fant 声门波模型[32],以及 LF 模型[33]。前两个模型是对 OQ 和 SQ 利用三次曲线或正弦曲线直接刻画声门波,LF 模型则是对声门波的导函数进行刻画。LF 模型可以更细腻地刻画不同类型的声门波,因此广泛地应用在语音分析和歌声分析的研究中[34]。

3. 声调、语调及韵律

声调是描述一个音节中基频(F_0)随时间变化的模式,语调是一个句子或音段中基频的时间函数。汉语语调是在超音段上以基频及其时长的变化来体现的,它包括音高升降曲折的形式(调型)和相对的音阶特征。韵律的声学表现主要是声调、重音、音长、节奏以及整体感知上语流的轻重缓急和抑扬顿挫。

从听觉感知的角度来看,语言的节奏本质就是在说话和听话时与语义表达和理解相关的组词和断句策略在语音上的体现,是由语义的表达和理解的需要所决定的一种韵律上的结构模式。普通话的节奏大致分为 3 个基本层次：韵律词、韵律短语和语调短语。节奏层次划分的主要依据是语音时长的停连伸缩和音高的升降起伏。根据赵元任先生的说法[35]，语调与字调之间的关系，就好比波浪与涟漪之间的层层叠加关系，以小波浪比喻字调，大波浪比喻语调，大小波浪的相叠与覆盖可以用代数和来表示，相位相同时互相增强，相位相反时互相抵消。一个大波浪同时可以覆盖于几个小波浪，被大波浪覆盖的一串小波浪受制于大波浪；大小波浪之间的关系是上下层不对等单位的阶层式管辖制约关系；被同一大波浪所覆盖的多个小波浪，彼此之间则是对等单位的线性连接。由于大小波浪拥有各自的波形，经由阶层式的管辖制约与对等的线性串接的互动后，会形成一个全新的波浪形式，因此这个全新的波形体现既非原来的大波浪，亦非各个小波浪的串接。在所有基频曲线模型中，最能表达赵元任先生大小波浪叠加概念的是日本学者 Fujisaki 于 1984 年提出的 Fujisaki 模型[35]。此模型的思路是，一个句调单元的基频曲线一定能拆解成全局句调成分和局部强调成分，两者的单位和数值大小都不同，局部强调成分叠加在全局句调成分上。他通过一组短语命令（phrase command）串和一组重音命令（accent command）串来实现非声调语言的基频变化曲线。Fujisaki 通过引入负的重音命令将此模型推广并应用于声调语言[36]，其证明且呼应了大波浪与小波浪的关系。郑秋豫教授在分析了大量的汉语材料后，提出了阶层式多短语语流韵律构架（hierarchical prosodic phrase grouping，HPG）[37-38]。她认为，汉语语调的基频曲线，可视为由字调成分与句调成分叠加而成，即除了相邻字调的连接外，还有来自上层句调的覆盖，连续语流不仅是字调的平滑拼接，还有较大范围语调对字调的规范，构成韵律语境。这种相邻平滑与上层覆盖应存在于每一个韵律阶层。连续语流里不仅只有字调成分和句调成分这两种韵律层级与单位间的互动，向下应有音节字调与韵律词间的关系，向上也应有短语句调成分与语段成分的互动关系。基于阶层式短语语流韵律构架，传统语流韵律分析所视为字调及孤立短句的种种变异，用连续语流的变异也是可以解释且可以预测的。其实，合成语音有时听起来不流畅、不自然，大部分是因为在音段层次只注重单字的连续变调，而未注重韵律词的上层信息，以致小单位韵律语境不足；在超音段层次只处理个别短语句调，而未考虑短语调的连续性及跨短语呼应，以致未能完全体现大范围语篇韵律语境。因此，各级韵律语境的缺乏，才是合成语音不自然的主因。加入语篇韵律语境的模型，可有效地产生更自然的语音合成结果。从听觉感知的角度来看，在语流中即便个别单音节的字调信息不完整，但只要语流阶层式、韵律构架、韵律边境清晰，便能弥补并提供有效判定即时韵律单位处理及向前预估的信息。如果一段语流内的单位无法同时体现语篇规范的全面表意及局部连接的韵律语境,那么这将会违背听者预期,造成听者切分语流内单位的错误,需一再修正,延误即时处理过程。由此可见,基于话语理解的语音识别不能停留在音节识别、字调识别,而应考虑口语语流中的高低、快慢、强弱的对比信息,从语音信号的基频构成和语流各级停顿节点等特征,获取以语篇为单位的信息。

1.2.2　声道的调制机理

在语音产生过程的声学阶段,说话人按照语音规划产生浊音或清音声源,形成对应的声道形状,由声道对声源进行调制,最后通过口腔、鼻腔或两者同时输出,成为语音信号。语音产生是一个动态过程,声源的产生与声道的调制同时进行。本节主要就声道的调制机理及其研究进行介绍。

1. 声道形状及其声学物理特征

声道是指人在发音过程中形成的声波传输和调制的通路。它由喉腔、舌头、软腭、硬腭、下颚、唇部以及鼻腔形成的通路组成。发音中,部分器官的运动形成声道形状的动态变化。图1-8显示部分汉语元音的声道矢状断面[39]。如果以声道的拐点为界,我们可以看到元音/a/的前腔大,/i/的后腔大,/u/的前后腔基本相当。这3个元音是基础元音,所有的语言都具备。以舌面的最高点代表它们的发音位置的话,/a,i,u/形成一个三角形,中性元音/ɤ/位于三角形的中央。其形状显示在以/ɤ/为背景的右下图上。/a,i,u/形成的三角形称为元音三角形。元音/ɤ/(普通话的"额")是汉语的中性元音,介于/a/和/i/之间,声道截面积基本均匀。/ɚ/是把舌尖卷起来,使舌面和舌尖同时起作用而发出的元音,例如普通话中的 er(儿、耳、二)。具有卷舌音的语言不少,但把它作为元音的并不多。在汉语中将卷舌音作为元音(卷舌元音)。

语音的声学特性主要取决于声道形状的共振特性。理论上讲,声道具有无穷多的共振频率,从其最低频率开始依次命名为第1共振峰(F_1),第2共振峰(F_2),……,第 n 共振峰(F_n)。成人的声道长度约为16~17 cm,其谐振频域每1 000 Hz 平均有一个共振峰[40]。根据舌头和下颚的组合运动,口腔可以分为前腔和后腔(见图1-8),前后腔的长度比和截面积比对决定 F_1 和 F_2 的频率至关重要[6]。Dang 等[39]用 X 线束对汉语的发音过程进行了研究。图1-9显示了汉语元音发音位置以及 F_1-F_2 分布的关系。/ʅ/为音节/zhi, chi, shi/中的元音/i/,/ɿ/为音节/zi, ci, si/中的元音/i/。我们可以看到在 F_1-F_2 平面上,/a,i,u/占据了元音三角形的3个顶点。但是,元音在发音空间上虽然没有在声学空间上那么鲜明的三角形,除了/u/和/ʅ/向对角线方向上靠近以外,元音的相

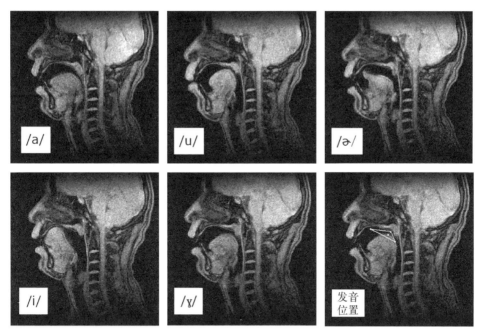

图1-8 磁共振成像摄取的部分汉语元音的声道矢状断面

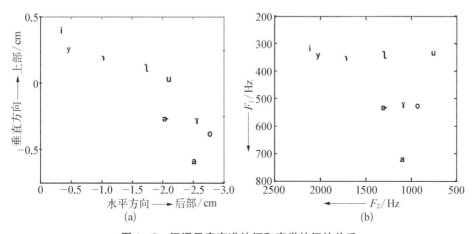

图1-9 汉语元音声道特征和声学特征的关系

（a）汉语元音发音位置 （b）$F_1 - F_2$ 的分布

对位置没有发生变化。这说明声道形状与其声学特性具有相当好的对应关系。如果将唇部的圆唇和�’嘴的动作考虑进来,元音的前3个共振峰频率就基本上可以确定下来。但由于舌头的位置和唇部的动作互相补偿,就算在同样的共振峰频率下,其声道形状也会有所差异。这类问题也是从语音信号推测声道形状时无法得到唯一解的原因。

2. 基于声道形状的声学特性计算

声道通过改变其形状对声源信号进行调制,赋予语音相应的声学特性。由于发音器官的运动频率在 50 Hz 以下,所以我们可以近似地认为声道形状在 20 ms 的范围内是稳定不变的。语音信号处理算法大都是在这个前提下研发的。在此前提下,声波在声道的传播遵循下列方程:

$$\begin{cases} \dfrac{\partial p(x, t)}{\partial x} = -\dfrac{\rho}{A(x)} \dfrac{\partial U(x, t)}{\partial t} \\ \dfrac{\partial U(x, t)}{\partial x} = -\dfrac{A(x)}{\rho c^2} \dfrac{\partial p(x, t)}{\partial t} \end{cases} \tag{1-3}$$

式中,$A(x)$ 是声道的横截面积函数,x 是从声门到唇部的距离;$p(x, t)$ 和 $U(x, t)$ 分别是 x 处的声压和体积流量;ρ 是空气密度;c 是声速。如果声道是长度为 l 的一根直管,其一端封闭另一端开放,我们可以从式(1-3)推出直管的共振频率计算公式,它与式(1-1)中一端封闭另一端开放的短管的谐振形式完全相同。在物理特性的描述上,声学系统、机械系统和电气系统可以等价互换。下面就用大家比较熟悉的电气系统来描述声学系统的物理特性。

如果声道的横截面积随着距离变化,一般把声道近似看作由若干长度为 Δx 的直短管串联而成。短管的截面积由给定 x 处的截面积决定,它的长度取决于要求的计算精度。一般来讲,要求的计算精度越高,短管的长度就应该越短。每一节级联的短管 i 可以用电感 L_i、电容 C_i 和电阻 R_i 组成的回路表示:

$$\begin{cases} L_i = \dfrac{\rho}{A_i} \Delta x \\ C_i = \dfrac{A_i}{\rho c^2} \Delta x \\ R_i = \dfrac{S_i}{A_i^2} \sqrt{\dfrac{\rho \mu \omega}{2}} \Delta x \end{cases} \tag{1-4}$$

式中,L_i 和 C_i 是声波的传输特性,可从式(1-3)中导出;R_i 描述了层流间摩擦所形成的阻力;S_i 是第 i 根短管的周长;μ 是黏性系数;$\omega = 2\pi f$ 是频率(一般设 $f = 1\,000$ Hz)。图 1-10 显示了由短管级联组成的声道形状及其等价传输电路模型(transmission line model)。声道在软腭处分为口腔和鼻腔。当发鼻音或鼻化元音时,软腭开放,而等价模型中的开关接通。这个等价模型的基本假设是,声波在声道里以平面波的形式沿声道的轴向传播。考虑到声道横截面的尺寸,这个假设在 4 500 Hz 以下频率范围基本是正确的。但是在更高频率的范围,会发生横向谐振模式,因此这个假设就存在误差。这类模型不仅广泛应用在语音分析中,而且在 20 世纪 80 年代的语音合成系统中也得到广泛的应用[41]。此外,线性预测编码器是从信号加工的观点出发的另一类分析模型,这将会在后面描述。

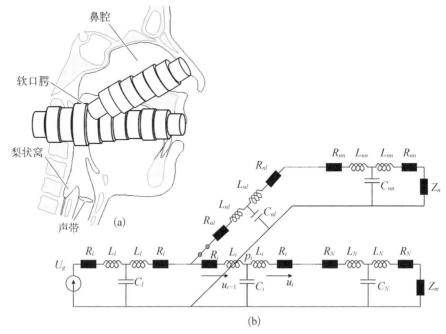

图 1 - 10 声道计算模型

(a) 级联短管近似的声道 (b) 等价传输线电路模型

3. 语音的共性和个性

在言语交互过程中人们传递了 3 种信息:语言信息、副语言信息和非语言信息。语言信息是言语交互的基本信息,是语音的共同特性。也就是说,不论男女老幼只要言语包含的语言信息相同,其字面上的理解都不会出现太大差异。非语言信息主要是说话人的生理信息,它是年龄、性别、体态、健康状态等个人信息在声学上的反映。副语言信息是说话人通过重音、节奏等韵律信息可能传达的、与字面意思相左的意图,如讽刺和反话等。它与言语交流的语境密切相关,属于语用学的范畴。本节讨论的语音的共性和个性主要是针对语言信息和非语言信息,副语言信息不在讨论之列。

当人们从语音信息中抽取语言信息时,首先要忽略与语音信息不相关的副语言信息,通过对元音的归一化吸收语音的个人特征。语音的个人特征是由语音产生过程中说话人个人的物理要素产生的,语音产生机理是用来解释它们之间的对应关系。但这其中的语音产生机理还不清晰,有待于进一步研究。在此,我们首先通过统计分析的方法分析个人特征在频域上出现的主要频段,然后从中找出其声道物理特性与语音声学特性之间的对应关系。为此,研究者采用Wolf 提出的 Fisher's F-ratio(费舍尔 F 比,简记 F_{ratio})[42]在 0~8 kHz 范围内对个人信息的多寡进行了量化[14-15, 43]。F_{ratio} 的计算公式如下:

$$F_{\text{ratio}} = \frac{\dfrac{1}{M}\sum_{i=1}^{M}(u_i - u)^2}{\dfrac{1}{MN}\sum_{i=1}^{M}\sum_{j=1}^{N}(u_i^j - u_i)^2} \tag{1-5}$$

$$u_i = \frac{1}{N}\sum_{j=1}^{N}x_i^j, \quad u = \frac{1}{M}\sum_{i=1}^{M}u_i \tag{1-6}$$

式中,x_i^j 是说话人 i 语料 j 的功率频谱;u_i 是说话人 i 的平均功率频谱;u 是所有说话人的平均功率频谱;N 为语料数;M 为说话人数。式(1-5)实际上是计算说话人之间差异(inter-speaker variance)的平均值和说话人内部差异(intra-speaker variance)的平均值的比率。Lu 和 Dang[14] 的实验用的是日本电报电话公司(NTT)说话人识别数据库,共 32 人,在 10 个月的跨度里收录了 5 次数据。图 1-11 给出了数据库 5 次录音数据的 F_{ratio},其结果由 5 条不同的曲线表示。F_{ratio} 越大,含有的个人信息越多。我们可以看到,具有较多个人信息的频段有 200 Hz 左右、4 500 Hz 左右和 7 500 Hz 左右。元音的 F_1 到 F_4 分布在 300~3 500 Hz,这个频段是语言信息最为丰富的频段。图 1-11 中的 F_{ratio} 显示这个

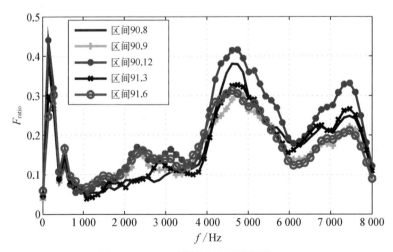

图 1-11 NTT 说话人识别数据的 F_{ratio}

频段几乎没有个人信息。它说明语言信息是具有共性的信息，很少出现个人特征。

　　人们在发音过程中，通过动态变化的声道形状调制声源信号并赋予其对应的语音特性。同时，声道中也有不变或者变化很少的部分。声道中不变的部分可能给语音赋予与说话人相关的声学特性。从这个思路出发，研究者运用磁共振成像对声道的结构进行了详细的研究，并对各个部分的声学特性进行考察[44-46]。图 1-12 给出了声道详细结构及其声学模型，声学模型中阴影的部分表示发音中声道相对不变的部分。对比声学模型中不同部分的声学特性和 F_{ratio} 的分析结果，我们发现 200 Hz 左右出现的个人特征主要起因是不同说话人有着不同的基频(F_0)，它反映了基频的个人差。4 500 Hz 左右的个人特征主要是由梨状窝引起的。梨状窝在形态学上的个人差异明显，但在说话人的发音过程中基本保持不变。它作为声道的一个分支，在 4 500 Hz 左右的频域引起反共振（零点）。梨状窝的强烈反共振特性影响了很大的频域范围，比如，梨状窝的有无可以使元音/a/的 F_1 改变 5%。Takemoto 等[47] 发现喉头室在声学特性上可以认为是独立于主声道，而 F_4 便是由喉头室独立产生的。这种现象在男性说话人的声学特征上表现尤为明显。鼻腔是声道中最大的分支，它通过软腭的开闭与声道耦合。副鼻腔是鼻腔的分支，最大的上颚洞在频域的 500 Hz 处引起一个零点。人感冒时，鼻腔黏膜膨胀，副鼻腔的入口会被堵上，音质将发生明显变化。通过这个日常生活中的现象，我们可以直观地理解副鼻腔的声学贡献。此外，在中文、韩文以及英文的 F_{ratio} 分析和说话人识别实验中，都可以看到鼻腔

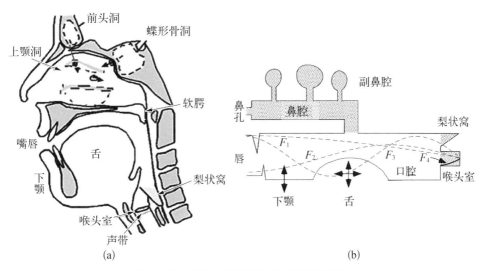

(a)　　　　　　　　　　　　　　　　(b)

图 1-12　说话人特征相关的主要发音部位

（a）声道详细结构　　（b）声学模型

对个人特征的贡献[15]。但是,在对日语语料库的分析中(见图 1 - 11),我们并没有发现鼻腔对语音的个人特征有明显的贡献。这可能是由于在日语中没有前后鼻音的范畴,说话人随机地使用前后鼻音。不过,在中文、韩文以及英文的 F_{ratio} 分析和说话人识别试验中,我们都看到了鼻腔对个人特征的贡献[15]。

以上研究表明,语音产生过程中说话人的个人特征编码体现在 4 kHz 以上的高频段。虽然人的听觉分辨率随着频段增高而降低,但是人可以通过注意机制来弥补听觉的这个生理限制。如果我们在说话人识别系统中使用反映听觉机理的梅尔频率倒谱系数(MFCC),效果就会大打折扣。为了突破人类听觉的这个生理限制,Lu 和 Dang[14]提出基于个人信息量的变频带通滤波器(FFCC),即在个人信息量丰富的频段,减小滤波器组的带宽,增大频率分辨率。Hyon 等[15]研究发现音素范畴的不同会影响说话人个人信息的频率分布,进而提出了基于抑制音素范畴影响的说话人信息抽取方法来准确描述和抽取说话人个人特征。他们在 Lu 和 Dang[14]的 FFCC 方法上,加上抽取到的、由音素及音位变化引起的个人信息,并以汉语、英语和朝鲜语为对象进行了说话人识别试验。其结果证明,该方法与两种流行的传统方法(MFCC 和 FFCC[14])相比,汉语说话人识别的错误率分别减少了 32.1% 和 6.6%,英语说话人识别的错误率分别减少了 61.3% 和 31.0%,朝鲜语说话人识别的错误率分别减少了 67.3% 和 27.3%[15]。Wang 等[43]用跨时三年的大规模说话人识别数据库,在频域上研究说话人信息区分度的基础上,增加了长时鲁棒性的时间信息区分度的研究。他们发现,个人特征丰富的频带同时也是时变鲁棒的频带;继而解决了说话人识别的长时鲁棒性,并将此成果成功地应用在基于动态密码语音的移动互联网身份认证系统上。

随着深度学习方法的发展和大数据的相对容易获取,语音特性的共性、语音到文字转写的识别等瓶颈性问题已经基本解决。相对而言,语音个性化,即说话人识别和说话人认定的问题依然具有挑战性。它的关键在于如何准确地提取说话人的声学特征,如何跟踪说话人声学特征的变化,以及如何识别说话人声学特征的伪装。这些问题亟待进一步研究。

1.3 言语产生与感知的相互作用

1.3.1 言语链

言语的产生和感知是人类语音通信的基本活动。可以认为说话人是言语产生系统中的编码器,听话人是完成言语感知的解码器,这就使得说话人与听话人之间形成一个闭环通路。此外,由于说话人也充当了自己言语的听众,言语信息在说话人自身大脑内部也进行着交互。这种交互在习得新语言过程中尤为重要。此时,言语的产生和感知作为一种内部的"言语链",在人脑中形成一个闭环通路。

言语链是对言语产生与感知之间关系的形象描述[48]。它反映了说话人的意图如何以言的形式编码并传递给听话人,又反映了如何在听话人的大脑中解码、再现说话人的意图。言语链组成部分如图 1－13 所示。

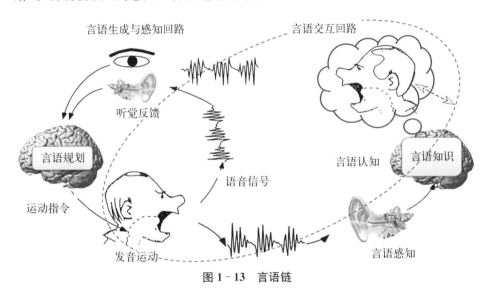

图 1－13　言语链

在言语链的言语产生方面,说话人首先在自身大脑的高层领域基于想要传递的意图来决定说话的内容(conceptualization)。然后,语言中枢进行言语规划,将抽象的概念映射到词汇表征,并以正确的顺序给出词汇的音素、语调和时长。大脑的言语运动中心按照这些信息编排对应的发音运动程序,并传递到后续神经系统,按照时序来执行。下一级神经水平运动指令又将动作信息传递给负责语音产生的所有肌肉:膈肌、喉部、舌头、下巴、嘴唇等。由于肌肉收缩,肺部提供的空气流穿过声带,产生不同类型的声源(如周期性的脉冲气流、耳语、呼气流、嘶哑声等),并经过口腔和鼻腔的调制,由唇部和鼻孔的声波放射以及声道壁振动辐射产生语音信号。

在言语感知方面,声波到达听话人以及说话者本人的耳鼓膜,中耳将鼓膜表面的机械振动通过听小骨传递给内耳并转换为流体压力波。内耳的基底膜和毛细胞将流体压力波转换为神经脉冲,经由听觉神经传递给脑干、丘脑和听觉皮层。大脑的语言中枢通过整合语义、语调、时长、能量包络等信息识别传达意义的音素。同时,通过音质等额外信息判别并了解说话者的健康、情绪状态。此外,听话人的大脑高级中枢会有意识或潜意识地将这些输入的听觉和语言信息与以前的记忆和当前的语境相结合,解读说话人的思维,"再现"说话人意图的某种程度的"复制品"。同样,听话人也可以反过来成为说话人,然后言语链将反向运作。

　　言语链非常形象地描述了在言语交互过程中,说话人和听话人在物理层、生理层和心理层上的联系,以及说话人大脑内部言语产生和言语感知回路的联系。目前为止,言语链还只是一个说明模型,其中许多环节还是黑箱子,其内部的机理尚未解明。而语音处理的研究主要集中在物理层面上,要从神经生理层和心理层面上揭示言语交互的机理,并将其应用到人们的日常生活中,还有相当长的一段路程要走。

1.3.2　言语感知运动理论

　　言语感知运动理论(motor theory of speech perception)最初是由 Liberman 等[49]于 1967 年提出的,该理论(强运动说)认为人们主要通过辨认发音的运动指令而非听觉特征来理解话语假说。该理论认为在言语感知过程中,言语产生的运动系统在其中发挥的作用是必不可少的,强调音素感知不变的原因在于发音的运动指令。然而,强运动说遇到了"言语感知听觉假说"支持者的强烈反对和广泛质疑。经过言语产生和言语感知学者近 20 年激烈争论和实验求证,Liberman 和 Mattingly[50]于 1985 年提出修正版,形成了现在的言语感知运动理论(弱运动假说)。修正版将运动指令改为语音姿势,其中语音姿势是说话人在语言层面控制的发音表征,而非实际的运动。该理论认为:① 言语感知的对象是反映说话人意图的发音运动和驱动发音器官的运动指令所形成的脑内表征;② 言语产生和感知通过共享具有不变性的同一特征(语音姿势),而且密切相关,这个相关特性是在人类进化过程中获得的而不是后天学习获得的,人类大脑中存在着将言语的产生和感知自动关联在一起的特殊发音感知模块。

　　多年来,实验观测从不同的角度支撑了言语感知运动理论。其中视听整合作为言语交互的核心要素之一,有效地证明了语音姿势在听觉感知中的关键作用。在言语交互过程中,伴随说话人的部分发音器官运动对于听话人而言是可见的,这种视觉信息与所产生的声学现象强烈相关。研究表明,在发音模仿的行为学实验中,如果人们清楚语音中的语音姿势,就可以以更快的速度实现语音的模仿[51]。在嘈杂的环境中,对于听力正常的人来说,发音运动的视觉信息有明显的辅助作用[52]。而对于听力受损的人来说,视觉信息本身通常可以为言语感知提供足够的内容信息[53]。听觉和视觉信息在言语感知早期的潜意识水平上"整合"的另一有力证明是著名的 McGurk 效应[54]:当给受试者播放听觉刺激"ba"同时呈现出视觉"ga"的嘴部动作时,部分受试者会将其识别为音节"da"(McGurk 感知),这表明言语感知的结果被语音姿势的视觉信息混淆了。据估计这种 McGurk 感知敏感性在 26%到 98%之间[55]。为了理解个体间 McGurk 效应差异性的神经机制,Nath 和 Beauchamp[55]使用功能性磁共振成像(functional magnetic resonance imaging,fMRI)测量了高敏感性和低敏感性 McGurk 感知人群在进行(一致/不一致)视听音节感知测试时的大脑反应,发现大脑左侧颞上沟(superior temporal sulcus,STS)与 McGurk 感知敏感性显著相关。如果使用单脉冲经颅磁刺激(transcranial magnetic stimulation,TMS)扰乱高敏感度感知者的 STS 区,McGurk 效应的显著性就会大大降低,甚至与低敏感度感知者的结果相差无几[56]。此外,诸多收敛性证据都表明,大脑左侧 STS 区域是整合语音和非语音刺激的听觉、视觉多感官信息的关键脑区[57]。它们为 McGurk 效应提供了神经生理学上的证据,同时也有力地支持了言语感知运动理论。

1.3.3 言语感知机理研究的发展与挑战

在言语感知机理的研究过程中,不同研究者提出了不同的言语感知理论。与言语感知运动理论相近的学说有直接感知理论(direct realist theory)[58]。同样该理论认为言语感知对象是发音而非声学特征。不同的是,直接感知理论认为感知的发音对象是实际发音构造的声道运动或语音姿势,而不是引起声道运动的神经运动命令或预期的语音姿势。它同时否认人类具有特定的语音处理机制。

与言语感知运动理论相对立的学说是言语感知听觉理论(auditory theory of speech perception),尽管其没有鲜明的代表性人物。言语感知听觉理论有 3 个论点:① 言语感知的目标是物理的声学线索,而非产生言语的运动,对于说话人有意图地发出的语音序列,人们感知的不是言语运动本身,而是由发音运动所产生的各种声学信号,之后由听觉系统对这些声学信号进行自动解码;② 言语感知并不是人类特有的现象,许多动物的听觉系统与人类听觉系统十分相似,动物也可以具有相似的言语听觉机制;③ 言语感知不是先天的,虽然婴儿的听觉系统已经十分发达,但婴儿早期必须经过学习和训练后才能获得言语感知能力。

言语感知运动理论和言语感知听觉理论的主要争议在于:言语感知是否需

要以与言语产生相关的动作表征为中介。这个争论从 20 世纪 60 年代运动理论的提出开始，一直持续到现在[59]。基于脑科学的研究成果，Galantucci 等[60]对言语感知运动理论的主要主张进行了重新评估，基本否定了"言语处理是人特有的，是特殊的"这一主张；而对于"感知语音是感知语音姿势"和"运动系统会被感知语音激活"这一主张，虽也有批评改进意见，但基本上已得到实验数据的支持。言语感知运动理论将言语产生和感知过程融为一体进行研究考察是这个理论的最大亮点。之后语音处理双通路机制[61]的发现，在某种意义上缓解了运动理论和听觉理论的分歧。双通路模型提出，在言语感知过程中，背侧通路处理语音到运动的映射，腹侧通路处理语音到语义的映射。由此将言语的运动感知和语义获取融合在了一起。

至此，言语感知机理的研究并没有止步。Massaro 和 Chen[62]提出新的见解，认为言语感知可以通过模糊感知逻辑模型（fuzzy logic model of peroeption，FLMP）来充分描述，作为支撑语音姿势和运动理论的实验证据应该放在 FLMP 的框架中更详细地重新考虑。Skippe 等[59]对言语感知运动理论进行了系统评价。其结果显示，参与言语产生的分布式大脑区域在言语感知中发挥特定的、动态的和上下文确定的作用。这种分布式的皮质和皮层下言语产生区域无处不在地活跃着并形成多个网络，其拓扑结构随着听觉语境而动态地改变。其结果与言语感知的运动和声学模型以及与被广泛认可的双通路模型都不一致，反而与复杂网络模型更加一致。在该复杂网络中，多个与言语产生相关的网络和子网络动态地自组织，以便根据听觉语境的要求约束做出对不确定声学模式的解释[59]。从最新的研究动向来看，脑功能网络的有效连接和动态连接已经成为言语认知研究的主流方向。

1.3.4 镜像神经元和言语听觉–运动整合

20 世纪末，神经科学领域的重大发现——镜像神经元——重新引起了人们在言语感知运动理论方面的兴趣。1992 年，意大利 Parama 大学神经科学家 Rizzolatti 和 Gallese 等在利用单细胞记录技术研究豚尾猴的前运动区皮层（premotor cortex，也称 F5 区）时，首次发现了一些具有特殊属性的视觉运动神经元。这些神经元不仅会在豚尾猴执行目标导向（比如抓起一个物体，把它送到嘴里）的过程中被激活，也会在豚尾猴处于完全静止的状态下观察其他个体做上述动作时被激活[63]。这些神经元能像镜子一样映射其他个体的活动，因此，1996 年，Rizzolatti 和 Gallese 的团队形象地将这类神经元称为镜像神经元（mirror neurons）[64]。镜像神经元系统的存在表明，动作可以部分地通过由动作执行中使用的相同神经回路来理解。它反映了手势语言和有声语言有着共同的生理基础，为有声语言从手势语言起源提供了新的依据，也为言语感知运动理论中产生和感知的映射关系提供了一定的神经生物学支撑[65]。除了行动理解之外，也认为人类镜像神经元系统在言语交流中为说话人和听话人构建对等关系(parity)发挥了重要作用[66]。其实早在发现镜像神经元之初，猴脑中的 F5 区就被认为与人类大脑中的布洛卡区具有相似性，而布洛卡区正是心理学家与神经科学家辨识出来的第一个与语言有关的脑区。随后，发现大脑中参与规划和执行语音姿势的相关区域(即大脑左侧额下回、腹侧运动前区和初级运动皮层)和与口腔运动相关的本体感受区域(即躯体感觉皮层)在听觉、视觉和视-听言语感知期间均被激活[67]。

经颅磁刺激研究还表明，在被动语音听觉任务中，当刺激左侧初级运动皮层上用于控制唇部和舌部的相应区域时，从嘴唇或舌头肌肉记录的运动诱发电位得到增强[68]。而且这种语音运动的"共振"机制具有明显的躯体定位特性。功能性磁共振成像研究也表明，在产生或感知与唇部和舌部相关的音素时，腹侧运动前区表现出与发音器官定位一致的活动模式[69]。此外，在脑电图(electroencephalography，EEG)研究中常用 μ 节律作为检验镜像神经元系统功能的指标。μ 节律常出现于感觉运动区，在静息态时节律能量较高，反映出皮层神经元的同步化状态[70]，而在动作执行、动作观测以及想象运动[71-72]时均受到抑制。Tamura 等[73]还发现 μ 节律在实际发音和想象发音动作时都受到抑制。由此，人们认为 μ 节律与镜像神经元一致，都反映了动作执行和感知之间的关联。Egorova 等[74]使用脑磁图(magnetoencephalogram，MEG)技术发现，感觉运动皮层的镜像神经元在 $50\sim90$ ms 最先激活，随后逐步激活的是指代加工的脑区以及心理理论网络和心智化系统。由此，科学家进一步推论，人类正是凭借镜像神经元系统来理解别人的动作意图，完成与他人的交流[75]。Liu 等[76]通过一系列 fMRI 和功能近红外光谱(functional near infrared spectrum，fNIRS)研究发现，当说话人与听话人成功实现言语交流时，两者之间大脑活动出现明显的神经耦合。如果由于语言差异或者听话人对于说话人所表述的内容有不一致的理解时，听话人与说话人之间就不会出现神经耦合[77]。由此推断，镜像神经元是人与人之间进行多层面交流与联系的桥梁。但是也有人对镜像神经元的作用甚至其存在本身提出了质疑，认为镜像神经元只不过是一种联结学习的产物，并非特异的神经元[78]。有些学者虽然承认镜像神经元的存在及其认知功能，但是认为不能夸大这种功能[79]。因此，未来的研究应该从理论和实证上来重新思考镜像神经元对言语感知可能具有的解释作用。

1.4 言语的脑功能研究

1.4.1 言语的脑认知研究发展

21 世纪被称为是脑科学的世纪,若要深入研究言语产生和感知的机理,必然涉及言语功能的脑认知研究。已有 150 多年历史的言语脑科学研究,不仅为理解言语产生和感知机制提供了神经生理方面的支撑,也为言语功能障碍的早期诊断和治疗评价带来了希望。尤其是随着第三次人工智能浪潮的出现,人们对脑科学在言语认知机理方面的突破充满期待。正如不少科学家所指出的那样,人工智能根本性的变革有待于认知科学的突破。言语脑科学很有可能成为认知科学的领头羊。因此,本节将从言语神经科学入手,介绍言语脑科学的最新发展以及所面临的挑战。

1. 言语脑功能模块的研究

言语功能神经基础的认识发端于 19 世纪 60 年代医学解剖方面的探索,人们试图从失语症研究中找出脑损伤和言语障碍的关联性。1861 年法国外科医生、解剖学家 Broca[80] 在对失语症患者的研究中发现,大脑左半球的额下回区域〔后被称为布洛卡(Broca)区〕受损会导致严重的言语障碍,因此其提出了言语机能的左半球优势理论。随后在 1874 年,德国医生、解剖学家、病理学家 Wernicke[81] 发现大脑左半球另一个重要的语言区域〔后被称为韦尼克(Wernicke)区〕受损会导致语言理解障碍,并在此基础上提出了语言处理模型,其中包括发音运动过程和感知过程。他认为,这些过程分别由不同的脑区控制,因而特别指出大脑的分布式加工机制。在 Broca 和 Wernicke 研究的基础上,德国神经学家 Brodmann[82] 从解剖学的角度进一步研究大脑功能定位。Brodmann 将大脑皮层分为 52 个功能相异的区域,形成了所谓的 Brodmann 分区法。随着研究的不断深入,人们逐步探明了言语的产生和感知不仅与布洛卡区和韦尼克区有关,而且涉及了更广泛的区域,并且这些不同功能区之间也存在着紧密的交互作用。1895 年,法国神经病学家 Dejerine[83] 基于失语症的研究,提出了一个神经解剖学的语言区概念,认为布洛卡区(Brodmann area 44,BA 44)、韦尼克区(BA 22)和角回(BA 39)经上纵纤维束(superior longitudinal fasciculus,SLF)/弓状纤维束(arcuate fasciculus,AF)连接在左半球形成一个错综复杂的网络,承担与听觉、视觉和发音运动相关词汇的加工处理。1970 年,Geschwind[84] 基于 Wernicke

的语言处理模型,从联结主义(connectionist)的观点提出了一个言语产生和感知的概念模型,即"Wernicke-Geschwind"模型。它描述了大脑中言语产生和感知相关的功能区,以及言语产生和感知过程中信息在这些功能模块之间的流向。

尽管 19 世纪早期的行为学和病理学研究过于简单地将脑损伤的单个病灶与单个心理或语言现象联系起来,并未能真实反映大脑在言语行为过程中的脑区交互和功能整合机制,但它为 20 世纪中后期研究者们利用信息处理的方法和图像分析技术开展神经心理学研究,进一步刻画语言行为和大脑机理提供了指导意义[85]。随着病变分析方法的不断改进,它仍然是可用于语言神经生物学探究的有价值的方法。

2. 言语脑功能网络的研究

到了 20 世纪 80 年代,随着脑功能成像技术的发展,研究领域大大拓宽,能以正常人为对象针对各种语言任务探测大脑的活动模式。其中高空间分辨率的 fMRI 技术可实现特定任务下大脑区域活动的精准定位。Touville 和 Guenther[86] 运用 fMRI 技术对大脑皮层中与言语产生和感知相关的区域进行了更细致的划分。扩散张量成像(diffusion tensor image,DTI)和纤维跟踪成像(tractography)技术可用于纤维束的视觉呈现。基于扩散张量成像、纤维跟踪成像和功能磁共振成像的病理学研究,人们发现除了布洛卡区和韦尼克区,还有一些其他的脑区如运动皮层(motor cortex)、体感皮层(somatosensory cortex)、听觉皮层(auditory cortex)、视觉皮层(visual cortex)以及脑区间的纤维束连接[如上纵纤维束(SLF)、弓状纤维束(AF)、钩状束(uncinate fasciculus,UF)和下额枕束(infertor fasciculus occipito-frontalis,IFOF)等]也参与了言语的产生和感知过程[87]。脑电图(EEG)和脑磁图(MEG)等电生理技术也常用于检测认知加工的时间进程[88]和频率特性[89],捕捉脑活动丰富动态特性。目前,针对言语信息处理的时间进程,已有大量研究采用事件相关电位(event-related potential,ERP)技术来揭示言语加工过程的不同阶段[88],其中 P1(50 ms 前后)和 N1(100 ms 前后)被发现与音素、音节的识别有关,P200 与早期阶段提取发音信息有关,N2 与注意力分配和语音分析有关。P300(包括 P200)具有语义敏感的效应。N400(400 ms 前后)是最早发现的、与言语加工相关的成分,被认为是语义加工的时窗。晚期成分的 P600 被普遍认为与句法加工有关[90]。在神经耦合上,已有证据表明神经活动可在一定程度上反映语音信号的周期性变化。有研究者发现 $\delta \sim \theta$ 频段 (1~8 Hz)的听觉皮层活动与语音刺激的包络同步,此类现象由包络的显著标记或刺激的语言结构所引起[91],反映了大脑加工过程中选择语言信息的方式。Drijvers 等[92]探究了在手势语辅助言语理解的过程中,α(8~12 Hz)、β(13~30 Hz)和 γ(30~

70 Hz)频段的神经振荡活动特性,为低频和高频振动在预测语义层次上的听觉和视觉信息整合作用提供了证据。最近研究者还采用脑外科手术患者的颅内皮质电记录技术,即皮层脑电图(electrocorticogram,ECoG)来阐明小神经元群体水平的语言表征神经特征,强调了γ超高频段(high-gamma)(70~150 Hz)在言语认知加工中的作用[93]。

大脑在执行任务时不仅是某一区域在工作,而且是多个网络协同作用。因此在溯源分析基础上,建立言语相关各脑区之间的连接关系,分析言语认知过程中的动态信息流向及处理通路,将是探究言语产生和感知机理的重要手段之一[94]。Iversen 等[95]通过利用多变量自回归模型,在时频两域计算波谱范围、相干性以及 Granger 因果关系,从而构建时频两域的动态脑网络连接。这一思路最早应用在运动过程脑功能连接动态分析上。近期,Zhao 等[96]结合眼动仪和脑电设备对脑电溯源信息进行脑功能连接动态分析,其发现在汉语阅读的语音规划和产生过程中,人脑中存在从视觉特征提取、到字形—发音—语义理解子网络、再到发音运动子网络的时空变化过程。此外,该团队对言语感知和产生任务中的脑电信号进行了分频的动态因果建模,详细探究了特定频率、特定时间下大脑的激活模式和不同脑区间的因果流向。针对目前主流的言语加工双通路模型,该团队提出了言语认知加工的功能性动态子网络交互模型。

近期,有研究者利用深度神经网络进行连续语音与脑电活动之间的映射建模,用来取代之前研究中使用的线性方法[97]。深度神经网络的非线性在一定程度上减少了脑电信号与声音刺激之间的逆映射误差。此外,由于不同认知实验在范式、语料、任务、受试等实验条件方面有所不同,即使同一实验,在分析数据时依据的假设和理论体系不同,得出的结论或多或少有所差异,从而导致脑认知研究之间结果和结论的可比性较差,这也是传统脑神经探究的瓶颈。基于深度学习所取得的巨大成功,研究者们尝试使用多任务深度学习等机器学习方法解决这一问题。普林斯顿大学和英特尔公司的研究人员就是借助不同任务下采集的 fMRI 数据以及计算机领域中的机器学习、算法优化和并行计算等手段,实现了对不同受试者在思考、意图和记忆等不同复杂认知任务下,脑活动的实时迁移分析与理解[98]。语音识别领域开发的"共享隐层的多语言深度神经网络[99]"也是将传统上看起来可比性很差的不同语种(如英语、日语、中文等)的语料放在一起,不预设任何条件进行学习,以获取人类语音所具有的内在共性,其结果提高了语音识别系统的性能。这些成果启示我们可以利用多任务深度学习方法对在各种条件和模态下不同语言和语义加工时脑区活动的共性和个性进行分析,从而挖掘脑区功能的内在联系和个体差异,真正厘清言语产生和感知的认知加工机理。

1.4.2　言语的认知神经机理

1. 言语感知神经机理

20 世纪 70 年代 Geschwind[84]基于布洛卡区和韦尼克区脑损伤的研究,以及 Wernicke 前期关于言语产生和感知概念模型的工作,提出了"Wernicke-Geschwind"模型。这个模型不仅为人们理解言语产生和感知的神经机理提供了指导性的功能解剖框架,还为后续研究指明听觉语音信息的加工至少需要我们大脑弄清楚两件事:一是如何将语音的声音模式转换为语义概念的表示;二是如何通过控制发音器官的运动再现这些声音模式。换句话说,语音信息必须沿着两条不同的路径进行加工处理,即听觉语义路径和听觉运动路径[100]。在解剖学上,各个大脑功能区协调配合的通路是神经纤维束的作用[87]。图 1 - 14 展示了人脑(左侧)中最有可能参与语言处理的几个背侧和腹侧白质纤维束。背侧纤维束位于大脑侧裂(sylvian fissure)上部,连接了额叶、顶叶和颞叶。其中,直接束[大多数研究将其命名为弓状纤维束(AF)]连接大脑额叶布洛卡区后部(BA 44)和颞上回后部(pSTG);上间接束连接背外侧额叶皮质(主要是 BA 6)、角回(AG)和后颞叶皮层(PTL),其中额叶(dPMC)-顶叶(AG)的连接对应于上纵纤维束 SLF Ⅱ,而顶叶(AG)-颞叶(pSTG/MTG、PTL)的连接对应于 SLF - tp;下间接束连接后下额叶、缘上回、后颞叶皮层,其额叶(BA 44、vPMC)-顶叶(SMG)的连接对应于 SLF Ⅲ。腹侧纤维束位于水平部(planum)侧裂下部,连接大脑额叶、颞叶和枕叶。其中主要有两条路径连接额叶和颞叶:钩状束(UF)连接下额叶(Orb)、前额皮质(FOP)及前颞叶皮层(Tpole);下额枕纤维束(IFOF)直接连接大脑枕叶(Occ)和额叶皮质(BA 45、Fpole、FOP)。

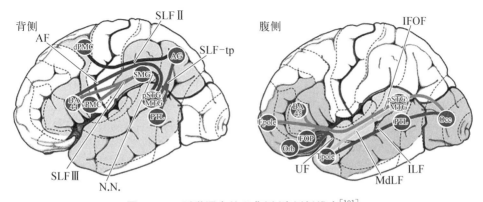

图 1 - 14　听觉语言处理背侧/腹侧纤维束[101]

　　事实上,认知神经科学的其他领域(如视觉[102]和体感[103])已经证明了类似的感觉输入与概念系统和运动系统分别交互的两条通路,Hickok 和 Poeppel[100]正是借鉴了视觉感知的双通路模型,并通过整合神经心理学、神经影像学和心理语言学方面的数据,提出了言语处理的双通路模型(dual-stream model)[61,100](见图 1-15),其包括由听觉皮层的言语感觉表征:① 通过腹侧通路投射到颞叶区域的概念表征;② 通过背侧通路投射到颞顶叶区域的运动表征。

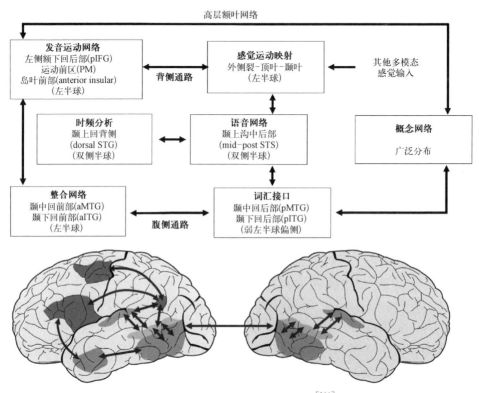

图 1-15　言语处理的双通路模型[100]

　　语音信号的感知过程首先经由耳蜗、脑干和丘脑到达大脑两侧听觉皮层的颞上回(STG)背侧,此时大脑只是对所有输入听觉信号进行早期的低水平加工(如时频分析),之后当信号到达两侧颞上回中部和颞上沟(STS)时才会进行语音和非语音的判别[104]。作为针对语音处理的早期阶段,音素的区分主要出现在两侧颞上回的中后部[104]。从这里皮层加工系统分为两路。

　　(1) 在腹侧通路中,语音信号首先到达颞中回后部(posterior middle temporal gyrus, pMTG)和颞下回后部(posterior inferior temporal gyrus, pITG)。这两个区域充当了语音听觉表征与语义概念表征之间映射的接口[105],具有轻微的左半球偏向性。语义概念区在大脑皮层中广泛分布,目前人们倾向于认同"hub-and-spoke"模型[106]提出的语义分层表示机制,即由大脑各感觉运动区承担语义概念具体特征的分布式表示,颞叶前部(ATL)则负责将各感觉运动区表示的特征进行整合汇总,构成完整的语义概念。其中 ATL 包含颞中回前部(aMTG)和颞下回前部(aITG);此外,ATL 参与了高级句法的加工[107],在句子水平实现语音感知的概念整合。

(2)在背侧通路中,语音信号首先到达位于顶叶和颞叶交界处的大脑外侧裂后部(外侧裂-顶叶-颞叶),即 Spt 区(superior parietal temporal area)。Spt区是语音听觉表征与发音运动表征之间映射的关键区域,与左侧额下回后部(posterior inferior frontal gyrus, pIFG)(包括布洛卡区)、运动前区(premotor,PM)以及岛叶前部(anterior insular)共同构成发音运动网络。在 Guenther等[108]提出的发音运动模型中,发音姿势首先在听觉空间进行规划,然后映射到运动表征上。在双通路模型中,Spt 区正是作为该映射的接口,为语音的听觉与运动表征之间的"对等"(parity)提供了发展和维持的机制,印证了言语知觉运动理论[50]。需要指出的是,在双通路模型中,尽管背侧通路在语音感知和语音产生过程之间表现出非常紧密的联系,但发音运动的映射并不是语音感知过程(语音输入被映射到语义概念)不可或缺的部分。

双通路模型还强调了背侧通路和腹侧通路的双向性(bi-directionality)。在腹侧通路中,左侧颞叶下部(pMTG 和 pITG)的语音-语义映射区在语音感知的词汇理解方面、语音产生的词汇检索方面发挥着重要作用。同样地,左侧颞叶上部(STG 和 STS)不仅在亚词汇水平的语音感知中十分关键,也同样参与了语音产生中亚词汇水平的编码。这与 McGurk 效应中发现的、对听觉和发音姿势敏感的多模态信息整合区不谋而合[55]。在背侧通路中,颞顶联合区不仅可以将听觉语音表征映射到发音运动表征中(类似逐字重复任务),还可以将发音运动表征映射到听觉语音表征中。这一感觉-运动回路为言语工作记忆提供了功能解剖基础[109],即基于发音的编排过程来维持基于听觉的表征存储能力。

在双通路模型中,亚词汇水平的语音加工涉及大脑两侧半球的参与,但左右半球各自承担着不同的认知计算功能。关于语音信息处理的半球差异,一种观点认为,左半球有更高的时间分辨率而右半球有更高的频率分辨率[110],也就是说,左半球可能更适合解决快速声学变化(如共振峰转换),而右半球可能在解决频谱频率信息方面更具优势。另一种类似的观点认为,半球差异在于采样率不同,左半球偏向于处理高频信息(25~50 Hz),右半球偏向于处理低频信息(4~8 Hz)[111]。Hickok 和 Poeppel[100]则认为,在较长时间尺度上的信息整合主要位于右半球,而在较短时间尺度上的信息整合可能由两侧半球并行处理。考虑到在听觉感知任务中听觉语音感知涉及不同时间尺度的信息整合[如组成词汇音段信息需要在 20～50 ms 的时间范围进行编码,而携带音节边界和音节速率线索,以及(词汇)音调信息、(言语)韵律线索和重音线索的超音段信息大约需要在 150～300 ms 的时间范围进行编码],Hickok 和 Poeppel[100] 提出了从声学输入到词汇语音表示的并行计算模型(见图 1 - 16)。图 1 - 16 左侧通路以相对较快的速率(γ 频段)对声音输入进行采样,适合加工音段信息,并且由两侧半球共同承担。右侧通路以较慢的速率(θ 频段)对声音输入进行采样,适合加工音节层次信息,并且在右半球表现得更为强烈。在通常情况下,这些通路在大脑半球内部和半球之间相互作用,但每条通路都具有单独激活词汇语音网络的能力。这反映了大脑在对语音进行并行加工时的信息冗余,但同时也为因单侧(尤其是左侧)大脑损伤而造成的失语症患者通过对单侧半球补偿的手段来恢复听觉功能提供了认知生理机理的可能性。

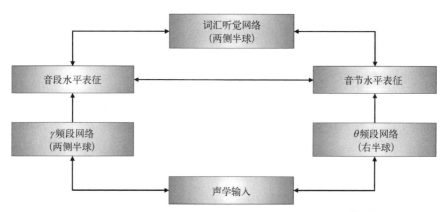

图 1 - 16 从声学输入到词汇语音表示的并行计算模型[100]

Friederici[112] 首次从加工时程及神经基础的角度提出经听觉通道输入的语言信息的加工模型,并于 2011 年对其做进一步扩充。该模型认为话语加工过程的最初阶段(100 ms 前后)需要解码声音-音系信号。在这个阶段,颞叶是最主要的加工场所,并且左右两侧初级听觉皮层可能分别处理不同频率的声音信号。韵律信息可能参与到中期阶段(300～500 ms)的语义和句法加工以及晚期阶段(600 ms 以后)的各类信息整合的过程,主要依赖右半球的颞叶-额叶网络进行加工。Friederici 同时还补充,词汇上的声调主要由左半球负责,而韵律(主要指韵律边界)与句法的交互则发生在胼胝体的后部。

Sammler 等[113] 在前人研究的基础上论证了韵律感知(陈述至疑问语气的

连续变化)在右半球的处理也同样遵循背侧和腹侧的双通路处理机制:包括沿着上颞叶的听觉腹侧路径,以及连接后颞和下额叶的听觉运动背侧路径(见图 1-17)。右半球的韵律处理双通路与左半球的语言处理双通路[37]非常相似。汉语作为一种声调语言,其词汇的语义信息既负载在音段信息(如元音)上,也负载在超音段信息(如声调)上。目前大部分研究显示,汉语的声调处理涉及了大脑的左右两半球[114]。但是关于两个半球的功能性差异还存在争议。其中一种推断是:如果将声调作为词汇语义的一部分来处理,声调识别就可能会在大脑左半球进行;如果将声调作为韵律的一部分来处理,声调识别就可能会在大脑右半球进行。针对汉语声调的"韵义二象性",左右半球如何进行信息交互和信息融合还有待进一步探究。

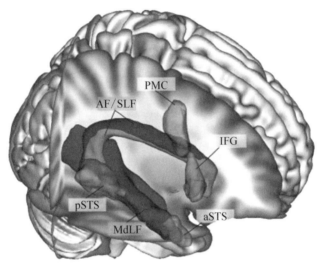

图 1-17　韵律处理双通路模型[113]

　　尽管目前提出的言语感知产生模型可以用来解释言语加工过程中的一些现象,但近来越来越多的研究支持大脑的动态网络交互特性,认为言语产生和感知是由功能特定的子网络以时序和动态交互的方式实现,然而目前仍缺乏一个基于动态网络特性的言语加工模型。

　　2. 言语产生神经机理

　　语音产生过程涉及从发音运动规划到发音运动执行以及反馈控制和感知运动整合等一系列复杂的动态过程。其中发音运动规划首先需要大脑两侧半球中的辅助运动区(SMA)、运动前区(PMC)、扣带运动区(CMA)、尾状核(caudate nucleus)等区域共同完成将发话意图转化为由特定语音序列组成的有序单词集的音段信息（如音素、音节）和超音段信息（如声调、重音）等语音编码的构建[115]。之后，由初级运动皮层（M1）、辅助运动区、小脑（cerebellum）和基底核（BG）对发音器官的速度、肌肉张力、运动范围和方向进行精准控制。发音动作执行主要由初级运动皮层腹侧（vM1）的躯体定位区通过精准控制颈部、喉部、咽部及口腔的肌肉来配合完成发音动作[116]。反馈控制和感知运动整合过程相对复杂，涉及双侧躯体感觉运动区（Spt区）、颞上回后部（STG）、非主要运动区域（辅助运动区、运动前区和岛叶等），以及与感觉运动控制相关的皮质下区域（壳核、小脑、丘脑）等中枢神经系统，其根据来自嘴唇和下颚的体感反馈信息以及来自自发语音的听觉反馈信息对目前的发音运动的空间、时序、音调和共振峰等进行实时动态调整[117]。在整个语音交互期间，感觉和运动系统处于不断相互作用和整合的状态，形成了精准而流畅的语音产生基础，并由此构建了在整个生命周期中持续的神经可塑性。这对于正在学习说话的孩子来说至关重要[118]。

语音感知和语音产生之间的功能联系是在发育过程的早期通过上述的感知运动整合得以建立的。然而，一旦掌握了说话技巧，语音控制对于感觉反馈的依赖性就明显减弱。研究表明，在没有感觉反馈的情况下，讲话只会被选择性地中断[119]。例如语后聋患者虽然对音量和响度的识别能力迅速降低，但他们在几年内依旧可以产生可理解的语音[120]。然而这并不意味着讲话是一个不受反馈影响的单一前馈控制过程。研究发现，如果将听觉反馈延迟（delayed auditory feedback，DAF）大约一个音节的时间（100～200 ms）会严重扰乱正常发音[121]。加入掩蔽噪声反馈后，说话人会不自觉地提高说话音量[122]，而如果将说话人的自发语音放大后再反馈给说话人，说话人则会相应地降低音量[123]。同样，当听觉反馈经过人为调整之后，可以看到语音产生的代偿性变化[124]。这些现象揭示了反馈在控制说话中的复杂作用，为我们构建基于感官反馈的语音控制模型增加了极大的困难。此外，当考虑高级中枢神经系统的作用时，一个更关键的问题是延迟感觉反馈。其中的原因包括过轴突传播和突触延迟[125]，以及将原始感觉反馈处理成有用的特征所需的时间。在语音信号处理中，声学波形的若干关键特征（如音调、频谱包络和共振峰频率等）对识别语音非常重要。而估计这些特征的准确度取决于计算它们的时间窗长[126]。研究结果表明，听觉区域对高级听觉特征变化的反应潜伏期达 30 ms 到 100 ms 以上，因此会在信号的变化检测中引入额外的延迟。这些都是我们在构建运动反馈模型中需要考虑的问题。

最近，得益于心理物理学、神经生理学以及数学方法在解决运动控制问题时的研究，状态反馈控制（state feedback control，SFC）理论被认为很好地模拟了运动控制系统的状态反馈特性[127]。其核心思想是借助内部前馈模型（internal forward model)来刻画中枢神经系统是如何通过估计被控制物体的当前动态状态以及根据该估计状态产生的控制指令来控制运动输出的整个过程。该理论对于理解听觉反馈在发音控制中的作用有重要的指导作用。一系列试验表明,在进行发音运动时,说话人会根据发音器官的动态变化来制定发音运动命令,以补偿和抵消这些变化所带来的影响。比如说话人会根据下颌的运动速度来补偿颌突的扰动[128],中枢神经系统在对与任务目标偏差有关的感官信息做出反应时,不是简单地指示低级别运动系统的目标,而是会对运动发音器的未来状态和目标动作的感觉做出前瞻性预测。该预测被认为是由大脑的内部模型在接收发音运动命令的副本后,结合系统当前状态以及过去学习特定发音运动命令与其感知结果之间关系的经验(学习效应)所产生。该内部模型提供了发音运动系统检错和纠错(即未能匹配感觉目标的发音动作)的机制。图 1-18 展示了基于中枢神经系统预测发音动态能力而构建的语音产生的集成状态反馈控制模型[129]。其中运动皮层(M1)负责产生控制声道神经肌肉运动的指令。听觉和体感信息首先到达初级听觉皮层(A1)和躯体感觉皮层(S1)(统称为感觉皮层),在这里完成反馈预测与传入反馈的差异比较。运动皮层和感觉皮层之间还需要一个额外的区域来协调两者之间的预测和校正过程。在神经生理基质上,运动前区(vPMC)通过弓状纤维束和纵向纤维束与运动皮层和感觉皮层双向连接,刚好扮演这一中介角色[125]。

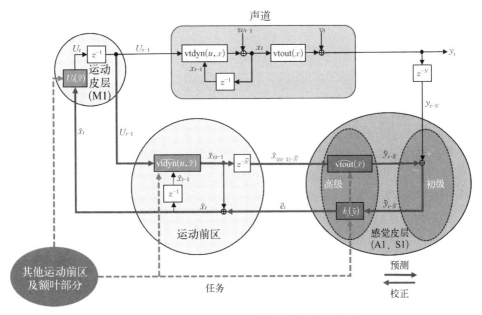

图 1-18　语音产生的集成状态反馈控制模型

另一个具有代表性和开创性的神经计算模型是波士顿大学 Guenther 教授带领的研究小组所提出的语音产生神经控制 DIVA(directions into velocities of articulator)模型[130](见图 1-19)。Guenther[131] 提出 DIVA 模型起初是为了探究婴儿如何学习言语发音时所需的运动技能(motor skill),并将模型的可计算性和自组织(self-organizing)特性作为模型的早期目标。总体来说,言语产生的神经控制过程涉及听觉、体感和运动信息的整合。这些信息分别对应于大脑皮层的颞叶(temporal lobe)、顶叶(parietal lobe)和额叶(frontal lobe)。除此之外,该过程还涉及一些皮层下结构(subcortical structure),例如小脑(cerebellum)、基底节(basal ganglia)和脑干(brainstem)等负责言语产生的神经控制系统。2006 年之后,Guenther 带领的研究小组[132-133]将所提出的 DIVA 模型做了进一步改进与验证,改进模型主要由前馈控制(包含前运动、初级运动皮层)和反馈控制(包含感觉、运动皮层)组成的运动控制模块组成,如图 1-19 所示。整个 DIVA 模型主要由两个控制系统构成:前馈控制系统和反馈控制系统。其中反馈控制系统中又分为两个子系统:听觉和体觉控制子系统。DIVA 模型利

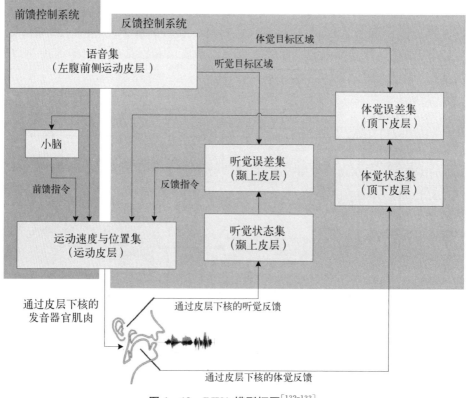

图 1-19　DIVA 模型框图[132-133]

用 Maeda 语音合成器[42]实现从基频、共振峰等发音参数到发音运动的映射，进而合成语音。DIVA 模型中语音的过程产生首先是激活一个语音集（SSM）神经元，其对应于布洛卡区的后下部，称为额叶岛盖（insular）。前馈和反馈控制系统会生成位于运动皮层的运动指令以激活 SSM 神经元。SSM 神经元在产生和感知同一个声音时被激活，镜像神经元就具有这种性质。基于 DIVA 模型进行正常人语音产生的预测及验证[134]、儿童在前三年的成长过程中语音发声过程模拟[135]、正常受试者/耳聋受试者/听力障碍受试者的声学反馈在语音产生中的作用[136]等一系列的验证实验在一定程度上验证了该模型的有效性。但在 DIVA 模型中，各模块间并行独立工作，相互之间缺乏协同工作。

在国内，一些研究单位如天津大学和社科院语言所的研究团队也启动了神经生理控制模型的研究。天津大学党建武团队、社科院语言所方强等通过发音运动的观测、声学信号的计算和受试者的心理咨询值等手段推测语音产生神经控制中基于听觉诱导的语音产生函数和听觉空间语音范畴的形成过程[137]，以及在给定发音目标的前提下如何产生运动指令[138-139]。天津大学的党建武团队[140]构建了语音产生生理计算模型，方强等[141]、吴西俞等[142]运用语音产生生理计算模型研究如何从发音目标产生运动指令以及如何实现从肌肉收缩、运动控制到语音产生的全过程。他们运用语音产生生理计算模型对辅音和元音组成的汉语音节进行模拟，记录各个音节的发音目标、发音的运动指令、发音器官的运动状态以及生成的语音[143]。基于这些模拟数据对语音产生生理计算模型中的 4 个自组织映射（self organizing map，SOM）进行系统的学习训练。结果显示，该模型可以在仿真大脑语言功能块之间进行一对多地映射，特别是学习得到的运动控制模块（motor control）的分布与 Electrocorlicography（ECoG）的直接观察的脑激活分布基本一致。

尽管人们在语音控制的神经机理及其建模方面做了很多有益的尝试，但是目前仍缺乏一个较为完善的、与生理发音机构结合起来的神经运动控制模型来解释大脑对语音的控制机理及其形成过程。人类言语产生过程中的协同发音是利用已有知识对后续运动一边预测一边规划，即利用先行预测策略（look-ahead strategy）进行控制[144]。但是，我们对在言语产生过程神经控制中出现的以下问题还缺乏清晰的认识：大脑的言语功能区之间如何协同进行神经运动规划、发音动作序列编排；在从高级功能到末梢功能的指令流程中，大脑对应活动区域的信息表征、信息存储方式及传递过程。

I.4.3　言语功能障碍及康复训练

1. 言语功能障碍

人脑的许多疾病和脑组织的病变(如脑卒中)会造成患者对语言理解和表达能力的损伤[145]。绝大多数人(约 $70\%\sim95\%$)的言语功能受左侧大脑半球支配,该优势半球大脑皮质及其连接纤维受损可引发失语症。言语功能障碍在脑卒中患者中的发生率为 $30\%\sim40\%$[146],根据其机理可以分为两种不同的类型:一种是失语症,另一种是构音障碍。

失语症并非由单一的脑区病变引起。根据病变的部位和程度,失语症患者可能会在听觉理解、语言输出、重复、命名、阅读和写作中表现出一定的能力受损,出现不同的症状。依照经典的"Wernicke-Lichtheim-Geschwind"模型[147],失语症与脑功能区的关系如图 1-20 所示。按照布洛卡区、韦尼克区、概念区以及区域之间连接的损伤可将失语症分为以下 7 类:① 运动神经通道(M-m)损伤会造成皮质下运动失语症,导致高级发音运动指令通达发音器官肌肉的初级发音障碍;② 运动中心(M,位于布洛卡区)损伤会导致皮质性运动失语症,造成语言表述和重复能力下降;③ 概念中心到运动中心(B-M)神经通道损伤会造成跨皮质运动性失语症,导致患者在自发表述时出现语言错乱;④ 声音意向中心和运动中心(A-M)神经通道损伤会造成传导性失语症,导致自发表述和语言复述障碍;⑤ 概念中心到声音意向中心(B-A)神经通道损伤会造成跨皮质感觉性失语症,导致语言理解障碍和自发表述中的言语错乱;⑥ 声音意向中心(A,位于韦民克

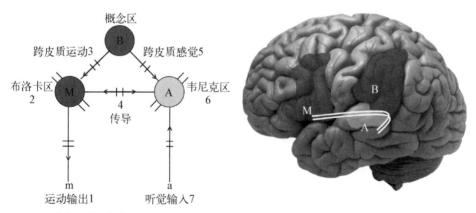

M—运动中心,位于布洛卡区;B—概念中心,位于缘上回、角回;A—声音意向中心,位于韦尼克区;
a—听觉语音输入路径;m—运动语音输出路径。

图 1-20　Wernicke-Lichtheim-Geschwind 模型[148]

区)损伤会导致皮质性感觉失语症,造成言语理解障碍和言语错乱;⑦ 听觉神经通道(a－A)损伤会导致皮质下感觉性失语症,造成纯(听觉性)词聋(word deafness)。

Hickok 和 Poeppel[61]从双通路模型的角度对主要的临床失语症进行了重新定义和解释。

(1) 纯(听觉性)词聋:由大脑两侧半球颞上回(STG)病变导致的初级腹侧通路音素处理障碍。患者的听觉在早期阶段(如频率辨别)依旧可以维持,但语音感知系统的功能完整性受到严重损害。此外双通路模型认为左侧颞上回(STG)部分也参与了语音产生过程,因此推测纯(听觉性)词聋患者在语音输出中也具有语音障碍(phonemic paraphasias)。在 Buchman 等[149]的报告中,超过70%的词聋患者确实有这样的发音障碍。

(2) 韦尼克(感觉性)失语症:多个水平的腹侧通路损伤导致患者严重的听觉理解以及复述障碍,在发音时还存在语音和语义错误。在"Wernicke-Lichtheim-Geschwind"模型中,韦尼克失语症是由单个皮层系统(听觉词汇表征区)损伤引起的听觉理解障碍。但双通路模型认为韦尼克失语症涉及对左侧颞上回(STG)中的听觉语音系统和左侧颞下回后部(pITL)中的声音-意义映像系统的损害,以及左侧颞中回后部(pMTG)、缘上回(SMG)和角回(AG)的损伤,是一种复合障碍。

(3) 跨皮质感觉性失语症:患者的症状与感觉性失语症类似,比如听力理解有障碍,表达内容空洞重复,语言错误很多(主要是语义错误)等。但与感觉性失语症不同的是,跨皮质感觉性失语症患者的复述能力相对较好。跨皮质感觉性失语症通常涉及声音和语义之间的映射,相关的病变通常发生在颞叶后部,特别是下部区域(pITL)等腹侧通路。

(4) 布洛卡(运动性)失语症:由布洛卡区的损伤引起的、在编码低级语音特征、音节序列、结构化句子等多个级别的语音相关动作时存在的背侧通路障碍。

(5) 传导性失语症:患者对文字和声音依旧可以理解,也能流畅表达自身意图,但不能复重复别人的话,也不能按照别人的指令做出相应的反应。"Wernicke-Lichtheim-Geschwind"模型认为该疾病是由涉及白质通路中弓状纤维束的病变引起的 Broca-Wernicke 语言中心的连通(通常认为是弓状纤维束)断裂。但之后的研究显示,传导性失语症并非与弓状纤维束的病变相关,而是由皮质病变引起的[150]。双通路模型认为传导性失语症是由左后颞顶叶边界周围(Spt区域)的损伤引起的听觉-运动整合障碍,相关病变分布在颞上回(STG)或/和缘上回(SMG)等背侧通路。

构音障碍是指由支配言语运动的神经系统损害和肌肉病变所造成的发音器

官肌无力、瘫痪、肌张力异常和运动不协调等症状,从而引发发声、发音、共鸣、韵律调节等功能的异常。构音障碍根据病因及言语错误特点可分为 6 种类型,即痉挛型、弛缓型、运动减少型、运动过多型、失调型和混合型构音障碍。其表现为发声困难,发音不准,咬字不清,音量、音调及速度、节律等异常,以及鼻音过重等语音听觉特征的改变。研究已经表明脑卒中患者在大脑皮层、皮层下、内囊、放射冠、脑干、小脑受损时,均可能出现构音障碍。比如文献[151]研究了左侧小脑半球高级部分远隔区受损时常出现构音障碍的情况。另外,国内近年来还有一些团队积极开展与语言认知相关的脑功能及脑损伤研究,如北京大学心理系周晓林教授领导的团队和北京师范大学舒华教授领导的团队。他们的研究内容包括正常儿童和阅读障碍儿童的视觉加工能力、听觉加工能力、言语加工能力及其相互关系,以及正常成人理解汉语句子时的语义加工过程、句法加工过程及其神经基础。他们着眼于汉语声调加工的脑机理、词汇加工的通道效应与任务效应、情绪对阅读的调节作用、低级脑区和高级脑区在语音辨别中的作用等问题,探索汉语发展性阅读障碍的认知缺陷与脑结构及功能的关系、语音短时记忆与多种语音加工能力的关系、口吃患者言语规划的脑机理、言语运动的脑机理、口吃训练与脑的可塑性变化的关系,以及汉语失语症患者(包括失聪、失读、失写、语法障碍、语义障碍等)的认知与神经机理等,取得了一系列重要成果[152]。Kronfeld-Duenias 等[153]采取神经解剖学方法分别对讲话流利和口吃的成年人背侧和腹侧语言通路的结构和控制特性进行了检查。其结果显示,口吃涉及支持听觉和发音的背侧通路之间的双向映射损伤,而与语言存取和语言处理的左腹侧通路无关。

2. 言语康复训练

恢复健全的言语功能不仅可以提高患者生活质量,对儿童患者来说,也是促进他们的智力开发、学业教育的有效途径。新的研究成果表明,提高语言功能恢复的机会贯穿于一个失语症患者的终身。因此采取基于语言的训练或学习补偿的策略来减弱失语症的影响对于失语症患者来说十分关键。失语症的治疗经历了一个发展过程。最初,传统的语言疗法是应用最为广泛的治疗方法。随着认知神经科学、神经影像学和神经重组领域的持续发展,非侵入性脑刺激技术以及计算机辅助言语康复技术正在逐步成为脑卒中后大脑器质性和功能性康复的有效手段。

1) 语言-言语疗法(speech and language therapy,SLT)

在失语症患者的管理和康复中,一致认为语言-言语治疗是失语症的主要疗法之一[154]。其主要目的是尽可能改善患者的沟通能力。其中比较典型的疗法如下。

（1）旋律语调疗法（melodic intonation therapy，MIT）。

由脑卒中引起的大脑左半球病变，尤其是左侧额下回（包括布洛卡区域）、额中回、皮层下的脑结构以及最近研究发现的连接额叶和颞脑区域的白质束弓状纤维束（AF）[155]通常会引发类似于布洛卡失语症的非流利性失语症状[156]。但是临床观察发现，非流利性失语症患者在唱歌时能够产生语音清晰、语言准确的词汇，远远好于说出同样话语时的表现[157]，这也激发了旋律语调疗法的发展。旋律语调疗法是一种基于语调的层次结构化治疗方法，通过让非流利性失语症患者将想说的话语用夸张的旋律表达出来，并不断增加难度层次，从而刺激大脑右半球中负责发音运动和韵律加工的区域（包括颞叶下部、颞区上部、初级运动区、运动前区以及连接这些区域之间的弓状纤维束）[158]，实现功能补偿。其中最成功的案例是 Schlaug 等[159]对 6 名患者进行的 MIT 治疗。与对照组相比，实施了 MIT 的失语症患者在正确表达信息单元（correct information unit，CIU）的指标上有超过 200% 的改善，而且 CIU 的变化与右侧 AF（连接颞脑和额脑区域的弓状纤维束）的大小变化表现出强烈的相关性趋势。也有研究发现 MIT 能够重新激活左半球语言相关区域，最明显的是在布洛卡区域之前的左前额叶皮层[160]。因此目前对于 MIT 有效性的解释认为 MIT 可能是通过构建两个半球音乐和语言的联系或重新激活任何一个半球中保留语言能力的区域来发挥作用[161]，其具体机理还有待探究。

（2）约束性/强制性诱导失语症疗法（constraint-induced aphasia therapy，CIAT）。

脑卒中后失语症患者由于言语表述上的费力和言语理解上的障碍，通常选择沉默或以手势作为交流手段而限制了自己的言语沟通频率，即"习得不使用"[162]。然而研究结果表明，避免使用受神经系统疾病影响的肢体会显著降低中枢神经系统损伤后的运动能力；相反地，不断刺激运动系统有助于恢复特定语言功能[163]。基于以上研究，约束性/强制性诱导失语症疗法旨在通过避免与患者进行非语言沟通来强制性约束和加强患者使用语言的频率，并根据个人的能力水平和交流需求来定制治疗。比如使用语言和非语言材料（包括描绘动作序列的材料）与患者进行交互式语言游戏，以及模拟和建模日常语言交互（该新协议称为 CIAT Ⅱ）[164]。研究报告显示，接受了 CIAT Ⅱ 治疗的患者在日常交流的语言使用得到显著改善，自发言语增加约为 300%。类似的运动改善已被证明伴有功能性变化和大脑结构变化[165]。这些结果不仅表明大脑的语言和动作系统在功能上交织在一起，而且还表明其中一个系统的病变可以通过功能相关系统的支持性活动得到补偿。

2) 非侵入性脑刺激技术(noninasive brain stimulation，NIBS)

虽然语言-言语疗法的有效性已得到广泛证实[154]，但由于其实施时难度较大、耗时较长，促使人们追求更为有效的治疗形式。非侵入性脑刺激技术，如重复经颅磁刺激(repetitive transcranial magnetic stimulation，rTMS)、经颅直流电刺激(transcranial DC stimulation，tDCS)等，通过快速的无创性脑刺激促进脑卒中后大脑代偿性和可塑性的变化，成为近年来一种非常有前景的言语障碍治疗办法[166]。

(1) 经颅磁刺激(transcranial magnetic stimulation，TMS)失语症疗法。

经颅磁刺激通过在受损脑区头骨附近设置电流线圈引发起磁场，该磁场穿透头骨和头部的软组织并最终在大脑中产生微电流，导致周围神经元去极化，从而产生动作电位。虽然目前对于刺激部位和最佳操作参数没有统一标准，但研究发现使用 20 min 的 1 Hz 微磁场对右侧 IFG 进行抑制性刺激，对患有非流利性失语症的患者表现出更大的改善作用[167]。

(2) 经颅直流电刺激失语症疗法。

经颅直流电刺激将小电流(如 12 mA)输送到头皮上相对大的电极，电流通过皮肤、脑脊髓液和其他组织从阳极分流到阴极，对静息膜电位产生影响，从而影响神经元放电的速率。如 Paola 等[168]对左侧布洛卡区和左侧韦尼克区进行阳极刺激，并就其对动词命名和各种言语产生的影响进行了对比，结果发现布洛卡区阳极刺激的效益显著性更大，而韦尼克区阳极刺激效果不是十分明显。此外，基于旋律声调疗法依赖于右半球结构的假设，Hamilton 等[169]对右侧 IFG 进行阳极刺激。

近年来，关于康复的解剖学基础存在大量争论，一些证据表明恢复是由剩余的左半球组织介导的，而其他研究表明右半球对康复至关重要[169]。但是电极放置还没有一个最佳的方案。就非侵入性脑刺激技术的效用而言，对于患有亚急性和慢性非流利性失语症的人来说，rTMS 相对于 tDCS 具有更持久的效用(至少 4 个月有效)，也涉及广泛的语言任务；而大量的 tDCS 研究显示，治疗的效用仅持续到治疗结束(至多持续 3～4 周)，因此无法确定干预的长期影响。

3) 计算机辅助语言治疗

计算机辅助语言治疗在治疗语言障碍方面越来越受到欢迎，并且为治疗提供了极大的可能，其强调心理语言机制中模块化关系的特点，即反复训练、人机互动、解放治疗师。远程康复治疗是一种利用信息与通信技术完成的康复治疗服务。北京大学吴玺宏的研究团队从人的听觉生理和心理方面对此进行了一系列研究[170]。从语音产生的角度出发,利用语音逆向分析技术、统计学习方法以及可视化技术提供一个具有限定语言表达下的三维可视反馈的言语康复辅助训练系统,患者可以在直观视觉反馈的帮助下,准确地掌握发音部位和发音方式以达到呼吸、嗓音、共鸣系统的协调统一,从而有效地提高康复训练的效率。早期有一些学者采用统计学习方法、语音逆向分析等技术建立在限定语音条件下的发音器官和语音的统计映像模型。Dang 等[171]利用语音产生生理模型从语音波形推断发音状态,尝试以可视化技术显示声道的内部形状。杨明浩等[172]基于观测数据构建发音计算模型,并通过发音过程可视化进行言语障碍康复训练的研究。这些技术可以应用在发音练习的视觉反馈上。与此相比,神经生理计算模型已经开始应用到言语障碍疾病研究上。Guenther 团队[173]在言语习得和产生的神经生理计算模型的基础上,对口吃现象进行研究。他们的研究结果初步显示,以神经生理计算模型为基础研究神经系统、大脑功能障碍引起的言语障碍是可行的。随着计算机通信技术的进步,相信未来该项技术在失语症方面有更多的应用。

　　在构音障碍方面,近年来,唇腭裂患者的就诊率空前增长。唇腭裂患者发音时鼻腔与口腔不能有效地分离,气流一直从鼻腔中逃逸。因此,患者无法建立完整的非鼻音语音的发音通道,使得所有声音都鼻音化;或因上腭组织缺陷以致无法形成正常的阻塞音。即使唇腭裂经过手术治疗得到修复,因早期的不良发音习惯,不经过言语理疗师指导训练的唇腭裂患者仍然会有构音问题。患者需要医生一对一的定期指导,然后通过患者的自我感觉反馈学习进行康复治疗。目前,对于比较顽固的病理语音还缺乏行之有效的方法。

1.5　语音信号处理方法简介

　　本章前面几节重点介绍了人类如何产生和感知语音的过程和机理,接下来将简单描述一些基本的语音处理方法。虽然语音是经过语言调制的声学信号,但是语音分析基本是独立于语言的,其主要思路是基于人的语音产生机理来解码声道特性和声源特性,以及基于人的语音感知机理去挖掘语音特征。在长期的语音研究过程中,人们一直遵循语音产生和感知机理来进行语音信号处理方法的研究。本节本着"温故而知新"的原则,从语音产生和感知机理的观点出发,将语音处理技术进行简单归类介绍,希望通过重温这些传统的语音技术能够启迪一些新的灵感。有关这些技术的细节将会在后续章节详细介绍。

1.5.1 基于产生机理的信号处理方法

1. 短时分析窗及短时平均过零率

在语音产生过程中,随着发音序列的推移,发音器官不断运动形成与发音音素相对应的声道形状,并对声源进行调制。由于协同发音的影响,在连续语音中我们很难找到元音的稳态区间。严格地讲,人的发音系统是一个非线性时变系统,发音过程是一个动态过程。从语音信号处理的角度来看,最理想的解决方案是能够将语音生成系统近似为线性时不变系统。如前所述,发音器官的运动特性基本都在 50 Hz 以下,如果忽视高阶非线性因素的影响,发音系统在 20~30 ms 的时间区间上可以近似认为一个线性时不变系统。语音分析通常在这个假定下进行。

基于语音的动态性质,我们必须把连续的语音信号用一串连续滑动的时间窗划分成许多语音帧,从而计算出可以反映声道动态性能的模型参数。语音分析就是在这样"稳态"的时间窗内,提取其参数或特征,每组参数代表语音在给定时间窗内的平均值。窗口的大小是构建良好模型的关键之一。不同音素具有不同的动态特性,典型的音素平均约有 80 ms 的持续时间。单元音发音的稳态部分声道形状及其激励甚至可以在十几个基频周期内(如 200 ms)维持不变,而爆破音的区间可能只有 5~10 ms。因此,对于长元音来说,窗口长达 100 ms 也不会带来太多的损失,但爆破音需要更短的窗口(如 5~10 ms)。在减少信息损失同时提高计算效率的前提下,作为折中方案,在语音分析中使用的典型窗口长为 20~30 ms。假设采样频率为 20 kHz,典型的窗内将包含 400~600 个样本。

对于一个给定长度的时间窗,其窗内的加权值不为零,窗外所有的值都为零。最简单的时间窗是矩形窗,其窗内加权值相等,数值为 1。另一种常见的时间窗是汉明窗(Hamming window),它是一个升余弦脉冲,或非常相似海宁窗(Hanning window)。汉明窗函数如式(1-7)所示,N 为窗长,用样本数表示。

$$w(n) = 0.54 - 0.46\cos\left(\frac{2n\pi}{N-1}\right), \quad n = 0, 1, 2, \cdots, N-1 \quad (1-7)$$

加窗运算是指将语音信号和滑动的窗函数所对应的样本进行相乘,从而产生一组由窗函数进行加权的新语音样本序列。时间域上两个函数相乘相当于频域上两个函数的卷积。因此,窗函数的频域特性对后续的信号分析有很大的影响。像汉明窗那样,逐渐减小窗口边缘的幅值是为了减轻加窗后对信号频率特性的影响。

在振幅变化过程中,只要波形与时间轴相交,语音信号就会发生零交叉(即改变代数符号)。对于所有窄频带信号(如正弦波),单位时间波形与时间轴相交次数,即短时平均过零率(zero cross rate),可以精确地度量其功率集中的频率。短时平均过零率可以看作信号频率的简单度量。短时平均过零率也是语音的一个简单而有效的特征,一般用于判断语音信号是清音还是浊音。浊音主要由低频成分组成,这是因为随着频率每增加一倍,声门激励频谱的振幅下降约12 dB。相对而言,清辅音的声道前腔较短,谐振频域较高,加之声源为宽带噪声,因此其能量集中在较高频段。由于语音不是窄频带信号,所以过零率对应于主功率集中的平均频率。因此,清音和浊音的短时平均过零率分别约为4 900 次/秒和 1 400 次/秒。

2. 短时自相关函数

短时自相关函数与过零率一样,可以用来估算语音的一些频谱特性,而无须明确的频谱变换。一个函数序列 $x(n)$ 的自相关函数定义如下:

$$R(i) = \sum_{n=-\infty}^{\infty} x(n)x(n-i), \quad i=0, 1, 2, \cdots \tag{1-8}$$

如果 $x(n)$ 是一个周期信号,$R(i)$ 就会在 i 等于周期整数倍的点取极大值。如果给定 n 一个合理的取值区间,式(1-8)就会成为短时自相关函数。因此,短时自相关函数在基频 F_0 的估计、浊音/清音的确定和线性预测中具有一定的应用。特别是,它保留了语音信号中关于谐波和共振峰的频谱幅度信息,同时抑制(通常是不期望的)相位效应。

3. 线性预测编码

线性预测编码(linear predictive coding,LPC)是语音处理中的核心技术之一,它在语音识别、合成、编码、说话人识别等诸多方面都得到了成功的应用。LPC 的出现是直接来源于人们对人类语音产生系统物理特性的理解。其核心思想是基于过去若干 p 个时域采样 $s(n-i)$,并通过一组紧凑的 LPC 系数 a_i 进行线性组合,"预测"或近似当前时域采样 $s(n)$ 的方法:

$$s(n) = \sum_{i=1}^{p} a_i s(n-i) + \varepsilon \tag{1-9}$$

式中,ε 为预测误差。如果预测是准确的,这组系数就可以有效地表示或编码信号的长序列。在时域中表达的线性预测,在数学上等同于全极共振系统的建模。LPC 是一个典型的源-滤波器模型,其把语音产生过程分解为由 LPC 系数 a_i 表示的声道共振系统和以预测的残差信号(ε)表示的声源信息。

LPC 是用于低比特率语音编码的最常见技术,由于其计算简单和对许多类型的语音信号可以进行合理精确表示而广泛使用。LPC 作为语音分析工具也可用于估计 F_0、共振峰和声道面积函数。LPC 是一个全极点模型,即 AR(auto-regressive)模型,它的缺点是在具有声门源激励、鼻音和清音声源等多样化声源和多种共振模式中忽视了反共振特性的零点。自回归滑动平均(auto-regressive moving-average, ARMA)模型既有零点又有极点,对复杂频谱特性的描述能力较强,但其参数估计存在许多复杂问题[174]。

在 LPC 分析中最关键的一步是从每个加窗语音波形求解 LPC 系数。求解 LPC 系数的方法非常成熟,可以在任何语音处理的标准教科书中找到。其思路是,用最小二乘法准则建立一组联立方程,使式(1-9)的预测误差最小;然后使用高效的方法来求解该方程组以获得 LPC 系数。语音分析中 LPC 阶数的选择反映了表示精度,需要按照计算时间和内存需求进行折中。在实际应用中,如何选择 LPC 阶数来进行分配,需要参考人类的语音产生机理。人类的声道在每 1 kHz 的带宽平均有 1 个共振峰,描述 1 个共振峰需要两个 LPC 系数。比如,截止频域 8 kHz(采样率 16 kHz)的语音需要 16 阶 LPC 系数。全极点模型忽略零点,并假设无限长的静止语音,因此仅分配足够的极点来模拟预期的共振峰数量,可能会导致模型使用极点来处理窗口频谱中的反共振效应(零点)。因此,通常分配另外的 2~4 个极点,以描述窗口效应和全极模型没有考虑的零点。这样一来,要描述次语音需要 18~20 阶的 LPC 系数。反共振效应主要来自声带激发(声门和摩擦)和唇部辐射。另外,鼻音中经常存在零点。鼻音在理论上具有比元音更多的共鸣,这是因为大多数鼻音具有不止一个共振;但是我们很少增加 LPC 阶数来处理鼻音。

预测误差的能量可以作为 LPC 模型精度的量度。归一化预测误差(即误差中的能量除以语音能量)随着 LPC 阶数的增加而减小。理论上,LPC 模型中的每个附加极点均可提高其预测精度。但实际上,以元音为例,LPC 的阶数超过语音共振峰(以及零点效应)所需数量的极点,几乎不会增加建模的准确性。反而,这种无关的极点越多,计算量就会越大。

4. 语音基频的提取

与浊音相关的基频 F_0 以及声调参数是表征人类语音产生中声源机理的最重要特征。F_0 与声调语言(如中文)密切相关,这是因为它提供了语义和词法对照的依据。虽然 F_0 的估计看起来很简单,但是由于语音的非平稳性、声带振动的不规则性、F_0 值的大范围变动、F_0 与声道形状的相互作用以及环境噪声影响等因素,完全准确地估计 F_0 有着相当大的难度。F_0 可以依据信号的时域周期性或频率的谐波间距来估计。频域方法通常具有比时域方法更高的精度,但需要更多的计算。

声带的主要激励发生在声带关闭的瞬间,每个周期以高振幅开始,然后其振幅包络随时间呈指数衰减。由于主导浊音功率的是低频段成分,所以衰减的总速率通常与第 1 共振峰的带宽成反比。音调周期估算的最简单方法是对振幅的峰值进行简单搜索,将峰间距约束在与时间一致的范围内。如果说话人的范围包括从婴儿到成人,那么 F_0 的变化范围可以为 50～500 Hz。

为了简化信号,同时保留足够的谐波以便于对峰值采样,输入语音通常会通过大约 900 Hz 的低通滤波,以便仅保留第 1 共振峰,从而消除其他共振峰的影响。时域中的 F_0 估计有两个优点:高效的计算;可以直接在波形中指定音调周期。当用频谱估算 F_0 时,与基频本身等间隔的谐波可以提供主要线索。在时域峰值选择中,可能会由于共振峰(特别是 F_1)对应的峰值而导致误差,由 F_1 引起的波形振荡混淆为 F_0。通常,将谐波之间的间距作为 F_0 提示更为可靠。使用语音信号中最低频谱峰值直接估计 F_0 可能是不可靠的,这是因为语音信号通常会在滤波中失真(如通过电话线路)。即使未经滤波的语音,在 F_1 处于高频时也具有较弱的一次谐波(如低音元音)。虽然通常频域方法比时域方法的估计更准确,但由于所需的频率变换,其使 F_0 检测器需要更多的计算。典型误差如下:① 将二次谐波误判为基频;② 在周期性较差的语音中估计的 F_0 很模糊。给定的估计方法通常在某些类型的语音上表现良好,但对于其他类型的语音来说,其效果较差。

利用时域信号的周期性估算 F_0 或者依据频域频谱具有规则间隔的谐波估计 F_0 时,一般有 3 个步骤:预处理、F_0 提取以及校错后处理。预处理用于简化输入信号(消除信号中与 F_0 无关的信息),将留下的数据集中到 F_0 确定的特定任务。由于基本音调估计也会产生错误,所以校错后处理可以利用语音产生理论的连续性等约束条件,清除候选 F_0 的错误估计。

音调检测算法尝试在语音信号或其频谱中定位以下特征中的一个或多个:基波谐波 F_0、准周期时间结构、高幅度和低幅度的交替以及信号不连续性。一般来说,音高探测器可以折射各种组件的复杂性。谐波估计有像傅里叶变换那样复杂的预处理器,也有只允许一个峰值通过的简单基频提取器。预处理器通常只是一个低通滤波器,但是当接收来自多个不同说话人的语音时,滤波器截止频率的选择可能会因为 F_0 值的大范围变化而变得复杂。

语音基频提取依然一个活跃的领域[175]。近年来,Kawahara 等[176-178]以 STRAIGHT 和 TEMPO 为基础开发了一系列语音分析和基频提取的工具,由于篇幅的限制本节不做详细介绍,感兴趣的读者请参考文献[176 - 178]。

5. 倒频谱分析

基本的语音产生模型是由声带的准周期脉冲或(在声道狭窄处)随机噪声激励的线性系统。因此,该线性系统输出的语音信号是声源波形与声道脉冲响应的卷积,倒频谱分析(cepstrum analysis)就是将声源和滤波器(声道的共振特性)进行分离,然后予以分析[179-180]。其基本思想是,在时域上,语音的时间序列信号 $x(n)$ 可以描述为声源信号 $s(n)$ 和声道的脉冲冲激响应 $h(n)$ 的卷积:

$$x(n) = \sum_{i=-\infty}^{n} s(i)h(n-i) \tag{1-10}$$

式中,n 为离散时间变量。在频域上,语音的频谱信号 $X(k)$ 可以表示为声源频谱 $S(k)$ 和声道传递函数 $H(k)$ 的乘积:

$$X(k) = S(k)H(k) \tag{1-11}$$

式中,k 为离散傅里叶变换的频率序号。对式(1 - 11)两边同时取对数,我们可以得到两个对数频谱的相加:

$$\lg |X(k)| = \lg |S(k)| + \lg |H(k)| \tag{1-12}$$

由于声源信号 $S(k)$ 的频率范围远高于声道传递函数 $H(k)$ 的频率范围,我们用一个窗函数就可以简单地将两者分开。通过对对数谱求指数函数,我们可以得到声源信号和声道传递函数的倒频谱 $\hat{S}(k)$ 和 $\hat{H}(k)$。之所以称之为倒频谱是因为它们并没有回到原来的频率空间,而是变换到所谓的倒频率(quefrency)空间[179]。然后,通过傅里叶逆变换分别得到声源的时间序列 $\hat{s}(n)$ 和声道特性的 $\hat{h}(n)$。

1.5.2 基于感知机理的信号处理方法

1. 滤波器组的分析

正如我们从 1.1.3 节所看到的那样,人耳可将声波按频率转换成一系列神经电信号。处于耳蜗的基底膜就是根据不同频率的谐振位置的差异通过毛细胞将声音分解成不同频率的成分,并输出到听觉神经,其中沿着基底膜轴向维度的每个微小区间都相当于一个具有带通频率选择性的滤波器。基底膜的功能就相当于一个滤波器组。传统的滤波器组分析技术与基底膜的功能相似。

滤波器组由一组带通滤波器组成。单个输入语音信号同时通过这组带通滤波器,每个滤波器输出一个窄带信号,其中包含在窄频率范围内的语音振幅(或相位)信息。如前所述,人类听觉遵循梅尔刻度,即低于 1 kHz 时具有等间隔固定带宽,然而在较高频段,其间隔服从对数关系。依照人类听觉的非线性特性,滤波器的带宽通常随其中心频率的增加而增加,同时频率的分辨率也随之降低。这种滤波器组分析以非常简单的方式来模拟人类的听觉系统,是基于人类信号处理机理进行语音分析和识别的有效方式。

2. 梅尔倒频谱分析

我们在 1.5.1 节从语音产生的角度介绍了倒频谱分析方法。梅尔倒频谱分析是同时利用语音产生和感知机制的一种流行语音分析方法。结合上述梅尔间隔频率分析的感知机理,对线性频率的倒频谱分析方法进行改造之后,形成了梅尔倒频谱系数(Mel-frequency cepstral coefficent,MFCC)。MFCC 将遵循巴克刻度(Bark)或梅尔尺度的普通倒频谱在频率上进行非线性加权合并,在语音频谱信息的表示方面更为有效。与 LPC 相比,它具有很好的内插特性,广泛应用于语音识别和语音合成等领域。

在计算 MFCC 时,每个连续语音帧的功率谱首先按照通常的分贝(对数刻度),根据梅尔的带宽在频率上有效变形。功率谱可以通过傅里叶变换或 LPC 分析来计算。然后,进行傅里叶逆变换[由于前面的结果是偶函数,所以用离散余弦变换(discrete cosine transform,DCT)]即可得到 MFCC。它通常从 0 阶到 12 阶。0 阶 MFCC 简单地表示语音的平均功率。由于这种功率随着麦克风放置和通信信道条件而有显著变化,所以 0 阶 MFCC 通常不直接用于语音识别,但通常会使用其时间的导数。接下来的 1 阶 MFCC 表示低频和高频之间的功率平衡,其中正值表示浊音,负值表示清音。这反映了一个现象,即浊音的低频能量大、高频能量低,而清音正好相反。随着阶数升高,MFCC 表示频谱更多的细节。例如,对具有 4 个共振峰的语音截止频率为 4 kHz 的语音来说,2 阶 MFCC 为高值的情况说明了 F_1 和 F_3 附近频带的能量较高,而 F_2 和 F_4 附近的能量较低。这样的信息对于区分有声和无声是非常有用的。需要注意的是,MFCC 和 LPC 系数都不显示与共振峰等直接相关的频谱包络细节信息。

3. 基于听觉特性的语音分析

虽然滤波器组分析利用了人类听觉器官的一些特性,但人们希望在语音处理技术里更多地融入人类复杂的听觉特性。比如,更准确地模拟耳蜗中的滤波器功能等。

(1) Gammatone 滤波器:基于听觉神经激活率与输入语音的相关性推导的冲激响应,得到冲激响应中心频率附近的幅度频率特性。Patterson 等[181]以 Gamma 函数为冲激响应包络线,正弦波为其载波,用 Gammatone 滤波器来模拟人的听觉末梢特性。Gammatone 滤波器可以用一个 Gamma 分布和一个余弦信号的乘积来近似[182]：

$$h(t) = ct^{n-1}e^{-2\pi bt}\cos(2\pi f_0 t + \varphi), \quad t > 0 \qquad (1-13)$$

式中，c 为调节比例的常数；n 为滤波器级数，一般取 4；b 为衰减速度，取值为正数，b 越大衰减越快，脉冲响应长度越短；f_0 为中心频率；φ 为相位，由于人耳对相位不敏感，可以省略；时间 t 的单位为秒。与一般的三角形滤波器组相比，Gammatone 滤波器组能更好地模拟人类的听觉末梢特性。它不仅很好地解释了听觉特性，而且广泛地应用在信号处理方面。为了更好地解释听觉的生理实验数据，在 Gammatone 滤波器的基础上进一步开发了"Gammachirp"滤波器[183]。

（2）麦克风阵列技术：人们依靠双耳间的音量差、时间差和音色差判别声音方位。当声源（包括复杂的集群信号）偏向左耳或右耳，即偏离两耳正前方的中轴线时，声源到达左、右耳的距离存在差异，这将导致到达两耳的声音在声级、时间、相位上存在着差异。这种微小差异被人耳所感知，传导给大脑，并与存储在大脑里已有的听觉经验进行比较、分析，得出声音方位的判别，这就是双耳效应。麦克风阵列就是利用人的双耳效应原理，对目标声源进行定位，进而对目标声源以外的声音进行抑制[184]。

4. 感知线性预测分析

如前所述，LPC 分析主要是基于语音产生机理，其中声道可当作全极点模型处理。实际上，LPC 分析等价于线性频率尺度上的一种频谱分析。

然而，人类听觉机理在处理声音时用的是梅尔（对数）频率尺度而不是线性频率尺度。此外，LPC 分析中没有利用听觉机理的其他非线性特征。将这些听觉属性融入 LPC 分析方法中就形成了感知线性预测（perceptual linear prediction，PLP）的分析方法。PLP 分析方法引入了 3 个要素对传统的 LPC 进行改进：① 使用具有对数幅度压缩的临界频带或梅尔功率谱；② 将语音频谱乘以一个函数（曲线）以实现基于频率响度判断的听觉机理；③ 将输出提高 1/3 次方，以模拟听觉的幂律。以 Bark 或梅尔（即临界频带）空间等间隔的 17 个带通滤波器将 0～5 kHz 的范围映射到 0～17 的巴克刻度。每个频带由频谱加权模拟。在介绍 LPC 时，我们讨论过 LPC 阶数的影响。PLP 一个显著的优点是其对阶数选取的敏感度远低于 LPC。

PLP 经常与 RASTA（RelAtive SpecTrAl）语音分析方法相结合。RASTA 语音分析方法对频谱参数信号进行带通滤波以消除语音信号中稳定或缓慢变化的分量（包括环境影响和扬声器特性）以及突发噪声。频率范围通常为

1~10 Hz。比 1 Hz 变化更慢的成分(如大多数信道效应)通过具有陡峭的边沿高通滤波消除,时间常数约为 160 ms。相比之下,低通截止边沿更为平缓,时间常数约为 40 ms,从而在抑制噪声的同时,保留了大部分与音素相关的成分。

在本章中,我们首先从介绍语音产生和感知机理入手,介绍了描述语言产生和感知内在联系的言语链、言语感知运动理论以及仍然存在争议的问题。我们重点介绍了与言语脑功能相关的神经生理学方面的前沿研究以及随之形成的认知理论模型和神经计算模型。最后我们从语音产生和感知机理的角度对经典的语音分析方法进行了梳理,展示了它们之间的关系。与传统教科书不同的是,我们试图从语音产生和感知的机理揭示语音处理背后的物理意义,并希望能够开阔读者新的视野,起到"温故而知新"的作用。

参考文献

［1］ 费尔迪南·德·索绪尔. 普通语言学教程[M]. 高明凯,译. 北京:商务印书馆,1980.

［2］ Stokoe W C, Casterline D C, Croneberg Carl G. A dictionary of American sign language on linguistic principles [M]. Washington: Gallaudet College Press, 1965.

［3］ Liberman P, Mccarthy R. Tracking the evolution of language and speech [J]. Expedition Magazine, 2007, 49(2): 15 - 20.

［4］ Bernardis P, Gentilucci M. Speech and gesture share the same communication system [J]. Neuropsychologia, 2006, 44(2): 178 - 190.

［5］ 本多清志. 人の顔形と声質[J]. 日本音響学会誌, 2001, 57: 308 - 313.

［6］ Fant G. Acoustic theory of speech production [M]. Berlin: DE GRUYTER, 1971.

［7］ Denes P, Pinson, E. The Speech Chain [M]. 2nd ed. New York: W. H. Freeman and Co., 1993.

［8］ Stauffer E A, Holt J R. Sensory transduction and adaptation in inner and outer hair cells of the mouse auditory system [J]. Journal of Neurophysiology, 2007, 98(6): 3360 - 3369.

［9］ Greenwood D D. A cochlear frequency-position function for several species — 29 years later [J]. JASA, 1990, 87(6): 2592 - 2605.

［10］ O'Shaughnessy D. Speech communication: human and machine [M]. New Jersey: Addison-Wesley, 1987.

［11］ Zwicker E. Subdivision of the audible frequency range into critical bands (frequenzgruppen) [J]. The Journal of the Acoustical Society of America, 1961, 33(2): 248.

［12］ Moore B C, Glasberg B R. Suggested formulae for calculating auditory-filter bandwidths and excitation patterns [J]. The Journal of the Acoustical Society of

America，1983，74(3)：750‐753.

[13] 赤木正人. 聴覚フィルタとそのモデル[J]. 電子情報通信学会誌，1994，77：948‐956.

[14] Lu X G，Dang J W. An investigation of dependencies between frequency components and speaker characteristics for text-independent speaker identification [J]. Speech Communication，2008，50(4)：312‐322.

[15] Hyon S，Dang J W，Feng H，et al. Detection of speaker individual information using a phoneme effect suppression method [J]. Speech Communication，2014，57：87‐100.

[16] Bigdely-Shamlo N，Mullen T，Kreutz-Delgado K，et al. Measure projection analysis：a probabilistic approach to EEG source comparison and multi-subject inference [J]. NeuroImage，2013，72：287‐303.

[17] 王韫佳，覃夕航. 再论普通话阳平和上声的感知[C]//中国语音学学术会议，2012.

[18] Lieberman P. Intonation，Perception，and Language [J]. MIT Research Monograph，1967，38(xiii)：210.

[19] Hirano M. Morphological structure of the vocal cord as a vibrator and its variations [J]. Folia Phoniatrica，1974，26(2)：89‐94.

[20] Titze I R. Principles of Voice Production [M]. New Jersey：Prentice Hall，1994.

[21] van den Berg J. Myoelastic-aerodynamic theory of voice production [J]. Journal of Speech and Hearing Research，1958，1(3)：227‐244.

[22] Moore P. A short history of laryngeal investigation [J]. Journal of Voice，1991，5(3)：266‐281.

[23] Berry D A，Titze I R. Normal modes in a continuum model of vocal fold tissues [J]. The Journal of the Acoustical Society of America，1996，100(5)：3345‐3354.

[24] Titze I R. On the mechanics of vocal-fold vibration [J]. The Journal of the Acoustical Society of America，1976，60(6)：1366‐1380.

[25] 広戸幾一郎. 発声機構の面よりみた喉頭の病態生理[J]. 耳鼻臨床，1966，59：229‐291.

[26] Ishizaka K，Flanagan J. Equivalent lumped-mass models of vocal fold vibration [M]. 1981.

[27] Story B H，Titze I R. Voice simulation with a body-cover model of the vocal folds [J]. The Journal of the Acoustical Society of America，1995，97(2)：1249‐1260.

[28] Jiang W L，Xue Q，Zheng X D. Effect of longitudinal variation of vocal fold inner layer thickness on fluid-structure interaction during voice production [J]. Journal of Biomechanical Engineering，2018，140(12)：121008.

[29] 西澤典子. ステレオ側視鏡による喉頭像の観察：呼吸時及び定常発声時における声帯長の変化[J]. 日本耳鼻喉科学会会報，1989，92：1239‐1252.

[30] 廣瀬肇. 語音の韻律の調整について[J]. 喉頭,1989,1：105－111.

[31] Klatt D H，Klatt L C. Analysis，synthesis，and perception of voice quality variations among female and male talkers [J]. The Journal of the Acoustical Society of America，1990，87(2)：820－857.

[32] Fant G. Glottal source and excitation analysis [J]. Speech Transmission Laboratory Quarterly Progress and Status Report，1979，1：85－107.

[33] Fant G，Liljencrants J，Lin Q. A four-parameter model of glottal flow [J]. Stlqpsr，1985，4：1－13.

[34] Li Y W，Li J F，Akagi M. Contributions of the glottal source and vocal tract cues to emotional vowel perception in the valence-arousal space [J]. The Journal of the Acoustical Society of America，2018，144(2)：908－916.

[35] Fujisaki H，Hirose K. Analysis of voice fundamental frequency contours for declarative sentences of Japanese [J]. Journal of the Acoustical Society of Japan (E)，1984，5(4)：233－242.

[36] Fujisaki H. Information，prosody，and modeling — with emphasis on tonal features of speech[C]//Proceedings of Speech Prosody. [s. l.]：[s. n.]，2004.

[37] Tseng C Y，PIN S H，LEE Y L. Speech prosody：issues，approaches and implications [M]//GUNNAR FANT H F，Cao J F，XU Y. Traditional phonology to modern speech processing. Beijing：Foreign Language Teaching and Research Press. 2004.

[38] 郑秋豫. 语篇的基频构组与语流韵律体现[J]. Language and Linguistics，2010，11：183－218.

[39] Dang J，Honda K，Tohkura Y. Investigation of Chinese vowel articulation using X-ray microbeam system[C]//Proceedings of the First China-Japan Workshop on Spoken Language Processing，Huanshang，China：[s. n.]，1997.

[40] Stevens K N. Acoustic phonetics [M]. Cambridge：The MIT Press，2000.

[41] Maeda S. A digital simulation method of the vocal-tract system [J]. Speech Communication，1982，1(3/4)：199－229.

[42] Wolf J J. Efficient acoustic parameters for speaker recognition [J]. The Journal of the Acoustical Society of America，1972，51(6B)：2044－2056.

[43] Wang L L，Wang J，Li L T，et al. Improving speaker verification performance against long-term speaker variability [J]. Speech Communication，2016，79：14－29.

[44] Dang J W，Honda K，Suzuki H. Morphological and acoustical analysis of the nasal and the paranasal cavities [J]. The Journal of the Acoustical Society of America，1994，96(4)：2088－2100.

[45] Dang J W，Honda K. Acoustic characteristics of the human paranasal sinuses derived from transmission characteristic measurement and morphological observation [J]. The

Journal of the Acoustical Society of America, 1996, 100(5): 3374 - 3383.

[46] Dang J W, Honda K. Acoustic characteristics of the piriform fossa in models and humans [J]. The Journal of the Acoustical Society of America, 1997, 101 (1): 456 - 465.

[47] Takemoto H, Adachi S, Kitamura T, et al. Acoustic roles of the laryngeal cavity in vocal tract resonance [J]. The Journal of the Acoustical Society of America, 2006, 120(4): 2228 - 2238.

[48] Denes P, Pinson E. The Speech Chain [M]. 2nd. New York: W. H. Freeman and Co, 1993.

[49] Liberman A M, Cooper F S, Shankweiler D P, et al. Perception of the speech code [J]. Psychological Review, 1967, 74(6): 431 - 461.

[50] Liberman A M, Mattingly I G. The motor theory of speech perception revised [J]. Cognition, 1985, 21(1): 1 - 36.

[51] Porter R J, Lubker J F. Rapid reproduction of vowel-vowel sequences: Evidence for a fast and direct acoustic-motoric linkage in speech [J]. Journal of Speech and Hearing Research, 1980, 23(3): 593 - 602.

[52] Macleod A, Summerfield Q. Quantifying the contribution of vision to speech perception in noise [J]. British Journal of Audiology, 1987, 21(2): 131 - 141.

[53] Bernstein L E, Tucker P E, Demorest M E. Speech perception without hearing [J]. Perception & Psychophysics, 2000, 62(2): 233 - 252.

[54] Mcgurk H, Macdonald J. Hearing lips and seeing voices [J]. Nature, 1976, 264 (5588): 746 - 748.

[55] Nath A R, Beauchamp M S. A neural basis for interindividual differences in the McGurk effect, a multisensory speech illusion [J]. NeuroImage, 2012, 59 (1): 781 - 787.

[56] Beauchamp M S, Nath A R, Pasalar S. fMRI-guided transcranial magnetic stimulation reveals that the superior temporal sulcus is a cortical locus of the McGurk effect [J]. Journal of Neuroscience, 2010, 30(7): 2414 - 2417.

[57] Barraclough N E, Xiao D K, Baker C I, et al. Integration of visual and auditory information by superior temporal sulcus neurons responsive to the sight of actions [J]. Journal of Cognitive Neuroscience, 2005, 17(3): 377 - 391.

[58] Fowler C A. An event approach to the study of speech perception from a direct-realist perspective [J]. Journal of Phonetics, 1986, 14(1): 3 - 28.

[59] Skipper J I, Devlin J T, Lametti D R. The hearing ear is always found close to the speaking tongue: Review of the role of the motor system in speech perception [J]. Brain and Language, 2017, 164: 77 - 105.

[60] Galantucci B, Fowler C A, Turvey M T. The motor theory of speech perception reviewed [J]. Psychonomic Bulletin & Review, 2006, 13(3): 361 - 377.

[61] Hickok G, Poeppel D. Dorsal and ventral streams: A framework for understanding aspects of the functional anatomy of language [J]. Cognition, 2004, 92 (1/2): 67 - 99.

[62] Massaro D W, Chen T H. The motor theory of speech perception revisited [J]. Psychonomic Bulletin & Review, 2008, 15(2): 453 - 457.

[63] Di Pellegrino G, Fadiga L, Fogassi L, et al. Understanding motor events: a neurophysiological study [J]. Experimental Brain Research, 1992, 91(1): 176 - 180.

[64] Gallese V, Fadiga L, Fogassi L, et al. Action recognition in the premotor cortex [J]. Brain, 1996, 119(2): 593 - 609.

[65] Lotto A J, Hickok G S, Holt L L. Reflections on mirror neurons and speech perception [J]. Trends in Cognitive Sciences, 2009, 13(3): 110 - 114.

[66] Johnson-Frey S H. Mirror neurons, Broca's area and language: Reflecting on the evidence [J]. Behavioral and Brain Sciences, 2003, 26(2): 226 - 227.

[67] Skipper J I, Nusbaum H C, Small S L. Listening to talking faces: Motor cortical activation during speech perception [J]. NeuroImage, 2005, 25(1): 76 - 89.

[68] Fadiga L, Craighero L, Buccino G, et al. Speech listening specifically modulates the excitability of tongue muscles: a TMS study [J]. The European Journal of Neuroscience, 2002, 15(2): 399 - 402.

[69] Pulvermuller F, Huss M, Kherif F, et al. Motor cortex maps articulatory features of speech sounds [J]. PNAS, 2006, 103(20): 7865 - 7870.

[70] Pfurtscheller G. Event-related synchronization (ERS): An electrophysiological correlate of cortical areas at rest [J]. Electroencephalography and Clinical Neurophysiology, 1992, 83(1): 62 - 69.

[71] Cochin S, Barthelemy C, Roux S, et al. Observation and execution of movement: similarities demonstrated by quantified electroencephalography [J]. European Journal of Neuroscience, 1999, 11(5): 1839 - 1842.

[72] Mcfarland D J, Miner L A, Vaughan T M, et al. Mu and beta rhythm topographies during motor imagery and actual movements [J]. Brain Topography, 2000, 12(3): 177 - 186.

[73] Tamura R, Kitamura H, Endo T, et al. Decreased leftward bias of prefrontal activity in autism spectrum disorder revealed by functional near-infrared spectroscopy [J]. Psychiatry Research: Neuroimaging, 2012, 203(2/3): 237 - 240.

[74] Egorova N, Pulvermüller F, Shtyrov Y. Neural dynamics of speech act comprehension: an MEG study of Naming and requesting [J]. Brain Topography,

2014，27(3)：375 - 392.

[75] Keysers C, Gazzola V. Social neuroscience： mirror neurons recorded in humans [J]. Current Biology, 2010, 20(8)：R353 - R354.

[76] Liu Y, Piazza E A, Simony E, et al. Measuring speaker-listener neural coupling with functional near infrared spectroscopy [J]. Scientific Report, 2017, 7：43293.

[77] Yeshurun Y, Swanson S, Simony E, et al. Same story, different story： the neural representation of interpretive frameworks [J]. Psychological Science, 2017, 28(3)：307 - 319.

[78] Hickok G. The myth of mirror neurons ： the real neuroscience of communication and cognition [M]. London：W. W. Norton & Company, 2014.

[79] Jacob P. The tuning-fork model of human social cognition： a critique [J]. Consciousness and Cognition, 2009, 18(1)：229 - 243.

[80] Androutsos G, Diamantis A. Paul Broca (1824 - 1880)：Founder of anthropology, pioneer of neurology and oncology [J]. Journal of B. U. ON. ：Official Journal of the Balkan Union of Oncology, 2007, 12(4)：557 - 564.

[81] Wernicke C. Der aphasische symptomencomplex. Ein psychologische studie auf anatomischer basis[M]. Breslau：Cohn & Weigert, 1874.

[82] Brodmann K. Vergleichende Lokalisationslehre der Grosshirnrinde ：in ihren Prinzipien dargestellt auf Grund des Zellenbaues [M]. Leipzig：Barth, 1909.

[83] Dejerine J J. Anatomie des centres nerveux [M]. Paris：Rueff, 1895.

[84] Geschwind N. The organization of language and the brain [J]. Science, 1970, 170 (3961)：940 - 944.

[85] Metter E J, Riege W H, Hanson W R, et al. Correlations of glucose metabolism and structural damage to language function in aphasia [J]. Brain and Language, 1984, 21(2)：187 - 207.

[86] Tourville J A, Guenther F H：CAS/CNS Technical Report Series, 2003.

[87] Krestel H, Annoni J M, Jagella C. White matter in aphasia：A historical review of the Dejerines' studies [J]. Brain and Language, 2013, 127(3)：526 - 532.

[88] Zhao B, Dang J W, Zhang G Y. EEG source reconstruction evidence for the noun-verb neural dissociation along semantic dimensions [J]. Neuroscience, 2017, 359：183 - 195.

[89] Schoffelen J M, Hultén A, Lam N, et al. Frequency-specific directed interactions in the human brain network for language [J]. Proceedings of the National Academy of Sciences of the United States of America, 2017, 114(30)：8083 - 8088.

[90] Kaan E, Harris A, Gibson E, et al. The P600 as an index of syntactic integration difficulty [J]. Language and Cognitive Processes, 2000, 15(2)：159 - 201.

［91］ Di Liberto G M, O'Sullivan J A, Lalor E C. Low-frequency cortical entrainment to speech reflects phoneme-level processing ［J］. Current Biology, 2015, 25 (19): 2457 - 2465.

［92］ Drijvers L, Özy Rek A, Jensen O. Hearing and seeing meaning in noise: alpha, beta, and gamma oscillations predict gestural enhancement of degraded speech comprehension ［J］. Human Brain Mapping, 2018, 39(5): 2075 - 2087.

［93］ Kingyon J, Behroozmand R, Kelley R, et al. High-gamma band fronto-temporal coherence as a measure of functional connectivity in speech motor control ［J］. Neuroscience, 2015, 305: 15 - 25.

［94］ Fedorenko E, Thompson-Schill S L. Reworking the language network ［J］. Trends in Cognitive Sciences, 2014, 18(3): 120 - 126.

［95］ Iversen J R, Ojeda A, Mullen T, et al. Causal analysis of cortical networks involved in reaching to spatial targets ［J］. Conference Proceedings, 2014, 2014: 4399 - 4402.

［96］ Zhao B, Huang J F, Zhang G Y, et al. Revealing spatiotemporal brain dynamics of speech production based on EEG and eye movement ［C］//Interspeech. ISCA: ISCA, 2018.

［97］ Mirkovic B, Debener S, Jaeger M, et al. Decoding the attended speech stream with multi-channel EEG: Implications for online, daily-life applications ［J］. Journal of Neural Engineering, 2015, 12(4): 046007.

［98］ Cohen J D, Daw N, Engelhardt B, et al. Computational approaches to fMRI analysis ［J］. Nature Neuroscience, 2017, 20(3): 304 - 313.

［99］ Huang J T, Li J, Yu D, et al. Cross-language knowledge transfer using multilingual deep neural network with shared hidden layers ［J］. IEEE International Conference on Acoustics, Speech, and Signal Processing. ［s. l.］: ［s. n.］, 2013.

［100］ Hickok G, Poeppel D. The cortical organization of speech processing ［J］. Nature Reviews Neuroscience, 2007, 8(5): 393 - 402.

［101］ Catani M, Mesulam M. The arcuate fasciculus and the disconnection theme in language and aphasia: History and current state ［J］. Cortex, 2008, 44(8): 953 - 961.

［102］ Milner D, Goodale M. The visual brain in action ［M］. Oxford: Oxford University Press, 2006.

［103］ Dijkerman H C, de Haan E H F. Somatosensory processes subserving perception and action ［J］. Behavioral and Brain Sciences, 2007, 30(2): 189 - 201.

［104］ Binder J R, Frost J A, Hammeke T A, et al. Human temporal lobe activation by speech and nonspeech sounds ［J］. Cerebral Cortex, 2000, 10(5): 512 - 528.

［105］ Damasio H, Damasio A R. Lesion analysis in neuropsychology ［M］. Oxford: Oxford

University Press, 1989.

[106] Hoffman P, Evans G A L, Lambon Ralph M A. The anterior temporal lobes are critically involved in acquiring new conceptual knowledge: Evidence for impaired feature integration in semantic dementia [J]. Cortex, 2014, 50: 19 - 31.

[107] Friederici A D, Meyer M, von Cramon D Y. Auditory language comprehension: an event-related fMRI study on the processing of syntactic and lexical information [J]. Brain and Language, 2000, 74(2): 289 - 300.

[108] Guenther F H, Hampson M, Johnson D. A theoretical investigation of reference frames for the planning of speech movements [J]. Psychological Review, 1998, 105(4): 611 - 633.

[109] Baddeley A D, Hitch G. Working memory [M]//Psychology of Learning and Motivation. Amsterdam: Elsevier, 1974.

[110] Zatorre R J, Belin P, Penhune V B. Structure and function of auditory cortex: Music and speech [J]. Trends in Cognitive Sciences, 2002, 6(1): 37 - 46.

[111] Poeppel D. The analysis of speech in different temporal integration windows: Cerebral lateralization as ' asymmetric sampling in time ' [J]. Speech Communication, 2003, 41(1): 245 - 255.

[112] Friederici A D. The brain basis of language processing: From structure to function [J]. Physiological Reviews, 2011, 91(4): 1357 - 1392.

[113] Sammler D, Grosbras M H, Anwander A, et al. Dorsal and ventral pathways for prosody [J]. Current Biology, 2015, 25(23): 3079 - 3085.

[114] Si X P, Zhou W J, Hong B. Cooperative cortical network for categorical processing of Chinese lexical tone [J]. PNAS, 2017, 114(46): 12303 - 12308.

[115] Tremblay P, Small S L. Motor response selection in overt sentence production: a functional MRI study [J]. Frontiers in Psychology, 2011, 2: 253.

[116] Schmahmann J D, Pandya D N. The cerebrocerebellar system [M]//International Review of Neurobiology. Amsterdam: Elsevier, 1997.

[117] Hickok G. Neurobiology of Language [J]. 2016.

[118] Oller D K, Eilers R E. The role of audition in infant babbling [J]. Child Development, 1988, 59(2): 441 - 449.

[119] Scott C M, Ringel R L. Articulation without oral sensory control [J]. Journal of Speech and Hearing Research, 1971, 14(4): 804 - 818.

[120] Cowie R, Douglas-Cowie E, Kerr A G. A study of speech deterioration in post-lingually deafened adults [J]. The Journal of Laryngology and Otology, 1982, 96 (2): 101 - 112.

[121] Yates A J. Delayed auditory feedback [J]. Psychological Bulletin, 1963, 60(3):

213 – 232.

[122] Lane H, Tranel B. The Lombard sign and the role of hearing in speech [J]. Journal of Speech and Hearing Research, 1971, 14(4): 677 – 709.

[123] Chang-Yit R, Pick H L Jr, Siegel G M. Reliability of sidetone amplification effect in vocal intensity [J]. Journal of Communication Disorders, 1975, 8(4): 317 – 324.

[124] Burnett T A, Freedland M B, Larson C R, et al. Voice F0 responses to manipulations in pitch feedback [J]. The Journal of the Acoustical Society of America, 1998, 103(6): 3153 – 3161.

[125] Kandel E R, Schwartz J H, Jessell T M. Principles of neural science [M]. New York: McGraw-Hill, 2000.

[126] Heil P. Coding of temporal onset envelope in the auditory system [J]. Speech Communication, 2003, 41(1): 123 – 134.

[127] Todorov E. Optimality principles in sensorimotor control [J]. Nature Neuroscience, 2004, 7(9): 907 – 915.

[128] Nasir S M, Ostry D J. Auditory plasticity and speech motor learning [J]. PNAS, 2009, 106(48): 20470 – 20475.

[129] Houde J F, Nagarajan S S. Speech production as state feedback control [J]. Frontiers in Human Neuroscience, 2011, 5: 82.

[130] Guenther F H, Vladusich T. A neural theory of speech acquisition and production [J]. Journal of Neurolinguistics, 2012, 25(5): 408 – 422.

[131] Guenther F H. Speech sound acquisition, coarticulation, and rate effects in a neural network model of speech production [J]. Psychological Review, 1995, 102(3): 594 – 621.

[132] Perkell J S, Guenther F H, Lane H, et al. A theory of speech motor control and supporting data from speakers with normal hearing and with profound hearing loss [J]. Journal of Phonetics, 2000, 28(3): 233 – 272.

[133] Callan D E, Kent R D, Guenther F H, et al. An auditory-feedback-based neural network model of speech production that is robust to developmental changes in the size and shape of the articulatory system [J]. Journal of Speech, Language, and Hearing Research, 2000, 43(3): 721 – 736.

[134] Perkell J S, Matthies M L, Tiede M, et al. The distinctness of speakers' /s/-/S/ contrast is related to their auditory discrimination and use of an articulatory saturation effect [J]. Journal of Speech, Language, and Hearing Research, 2004, 47(6): 1259 – 1269.

[135] Guenther F H. Cortical interactions underlying the production of speech sounds [J]. Journal of Communication Disorders, 2006, 39(5): 350 – 365.

[136] Guenther F H, Ghosh S S, Tourville J A. Neural modeling and imaging of the cortical interactions underlying syllable production [J]. Brain and Language, 2006, 96(3): 280 - 301.

[137] Fujii K, Fang Q, Dang J W. Investigation of auditory-guided speech production while learning unfamiliar speech sounds. [J]. Journal of Signal Processing, 2011, 15: 287 - 290.

[138] Fang Q. Feedforward control of a 3 - D physiological articulatory model for vowel production [J]. Tsinghua Science & Technology, 2009, 14(5): 617 - 622.

[139] Wu X, Wei J, Dang J W. Study of Control Strategy Mimicking Speech Motor Learning for a Physiological Articulatory Model [J]. Journal of Signal Processing, 2011, 15(4): 295 - 298.

[140] Dang J W, Honda K. Construction and control of a physiological articulatory model [J]. The Journal of the Acoustical Society of America, 2004, 115(2): 853 - 870.

[141] Fang Q, Fujita S, Lu X G, et al. A model-based investigation of activations of the tongue muscles in vowel production [J]. Acoustical Science and Technology, 2009, 30(4): 277 - 287.

[142] Wu X Y, Dang J W. Control strategy of physiological articulatory model for speech production [J]. Journal of Chinese Linguistics, 2015, 43(1B): 337 - 363.

[143] Yan H, Dang J, Cao M, et al. A new framework of neurocomputational model for speech production [C]//Proceedings of 2014 9th International Symposium on the Chinese Spoken Language Processing (ISCSLP). New York: IEEE, 2014.

[144] Henke L. Dynamic articulatory model of speech production using computer simulation [D]. Cambridge: Massachusetts Institute of Technology, 1966.

[145] Ellis C, Dismuke C, Edwards K K. Longitudinal trends in aphasia in the United States [J]. NeuroRehabilitation, 2010, 27(4): 327 - 333.

[146] Dickey L, Kagan A, Lindsay M P, et al. Incidence and profile of inpatient stroke-induced aphasia in Ontario, Canada [J]. Archives of Physical Medicine and Rehabilitation, 2010, 91(2): 196 - 202.

[147] Lichteim L. On aphasia [J]. Brain, 1885, 7(4): 433 - 484.

[148] Raymer A M, Gonzalez Rothi L J. The Oxford handbook of aphasia and language disorders [M]. Oxford: Oxford University Press, 2015.

[149] Buchman A S, Garron D C, Trost-Cardamone J E, et al. Word deafness: One hundred years later [J]. Journal of Neurology, Neurosurgery, and Psychiatry, 1986, 49(5): 489 - 499.

[150] Hickok G. Speech perception, conduction aphasia, and the functional neuroanatomy of language [J]. 2000: 87 - 104.

[151] Lechtenberg R, Gilman S. Speech disorders in cerebellar disease [J]. Annals of Neurology, 1978, 3(4): 285 - 290.

[152] Zhou X L, Shu H. Neurocognitive processing of the Chinese language [J]. Brain and Language, 2011, 119(2): 59.

[153] Kronfeld-Duenias V, Amir O, Ezrati-Vinacour R, et al. Dorsal and ventral language pathways in persistent developmental stuttering [J]. Cortex, 2016, 81: 79 - 92.

[154] Brady M C, Kelly H, Godwin J, et al. Speech and language therapy for aphasia following stroke [J]. The Cochrane Database of Systematic Reviews, 2016(6): CD000425.

[155] Fridriksson J, Guo D Z, Fillmore P, et al. Damage to the anterior arcuate fasciculus predicts non-fluent speech production in aphasia [J]. Brain, 2013, 136(11): 3451 - 3460.

[156] Kertesz A, Lesk D. Isotope localization of infarcts in aphasia [J]. Archives of Neurology, 1977, 34(10): 590 - 601.

[157] Hébert S, Racette A, Gagnon L, et al. Revisiting the dissociation between singing and speaking in expressive aphasia [J]. Brain, 2003, 126(8): 1838 - 1850.

[158] Sparks R, Helm N, Albert M. Aphasia rehabilitation resulting from melodic intonation therapy [J]. Cortex, 1974, 10(4): 303 - 316.

[159] Schlaug G, Marchina S, Norton A. Evidence for plasticity in white-matter tracts of patients with chronic Broca's aphasia undergoing intense intonation-based speech therapy [J]. Annals of the New York Academy of Sciences, 2009, 1169(1): 385 - 394.

[160] Belin P, van Eeckhout P, Zilbovicius M, et al. Recovery from nonfluent aphasia after melodic intonation therapy: a PET study [J]. Neurology, 1996, 47(6): 1504 - 1511.

[161] Boucher V, Garcia L J, Fleurant J, et al. Variable efficacy of rhythm and tone in melody-based interventions: Implications for the assumption of a right-hemisphere facilitation in non-fluent aphasia [J]. Aphasiology, 2001, 15(2): 131 - 149.

[162] Kolk H, Heeschen C. Adaptation symptoms and impairment symptoms in Broca's aphasia [J]. Aphasiology, 1990, 4(3): 221 - 231.

[163] d'Ausilio A, Pulvermüller F, Salmas P, et al. The motor somatotopy of speech perception [J]. Current Biology, 2009, 19(5): 381 - 385.

[164] Johnson M L, Taub E, Harper L H, et al. An enhanced protocol for constraint-induced aphasia therapy II: a case series [J]. American Journal of Speech-Language Pathology, 2014, 23(1): 60 - 72.

[165] Liepert J, Bauder H, Wolfgang H R, et al. Treatment-induced cortical reorganization

after stroke in humans [J]. Stroke, 2000, 31(6): 1210 - 1216.

[166] Torres J, Drebing D, Hamilton R. TMS and tDCS in post-stroke aphasia: Integrating novel treatment approaches with mechanisms of plasticity [J]. Restorative Neurology and Neuroscience, 2013, 31(4): 501 - 515.

[167] Waldowski K, Seniów J, Leśniak M, et al. Effect of low-frequency repetitive transcranial magnetic stimulation on Naming abilities in early-stroke aphasic patients: a prospective, randomized, double-blind sham-controlled study [J]. The Scientific World Journal, 2012, 2012: 518568.

[168] Marangolo P, Fiori V, Calpagnano M A, et al. tDCS over the left inferior frontal cortex improves speech production in aphasia [J]. Frontiers in Human Neuroscience, 2013, 7: 539.

[169] Hamilton R H, Chrysikou E G, Coslett B. Mechanisms of aphasia recovery after stroke and the role of noninvasive brain stimulation [J]. Brain and Language, 2011, 118(1/2): 40 - 50.

[170] Yang Z G, Chen J, Huang Q, et al. The effect of voice cuing on releasing Chinese speech from informational masking [J]. Speech Communication, 2007, 49(12): 892 - 904.

[171] Dang J W, Honda K. Estimation of vocal tract shapes from speech sounds with a physiological articulatory model [J]. Journal of Phonetics, 2002, 30(3): 511 - 532.

[172] 杨明浩,陶建华,李昊,等. 面向自然交互的多通道人机对话系统[J]. 计算机科学, 2014,41(10): 12 - 18.

[173] Civier O, Tasko S M, Guenther F H. Overreliance on auditory feedback may lead to sound/syllable repetitions: simulations of stuttering and fluency-inducing conditions with a neural model of speech production [J]. Journal of Fluency Disorders, 2010, 35(3): 246 - 279.

[174] Box G, Jenkins G M, Reinsel G C. Time series analysis: forecasting and control [M]. 3rd ed. New Jersey: Prentice Hall, 1994.

[175] Miwa K, Unoki M. Robust method for estimating F0 of complex tone based on pitch perception of amplitude modulated signal [C]//Interspeech 2017. [s. l.]: ISCA, 2017.

[176] Kawahara H, Masuda-Katsuse I, de Cheveigné A. Restructuring speech representations using a pitch-adaptive time-frequency smoothing and an instantaneous-frequency-based F0 extraction: Possible role of a repetitive structure in sounds [J]. Speech Communication, 1999, 27(3/4): 187 - 207.

[177] Banno H, Hata H, Morise M, et al. Implementation of realtime STRAIGHT speech manipulation system: Report on its first implementation [J]. Acoustical Science and

Technology，2007，28(3)：140‑146.

[178]　Kawahara H. Straight‑Tempo：a universal tool to manipulate linguistic and para-
linguistic speech information[C]//Proceedings of the IEEE International Conference
on Systems. New York：IEEE，1997.

[179]　Bogert B P，Healy M J R，Tukey J W. The quefrency analysis of time series for
echoes：cepstrum，pseudo‑autocovariance，cross‑cepstrum，and saphe cracking[C]//
Proceedings of the Symposium on Time Series Analysis. New York：Wiley，1963.

[180]　Childers D G，Skinner D P，Kemerait R C. The cepstrum：a guide to processing
[J]. Proceedings of the IEEE，1977，65(10)：1428‑1443.

[181]　Patterson R D，Holdsworth J，Nimmo‑Smith I，et al. SVOS final report：the
auditory filterbank[R]. [s. l.]：[s. n.]，1987.

[182]　de Boer E. On cochlear encoding：Potentialities and limitations of the reverse-
correlation technique[J]. The Journal of the Acoustical Society of America，1978，
63(1)：115.

[183]　Irino T，Patterson R D. A time‑domain，level‑dependent auditory filter：the
gammachirp[J]. The Journal of the Acoustical Society of America，1997，101(1)：
412‑419.

[184]　Krim H，Viberg M. Two decades of array signal processing research：the parametric
approach[J]. IEEE Signal Processing Magazine，1996，13(4)：67‑94.

2 语音增强与麦克风阵列信号处理

付中华

付中华，西北工业大学，电子邮箱：mailfzh@nwpu.edu.cn

在用麦克风录音的时候,噪声总是无法避免的,它不仅会降低语音信号的质量和可懂度,严重影响各种语音系统的性能,还会影响人们的说话方式,干扰人耳对语音的感知。因此在对目标语音信号进行各种分析和处理之前,需要清除这些不需要的噪声信号。这种清除噪声的过程常常称为噪声抑制或者语音增强。

通常语音拾取中的噪声可以分成 3 类:第 1 类是在干净语音信号中混入的、各种未知的加性噪声;第 2 类是由周围环境反射形成的混响声;第 3 类是扬声器播放的声音传入麦克风而产生的回声。加性噪声包括周围环境中的各种噪声、录音系统自身的噪声等,此类噪声信号与目标语音信号没有什么关系,且无法预知。混响声则不同,它是由目标语音在周围各种物体上产生的反射声混合而成,因此与目标语音信号密切相关,它属于卷积噪声。回声比较特殊,它是特指麦克风拾取的系统扬声器所播放的声信号,由于系统馈送给扬声器播放的信号是已知的,所以回声抑制可以采用完全不同的方法。在这一章中我们将主要讨论第 1 类噪声的抑制技术。

本章的 2.1 节定义了语音增强中常用的时域和频域信号模型,2.2 节介绍了语音增强的主观和客观评价方法,这两部分是进行语音增强研究的基础。2.3 节介绍了单声道语音增强方法,即如何利用信号的时频特性进行滤波增强或谱增益增强,此外还包括噪声估计以及近年来蓬勃发展的、基于深度学习的语音增强方法。2.4 节介绍了基于麦克风阵列的语音增强方法。

2.1 信号模型

2.1.1 时域信号模型

我们首先定义语音增强中常用的时域信号模型。设麦克风拾取的混有噪声的信号为 $y(n)$,包括干净的目标语音信号 $x(n)$ 和需要被去除的噪声信号 $v(n)$,其中 n 是经过时域采样之后的各个采样点编号,于是这三者之间的关系可以表示为

$$y(n) = x(n) + v(n) \qquad (2-1)$$

通常假定这 3 个信号都是均值为零的随机信号,而且 $x(n)$ 与 $v(n)$ 不相关。语音增强的目的就是从 $y(n)$ 中恢复出干净的目标语音信号 $x(n)$。

语音信号相邻采样点之间有很强的相关性,这种相关性在语音增强中非常有用,因此上面的模型往往可扩写成信号矢量的方式,即

$$y(n) = x(n) + v(n) \tag{2-2}$$

式中,

$$y(n) = [y(n), y(n-1), \cdots, y(n-L+1)]^\mathrm{T} \tag{2-3}$$

是包含了最近 L 个采样点的含噪信号矢量。$x(n)$ 和 $v(n)$ 与 $y(n)$ 的定义类似。有了这种矢量模型,语音增强就变成从矢量 $y(n)$ 中恢复 $x(n)$。

如果采用了多个麦克风进行录音,设麦克风个数为 M,则信号模型可以写成各种不同的形式。例如,在第 n 个采样点时,有

$$y_m(n) = x_m(n) + v_m(n), \quad m = 1, 2, \cdots, M \tag{2-4}$$

式中,m 是麦克风的标号。我们把所有麦克风最近 L 个采样点的信号矢量合在一起,就可以得到如下超矢量模型:

$$\underline{y}(n) = \underline{x}(n) + \underline{v}(n) \tag{2-5}$$

式中,

$$\underline{y}(n) = [y_1^\mathrm{T}(n), y_2^\mathrm{T}(n), \cdots, y_m^\mathrm{T}(n), \cdots, y_M^\mathrm{T}(n)]^\mathrm{T}$$

是 $LM \times 1$ 的超矢量,而 $y_m(n)$ 是第 m 个麦克风对应的含噪信号矢量,如式(2-3)所示。现在,如果语音增强的目的是恢复出某一个麦克风上录制到的干净语音信号,例如以第 1 个麦克风为准,则需要从超矢量 $\underline{y}(n)$ 中恢复出 $x_1(n)$。

2.1.2 频域信号模型与短时傅里叶变换技术

在信号处理中,常常利用傅里叶变换把时域的问题转换到频域上,从而把复杂的时域信号分解成许多大小和相位不同的复正弦信号的叠加。我们知道语音信号是随时间不断发生变化的,不过由于发声器官的变化速度有限,所以可以假定在较短的时间片内(10~30 ms)语音信号基本没有变化。为了研究这种缓慢时变信号的频率特性,常常采用短时傅里叶变换(short-time Fourier transform, STFT)。

对信号 $x(n)$ 进行 STFT 的定义如下:

$$X(n, \omega) = \sum_{l=-\infty}^{\infty} x(l) w(n-l) \exp(-\mathrm{j}\omega) \tag{2-6}$$

式中,$w(n-l)$是分析窗,可以由矩形窗或汉宁窗等基本窗函数加权得到;ω 是圆周角频率,单位是 rad,周期为 2π,即 $2\pi f/f_s$,其中 f 是信号频率,f_s 是采样频率。如果对 ω 进行离散化,例如在 $0\sim f_s$ 的频率范围均匀采样 N 个点,若 f 对应的采样点号为 k,则 ω 就变成了 $2\pi k/N$,而 $X(n,\omega)$ 则变成了 $X(n,k)$。

由式(2-6)可以看出,随着时间 n 不断推移,分析窗 $w(n-l)$ 也相应地不断移动,而且每新来一个采样点,都要进行一次 STFT 分析。实际上,根据采样理论,用 STFT 对信号进行时频分析时,时域的抽样率可以显著降低,也就是说我们只需要每 N_s 个采样点进行一次 STFT 分析就可以了。通常把分析窗所覆盖的一段信号称为一帧,把 N_s 称为帧移(一般 $N_s<N/2$)。这样在实际 STFT 分析时,语音信号是用 $X(n_s,k)$ 表示的,其中 n_s 是帧号,k 是频点号。

频域的语音增强一般都是在 STFT 域进行的。由于 STFT 是线性变换,因此式(2-1)中的时域信号模型在 STFT 域可以表示为

$$Y(n_s,k)=X(n_s,k)+V(n_s,k) \qquad (2-7)$$

式中,$Y(n_s,k)$、$X(n_s,k)$和$V(n_s,k)$分别是 $y(n)$、$x(n)$ 和 $v(n)$ 的 STFT 的变换结果。

类似地,对于由 M 个麦克风构成的阵列录音系统,STFT 域信号模型可以表示为

$$\boldsymbol{Y}(n_s,k)=\boldsymbol{X}(n_s,k)+\boldsymbol{V}(n_s,k) \qquad (2-8)$$

式中,$\boldsymbol{Y}(n_s,k)$是所有通道信号组成的信号矢量,即

$$\boldsymbol{Y}(n_s,k)=[Y_1(n_s,k) \quad Y_2(n_s,k) \quad \cdots \quad Y_m(n_s,k) \quad \cdots \quad Y_M(n_s,k)]^T$$

式中,$Y_m(n_s,k)$是第 m 个麦克风观测到的含噪信号 $y_m(n)$ 的 STFT。$\boldsymbol{X}(n_s,k)$ 和 $\boldsymbol{V}(n_s,k)$ 可以类似地定义。

需要注意的是,在很多文献当中,为了理论完备和叙述方便,常常把上面公式中的(n_s,k)用基本的(n,ω)表示,有时为了应用平稳信号理论,更忽略 n,直接简化为(ω)。因此在本章后面的不同增强算法介绍中,会根据需要采用不同的频域信号模型形式,例如 $Y(n,\omega)$ 或 $Y(\omega)$ 等,以便于读者阅读和理解。

在频域进行语音增强之后,还需要把 STFT 域的结果信号恢复成时域信号,这需要用到逆 STFT,即 ISTFT。由于 STFT 把时域信号分成了彼此重叠的一帧帧信号进行频域分析,因此 ISFTT 需要把一帧帧的信号恢复成时域信号帧,并重叠拼接成连续的时域信号,这种技术称为叠接相加(overlap-and-saving)法。通常把 STFT 和 ISTFT 统称为 STFT 分析与综合。由于篇幅有限,这里不详细

讨论 STFT 分析综合技术,有兴趣的读者可以参考文献[1]。

2.2 评价方法

为了公正合理地评价增强处理之后的语音质量(简称"音质"),必须有一套公正合理的评价方法和指标体系。一般来说,语音增强中用到的评价方法可以分成主观评价方法和客观评价方法两大类。

由于增强之后的语音是给人听的,所以评价语音增强最合理的方法是主观测听实验。然而,主观评价的结果要真实可信、可以重复验证,就必须在测听者、测试语料、测试系统、测试方法以及结果统计等方面进行科学设计,这往往使得主观评价方法成本很高,也非常耗时。相比而言,客观评价方法更加简便实用,有些客观指标甚至可以直接融入算法优化中。客观评价方法一般从纯信号处理角度出发,有些还融合了人类听觉的某些规律,通过确定的计算公式得出评价指标,其测试结果不受测试者的主观影响。客观评价方法虽然易用,但是目前为止还没有一种客观指标可以完全替代主观评价,两者所得结果并不总是吻合,因此大量的研究工作都希望能够设计出一个更加吻合主观评价结果的客观评价方案[2]。

2.2.1 主观评价方法与指标

语音增强效果的主观评价涉及语音质量(简称"音质")和可懂度两方面的内容。语音质量的感知具有很强的主观性,而且受非常多因素的影响,一般来说语音质量包括自然度、舒适度和可接受度等。相比而言,可懂度是非主观的,可以通过测量的方法得到可靠的结果。在这里,我们仅简单地介绍主观评价方法的基本概念和一般规律,详细的讨论可以参考文献[1]。

1. 增强后的语音质量评价

文献[2]把语音质量的评价方法分成两类:一类是相对偏好(relative preference);另一类是音质评级方法。相对偏好方法实际上是两个系统的对比实验,测听者只需要根据自己的主观感觉从两个测听样本中选出较好的一个;而音质评级方法则需要测听者根据测听的感受对照评分表给出一个绝对分数。这两种方法各有优劣,与实际的评测任务有关。

相对偏好方法比较适用于两个系统(A/B)的优劣对比。首先给两个系统输入同样的信号,然后将处理结果的顺序打乱后给测听者测听,测听者必须从两个结果中选择他们认为语音质量更好的一个,最后把系统 A 比系统 B 更受偏好的次数百分比作为评价指标。这种方法的优点是不需要构造专门的基准测听信号,简单易行;缺点是很难把不同研究机构发表的实验结果进行对比,而且我们只能知道系统 A 是否比系统 B 好,却不知道到底好多少。

音质评级方法中应用最广泛的是平均意见得分(mean opinion score, MOS),通常根据人的心理尺度规律采用 5 分制。这种方法需要一张评分表,详细描述不同的分值所代表的含义,测听者根据自己的测听结果打出对应的分数,最后把所有测听者的评分进行平均。这种方法的优点是可以针对某些特定的音质属性进行评估,其困难在于整个测试方案必须精心设计以保证测试结果的可靠、可重复。IEEE 主观评价分技术委员会[3] 和国际电信联盟 ITU[4] 推荐的 MOS 评分表如表 2-1 所示。

表 2-1　MOS 评分表

评　分	语 音 质 量	失　真　程　度
5	非常好(excellent)	不可察觉(imperceptible)
4	好(good)	略可察觉,但不烦人(not annoying)
3	一般(fair)	可察觉,轻度烦人(mildly annoying)
2	差(poor)	烦人,但尚可接受(not objectionable)
1	很差(bad)	很烦人并且难以接受(objectionable)

主观音质评价的关键是可信度问题,即评价结果是否公正客观地反映了大多数人的主观感受,实验结果是否可以重复认定。这里面包括了每个测听者自身的评价一致性,也包括不同测听者之间的评价一致性。前者表示测听者每次听到同一类型的样本,是否会给出基本一致的评分;后者则表示不同测听者对同样的测听样本,是否会给出同样的平均得分。这两种可信度非常重要,因为它们可以间接表明我们对测听者做出的语音质量判断的信心。有兴趣的读者可以参考文献[5-6]。

2. 增强后的语音可懂度评价

可懂度是各种语音处理系统的基本指标,这是因为语音首先需要被人听懂。可懂度与语音质量不同,可能某些语音样本可懂度很高,但是听起来很难受;也可能某些样本听起来音质不错,可是一些关键细节被抑制,使得可懂度下降。我们希望语音增强系统能够同时提高音质和可懂度,最起码不要引起可懂度的下降。已有的文献实验结果表明[1],大部分的单通道语音增强算法都不能显著提高噪声干扰下的语音可懂度,不过对某些听障人士,可懂度提升却非常明显[7],这说明可懂度研究与具体的任务密切相关。

可懂度的测量也可以分成两种思路:一种是测量正确识别的语音单元的百分比,这里的语音单元包括无意义的音节、单词、完整语句等;另一种是言语接受阈(speech reception threshold,SRT),其定义为安静环境下,测听正确率为50%时的语音声强级。这些测试方法有各自的测试目的,适合不同的应用,而无论哪种测试方法,在设计具体测试方案时,都必须考虑测试语料和结果显著性分析这两个方面。

显著性分析是对可懂度测量结果进行统计推断,用来判定测听成绩的差异是否具有统计学意义。当某个增强方法把可懂度成绩(如正确识别的语音单元的百分比)从原来的85%提升到90%时,我们是否有把握说这个方法的确提高了可懂度呢?常见的显著性差异统计检验法包括 t 检验和方差分析 ANOVA 等,这些内容在统计学的教科书中很容易找到,也有很多软件支持这种统计推断分析。

2.2.2 客观评价方法与指标

语音增强性能的客观评价指标可以分成两大类:一类旨在逼近主观评价指标;另一类则是从信号处理算法优化的角度提出的。

第 1 类客观评价指标综合了与人类听觉感知和语义理解相关的各种知识,采用不同的模型和特征来构造量化参数,从而尽可能地吻合主观听音测试结果。这类客观评价指标研究已有了很大的发展[2],其中比较常见的包括频率加权的分段信噪比(frequency-weighted segmental signal-to-noise ratio,FWSegSNR)、基于线性预测系数的对数似然比(log-likelihood ratio,LLR)和 Itakura-Saito 测度、倒谱距离(cepstrum distance,CepDis)、感知语音质量评估(perceptual evaluation of speech quality,PESQ)等。这些指标都与主观评价结果有较强的相关性,有些指标还常常作为 MOS 得分的参考,在语音增强的研究中被广泛采用。不过,这类指标很难对语音增强算法的设计和优化提供直接帮助,只能用于对增强算法最终效果的评价。

第 2 类客观评价指标与增强算法采用的信号模型密切相关,它们的提出有助于理解语音增强算法的机理和规律,可以直接融入降噪算法的设计和优化之中。为了便于读者理解下文中的各种语音增强算法,我们介绍一些有代表性的客观评价指标。

1. 信噪比增益

信噪比(signal-to-noise ratio,SNR)是指信号和噪声的功率比。这个指标几乎在所有的信号处理领域中都有应用。这里需要强调的是,在正确使用信噪比指标时,必须明确"信号"和"噪声"的具体定义,这是因为在不同的算法中,增强的"目标信号"并不完全一致。

信噪比增益(SNR improvement)反映的是语音增强之后,信噪比提高了多少,它实际上是输出信噪比 $oSNR$ 与输入信噪比 $iSNR$ 之差。在时域加性噪声的信号模型式(2-1)下,时域的输入和输出信噪比分别定义为

$$iSNR_t \triangleq \frac{\sigma_x^2}{\sigma_v^2} = \frac{E[x^2(n)]}{E[v^2(n)]} \tag{2-9}$$

$$oSNR_t \triangleq \frac{\sigma_{x_{out}}^2}{\sigma_{v_{out}}^2} = \frac{E[x_{out}^2(n)]}{E[v_{out}^2(n)]} \tag{2-10}$$

式中,$E(\cdot)$ 是数学期望;$x_{out}(n)$ 是干净语音信号 $x(n)$ 经过语音增强算法处理之后的输出;$v_{out}(n)$ 是噪声信号 $v(n)$ 对应的输出;σ_x^2 是信号 $x(n)$ 的功率,其他信号的功率也采用类似的定义。这样,信噪比增益就是

$$SNRI_t = oSNR_t - iSNR_t \tag{2-11}$$

这里信噪比的定义是基于平稳信号假设,即信号功率不随时间变化。上述时域的信噪比定义常常用于构造不同 SNR 的测试信号,另外也用于设计时域的最优增强滤波器。

大部分语音增强算法都是在 STFT 域,因此 STFT 域的信噪比定义也非常重要。STFT 域的信噪比分成窄带信噪比和全带信噪比两种,其中输入信号的窄带信噪比定义如下:

$$iSNR(k) \triangleq \frac{\phi_X(k)}{\phi_V(k)} = \frac{E[|X(n_s, k)|^2]}{E[|V(n_s, k)|^2]} \tag{2-12}$$

式中,$\phi_X(k)$ 和 $\phi_V(k)$ 分别是干净语音信号和噪声信号的功率谱;k 是频率点编号。由式(2-12)可见窄带信噪比是与频率有关的。相应的全带信噪比的定义是

$$iSNR \triangleq \frac{\sum\limits_k \phi_X(k)}{\sum\limits_k \phi_V(k)} \tag{2-13}$$

很容易证明输入信号的窄带信噪比 $iSNR(k)$ 和全带信噪比 $iSNR$ 的如下关系:

$$iSNR \leqslant \sum\limits_k iSNR(k) \tag{2-14}$$

输出信号的窄带信噪比 $oSNR(k)$ 和全带信噪比 $oSNR$ 可以类似地定义，只需要把信号变成 $X_{\text{out}}(n_s, k)$ 和 $V_{\text{out}}(n_s, k)$ 即可，而窄带信噪比增益和全带信噪比增益也可以相应地定义。窄/全带信噪比以及增益广泛地应用在各种谱增强方法、固定波束设计以及多通道降噪算法中，在下文中也会经常用到。在谱增强算法中还有先验信噪比和后验信噪比等，在相关算法介绍中我们再给出其定义。

2. 噪声抑制指数

从信号处理角度来看，语音增强的目标有两个：一个是尽可能地抑制噪声；另一个是尽量减少目标语音信号的失真。这两个目标是一对矛盾，往往提高噪声抑制程度将会使得语音失真增加。噪声抑制指数是噪声抑制因数的分贝形式，是反映增强算法对噪声抑制的程度，STFT 域的窄带噪声抑制因数定义如下：

$$\zeta_{\text{nr}}(k) \triangleq \frac{\phi_V(k)}{\phi_{V_{\text{out}}}(k)} \qquad (2-15)$$

可以相应地定义时域的噪声抑制指数和 STFT 域的全带噪声抑制指数。显然噪声抑制指数越大，噪声被抑制得越多。注意，窄带噪声抑制指数和全带噪声抑制指数也有类似式（2-14）的关系。

3. 语音失真指数

语音失真指数就是用于评价目标语音失真的指标，它是语音失真因数的分贝形式。语音失真因数定义为增强前后目标语音的归一化均方误差，即

$$v_{\text{sd}}(k) \triangleq \frac{E\big[\,|\,X_{\text{out}}(n_s, k) - X(n_s, k)\,|^2\,\big]}{\phi_X(k)} \qquad (2-16)$$

时域的语音失真指数和 STFT 域的全带语音失真指数也可以相应地定义。显然语音失真因数的范围是 0～1，而语音失真指数则是负分贝数（−dB），其值越小，表明语音失真越小。注意，窄带语音失真因数和全带语音失真因数也有类似式（2-14）的关系，前者是不同频率上的语音失真程度，后者则是总体语音失真程度。

2.3 单声道语音增强

单声道语音增强是针对单个麦克风拾取的含噪信号进行噪声抑制。含噪信号是干净的目标语音信号和加性噪声信号混合的结果，因此如果不对目标语音

信号和加性噪声信号的特性进行假设或约束,语音增强是无从下手的。语音的最大特点是总有停顿或静默,而噪声则没有统一的规律,一般研究把噪声分成平稳的、非平稳的甚至是瞬态的噪声等。语音增强一般涉及两个基本问题:一是利用语音时有时无的特点对噪声特性进行估计;二是当语音和噪声同时出现时,如何最好地抑制噪声和保持目标语音。

最早的语音增强研究可以追溯至 20 世纪 60 年代,贝尔实验室的 Schroeder[8] 设计了一个基于模拟电路的谱减法以抑制电话系统中的噪声。后来随着数字信号处理算法及其器件的出现,Boll 在 STFT 基础上正式提出了经典的谱减法。紧接着,McAulay 和 Malpass[9] 把谱减法推广至统计谱估计框架下,提出了一系列语音谱估计子,包括幅度谱减、功率谱减、维纳滤波、最大似然幅度谱估计等,他们第一次把谱减法和维纳滤波器联系起来。到了 80 年代,语音增强的研究呈现了繁荣的局面,出现了很多种降噪思路,有的采用了基于估计理论的谱复原思路,有的则采用了基于语音模型的增强思路。谱复原技术把噪声抑制问题看成一个稳健的谱估计问题,即如何从含噪信号中估计干净语音谱,其中最有代表性的就是 Ephraim 和 Malah[10] 提出的最小均方误差(minimum mean-square error,MMSE)最优幅度谱估计和最优相位谱估计,在此基础上人们又提出了 MMSE 对数幅度谱估计(log-MMSE)、极大似然(maximum-likelihood,ML)幅度谱估计、ML 功率谱估计、极大后验(maximum a posteriori,MAP)幅度谱估计等,随后大量的谱估计方法不断地涌现。基于语音模型的降噪方法也是基于估计理论,只不过是基于语音发声模型,在模型空间中估计模型的参数。例如基于语音谐波模型的梳状滤波降噪方法[11]、基于线性预测编码(linear predictive coding,LPC)模型和卡尔曼滤波器的降噪方法[12]等,特别是结合了隐马尔可夫模型(hidden Markov model,HMM)的降噪算法[13]开启了基于学习的增强方法研究。这一时期还出现了基于子空间分解的语音增强方法,这种方法通过 Karhunen-Loève(KL)变换[14]或矩阵分解[15]把含噪信号投影到一个新的空间,其中的一个子空间包括语音和噪声,而补空间则只含有噪声。现在的语音增强研究趋于多元化,出现了阵列降噪、分布式麦克风网络降噪、立体声降噪等众多新方向,在单声道语音降噪方面,Chen 等[16]重新研究了维纳滤波增强,通过对目标语音信号矢量的正交分解,解决了传统维纳滤波器无法有效控制语音失真的问题;Benesty 等[17]详细研究了 STFT 域的语音增强并提出了跨帧跨频点的最优滤波降噪等。近几年,随着深度学习技术的飞速发展,基于学习的增强方法,如非负矩阵分解(non-negative matrix factorization,NMF)[18]和深度神经网络(deep neural network,DNN)[19-20]等,引起了许多研究者的关注。

在这一部分中,我们将分别从时域和频域角度介绍经典的单声道语音增强方法,然后讨论语音增强中的噪声估计问题,最后简要介绍一下基于深度学习的单声道语音增强方法。

2.3.1 时域维纳滤波器增强原理

语音信号相邻采样点之间有很强的相关性,因此可以设计一个时域的线性滤波器来反映这种相关性,使不满足这种相关性的噪声信号经过该滤波器之后产生衰减。其基本思路就是找到该滤波器参数和增强指标之间的关系,从而进行最优化设计。

时域维纳滤波器的目的是使目标语音信号与其估计信号之间的均方误差(mean-square error,MSE)最小。考虑式(2-2)中的信号模型,干净目标语音信号的估计就是含噪信号 $y(n)$ 经过时域滤波器之后的输出信号,即

$$\hat{x}(n) = \boldsymbol{h}^{\mathrm{T}} y(n) \tag{2-17}$$

式中,

$$\boldsymbol{h} = \begin{bmatrix} h_0 & h_1 & \cdots & h_{L-1} \end{bmatrix}^{\mathrm{T}} \tag{2-18}$$

是长度为 L 的有限冲激响应(finite impulse response,FIR)滤波器。于是干净目标语音信号与其估计信号的误差信号为

$$e(n) \triangleq \hat{x}(n) - x(n) = \boldsymbol{h}^{\mathrm{T}} y(n) - x(n) \tag{2-19}$$

相应的 MSE 代价函数可以写成

$$J_x(\boldsymbol{h}) \triangleq E\left[e^2(n)\right] \tag{2-20}$$

于是时域维纳滤波器就是使上述 MSE 代价函数最小时的最优滤波器,即

$$\boldsymbol{h}_{\mathrm{Wn}} = \arg\min_{\boldsymbol{h}} J_x(\boldsymbol{h}) \tag{2-21}$$

将式(2-19)中的误差信号 $e(n)$ 代入 MSE 代价函数并令其导数为零,可以得到著名的维纳-霍普夫方程(Wiener-Hopf equation)

$$\boldsymbol{R}_y \boldsymbol{h}_{\mathrm{Wn}} = \boldsymbol{r}_{yx} \tag{2-22}$$

式中,

$$\boldsymbol{R}_y = E\left[\boldsymbol{y}(n)\boldsymbol{y}^{\mathrm{T}}(n)\right] \tag{2-23}$$

是观测的含噪信号 $y(n)$ 的相关矩阵,而

$$\boldsymbol{r}_{yx} = E[\boldsymbol{y}(n)x(n)] \qquad (2-24)$$

是含噪信号 $y(n)$ 和干净目标语音信号 $x(n)$ 的互相关矢量。

由维纳-霍普夫方程(2-22)可知,要求解时域维纳滤波器,需要知道 $\boldsymbol{R}_y$ 和 $\boldsymbol{r}_{yx}$。其中相关矩阵 $\boldsymbol{R}_y$ 可以直接用观测的含噪信号 $y(n)$ 估计,而 $\boldsymbol{r}_{yx}$ 无法直接估计,因为不知道 $x(n)$。我们假设干净目标语音信号 $x(n)$ 与噪声信号 $v(n)$ 不相关,根据加性噪声模型可以得到

$$\boldsymbol{r}_{yx} = E[\boldsymbol{y}(n)\boldsymbol{y}(n)] - E[\boldsymbol{v}(n)\boldsymbol{v}(n)] = \boldsymbol{r}_{yy} - \boldsymbol{r}_{vv} \qquad (2-25)$$

现在 $\boldsymbol{r}_{yx}$ 取决于两个自相关矢量 $\boldsymbol{r}_{yy}$ 和 $\boldsymbol{r}_{vv}$。矢量 $\boldsymbol{r}_{yy}$ 是相关矩阵 $\boldsymbol{R}_y$ 的第一列,可以直接用 $y(n)$ 估计,而矢量 $\boldsymbol{r}_{vv}$ 则需要进行噪声估计,一般可以利用语音间歇期的观测信号进行估计。于是维纳-霍普夫方程的解为

$$\boldsymbol{h}_{Wn} = \boldsymbol{R}_y^{-1}\boldsymbol{r}_{yx} = \boldsymbol{R}_y^{-1}\boldsymbol{r}_{yy} - \boldsymbol{R}_y^{-1}\boldsymbol{r}_{vv} = \boldsymbol{i}_1 - \boldsymbol{R}_y^{-1}\boldsymbol{r}_{vv} \qquad (2-26)$$

式中,$\boldsymbol{i}_1 = [1 \quad 0 \quad 0 \quad \cdots \quad 0]^T$ 是单位阵的第一列。

由于篇幅所限,我们在这里不详细分析时域维纳滤波器的性质和规律,有兴趣的读者可以参考文献[16]。可以证明,时域维纳滤波器总是可以抑制噪声的,但同时无法避免语音失真,而且降噪越多,语音失真越大。总体来说,经过时域维纳滤波器处理,输出信噪比不会小于输入信噪比。

2.3.2 频域维纳滤波器增强原理

频域的语音增强方法内容极为丰富,从早期的谱减法、维纳滤波器、各种谱复原方法到语音发声模型和心理声学模型等,几乎都是在频域进行的。频域处理不仅把复杂信号分解成了许多复正弦信号的叠加,把烦琐的时域卷积关系变成了乘积关系,而且还可以利用快速傅里叶变换,因此其设计和分析方法更加简便灵活。不过,由于谱抽样和谱泄露问题,离散傅里叶变换(discrete Fourier transform,DFT)或 STFT 并不能得到真正的信号频谱,STFT 域的乘积也并不等价于时域的线性卷积,所以频域的处理涉及谱分析和谱估计问题,频域信号模型也并不总是严格成立,在实际应用中需要引起注意。在本节中,我们将从频域维纳滤波器开始,然后介绍常用的基于统计谱估计的增强方法。

1. 基于 MSE 的维纳增益

频域增强算法是语音增强的主流算法,其设计目标是根据含噪信号 $y(n)$ 的频谱直接估计出干净语音信号 $x(n)$ 的频谱。

我们忽略 STFT 分析的误差,假定时域的卷积对应频域的乘积,设频域维纳滤波器为 $H(\omega)$,含噪信号 $y(n)$ 的频谱为 $Y(\omega)$,于是估计出的干净目标语音信号频谱为 $\hat{X}(\omega)=H(\omega)Y(\omega)$。若干净目标语音信号的频谱为 $X(\omega)$,则频域维纳滤波器就是使 MSE 最小的滤波器,即

$$H_{Wn}(\omega)=\arg\min_{H(\omega)} J_X[H(\omega)] \qquad (2-27)$$

式中,

$$J_X[H(\omega)]=E[|X(\omega)-H(\omega)Y(\omega)|^2]$$

是干净语音信号频谱与估计语音信号频谱在频率 ω 上的 MSE。

由上面的设计方法可以看出,频域维纳滤波器与时域维纳滤波器至少有两点不同:第一,时域维纳滤波器是因果系统,而频域的则不一定;第二,时域维纳滤波器的 MSE 是全频带总体误差,而频域维纳滤波器的 MSE 是各频点的子带误差,子带之间可以独立设计。

将代价函数 $J_X[H(\omega)]$ 对 $H(\omega)$ 求导并令导数为零,很容易得到频域维纳滤波器的解为

$$H_{Wn}(\omega)=\frac{E[|X(\omega)|^2]}{E[|Y(\omega)|^2]}=\frac{\phi_X(\omega)}{\phi_Y(\omega)} \qquad (2-28)$$

式中,$\phi_X(\omega)$ 和 $\phi_Y(\omega)$ 分别是干净目标语音信号 $x(n)$ 和含噪信号 $y(n)$ 在频率 ω 上的功率,即功率谱密度。很明显,频域维纳滤波器的解是非负实数,而且由于 $\phi_X(\omega)\leqslant\phi_Y(\omega)$,所以该解不大于 1。这样,频域维纳滤波器的作用相当于给含噪信号频谱乘了一个 0 和 1 之间的正实数,因此频域维纳滤波器又称为维纳增益因子。

由于 $Y(\omega)=X(\omega)+V(\omega)$,给 $Y(\omega)$ 乘以维纳增益因子 $H(\omega)$ 实际上等价于给 $X(\omega)$ 和 $V(\omega)$ 分别乘以同样的维纳增益因子,这说明增强处理之后,在频率 ω 上干净目标语音信号和噪声信号被同等程度地抑制了! 如果用窄带信噪比解释的话,这说明维纳增益并不能改变窄带信噪比,那么维纳增益是怎么实现增强的呢? 实际上可以证明,维纳增益提高的是全带信噪比,除非语音的功率谱密度和噪声的功率谱密度都不随频率变化,这在语音信号中是不可能的。频域维纳滤波器与时域维纳滤波器一样,较大的噪声抑制能力总伴随着较大的语音失真。

根据式(2-28)计算维纳增益时,需要知道干净目标语音信号 $x(n)$ 的功率谱密度和含噪信号 $y(n)$ 的功率谱密度,后者可以直接估计,前者则需要利用噪

声功率谱 $\phi_V(\omega)$ 的估计，然后用

$$H_{Wn}(\omega) = \frac{\phi_X(\omega)}{\phi_Y(\omega)} = \frac{\phi_Y(\omega) - \phi_V(\omega)}{\phi_Y(\omega)} \tag{2-29}$$

来计算。

为了避免功率谱密度的估计问题，频域维纳增益还出现了很多种变体，如参数化维纳（parametric Wiener）滤波器。其特点是用瞬时幅度谱平方代替功率谱密度，为了更方便地调节降噪能力和语音失真，更把平方改成 p 次方，并引入其他参数，具体形式如下：

$$H_{PW}(\omega) = \left[\frac{|Y(\omega)|^p - \eta |V(\omega)|^p}{|Y(\omega)|^p} \right]^{1/q} \tag{2-30}$$

式中，(p, q, η) 是可以调节的参数，都大于零，其中 η 越大，降噪越明显，语音失真也越大。(p, q, η) 参数的选择可以是 $(1, 1, 1)$，$(2, 1, 1)$，$(2, 0.5, 1)$ 等。

2. 统计最优谱估计

基于 MSE 的维纳增益实际上把语音增强变成了频谱估计问题，即从含噪的语音频谱中估计出干净语音的频谱。根据估计理论，人们提出了一系列最优谱估计方法。下面我们介绍常用的幅度谱和相位谱的估计方法。注意，为了公式简洁，我们有时会省略频率变量 ω，另外一般假设所有随机信号都是零均值，因此其功率和方差是等价的。

复数频谱除了表示成实部和虚部之外，还可以表示成幅度谱和相位谱形式，即

$$Y(\omega) = A_Y(\omega) \exp(j\angle_Y), \quad X(\omega) = A_X(\omega) \exp(j\angle_X)$$

其中，A 表示幅度；$\angle_X$ 表示相位。于是估计频谱 $X(\omega)$ 的问题变成了估计幅度谱 A_X 和相位谱 $\angle_X$ 的问题。

我们还是首先来看最小均方误差（minimum mean square error, MMSE）幅度谱估计，幅度谱的条件数学期望为

$$\hat{A}_{X, MMSE} = E(A_X \mid Y) = \int_0^\infty A_X p(A_X \mid Y) dA_X \tag{2-31}$$

仍然假设语音频谱服从复数高斯分布，因此其幅度谱和相位谱统计独立，其中幅度谱服从瑞利分布，而相位谱服从均匀分布。于是可以得到幅度谱的 MMSE 估计为[21]

$$\hat{A}_{X, MMSE} = \Gamma\left(\frac{3}{2}\right) \frac{\sqrt{\gamma}}{\eta} \exp\left(-\frac{\gamma}{2}\right) \left[(1+\gamma) I_0\left(\frac{\gamma}{2}\right) + \gamma I_1\left(\frac{\gamma}{2}\right) \right] A_Y$$

$$\tag{2-32}$$

式中，$\Gamma(\cdot)$ 是伽马函数；$I_0(\cdot)$ 和 $I_1(\cdot)$ 是修正的零阶和一阶贝塞尔函数，并且

$$\gamma = \frac{\xi}{1+\xi}\eta \tag{2-33}$$

而

$$\xi = \frac{\sigma_X^2}{\sigma_V^2}, \quad \eta = \frac{A_Y^2}{\sigma_V^2}$$

分别是先验信噪比(a-priori SNR)和瞬时后验信噪比(a-posteriori SNR)。

相应地，可以得到语音信号相位谱的 MMSE 估计[21]

$$[\exp(j\angle_X)]_{\text{MMSE}} = \exp(j\angle_Y) \tag{2-34}$$

把幅度谱的 MMSE 估计和相位谱的 MMSE 估计结合起来，可得到干净语音频谱的估计

$$\hat{X}_{\text{MMSE}}(\omega) = \hat{A}_{X,\text{MMSE}} \exp(j\angle_Y) = H_{\text{MMSE}}(\xi, \eta)Y(\omega) \tag{2-35}$$

式中，

$$H_{\text{MMSE}}(\xi, \eta) = \Gamma\left(\frac{3}{2}\right)\frac{\sqrt{\gamma}}{\eta}\exp\left(-\frac{\gamma}{2}\right)\left[(1+\gamma)I_0\left(\frac{\gamma}{2}\right) + \gamma I_1\left(\frac{\gamma}{2}\right)\right] \tag{2-36}$$

是 MMSE 增益因子。可以证明，当信噪比较高时，即 $\xi \gg 1$，上述 MMSE 增益因子会退化成基于 MSE 的维纳增益：

$$H_{\text{MMSE}}(\xi, \eta) \approx \frac{\xi}{1+\xi} \tag{2-37}$$

上述的谱估计结果表明，含噪信号的相位就是干净语音信号相位的最优估计。研究表明，相位谱的偏差在窄带信噪比大于 6 dB 时基本不会被人察觉，因此许多采用频谱复原的语音增强方法都是估计干净语音的幅度谱，然后直接利用含噪信号的相位谱恢复出干净语音的频谱。

2.3.3 噪声功率谱的估计

前面我们介绍了时域和频域的语音增强原理，它们回答了在不同的优化形式下最好的语音增强算法应该如何设计，然而这些增强算法涉及了大量的信号统计量，这些统计量在实际语音增强系统中的估计是影响算法最终效果的关键，这也是大部分语音增强研究和实践中最富于变化和技巧的部分。由于在语音增

强系统中,频域的方法占主流,所以在这一节中我们将探讨在频域增强算法实践中的关键问题,即噪声功率谱的估计。

在展开具体讨论之前,有必要对单通道语音增强中的一些特点有所了解。

(1)语音信号中有很多停顿、静默。由于语音增强的结果往往是给人听的,所以一般要求无论语音是否出现,抑制后的噪声都应该尽量自然。

(2)语音信号是缓慢变化的,其起始较快而结束较慢,相邻的时间信号相关性较大,在增强处理中可允许适度的平滑;噪声通常假定是平稳的或者缓慢变化的,其变化速度应明显小于语音信号。

(3)语音信号在时频分布上是稀疏的,即其大部分能量集中在少数的时频区域上,而噪声则不是显著稀疏的,因此即使全带信噪比很低,仍然存在部分时频区域,在这些区域上的窄带信噪比较高。

(4)频域的增强方法是在每个频点上独立进行的,因此残余噪声在某些频点上会出现抖动,从而产生乐性噪声。

(5)语音是时间序列,大多数应该需要在线因果处理,因此利用STFT进行频域处理时,需要一帧一帧处理。在处理当前帧时,为了保证因果性,只能利用以前获得的信息。

前面介绍的频域语音增强方法都假定噪声功率谱 σ_V^2 已经估计出来了,实际上,噪声功率谱估计是语音增强中的一个非常重要且基本的问题,对语音增强算法的效果有直接影响。无论最早的谱减法增强,还是后来的多通道增强技术,人们尝试了很多种估计方法来不断研究更为复杂的噪声估计问题。这里我们将介绍常用的噪声功率谱估计方法:最小统计量(minimum statistics,MS)法[22]。

MS方法的思路如下:考虑到语音信号中有很多停顿和静默,因此观测到的含噪语音信号功率常常会下降到环境噪声的水平,如果我们选一个足够长的时间窗,则这个时间窗内功率最小的信号片段必定属于噪声无疑。如果我们让这个时间窗不断地随时间滑动,并且持续地跟踪该时间窗内的最小信号功率,就可以持续地得到噪声功率的估计。如果我们在每个子带内进行上述最小值跟踪,就可以得到噪声功率谱的粗略估计。

要对含噪信号的功率谱进行最小值跟踪,首先要计算观测信号的功率谱。这可以使用周期图的一阶回归平滑得到,即

$$\sigma_Y^2(n_s) = \alpha_y \sigma_Y^2(n_s-1) + (1-\alpha_y) A_Y^2(n_s) \qquad (2-38)$$

式中,$\alpha_y(0 \leqslant \alpha_y \leqslant 1)$ 是平滑因子。如果选择的时间窗长度为 D 帧,则最小值跟

踪就是

$$\sigma^2_{Y_{\min,D}}(n_s) \triangleq \min\{\sigma^2_Y(n_s),\ \sigma^2_Y(n_s-1),\ \cdots,\ \sigma^2_Y(n_s-D+1)\} \quad (2-39)$$

由于持续跟踪的是最小值,所以该跟踪结果比噪声功率谱的期望值偏小,为了得到无偏估计,需要对最小值跟踪结果进行补偿,于是噪声功率谱估计为

$$\hat{\sigma}^2_{V,\,MS}(n_s) = B_{\min,\,D}\sigma^2_{Y_{\min,\,D}}(n_s) \quad (2-40)$$

式中,纠偏因子 $B_{\min,\,D}$ 定义为

$$B_{\min,\,D} \triangleq \frac{\sigma^2_V}{E\left[\sigma^2_{Y_{\min,\,D}}(n_s)\right]}\bigg|_{\xi=0} \quad (2-41)$$

$\xi=0$ 是为了确保没有语音出现。

MS 方法的原理很简单,其关键是平滑因子 α_y、窗长 D 以及纠偏因子 $B_{\min,\,D}$ 的选择。前面已经反复提到平滑因子在噪声段应该取较大的值以加大平滑抑制乐性噪声,在语音段应该取较小的值以跟踪语音的快速变化。在文献[22]中,Martin 提出了时变平滑因子方案,即 $\alpha_y \rightarrow \alpha_y(n_s)$,其最优平滑因子为

$$\alpha_{y,\,opt}(n_s) = \frac{1}{1+\left[\bar{\eta}(n_s)-1\right]^2} \quad (2-42)$$

式中, $\bar{\eta}(n_s)$ 是平滑后的后验信噪比。当后验信噪比较高时,说明语音出现可能性增大,平滑因子接近 0 以加速跟踪能力;当后验信噪较小时,说明语音没有出现,噪声应该尽可能的平滑。

窗长 D 的选择需要考虑两方面的因素:一是要足够长,能够适应较慢的语速;二是又不能太长,以免跟踪的延迟过大,例如当噪声水平渐渐上升时,MS 估计的噪声需要经过 D 帧才能跟踪上新的噪声水平。文献[22]中选择了 1.5 s 左右的窗长。

纠偏因子 $B_{\min,\,D}$ 与窗长 D 有关,其解析形式推导比较复杂,仍然涉及许多统计量的估计,具体可以参考文献[22]中的分析。比较简单的方法是用数据模拟分析的方法。在高斯分布假设下, A^2_Y 服从指数分布,因此可以通过构造大量的指数分布随机序列,然后用给定的跟踪窗长 D 进行最小值跟踪,以估算出对应的纠偏因子。

MS 方法提供了一种稳妥保守的噪声估计方法,在几乎所有的语音增强中都可以应用,但是其缺点是容易欠估计,即估计的噪声功率谱偏小,另外较长的观察窗使其跟踪噪声变化速度较慢。

2.3.4 基于深度学习的语音增强

传统的噪声估计方法用到了各种平滑技术,因此它们只适用于估计平稳的或缓慢变化的噪声,对于实际环境中各种各样的非平稳复杂噪声,这些方法往往无能为力。如何抑制复杂的非平稳噪声干扰是单声道语音增强的难题。在众多的研究分支中,基于机器学习特别是深度学习的增强方法异军突起,这类方法把语音增强问题变成了机器学习问题,通过大量数据的训练,使机器能够区分语音和噪声,甚至学会语音信号潜在的规律,从而从复杂的噪声背景中把语音分离出来。

1. 基于机器学习的语音增强技术

基于机器学习的语音增强又称为数据驱动的语音增强,其最大特点是需要一个额外的训练过程,即利用事先获得的语音数据或噪声数据来训练频谱模型、分类器或非线性映射函数,从而让语音增强系统学会如何在复杂噪声条件下得到干净的语音信号。很显然,如果机器学习到的知识都来自训练数据,那么当实际噪声条件与训练得到的经验吻合时,这些方法将取得非常好的效果。

训练模型的方法包括矢量码本(codebook)、混合高斯模型(Gaussian mixture model,GMM)、隐马尔可夫模型(hidden Markov model,HMM)和非负矩阵分解(non-negative matrix factorization,NMF)等,其思路是用各种参数化模型来描述语音和噪声的规律,而训练的目的就是得到这些模型参数,于是语音增强就变成了干净目标语音的最佳估计问题。前3种方法都是直接对语音和噪声的谱包络信息(如线性预测系数)以及增益信息建模,其中矢量码本方法[23]采用矢量量化技术为语音和噪声的线性预测系数建立码本,GMM方法[24]则采用了概率模型代替码本,HMM方法[25]更引入了与时间对应的状态序列来描述功率谱变化过程。训练完成后,在语音增强过程中,这些方法根据最佳匹配原则或最大后验概率原则获得干净语音和噪声的功率谱估计,然后用传统的维纳滤波器等方法得到最终的增强信号。NMF方法[26]有所不同,它把语音和噪声的幅度谱图当成非负矩阵,并假设该矩阵均是由一组固定的基向量和一组变化的权重矢量相乘而得到,因此训练过程就是分别寻找语音和噪声的不变基向量的过程,在增强时则根据观测到的含噪信号幅度谱矩阵和训练得到的基向量矩阵估计出最佳权重矢量,最后根据该权重矢量和语音基向量重构出干净语音信号。

训练分类器的方法则包括支撑矢量机(support vector machine,SVM)[27]和深度神经网络(deep neural network,DNN)[28]等。这些方法把语音增强问题变成了模式分类问题,分类的目标是理想二元掩模(ideal binary mask,

IBM)[29]。IBM 是计算听觉场景分析(computational auditory scene analysis, CASA)领域的概念,它是一个仅由 0 和 1 构成的二元矩阵,其维度与混合信号时频图一致,它表示每个时频单元上目标语音信号能量是否超过了听觉掩蔽门限,如果超过就表示该信号成分能够被人耳感知,对应的掩模值就标记为 1,反之则标记为 0。大量的研究结果表明,语音信号的能量在时频图上是稀疏分布的,即语音信号大部分的能量都集中在少数的时频单元上,因此只要用 IBM 与混合信号的时频图相乘,就可以很好地重构出目标语音信号。于是,只要训练出一个分类器,使其对混合信号时频图中的所有时频单元进行正确的分类(标记为 0 或 1)以构成 IBM,就可以把目标语音信号分离出来,达到降噪的目的。

训练非线性映射函数的方法把语音增强问题变成一个复杂的非线性映射问题,它认为所有的语音增强系统都是从含噪信号到干净语音信号的映射函数,这个函数是复杂且非线性的,由于其形式无法确定,所以以神经网络[30-31]特别是 DNN[32-33]为代表的机器学习方法成为这类方法的主流。这种非线性映射函数的学习或训练问题又称为回归问题。已有理论证明[34],只要给定足够多的层数和神经元数量,DNN 可以拟合出任意函数。然而 DNN 的训练曾经是一个难以逾越的障碍,直到 Hinton 和 Salakhutdinov[35]提出采用受限玻尔兹曼机(restrictive Boltzmann machine,RBM)来逐层初始化训练 DNN,深度学习技术才迎来了春天。由于 DNN 含有大量的参数,所以需要极其庞大的训练数据量。随着计算能力和数据量的急剧攀升,随机初始化技术[36]和新的激活函数(rectified linear unit,ReLU)[37]简化了深度神经网络的初始化问题,得到了类似甚至更好的效果。随后基于各种结构的 DNN 语音增强方法如雨后春笋般涌现,在很多测试中取得了优于传统增强方法的效果。

由于基于深度学习的降噪技术纷繁复杂,详细的技术综述请参考文献[38],这里我们只简要介绍典型的基于 DNN 的增强方法的基本思路。

2. 基于 DNN 的语音增强技术

1) 基于 DNN 的语音增强系统结构

基于 DNN 的语音增强系统的结构如图 2-1 所示,包括训练和增强两个过程。

DNN 的训练属于典型的有监督学习,即需要指定网络的第一层的输入和最后一层的期望输出,然后用误差反向传播算法来调整网络中的各个参数,使网络的代价函数按照梯度下降的方向收敛。通常将收集到的各种噪声信号和干净语音信号按照不同的信噪比进行混合构成庞大的含噪语料库,并把含噪信号作为网络的输入,把 IBM 或干净语音信号作为网络的输出。DNN 通过各个层之间

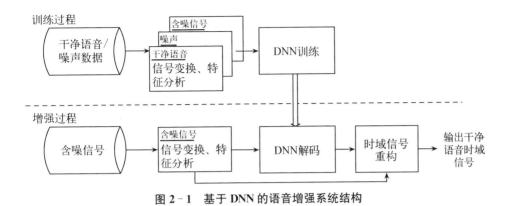

图 2 - 1 基于 DNN 的语音增强系统结构

的连接权重和激活函数,将输入层信号逐层传递到输出层,然后计算实际输出和给定输出的误差,再根据代价函数结果将误差逐层传回输入端,同时更新各层的参数。这样经过多轮迭代,DNN 的输出误差将逐渐下降。为了使训练得到的DNN 能够适应未知的输入信号,即避免过拟合的问题,通常将所有的数据分成两个子集,其中一个作为训练集,另一个作为评估集,评估集不作为训练数据。随着训练迭代次数的增加,训练集的总体代价将逐渐下降;而评估集的总体代价通常会先下降而后又逐渐上升,后者表示 DNN 已经产生了过拟合现象,即不适合未知数据,这时就应该结束训练过程。

在语音增强时,系统把含噪信号作为 DNN 的输入,通过逐层计算得到网络的输出。不同的系统对输出的定义不同,但都可以将其视为恢复干净语音的有效信息,最后将其与原始含噪信号联合处理以重构出增强之后的干净语音时域信号。显然,基于 DNN 的语音增强系统的训练是极耗时间的,而增强过程则只有一个前向过程,因此计算量相对少很多。

2) 特征分析

原始时域信号的数据量太大,为了降低模式复杂度以及利用传统的信号处理经验,通常不直接把原始时域信号输入网络,而是先进行特征分析。

基于 DNN 的语音增强系统用到的特征种类非常繁多,大体上可以分成低级信号特征和高级信号特征两大类。低级信号特征一般是通过信号变换在不同的信号空间中描述原始信号,例如各种时频分析技术,如利用滤波器组[39]或STFT 变换得到的幅度谱、功率谱、调制谱[40]等以及在此基础上估计的各种信号统计量,它们与语音的发声过程以及语义信息无关。高级信号特征一般是在低级信号特征基础上分析出的、含有具体物理含义的特征,例如与声门激励相关的基音周期特征;与声道特性相关的特征,如梅尔倒谱系数、线性预测系数及其各种衍生特征等;还有噪声类型、音素类型、说话者相关的特征等。

由于训练样本的数值精度、分布、误差等对实际的训练计算都有影响,所以同样的物理特征采用不同的方式提取、变换、压扩,对系统性能都可能产生影响。有些研究专门把 DNN 当成特征提取的工具,希望机器自动归纳出最适合于增强任务的特征信息;还有些研究更直接采用了所谓的"端到端"技术,即直接把原始信号作为网络的输入,输出也直接是增强后的信号。关于特征提取在深度学习中的地位目前还有很多争论,但是从结合人们在传统信号处理研究中积累的经验出发,合理的特征提取仍然是系统积极有效的组成部分[38]。

3) 学习目标

由于 DNN 的训练是有监督学习,定义合适的学习目标和代价函数非常重要。一般用到的学习目标分两类:一类是增益函数,也称为掩模类,其特点是值域范围有界,通常在 0 和 1 之间,不能直接当成干净语音的信号估计,而是需要作用在输入信号上才能得到干净语音信号;另一类是映射谱,其特点是值域范围无界,可以直接作为干净语音的信号估计,在重构干净语音信号时不总是需要输入信号的信息。

增益函数类学习目标的典型代表就是 IBM,通常为

$$H_{\text{binary}}(t, f) = \begin{cases} 1, & \xi(t, f) > \vartheta_{\text{LC}} \\ 0, & \text{其他} \end{cases} \tag{2-43}$$

式中,t 和 f 分别表示时间和频率,时间单位可以是时域抽样间隔或时间帧号,频率单位可以是 Hz 或者子带编号;$\xi(t, f)$ 是 (t, f) 时频单元上的局部信噪比;ϑ_{LC} 表示该局部区域的阈值。

IBM 是二值的,当时频分辨率较高时,一旦标记错误就容易出现乐性噪声,因此还可以将其变成连续值的理想比例掩模(ideal ratio mask, IRM),即

$$H_{\text{ratio}}(t, f) = \left[\frac{P_X(t, f)}{P_X(t, f) + P_V(t, f)} \right]^{\beta} \tag{2-44}$$

式中,$P_X(t, f)$ 和 $P_V(t, f)$ 分别表示 (t, f) 时频单元上干净语音的能量和噪声能量;β 是可调参数。不难发现,若 $\beta=1$,IRM 就变成了频域维纳滤波器的瞬时估计。

映射谱的学习目标基本上是干净目标语音时频谱的各种变体,例如直接以干净目标语音的幅度谱 $|X(t, f)|$ 作为 DNN 的学习目标,或者对数幅度谱、对数子带能量等。这种方法其实把语音信号的语谱图(如由 STFT 得到的语谱图)及其变体当成二维图像来处理,与图像降噪类似。一般认为语音信号的语谱

图包含了很多结构化的有规律模式,DNN 可以通过大量的数据训练掌握其模式规律。不过,从语谱图重构时域语音信号时还需要相位信息,而相位谱的估计很困难。有很多研究尝试着通过修改训练目标来学习复数频谱中隐含的相位信息。不过,通常的做法是直接使用含噪信号的相位谱进行干净语音重构。

还有一类学习目标把增益函数目标和谱映射目标相结合,即 DNN 的输出仍然是增益函数,但学习目标不是使增益函数与理想增益最吻合,而是使增强后的频谱与干净语音频谱最吻合,例如

$$E(t, f) = \big[H(t, f) \mid Y(t, f) \mid - \mid X(t, f) \mid \big]^2 \qquad (2-45)$$

增益函数类的学习目标值域有界,因此它比映射谱类更容易保证收敛;但是其完全忽视了绝对功率的信息,在中高频时由于语音信号能量弱,很容易受到噪声的影响。映射谱类的方法没有上述缺点,但是由于值域没有界,其收敛性需要更多的训练技巧来保证,例如各种方差归一化、正则化方法等;此外它与信号功率有关,因此如果训练数据增益范围变化较大,对训练也将产生影响。

4) 代价函数

代价函数是用来衡量网络输出和期望输出之间的差距,网络参数学习调整的过程就是使代价函数逐渐减小直至收敛的过程。代价函数的选择与网络的学习目标有关,基于 DNN 的语音增强系统常用的代价函数包括互信息熵(cross-entropy, CE)和均方误差(MSE)等,一般分类问题多采用互信息熵,而回归问题多采用均方误差。

对于 C 个类别的分类问题,互信息熵定义为

$$J_{CE} = -\frac{1}{N} \sum_{i=1}^{N} \sum_{c=1}^{C} I_{i,c} \ln(p_{i,c}) \qquad (2-46)$$

式中,N 表示样本数量;$I_{i,c}$ 是已知的布尔量,它表示样本 i 是否属于类型 c,如果属于就是 1,反之就是 0;$p_{i,c}$ 是网络输出的样本 i 属于类型 c 的概率。显然,网络输出的是概率,值域有限,因此网络输出最后一般要经过一个 S 型映射函数,形如

$$f(x) = \frac{1}{1 + \exp[-a(x - \mu)]}$$

其中,μ 决定了 S 型映射函数的对称点;a 决定了 S 型映射函数的陡峭程度。可以证明,使用这种 S 型映射函数,误差的梯度仍能保持线性关系。因为此网络的输出值域有限,所以其更适合增益函数类的学习目标。

MSE 代价函数使用也非常广泛,一般可以定义为

$$J_{\mathrm{MSE}} = \frac{1}{N} \sum_{i=1}^{N} (x_i - \hat{x}_i)^2 \tag{2-47}$$

式中,x_i 和 $\hat{x}_i$ 分别表示期望的网络输出和实际的网络输出。MSE 直接反映了两者的欧式距离,因此常常用来衡量谱映射得到的频谱与实际干净信号的频谱之间的均方误差。

2.4　麦克风阵列语音增强

前面我们介绍了单声道语音增强的基本原理和主要方法,这一部分我们将介绍基于麦克风阵列的语音增强技术。这里说的麦克风阵列是指多个麦克风按照特定的拓扑结构排列,对在空间传播的声信号进行同步采集。与使用单个麦克风系统相比,麦克风阵列提供了额外的声音传播的空间关系信息,这使麦克风阵列在处理复杂噪声时具有更强的能力。

当我们把 M 个麦克风组成的阵列放到一个实际的声环境中时,阵列所采集到的声音信号模型可以用图 2-2 来描述。其中 $s_i(n)(i=1, 2, \cdots, I)$ 表示周围存在的 I 个声源,它们发出的声音经过空间传播会被麦克风采集,如果把第 i 个声源到第 $m(m=1, 2, \cdots, M)$ 个麦克风的传播过程用线性系统来表示,则可用 $g_{mi}(n)$ 来表示该系统的单位抽样响应,对应的麦克风采集到的信号就是这个系统的输出,即 $x_{mi}(n)$。在实际的声环境中,除了这些有确定声源发出的声音之外,还有些环境声音并非来自某些确定的声源,比如室外的声音通过房间结构传入的声音,或者各种声音经过复杂环境的不断反射形成的扩散噪声等,我们将麦克风采集到的这类声信号记为 $v_m(n)$。另外,实际的麦克风器件以及采集系统都有自身的热噪声和电噪声,即使周围的声环境没有任何声音,阵列采集系统仍然会采集到噪声信号,我们把此类噪声称为系统的本底噪声,记为 $u_m(n)$,此种噪声与前面的其他信号不同,不同麦克风上采集到的本底噪声没有任何空间关系,可以认为彼此毫不相干。我们在下文会对上述几种信号进行明确的定义。综上,麦克风阵列采集到的信号是上述各种声信号的叠加,可以用下面的模型表示:

$$y_m(n) = \sum_{i=1}^{I} x_{mi}(n) + v_m(n) + u_m(n), \quad m=1, 2, \cdots, M \tag{2-48}$$

式中

$$x_{mi}(n) = g_{mi}(n)s_i(n) \qquad (2-49)$$

在这一部分,我们将从波束形成原理开始讨论阵列降噪技术。波束形成是把阵列拾取到的信号进行综合处理,使除了来自目标方向的信号之外,其他信号都尽可能地抑制。按照波束处理系统参数是否在使用中自动调整,波束技术又分成固定波束和自适应波束两类。多通道维纳降噪实际上等价于波束形成和后置滤波的结合,因此我们最后还将讨论后置滤波技术。

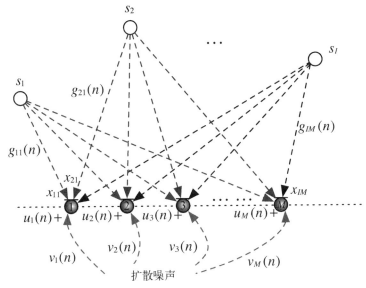

图 2-2 麦克风阵列拾取的声音信号模型

2.4.1 固定波束

波束技术已经有了很长的发展历史,在雷达、声呐、通信等领域有着广泛的研究和应用。其基本原理是利用一组按照特定结构摆放的传感器,对在空间传播的波动信号进行空间-时间抽样,然后对采集到的信号进行综合处理,使不同空间方向传入的信号产生不同的输出结果。例如,我们可以使某个特定方向传入的信号放大,而其他方向的信号抑制,仿佛形成了一道光束照亮目标的方向。

波束处理过程一般采用如图 2-3 的滤波-叠加结构。图 2-3 采用了频域信号模型,$Y_m(\omega)(m=1, 2, \cdots, M)$ 是第 m 个麦克风采集到的声音信号 $y_m(n)$ 的频域表示,$W_m(\omega)$ 是作用在第 m 个麦克风信号上的滤波器的频率响应,记其时域单位抽样响应为 $w_m(n)$。每个麦克风采集到的信号都经过相应的滤波器处理,处理后的结果相加就得到了最终的波束处理结果 $Z(\omega)$,该滤波-叠加的过程可以写成如下的矢量形式:

$$Z(\omega) = \boldsymbol{W}^{\mathrm{H}}(\omega)\boldsymbol{Y}(\omega) \qquad (2-50)$$

式中,上标 H 表示共轭转置,而

$$\boldsymbol{Y}(\omega) = [Y_1(\omega) \quad Y_2(\omega) \quad \cdots \quad Y_M(\omega)]^{\mathrm{T}}$$

$$\boldsymbol{W}(\omega) = [W_1(\omega) \quad W_2(\omega) \quad \cdots \quad W_M(\omega)]^{\mathrm{T}}$$

于是波束形成的设计任务就是找到一组合适的滤波器 $\boldsymbol{W}(\omega)$,使不同入射方向的信号经过滤波-叠加之后产生不同的响应。如果这组滤波器一旦设计好就固定不变,即不随输入信号的变化而变化,那么称之为固定波束;如果滤波器参数会随着输入信号的变化而自动调整,则称之为自适应波束。我们在这一节介绍固定波束技术,在下一节介绍自适应波束技术。

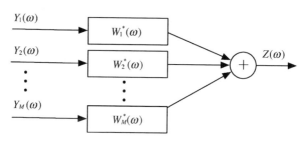

图 2-3   基于滤波-叠加的波束技术

在固定波束中,波束滤波器是事先设计好的,因此其设计思路与具体的声场环境和具体的信号无关,它只关心波束滤波器在不同空间方向的响应,只考虑理想的声场以及波束滤波器在这些理想声场中的响应。我们将首先介绍导向矢量和波束图的概念,然后定义理想声场以及固定波束的常用设计指标,接着介绍几种常用的固定波束设计方法,如延迟相加波束和超指向波束等。

1. 导向矢量和波束图

我们先来看固定波束。为简便起见,先考虑两个麦克风的情况,如图 2-4 所示。设两个麦克风间距为 d m,一个平面波的入射方向与两个麦克风连线的夹角为 θ。由于声波在空间

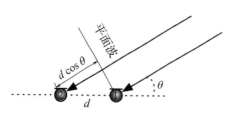

图 2-4   两个麦克风的空间关系

的传播需要时间,因此图 2-4 所示的平面波入射时会先到达 1 号麦克风,后到达 2 号麦克风。根据几何关系很容易知道,两个麦克风采集到的信号时间差为传播的路程差除以声波的传播速度,设声速为 c m/s,于是该时间差为

$$\Delta t_{21} = \frac{d\cos\theta}{c} \tag{2-51}$$

如果采样频率为 f_s,则该时间差对应的采样点数 $\tau_{21} = \Delta t_{21} f_s$(注意,$\tau_{21}$ 未必是整数)。如果 1 号麦克风采集的信号为 $x_1(n)$,则 2 号麦克风采集的信号 $x_2(n) = x_1(n - \tau_{21})$,写成频域形式就是

$$X_2(\omega) = X_1(\omega)\exp(-\mathrm{j}\omega\tau_{21}) \tag{2-52}$$

如果有 M 个麦克风并且已知它们的摆放关系,类似地可以计算出每个麦克风信号相对于 1 号麦克风信号的时间延迟点数,记第 m 个麦克风对应的延迟点数为 τ_{m1},那么我们可以得到如下的信号矢量关系:

$$\boldsymbol{X}(\omega) = \boldsymbol{\rho}(\omega, \theta) X_1(\omega) \tag{2-53}$$

式中,$\boldsymbol{X}(\omega) = \begin{bmatrix} X_1(\omega) & X_2(\omega) & \cdots & X_M(\omega) \end{bmatrix}^{\mathrm{T}}$,且

$$\boldsymbol{\rho}(\omega, \theta) \triangleq \begin{bmatrix} 1 & \exp(-\mathrm{j}\omega\tau_{21}) & \exp(-\mathrm{j}\omega\tau_{31}) & \cdots & \exp(-\mathrm{j}\omega\tau_{M1}) \end{bmatrix}^{\mathrm{T}}$$
$$= \exp(-\mathrm{j}\omega\boldsymbol{\tau})$$

其中,

$$\boldsymbol{\tau} \triangleq \begin{bmatrix} \tau_{11} & \tau_{21} & \cdots & \tau_{M1} \end{bmatrix}^{\mathrm{T}}$$

是延迟矢量,$\tau_{11} \equiv 0$。矢量 $\boldsymbol{\rho}(\omega, \theta)$ 常称为导向矢量(steering vector)。

由导向矢量的定义可以看出,导向矢量与频率 ω 和延迟矢量 $\boldsymbol{\tau}$ 有关。当阵列结构确定之后,各个麦克风之间的间距也能确定,因此延迟矢量 $\boldsymbol{\tau}$ 就仅与平面波的入射方向 θ 有关。换句话说,给定麦克风阵列之后,导向矢量是频率 ω 和平面波的入射方向 θ 的函数。注意,上面计算延迟矢量时是以 1 号麦克风为参照,实际上在不同的阵列结构中,可以选择任意点作为参照,进而得到相应的延迟矢量和导向矢量。

我们设计波束是为了寻找一组波束滤波器,使得不同方向入射的信号经过滤波-叠加后得到不同的增益,因此我们来看一下上面 θ 方向入射的平面波经过波束处理之后的信号得到了多大增益。根据滤波-叠加原理以及导向矢量的定义,可以得到该平面波经过波束滤波器 $\boldsymbol{W}(\omega)$ 之后的输出为

$$X_{\text{out}}(\omega) = \boldsymbol{W}^H(\omega)\boldsymbol{X}(\omega) = B_{\boldsymbol{W}}(\omega, \theta)X_1(\omega) \quad\quad (2-54)$$

式中,

$$B_{\boldsymbol{W}}(\omega, \theta) \triangleq \boldsymbol{W}^H(\omega)\boldsymbol{\rho}(\omega, \theta)$$

为波束模式(beam pattern)。由式(2-54)可以看出,从 θ 方向入射的平面波经过波束滤波器处理后的输出信号 $X_{\text{out}}(\omega)$ 相当于 1 号麦克风直接采集的平面波信号 $X_1(\omega)$ 乘以波束模式 $B_{\boldsymbol{W}}(\omega, \theta)$,这说明波束模式就是该阵列处理对输入平面波的增益。当我们保持平面波在 1 号麦克风采集到的信号不变,仅改变入射方向 θ,那么波束模式实际上就反映了这一组波束滤波器 $\boldsymbol{W}(\omega)$ 对不同方向入射信号的增益变化。因此,固定波束设计的目标之一就是获得期望的波束模式。

波束模式是 ω 和 θ 的函数,把波束模式用不同的方式绘制出来,就形成了波束图。

2. 理想声场和固定波束设计指标

固定波束的波束滤波器不会在使用中根据具体的声学环境自动调整,因此其只能在各种理想声场中进行分析和设计;其次,波束图虽然很直观地给出了波束滤波器的空间-频率响应,但是如果没有量化的指标,就无法进行最优波束滤波器的设计;再次,波束图无法反映波束滤波器的稳健性,即波束的性能是否会随着系统误差的增大而迅速恶化。因此,在这部分我们讨论理想声场和固定波束设计的一些常用指标。

1) 相干函数和理想声场

理想声场是声学中的概念,其定义与相干函数(coherence function)有关。设 $y_1(n)$ 和 $y_2(n)$ 是两个一维随机信号,其频谱分别为 $Y_1(\omega)$ 和 $Y_2(\omega)$,则两者的相干函数定义为

$$r_{Y_1 Y_2}(\omega) \triangleq \frac{\phi_{Y_1 Y_2}(\omega)}{\sqrt{\phi_{Y_1 Y_1}(\omega)\phi_{Y_2 Y_2}(\omega)}} \quad\quad (2-55)$$

式中,

$$\phi_{Y_1 Y_2}(\omega) \triangleq E[Y_1(\omega)Y_2^*(\omega)]$$

$$\phi_{Y_i Y_i}(\omega) \triangleq E[Y_i(\omega)Y_i^*(\omega)], \quad i=1, 2$$

分别是 $y_1(n)$ 和 $y_2(n)$ 的互功率谱(cross power spectral density, CPSD)和它们各自的自功率谱(power spectral density, PSD)。

相干函数从频域角度反映了两个信号之间的相关程度,很容易看出相干函数满足

$$0 \leqslant |r_{Y_1 Y_2}(\omega)|^2 \leqslant 1 \tag{2-56}$$

$|r_{Y_1 Y_2}(\omega)|^2$ 越接近 1,表示两个信号越相关;越接近 0,则表示其越不相关。例如,如果 $y_2(n)$ 仅是 $y_1(n)$ 的平移和增益变化,$|r_{Y_1 Y_2}(\omega)|^2$ 必定等于 1。显然相干函数满足 $r_{Y_1 Y_2}(\omega) = r^*_{Y_2 Y_1}(\omega)$,且 $r_{Y_1 Y_1}(\omega) \equiv 1$,即信号自己和自己的相干函数恒等于 1。

对于 M 个随机信号 $Y_1(\omega)$,$Y_2(\omega)$,…,$Y_M(\omega)$,如果计算两两信号之间的相干函数,就可以组成相干函数矩阵

$$\boldsymbol{\Gamma}_Y(\omega) = \begin{bmatrix} r_{Y_1 Y_1}(\omega) & r_{Y_1 Y_2}(\omega) & \cdots & r_{Y_1 Y_M}(\omega) \\ r_{Y_2 Y_1}(\omega) & r_{Y_2 Y_2}(\omega) & \cdots & r_{Y_2 Y_M}(\omega) \\ \vdots & \vdots & & \vdots \\ r_{Y_M Y_1}(\omega) & r_{Y_M Y_2}(\omega) & \cdots & r_{Y_M Y_M}(\omega) \end{bmatrix} \tag{2-57}$$

根据相干函数的性质,可以知道相干函数矩阵是一个共轭对称的哈密顿(Hermitian)矩阵,即 $\boldsymbol{\Gamma}_Y = \boldsymbol{\Gamma}_Y^H$,此外该矩阵的对角线元素都是 1。

下面我们来看几种理想的声场,实际的声场可以看成是这些理想声场的叠加。

(1)相干场或自由场。

相干场是由单一声源发出的、在自由空间按明确方向传播的声场。自由空间是指在声音传播路径上没有任何障碍物且声音传播介质均匀,传播方向明确是指声波波阵面的法线方向保持不变。在这种理想声场中的两个观测点所观测的信号仅仅是时间轴上的平移和幅度变化,其相干函数满足如下形式:

$$r_{Y_1 Y_2}(\omega) = \exp[j\omega(\tau_2 - \tau_1)] = \exp(j\omega\tau_{12}) \tag{2-58}$$

式中,τ_1 和 τ_2 是声源信号传播到第 1 个观测点和第 2 个观测点的延迟点数(未必是整数);τ_{12} 是两个观测点之间的延迟差。注意,这些延迟量与观测点的位置、两个观测点连线与声波传播方向的夹角都有关系。

(2)不相干场。

与相干场相对的是不相干场,如果说相干场中两个观测点的声音信号完全相关,那么不相干场中两个观测点的声音信号则完全不相关,即其相干函数满足

$$r_{Y_1 Y_2}(\omega) \equiv 0 \tag{2-59}$$

由此可以发现,不相干场的相干函数矩阵 $\boldsymbol{\Gamma}_Y(\omega)$ 一定是单位阵 $\boldsymbol{I}_{M\times M}$,即除了对角线元素为1,其他元素都为0。不相干场也是一类重要的理想声场模型,其相干函数恒为0,说明观测点的信号一定不是通过空间传播得到的,因此这类不存在空间相干关系的声信号通常称为空间白噪声(spatial white noise)。由于波束形成是利用麦克风阵列对声场空间的采样进行处理,这类没有任何空间关系的空间白噪声就可以验证波束滤波器对任何系统误差或系统噪声的稳健性。

(3) 扩散场。

扩散场(diffuse field)也是一类典型的理想声场,一般分成球面均匀扩散场(spherically isotropic field)和柱面均匀扩散场(cylindrically isotropic field)。球面均匀扩散场指的是声扩散在三维方向上发生,而柱面均匀扩散场是指声扩散只在二维平面中发生。均匀扩散表示在扩散所发生的空间中,声能密度处处相等,在很短的时间片内,声音朝随机的方向传播,从而在宏观上形成一种均匀的、没有确定传播方向的声场。扩散场的显著特点就是任意两个观测点的观测信号之间的相干函数仅与这两个观测点的距离有关,与这两个观测点的实际位置无关,更与任何声源无关。其中球面和柱面均匀扩散场的相干函数分别满足

$$r_{Y_1Y_2,\text{sph}}(\omega) = \frac{\sin(\omega\Delta_{12})}{\omega\Delta_{12}} \tag{2-60}$$

$$r_{Y_1Y_2,\text{cyl}}(\omega) = \text{J}_0(\omega\Delta_{12}) \tag{2-61}$$

式中,

$$\Delta_{12} \triangleq \frac{d_{12}}{c} f_s$$

d_{12} 是两个观测点之间的直线距离;$\text{J}_0(\cdot)$ 是第1类零阶贝塞尔函数。注意,扩散场的相干函数是不大于1的实数,虚部恒为0,此性质常常用于混响场的估计。

2) 固定波束设计的常用指标

(1) 阵列 SNR 增益。

阵列 SNR 增益反映的是波束处理之后的窄带信噪比提升程度,它的定义为波束输出信号的窄带信噪比与参考麦克风录制信号的窄带信噪比的比值,即

$$G_W(\omega) = \frac{SNR_o[\boldsymbol{W}(\omega)]}{SNR_i(\omega)} \tag{2-62}$$

式中,$\boldsymbol{W}(\omega)$ 是使用的波束滤波器。我们仍然选择第1个麦克风为参考麦克风,

设基本的阵列信号模型为

$$\boldsymbol{Y}(\omega) = \boldsymbol{X}(\omega) + \boldsymbol{V}(\omega)$$

式中，$\boldsymbol{Y}(\omega) = \begin{bmatrix} Y_1(\omega) & Y_2(\omega) & \cdots & Y_M(\omega) \end{bmatrix}^{\mathrm{T}}$ 是 M 个麦克风的观测信号；$\boldsymbol{X}(\omega)$ 和 $\boldsymbol{V}(\omega)$ 也可类似地定义，分别表示干净的目标信号矢量和噪声信号矢量（此处噪声泛指各种噪声，并非理想噪声场噪声）。于是在参考麦克风上的输入信号的窄带信噪比 $SNR_{\mathrm{i}}(\omega) = \phi_{X_1}(\omega) / \phi_{V_1}(\omega)$。

经过波束处理后的输出信号 $Z(\omega)$ 可以写成

$$Z(\omega) = \boldsymbol{W}^{\mathrm{H}}(\omega)\boldsymbol{Y}(\omega) = \boldsymbol{W}^{\mathrm{H}}(\omega)\boldsymbol{X}(\omega) + \boldsymbol{W}^{\mathrm{H}}(\omega)\boldsymbol{V}(\omega) = X_{\mathrm{out}}(\omega) + V_{\mathrm{out}}(\omega)$$

其中，目标信号的输出 $X_{\mathrm{out}}(\omega) \triangleq \boldsymbol{W}^{\mathrm{H}}(\omega)\boldsymbol{X}(\omega)$；噪声的输出 $V_{\mathrm{out}}(\omega) \triangleq \boldsymbol{W}^{\mathrm{H}}(\omega)\boldsymbol{V}(\omega)$。于是，输出信号的窄带信噪比为

$$SNR_{\mathrm{o}}[\boldsymbol{W}(\omega)] = \frac{\phi_{X_{\mathrm{out}}}(\omega)}{\phi_{V_{\mathrm{out}}}(\omega)} = \frac{\boldsymbol{W}^{\mathrm{H}}(\omega)\boldsymbol{\Phi}_X(\omega)\boldsymbol{W}(\omega)}{\boldsymbol{W}^{\mathrm{H}}(\omega)\boldsymbol{\Phi}_V(\omega)\boldsymbol{W}(\omega)}$$

其中，

$$\boldsymbol{\Phi}_X(\omega) \triangleq E[\boldsymbol{X}(\omega)\boldsymbol{X}^{\mathrm{H}}(\omega)], \quad \boldsymbol{\Phi}_V(\omega) \triangleq E[\boldsymbol{V}(\omega)\boldsymbol{V}^{\mathrm{H}}(\omega)]$$

分别是输入的干净目标信号和输入的噪声信号的互功率谱矩阵。

在固定波束设计时，阵列 SNR 增益实际上都是在理想噪声场中计算的，而目标信号则是来自阵列注视方向的平面波。不同的理想噪声场下的阵列 SNR 增益分别对应了指向因子和白噪声增益，下面我们分别介绍。

（2）指向因子和指向指数。

指向因子（directivity factor，DF）是指波束在扩散噪声场中对目标方向的阵列 SNR 增益，它反映了当各个方向都有平面波入射时，对目标方向的增益相对于所有方向平均增益的倍数。阵列的指向因子可以用扩散场中的阵列 SNR 增益来定义。

设目标方向平面波的导向矢量为 $\boldsymbol{\rho}(\omega_0)$，$\theta_0$ 表示目标方向，由导向矢量和目标信号矢量的关系[见式(2-53)]，我们得出输入的目标信号相关矩阵为

$$\begin{aligned} \boldsymbol{\Phi}_X(\omega) &= E\{[\boldsymbol{\rho}(\omega, \theta_0)X_1(\omega)][\boldsymbol{\rho}(\omega, \theta_0)X_1(\omega)]^{\mathrm{H}}\} \\ &= \phi_{X_1}(\omega)[\boldsymbol{\rho}(\omega, \theta_0)\boldsymbol{\rho}^{\mathrm{H}}(\omega, \theta_0)] \end{aligned} \tag{2-63}$$

显然，$\boldsymbol{\Phi}_X(\omega)$ 完全由 $X_1(\omega)$ 的功率 ϕ_{X_1} 和导向矢量 $\boldsymbol{\rho}(\omega, \theta_0)$ 决定，是一个秩为 1 的方阵，因此目标信号的输出 $X_{\mathrm{out}}(\omega)$ 的功率就是

$$\phi_{X_{\text{out}}}(\omega) = \phi_{X_1}(\omega) \mid \boldsymbol{W}^{\text{H}}(\omega)\boldsymbol{\rho}(\omega, \theta_0) \mid^2 \qquad (2-64)$$

注意 $\boldsymbol{W}^{\text{H}}(\omega)\boldsymbol{\rho}(\omega, \theta_0)$ 就是前述的波束模式 $B_{\boldsymbol{W}}(\omega, \theta_0)$。如果波束滤波器 $\boldsymbol{W}(\omega)$ 对应的波束图在目标方向响应恒为 1,则 $\phi_{X_{\text{out}}}(\omega) = \phi_{X_1}(\omega)$,即目标输出信号增益不变。

对于扩散噪声场,我们仍用 $\boldsymbol{V}(\omega)$ 来表示采集到的扩散噪声矢量。由于声场能量均匀分布,所以每个麦克风上采集到的噪声信号功率都相同,即 $\phi_{V_m}(\omega) = \phi_{V_1}(\omega)$, $m = 1, 2, \cdots, M$。 根据相关矩阵 $\boldsymbol{\Phi}_V(\omega)$ 和相干矩阵 $\boldsymbol{\Gamma}_V(\omega)$ 的定义,我们可以得到扩散场中两者的重要关系为

$$\boldsymbol{\Phi}_{V_{\text{diff}}}(\omega) = \phi_{V_1}(\omega)\boldsymbol{\Gamma}_{V_{\text{diff}}}(\omega) \qquad (2-65)$$

$\boldsymbol{\Gamma}_{V_{\text{diff}}}(\omega)$ 中的每个元素由式(2-60)确定。这样,在扩散噪声场中的阵列输出信噪比就变为

$$SNR_{\text{o}}[\boldsymbol{W}(\omega)] = \frac{\phi_{X_1}(\omega)}{\phi_{V_1}(\omega)} \times \frac{\mid \boldsymbol{W}^{\text{H}}(\omega)\boldsymbol{\rho}(\omega, \theta_0) \mid^2}{\boldsymbol{W}^{\text{H}}(\omega)\boldsymbol{\Gamma}_{V_{\text{diff}}}(\omega)\boldsymbol{W}(\omega)} \qquad (2-66)$$

式中等号右边的系数正好是输入信号的窄带信噪比 $SNR_{\text{i}}(\omega)$,因此可以得到在扩散场条件下的阵列 SNR 增益,即指向因子:

$$DF(\omega) \triangleq \mathcal{G}_{\boldsymbol{W}, \text{diff}}(\omega) = \frac{\mid \boldsymbol{W}^{\text{H}}(\omega)\boldsymbol{\rho}(\omega, \theta_0) \mid^2}{\boldsymbol{W}^{\text{H}}(\omega)\boldsymbol{\Gamma}_{V_{\text{diff}}}(\omega)\boldsymbol{W}(\omega)} \qquad (2-67)$$

将指向因子转换成分贝形式,就可以得到指向指数(directivity index, DI),即 $DI = 10 \lg DF$。

可以证明,M 个麦克风构成的麦克风阵列在球面扩散场中所能达到的最大指向因子为 M^2,在柱面扩散场中为 $2M-1$[41]。从这个定义可以看出,指向因子越大,波束对目标方向的增益相对其他方向就越突出。

(3) 白噪声增益。

白噪声增益(white noise gain, WNG)是反映波束稳健性的重要参数,它实际上等价于不相干噪声场或空间白噪声场中的阵列 SNR 增益。假设目标仍然是 θ_0 方向入射的平面波,噪声场为理想的不相干噪声场。与前面扩散场增益一样,目标信号的输出 $X_{\text{out}}(\omega)$ 的功率仍然由式(2-64)决定,下面来看理想的不相干噪声场的输出。我们用 $\boldsymbol{U}(\omega)$ 来表示阵列信号中的不相干噪声矢量。

由不相干场的相干函数定义式(2-59)可知,如果仍假定每个通道的不相干噪声功率相同,即 $\phi_{U_m}(\omega) = \phi_{U_1}(\omega)$, $m = 1, 2, \cdots, M$,则不相干场的相关矩阵就是

$$\boldsymbol{\Phi}_{U_{wn}}(\omega) = \phi_{U_1}(\omega)\boldsymbol{I}_{M\times M} \qquad (2-68)$$

于是,不相干噪声场的输出信噪比为

$$
\begin{aligned}
SNR_o(\boldsymbol{W}(\omega)) &= \frac{\phi_{X_1}(\omega)}{\phi_{U_1}(\omega)} \times \frac{|\boldsymbol{W}^H(\omega)\boldsymbol{\rho}(\omega,\theta_0)|^2}{\boldsymbol{W}^H(\omega)\boldsymbol{I}_{M\times M}\boldsymbol{W}(\omega)} \\
&= \frac{\phi_{X_1}(\omega)}{\phi_{U_1}(\omega)} \times \frac{|\boldsymbol{W}^H(\omega)\boldsymbol{\rho}(\omega,\theta_0)|^2}{\|\boldsymbol{W}(\omega)\|^2}
\end{aligned} \qquad (2-69)
$$

式中,$\|\cdot\|$是二范数。进而我们可以得到不相干白噪声场中的阵列 SNR 增益,即白噪声增益就是

$$WNG(\omega) \triangleq \mathcal{G}_{W,wn}(\omega) = \frac{|\boldsymbol{W}^H(\omega)\boldsymbol{\rho}(\omega,\theta_0)|^2}{\|\boldsymbol{W}(\omega)\|^2} \qquad (2-70)$$

当目标方向的波束响应恒为 1 时,白噪声增益就简化成

$$WNG(\omega) = \|\boldsymbol{W}(\omega)\|^{-2} \qquad (2-71)$$

可见,白噪声增益与波束滤波器矢量 $\boldsymbol{W}(\omega)$ 的二范数成反比,白噪声增益越大,说明设计波束对各种系统误差越稳健,对各种系统噪声的抑制能力越强;反之,如果白噪声增益太小,则说明波束处理会显著放大系统噪声,因而波束的稳健性越差。可以证明 M 个麦克风构成的麦克风阵列在保持目标方向响应为 1 时的最大白噪声增益是 M。白噪声增益对实际麦克风阵列系统设计非常重要,是影响系统性能的重要因素。

3. 延迟相加波束

我们已经介绍了固定波束设计的基本原理和技术指标,下面将开始介绍几类常见的固定波束设计方法,首先是延迟相加(delay-and-sum,DS)波束。

延迟相加波束是一种最简单且最传统的波束形成技术,早期主要用于窄带信号处理,由于窄带信号的延迟等价于相位偏移,因此延迟相加波束又称为相控阵波束。实际上延迟相加波束本身是可以用于宽带信号的,因此其在语音或声信号拾取中也可以直接应用。

延迟相加波束的做法很简单,就是给每个麦克风信号增加不同的时间延迟,然后把延迟之后的信号直接相加就可以得到波束输出结果,它实际上是滤波-叠加波束形成的特例,只是把波束滤波器变成了简单的可调延迟器。我们知道,对于给定结构的麦克风阵列,不同方向入射的声信号在麦克风阵元之间会产生不同的时间延迟,如果我们给每个麦克风信号增加的额外延迟可以补偿目标方向对应的时间延迟,使得目标方向的信号经过这些延迟之后在时间上对齐,那么在

最后进行相加的时候,目标信号是时间对齐相加,而其他方向的信号则是非对齐相加。显然,对齐相加必然可以放大信号,而非对齐相加则未必。

为了直观起见,我们用时域的延迟相加波束为例,其原理如图 2-5 所示。设目标声源信号为 $s(n)$,每个麦克风采集到的干净目标信号 $x_m(n) = a_m s(n - \tau_m)(m = 1, 2, \cdots, M)$,其中 a_m 为声音从声源传播到第 m 个麦克风时的传播衰减,τ_m 为对应的声音传播延迟。标记这些延迟量中的最大延迟为

$$\tau_{\max} = \max_m \tau_m, \quad m = 1, 2, \cdots, M \tag{2-72}$$

然后我们给每个麦克风信号增加额外延迟量 $\tau_{\max} - \tau_m$,即每个通道的波束滤波器为

$$w_{m,\mathrm{DS}}(n) = \delta(n - \tau_{\max} + \tau_m) \tag{2-73}$$

这样,经过波束滤波器之后每个通道的信号变成了 $a_m s(n - \tau_{\max})$,即具有同样的延迟量,因而相加的结果为 $\bar{a} s(n - \tau_{\max})$,其中

$$\bar{a} = \frac{1}{M} \sum_{m=1}^M a_m \tag{2-74}$$

此处是取相加平均,目的是为了保证目标方向的信号经过波束后增益不变。例如,当所有的 a_m 都相同,即等于 a,则 $\bar{a} = a$,因而目标方向入射的信号经过延迟相加波束处理之后为 $a s(n - \tau_{\max})$,与麦克风采集的目标信号幅度一致,仅仅是延迟了而已。

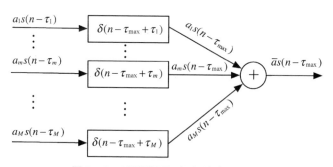

图 2-5   时域的延迟相加波束原理图

接下来我们看看延时相加波束的各项性能指标。为了与滤波-叠加波束形成结构保持一致(见图 2-3),我们把式(2-74)相加平均的 $1/M$ 系数移到每个延迟滤波器上,这样最后一步就是直接叠加;另外,注意到波束的各项性能指标都是在频域,而且滤波-叠加中滤波器频率响应有共轭操作。为此,我们需要把

式(2-73)中的时域延迟滤波器乘以系数 $1/M$ 再变换到频域,并取共轭,最后可得延迟滤波器的频率响应为

$$W_{m,\text{DS}}(\omega) = \frac{1}{M}\exp[-\text{j}\omega(\tau_m - \tau_{\max})] \qquad (2-75)$$

如果我们把最大延迟量 $\tau_{\max}$ 对应的麦克风标记为 1 号麦克风,则

$$W_{m,\text{DS}}(\omega) = \frac{1}{M}\exp[-\text{j}\omega(\tau_m - \tau_1)] = \frac{1}{M}\exp(-\text{j}\omega\tau_{m1})$$

对照导向矢量的定义可以看出,延迟相加波束采用的滤波器就是导向矢量的 M 分之一,即

$$\boldsymbol{W}_{\text{DS}}(\omega) = \frac{1}{M}\boldsymbol{\rho}(\omega, \theta_0) \qquad (2-76)$$

$$\boldsymbol{W}_{\text{DS}}(\omega) = [\omega_{1,\text{DS}}(\omega) \quad \omega_{2,\text{DS}}(\omega) \quad \cdots \quad \omega_{m,\text{DS}}(\omega) \quad \cdots \quad \omega_{M,\text{DS}}(\omega)]$$

于是,很容易验证,延迟相加波束在目标方向的波束模式满足

$$B_{\boldsymbol{W}_{\text{DS}}}(\omega, \theta_0) = \boldsymbol{W}_{\text{DS}}^{\text{H}}(\omega)\boldsymbol{\rho}(\omega, \theta_0) \equiv 1$$

这说明延迟相加波束可以保持目标方向 θ_0 的响应为 1。

另外,我们还可以计算延迟相加波束的白噪声增益,根据白噪声增益的定义[见式(2-70)]有

$$WNG_{\text{DS}}(\omega) = \frac{1}{\|\boldsymbol{W}_{\text{DS}}(\omega)\|^2} \equiv M$$

这说明延迟相加波束的白噪声增益与频率无关,而且可以达到最大值。实际上,根据白噪声增益的定义,如果要寻找使目标方向响应为 1 且白噪声增益最大,就相当于求解如下的条件极值问题(注意 $\|\boldsymbol{W}\|^2 = \boldsymbol{W}^{\text{H}}\boldsymbol{I}_{M\times M}\boldsymbol{W}$),即

$$\boldsymbol{W}_{\text{maxWNG}} = \arg\min_{\boldsymbol{W}(\omega)}(\boldsymbol{W}^{\text{H}}\boldsymbol{I}_{M\times M}\boldsymbol{W}), \quad \text{s.t.} \ \boldsymbol{W}^{\text{H}}\boldsymbol{\rho}(\theta_0) = 1 \qquad (2-77)$$

使用拉格朗日乘数法很容易求出上述使白噪声最大的波束解为

$$\boldsymbol{W}_{\text{maxWNG}} = \frac{1}{M}\boldsymbol{\rho}(\theta_0)$$

这正好是延迟相加波束的解。这说明延迟相加波束是所有波束中最稳健的,这也是为何延迟相加波束得以广泛应用的原因。

图 2-6 给出了一个延迟相加波束的白噪声增益和指向因子图。阵列是由 10 个间距为 4 cm 的麦克风构成的线性阵列,波束注视方向是 90°。结果显示白

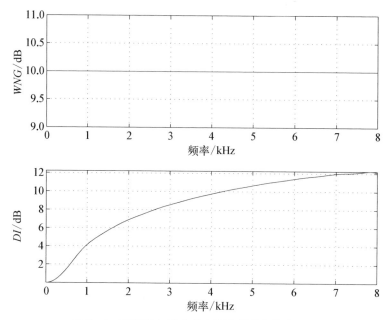

图 2 - 6　延迟相加波束的白噪声增益和指向因子

噪声增益保持在 10 dB，而指向因子则不断随频率变化，但始终小于理论最大值极限 20 dB。

4. 超指向波束

由于波束形成是利用麦克风阵列对声场进行空域-频域或空域-时域滤波，以获得希望的空间指向，提高对目标方向的增益，那么自然会出现一个问题，即能否设计出在给定条件下具有最大指向因子的波束。答案就是超指向波束（superdirective beamformer）。

超指向波束就是使指向因子取最大值时的波束，其波束滤波器可以表示为

$$W_{SD}(\omega) \triangleq \arg\max_{W(\omega)} \frac{|W^{H}(\omega)\boldsymbol{\rho}(\omega,\theta_{0})|^{2}}{W^{H}(\omega)\boldsymbol{\Gamma}_{V_{\text{diff}}}(\omega)W(\omega)} \tag{2-78}$$

式中，$\boldsymbol{\Gamma}_{V_{\text{diff}}}(\omega)$ 是麦克风阵列在扩散噪声场中的相干函数矩阵，一旦阵列结构确定，该矩阵就确定了，其每个元素由式（2-60）计算得到；$\boldsymbol{\rho}(\omega,\theta_{0})$ 是目标方向 θ_{0} 对应的导向矢量。

根据广义瑞利商可以得到超指向波束的解为[41]

$$W_{SD}(\omega) = \alpha\boldsymbol{\Gamma}_{V_{\text{diff}}}^{-1}(\omega)\boldsymbol{\rho}(\omega,\theta_{0}) \tag{2-79}$$

式中，α 为任意常数。如果我们要求目标方向的波束响应必须为 1，则超指向波

束的设计问题就变成了如下的线性约束优化问题：

$$W_{\text{SD}}(\omega) = \arg \min_{W(\omega)} [W^{\text{H}}(\omega) \Gamma_{V_{\text{diff}}}(\omega) W(\omega)], \quad \text{s. t.} \ W^{\text{H}}(\omega) \rho(\omega, \theta_0) = 1$$

$$(2-80)$$

利用拉格朗日乘数法，可以求得满足上述条件的超指向波束解：

$$W_{\text{SD}} = \frac{\Gamma_{V_{\text{diff}}}^{-1} \rho(\theta_0)}{\rho^{\text{H}}(\theta_0) \Gamma_{V_{\text{diff}}}^{-1} \rho(\theta_0)}$$

$$(2-81)$$

此处为了简便起见省略了频率变量 ω。

上述超指向波束在实际应用中几乎完全无法使用，这是因为其尽管找到了使指向因子最大的波束解，但是却忽略了稳健性问题。我们在后面的例子中将会看到，这种超指向波束的白噪声增益非常低，即对系统误差极为敏感，会显著放大不相干噪声。这使得我们在设计超指向波束的时候必须考虑白噪声增益的问题。

常用的控制白噪声增益的方法是对角线加权法。从数值计算的角度来看，式(2-81)的求解需要计算扩散场相干函数矩阵 $\Gamma_{V_{\text{diff}}}$ 的逆矩阵。根据扩散场相干函数矩阵的定义可知，其第 i 行第 j 列的元素为

$$\Gamma_{V_{\text{diff}}} ij = \frac{\sin(\omega \Delta_{ij})}{\omega \Delta_{ij}}$$

其中，Δ_{ij} 是第 i 个麦克风和第 j 个麦克风之间的距离对应的采样点数。不难发现，当 $\omega \to 0$ 时，$\Gamma_{V_{\text{diff}}} ij$ 趋于 1，此时相干矩阵渐渐变成了全 1 矩阵，即 $\Gamma_{V_{\text{diff}}}(\omega) \to \mathbf{1}_{M \times M}$。此矩阵属于病态矩阵，求逆极不稳定，细微的系数波动都会使结果产生巨大偏差。为了改进其稳健性，可以给该矩阵的主对角线增加一个小的权重系数，以突出主对角线，减少矩阵条件数，做法如下：

$$\Gamma = \Gamma_{V_{\text{diff}}} + \epsilon I_{M \times M}, \ \epsilon > 0$$

$$(2-82)$$

式中，ϵ 是个较小的权重系数；$I_{M \times M}$ 为单位矩阵。相应的超指向波束解就变为

$$W_{\text{DL}} = \frac{\Gamma^{-1} \rho(\theta_0)}{\rho^{\text{H}}(\theta_0) \Gamma^{-1} \rho(\theta_0)}$$

$$(2-83)$$

实际上我们还可以从白噪声增益角度来看待对角线加权法。式(2-80)中的最优化问题实际上是在保持目标方向响应为1的条件下，最小化扩散噪声场的输出功率，这个优化问题本身并未考虑不相干噪声场的影响。在延迟相加波束部分，我们曾推导了最大化白噪声增益的波束，即最小化不相干场的输出功率且保持目标方向响应为1的波束，对应的优化问题为

$$W_{\text{maxWNG}} = \arg\min_{W(\omega)}(W^{\text{H}} I_{M \times M} W), \quad \text{s. t. } W^{\text{H}} \boldsymbol{\rho}(\theta_0) = 1$$

对照超指向波束的优化问题[见式(2-80)]，为了提高超指向波束的稳健性，我们可以采用参数优化方法，把优化问题变成如下形式：

$$W_{\text{DL}} = \arg\min_{W(\omega)}[W^{\text{H}}(\boldsymbol{\Gamma}_{v_{\text{diff}}} + \iota I_{M \times M})W], \quad \text{s. t. } W^{\text{H}} \boldsymbol{\rho}(\theta_0) = 1 \quad (2-84)$$

式中，ι 是权重系数，ι 越大，表示对不相干场的抑制能力越大；反之表示对扩散场的抑制能力越大。这与上面数值稳健性的解是一致的。

2.4.2 自适应波束

在上一节中，我们介绍了几种常用的固定波束技术，这一节将介绍自适应波束技术。固定波束技术是基于理想的声场模型，与具体的信号无关。自适应波束技术则是一种与信号相关的最优波束技术，波束滤波器系数是根据信号的统计量计算的，因此在使用过程中需要不断地根据信号统计量自动调整波束滤波器系数，以持续保证某种代价函数最优，例如最大信噪比（maximum SNR）、最小均方误差（MMSE）、线性约束下最小方差（linear constrained minimum variance，LCMV）等。

自适应波束是完全基于信号统计量的，因此其实际使用效果取决于这些统计量的估计精度（实际上有些信号参数是很难估计的，例如声源到各个麦克风的传输函数等，这些参数的估计误差有时会严重影响波束性能）。此外，与固定波束类似，自适应波束也涉及系统稳健性和算法收敛性能等问题，而且为了更大程度地抑制干扰声和环境噪声，在波束处理之后往往还进行后置滤波（post-filtering）处理。这些都是自适应波束的重要研究内容。在这一节中，我们首先介绍 STFT 域的 LCMV 波束原理，然后推导出与 LCMV 等价的自适应处理算法，即广义旁瓣抵消器（generalized sidelobe canceller，GSC），最后介绍常用的后置滤波技术。

1. STFT 域的 LCMV 波束原理

自适应波束仍然采用的是图 2-3 中的滤波-叠加方式。现在我们考虑空间中的某一个声源为目标声源，一个由 M 个麦克风构成的麦克风阵列采集到的时域信号模型可以写为

$$y_m(n) = x_m(n) + v_m(n) = g_m(n)s(n) + v_m(n), \quad m = 1, 2, \cdots, M$$

$$(2-85)$$

式中，$y_m(n)$ 是第 m 个麦克风的采集信号；$s(n)$ 是目标声源发出的信号；

$x_m(n)$是第 m 个麦克风采集到的目标声源信号;$g_m(n)$是目标声源到第 m 个麦克风的声音传输路径的单位抽样响应;$v_m(n)$是第 m 个麦克风采集到的其他各种声信号,这里笼统地称之为噪声。设这些噪声信号与 $s(n)$ 或 $x_m(n)$ 不相关,此外假设所有信号都是零均值宽平稳信号。

1) STFT 域的信号模型

由于在频域的信号模型和理论公式比较容易理解,所以我们利用 STFT 把上述信号模型变换到频域。注意,这里忽略 STFT 加窗对信号模型的影响,于是 STFT 域的信号模型可以写为

$$Y_m(n_s, k) = X_m(n_s, k) + V_m(n_s, k) = G_m(k)S(n_s, k) + V_m(n_s, k)$$

$$(2-86)$$

式中,$Y_m(n_s, k)$ 是 $y_m(n)$ 的 STFT 结果,n_s 是帧号,k 是频点编号;其他信号类似。注意,此处假定声传输函数不随时间发生变化,因此 $G_m(k)$ 与 n_s 无关。我们把 M 个麦克风的信号写成矢量形式,即

$$\boldsymbol{Y}(n_s, k) = \boldsymbol{X}(n_s, k) + \boldsymbol{V}(n_s, k) = \boldsymbol{G}(k)S(n_s, k) + \boldsymbol{V}(n_s, k)$$

$$(2-87)$$

式中,

$$\boldsymbol{Y}(n_s, k) \triangleq \begin{bmatrix} Y_1(n_s, k) & Y_2(n_s, k) & \cdots & Y_M(n_s, k) \end{bmatrix}^T$$

其他信号矢量类似,而

$$\boldsymbol{G}(k) \triangleq \begin{bmatrix} G_1(k) & G_2(k) & \cdots & G_M(k) \end{bmatrix}^T$$

是传输函数矢量,与具体信号无关,只与声源和麦克风阵列的空间方位以及周围声反射环境有关,不是随机变量。

设自适应波束的波束滤波器在 STFT 域表示为

$$\boldsymbol{W}(n_s, k) \triangleq \begin{bmatrix} W_1(n_s, k) & W_2(n_s, k) & \cdots & W_m(n_s, k) & \cdots & W_M(n_s, k) \end{bmatrix}^T$$

式中,$W_m(n_s, k)$ 是作用于第 m 个麦克风的滤波器频率响应,注意波束滤波器与 n_s 有关,表示波束滤波器会随时间变化。经过滤波叠加,自适应波束的输出信号可以表示为

$$\begin{aligned} Z(n_s, k) &= \boldsymbol{W}^H(n_s, k)\boldsymbol{Y}(n_s, k) \\ &= \boldsymbol{W}^H(n_s, k)\boldsymbol{G}(k)S(n_s, k) + \boldsymbol{W}^H(n_s, k)\boldsymbol{V}(n_s, k) \\ &= S_{out}(n_s, k) + V_{out}(n_s, k) \end{aligned}$$

$$(2-88)$$

式中,

$$S_{out}(n_s, k) \triangleq [\boldsymbol{W}^H(n_s, k)\boldsymbol{G}(k)] S(n_s, k) \tag{2-89}$$

$$V_{out}(n_s, k) \triangleq \boldsymbol{W}^H(n_s, k)\boldsymbol{V}(n_s, k) \tag{2-90}$$

分别表示波束处理之后的目标声源信号和噪声信号,前者为期望信号的输出,后者是需要被抑制的信号。

我们先考虑平稳信号的情况,后面再考虑自适应算法。设波束滤波器不随时间变化,即 $\boldsymbol{W}(n_s, k) \rightarrow \boldsymbol{W}(k)$,于是这些信号的功率谱以及它们之间的关系为

$$\phi_S(k) \triangleq E[|S(n_s, k)|^2] \tag{2-91}$$

$$\phi_{V_{out}}(k) \triangleq E[|V_{out}(n_s, k)|^2] = \boldsymbol{W}^H(k)\boldsymbol{\Phi}_V(k)\boldsymbol{W}(k) \tag{2-92}$$

$$\phi_{S_{out}}(k) \triangleq E[|S_{out}(n_s, k)|^2] = |\boldsymbol{W}^H(k)\boldsymbol{G}(k)|^2 \phi_S(k) \tag{2-93}$$

$$\phi_Z(k) \triangleq E[|Z(n_s, k)|^2] = \boldsymbol{W}^H(k)\boldsymbol{\Phi}_Y(k)\boldsymbol{W}(k) = \phi_{S_{out}}(k) + \phi_{V_{out}}(k) \tag{2-94}$$

式中,

$$\boldsymbol{\Phi}_V(k) \triangleq E[\boldsymbol{V}(n_s, k)\boldsymbol{V}^H(n_s, k)]$$

是麦克风阵列观测的信号矢量 $\boldsymbol{V}(n_s, k)$ 的协方差矩阵,类似地可以定义 $\boldsymbol{Y}(n_s, k)$ 的协方差矩阵 $\boldsymbol{\Phi}_Y(k)$。显然这些矩阵都是 Hermitian 矩阵。

2) STFT 域的 LCMV 波束解

有了这些信号定义,就可以明确地写出最大信噪比、最小均方误差等最优化波束设计问题,这里我们考虑 LCMV 波束。LCMV 波束设计的目标是在满足一组线性约束方程的前提下,使波束输出的信号功率最小,即求解如下约束优化问题

$$\boldsymbol{W}_{LCMV}(k) = \arg\min_{\boldsymbol{W}(k)} \phi_Z(k), \quad \text{s. t. } \boldsymbol{C}^H\boldsymbol{W}(k) = \boldsymbol{b} \tag{2-95}$$

式中,$\boldsymbol{C}$ 是 $M \times N$ 的矩阵;$\boldsymbol{b}$ 是 $N \times 1$ 的矢量;$\boldsymbol{C}^H\boldsymbol{W}(k) = \boldsymbol{b}$ 表示波束必须满足的 N 个线性约束方程,显然要想上述问题有解必须要求 $N \leqslant M$。最常用的约束条件是使波束处理之后的声源信号 $S_{out}(n_s, k)$ 不失真,由式(2-89)可知,该约束等价为

$$G^{\mathrm{H}}(k)W(k)=1$$

即相当于令 $C=G(k)$，$b=1$，约束条件数量 $N=1$。这时 LCMV 波束优化问题可以写为如下常见形式：

$$W_{\mathrm{LCMV}}(k)=\arg\min_{W(k)}W^{\mathrm{H}}(k)\boldsymbol{\Phi}_Y(k)W(k),\quad \mathrm{s.t.}\ G^{\mathrm{H}}(k)W(k)=1$$

$$(2-96)$$

一般来说，除了上述不失真条件外，LCMV 还可以考虑其他更多的线性约束条件，因此在下面的讨论中，我们考虑如下形式的优化问题：

$$W_{\mathrm{LCMV}}(k)=\arg\min_{W(k)}W^{\mathrm{H}}(k)\boldsymbol{\Phi}_Y(k)W(k),\quad \mathrm{s.t.}\ C^{\mathrm{H}}W(k)=b\quad(2-97)$$

式(2-97)可以通过拉格朗日乘数法求解。定义如下代价函数：

$$J_{\mathrm{LCMV}}=\frac{1}{2}W^{\mathrm{H}}\boldsymbol{\Phi}_Y W+\boldsymbol{\lambda}^{\mathrm{H}}[C^{\mathrm{H}}W(k)-b]\qquad(2-98)$$

式中，$\boldsymbol{\lambda}$ 是拉格朗日系数矢量。令 J_{LCMV} 导数为零并结合约束条件，可以求出 $\boldsymbol{\lambda}$，进而得到上述 LCMV 波束的解为

$$W_{\mathrm{LCMV}}=\boldsymbol{\Phi}_Y^{-1}C(C^{\mathrm{H}}\boldsymbol{\Phi}_Y^{-1}C)^{-1}b\qquad(2-99)$$

此处省略频率编号 k。如果是式(2-96)中的典型约束条件，则 LCMV 波束的解可以写成如下的常见形式：

$$W_{\mathrm{LCMV}}=\frac{\boldsymbol{\Phi}_Y^{-1}G}{G^{\mathrm{H}}\boldsymbol{\Phi}_Y^{-1}G}\qquad(2-100)$$

2. 广义旁瓣抵消

前述 LCMV 波束可以精简成更有效的广义旁瓣抵消器算法，即 GSC 算法。Griffiths 和 Jim 在文献[42]中提出了这种算法，他们把声源到麦克风的声传输函数简化成了纯延迟形式；在文献[43]中，Gannot 等推导了任意声传输函数的 GSC 算法。现在我们结合上文的 LCMV 几何解释来介绍 GSC 算法。

1) GSC 的原理

观察式(2-97)中 LCMV 波束的约束条件，即 $C^{\mathrm{H}}W(k)=b$，注意矩阵 C 是 $M\times N$ 维的，而且 $N\leqslant M$，我们把 M 维空间分成了 C 的列空间 U_C 和相应的零（补）空间 U_N，其中 U_C 是由 CC^{H} 的非零特征向量组成的矩阵，U_N 是由剩下的零特征向量组成的矩阵，于是可以把 W 进行如下分解：

$$W=U_N H+F\qquad(2-101)$$

式中，F 就是固定波束，即

$$F \triangleq C(C^H C)^{-1} b$$

$$H \triangleq U_N^H W$$

是 W 在零空间 U_N 中的坐标矢量，并且由于 U_N 张成的空间是 C 的零空间，所以

$$U_N^H(k)C \equiv 0$$

观察式（2-101）可以看到，当约束矩阵 C 确定之后，U_N 和 F 都将确定，不会随着信号改变，只有 H 是可以随着 W 调节变化的。因此寻找最优的波束滤波器 W 的问题就可以转换成寻找最优的坐标矢量 H 的问题了。GSC 的结构如图 2-7 所示，波束滤波器分解成两项之和，因此波束处理过程可以用并联实现，其信号关系如下：

$$Z(k) = W^H(k)Y(k) = F^H(k)Y(k) + H^H[U_N^H Y(k)]$$
$$= F^H(k)Y(k) + H^H V_{U_N} = Z_{FBF}(k) + Z_{ANC}(k)$$

其中，$V_{U_N} \triangleq U_N^H Y(k)$ 是阵列观测信号经过 U_N 矩阵之后的输出信号矢量；$Z_{FBF}(k) \triangleq F^H(k)Y(k)$，而 $Z_{ANC}(k) \triangleq H^H[U_N^H Y(k)]$，两者分别称为固定波束输出和自适应噪声抵消器（adaptive noise canceller，ANC）输出；GSC 结构中的 U_N 常称为阻塞矩阵。下面我们用最基本的 LCMV 约束条件[见式（2-96）]来解释 GSC 结构的特点。

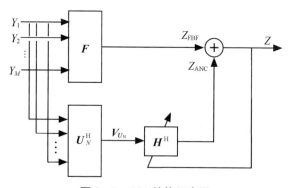

图 2-7 GSC 结构示意图

在最基本的 LCMV 约束条件中，只有保持源信号不失真这个唯一的约束，此时约束矩阵 C 退化成声传输函数矢量 G，而常数矢量 b 则退化成常数 1，于是

$$U_N^H(k)G(k) \equiv 0, \ F(k) = \frac{G(k)}{\| G(k) \|^2}$$

我们来看目标声源信号经过 GSC 的输出信号 $S_{out}(k)$ [见式(2-89)]：

$$S_{out}(k) = F^H(k)X(k) + H^H(k)[U_N^H(k)X(k)]$$

其中等式右边第 1 项是经过固定波束 F 的输出，显然

$$F^H(k)X(k) = F^H(k)G(k)S(k) \equiv S(k)$$

而第 2 项是先后经过阻塞矩阵 U_N 和滤波器组 H 的输出，其中经过阻塞矩阵的输出为

$$U_N^H(k)X(k) = U_N^H(k)G(k)S(k) \equiv 0$$

可以看到，目标声源信号经过阻塞矩阵之后的输出为 **0**，这也是"阻塞矩阵"这一名称的来历，因此在 GSC 结构中 ANC 输出 $Z_{ANC}(k)$ 只含有残余噪声。注意阻塞矩阵并不唯一，只要能把目标信号阻挡住就可以。

再来看一下 GSC 结构中各个矢量和矩阵的维数。给定 M 个麦克风，在 STFT 域，固定波束 $F(k)$ 和声传输函数矢量 $G(k)$（即 C）都是 $M \times 1$ 维，因此 C 的零空间 U_N 是 $M \times (M-1)$ 维矩阵，故阻塞矩阵输出信号是 $(M-1) \times 1$ 维的矢量，而固定波束输出信号是 1 维的，于是滤波器组 $H(k)$ 是 $(M-1) \times 1$ 维的。对于更复杂的约束条件，可以类似地进行分析。

例如，如果我们假设 $x_m(n) = s(n)$，即假定自由场条件下声源信号是同时到达各个麦克风的，那么声传输函数矢量 $G(k) = [1 \ \ 1 \ \ \cdots \ \ 1]^T$，故而保持目标信号不失真的约束条件就是

$$G(k)^H W(k) = 1$$

而阻塞矩阵可以相应地写成

$$U_N(k) = \begin{bmatrix} 1 & 1 & \cdots & 1 \\ -1 & 0 & \cdots & 0 \\ 0 & -1 & \cdots & 0 \\ \vdots & \vdots & & \vdots \\ 0 & 0 & \cdots & -1 \end{bmatrix}$$

很容易验证 $U_N^H(k)G(k) = 0$，因此经过阻塞矩阵之后，目标信号被完全抵消了。

综上我们可以看出 GSC 结构的特点：GSC 结构中的固定波束和阻塞矩阵

都由波束设计时的约束条件决定,与具体信号无关;阵列观测的含噪信号分别经过固定波束和阻塞矩阵,经过固定波束处理的信号中含有未失真的目标声源信号,而经过阻塞矩阵处理的信号中则只含有噪声,目标声源信号全部被挡住;为了抑制噪声,只能调节滤波器组 $\boldsymbol{H}$,使阻塞矩阵之后的残余噪声经过该滤波器组处理后,尽量抵消固定波束后的残余噪声,这个步骤称为自适应噪声对消;由于声源信号和噪声信号不相干,因此无论 $\boldsymbol{H}$ 如何调整,在 GSC 的最终输出中目标声源信号都不会产生失真,这样 GSC 通过结构设计把 LCMV 的约束优化问题转换成了无约束优化问题。

2) 自适应噪声对消方法

GSC 方法通过结构设计,把上述有约束的 $\boldsymbol{W}$ 优化问题变成了无约束的 $\boldsymbol{H}$ 优化问题。例如,当约束条件只是目标信号不失真时,即 $\boldsymbol{G}^{\mathrm{H}}\boldsymbol{W}=1$,LCMV 的优化问题为

$$\boldsymbol{W}_{\mathrm{LCMV}}(k) = \underset{\boldsymbol{W}(k)}{\arg\ \min}\ \boldsymbol{W}^{\mathrm{H}}(k)\boldsymbol{\Phi}_Y(k)\boldsymbol{W}(k),\quad \mathrm{s.t.}\ \boldsymbol{G}^{\mathrm{H}}(k)\boldsymbol{W}(k)=1$$

将 GSC 的滤波器分解式(2-101)代入,可以得到如下的无约束优化问题:

$$\boldsymbol{H}_{\mathrm{ANC}}(k) = \underset{\boldsymbol{H}(k)}{\arg\ \min}\ \big[\boldsymbol{U}_N(k)\boldsymbol{H}(k)+\boldsymbol{F}(k)\big]^{\mathrm{H}}\boldsymbol{\Phi}_V(k)\big[\boldsymbol{U}_N(k)\boldsymbol{H}(k)+\boldsymbol{F}(k)\big]$$

$$(2-102)$$

根据最小均方误差原则,可以得到上述优化问题的维纳解为[44-45]

$$\boldsymbol{H}_{\mathrm{GSC}}(k) = \big[\boldsymbol{U}_N^{\mathrm{H}}(k)\boldsymbol{\Phi}_V(k)\boldsymbol{U}_N(k)\big]^{-1}\boldsymbol{U}_N^{\mathrm{H}}(k)\boldsymbol{\Phi}_V(k)\boldsymbol{F}(k)\quad (2-103)$$

为了得到 LMS 型的自适应迭代算法,我们需要知道上面优化问题的随机梯度函数。通过求导可以得到式(2-102)的梯度函数:

$$\nabla J(n_{\mathrm{s}},k) = \boldsymbol{U}_N^{\mathrm{H}}(k)\boldsymbol{\Phi}_V(k)\big[\boldsymbol{U}_N(k)\boldsymbol{H}(n_{\mathrm{s}},k)+\boldsymbol{F}(k)\big]$$

利用目标信号 $\boldsymbol{X}(n_{\mathrm{s}},k)$ 和噪声信号 $\boldsymbol{V}(n_{\mathrm{s}},k)$ 的不相关,我们用瞬时值 $\boldsymbol{V}(n_{\mathrm{s}},k)\boldsymbol{Y}^{\mathrm{H}}(n_{\mathrm{s}},k)$ 替换统计量 $\boldsymbol{\Phi}_V(k)$,可以得到第 n_{s} 帧的随机梯度为 $\boldsymbol{V}_{U_N}(n_{\mathrm{s}},k)Z^*(n_{\mathrm{s}},k)$,$Z(n_{\mathrm{s}},k)$ 是 GSC 的最终输出信号,上标 * 表示共轭。于是 LMS 型的 ANC 滤波器组 $\boldsymbol{H}(n_{\mathrm{s}},k)$ 的迭代公式为

$$\boldsymbol{H}(n_{\mathrm{s}}+1,k) = \boldsymbol{H}(n_{\mathrm{s}},k)+\mu\boldsymbol{V}_{U_N}(n_{\mathrm{s}},k)Z^*(n_{\mathrm{s}},k)\quad (2-104)$$

式中,μ 是学习因子。

为了减少信号功率对自适应滤波器收敛速度的影响,还可以用输入信号的功率对学习因子进行归一化,得到归一化最小均方(normalized least mean square，NLMS)算法，即

$$\boldsymbol{H}(n_\text{s}+1,k)=\boldsymbol{H}(n_\text{s},k)+\frac{\mu}{\sigma^2_{V_U}(n_\text{s},k)}\boldsymbol{V}_{U_N}(n_\text{s},k)Z^*(n_\text{s},k)$$

$$(2-105)$$

式中，

$$\sigma^2_{V_U}(n_\text{s},k)=\alpha_\text{ANC}\sigma^2_{V_U}(n_\text{s}-1,k)+(1-\alpha_\text{ANC})\parallel\boldsymbol{V}_{U_N}(n_\text{s},k)\parallel^2$$

是阻塞矩阵输出信号的功率估计，α_ANC 是回归平滑因子。

2.4.3 后置滤波技术

波束形成技术利用空域滤波对来自特定方向的信号进行增强，同时抑制其他方向的无用噪声，为噪声环境中的声音拾取提供了有力工具，然而当噪声场是不相干的空间白噪声或是扩散噪声时，波束形成的降噪能力较弱[46]。为了进一步提高噪声抑制能力，还可以在波束形成之后增加后置滤波（post-filtering）处理[47]。结合波束形成和后置滤波的方法是在最小均方误差（MMSE）准则下的最优降噪方案，实际上是多通道维纳滤波器的分解形式，针对不同的噪声场条件，人们提出了很多种后置滤波技术[47-52]。

我们首先解释多通道维纳滤波器如何分解成 LCMV 波束和后置滤波的形式，然后采用文献[52]中的思路，把几种经典的后置滤波技术整合到一个统一的框架下讨论。

1. 多通道维纳滤波器的分解

我们先考虑式(2-86)中的基本阵列信号模型，即

$$\begin{aligned}Y_m(n_\text{s},k)&=X_m(n_\text{s},k)+V_m(n_\text{s},k)\\&=G_m(k)S(n_\text{s},k)+V_m(n_\text{s},k),\quad m=1,2,\cdots,M\end{aligned}$$

这里把与目标信号无关的其他各种噪声信号统称为噪声信号，记为 $V_m(n_\text{s},k)$，在后面的具体后置滤波技术中再对不同的噪声进行细分。如果我们采用多通道滤波器 $W_m(n_\text{s},k)$ 对观测信号 $Y_m(n_\text{s},k)$ 进行滤波，得到一路输出信号 $Z(n_\text{s},k)$，那么与滤波相加原理类似，此过程可以写成如下的矢量形式：

$$\boldsymbol{Z}(n_\text{s},k)=\boldsymbol{W}^\text{H}(n_\text{s},k)\boldsymbol{Y}(n_\text{s},k)\qquad(2-106)$$

式中，

$$\boldsymbol{W}(n_\text{s},k)=[W_1(n_\text{s},k)\quad W_2(n_\text{s},k)\quad\cdots\quad W_M(n_\text{s},k)]^\text{T}$$

$$Y(n_s, k) = \begin{bmatrix} Y_1(n_s, k) & Y_2(n_s, k) & \cdots & Y_M(n_s, k) \end{bmatrix}^T$$

根据 MMSE 原则和维纳滤波器的正则方程,很容易得到多通道维纳滤波器的解为

$$W_{\text{Wiener}}(n_s, k) = \boldsymbol{\Phi}_Y^{-1}(n_s, k)\boldsymbol{\phi}_{YS}(n_s, k) \tag{2-107}$$

式中,$\boldsymbol{\Phi}_Y(n_s, k) \triangleq E[Y(n_s, k)Y^H(n_s, k)]$,是 $Y(n_s, k)$ 的协方差矩阵,而

$$\boldsymbol{\phi}_{YS}(n_s, k) \triangleq E[Y(n_s, k)S^*(n_s, k)] = \phi_S(n_s, k)G(k)$$

是各通道麦克风观测信号和目标信号的互功率谱矢量。

由于目标信号 $S(n_s, k)$ 和噪声信号 $V_m(n_s, k)$ 不相关,于是

$$\boldsymbol{\Phi}_Y(n_s, k) = \phi_S(n_s, k)G(n_s, k)G^H(n_s, k) + \boldsymbol{\Phi}_V(n_s, k)$$

应用矩阵求逆定理可以证明,多通道维纳滤波器可以分解为

$$W_{\text{Wiener}} = W_{\text{Pst}}W_{\text{LCMV}} \tag{2-108}$$

式中,

$$W_{\text{Pst}} \triangleq \frac{\phi_{S_{\text{out}}}}{\phi_{S_{\text{out}}} + \phi_{V_{\text{out}}}} = \frac{\phi_S}{\phi_Z} \tag{2-109}$$

由此可以看出,多通道维纳滤波器可以用 LCMV 波束之后连接后置滤波器的方式实现。前面已经讨论了 LCMV 波束,这里考虑后置滤波器的求解问题。

2. 基于相干函数的后置滤波器模型

常用的后置滤波器都采用了噪声场的相干函数模型。我们现在把噪声信号进行细分,考虑图 2-2 中的信号模型,设一个麦克风阵列由 M 个麦克风组成,拾音空间中有 I 个不相干的声源,此外还有空间白噪声和扩散噪声,STFT 域的信号模型用矢量形式可以表示为

$$Y(k) = S_1(k)G_1(k) + \sum_{i=2}^{I} S_i(k)G_i(k) + V(k) + U(k) \tag{2-110}$$

式中,$G_i(k)$ 是第 i 个声源到达各个麦克风的声传输函数;$S_i(k)$ 是第 i 个声源信号;$V(k)$ 是麦克阵列观测到的扩散噪声;$U(k)$ 是阵列观测到的不相干空间白噪声。我们假设第 1 个声源信号 $S_1(k)$ 是目标声源,其他都是不相干的噪声。很容易写出上述信号模型的协方差矩阵之间的关系:

$$\boldsymbol{\Phi}_Y(k) = \phi_{S_1}(k)\boldsymbol{G}_1(k) + \sum_{i=2}^{I} \phi_{S_i}(k)\boldsymbol{G}_i(k) + \boldsymbol{\Phi}_V(k) + \boldsymbol{\Phi}_U(k)$$

$$(2-111)$$

式中,

$$\boldsymbol{G}_i(k) \triangleq \boldsymbol{G}_i(k)\boldsymbol{G}_i^{\mathrm{H}}(k), \quad i = 1, 2, \cdots, I$$

另外,根据扩散噪声场和空间白噪声的相干函数定义[见式(2-59)~式(2-61)]可知

$$\boldsymbol{\Phi}_V(k) = \phi_V(k)\boldsymbol{\Gamma}_{\mathrm{diff}}(k)$$

$$\boldsymbol{\Phi}_U(k) = \phi_U(k)\boldsymbol{I}$$

式中,$\boldsymbol{\Gamma}_{\mathrm{diff}}(k)$是扩散噪声场的相干函数矩阵;$\boldsymbol{I}$是空间白噪声场的相干函数矩阵,为单位矩阵。

大部分后置滤波器技术都是基于上面的相干函数模型,想办法求解$\phi_{S_1}(k)$,从而得到式(2-109)中的后置维纳滤波器$\boldsymbol{W}_{\mathrm{Pst}}$。

3. 全局最优最小二乘后置滤波器及其他

Huang 等[52]提出了全局最优最小二乘(globally optimized least square, GOLS)后置滤波器。该方法具有通用性,可以把传统的后置滤波器当成其特例,因此我们先介绍这种方法。

首先忽略混响,将各个声源到达麦克风的声传输函数简化成纯延迟形式,这样各个声源对应的声传输函数矢量实际上变成了波束形成中的导向矢量,即

$$\boldsymbol{G}_i(k) = \exp(-\mathrm{j}\omega\boldsymbol{\tau}_i)$$

其中 $\boldsymbol{\tau}_i$ 是第 i 个声源到达各个麦克风的传输延迟矢量。 显然 $\boldsymbol{G}_i(k)$ 是个 Hermitain 矩阵,且各个元素的模都是 1。

进一步假设各个声源的导向矢量都是已知的,于是在式(2-111)中,矩阵 $\boldsymbol{\Phi}_Y(k)$、$\boldsymbol{G}_i(k)$、$\boldsymbol{\Gamma}_{\mathrm{diff}}$ 和 $\boldsymbol{I}$ 都是已知的,只有各个信号的功率谱 $\phi_{S_i}(k)$、$\phi_V(k)$ 和 $\phi_U(k)$ 是未知的。对于由 M 个麦克风构成的阵列,式(2-111)中的矩阵都是 $M \times M$ 维的 Hermitain 矩阵,故而该相干函数模型共有 $M(M-1)/2$ 个独立的线性方程,未知的信号功率谱共有$(I+2)$个,我们把这些线性方程逐个排列开,构成常用的线性方程组形式。

为了表达方便,对于方阵 $\boldsymbol{A}$,我们定义 $\boldsymbol{D}_A$ 是把矩阵 $\boldsymbol{A}$ 的对角线元素按列排放构成的列向量,定义 $\boldsymbol{L}_A$ 是把矩阵 $\boldsymbol{A}$ 的左下三角阵元素(除对角线外)按列排

放构成的矢量,即

$$L_A \triangleq \begin{bmatrix} a_{\{2,1\}} & a_{\{3,1\}} & a_{\{3,2\}} & \cdots & a_{\{M,1\}} & a_{\{M,2\}} & \cdots & a_{\{M,M-1\}} \end{bmatrix}^T$$

$$(2-112)$$

式中,$a_{\{p,q\}}$ 是矩阵 A 第 p 行第 q 列的元素。进一步,我们把 D_A 和 L_A 组合成更长的矢量 A_A,即

$$A_A \triangleq \begin{bmatrix} D_A \\ L_A \end{bmatrix}$$

利用上述阵列展开形式,可以把式(2-111)的相干函数模型写成如下常用的线性方程组形式,即

$$A_{\Phi_Y} = \Theta\phi \qquad (2-113)$$

式中,A_{Φ_Y} 表示把矩阵 Φ_Y 中对应的元素排列成列向量,而

$$\Theta \triangleq \begin{bmatrix} \mathcal{A}_{G_1} & \mathcal{A}_{G_2} & \cdots & \mathcal{A}_{G_I} & \mathcal{A}_{\Gamma_{\text{diff}}} & \mathcal{A}_I \end{bmatrix}$$

$$\phi \triangleq \begin{bmatrix} \phi_{S_1} & \phi_{S_2} & \cdots & \phi_{S_I} & \phi_V & \phi_U \end{bmatrix}^T$$

显然,当 $M(M-1)/2 = I+2$ 时,该方程组有唯一解;当前者小于后者时,该方程组变成欠定方程组,有无穷组解,可以求出最小范数解;当前者大于后者时,变成超定方程组,可以求出最小二乘解,即

$$\phi_{LS} = \mathrm{Re}\big[(\Theta^H\Theta)^{-1}\Theta^H \mathcal{A}_{\Phi_Y}\big] \qquad (2-114)$$

式中,Re 表示取实部,这是因为各个信号的功率谱都是实数。

下面我们来看几种典型的后置滤波器方案,它们都可以近似地看作是上述 GOLS 方法的特例。

1) Zelinski 后置滤波器(ZPF)[48]

这种后置滤波器假设,除了目标声源之外,噪声场只含有不相干的空间白噪声,且目标声源信号到达各个麦克风的延迟都相同,即

(1) 目标声源时间对齐,即 $G_1(k) \equiv \mathbf{1}_{M\times1}$。

(2) 没有其他点声源,即 ϕ_{S_2},ϕ_{S_3},$\cdots$,$\phi_{S_I} = 0$。

(3) 没有扩散噪声,即 $\phi_V = 0$。

于是,式(2-113)简化为

$$\begin{bmatrix} D_{\Phi_Y} \\ L_{\Phi_Y} \end{bmatrix} = \begin{bmatrix} D_{G_1} & D_I \\ L_{G_1} & L_I \end{bmatrix} \begin{bmatrix} \phi_{S_1} \\ \phi_U \end{bmatrix} \qquad (2-115)$$

由于此时噪声场只含有不相干的空间白噪声，所以 $\boldsymbol{D}_I = \boldsymbol{1}_{M \times 1}$ 而且 $\boldsymbol{L}_I = \boldsymbol{0}_{M(M-1)/2 \times 1}$。Zelinski[48] 只用了式(2-115)的 $\boldsymbol{L}_{\boldsymbol{\Phi}_Y}$ 部分，考虑到 ϕ_{S_1} 是实数，于是式(2-115)变成

$$\mathrm{Re}(\boldsymbol{L}_{\boldsymbol{\Phi}_Y}) = \mathrm{Re}(\boldsymbol{L}_{\boldsymbol{G}_1}) \phi_{S_1}$$

又因为此时 $\boldsymbol{L}_{\boldsymbol{G}_1}$ 所有元素都是 1，所以 ϕ_{S_1} 的最小范数解就是 $\mathrm{Re}(\boldsymbol{L}_{\boldsymbol{\Phi}_Y})$ 的平均，即

$$\hat{\phi}_{S_1,\,\mathrm{ZPF}} = \frac{\sum_{p=1}^{\frac{M(M-1)}{2}} \mathrm{Re}(\boldsymbol{L}_{\boldsymbol{\Phi}_Y}^{(p)})}{\frac{M(M-1)}{2}} \tag{2-116}$$

式中，$\mathcal{L}_{\boldsymbol{\Phi}_Y}^{(p)}$ 是矢量 $\boldsymbol{L}_{\boldsymbol{\Phi}_Y}$ 的第 p 个元素。显然，ZPF 是 GOLS 的特例，在同样的假设前提下，只有当 $M = 2$ 时，两者是完全一致的；当 $M \geqslant 3$ 时，ZPF 并不是 MMSE 意义上最优的。

2）McCowan 后置滤波器（MPF）[49]

MPF 与 ZPF 的方法类似，不过它假设除了目标声源之外，噪声场只含有扩散噪声，即

（1）没有其他点声源，即 ϕ_{S_2}，ϕ_{S_3}，…，$\phi_{S_I} = 0$。

（2）没有空间白噪声，即 $\phi_U = 0$。

于是式(2-113)简化为

$$\begin{bmatrix} \boldsymbol{D}_{\boldsymbol{\Phi}_Y} \\ \boldsymbol{L}_{\boldsymbol{\Phi}_Y} \end{bmatrix} = \begin{bmatrix} \boldsymbol{D}_{\boldsymbol{G}_1} & \boldsymbol{D}_{\boldsymbol{\Gamma}_{\mathrm{diff}}} \\ \boldsymbol{L}_{\boldsymbol{G}_1} & \boldsymbol{L}_{\boldsymbol{\Gamma}_{\mathrm{diff}}} \end{bmatrix} \begin{bmatrix} \phi_{S_1} \\ \phi_V \end{bmatrix} \tag{2-117}$$

由于噪声场是扩散场，所以 $\boldsymbol{D}_{\boldsymbol{\Gamma}_{\mathrm{diff}}} = \boldsymbol{1}_{M \times 1}$，而 $\boldsymbol{L}_{\boldsymbol{\Gamma}_{\mathrm{diff}}}$ 则由扩散场相干函数可得[见式(2-60)或(2-61)]。MRF 的思路是任选两个麦克风组成麦克风对，用其信号构成上面的方程组并求解，然后把所有麦克风对的解进行平均，因此对第 p 个麦克风和第 q 个麦克风而言，上述方程组简化成

$$\begin{bmatrix} \phi_{Y_pY_p} \\ \phi_{Y_qY_q} \\ \mathrm{Re}(\phi_{Y_pY_q}) \end{bmatrix} = \begin{bmatrix} 1 & 1 \\ 1 & 1 \\ 1 & \mathrm{Re}(r_{V_pV_q}) \end{bmatrix} \begin{bmatrix} \phi_{S_1} \\ \phi_V \end{bmatrix} \tag{2-118}$$

式中，$r_{V_pV_q}$ 是这两个麦克风观测的扩散场噪声的相干函数。McCowan 和

Bourlard[49]采用了特别的方式求解上面的超定方程组,由于前两个方程一致,因此先将其平均,再代入第3个方程,可得到如下的解:

$$\hat{\phi}_{S_1, \text{MPF}} \mid_{Y_p, Y_q} = \frac{\text{Re}(\phi_{Y_p Y_q}) - \text{Re}(r_{V_p V_q})(\phi_{Y_p Y_p} + \phi_{Y_q Y_q})/2}{1 - \text{Re}(r_{V_p V_q})} \quad (2-119)$$

最后对所有麦克风对的结果取平均,可得到目标声源功率谱的最终估计:

$$\hat{\phi}_{S_1, \text{MPF}} = \frac{\sum_{p=1}^{M-1} \sum_{q=p+1}^{M} \hat{\phi}_{S_1, \text{MPF}} \mid_{Y_p, Y_q}}{M(M-1)/2} \quad (2-120)$$

显然 MPF 并不是最优解,也是 GOLS 的特例,仅当 $M=2$ 时两者完全相等。在实际麦克风阵列应用中,扩散噪声的功率要明显大于不相干白噪声,因此 MPF 比 ZPF 更加常用。这两种后置滤波器的优点是不必进行噪声估计,直接采用理想的噪声模型即可。

3) Leukimmiatis 后置滤波器[51]

最初的 ZPF 和 MPF 并不是真正意义的后置滤波器。由式(2-109)的定义可知,后置滤波器 $\boldsymbol{W}_{\text{Pst}}$ 的分母是固定波束输出信号的功率谱,不是麦克风观测信号的功率谱,而 ZPF 和 MPF 使用的是所有麦克风观测信号的功率谱平均,即

$$\frac{1}{M} \sum_{m=1}^{M} \phi_{Y_m}$$

因此严格来说,此时的后置滤波器应该直接作用于麦克风信号,而不是波束输出信号。

Leukimmiatis 和 Maragos[51]沿用了 MRF 模型,但是修正了这个小缺陷:其把后置滤波器的分母改成了波束输出信号的功率谱,即 ϕ_Z,得到了更精确的后置滤波器解。

语音增强是语音信号处理中的传统研究领域,长期以来涌现了大量的研究和开发成果,随着器件、处理器以及信号处理理论的不断进步,语音增强技术也不断发展,研究的问题也更为复杂:从拾音手段来看,传统的近场、单麦克风拾音方式已经演进到远场、多麦克风拾音方式;从噪声信号来看,传统的平稳、加性噪声也拓展到各种复杂非平稳、加性或者卷积噪声;从目标语音来看,传统的窄带、单声道语音也逐渐替换为宽带、多通道立体声语音。近年来,基于机器学习特别是深度学习的语音增强技术为抑制复杂噪声提供了新的解决思路,它们在很多实验中的效果都超过了传统的信号处理方法,因而成为一个很有潜力的新

兴研究方向。

由于篇幅所限,本章主要介绍了语音增强研究中涉及的基本概念、评价方法以及单通道和阵列语音增强中代表性的理论和算法等,更多的内容建议感兴趣的读者参考相关的文献。

参考文献

[1] Loizou P C. Speech Enhancement:Theory and Practice[M]. Florida:CRC Press, 2007.

[2] Quackenbush S R,Barnwell III T P,Clements M A. Objective Measures of Speech Quality[M]. New Jersey:Prentice Hall,1988.

[3] IEEE. Recommended practice for speech quality measurements[J]. IEEE,1969,297: 1 - 24.

[4] ITU. Recommendation BS. 562 - 3. Subjective assessment of sound quality [s. l.]: International Telecommunication Union Radio communication Sector,1990.

[5] Kreiman J,Kempster G,Erman A,et al. Perceptual evaluation of voice quality: review,tutorial and a framework for future research[J]. Journal of Speech Hearing Research,1993,36(2):21 - 40.

[6] 王鑫,吴帆,李洋红琳. 审听训练与主观音质评价[M]. 北京:中国传媒大学出版社, 2016.

[7] Loizou P C,Lobo A,Hu Y. Subspace algorithms for noise reduction in cochlear implants[J]. The Journal of the Acoustical Society of America,2005,118(5): 2791 - 2793.

[8] Schroeder M R. Apparatus for suppressing noise and distortion in communication signals:US3180936[P]. 1965.

[9] McAulay R J,Malpass M L. Speech enhancement using a soft-decision noise suppression filter [J]. IEEE Transactions on Acoustics,Speech,and Signal Processing,1980,28:137 - 145.

[10] Ephraim Y,Malah D. Speech enhancement using a minimum meansquare error short-time spectral amplitude estimator[J]. IEEE Transactions on Acoustics,Speech,and Signal Processing,1984,32:1109 - 1121.

[11] Lim J S. Speech enhancement[M]. New Jersey:Prentice Hall,1983.

[12] Paliwal K K,Basu A. A speech enhancement method based on kalman filtering[C]// Proceedings of IEEE ICASSP [s. l.]:[s. n.],1987.

[13] Ephraim Y,Malah D,Juang B H. On the application of hidden markov models for enhancing noisy speech[J]. IEEE Transactions on Acoustics,Speech,and Signal

Processing，1989，37：1846 - 1856.

[14] Ephraim Y，Trees van II L. A signal subspace approach for speech enhancement [J]. IEEE Transactions on Speech and Audio Processing，1995，3：251 - 266.

[15] Jensen S H，Hansen P C，Hansen S D，et al. Reduction of broad-band noise in speech by truncated QSVD[J]. IEEE Transactions on Speech and Audio Processing，1995，3：439 - 448.

[16] Chen J D，Benesty J，Huang Y T，et al. New insights into the noise reduction wiener filter[J]. IEEE Transactions on Audio，Speech，and Language Processing，2006，14(4)：1218 - 1234.

[17] Benesty J，Chen J D，Habets E A P. Speech Enhancement in the STFT Domain [M]. Berlin：Springer-Verlag，2011.

[18] Smaragdis P，Raj B，Shashanka M. Supervised and semisupervised separation of sounds from single-channel mixtures[C]//International Conference on Independent Component Analysis and Signal Separation. [s. l.]：[s. n.]，2007.

[19] Williamson D S，Wang Y X，Wang D L. Complex ratio masking for monaural speech separation[J]. IEEE/ACM Transactions on Audio，Speech，and Language Processing，2016，24(3)：483 - 492.

[20] Xu Y，Du J，Dai L R，et al. An experimental study on speech enhancement based on deep neural networks[J]. IEEE Signal Processing Letters，2014，21(1)：65 - 68.

[21] Ephraim Y，Malah D. Speech enhancement using a minimum-mean square error short-time spectral amplitude estimator[J]. IEEE Transactions on Acoustics，Speech，and Signal Processing，1984，32(6)：1109 - 1121.

[22] Martin R. Noise power spectral density estimation based on optimal smoothing and minimum statistics[J]. IEEE Transactions on Speech Audio Processing，2001，9(5)：504 - 512.

[23] Srinivasan S，Samuelsson J，Kleijn W B. Codebook driven short-term predictor parameter estimation for speech enhancement[J]. IEEE Transactions on Audio，Speech，and Language Processing，2006，14(1)：163 - 176.

[24] Hao J，Lee T，Sejnowski T J. Speech enhancement using gaussian scale mixture models[J]. IEEE Transactions on Audio，Speech，and Language Processing，2010，18(6)：1127 - 1136.

[25] Zhao D Y，Kleijn W B. HMM-based gain modeling for enhancement of speech in noise [J]. IEEE Transactions on Audio，Speech，and Language Processing，2007，15(3)：882 - 892.

[26] Mohammadiha N，Smaragdis P，Leijon A. Supervised and unsupervised speech enhancement using nonnegative matrix factorization[J]. IEEE Transactions on Audio，

Speech, and Language Processing, 2013, 21(10): 2140 - 2151.

[27] Han K, Wang D L. A classification based approach to speech segregation[J]. The Journal of the Acoustical Society of America, 2012, 132(5): 3475 - 3483.

[28] Wang Y X, Wang D L. Towards scaling up classification-based speech separation [J]. IEEE Transactions on Audio, Speech, and Language Processing, 2013, 21(7): 1381 - 1390.

[29] Wang D L. On ideal binary mask as the computational goal of auditory scene analysis [M]. Boston: Springer, 2005.

[30] Tamura S. An analysis of a noise reduction neural network[C]//IEEE International Conference on Acoustics, Speech, and Signal Processing. [s. l.]: [s. n.], 1989.

[31] Xie F, van Compernolle D. A family of MLP based nonlinear spectral estimators for noise reduction[C]//IEEE International Conference on Acoustics, Speech and Signal Processing [s. l.]: [s. n.], 1994.

[32] Xu Y, Du J, Dai L R, et al. An experimental study on speech enhancement based on deep neural networks[J]. IEEE Signal Processing Letters, 2014, 21(1): 65 - 68.

[33] Xu Y, Du J, Dai L R, et al. A regression approach to speech enhancement based on deep neural networks[J]. IEEE/ACM Transactions on Audio, Speech, and Language Processing, 2015, 23(1): 7 - 19.

[34] Hertz J, Krogh A, Palmer R G. Introduction to the Theory of Neural Computation [M]. Boston: Addison-Wesley Longman Publishing Co., Inc., 1991.

[35] Hinton G E, Salakhutdinov R R. Reducing the dimensionality of data with neural networks[J]. Science, 2006, 313(5786): 504 - 507.

[36] Glorot X, Bengio Y. Understanding the difficulty of training deep feedforward neural networks[C]//Proceedings of the Thirteenth International Conference on Artificial Intelligence and Statistics. Sardinia, Italy: PMLR, 2010.

[37] Nair V, Hinton G E. Rectified linear units improve restricted boltzmann machines [C]//Proceedings of the 27th International Conference on International Conference on Machine Learning. [s. l.]: Omnipress, 2010.

[38] Wang D L, Chen J T. Supervised speech separation based on deep learning: an overview[J]. IEEE/ACM Transactions on Audio, Speech, and Language Processing, 2018, 26(10): 1702 - 1726.

[39] Wang Y X, Narayanan A, Wang D L. On training targets for supervised speech separation[J]. IEEE/ACM Transactions on Audio, Speech, and Language Processing, 2014, 22(12): 1849 - 1858.

[40] Kim G, Lu Y, Hu Y, et al. An algorithm that improves speech intelligibility in noise for normal-hearing listeners[J]. The Journal of the Acoustical Society of America,

2009，126(3)：1486 - 1494.

[41] Cox H，Zeskind R M，Kooij T. Practical supergain[J]. IEEE Transactions on Acoustics，Speech and Signal Processing，1986,34(3)：393 - 398.

[42] Griffiths L J，Jim C W. An alternative approach to linearly constrained adaptive beamforming[J]. IEEE Transactions on Antennas and Propagation，1982,30 (1)：27 - 34.

[43] Gannot S，Burshtein D，Weinstein E. Signal enhancement using beamforming and nonstationarity with applications to speech[J]. IEEE Transactions on Signal Processing，2001，49(8)：1614 - 1626.

[44] Nordholm S，Claesson I，Eriksson P. The broad-band wiener solution for griffiths-jim beamformers[J]. IEEE Transactions on Signal Processing，1992，40(2)：474 - 478.

[45] Bitzer J，Kammeyer K D，Simmer K. An alternative implementation of the superdirective beamformer[C]//1999 IEEE Workshop on Applications of Signal Processing to Audio and Acoustics. [s. l.]：[s. n.]，1999.

[46] Gannot S，Burshtein D，Weinstein E. Analysis of the power spectral deviation of the general transfer function GSC[J]. IEEE Transactions on Signal Processing，2004，52(4)：1115 - 1120.

[47] Simmer K U U，Bitzer J，Marro C. Post-filtering Techniques[M]//Microphone Arrays. New York：Springer，2001.

[48] Zelinski R. A microphone array with adaptive post-filtering for noise reduction in reverberant rooms[C]//1988 International Conference on Acoustics，Speech，and Signal Processing. [s. l.]：[s. n.]，1988.

[49] McCowan I，Bourlard H. Microphone array post-filter based on noise field coherence [J]. IEEE Transactions on Speech and Audio Processing，2013，11(6)：709 - 716.

[50] Cohen I. Analysis of two-channel generalized sidelobe canceller（GSC）with post-filtering[J]. IEEE Transactions on Acoustics Speech and Signal Processing，2003，11：684 - 699.

[51] Leukimmiatis S，Maragos P. Optimum post-filter estimation for noise reduction in multichannel speech processing[C]//2006 14th European Signal Processing Conference. [s. l.]：[s. n.]，2006.

[52] Huang Y A，Luebs A，Skoglund J，et al. Globally optimized leastsquares post-filtering for microphone array speech enhancement[C]//2016 IEEE International Conference on Acoustics，Speech and Signal Processing（ICASSP）. [s. l.]：IEEE，2016.

3

语音识别声学建模

俞 凯 徐 波 戴礼荣

俞 凯,上海交通大学,电子邮箱：kai. yu@sjtu. edu. cn

徐 波,中国科学院自动化研究所,电子邮箱：xubo@ia. ac. cn

戴礼荣,中国科学技术大学,电子邮箱：lrdai@ustc. edu. cn

3.1 统计语音识别概述

作为人机交互的重要入口,语音一直是一个活跃的研究领域。最早的语音识别系统可以追溯到1950年由贝尔实验室所完成的Audrey系统。这个系统只是一个简单的电路,并不涉及统计学和算法。20世纪70年代,Baker率先把隐马尔可夫模型(hidden Markov model,HMM)应用到语音识别任务上,这使得语音识别的性能出现了一次质的飞跃[2]。在使用HMM所建声学模型的框架下,语音序列可看作由词序列自左向右生成。随后,使用混合高斯模型(Gaussian mixture model,GMM)建模HMM中的输出概率[2],大大提高了识别的准确率,同时也推动了连续大词汇语音识别的发展。原先只能进行几百个词的简单语音识别,发展成上万词汇的连续语音识别。

得益于计算机计算速度和计算能力的提升,深度神经网络因为其强大的学习和建模能力开始成为研究的新热点。2010年,微软首次将深度神经网络(deep neural network,DNN)应用到声学模型建立上[3],将深度学习与声学模型建模相结合。这一颠覆性的做法不仅取得了非常好的性能,还进一步撼动了GMM - HMM这一成熟的框架,也使得深度声学模型成为研究的热点。

同时,由于其能够快速地处理大批量的数据,语音识别技术真正地走向了工业界。各种基于语音交互的产品纷纷进入大众的视野,例如苹果手机端的Siri助手,微软的聊天机器人小冰和小娜,以及亚马逊的家庭音响Alexa。由此可见,声学模型的发展也与人们日常生活的效率和品质息息相关。

之后,循环神经网络(recurrent neural network,RNN)[4]、卷积神经网络(convolution neural network,CNN)[5]以及超深卷积神经网络(very deep CNN,VDCNN)[6]等新型神经网络结构应用到声学模型之上。这些新型结构的出现,进一步降低识别的错误率。2016年,IBM首次在SwitchBoard这一通用数据集合上取得与人类相媲美的水平[7],这也说明了深度声学模型的表现已经达到了相当高的水平。

语音识别是把一串观测到的语音信号 $O = \begin{bmatrix} o_1 & o_2 & \cdots & o_N \end{bmatrix}$ 映射成一个词序列 $w = \begin{bmatrix} w_1 & w_2 & \cdots & w_X \end{bmatrix}$ 的过程。通常,我们所采用的方法是在所有可能的词序列 w 中找到在给定当前观测的语音信号时后验概率最大的词序列,即

$$w = \arg \max_{w \in \mathcal{W}} P(w \mid \mathbf{O}) \qquad (3-1)$$

直接求这个后验概率是比较困难的,通常会使用贝叶斯公式(Bayes' rule)将式(3-1)展开,由于语音信号 $P(\mathbf{O})$ 的概率与词序列无关,可以得到

$$\begin{aligned} w &= \arg \max_{w \in \mathcal{W}} P(w \mid \mathbf{O}) \\ &= \arg \max_{w \in \mathcal{W}} \frac{p(\mathbf{O} \mid w) P(w)}{p(\mathbf{O})} \\ &= \arg \max_{w \in \mathcal{W}} p(\mathbf{O} \mid w) P(w) \end{aligned} \qquad (3-2)$$

式中, $p(\mathbf{O} \mid w)$ 为声学模型用来模拟一个词序列生成所观测到的语音信号的概率; $P(w)$ 是语言模型(language model,LM)用来模拟一个词序列在自然语言中的概率。当前的通用语音识别框架如图3-1所示。其结构包括以下各项。

(1)前端信号处理。原始模拟信号首先经录入器件转化为数字信号。前端信号处理部分负责从数字化后的语音中提取鲁棒的声学特征信息,主要包括多麦克风阵列降噪和符合人耳听觉感知的声学特征提取等。

(2)声学模型。声学模型的好坏直接影响着识别的准确度,它是语音识别中最为关键的部分,也是本章要讨论的重点。声学模型模拟的是给定的词序列生成出所观测到的特征向量序列的条件概率。目前主流的语音识别系统通常将隐马尔可夫模型作为声学模型。在 HMM 中,存在一个概率分布被称为状态输出概率,这个概率可以通过混合高斯模型来模拟,也可以通过深度神经网络来模拟。使用前者的语音识别系统称为 GMM - HMM 系统,使用后者的语音识别系统称为 DNN - HMM 系统。

(3)语言模型。当前主流的语言模型为 N-gram,近几年,基于深度神经网络的语言模型也开始得到发展并取得了巨大的性能提升。

(4)解码器的功能是通过对声学模型计算出的声学特征概率和语言模型计算出的语言概率进行组合来得到最大概率的词序列。目前主流的解码算法是使用基于动态规划思想的维特比算法。

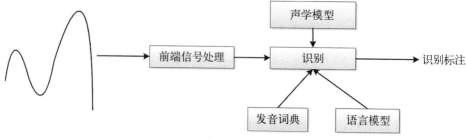

图 3-1　一个通用的语音识别框架

通常，会对原始语音信号进行特征提取，把语音信号转换成声学特征向量。这一转换使得连续的语音信号成为离散化的声学特征。语音信号会被切分成窗宽为 25 ms 的片段，称为一帧（frame）；通过窗移动 10 ms 来保存语音信号的动态信息。常用的音频声学特征包括梅尔倒谱系数（Mel-frequency cepstral coefficient，MFCC）、感知线性预测系数（perceptual linear prediction，PLP）及对数梅尔滤波器组特征（log Mel-filter-bank，FBANK）等。

3.2 基于隐马尔可夫模型的经典声学建模方法

这一节将介绍传统建模声学模型的方法——GMM-HMM。在这个结构中，HMM 建模语音的生成过程，GMM 建模 HMM 中的输出概率。

3.2.1 HMM

HMM 是一个随机过程，它用于模拟例如语音这样的时序性信号。在声学模型中，隐马尔可夫模型可对一个发音的基本单元进行建模，例如一个字或者一个单词，也可以是一个音素。语音信号由词序列所表示的有限状态自动机生成，图 3-2 给出一个 5 状态的自左向右的 HMM。

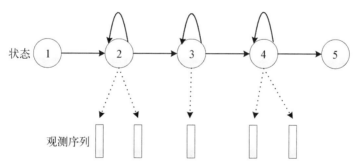

图 3-2 一个 5 状态自左向右的隐马尔可夫模型

图 3-2 中的圆形表示状态，箭头指向状态转移的方向。在某一状态，可以以一定概率生成某个观测值；第 1 个状态和第 5 个状态分别表示输入状态和输出状态。在某一个时刻，当前状态以一定可能性进行转移，它可以跳转至下一个状态，也可以保持在当前状态；同时，以一定概率输出观测值。当跳转到输出状态时，过程结束。

给定一个输入序列 $\boldsymbol{O} = \begin{bmatrix} o_1 & o_2 & \cdots & o_T \end{bmatrix}$，可以得到与之对应的状态序列 $\boldsymbol{s} = \begin{bmatrix} s_1 & s_2 & \cdots & s_N \end{bmatrix}$。其中，$T$ 表示总的语音向量数量，即总帧数；N 表示状

态数量。在 HMM 中,这个状态序列是隐藏不可知的,故而称之为隐马尔可夫模型。HMM 涉及的参数如下:

(1) 初始状态的概率 π。令 s_t 表示 t 时刻的状态,则在初始状态 $\pi_0 = P(s_0 = i)$,由于其是一个概率分布,$\sum_i^N \pi_i = 1$。

(2) 状态转移概率 $\boldsymbol{A}$。$\boldsymbol{A}$ 是个矩阵,其中每一个元素表示从状态 i 到状态 j 的转移概率,即 $a_{ij} = P(s_{t+1} = j \mid s_t = i)$。

(3) 状态输出概率 $\boldsymbol{B}$。每个状态 i 都有一定概率输出声学向量 $\boldsymbol{o}_t$,即 $b_i(\boldsymbol{o}_t) = p(\boldsymbol{o}_t \mid s_t = i)$。

在传统的语音识别框架下,一般使用混合高斯模型来模拟隐马尔可夫模型中的状态输出概率 $b_i(\boldsymbol{o}_t)$:

$$b_i(\boldsymbol{o}_t) = \sum_{m=1}^{M_i} c_i^m \mathcal{N}(\boldsymbol{o}_t; \mu_i^m, \boldsymbol{\Sigma}_i^m) \tag{3-3}$$

式中,

$$\mathcal{N}(\boldsymbol{o}_t; \mu, \boldsymbol{\Sigma}) = \frac{1}{(2\pi)^{\frac{d}{2}} |\boldsymbol{\Sigma}|^{\frac{1}{2}}} \exp\left[-\frac{1}{2}(\boldsymbol{o}_t - \mu)^{\mathrm{T}} \boldsymbol{\Sigma}^{-1}(\boldsymbol{o}_t - \mu)\right]$$

其中,i 表示当前的状态;M_i 表示第 i 个状态的高斯混合数量;c_i^m 表示混合的比例,$\sum_{m=1}^{M_i} c_i^m = 1$;$d$ 表示高斯的维度;μ_i^m 表示每个高斯的均值;$\boldsymbol{\Sigma}_i^m$ 表示高斯的协方差矩阵。

在给定当前语音序列和一个特定 HMM 时,可以计算生成这个语音序列的似然值 $p(\boldsymbol{O} \mid w, \mathcal{M})$。其中,$\boldsymbol{O}$ 表示观测到的语音序列;w 是词序列;$\mathcal{M} = \{\pi, \boldsymbol{A}, \boldsymbol{B}\}$,是 HMM 模型的参数。由于状态序列 s 未知,$p(\boldsymbol{O} \mid w, \mathcal{M})$ 可以通过枚举所有可能生成这个观测序列的状态序列并对这些状态序列的概率进行求和得到,即

$$\begin{aligned} p(\boldsymbol{O} \mid w, \mathcal{M}) &= \sum_s p(\boldsymbol{O}, s \mid w, \mathcal{M}) \\ &= \sum_s P(s \mid w, \mathcal{M}) p(\boldsymbol{O} \mid s, \mathcal{M}) \\ &= \sum_s a_{s_0 s_1} \prod_{t=1}^{T} b_{s_t}(\boldsymbol{o}_t) a_{s_t s_{t+1}} \end{aligned} \tag{3-4}$$

式(3-4)是在单个 HMM 中所进行的似然计算。通常,会将单个 HMM 进

行联结组成 HMM 序列。这时，HMM 中的状态数量可能非常巨大，枚举出所有可能的状态序列复杂度非常高。20 世纪 70 年代，研究者提出前后向算法 (forward and backward algorithm)[8]来高效计算似然值，该算法也称为 Baum-Welsh 算法。

前后向算法主要借鉴了动态规划(dynamic programming)的思想。首先定义前向概率 $\alpha_j(t)$，其表示的是在时间 t 状态 j 时，观察到 $(o_1, o_2, \cdots, o_t)$ 的概率，即

$$\alpha_j(t) = p(o_1, o_2, \cdots, o_t \mid s_t = j, w, \mathcal{M})$$

前向概率可以用公式递归地求出：

$$\alpha_j(t) = \sum_{i=2}^{N-1} \alpha_i(t-1)a_{ij} \mid b_j(o_t)$$

其中，递归边界条件为

$$\alpha_1(1) = 1$$
$$\alpha_j(1) = a_{1j}b_j(o_1)$$
$$\alpha_N(T) = \sum_{i=2}^{N-1} \alpha_i(T)a_i N$$

那么计算 HMM 中的似然值，就可以通过前向概率来完成，即

$$p(O \mid w, \mathcal{M}) = \alpha_N(T)$$

同样，可以定义后向概率 $\beta_j(t)$，它表示在 t 时刻处在状态 j 观测到 $(o_{t+1}, o_{t+2}, \cdots, o_T)$ 的概率，即

$$\beta_j(t) = p(o_{t+1}, o_{t+2}, \cdots, o_T \mid s_t = j, w, \mathcal{M})$$

在后向过程中，同样可以用递归的方式求解：

$$\beta_i(t) = \sum_{j=2}^{N-1} a_{ij}b_j(o_{t+1})\beta_j(t+1)$$

递归的边界条件为，对于所有的 $1 < i < N$，有

$$\beta_i(T) = a_{iN}$$
$$\beta_1(1) = \sum_{j=2}^{N-1} a_{1j}b_j(o_1)\beta_j(1)$$

那么 HMM 的似然值可以使用 $p(O \mid w, \mathcal{M}) = \beta_1(1)$ 来完成。

通常使用最大似然估计（maximal likelihood estimation，MLE）[9]来得到 GMM – HMM 的参数。令 $\mathcal{M} = \{a_{ij}, c^m, \mu^m, \Sigma^m\}$，$i \geqslant 1$，$j \leqslant N$，$m \geqslant 1$。优化的目标函数为

$$\hat{\mathcal{M}}_{\text{MLE}} = \arg \max_{\mathcal{M}} \ln p(\boldsymbol{O} \mid w, \mathcal{M}) \qquad (3-5)$$

式（3-5）存在隐藏变量，通常使用期望最大化（expectation maximum，EM）算法来求解。EM 算法将一个辅助函数（auxiliary function）作为目标函数的下界，并不断迭代来逼近目标函数。HMM 中辅助函数的定义为

$$\begin{aligned} Q_{\text{MLE}}(\mathcal{M}_{k+1}, \hat{\mathcal{M}}_k) &= \sum_s P(s \mid \boldsymbol{O}, w, \hat{\mathcal{M}}_k) \ln p(\boldsymbol{O}, s \mid w, \mathcal{M}_{k+1}) \\ &= \sum_{t,i} \gamma_i(t) \ln b_i(\boldsymbol{o}_t) + \sum_{t,ij} \xi_{ij}(t) \ln a_{ij} \end{aligned}$$

其中，

$$\gamma_i(t) = P(s_t = i \mid \boldsymbol{O}, w, \hat{\mathcal{M}}_k)$$
$$\xi_{ij}(t) = P(s_{t-1} = i, s_t = j \mid \boldsymbol{O}, w, \hat{\mathcal{M}}_k)$$

$\hat{\mathcal{M}}_k$ 是第 k 轮迭代中得到的最优参数。

3.2.2　GMM – HMM 在语音识别中的使用

对于小词汇（小于 1 000 字）的语音识别任务，例如数字识别，HMM 通常对单个词进行建模。但是，对于中等（1 000～10 000 字）到大词汇（超过 10 000 字）的语音识别任务，为词汇表中的每个单词都提供足够的训练数据不太实际。一个广泛使用的解决方案是使用 HMM 来模拟子词单元（sub-word unit），而不是单词本身。音素是一种常用的子词单元，它是语言中最基本的声学元素。当存在标准规则（通常为字典或词典）能够将音素映射到词时，词将很容易切成一系列音素。音素的数量通常远小于单词的数量。例如，在英文中通常使用 39 个音素，但是英文常用词语为 10 000 个以上。如果将音素作为声学单元，就可以为每个音素获得丰富的数据，从而可以得到更加鲁棒的参数估计。在识别开始阶段，通常使用字典或词典，将词序列映射到子词序列。然后在子词单元上进行声学模型训练。在识别结束阶段，子词序列转换回词序列。

目前主要有两种子词单元：单音素，也称为上下文无关的音素；与上下文相关（context dependent）的音素。单音素不考虑上下文信息，但是由于协同发音现象（co-articulatory effect）的存在，前后音素会影响当前音素的发音。在早期，由于数据的匮乏，单音素不能取得很好的性能。伴随大数据的出现，数据的获得更加容易，采集的成本也在降低。同时，也出现了诸多建模能力更强的模型。在

目前最先进的语音识别系统里，例如端到端系统，可以将单音素作为建模单元，通常会需要语音长度为几千小时的数据集和花费几百小时来进行训练。

在早期研究中，与上下文相关的音素常作为建模的子词单元，它的建模不需要大量的数据，是现在绝大多数语音识别系统所采用的声学单元。常用的是三音素（tri-phone），将当前音素的前一个和后一个音素联结起来作为一个单元。例如，对于音素 ah，它的前一个音素可能是 w，后一个音素可能是 n，使用"-"表示前一个音素，"+"表示后一个音素，那么对于单词 one 来说，它的三音素序列为

$$one = \{sil\text{-}w\text{+}ah,\ w\text{-}ah\text{+}n,\ ah\text{-}n\text{+}sil\}$$

当使用三音素作为子词单元时，声学单元的数量变得非常巨大。例如在刚刚提到的英文中单音素的个数为 39，而三音素的个数为 $39^3 = 59\,319$。为这么多的声学单元来采集数据的成本太高，因此提出参数绑定这个方法[10-11]。其基本思想是将一组参数共享同一组参数值。在训练中，这个组的数据用来估计共享的参数。可以共享不同粒度的参数有音素、HMM 的状态、高斯分量甚至高斯均值或协方差矩阵。最广泛使用的方法是进行状态层面的参数绑定，称为状态聚类。这时，同一组状态输出相同的状态输出概率分布，这样的状态称为一个语素（senone），如图 3-3 所示。

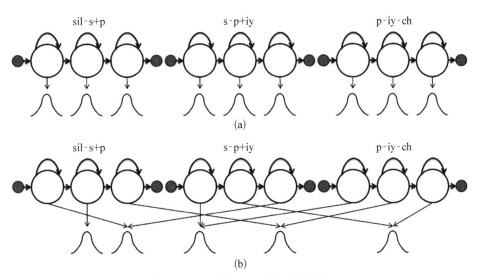

图 3-3 单高斯三音素的状态聚类

（a）未进行状态聚类的单高斯三音素 （b）状态聚类后的单高斯三音素

通常用两种方法进行聚类：

（1）数据驱动的自底向上的聚类。计算每个数据集合上出现的所有语素对

之间的距离。距离大小低于某阈值则认为其属于同一类,共享一组参数。这种方法是数据敏感的,当数据量不足时,这种方法的结果不可靠,可能还会捕捉到一些训练数据中不包含的信息。

（2）基于声学决策树（phonetic decision tree）自顶向下的聚类。声学决策树是一棵二叉树,其中包含了很多关于音素上下文信息的一些问题,这些问题只有对或者错两种答案。在聚类一开始,所有语素集中在根节点,接着根据问题的答案分裂成不同的子节点。可以设置一些阈值来控制分裂过程的结束。问题的选择通常是声学决策树构建的关键,目前每次分裂都选择能够最大限度地提高似然值的问题。虽然这种方法得到的是局部最优解,但是可以有效地将训练集合上未出现的语素映射到叶节点上。这也是目前在基于与上下文相关音素系统中常用的一种方法。

3.2.3　模型改进及问题分析

在 GMM-HMM 框架下,通常会采用动态特征来进行更有效的识别,然而在使用了动态特征后,特征的不同维度之间产生了相关性,这与后面一些声学模型建模方法中做出的特征各维度之间的独立性假设产生了冲突。因此,为消除特征各维度之间的相关性,通常会使用线性投影的方法,如线性判别分析（linear discriminant analysis, LDA）和异方差线性判别分析（heteroscedastic linear discriminant analysis, HLDA）[12]等。

语音识别任务的两个最大难点在于:第一,声学环境（说话人、噪声等）对语音信号会有很大影响;第二,语言信号是一个高度非线性的信号,在 GMM-HMM 框架下,语音识别的准确性虽然有了一定程度的提高,但是 GMM 对于高度非线性信号的建模能力仍然有限。最主要的难题就是声学环境的失配问题。

同时,在 HMM 模型中存在马尔可夫和条件独立性两个假设,这并不符合真正的语音生成过程,因此使用最大似然估计来最优化 HMM 将无法估计出最合适的参数。使用 GMM-HMM 模拟声学模型的准则为最大化似然,这与最终的建模目标——最小化词错误率并不匹配。

21 世纪初,学者们研究了自适应技术和鉴别性训练技术以分别解决这两个难题。

3.2.4　自适应技术

自适应技术主要用于解决声学环境的失配问题。在现实情况中,收集充分多的、与测试时的声学环境一致的训练数据是很困难的。因此,在真实的语音识别系统中,训练数据所处的声学环境与测试时的声学环境通常是失配的,这种失配将大大降低语音识别系统的性能。其次,在收集了包含足够多说话人的训练数据后,估计出来的模型参数分布会变得平滑。这时对于一个给定的参数分布很尖锐的测试说话人,其识别性能将大大降低。

在过去数十年间,研究者提出了自适应技术用来解决失配问题。这项技术成功地运用在以 GMM - HMM 为声学模型的语音识别系统中。自适应技术的基本思想是通过使用少量的测试数据来估计一个与测试与环境相关的变换,这个变换可以用于微调已经训练好的声学模型的参数或者用于增强测试环境中提取的失配特征。自适应技术最早用于降低训练和测试时的说话人失配上,随后这些技术逐步运用在其他声学环境中,比如环境噪声、信道等。

按照自适应数据获取方式的不同,自适应技术可以分为以下两种模式。

(1) 有监督的自适应:自适应数据中的文本标注已经由人工标注好。

(2) 无监督的自适应:自适应数据中的文本标注未知,需要先通过基线系统进行识别获得。

通常情况下,有监督的自适应能够带来更好的性能提升,但在实际任务中监督信息一般难以获得。

按照自适应作用的目标不同,自适应技术也可以分为以下两种模式。

(1) 基于特征的自适应:自适应变换将作用在输入的声学特征上。

(2) 基于模型的自适应:自适应变换将作用在所训练的模型参数上,它比对特征进行自适应更加灵活。

自适应技术一般假设来自同一说话人的语音具备相同的统计属性,该假设也称为同质(homogeneity)假设。因此,说话人自适应会根据不同的说话人划分成不同的同质块来进行自适应。

1. 常见的自适应技术

在 GMM - HMM 的框架下,说话人自适应技术主要包括以下几项。

1) 最大后验概率(maximum a posteriori,MAP)[13]

在给定了自适应数据之后,一个直接的方法是使用这些自适应数据来更新已有的声学模型,但这样做的最大问题就是过拟合。相比于训练数据的大小,自适应数据的数据量是十分稀少的。最大后验准则就是用来解决过拟合的问题,在这一方法中,优化的准则不是最大似然估计,而是按如下公式优化:

$$M_{\text{MAP}} = \arg \max_{M} p(M \mid O, w)$$
$$= \arg \max_{M} p(O \mid M, w) p(M \mid \Theta)$$

其中，$\mathcal{M}$ 是 HMM 模型的参数；$p(\mathcal{M}\mid\Theta)$ 是 HMM 参数的一个先验分布。当对于 $\mathcal{M}$ 没有任何先验知识时，可以选择均匀分布。这时，MAP 可以近似成最大似然估计。当 $\mathcal{M}$ 是数据分布的共轭先验时，计算会更加简单。假设 GMM 的各个参数之间是相互独立的，可使用如下公式进行参数的更新：

$$\hat{\mu}^m = \frac{\tau\tilde{\mu}^m + \sum_t \gamma_m^{\mathrm{ML}}(t)\boldsymbol{o}_t}{\tau + \sum_t \gamma_m^{\mathrm{ML}}(t)}$$

其中，$\tilde{\mu}^m$ 是自适应前高斯 m 的均值；$\hat{\mu}^m$ 为自适应后高斯 m 的均值；τ 为预设的超参数，用于控制自适应程度；$\gamma_m^{\mathrm{ML}}(t)$ 为 t 时刻的特征 $\boldsymbol{o}_t$ 由高斯 m 中得到的概率。

最大后验概率方法的优势在于，当自适应数据的数据量趋近于无限时，最终参数将收敛于最大似然估计的结果；当自适应数据比较少时，先验的均值将增加该更新的平滑度并获得一个更鲁棒的参数。它的劣势在于，当训练数据不够充足时，并非所有的高斯成分都能得到更新。

2）线性变换

当自适应的数据不是很充分的时候，可以对参数进行线性变换来自适应。通常使用最大似然准则进行优化，因此该方法也称为最大似然线性回归（maximum likelihood linear regression，MLLR）[14-15]。这个方法最早应用在 GMM 的均值上，即对高斯的均值 $\boldsymbol{\mu}=[\mu_1 \quad \mu_2 \quad \cdots \quad \mu_n]$，其中 n 是特征向量的维度，进行如下转换：

$$\hat{\mu}^m = \boldsymbol{A}'\mu^m - \boldsymbol{b}'$$

其中，$\boldsymbol{A}'$ 是 $n\times n$ 的矩阵；$\boldsymbol{b}'$ 是 n 维的向量。接着，把这种方法推广到 GMM 的协方差矩阵上。

对 GMM 的协方差矩阵进行转换的方式有两种：带约束的最大似然线性回归（constrained MLLR，CMLLR）和不带约束的最大似然线性回归（unconstrained MLLR）。在 CMLLR 中，对协方差矩阵进行如下转换：

$$\hat{\boldsymbol{\Sigma}}^m = \boldsymbol{A}'\boldsymbol{\Sigma}^m\boldsymbol{A}'^{\mathrm{T}}$$

其中，转换矩阵 $\boldsymbol{A}'$ 与对均值的转换相同。而在不带约束的 MLLR 中，并没有这样的要求。这种方法省去了很多参数的计算。同时，这样的做法等价于进行了一个特征层面的线性变换：

$$\ln\mathcal{N}(\boldsymbol{o}_t;\hat{\boldsymbol{\mu}}^m,\hat{\boldsymbol{\Sigma}}^m) = \ln[\mathcal{N}(\hat{\boldsymbol{o}}_t;\boldsymbol{\mu}^m,\boldsymbol{\Sigma}^m)] + \ln|\boldsymbol{A}|$$

其中，

$$\hat{\boldsymbol{o}}_t = \boldsymbol{A}'^{-1}\boldsymbol{o}_t + \boldsymbol{A}'^{-1}\boldsymbol{b}' = \boldsymbol{A}\boldsymbol{o}_t + \boldsymbol{b}$$

CMLLR 等价于在特征层面进行变换，因此 CMLLR 也称为特征最大似然线性回归（feature MLLR，fMLLR）。

综上所述，自适应方法按照其变换所作用的对象可以分为两种：第 1 种为基于特征的自适应，如特征最大似然线性回归；第 2 种为基于模型的自适应，如最大后验更新和均值最大似然线性回归。

2. 自适应训练

实际上，在训练数据内部也存在声学条件的不匹配，比如训练数据通常来自多个说话人以及多种信道环境。而之前的模型进行参数估计时是在各种环境下进行平均，如果能在模型中对非语音变化进行建模，模型的描述能力会更加精准。自适应训练就是这样一种方法。在自适应训练中，数据会根据语音环境划分成若干个同质块 $O = \{O^1, O^2, \cdots, O^S\}$，$\mathcal{W} = \{w^1, w^2, \cdots, w^S\}$。给定这一划分之后，我们使用两套参数来分别模拟语音信号和非语音变化。使用自适应训练的方法在解码时需要先使用自适应来得到测试集合相关的变换。

（1）规范模型 $\mathcal{M}$。当理想的规范模型用于模拟语音信号时，它对声学单元进行建模，并使用全部的训练数据来估计。

（2）一系列变换 $\boldsymbol{T} = \{\tau^1, \tau^2, \cdots, \tau^S\}$ 用来表示非语音变化，变换 τ^S 用来建模特定的同质块 s，这一变换只使用同质块 s 中的数据来估计。

与自适应技术一样，自适应训练方法可以按照作用的对象分为基于特征的自适应训练和基于模型的自适应训练。

1）基于特征的自适应训练

虽然提取理想的、对环境信息不敏感的声学特征很难，但可以通过正则化的方法来使得提取出的声学特征对声学环境的变化不那么敏感。通常，使用相同方法进行正则化后的特征将更加匹配。使用特征正则化的好处在于：已经训练好的模型即为规范模型，不需要进行任何模型的修正。根据正则化的方法是否取决于模型，基于特征的自适应训练可以分为模型无关和模型相关两种。

模型无关的特征自适应训练包括倒谱均值归一化（cepstral mean normalization，CMN）[16]、倒谱方差归一化（cepstral variance normalization，CVN）等。模型相关的特征正则化主要包括了 CMLLR。在前文中已经介绍过 CMLLR 等价于在特征层面进行变换，因此可以将其归于特征正则化一类。

2）基于模型的自适应训练

基于模型的自适应训练是一个更灵活、更强大地模拟非同质数据的方式，这一方式一般会使用两套参数分别来模拟语音变化和非语音变化。通过使用一系列变换来将规范模型中的参数改变到某个特定声学环境中。其与基于特征的自适应训练的不同之处在于，基于模型的自适应训练会对旧模型进行修正。

在 GMM‑HMM 框架下最有效的几种基于模型的自适应训练方法有：

（1）基于最大似然线性回归的自适应训练。

自适应训练可以很容易地与之前的基于线性变换的自适应方法进行结合。其中规范模型就是标准的 GMM‑HMM 模型，而变换则是一个针对高斯均值或方差的与说话人相关的线性变换。它通过上面描述的迭代算法进行参数估计，即先固定所有的变换，使用全部的数据优化规范模型 M，接着固定规范模型，使用各个同质块数据去更新它们独自的变换。

（2）基类自适应训练（cluster adaptive training，CAT）[17]。

基类自适应训练（CAT）和本征音（eigenvoice）是两个典型的基于模型结构化的说话人自适应训练方法。在这一方法中，研究者使用了多个 HMM 来组成参数基。它的基本思想是对于每个 HMM 中的每一个高斯成分，通过对一组均值向量基进行插值来建立一个说话人独有的均值向量。CAT 和本征音的区别在于：在 CAT 中，先验知识被用于进行初始化，参数基会随着训练进行更新；而在本征音中，均值基是通过对多个分离系统的均值做特征值分解得到的，且在之后的训练中不再更新。

3.2.5　鉴别性训练技术

在 HMM 模型中，存在着马尔可夫和条件独立性这两个假设，并不符合真正的语音生成过程，使用最大似然估计来最优化 HMM 将无法估计出最合适的参数。因此研究者们进一步提出了序列鉴别性训练技术[18-22]，使用序列级的准则进行模型的优化。

在最大似然估计中，优化的目标是给定标注生成语音特征向量序列的似然。而序列鉴别性训练与之不同，其优化的目标为最大化给定语音特征向量序列所对应文本标注的后验概率。这样相当于直接将语音识别的评判准则引入到优化目标中。目前最先进的语音识别系统都使用了序列鉴别性准则。本节我们将介绍两种序列鉴别性准则：最大互信息（maximum mutual information，MMI）和最小贝叶斯风险（minimum Bayes' risk，MBR）。

1. 最大互信息

最大互信息（MMI）准则[23-24]的目标为最大化单词序列分布与观察序列分

布的互信息。MMI 准则在后验概率的基础上增加了一个声学缩放系数 κ，其作用是使准则更加平滑便于区分，数值上通常等于在语音识别中使用的语言模型缩放系数的倒数。MMI 准则的优化目标如下：

$$
\begin{aligned}
J_{\mathrm{MMI}}(\theta ; \boldsymbol{S}) &= \sum_{m=1}^{M} J_{\mathrm{MMI}}(\theta ; \boldsymbol{o}^{m}, \boldsymbol{w}^{m}) \\
&= \sum_{m=1}^{M} \ln P(\boldsymbol{w}^{m} \mid \boldsymbol{o}^{m} ; \theta) \\
&= \sum_{m=1}^{M} \ln \frac{p(\boldsymbol{o}^{m} \mid \boldsymbol{s}^{m} ; \theta)^{\kappa} P(\boldsymbol{w}^{m})}{\sum_{\mathrm{w}} p(\boldsymbol{o}^{m} \mid \boldsymbol{s}^{w} ; \theta)^{\kappa} P(\boldsymbol{w})}
\end{aligned}
$$

其中，$\boldsymbol{S}$ 是训练集；$\boldsymbol{o}$ 是观测序列；θ 是模型参数；$\boldsymbol{w}^{m}$ 是第 m 个音频样本语音特征向量序列对应的标注；$\boldsymbol{w}$ 是所有可能的标注序列，包括正确的标注和错误的标注。虽然在理论上，$\boldsymbol{w}$ 应该取遍所有可能的单词序列，但是在实际中，通常只考虑最具有混淆性的一些标注。它通常由在训练数据上解码生成的 N-Best 列表或者词图（lattice）构成，这样可以减少计算量。

增强型 MMI（BMMI）准则[25]是 MMI 准则的一个变种，其在 MMI 准则的基础上加上了一个增强项 $\exp[-bA(\boldsymbol{w}, \boldsymbol{w}^{m})]$，其优化的目标准则如下：

$$
\begin{aligned}
J_{\mathrm{BMMI}}(\theta ; \boldsymbol{S}) &= \sum_{m=1}^{M} J_{\mathrm{BMMI}}(\theta ; \boldsymbol{o}^{m}, w^{m}) \\
&= \sum_{m=1}^{M} \ln \frac{P(w^{m} \mid \boldsymbol{o}^{m})}{\sum_{\boldsymbol{w}} P(w \mid \boldsymbol{o}^{m}) \exp[-bA(w, w^{m})]} \\
&= \sum_{m=1}^{M} \ln \frac{p(\boldsymbol{o}^{m} \mid \boldsymbol{s}^{m})^{\kappa} P(w^{m})}{\sum_{\boldsymbol{w}} p(\boldsymbol{o}^{m} \mid \boldsymbol{s}^{w})^{\kappa} P(w) \exp[-bA(w, w^{m})]}
\end{aligned}
$$

其中，b 为增强系数，一般设为 0.5；$A(w, w^{m})$ 表示标注与候选标注之间的损失函数，标注可以在单词层、音素层和状态层上做计算。$\exp[-bA(\boldsymbol{w}, \boldsymbol{w}^{m})]$ 增强了错误较多路径的似然度。

2. 最小贝叶斯风险

最小贝叶斯风险（MBR）准则[21,26]的目标是最小化不同颗粒度标注的期望损失，其优化目标如下：

$$
\begin{aligned}
J_{\mathrm{MBR}}(\theta ; \boldsymbol{S}) &= \sum_{m=1}^{M} J_{\mathrm{MBR}}(\theta ; \boldsymbol{o}^{m}, w^{m}) \\
&= \sum_{m=1}^{M} \sum_{\boldsymbol{w}} P(w \mid \boldsymbol{o}^{m}) A(w, w^{m})
\end{aligned}
$$

$$= \sum_{m=1}^{M} \frac{\sum_{w} p(\boldsymbol{o}^m \mid \boldsymbol{s}^w)^{\kappa} P(w) A(w, w^m)}{\sum_{w'} p(\boldsymbol{o}^{m'})^{\kappa} P(w')}$$

其中，$A(w, w^m)$ 表示标注与候选标注之间的损失函数。类似于 BMMI 准则，标注可以是不同的颗粒度，通常包含句子层、单词层、音素层和状态层。

（1）句子层：最小化句子错误的统计期望，其损失函数定义为

$$A(w, w^m) = \begin{cases} 1, & w \neq w^m \\ 0, & w = w^m \end{cases}$$

（2）单词层：最小化词错误的统计期望，其损失函数为两个词序列之间的编辑距离，即词错误数。

（3）音素层：最小化音素错误的统计期望，称为最小音素错误（minimum phone error，MPE）准则[27]，MPE 准则在最先进的语音识别系统中使用非常广泛。

（4）状态层：最小化状态错误的统计期望，称为状态级最小贝叶斯风险（state MBR，sMBR），其考虑了 HMM 拓扑和语音模型。

3.3 结合深度学习的声学建模方法

3.3.1 深度学习基础

深度学习是机器学习算法的一个分支，它使用多个包含非线性处理单元的网络层来进行特征提取以及特征转换，高层的网络输入为低层的网络输出。高层的特征是低层特征的一种更加抽象的结构性表达，并且能够发现数据的分布式特征表示。同时，深度学习算法可以是有监督或者无监督的，有监督的方法主要用于分类任务，无监督的方法主要用于模式分析。

深度学习的概念最早起源于人工神经网络（artificial neural network，ANN）的研究。人工神经网络是一个试图模仿生物神经网络结构和功能的数学抽象模型。它是由称为人工神经元的简单计算单元之间相互紧密连接构成的，因此，人工神经网络也称为连接模型（connectionist model）。人工神经网络起源于经典的感知器（perceptron）算法[28-29]。感知器是第一个在算法层面上进行描述的神经网络，它在神经网络历史发展过程中占据着特殊的地位。感知器是神经网络的最简单形式，它可以用来将线性可分的模式进行分类。Rosenblatt[28]首先

提出学习感知器参数的算法。

神经元的结构如图 3-4 所示,假设该神经元为神经网络的第 k 个神经元。根据图 3-4,神经元由连接权重 $\boldsymbol{w}_k = [\begin{matrix} w_{k1} & w_{k2} & \cdots & w_{km} \end{matrix}]$、加法器(sum)和激活函数 $\varphi(\cdot)$ 构成。其中,$\boldsymbol{x} = [\begin{matrix} x_1 & x_2 & \cdots & x_m \end{matrix}]$ 为输入信号;b_k 为神经元的偏置;a_k 为输入信号经过加权累和后的值;y_k 为激活函数的输出。a_k 和 y_k 对应的计算公式如下:

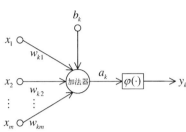

图 3-4 神经元结构图

$$a_k = \sum_{j=1}^{m} w_{kj} x_j + b_k = \sum_{j=0}^{m} w_{kj} x_j$$

$$y_k = \varphi(a_k)$$

由于感知器算法的局限性,它只是个简单的单层网络结构,只能处理线性可分的情况,对于线性不可分问题,只能做近似分类。多层感知器(multilayer perceptron,MLP)解决了单层感知器的局限性的问题,MLP 是将多个单层感知器堆叠而成,前一层神经元的输出是后一层神经元的输入,并且其所用的激活函数不是线性阈值函数而是连续非线性函数。由于 MLP 是一种多层的非线性变换模型,所以它具有强大的表达和建模能力。图 3-5 给出了一个带有两个隐层和一个输出层的多层感知器结构图,该网络是全连接的(fully connected)MLP,即网络中每层的神经元与前一层所有的神经元都互相连接。以下 3 点突出了多层感知器的基本特性:

(1) 网络中每一个神经元模型包含一个可微的非线性激活函数。

(2) 网络包含一个或者多个隐层,从输入端或者输出端都不可见。

(3) 网络显示很高的连接度,其连接程度是由网络的权重决定的。

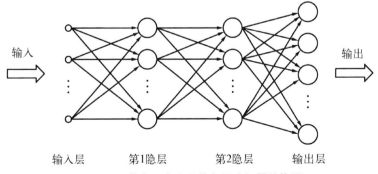

输入层　　　　第1隐层　　　　第2隐层　　　　输出层

图 3-5 带有两个隐层的多层感知器结构图

　　MLP 的一个普遍的学习方法是反向传播(back-propagation，BP)算法。BP 算法的提出[30]代表着神经网络发展中的一个里程碑，它提供了 MLP 训练的有效计算方法，使得 Minsky 和 Seymour[31]推断的关于 MLP 学习问题的悲观情绪烟消云散。

　　一般来说，我们使用梯度下降算法来对 MLP 的模型参数进行学习，梯度下降算法是最优化算法，通常用于解决无约束优化问题。它从一个初始的参数值 $w^{(0)}$ 沿着梯度向量的反方向进行迭代搜索，该算法表示如下：

$$w^{(m+1)} = w^{(m)} - \eta \nabla w^{(m)} \tag{3-6}$$

式中，η 为学习率，用来控制学习的速度。

　　根据式(3-6)，在第 m 次迭代时，权重参数的调整量 $\Delta w^{(m)} = -\eta \nabla w^{(m)}$。因此，梯度下降算法的核心问题便是如何求解当前迭代时参数向量的梯度 ∇w。

　　由于 MLP 至少包含一个隐层，梯度 ∇w 的计算还需要使用到 BP 算法。假设训练 MLP 的样本为

$$\tau = \{x(n), t(n)\}_{n=1}^{N} \tag{3-7}$$

式中，$x(n)$ 表示 MLP 的输入样本；$t(n)$ 表示 MLP 的期望输出。

　　如果 MLP 的训练准则为最小均方误差(minimum squared-error，MSE)准则，那么可以将目标函数 $\mathcal{F}$ 表示为

$$\mathcal{F} = \frac{1}{N} \sum_{n=1}^{N} \varepsilon(n) = \frac{1}{N} \sum_{n=1}^{N} \sum_{j} \frac{1}{2} e_j^2(n)$$
$$= \frac{1}{2N} \sum_{n=1}^{N} \sum_{j} [y_j(n) - t_j(n)]^2 \tag{3-8}$$

式中，$\frac{1}{2} e_j^2(n)$ 表示第 n 个训练样本在输出层第 j 个节点产生的误差；$y_j(n)$ 和 $t_j(n)$ 分别表示在输入第 n 个样本时，MLP 的输出层第 j 个神经元的实际输出和期望输出。

　　对于连接输出层第 j 个神经元和隐层第 i 个神经元的权重 w_{ji}，它的更新量 Δw_{ji} 与偏导数 $\dfrac{\partial \mathcal{F}}{\partial w_{ji}}$ 成比例。根据微分的链导法则，可以计算如下：

$$\frac{\partial \mathcal{F}}{\partial w_{ji}} = \frac{\partial \mathcal{F}}{\partial a_j(n)} \times \frac{\partial a_j(n)}{\partial w_{ji}}$$
$$= \frac{\partial \mathcal{F}}{\partial e_j(n)} \times \frac{\partial e_j(n)}{\partial y_j(n)} \times \frac{\partial y_j(n)}{\partial a_j(n)} \times \frac{\partial a_j(n)}{\partial w_{ji}}$$

$$=e_j(n)\varphi'_j[a_j(n)]y_i(n)$$

定义输出层误差信号 $\delta_j(n)$ 为

$$\delta_j(n)=\frac{\partial\mathcal{F}}{\partial a_j(n)}=e_j(n)\varphi'_j[a_j(n)] \qquad (3-9)$$

因此, w_{ji} 的更新量为

$$\Delta w_{ji}=-\eta\frac{\partial\mathcal{F}}{\partial w_{ji}}=-\eta\delta_j(n)y_i(n) \qquad (3-10)$$

对于最后一个隐层第 i 个神经元与前一层第 k 个神经元之间的权重 w_{ik},误差信号 $\delta_i(n)$ 为

$$\delta_i(n)=\frac{\partial\mathcal{F}}{\partial a_i(n)}=\frac{\partial\mathcal{F}}{\partial y_i(n)}\frac{\partial y_i(n)}{\partial a_i(n)}$$

$$=\frac{\partial\mathcal{F}}{\partial y_i(n)}\varphi'_i[a_i(n)] \qquad (3-11)$$

式中:

$$\frac{\partial\mathcal{F}}{\partial y_i(n)}=\sum_j e_j(n)\frac{\partial e_j(n)}{\partial y_i(n)}$$

$$=\sum_j e_j(n)\frac{\partial e_j(n)}{\partial a_j(n)}\frac{\partial a_j(n)}{\partial y_i(n)}$$

$$=\sum_j e_j(n)\varphi'_j[a_j(n)]w_{ji}$$

根据式(3-9),可以得到

$$\delta_i(n)=\frac{\partial\mathcal{F}}{\partial a_i(n)}=\varphi'_i[a_i(n)]\sum_j\delta_j(n)w_{ji} \qquad (3-12)$$

式(3-12)说明隐层的误差信号等于其后面层(输出层)的误差信号,通过与它相连的权重传递过来的加权和,与自己激活函数的导数的乘积。因此, w_{ik} 的更新量是

$$\Delta w_{ik}=-\eta\delta_i(n)y_k(n) \qquad (3-13)$$

以此类推,如果 MLP 有更多的隐层,可以得到与式(3-13)一样的形式,即权重的更新量 Δw_{ij} 与当前节点的误差信号 $\delta_i(n)$ 和前一层节点 j 对当前节点 i 的输入信号 $y_j(n)$ 的乘积成比例:

$$\Delta w_{ij} = -\eta \delta_i(n) y_j(n) \qquad (3-14)$$

从上述推导过程可以得出,在 BP 算法进行 MLP 的学习时,最重要的一个量就是输出层的误差信号。一旦计算好了输出层的误差信号,便可以将其从输出端向输入端按照式(3-12)逐层传递,同时按照式(3-14)进行权重的更新。

综上所述,MLP 学习的过程总体分为两个阶段:

(1) 前向过程。在前向过程中,网络的权重是固定的,输入信号逐层通过神经网络到达输出层,改变网络中各层各个神经元的激活值 a 以及输出值 y。

(2) 反向过程。在反向过程中,通过将网络的实际输出与期望输出相比较,得到输出层的误差信号。然后,误差信号逐层向输入层传递得到各层相应的误差信号。最后,根据误差信号和各层的输出进行权重的更新。

比梯度下降算法收敛更快的是牛顿法,其需要计算目标函数的二阶近似,即海森矩阵,计算复杂而且要满足正定条件,因此一般都采用更加简单有效的梯度下降方法进行 MLP 参数的训练。

在确定了 MLP 的优化方法以后,对其参数进行更新时通常有两种方式:批量学习(batch learning)和在线学习(on-line learning)。在批量学习方式中,权重参数的更新是在训练样本集中所有 N 个样本都参与训练以后进行的。对于整个训练集的样本进行一次训练称为一遍迭代(epoch)。也就是说批量学习优化的代价函数是整个训练集上的平均。批量学习的优点是准确的梯度估计和学习过程的可并行性。然而,从实际应用角度出发,批量学习相当花费存储空间。在在线学习方式中,每输入一个训练样本都进行一次参数的更新,优化的代价函数是每个样本产生的代价函数的瞬时值。假如训练样本每次都是随机地输入到MLP 中,在线学习使得在多维权重空间中的搜索过程变成随机的,因此有时也称之为随机梯度下降算法。这种随机性使其能较好地避开局部最优点。在线学习另外一个优点是其可以利用训练集中的冗余数据。

随机梯度下降算法的收敛速度较慢,对于大的学习速率,可以加快收敛的速度,但是可能造成学习过程的不稳定(振荡)。一种加快收敛同时避免造成不稳定的简单方法是在学习准则中引入冲量项(momentum term):

$$\Delta \boldsymbol{w}^{(m)} = \alpha \Delta \boldsymbol{w}^{(m-1)} - \eta \nabla \boldsymbol{w}^{(m)} \qquad (3-15)$$

式中,α 是一个正数,为冲量常数。冲量的加入还可以避免学习过程陷入局部最优点。

训练完成的 MLP 可以作为一种输入输出映射关系推广到新数据中。当训练样本中的信息不足以唯一地重构出未知的输入输出映射或者我们所设定的模型结构过于复杂时,会出现学习过程的过拟合(overfitting)现象,即在参数空间中找到的解不是平滑的解,对于微小的输入数据改变,就会带来输出端巨大的波动。为了克服这个严重的问题,我们可以使用正则化(regularization)的方法。正则化的方法是在标准的代价函数中增加一项关于模型复杂度的代价函数,以在训练数据的可信赖度和解的平滑度之间找到平衡。神经网络正则化后的目标函数采用以下形式:

$$\mathcal{F}(\boldsymbol{w}) = \mathcal{F}_s(\boldsymbol{w}) + \lambda \mathcal{F}_c(\boldsymbol{w}) = \mathcal{F}_s(\boldsymbol{w}) + \frac{1}{2}\lambda \parallel \boldsymbol{w} \parallel^2 \tag{3-16}$$

式中,$\mathcal{F}_s(\boldsymbol{w})$ 表示标准的目标函数,例如 MSE 准则;λ 表示模型复杂度的惩罚程度,起到平衡训练数据和模型复杂度的作用,又称为权重衰减(weigth decay)系数;$\mathcal{F}_c(\boldsymbol{w})$ 表示模型的复杂度。因此结合了冲量和权重衰减策略后,MLP 的权重更新公式变为

$$\Delta \boldsymbol{w}^{(m)} = \alpha \Delta \boldsymbol{w}^{(m-1)} - \eta \left[\nabla \boldsymbol{w}^{(m)} + \lambda \boldsymbol{w}^{(m-1)} \right] \tag{3-17}$$

神经网络的目的是从已知的数据中学习到足够的知识,然后推广到未来新出现的数据,做出有效的决策。就是其不仅在训练数据中表现好,在没有出现于训练中的数据上也要表现得好。但是随着学习过程的进行,其在训练集上的学习曲线是一直变好的,我们在何时终止学习过程并能获得好的推广性呢? 一个有效地提高推广性的方法是结合交叉验证(cross validation)的早停止(early stoping)策略。一般是将训练数据分出一个单独的数据集,这个集合不参与网络的训练,称为验证集(validation set)。网络的学习过程由训练阶段和验证阶段不断交替进行。不同于训练集上学习曲线一直变好,在验证集上的误差函数一般是先降低再升高,当验证集上误差函数最小时,迭代就可以停止了。

值得一提的是,MLP 根据使用的任务和所处理的问题不同,会采用不同的网络结构和优化目标。用神经网络处理回归问题时输出层一般采用线性激活函数的输出层和 MSE 准则(如上所述);而当处理分类问题时,一般采用 softmax 激活函数的输出层和交叉熵(cross entropy, CE)作为目标函数:

$$y_j(n) = \varphi\left[a_j(n)\right] = \frac{\exp\left[a_j(n)\right]}{\sum_{j'} \exp\left[a_j'(n)\right]}$$

$$\mathcal{F}_{\text{CE}} = -\sum_{n=1}^{N} \sum_j t_j(n) \ln y_j(n)$$

当采用 softmax 输出时,输出层所有类对应的输出值服从概率分布的条件,可以

认为 $y_i(n)$ 是在给定输入数据情况下输出层第 j 类的后验概率。与 MSE 准则类似，可以得到输出层的误差信号，然后逐层向前传递进行参数的更新。

在深度学习的研究中，通常将具有两个以上隐层的 MLP 称为深度神经网络(deep neural network，DNN)。但是，由于 DNN 的各层激活函数均为非线性函数，模型训练中的损失函数是模型参数的非凸复杂函数。并且，随着层数的增多，非凸的目标函数越来越复杂，局部最小值点成倍增长，很难进行优化。在使用 BP 算法进行网络训练的时候，网络容易陷入局部最优，很难获得全局最优解。因此，目标函数难以优化的问题使得 DNN 难以展现其强大的表达和建模能力。

深度置信网络(deep belief network，DBN)的出现解决了 DNN 目标函数难以优化的问题。DBN 是 Hinton 等学者[32]在 2006 年提出的一种无监督的概率生成模型，它由受限玻耳兹曼机(restricted Boltzmann machine，RBM)堆叠而成。RBM 作为一种基于能量的生成性概率分布模型，有着十分强大的无监督学习能力。

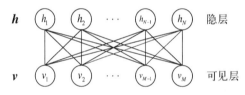

图 3 - 6 受限制玻耳兹曼机结构图

RBM 是一种具有特殊结构的马尔可夫随机场(Markov random field，MRF)，它包含可见层和隐层，其结构如图 3 - 6 所示。它是对结构进行一定限制的玻耳兹曼机，不同于玻耳兹曼机中所有节点两两之间存在的对称连接，受限玻耳兹曼机的对称连接只存在于可见层节点和隐层节点之间，在连接方式上是层间全连接并且层内无连接的。假设 RBM 的可见层节点的状态向量为 $v = \begin{bmatrix} v_1 & v_2 & \cdots & v_M \end{bmatrix}$，隐层节点的状态向量为 $h = \begin{bmatrix} h_1 & h_2 & \cdots & h_N \end{bmatrix}$($M$ 和 N 分别表示可见层和隐层的节点数目)。可见层节点的状态连接输入数据，隐层节点的状态可以自由操作，它们通过抓取输入向量中的高阶统计相关性来解释和发现在环境输入的向量中包含的潜在规律。可以将其视为一个无监督学习过程，通过这个学习过程对固定在可见层的输入模式的概率分布进行建模。

作为一种特殊的条件随机场，RBM 每一个节点状态值均服从一种概率分布，该概率分布可以是指数族中任意一种概率分布。常用的概率分布有伯努利(Bernoulli)分布和高斯(Gauss)分布，前者用来描述连续变量，如语音信号，后者可以描述如图像像素之类的二值离散变量。RBM 的状态是由可见层和隐层各个节点的取值分布情况来决定的，利用分子热力学中的能量理论，可以为 RBM 定义相应的能量函数。

当 RBM 的所有节点状态值均服从伯努利分布的时候，称该 RBM 为伯努利-伯努利 RBM（Bernoulli-Bernoulli RBM，BBRBM），对应的能量函数如式（3-18）所示：

$$E(\boldsymbol{v}, \boldsymbol{h}; \theta) = -\sum_{i=1}^{M}\sum_{j=1}^{N} v_i w_{ij} h_j - \sum_{i=1}^{M} v_i b_i - \sum_{j=1}^{N} h_j a_j \qquad (3-18)$$

式中，θ 表示 RBM 的模型参数，$\theta = \{\boldsymbol{W}, \boldsymbol{a}, \boldsymbol{b}\}$；$w_{ij}$ 为可见层第 i 个节点和隐层第 j 个节点之间的权重；b_i 和 a_j 分别表示可见层第 i 个节点和隐层第 j 个节点的偏置（bias）。

当 RBM 可见层节点状态值的分布为高斯分布，隐层节点状态值服从伯努利分布时，称这种 RBM 为高斯-伯努利 RBM（Gauss-Bernoulli RBM，GBRBM），对应的能量函数如式（3-19）所示：

$$E(\boldsymbol{v}, \boldsymbol{h}; \theta) = -\sum_{i=1}^{M}\sum_{j=1}^{N} v_i w_{ij} h_j + \frac{1}{2}\sum_{i=1}^{M}(v_i - b_i)^2 - \sum_{j=1}^{N} h_j a_j \quad (3-19)$$

当模型参数确定时，根据吉布斯分布[33]，RBM 处于状态（$\boldsymbol{v}$, $\boldsymbol{h}$）的联合概率密度分布如式（3-20）所示：

$$P(\boldsymbol{v}, \boldsymbol{h}; \theta) = \frac{\exp[-E(\boldsymbol{v}, \boldsymbol{h}; \theta)]}{Z} \qquad (3-20)$$

式中，$Z = \sum_{\boldsymbol{v}}\sum_{\boldsymbol{h}} \exp[-E(\boldsymbol{v}, \boldsymbol{h}; \theta)]$，称为规整因子或者配分函数（partition function），是将所有状态下 RBM 的能量都考虑进来的一个规整项。因此，式（3-20）所描述的概率分布是由状态（$\boldsymbol{v}$, $\boldsymbol{h}$）的 RBM 的能量被所有可能状态下 RBM 的能量按照指数规则进行规整得到的。

根据上述联合概率分布，可以得到可见层的状态向量的边缘概率分布，如式（3-21）所示：

$$P(\boldsymbol{v}; \theta) = \sum_{\boldsymbol{h}} P(\boldsymbol{v}, \boldsymbol{h}; \theta) = \frac{\sum_{\boldsymbol{h}} \exp[-E(\boldsymbol{v}, \boldsymbol{h}; \theta)]}{Z} \qquad (3-21)$$

可以看出，RBM 的模型参数结合其可见层和隐层所处的状态可以得到能量函数，并最终导出了可见层状态的概率分布。因此，RBM 是一种基于能量的概率分布模型。也正是由于 RBM 是基于能量的概率分布模型，我们可以利用最大似然准则对 RBM 的参数进行学习。学习过程的目标是使得 RBM 可见层状态向量的边缘概率分布尽可能地接近真实的数据分布。优化问题的目标即为获

得使输入数据的似然值最大的参数$\tilde{\theta}$,对应的表达式如式(3-22)所示:

$$\tilde{\theta} = \arg \max_{\theta} L(\boldsymbol{v}; \theta) = \arg \max_{\theta} \ln P(\boldsymbol{v}; \theta) \qquad (3-22)$$

$\ln P(\boldsymbol{v}; \theta)$中的配分项$\mathcal{Z}$与RBM模型参数$\theta$相关,是一个无穷项的求和。如果采用梯度下降的方法进行迭代优化,由于$\mathcal{Z}$的存在,难以估计出参数的梯度值。Hinton[34]在2002年提出基于对比散度(contrastive divergence, CD)的快速算法,即采用随机采样的方式对$\mathcal{Z}$的梯度进行近似计算,从而能够使用梯度下降算法对RBM的模型参数进行更新。此时,RBM模型参数的更新梯度为

$$\frac{\partial \ln P(\boldsymbol{v}; \theta)}{\partial \boldsymbol{W}} = E_{P_{\text{data}}}\left[\boldsymbol{v}\boldsymbol{h}^{\mathrm{T}}\right] - E_{P_{\text{model}}}\left[\boldsymbol{v}\boldsymbol{h}^{\mathrm{T}}\right]$$

$$\frac{\partial \ln P(\boldsymbol{v}; \theta)}{\partial \boldsymbol{a}} = E_{P_{\text{data}}}\left[\boldsymbol{v}\right] - E_{P_{\text{model}}}\left[\boldsymbol{v}\right]$$

$$\frac{\partial \ln P(\boldsymbol{v}; \theta)}{\partial \boldsymbol{b}} = E_{P_{\text{data}}}\left[\boldsymbol{h}\right] - E_{P_{\text{model}}}\left[\boldsymbol{h}\right]$$

其中,$E_{P_{\text{data}}}[\cdot]$表示依据数据分布求出的期望;$E_{P_{\text{model}}}[\cdot]$则是在模型确定的分布下得出的期望。鉴于模型分布无法得知,可以通过马尔可夫链蒙特卡洛(Markov chain Monte Carlo, MCMC)采样方法[35]来近似地估计出未知的模型概率分布。MCMC采样方法用来模拟未知概率分布,指的是任何通过产生一个遍历马尔可夫链并且使该马尔可夫链稳定的分布就等于我们所要估计的未知分布的方法。吉布斯采样方法可以看成是MCMC中的一个具体实现,它是将每次迭代采样产生的新样本都加入下一次采样的迭代中,并基于条件概率不断产生新样本的过程。经过T步吉布斯采样,可以得到时刻T时的模型状态。当$T = \infty$时,可以认为模型达到稳定状态,此时CD算法等价于准确的最大似然学习。但是,Carreira-Perpiñán和Hinton发现,取$T=1$时,CD算法也可以获得较好的实验效果。这样,模型训练中的计算复杂度就大大地降低了,不用进行很长时间的吉布斯采样过程。因此,通常使用一步吉布斯采样来训练RBM,即CD1算法。

对于BBRBM来说,给定输入数据$\boldsymbol{v}$,第j个隐层节点的状态值可以通过式(3-23)进行计算:

$$P(h_j = 1 \mid \boldsymbol{v}) = \sigma\left(b_j + \sum_j v_i w_{ij}\right) \qquad (3-23)$$

式中,σ为sigmoid函数;w_{ij}和b_j为模型参数。

给定隐层节点的状态向量$\boldsymbol{h}$,重构第i个可见层节点的状态值可以通过式(3-24)进行计算:

$$P(v_i = 1 \mid \boldsymbol{h}) = \sigma\Big(a_i + \sum_j h_j w_{ij}\Big) \qquad (3-24)$$

式中，a_i 为模型参数。

同样，对于 GBRBM 来说，也可以获得可见层和隐层状态之间的条件概率关系，分别如式(3-25)和式(3-26)所示：

$$P(h_j = 1 \mid \boldsymbol{v}) = \sigma\Big(b_j + \sum_i \frac{v_i}{\sigma_i} w_{ij}\Big) \qquad (3-25)$$

式中，σ_i 为服从高斯 v_i 的标准差。

$$P(v_i = 1 \mid \boldsymbol{h}) = N\Big(a_i + \sigma_i \sum_j h_j w_{ij}, \ \sigma_i^2\Big) \qquad (3-26)$$

在求得 RBM 模型参数的近似梯度后，可以使用梯度下降算法对参数进行更新：

$$\theta^{(m)} = \theta^{(m-1)} - \eta\, \frac{\partial \ln P(\boldsymbol{v}; \theta)}{\partial \theta} \qquad (3-27)$$

式中，η 为学习率。可以看出，模型训练的准则可以等效地看作最小化 RBM 的模型分布与实际数据分布之间的 KL 散度，目的是通过调整 RBM 的模型参数，使得由 RBM 指定的可见层数据的能量减小，从而增大可见层层数据出现的概率。RBM 学习的是数据的真实概率密度分布 $P(\boldsymbol{v})$。

通过自下而上逐层训练 RBM 的方式，可以堆叠成一个生成模型，即为深度置信网络(DBN)，如图 3-7 左侧所示。图 3-7 左侧表示由 3 个 RBM 堆叠成一个 3 层的 DBN 的过程。其中，$\boldsymbol{W}^l (l=1, 2, 3)$ 表示第 l 层的连接权重矩阵。由于语音信号是连续的，最底层的 RBM 采用 GBRBM，后续上层的 RBM 均使用 BBRBM。当训练完第 1 个 RBM 时，将第 1 个 RBM 的隐层状态向量作为第 2 个 RBM 的可见层状态向量，从而学习第 2 个 RBM 的模型参数。如此反复，便可以获得多个 RBM，然后再经过堆叠获得 DBN。DBN 的最顶层是无向连接的，其余各层均为从上到下的有向连接。

为了更好地理解 RBM 堆叠成 DBN 的过程，利用全概率公式，可以将式(3-21)写成如下形式：

$$P(\boldsymbol{v}) = \sum_{\boldsymbol{h}} P(\boldsymbol{v}, \boldsymbol{h}) = \sum_{\boldsymbol{h}} P(\boldsymbol{h}) P(\boldsymbol{v} \mid \boldsymbol{h}) \qquad (3-28)$$

根据式(3-28)，在完成第 1 个 RBM 训练后，保持 $P(\boldsymbol{v} \mid \boldsymbol{h})$ 固定不变，这等价于保持 RBM 的模型参数不变。此时，可以使用一个更好的 RBM 模型来对隐

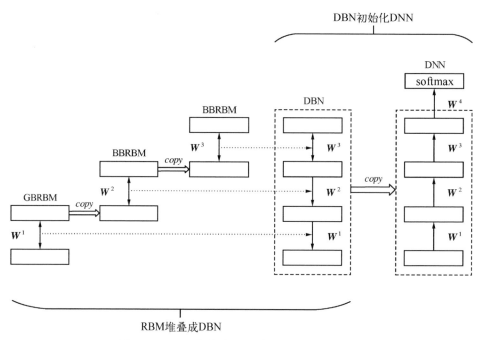

图 3‑7　**RBM 堆叠成 DBN 与 DBN 初始化 DNN**

层的先验分布 $P(\boldsymbol{h})$ 进行建模。以此类推,逐层进行 RBM 的模型参数无监督训练,然后堆叠成 DBN,以用于后续 DNN 模型参数的初始化。

采用无监督的预训练得到的 DBN 模型是一个概率生成模型。当把 DBN 应用于分类等任务时需要在 DBN 的顶层添加一个 softmax 输出层,如图 3‑7 右侧所示,形成具有初始化网络参数的 DNN(连接 softmax 输出层网络参数除外,该层参数通常可随机初始化)。softmax 输出层对应 DNN 输出目标值,例如在语音识别任务中可以是音节、音素、音素状态等类别多选一编码值。经 DBN 初始化的 DNN 利用前面所述的 BP 算法对网络参数进行精细调整。

综上所述,DNN 模型的训练阶段大致分为两个步骤:

(1) 预训练(pre-training)。利用无监督学习的算法来训练 RBM,RBM 通过逐层训练并堆叠成 DBN。

(2) 模型精细调整(fine-tuning)。在 DBN 的最后一层上面增加一层 softmax 层,将其用于初始化 DNN 的模型参数,然后使用带标注的数据,利用传统的神经网络的学习算法(如 BP 算法)来学习 DNN 的模型参数。

如此,具有很多隐层(即深层的,一般指隐层数大于 2 乃至几百上千)的大规模模型参数(一般参数数量百万级左右或以上)的学习或训练问题在训练数据充分的条件下，在一定程度上得到了解决，使得其强大的学习和表达能力在机器学习中得到发挥，也直接导致机器学习领域掀起了深度学习的热潮。同时，也提出了有别于 DNN 的各种新的深层神经网络结构模型，将在 3.3.3 节进行详细介绍。

3.3.2　CD‑DNN‑HMM 混合建模

隐马尔可夫模型（HMM）是一个生成式模型，它在语音识别任务中的成熟应用已有大约 30 年。可以认为 HMM 通过隐状态之间的转移来生成可观察到的声学特征。HMM 的主要元素包括：隐状态 $\boldsymbol{S}=\begin{bmatrix} s_1 & s_2 & \cdots & s_K \end{bmatrix}$；初始状态分布 $\pi=\{p=(q_0=s_i)\}$，状态转移概率 $a_{ij}=p(q_t=s_j\mid q_{t-1}=s_i)$，其中 q_t 表示在时刻 t 的状态值；观察概率 $p(\boldsymbol{x}_t\mid s_i)$，其中 $\boldsymbol{x}_t$ 表示在时刻 t 的语音声学特征。传统的基于 HMM 的语音识别方法主要是使用高斯混合模型（Gaussian mixture model，GMM）来对观察概率进行建模，其训练目标是使得生成声学特征的似然值最大。

20 世纪 80 年代末和 90 年代初，一些研究学者将人工神经网络（artificial neural network，ANN）和 HMM 相结合，建立混合模型，然后用于语音识别。在此以后，提出了很多不同结构和训练算法[36]。在这些算法中，ANN‑HMM 混合模型[37-44]与 CD‑DNN‑HMM 最为相似，ANN 基于输入声学特征来估计 HMM 的状态对应的后验概率。值得注意的是，早期的 ANN‑HMM 混合模型都是将音素作为 ANN‑HMM 混合模型的建模单元，并且此时实验的数据集都比较小。在此之后，虽然 ANN‑HMM 混合模型应用至中等规模语音识别任务以及少量大规模语音识别任务中，但是其性能相比于 GMM‑HMM 提升较小，并没有太大的突破。

ANN‑HMM 混合模型在某些方面存在缺陷。例如，使用 BP 算法来训练 ANN 很难增加模型的层数，并且基于音素建模单元的 ANN‑HMM 并没有将 GMM‑HMM 的众多有效的技术（如状态绑定等）结合进来。近年来，DNN 在语音识别领域得到了广泛的应用，CD‑DNN‑HMM 算法成为语音识别中的主流配置，在识别性能上也取得了巨大的提升。基于 CD‑DNN‑HMM 的语音识别模型非常有效地将 GMM‑HMM 的三音素绑定结构应用进来。同 GMM‑HMM 一样，它也需要对 HMM 状态进行聚类并且绑定，然后获得绑定后的 HMM 状态（tied triphone HMM state，称为 senone），此时 DNN 直接对语素进行建模。相比于早期的 ANN‑HMM 方法，CD‑DNN‑HMM 建模方法取得巨大成功的原因主要有以下几点：更深的模型结构（DNN 一般拥有两层以上的隐层）带来了模型建模表达能力的提升；更精细的建模精度（DNN 的输出单元由

ANN 的音素细化到绑定的三音素状态)能够对语音进行更准确地描述;更好的初始化方法(预训练)使模型容易避开局部最优点;更好的正则化方法(如 dropout 策略)提高了模型的推广性;更加强大的计算单元(GPU)加快了网络的训练时间。CD-DNN-HMM 算法框架[45]如图 3-8 所示。

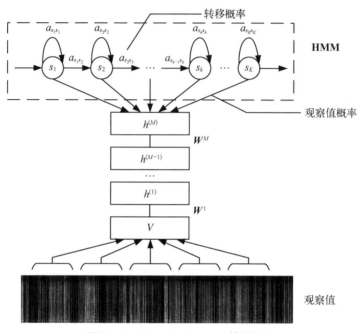

图 3-8 CD-DNN-HMM 算法框架

在 CD-DNN-HMM 中,假设解码词序列为 $\hat{w}$,观察值为 $\boldsymbol{X}$,对应的表达式如式(3-29)所示:

$$\hat{w} = \arg\max_w p(w \mid \boldsymbol{X}) = \arg\max_w \frac{p(\boldsymbol{X} \mid w)p(w)}{p(\boldsymbol{X})} \qquad (3-29)$$

式中,$p(w)$ 为语言模型(language model,LM)概率;$p(\boldsymbol{X} \mid w)$ 为声学模型(acoustic model,AM)概率:

$$p(\boldsymbol{X} \mid w) = \sum_q p(\boldsymbol{X}, q \mid w)p(q \mid w) \cong \max \pi(q_0) \prod_{t=1}^T a_{q_{t-1}q_t} \prod_{t=0}^T p(\boldsymbol{x}_t \mid q_t) \qquad (3-30)$$

同时,观察概率 $p(\boldsymbol{x}_t \mid q_t)$ 可以写成如下形式:

$$p(\boldsymbol{x}_t \mid q_t) = \frac{p(q_t \mid \boldsymbol{x}_t)p(\boldsymbol{x}_t)}{p(q_t)} \qquad (3-31)$$

式中，$p(q_t \mid \boldsymbol{x}_t)$ 为 DNN 输出层的节点值，它就是状态后验概率；$p(q_t)$ 为状态先验概率，需要对训练集数据按照标记进行强制对齐，然后计算每个状态的帧数占训练集总帧数的比例来对该概率值进行近似。$p(q_t \mid \boldsymbol{x}_t)$ 与词序列无关，在解码的时候可以忽略，对最终的解码结果无影响。训练 CD‐DNN‐HMM 的主要流程如算法 3‐1 所示。

算法 3‐1　训练 CD‐DNN‐HMM 的主要流程

---

(1) 采用基于数据驱动或者问题集的方式来对三音素状态进行绑定，训练识别性能最优的 GMM‐HMM 模型。

(2) 对 GMM‐HMM 的绑定状态进行标号，一般从 0 开始进行，称作 senoneid，用于 DNN 的训练。

(3) 利用 GMM‐HMM 结合 viterbi 算法对训练集和开发集数据进行强制对齐（见图 3‐9），获得训练集和开发集每一帧声学特征对应的 senoneid。由此，根据 senoneid 来获得训练集和开发集数据的帧级标注。

(4) 无监督训练 RBM，并堆叠生成式模型 DBN，用于对 DNN 的模型参数的初始化。

(5) 使用第（3）步获得的帧级标注以及训练集数据，并结合 BP 算法和梯度下降算法更新 DNN 模型参数，直到收敛。

(6) 估计先验概率 $p(s_i) = n(s_i)/n$，其中，$n(s_i)$ 表示强制对齐后第 i 个状态 s_i 对应的语音帧数；n 为训练集数据的语音总帧数。

(7) 将测试集数据前向经过 DNN 模型，并获得 DNN 输出层的状态后验概率。

(8) 利用式（3‐31）结合状态后验概率和先验概率计算获得观察概率。

(9) 根据式（3‐29）和式（3‐30）进行解码，从而获得识别结果 $\hat{w}$。

以语音领域的一个标准数据库 switchboard 数据库[46]为例对算法 3‐1 进行说明。switchboard 数据库包含 309 h 的 switchboard I 数据集和 20 h 的 Call Home 英文数据集，按照音轨（channel）来分的

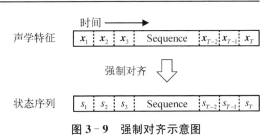

图 3‐9　强制对齐示意图

话，总共包含 4 870 个说话人（实际上包含 1 540 个不同的说话人，但是一般默认一条音轨对应一个说话人）。将原始的语音数据库分作包含 4 803 个说话人的训练集和包含 67 个说话人的开发集两个集合，两个集合之间的说话人不重复。测试集为 NIST 2000 Hub5e 数据集，包含 40 个说话人（测试集说话人与训练集和开发集的无重复），平均每个说话人拥有 45 个句子。

根据 switchboard 的发音词典，该数据库包含 42 个非静音音素（例如，th 和 ch 等）和 4 个静音音素（根据 KALDI 开源工具箱[47]的划分，非静音音素包含 sil、spn、nsn 和 lau）。如果利用 HMM 对每一种音素组合（假设为三音素）进行

建模,那么需要建立 $46^3 = 97\ 336$ 个 HMM。这样做存在两个问题：第一,不论是存储代价还是计算代价都很大；第二,由于每一种组合包含的语料少,模型训练过程容易出现过拟合问题。因此,需要对 97 336 个 HMM 的不同状态进行聚类绑定[48],绑定后的 HMM 状态数为 8 882(即包含 8 882 个语素),这决定了 DNN 的输出层节点数为 8 882。

此时,我们已经获得性能最优的 GMM－HMM 模型。然后,对训练集和开发集的语音数据进行强制对齐,获得每一帧数据对应的 senoneid,如图 3－9 所示。强制对齐本质上是一种有约束的 viterbi 解码,该约束来自语音对应的文本标注。通过 viterbi 解码,可以获得当前句子对应的概率最大的状态序列。对于图 3－9 中句子第一帧数据 $\boldsymbol{x}_1$,假设经过强制对齐对应的 senoneid 为 $s_1 = 1$,那么该帧数据对应的 DNN 期望输出为[0 1 0 ⋯ 0](除了第 2 个元素值为 1,其余元素值均为 0)。这样我们就获得了训练集和开发集的语音数据的帧级标注。最后,利用预训练阶段生成的 DBN 来初始化 DNN,进行后续地训练和识别。

3.3.3　深度学习在声学建模中的综合应用

在早期的基于 DNN 的声学模型中,通常采用基于 S 型函数(sigmoid)的非线性激活函数。最近的一些研究[49-51]则提出了一种更为有效的非线性激活函数,称之为修正的线性单元(rectified linear units, ReLUs)。这两种激活函数如下：

$$\text{sigmoid：} \varphi(a_k) = \frac{1}{1 + \exp(-a_k)}$$

$$\text{ReLUs：} \varphi(a_k) = \max\{a_k, 0\}$$

早期的深度神经网络主要是特指前馈全连接深度神经网络(feedforward fully-connected deep neural network, FNN)。此后随着深度学习的发展,卷积神经网络(convolutional neural network, CNN)和循环神经网络(recurrent neural network, RNN)等网络结构在机器学习的不同任务中得到应用,并且相比于 DNN 展现出各自的优势,受到越来越广泛的关注。

CNN 是一种著名的深度学习模型,它首先是在图像领域获得了广泛的应用,近几年逐渐应用于语音识别领域。语音信号的频谱特征也可以看作一幅图像,每个人的发音存在很大的差异性,例如共振峰的频带在语谱图上就存在不同。因此通过 CNN 有效去除这种差异性将有利于语音的声学建模。最近的一些工作[52-55]表明,基于 CNN 的语音声学模型相比于 DNN 可以获得更好的性能。

对于基于 CNN 的语音识别任务,我们需要将语音声学特征矢量组合成能够适用于 CNN 处理的特征图。假设我们使用 40 个频域滤波器的 fbank 声学特征,如果加上 1 阶差分(delta)和 2 阶差分(delta-delta)系数,那么可以有两种获得语音特征图的方法,这两种方法分别如图 3-10(b)和图 3-10(c)所示。图 3-10(b)在时域和频域上同时进行卷积操作,是一种二维的卷积方式。图 3-10(c)由于只考虑在频域上进行卷积操作,是一种一维的卷积方式。为了方便后续算法的介绍,本节在图 3-10(c)的卷积方式的基础上进行展开。

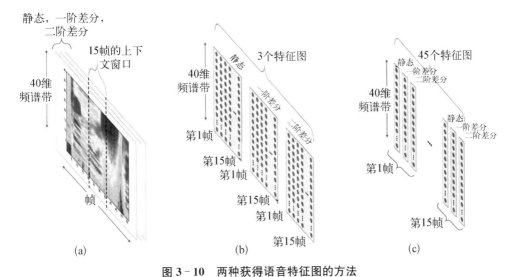

图 3-10 两种获得语音特征图的方法
(a) 语谱图 (b) 提取 40 维度 fbank 特征,并做 1 阶和 2 阶差分
(c) 每一帧的特征由上述 3 个向量拼接组成

在获得语音特征图后,便能够进行后续的卷积(convolution)和池化(pooling)操作,如图 3-11 所示。一般来说,将卷积层和池化层一起称作 CNN 层。并且值得注意的是,CNN 层中的所有单元都是以特征图的形式进行处理。

对于图 3-11 中的卷积层,用 $O_i(i=1, 2, \cdots, I)$(假设 I 为输入特征图总数目)来表示第 i 个输入特征图,用 $Q_j(j=1, 2, \cdots, J)$(假设 J 为经过卷积后的特征图总数目)来表示第 j 个卷积层特征图。O_i 与 Q_j 之间通过局部连接权重矩阵 $w_{ij}(i=1, 2, \cdots, I; j=1, 2, \cdots, J)$ 进行连接。假设此时输入特征图都是一维的[见图 3-10(c)],那么对应的卷积操作可以用式(3-32)来表示:

$$q_{j, m} = \sigma\Big(\sum_{i=1}^{I} \sum_{n=1}^{F} o_{i, n+m-1} w_{ij, n} + w_{0j}\Big), \quad j=1, 2, \cdots, J \qquad (3-32)$$

输入特征图　　　　卷积层特征图　　　　池化层特征图

$\boldsymbol{O}_i(i=1,\ 2,\ \cdots,\ I)$　　$\boldsymbol{Q}_j(j=1,\ 2,\ \cdots,\ J)$　　$\boldsymbol{P}_j(j=1,\ 2,\ \cdots,\ J)$

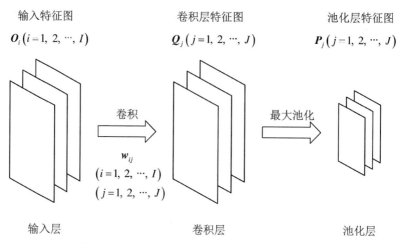

卷积

w_{ij}

$(i=1,\ 2,\ \cdots,\ I)$

$(j=1,\ 2,\ \cdots,\ J)$

最大池化

输入层　　　　　　　卷积层　　　　　　　池化层

图 3-11　卷积神经网络的单个卷积层的示意图

式中,$o_{i,m}$ 表示第 i 个输入特征图 $\boldsymbol{O}_i$ 的第 m 个元素;$q_{j,m}$ 表示第 j 个卷积特征图 $\boldsymbol{Q}_j$ 的第 m 个元素;$w_{ij,n}$ 表示连接权重矢量 w_{ij} 的第 n 个元素,它连接第 i 个输入特征图与第 j 个卷积特征图;F 表示滤波器大小,它决定了卷积操作的频宽,即一次卷积操作的元素个数。式(3-32)可以利用卷积操作×简化:

$$\boldsymbol{Q}_j = \sigma\Big(\sum_{i=1}^{I} \boldsymbol{O}_i \times \boldsymbol{w}_{ij}\Big),\quad j=1,\ 2,\ \cdots,\ J \qquad (3-33)$$

对于一维输入特征图,$\boldsymbol{O}_i$ 和 $\boldsymbol{w}_{ij}$ 均为矢量;对于二维输入特征图,$\boldsymbol{O}_i$ 和 $\boldsymbol{w}_{ij}$ 均为矩阵。

　　同标准的 DNN 隐层相比较,CNN 的卷积层主要有两个不同之处:第一,卷积层特征图中每一个元素仅与底层输入特征图的部分区域相连接(局部感知);第二,卷积层相同特征图中的元素共享相同的连接权重矩阵(权值共享),但是与它们相连接的底层输入特征图的区域不同。

　　图 3-11 中的池化层是由卷积层特征图经过池化后得到的,因此池化层的特征图个数与卷积层相同。同时,由于池化层的作用是去冗余,池化层的特征图要比卷积层更小。池化操作是通过池化函数来进行的,池化函数独立作用于卷积层的每一个特征图。并且,根据池化方式的不同,有最大池化(max pooling)和平均池化(average pooling)两种操作。对于最大池化来说,如式(3-34)所示:

$$p_{i,m} = \max_{n=1}^{G} q_{i,(m-1)\times s+n} \qquad (3-34)$$

式中,G 为池化大小,决定池化的窗长;s 为平移大小,决定池化的窗移。对于平均池化来说,如式(3-35)所示:

$$p_{i, m} = r \sum_{n=1}^{G} q_{i, (m-1) \times s + n} \tag{3-35}$$

式中，r 为可学习的尺度因子。

　　另外，一般在经过卷积层和池化层获得 $p_{i, m}$ 之后，会经过一个非线性激活函数（例如 sigmoid 或者 ReLUs）来获得最终的 CNN 层输出。

　　图 3-12 为 CNN 层的权值共享和池化操作示意图。其中，池化大小 G 为 3，池化的平移大小 s 为 2。

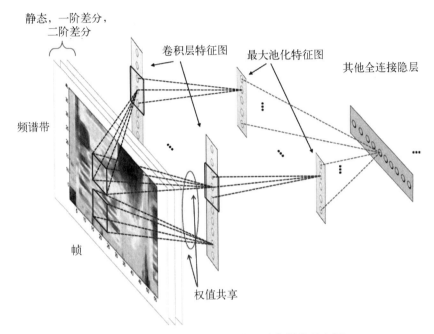

图 3-12　CNN 层的权值共享和池化操作示意图

　　在获得 CNN 层的输出后，可以在此基础上继续堆叠 CNN 层，从而获得深层 CNN，并且高层的特征图一般会比低层的特征图要更小。另外，通常会在 CNN 层后接若干个 DNN 层。最后，与 DNN 一样，经过基于 softmax 激活函数的输出层来计算后验概率以用于后续的语音识别。

　　CNN 相比于 DNN 有 3 个特性：局部感知、权值共享和池化操作。局部感知使得模型的鲁棒性更高，受白噪声的影响较小。同时，局部感知减少了需要学习的模型权重参数。权值共享也提升了模型的鲁棒性，且能够通过学习多频带信息来减少过拟合的影响。对于池化操作来说，在频域的输入模式出现轻微平移时其能够带来最小的不变性。这对于语音信号的频域变化特性是非常有意义的。值得一提的是,使用 GMM 或者 DNN 很难对这种频域变化进行建模。

文献[55]采用 2 层 CNN 再添加 4 层 DNN 的结构,相比于 6 层 DNN,其在大词汇量连续语音识别任务上可以获得 3%～5% 的性能提升。文献[56]提出将 CNN 和 RL - DNN 相结合,可以获得进一步的性能提升。虽然 CNN 应用到语音识别已经有很长一段时间了,但是都只是把 CNN 当作一种鲁棒性特征提取的工具,因此一般只是在底层使用 1～2 层的 CNN 层,然后在高层再采用其他神经网络结构进行建模。而在最近的一些研究中,CNN 在语音识别得到了新的应用,相比于之前的工作,最大的不同是使用了非常深层的 CNN(VDCNN)结构[48,57-59],其包含 10 层甚至更多的卷积层。研究结果也表明深层的 CNN 往往可以获得更好的性能。

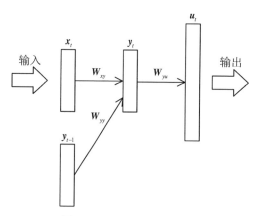

图 3 - 13 RNN 结构示意图

语音信号是一种非平稳时序信号,如何有效地对长时时序动态相关性进行建模至关重要。由于 DNN 和 CNN 对输入信号的感受视野相对固定,所以其对长时时序动态相关性的建模存在一定的缺陷。RNN 是另一种著名的深度学习模型,它在时序上对语音信号进行建模,通过递归来获得语音时序上的信息,从而与语音信号在时序上具有很强的相关性的特点相吻合。RNN 结构如图 3 - 13 所示。

通常来说,对于长度为 T 的输入信号 $\boldsymbol{X} = \begin{bmatrix} \boldsymbol{x}_1 & \boldsymbol{x}_2 & \cdots & \boldsymbol{x}_t & \cdots & \boldsymbol{x}_T \end{bmatrix}$,RNN 计算的隐层激活值 $\boldsymbol{Y} = \begin{bmatrix} \boldsymbol{y}_1 & \boldsymbol{y}_2 & \cdots & \boldsymbol{y}_t & \cdots & \boldsymbol{y}_T \end{bmatrix}$ 以及输出 $\boldsymbol{U} = \begin{bmatrix} \boldsymbol{u}_1 & \boldsymbol{u}_2 & \cdots & \boldsymbol{u}_t & \cdots & \boldsymbol{u}_T \end{bmatrix}$ 分别为

$$\boldsymbol{y}_t = \varphi(\boldsymbol{W}_{xy}\boldsymbol{x}_t + \boldsymbol{W}_{yy}\boldsymbol{y}_{t-1} + \boldsymbol{b}_y)$$

$$\boldsymbol{u}_t = \boldsymbol{W}_{yu}\boldsymbol{y}_t + \boldsymbol{b}_u$$

其中,$\boldsymbol{W}_{xy}$、$\boldsymbol{W}_{yy}$ 和 $\boldsymbol{W}_{yu}$ 表示神经网络连接权重矩阵;$\boldsymbol{b}_y$ 和 $\boldsymbol{b}_u$ 表示偏置矢量;$\varphi(\cdot)$ 表示隐层节点的激活函数。由此可见,时刻 t 的输出 $\boldsymbol{u}_t$ 不仅与时刻 t 的输入 $\boldsymbol{x}_t$ 有关,还与时刻 $t-1$ 的隐层激活值 $\boldsymbol{y}_{t-1}$ 有关。因此,它通过将隐层历史和当前输入映射到当前的输出来获取对序列数据建模的能力,从而使其具有对历史信息记忆的特点。

传统 RNN 的一个缺陷在于,它不能够有效地利用句子未来时刻的信息(即反向信息)。在语音识别中,我们能够获得整句话对应的转录标注,反向信息的引入有助于提升句子的识别准确率。双向 RNN(bidirectional RNN,BRNN)利用两套不同的神经网络连接权重矩阵来对时序上的正向和反向信息进行建模,然后再利用连接权重矩阵将其送入相同的输出层。以一层的 BRNN 为例,BRNN 的网络结构如图 3-14 所示。

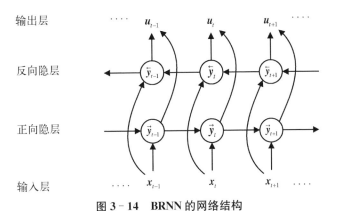

图 3-14 BRNN 的网络结构

对于一层 BRNN 来说,其对应的前向计算公式如下:

$$\vec{y}_t = \sigma(W_{x\vec{y}}x_t + W_{\vec{y}\vec{y}}\vec{y}_{t-1} + b_{\vec{y}})$$

$$\overleftarrow{y}_t = \sigma(W_{x\overleftarrow{y}}x_t + W_{\overleftarrow{y}\overleftarrow{y}}\overleftarrow{y}_{t-1} + b_{\overleftarrow{y}})$$

$$u_t = W_{\vec{y}u}\vec{y}_t + W_{\overleftarrow{y}u}\overleftarrow{y}_t + b_u$$

其中,$W_{*\vec{y}}$ 表示与正向隐层激活矢量 $\vec{y}_t$ 相关的连接权重矩阵;$W_{*\overleftarrow{y}}$ 表示与反向隐层激活矢量 $\overleftarrow{y}_t$ 相关的连接权重矩阵;$b_{\vec{y}}$ 和 $b_{\overleftarrow{y}}$ 为对应偏置。通过 BRNN 的前向计算公式可以看到,BRNN 通过时序 1 到 T 来计算正向隐层激活矢量,通过时序 T 到 1 来计算反向隐层激活矢量。最后,通过连接权重矩阵 $W_{\vec{y}u}$ 和 $W_{\overleftarrow{y}u}$ 来计算输出矢量 u_t。

事实上,不管是 RNN 还是 BRNN 都不能够非常好地对长时信息进行建模,并且很容易出现梯度消失(vanishing gradient)和梯度爆炸(exploding gradient)[60]等问题。而基于长短时记忆单元的 RNN(RNN using long short-term memory,LSTM-RNN)能够有效地解决这些问题[61]。LSTM-RNN 既能够记忆长时信息,也能够对短时信息进行建模。LSTM-RNN 使用记忆单元(memory cell)来存储信息流,并使用控制单元来获得有用的信息。图 3-15 表示的是一个 LSTM-RNN 的记忆单元(虚线表示的是时延连接),其包含 3 个门控制器(gate controller)：输入门(input gate)、忘记门(forget gate)和输出门(output gate)(见图 3 - 15 中上对角线填充部分)，同时还包含一个单元输入控制器(cell input controller)(见图 3 - 15 中轮廓式菱形填充部分)。在记忆单元中，输入门和输出门分别控制信息的输入和输出；忘记门是用于状态信息(state)的重置[62]；连接单元(cell)(见图 3 - 15 中下对角线填充部分)和各个门(gate)的权重矩阵称为 peephole 连接权重(peephole weight)矩阵，主要用来获取记忆单元的恒定误差流(constant error carousel，CEC)信息[63]。LSTM - RNN 的记忆单元对应的前向公式如下：

$$i_t = \sigma(\boldsymbol{W}_{xi}\boldsymbol{x}_t + \boldsymbol{W}_{yi}\boldsymbol{y}_{t-1} + \boldsymbol{W}_{ci}\boldsymbol{c}_{t-1} + \boldsymbol{b}_i)$$

$$\boldsymbol{f}_t = \sigma(\boldsymbol{W}_{xf}\boldsymbol{x}_t + \boldsymbol{W}_{yf}\boldsymbol{y}_{t-1} + \boldsymbol{W}_{cf}\boldsymbol{c}_{t-1} + \boldsymbol{b}_f)$$

$$\boldsymbol{a}_t = \tanh(\boldsymbol{W}_{xc}\boldsymbol{x}_t + \boldsymbol{W}_{yc}\boldsymbol{y}_{t-1} + \boldsymbol{b}_c)$$

$$\boldsymbol{c}_t = \boldsymbol{f}_t \odot \boldsymbol{c}_{t-1} + \boldsymbol{i}_t \odot \boldsymbol{a}_t$$

$$\boldsymbol{o}_t = \sigma(\boldsymbol{W}_{xo}\boldsymbol{x}_t + \boldsymbol{W}_{yo}\boldsymbol{y}_{t-1} + \boldsymbol{W}_{co}\boldsymbol{c}_t + \boldsymbol{b}_o)$$

$$\boldsymbol{y}_t = \boldsymbol{o}_t \odot \tanh(\boldsymbol{c}_t)$$

其中，i_t，f_t，o_t 和 a_t 分别表示输入门、忘记门、输出门和单元输入(cell input)在时刻 t 的激活值矢量；$\sigma(\cdot)$ 表示 sigmoid 激活函数；$\boldsymbol{b}_i$、$\boldsymbol{b}_f$、$\boldsymbol{b}_o$ 和 $\boldsymbol{b}_c$ 分别为对应的偏置；$\boldsymbol{c}_t$ 表示自连状态(self-connected state)矢量；$\boldsymbol{W}_{x*}$ 表示与输入相关的连接权重矩阵；$\boldsymbol{W}_{y*}$ 表示与递归相关的连接权重矩阵；$\boldsymbol{W}_{c*}$ 对应的是 peephole 连接权重矩阵，值得注意的是 $\boldsymbol{W}_{c*}$ 为对角矩阵，因此 peephole 连接只作用于当前记忆单元对应的门控制器。上述这些矢量与隐层激活矢量 $\boldsymbol{y}_t$ 的维度相同。

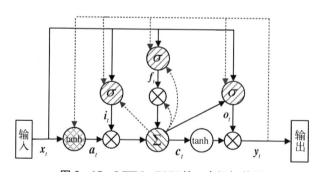

图 3 - 15　LSTM - RNN 的一个记忆单元

但是，LSTM - RNN 存在与传统的 RNN 同样的问题，即 LSTM - RNN 是单向的，只能利用历史信息对当前时刻进行建模，而不能够将未来信息引入。基于双向长短时记忆单元的循环神经网络(BLSTM - RNN)[64-65]能够解决这个问题,LSTM‑RNN 的记忆单元结构上同 BLSTM‑RNN 完全相同,在同一层使用两套连接权重矩阵分别对正向和反向信息进行建模。因此,BLSTM‑RNN 能够取得远优于 LSTM‑RNN 的识别性能。以一层 BLSTM‑RNN 为例,其网络结构如图 3‑16 所示。实验证明,基于 BLSTM‑RNN 的语音声学模型系统可以获得比基于 DNN 系统多 20% 的相对性能提升。

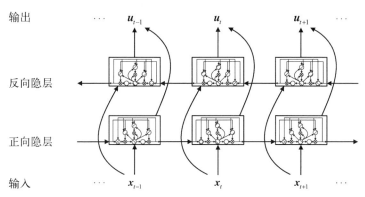

图 3‑16　BLSTM‑RNN 的网络结构

相比于 DNN,CNN 和 RNN 均展现出了各自的优势。CNN 擅于模拟频域不变性,RNN 具有强大的时序建模能力,DNN 则适合于将特征映射到更加可分的空间。文献[66]结合 CNN、LSTM‑RNN 和 DNN 各自的优点,提出了 CLDNN(CNN+LSTM+DNN)结构以用于语音的声学建模。其结构如图 3‑17 所示。

图 3‑17 从底层至顶层分别为 CNN、LSTM‑RNN 和 DNN。虚线框表示的线性层主要对 CNN 输出进行降维处理。文献[66]认为当前时刻的声学特征 x_t 有助于 LSTM‑RNN 的信息获取。为了更好地对长短时信息进行建模,将当前时刻的声学特

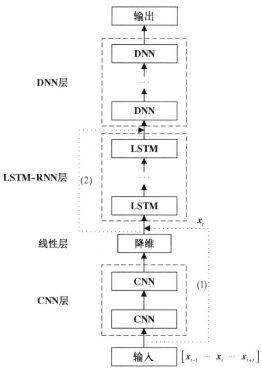

图 3‑17　CLDNN 结构示意图

征 x_t 经过点线(1)直接连接至 LSTM‐RNN 的输入。同样的道理,通过点线(2)将 CNN 的输出直接送入 DNN 的输入层,也能够起到信息补偿的效果。最终通过实验证明,CLDNN 结构相比于 LSTM‐RNN 结构达到了 $4\%\sim6\%$ 的识别性能提升。

相比于 DNN,RNN 具有时间上的深度,因此能够有效地抓住序列中的长时相关性。但可惜很高的计算复杂度使得 RNN 或者 LSTM 较难推广到一些大任务上,例如包含数万小时的语音识别声学建模任务。由于 DNN 的训练更加快捷,一种可选择的方向是如何设计前馈型神经网络使其也能进行长时相关的建模。最近的研究[67-68]提出一种新的网络结构——前馈序列记忆神经网络(feedforward sequential memory network,FSMN)。FSMN 可以高效地对时序信号的长时相关进行建模,而不需要使用任何循环反馈连接。

FSMN 本质上是一个在隐层添加了一些记忆模块的前馈全连接神经网络。例如,图 3‐18(a)是一个在第 ℓ 隐层添加了一个记忆模块的 FSMN。记忆模块

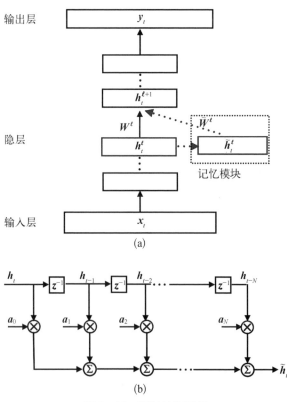

图 3‐18   记忆神经网络

(a) 前馈序列记忆神经网络和(b) 抽头延迟结构的记忆模块示意图

采用如图 3-18(b)所示的抽头延迟结构,其将当前时刻及之前 N 个时刻的隐层输出通过一组系数编码得到一个固定的表达。记忆模块的输出会作为下一个隐层的额外输入。根据编码系数的选择,Zhang 等[68]提出了两种不同的 FSMN 结构:标量 FSMN(sFSMN)和矢量 FSMN(vFSMN)。顾名思义,sFSMN 和 vFSMN 就是分别将标量和矢量作为记忆模块的编码系数。

对于一个给定的输入序列 $X=\{x_1, x_2, \cdots, x_t, \cdots, x_T\}, x_t \in \mathbf{R}^{D \times 1}$ 代表输入数据在 t 时刻的表达。我们可以进一步地定义整个序列 X 在第 ℓ 个隐层的输出表达 $H^\ell=\{h_1^\ell, h_2^\ell, \cdots, h_t^\ell, \cdots, h_T^\ell\}, h_t^\ell \in \mathbf{R}^{D_\ell \times 1}$。对于一个 N 阶的 sFSMN,使用一组包含 $N+1$ 个标量的系数 $\{a_i^\ell\}(i=1, 2, \cdots, N+1)$ 将第 ℓ 个隐层的任意时刻 t 的隐层输出 h_t^ℓ 和之前 N 个时刻的输出加权求和得到一个固定大小的表达 $\tilde{h}_t^\ell$。这里 $\tilde{h}_t^\ell$ 即为记忆模块在时刻 t 的输出。具体的公式表达如式(3-36)所示:

$$\tilde{h}_t^\ell=\sum_{i=0}^N a_i^\ell h_{t-i}^\ell \tag{3-36}$$

式中,$N+1$ 个标量系数 $a^\ell=\{a_0^\ell, a_1^\ell, \cdots, a_N^\ell\}$,是各个时刻共享的。

对于一个 N 阶的 vFSMN,使用一组包含 $N+1$ 个矢量系数对当前时刻及其历史时刻的隐层输出进行编码:

$$\tilde{h}_t^\ell=\sum_{i=0}^N a_i^\ell \odot h_{t-i}^\ell \tag{3-37}$$

式中,$\odot$ 代表两个向量的元素进行按位相乘。vFSMN 中添加在第 ℓ 个隐层的记忆模块的编码系数可以用 $A^\ell=\{a_0^\ell, a_1^\ell, \cdots, a_N^\ell\}$ 进行表达。

vFSMN 和 sFSMN 的不同之处就在于编码系数的选择。sFSMN 中隐层节点共享同一个标量,而 vFSMN 则使用不同的标量。因此在理论上,vFSMN 会比 sFSMN 具有更强的模型容量。因为神经网络中隐层节点的功能各不相同,所以采用各自独立的、可学习的编码系数是一种更好的选择。但是 sFSMN 也有其优点,由于各个节点共享编码系数,这样模型引入的编码系数数量就很少,可以很容易地扩展到很高阶的模型。

式(3-36)和式(3-37)定义的 FSMN 都只考虑了历史时刻的信息对当前时刻的影响,称之为单向的 FSMN。对于声学建模任务,未来的信息同样对当前时刻的预测具有很大帮助,可以将单向的 FSMN 扩展到如下的双向形式:

$$\tilde{h}_t^\ell=\sum_{i=0}^{N_1} a_i^\ell h_{t-i}^\ell + \sum_{j=1}^{N_2} c_j^\ell h_{t+j}^\ell \tag{3-38}$$

$$\widetilde{\boldsymbol{h}}_t^\ell = \sum_{i=0}^{N_1} \boldsymbol{a}_i^\ell \odot \boldsymbol{h}_{t-i}^\ell + \sum_{j=1}^{N_2} \boldsymbol{c}_j^\ell \odot \boldsymbol{h}_{t+j}^\ell \tag{3-39}$$

式中，N_1 表示回看（look-back）的阶数；N_2 表示向前看（look-ahead）的阶数；$\boldsymbol{c}_j^\ell$ 为向前看的编码系数。N_1 和 N_2 的大小可以根据具体任务需求进行设定。当 $N_2 = 0$ 时，式（3-38）和式（3-39）则退化成了单向的 FSMN。

从信号处理的角度分析，FSMN 中的每个记忆模块可以认为是一个 N 阶的有限冲击响应（finite impulse response，FIR）滤波器。相对应地，RNN 中的每个循环层可以当作一个 1 阶的 FIR 滤波器。无限冲击响应（infinite impulse response，IIR）滤波器比 FIR 滤波器更精简，与此同时 IIR 滤波器的实现也更加困难[69]。在一些情况下，IIR 滤波器会变得不稳定，但是 FIR 滤波器通常都是稳定的。这也是为什么采用类似于 IIR 滤波器的循环层的 RNN 训练会更加困难，通常需要采用所谓的跨时反向传播（back propagation through time，BPTT）算法。而采用基于 FIR 滤波器的记忆模块的 FSMN 则依然是前馈结构，可以采用传统的基于随机梯度下降（SGD）的误差反向传播算法进行训练。从而，FSMN 的学习相比于 RNN 会更加容易而且稳定。更重要的是，IIR 滤波器可以通过高阶 FIR 滤波器近似到足够的精度[69]。我们相信 FSMN 提供了一种很好的可选方案来捕获长时信号的长期相关性。如果我们设定合适的阶数，FSMN 可能会像 RNN 一样工作，甚至因学习的容易性和稳定性可以取得更好的结果。

3.3.4　深度学习训练加速

深度学习兴起以来，基于深度神经网络的语音识别系统相比于传统的 GMM-HMM 系统获得了性能的显著提升。深度神经网络通常包含多个隐层，每层包含数千个节点，从而导致模型包含大量的参数。随着大数据时代的到来，我们可以获得的训练语料也越来越多。利用大数据训练基于深度学习的语音识别系统面临着训练和解码的效率问题。本节我们将介绍一些用于加快模型训练和解码的算法和工程技巧。具体地，我们主要分成以下的几个方面进行介绍：① 利用网络的稀疏特性减少模型的参数量；② 多 GPU 并行化训练；③ 其他加速技术。

1. 利用网络的稀疏特性减少模型的参数量

将 DNN 用于语音识别的声学建模时，可以通过增加隐层数以及隐层的节点数量来增强模型的建模能力。例如在声学建模任务中一个常用的 DNN 网络结构包含 6 个隐层，每个隐层节点数目为 2 048。对于这样的网络，其参数具有很强的冗余性。这一点通过训练收敛后网络权重的稀疏性可以得到验证。如

图 3-19 所示,DNN 中有大量的权重阈值小于 0.1。文献[70]的研究表明,可以将这些绝对值很小的权重连接从网络中裁剪掉,且其几乎不会影响网络的性能。实验结果表明,可以将网络中 80% 的权重置 0,网络性能几乎不损失。这种做法可以有效地减少模型的参数,但是由于需要对裁剪后的网络进行重新训练,该方法并不会加快模型的训练。进一步地,稀疏矩阵通常是不满秩的,因而相关研究提出通过矩阵的低秩(low-rank)分解[71]和奇异值分解(singular value decomposition,SVD)[72]来减少网络的参数规模,加快模型的训练以及解码。

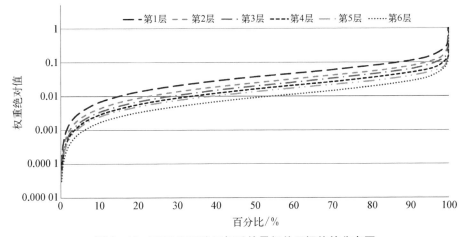

图 3-19 DNN 不同隐层权重的量级关于阈值的分布图

对于一个高维的低秩矩阵,可以通过矩阵的低秩分解,将其分解成两个较小的矩阵相乘的形式。对于一个 $m \times n$ 维的矩阵 $\boldsymbol{W}$,假设其秩为 r,那么存在两个矩阵 $\boldsymbol{W}_1(m \times r$ 维$)$ 和 $\boldsymbol{W}_2(r \times n$ 维$)$,可以满足 $\boldsymbol{W} = \boldsymbol{W}_2 \boldsymbol{W}_1$。如果 $m \times r + r \times n < m \times n$,那么我们就可以利用 $\boldsymbol{W}_1$ 和 $\boldsymbol{W}_2$ 的乘积来替代 $\boldsymbol{W}$,从而可以有效地减少参数量,提升训练效率。如图 3-20 所示,矩阵的低秩分解,等价于在原来网络的

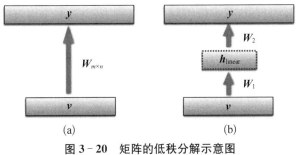

图 3-20 矩阵的低秩分解示意图

(a) DNN 权重矩阵 (b) 两层网络近似

两层之间添加一个低维度的线性投影层,相对应的公式表达如下:

$$y = f(Wv) = f(W_2 W_1 v) = f(W_2 h) \tag{3-40}$$

式中, $h = W_1 v$,代表低维度的线性投影层的输出。

对于基于 CD‑DNN‑HMM 的声学模型,输出层建模单元采用的是绑定的 HMM 状态,称之为 senone。通常 senone 的数量为几千,甚至上万,从而 DNN 模型大致 50% 的参数都集中于输出层的权重。文献[71]提出可以在训练开始 的时候就对 DNN 的输出层权重矩阵进行低秩分解,这样可以获得 30%～50% 的参数减少和训练加速,同时可以保证基本不损失模型性能。进行低秩分解的 另一个好处是能相应地提升模型的解码效率。进一步地,可以考虑将低秩分解 应用于 DNN 的隐层权重矩阵,但是如果直接在训练开始的时候就对所有的权 重矩阵进行低秩分解,往往会极大地损害模型的性能。如果我们只考虑解码时 候的效率,那么一种有效的做法是对训练收敛的网络的权重矩阵进行 SVD 分 解,然后通过微调训练网络[72],从而可以在保证性能不变的情况下显著地减少 模型的参数量,加快模型的解码速度。对于一个 $m \times n (m \geqslant n)$ 维的矩阵 W,其 SVD 分解可以表示为

$$W_{m \times n} = U_{m \times n} \Sigma_{n \times n} V_{n \times n}^{\mathrm{T}} \tag{3-41}$$

式中, $\Sigma_{n \times n}$ 代表由特征值组成的对角矩阵。我们可以对特征值进行排序从而只 保留一些大的奇异值,这样就可以基本保留所有的信息。例如,当我们只保留最 大的 k 个奇异值时,相对应地我们可以得到如下的低秩分解近似表达:

$$W_{m \times n} \cong U_{m \times k} \Sigma_{k \times k} V_{k \times n}^{\mathrm{T}} = W_{2, m \times k} W_{1, k \times n} \tag{3-42}$$

矩阵的低秩分解以及 SVD 分解不仅在普通的 DNN 中适用,同时也适用于 其他类型的网络,例如 LSTM、FSMN 等。进一步地,文献[73]将矩阵低秩分解 与 LSTM 相结合,提出了加有投影的长短时记忆单元(LSTM worth projection, LSTMP)结构。LSTMP 将隐层的输出先投影到一个低维度的线性层,然后将 投影后的信号作为反馈信号传递给下一个时刻,从而可以有效减少各个门控矩 阵的参数量。而文献[67‑68]将 FSMN 和低秩分解相结合,提出紧凑的前馈序列 记忆神经网络(compact FSMN, cFSMN)模型,相比于标准的 FSMN,该模型可以 将参数量减少 60%。相比于 DNN 中,LSTM、FSMN 和低秩分解相结合的一个最 大不同点是,其可以在网络初始化的时候就对隐层进行分解而基本不影响性能。

DNN 权重的稀疏性也表明了网络中的参数存在一定的冗余性。因此探究如 何去除这种冗余性,也是一种有效加快模型训练的方法。文献[74]发现训练好的

DNN权重越往高层稀疏性越强,并提出了一种隐层节点递减的网络结构,该网络结构可以在保证性能基本不变的情况下将参数量减少60%,并获得1倍的训练加速。文献[75]则提出一些节点剪枝的方法,该方法大致可以将50%的节点从网络中去除,而基本不影响性能。该方法需要在网络训练收敛以后通过一些度量函数来判断网络节点的重要性,再进行剪枝操作,因而主要可以带来解码效率的提升。

2. 多GPU并行化训练

目前深度神经网络的训练普遍采用图形处理器(GPU)。单个GPU相比于中央处理单元(CPU)可以获得上百倍的训练加速。但是当采用大的数据量时,在单个GPU上训练一个复杂的语音识别深度神经网络模型仍然需要持续数周甚至几个月[76]。如果想进一步加快模型的训练,就需要利用多个GPU进行并行化训练。但是训练神经网络的算法普遍采用的是基于minibatch的随机梯度下降算法(SGD),它本质上是一个串行的训练方法。因此很难并行地使用多个彼此独立的CPU或者GPU。一个想法是将训练数据分成不同的子集,并用不同的计算单元进行处理,最后用一个合并单元将不同计算单元的处理结果合并,正如高斯混合模型(GMM)的并行化训练。文献[77-78]基于客户机-服务器模式,首先将训练数据分成许多块的训练子集,并分散到不同的服务器来计算更新矩阵,然后再由服务器把更新矩阵收集起来,集中更新神经网络参数。与之类似,在文献[79]中,在每一次迭代中,训练集分成 N 个不相交的子集,每个子集训练一个子多层感知机(multi layer perceptron,MLP),然后这些子MLP的输出通过一个合并MLP在另一个训练子集中完成训练。在文献[80]中,基于所谓的异步随机梯度下降(asynchronous stochastic gradient descent,ASGD)方法实现了DNN的并行训练机制,并将其扩展到拥有数千CPU核心的计算集群。类似地,在文献[80-81]中,ASGD方法依托多个GPU完成了对DNN的并行训练。管道BP方法[82]是另外一种使用多个GPU对DNN进行并行训练的方法,其通过将DNN模型的不同隐层分散到不同的计算GPU中进行计算,在使用4个GPU的情况下,该方法相对使用单个GPU训练取得了大约3.1倍的效率提升。这些并行算法适用于DNN,当然也适用于其他类型的网络,例如LSTM。

然而,以上这些并行训练的方法都面临着并行计算单元之间的通信开销问题,即需要收集梯度数据,重新分配更新后的模型参数,以及在不同计算单元之间传递模型输出值等。不同计算单元之间过于频繁的数据传递,成为该类方法提升训练效率的主要瓶颈,尤其是当模型较大而且并行计算单元较多时,这种现象更加明显。虽然ASGD方法可以有效地掩蔽不同计算单元之间的通信代价,但是其扩展性却比较差,当想进一步扩展到更多GPU时,往往会导致明显的性能损失。针对这个问题,文献[83]提出一种逐区块模型更新滤波(blockwise model-update filtering,BMUF)算法,通过引入梯度动量的方式,可以减少多GPU之间的交互次数。如表3-1所示,BMUF可以在不损失性能的情况下基本实现训练随着GPU数量的增加而线性加速。

表3-1　BMUF在1 800小时的SWB+Fisher任务上的训练效率[83]

训练 方法	GPU 数量	WER/%		训练加速 倍数
		Eval2000	RT03S	
单个GPU SGD		14.0	18.8	1.0
BUMF-NBM	8	13.3	17.8	7.3
	16	13.4	17.9	14.4
	32	13.4	17.9	28.4
	64	13.6	18.1	56.2

3. 其他加速技术

此外还有一些算法或者工程技巧对加速模型的训练或者解码均有很大帮助。对于声学模型,输入的语音声学特征序列相邻帧具有很强的相似性,因而预测目标存在冗余性。文献[84]提出一种多帧深度神经网络(multi frame deep nerual network,MFDNN),将拼接帧的语音声学特征作为输入,采用多个softmax层来预测相邻的多个时刻的输出,例如预测 t 到 $t+K$ 时刻的输出。由于不同时刻的隐层计算是共享的,这样就可以有效减少总的计算量,从而加快训练和解码的效率。文献[85]提出了一种基于状态聚类的多深层神经网络联合建模方案。该方法分别利用多个DNN对传统DNN输出层的状态进行建模,实现DNN的并行训练,达到提升DNN训练效率的目的。首先通过状态级别的训练数据无监督聚类,得到多个在状态标记上彼此不相交的训练数据子集。这些训练数据子集可以独立并行地用多个DNN分别建模,这样就达到了DNN并行训练的目的。实验结果表明该方法在使用4个GPU的情况下可以获得超过4倍的训练加速,而且相对性能损失只有1%~2%。文献[51]的研究发现采取合理的参数配置,可以采用大 batch 的 SGD(例如比传统使用的 mini-batch 大100倍)训练基于整流线性单元(rectified linear units,ReLUs)的DNN(RL-DNN);同时提出了一种绑定标量规整的方法来优化 RL-DNN 的训练,最终可以在保证不损失性能的情况下利用8个GPU并行化训练 RL-DNN,从而获得超过10倍的训练加速。

3.3.5 深度学习自适应技术

虽然 DNN - HMM 取得了比 GMM - HMM 更好的性能,但是在环境失配的情况下,同样也会出现性能下降[86-87]。深度神经网络的模型参数在训练数据上学习得到,然后再部署到测试数据中。在实际情况中,语音应用部署前难以收集到足够多的匹配数据,因此训练数据和测试数据服从相同概率分布的假设是很难满足的。训练数据与测试数据之间往往存在着说话人以及背景噪声等声学环境的失配情况。这种失配将大大降低语音识别系统的性能。除此以外,以说话人为例,即使可以获得足够多的说话人训练数据,利用这么多数据学习得到的模型相当于很多说话人的平均模型,模型参数分布会相对比较平滑。此时当实际应用部署到某一个特定的说话人(尤其是真实模型参数分布比较尖锐)时,识别性能也将大大降低。

失配问题可以通过自适应技术来解决。这一技术已成功地应用在 GMM - HMM 语音识别系统中。由于 GMM 是一个生成性模型,而 DNN 是一个鉴别性模型,其结构存在很大的不同,因此在 DNN 框架下需要采取与 GMM 框架不同的自适应技术。本节将介绍深度学习的自适应技术。虽然传统的自适应技术(如 MAP、CMLLR 等方法)并不能直接应用在 DNN 中,但是仍然可以将 GMM - HMM 框架下自适应技术的思想应用到深度学习语音识别中,例如保守训练、线性变换的自适应方法。除此以外,在深度学习框架下,还可以将深度神经网络的参数显式地划分为与说话人相关和与说话人无关的部分来更有效地进行自适应。在自适应时,仅仅只更新与说话人相关的参数,而与说话人无关的参数将保持不变。因此,所需更新的参数更具有针对性,可以更有效地使用有限的自适应数据。根据与说话人相关参数作用的对象不同,可以将自适应技术分为基于特征的自适应(如引入说话人以及环境的辅助特征)和基于模型的自适应。

1. 基于保守训练的自适应

一种简单的自适应方法是利用目标说话人的自适应数据直接更新深度学习网络的参数。然而自适应的数据量相比于训练数据是十分稀少的,并且神经网络的参数量相比于 GMM - HMM 模型大了很多,因此很容易出现过拟合现象。为了避免过拟合,研究者们提出了保守训练(conservative training, CT)[88-90]的策略。

保守训练通常通过在自适应准则上增加正则项来实现。一种简单的方式是只选择其中一部分的参数来进行自适应。使用较小的学习率以及使用早期停止策略进行参数更新的自适应方式也可以看作是保守训练。在基于保守训练的自适应方法中,最常用的是两种使用正则项的技术,分别为 L_2 正则项和 KL 距离

（KLD）正则项。

1）L_2 正则项

L_2 正则项是用来约束自适应后的模型和与说话人无关模型的参数变化范围。使用 L_2 正则项做保守训练的方法是在原始的自适应准则上增加一项惩罚项，惩罚项定义为与说话人无关模型 $\boldsymbol{W}_{SI}$ 与自适应模型 $\boldsymbol{W}$ 之间的 L_2 范数[89]：

$$R_2(\boldsymbol{W}_{SI} - \boldsymbol{W}) = \parallel \mathrm{vec}(\boldsymbol{W}_{SI} - \boldsymbol{W}) \parallel_2^2$$
$$= \sum_{\ell=1}^{L} \parallel \mathrm{vec}(\boldsymbol{W}_{SI}^\ell - \boldsymbol{W}^\ell) \parallel_2^2$$

其中，$\mathrm{vec}(\boldsymbol{W}^\ell)$ 是把矩阵 $\boldsymbol{W}^\ell$ 中所有的列向量拼接起来得到的向量。引入 L_2 正则项后，自适应的准则变为

$$J_{L_2}(\boldsymbol{W}, \boldsymbol{b}; \boldsymbol{S}) = J(\boldsymbol{W}, \boldsymbol{b}; \boldsymbol{S}) + \lambda R_2(\boldsymbol{W}_{SI}, \boldsymbol{W}) \tag{3-43}$$

式中，λ 表示了正则项的系数，用来控制 L_2 正则项的贡献。

2）KL 距离正则项

KL 距离正则项的方法是约束从自适应模型中估计的后验概率分布与未自适应模型估计的后验概率分布的差别。因此惩罚项变为了与说话人无关模型与自适应模型的输出后验概率之间的 KL 距离[90]：

$$R_{KLD}(\boldsymbol{W}_{SI}, \boldsymbol{b}_{SI}; \boldsymbol{W}, \boldsymbol{b}; \boldsymbol{S}) = \frac{1}{M} \sum_{m=1}^{M} \sum_{i=1}^{C} P_{SI}(i \mid \boldsymbol{o}_m; \boldsymbol{W}_{SI}, \boldsymbol{b}_{SI}) \ln P(i \mid \boldsymbol{o}_m; \boldsymbol{W}, \boldsymbol{b})$$

其中 $P_{SI}(i \mid \boldsymbol{o}_m; \boldsymbol{W}_{SI}, \boldsymbol{b}_{SI})$ 和 $P(i \mid \boldsymbol{o}_m; \boldsymbol{W}, \boldsymbol{b})$ 分别表示与说话人无关模型和自适应模型估计的第 m 个样本属于类别 i 的概率。带有 KL 距离正则项自适应优化的准则变为

$$J_{KLD}(\boldsymbol{W}, \boldsymbol{b}; \boldsymbol{S}) = (1-\lambda) J(\boldsymbol{W}, \boldsymbol{b}; \boldsymbol{S}) + \lambda R_{KLD}(\boldsymbol{W}_{SI}, \boldsymbol{b}_{SI}; \boldsymbol{W}, \boldsymbol{b}; \boldsymbol{S})$$

其中 λ 表示了正则项的系数。当原始的训练准则采用交叉熵准则时，带 KL 距离正则项的自适应准则可以写为

$$J_{KLD-CE}(\boldsymbol{W}, \boldsymbol{b}; \boldsymbol{S}) = (1-\lambda) J_{CE}(\boldsymbol{W}, \boldsymbol{b}; \boldsymbol{S}) + \lambda R_{KLD}(\boldsymbol{W}_{SI}, \boldsymbol{b}_{SI}; \boldsymbol{W}, \boldsymbol{b}; \boldsymbol{S})$$
$$= -\frac{1}{M} \sum_{m=1}^{M} \sum_{i=1}^{C} \ddot{P}(i \mid \boldsymbol{o}_m) \ln P(i \mid \boldsymbol{o}_m) \tag{3-44}$$

式中 $\ddot{P}(i \mid \boldsymbol{o}_m) = (1-\lambda) P_{ref}(i \mid \boldsymbol{o}_m) + \lambda P_{SI}(i \mid \boldsymbol{o}_m)$，$P_{ref}(i \mid \boldsymbol{o}_m)$ 为硬标注，$P_{SI}(i \mid \boldsymbol{o}_m)$ 为与说话人无关模型估计的后验概率。与 CE 准则相比，式（3-44）将目标分布修改为标注与说话人无关模型预测的后验概率之间的插值，

因此它可以使自适应模型不偏离与说话人无关模型太远。

2. 基于线性变换的自适应

前面提到的 CMLLR/fMLLR 方法，可以直接用于深度学习的自适应。首先训练好一个完整的 GMM - HMM 系统，并且为每个说话人估计出转换矩阵 A^s，然后将转换后的特征用于 DNN 训练和测试。

在神经网络的结构中，一些方法也给出了类似 fMLLR 的做法。在 DNN - HMM 中，也可以使用一个与说话人相关的线性变换来对输入的语音特征进行规整。该方法称为线性输入网络(linear input network，LIN)[91]，也称为特征鉴别性线性回归(feature discriminative linear regression，fDLR)。对特征进行线性变换的方法可由式(3-45)来描述：

$$y_s^l = \sigma(W^l A^s y^{l-1} + b^l) \tag{3-45}$$

式中，y_s^l 为第 l 层与说话人相关的隐层激活向量；A^s 为与说话人相关的线性变换；y^{l-1} 为第 $l-1$ 层的输出。

因为 DNN 的每一层都可以视为一个特征提取器，所以这一线性变换也可以加在中间的隐层，甚至最后一个隐层或者是输出层。在中间层做线性变换的称为线性隐层网络(linear hidden network，LHN)[92]，对输出层做线性变换的称为线性输出网络(linear output network，LON)[91]或者输出特征的鉴别性线性回归(output feature discriminative linear regression，oDLR)[93]。

学习隐层单元贡献(learning hidden unit contribution，LHUC)[94]也是一种基于线性变换的自适应方法。该方法在隐层的激活上点乘上一个与说话人相关的向量，即

$$h_s^l = a(r_s^l) \cdot \phi(W^l h_s^{l-1} + b^l) \tag{3-46}$$

式中，r_s^l 是第 l 层上与说话人相关的一个向量，可以看成是对隐层单元贡献值的权重；$a(\cdot)$ 通常定义为 sigmoid 函数。LHUC 是深度结构上进行说话人自适应的普适方法[94-98]。

3. 辅助特征

还有一种基于特征的自适应方法称为基于环境感知训练的自适应。其基本思想是使用环境表示，在特征层将额外的信息作为特征输入给 DNN。i-vector 是在说话人识别中常用的一种说话人的低维表示，i-vector 可以在很大程度上编码说话人的特性，在音素上的 GMM - UBM 建模使得 i-vector 能够对语音内容进行编码[99-103]。一些工作将 i-vector 作为辅助特征进行自适应训练，得到了

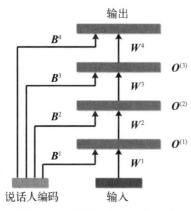

输出

B^4

W^4

B^3　$O^{(3)}$

W^3

B^2　$O^{(2)}$

W^2

B^1　$O^{(1)}$

W^1

说话人编码　　　　输入

图 3 - 21　说话人编码的自适应

10%左右的性能提升[99-100]。瓶颈层的输出也可以作为辅助特征,与标准 DNN 相比,它能够获得更大的性能提升[104-105]。还可以使用说话人编码(speaker code)来模拟与说话人相关的信息,在训练集上习得一个自适应 DNN 的同时,为每个说话人习得一个独立的说话人编码[106-109](见图 3 - 21)。这种方法需要在编码和隐层单元之间建立单独的连接,由于编码的维度通常很小,其可以节约很多计算量。

这一类自适应方法使用了多视角的深度神经网络,其中辅助特征和声学特征有不同颗粒度的表示。辅助特征通常从更长时的同质块(说话人或者句子)中提取,并且在整个同质块数据中都保持不变,通过 DNN 强大的非线性能力自动地将声学特征和环境特征进行结合来消除当前环境对声学信号产生的影响。

4. 基于模型的自适应

一种基于模型的自适应方法是显式地将 DNN 的隐层分为与环境相关和与环境无关的两部分。比如可以使用一层与说话人相关的隐层来模拟说话人信息[110-113]。图 3 - 22 是一个最直接的基于模型的 DNN 自适应训练方法,图中使

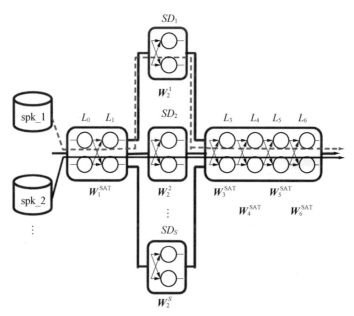

图 3 - 22　基于模型的 DNN 自适应训练

用了 S 个权重矩阵。DNN 的第 2 个隐层会根据不同的说话人而使用不同的权重矩阵,即

$$\boldsymbol{y}_s^l = \sigma(\boldsymbol{W}_s^l \boldsymbol{y}^{l-1} + \boldsymbol{b}^l) \tag{3-47}$$

式中 $\boldsymbol{W}_s^l$ 为与说话人相关的权重矩阵。

3.3.6　深度学习框架下的序列鉴别性训练

传统深度神经网络的训练基于逐帧的交叉熵准则。但是,语音识别是一个序列标注问题。在本节中,我们将介绍更契合这种问题的序列鉴别性训练方法。序列鉴别性训练研究的重点方向包括两个:一是定义准则,即表明"需要优化什么";二是研究优化算法,即如何根据给定的准则有效地优化模型参数。同时,我们会介绍常用的序列鉴别性准则在深度学习框架下的训练方式,并讨论一些实际应用中的技术点,包括词图生成、词图补偿、规范化,以及较前沿的无词图生成训练技术。

最近的研究提出一系列鉴别性的序列模型(discriminative sequence model)来取代传统生成性的序列模型(generative sequence model)在语音识别中的应用。连接时序分类模型(connectionist temporal classification model)是其中最具有代表性的一种。该模型本身具有序列鉴别性的特点,可直接对序列进行整体建模,在本书中将其归为代表性的端到端声学建模方式,并在下一节做详细介绍。

1. 基于深度学习的序列鉴别性训练准则

在 CD - DNN - HMM 混合建模系统中,DNN 通过训练得到在逐帧上对 HMM 每个状态的后验概率估计。如前文所述,该类系统采用逐帧的交叉熵准则,需要计算每帧上对于样本标注的误差,得到激活函数的梯度,并利用神经网络后向传播算法来得到所有参数的梯度以进行更新。

传统的序列鉴别性训练方法基于词图来表示搜索空间中的竞争推测结果,并使用扩展的 baum-welch(EBW)更新和合适的平滑方式来训练得到模型参数。针对神经网络模型,我们采用类似的方法将序列鉴别性准则中的后验概率分解为 HMM 状态的对数似然度和语言学先验概率的组合,由此可以得到 HMM 状态的对数似然度对建模参数的梯度,并采用神经网络后向传播算法来进行训练。这种训练方式可以总结如下:

$$\frac{\partial \mathcal{F}_{\text{SEQ}}}{\partial \ln p(\boldsymbol{O}_{ut} \mid r)} = \kappa \big[\gamma_{ut}^{\text{NUM}}(r) - \gamma_{ut}^{\text{DEN}}(r) \big] \tag{3-48}$$

式中，$p(\boldsymbol{O}_{ut} \mid r)$ 是在第 u 个句子的第 t 帧上，状态 r 的似然度；$\gamma_{ut}^{\mathrm{NUM}}(r)$ 和 $\gamma_{ut}^{\mathrm{DEM}}(r)$ 分别是在第 u 个句子的第 t 帧上，状态 r 在分子和分母词图上的期望占有概率（occupation probability），它们可以通过传统序列鉴别性训练中的前后向算法得到；F_{SEQ} 可以是传统序列鉴别性训练中的 MMI、bMMI、MBR 等任意一种形式，其区别在于期望占有概率的计算方式各不相同。各种准则的共性部分都统一体现在同一个准则框架中，而其准则间各自的特性则通过选取对应的参数来得以体现。由此在交叉熵训练中的梯度被替换为这样的方式计算得到，之后使用前后向算法即可更新神经网络参数[114]。

不同准则的比较参见 3.2.5 节。在深度学习框架下不同准则的实验结果与传统系统基本一致，鉴别性训练相比交叉熵训练系统，能带来 10% 左右的相对性能提升，而不同准则之间的差距为 3%～5%[115]。在速度方面，MBR 准则需要进行两遍分母词图的前后向算法，因此计算量较大。但在神经网络框架下，大部分时间消耗在神经网络前后向计算上，因此差距不大。

2. 序列鉴别性训练技术

1) 基于词图生成的序列鉴别性训练

传统序列鉴别性训练的第 1 步是产生一个数值或非数值型的词图。其中分子词图可简化为对标注去做对齐（forced-alignment）操作；对于分母词图，传统研究表明使用一元语言模型来对训练数据做解码，最终的训练效果较好[116]。但近年来在一些新型的序列建模能力更强的神经网络结构上，结论并不一致[117]，因此最佳的语音模型元数应该取决于特定神经网络的上下文建模能力。

错误判断信号是在非数值和数值型词图中得到的统计计算结果的加权求差值，因此词图的质量是非常重要的。研究发现使用已有的最佳模型来产生词图并将其视为序列鉴别性训练的种子模型，将会带来更好的结果。由于基于深度学习的声学模型通常会优于传统模型，我们至少应该使用由交叉熵准则训练而来的 CD‐DNN‐HMM 模型作为种子模型。同时，每一个训练数据的对齐及词图生成也应该基于该模型。由于词图产生过程是一个计算消耗较大的过程，词图通常只产生一次并在每轮训练中重复利用。如果新的对齐和词图结果在每轮训练后被重新产生，那么运算结果将得到进一步改进。

即使在产生词图时使用当前最佳的模型，并且术宽（beamwidth）已经非常大，也不可能覆盖所有可能的解码结果假设猜想。因此另一类提升搜索空间建模能力的方法是词图补偿。该方法适用于标注的解码结果并不存在或没有与分母词图正确对齐的情况。在这种情况下，$\gamma_{ut}^{\mathrm{DEN}}(r)$ 为 0，梯度非常高，将会损害模型性能。一种方法是在计算梯度时，当标注的解码结果不存在于分母词图时，就将这些帧数去掉。而另一种方法是在词图中人为增加一些弧,比如在每个词的开始和结束节点之间都添加一个静默词,并使用合适的概率。

序列鉴别性训练过程的另一个特点是快速过拟合。该特点体现在序列鉴别性准则函数和逐帧推测结果计算出的帧准确率的差异上:当训练准则函数持续改进时,帧准确率却显著变差。其原因之一是稀疏的词图导致了过拟合。例如,即使是实践中能生成最稠密的词图,也仅仅引用了 3% 的聚类状态[118]。另一种解释是,序列相比帧具有更高的维度。因此从训练集估计出的后验概率分布很可能不同于测试集分布。这种情况可以通过让序列鉴别性训练准则更接近逐帧交叉熵训练准则来缓解,比如使用一个较弱的语言模型。更好的做法是采用帧平滑(F-smoothing)[19]技术,它将训练准则修改为最小化序列鉴别性准则和逐帧交叉熵训练准则的加权和。另外,需要将训练中的学习率调整到比逐帧交叉熵训练的小。一方面,这是由于序列鉴别性训练通常需要基于交叉熵预训练模型,其模型已经很好地训练过了,因此要求更小的更新规模。另一方面,使用较小的学习率能更有效地控制收敛过程,防止过拟合。在实践中人们一般使用接近交叉熵训练最后阶段的学习率。

2)无词图生成的序列鉴别性训练

基于词图生成的序列鉴别性训练依赖于在线对完整语言学搜索空间进行剪枝,并生成词图,由此近似模拟搜索空间内的竞争项。另一种思路是对搜索空间进行预裁剪,之后直接以预裁剪的搜索空间来近似序列鉴别性训练中的竞争项。这类方法的优点包括两方面:一是节省了用于存储由大量数据产生的词图的硬盘资源;二是所有训练样本共享统一的竞争项搜索空间,因此可以利用 GPU 等设备进行序列级并行从而加速训练过程。而这类方法的缺点在于,理论上预裁剪的搜索空间不如在线依据解码概率大小进行逐句剪枝的搜索空间,所能覆盖更少较强的竞争项。

文献[119]提出用一个预裁剪的二元词级语言模型进行竞争项建模,并取得了与传统序列鉴别性训练相似的性能改善。文献[120]提出用一个预裁剪的多元音素级语言模型进行竞争项建模,而文献[121]提出直接用一个预裁剪的神经网络建模单元(senone,与上下文相关音素聚类状态)对应的语言模型进行竞争项建模。这 3 种方法理论上的区别是:文献[119]保留了固定的音素到词的映射关系(即词典);文献[120]去掉了该固定映射关系,转而采用带有历史截断的语言模型进行音素序列历史的软限制;文献[121]则进一步去掉了语音识别建模单元到音素的固定映射关系(即状态聚类关系、隐马尔可夫模型等),均用一个统一的语言模型对状态序列历史进行软限制。在实践中,由于语音识别的词典巨大,采用后两种方法往往可以得到更小的搜索空间,由此达到更大的并行度和更快的训练速度;而在竞争项建模中近似产生的损失对训练的影响不大。

3.3.7 端到端声学建模

如前文所述,传统语音识别中将系统划分为隐马尔可夫模型时序建模、深度学习模型声学建模、词典和语言模型等多个子模块,以此在数据量和分类器性能有限的情况下降低模型复杂度,提升系统鲁棒性。在训练阶段,传统方法对各模块分别进行优化;而在推测阶段,利用解码搜索技术融合各个不同知识源得到语音识别结果。但语音识别是一个整体序列标注任务,因此针对各个不同知识源进行联合优化,是改善语音识别结果的最重要方向之一。而如果能去掉人为设计的模块划分,直接对序列整体进行建模,还将进一步简化语音识别系统,降低推测阶段的搜索复杂度。随着数据量的增长和分类器性能的提升,端到端的声学建模日益显示出其巨大潜能。

在本节中,我们将介绍基于序列分解的端到端声学建模(连接时序分类模型)和序列整体建模的端到端声学建模(编码器-解码器模型)。它们之间的重要区别是建模中是否对输出序列进行逐个建模单元的时序分解,本节将比较其优劣。

1. 基于序列分解的端到端声学建模

1) 连接时序分类模型

连接时序分类模型(CTC)对语音识别过程直接进行整体建模,并基于RNN模型进行序列标注。在序列分解中,CTC要求输出序列内部各标注之间满足独立性假设,由此CTC建模的序列后验概率可以表示为各标注后验概率的累乘。

$$P(\boldsymbol{l} \mid \boldsymbol{x}) = \sum_{\pi \in \mathcal{B}^{-1}(\boldsymbol{l})} P(\pi \mid \boldsymbol{x}) = \sum_{\pi : \pi \in L', \mathcal{B}(\pi_{1:T}) = \boldsymbol{l}} \prod_{t=1}^{T} y_{\pi_t}^t \qquad (3-49)$$

式中,$\boldsymbol{l} = (l_1, l_2, \cdots, l_U)$,表示的是一个音素序列,其包含 U 个音素,$\boldsymbol{l} \in L$ 和 L 是 ASR 任务的音素集合;$\boldsymbol{x} = (x_1, x_2, \cdots, x_T)$ 是相应的 T 帧音素序列,t 是这些帧的索引,T 是总帧数。在 CTC 中,假设 $U \leqslant T$。$\pi_{1:T} = (\pi_1, \pi_2, \cdots, \pi_T)$ 是从第 1 帧到第 T 帧的逐帧解码路径,即 CTC 的输出序列。这里要求每个输出标注满足 $\pi \in L'$ 以及 $L' = L \bigcup \{\text{blank}\}$。blank(空)是引进到 CTC 的一个特殊建模单元,它表示输出标注为空的情况。因此 blank 模拟了音素集合定义之外的声学特性。y_k^t 是 CTC 网络 k 在 t 时刻输出标注的概率。CTC 还定义了一个多到一的映射关系 $\mathcal{B}$。$\mathcal{B}$ 函数定义为 $\mathcal{B}: L' \rightarrow L$,用以决定多条不同的

CTC 路径与同一个音素标注序列之间的关系。这里的对应规则是首先将重复的音素输出去掉,同时去掉所有的 blank 输出,这样就得到了与之对应的音素序列。

CTC 的目标函数 $\mathcal{J}$ 定义为正确标注序列在全部训练序列中条件概率的负对数:

$$\mathcal{J} = -\sum_{n=1}^{N} \ln[P(\boldsymbol{l}_n \mid \boldsymbol{X}_n)] \qquad (3-50)$$

式中,n 是训练序列的索引。对应于式(3-50),每一帧输出标注的梯度可以计算如下(这里仅以一个训练序列为例):

$$\frac{\partial \mathcal{J}}{\partial y_k^t} = -\frac{\partial \ln[P(\boldsymbol{l} \mid \boldsymbol{x})]}{\partial y_k^t} = -\frac{1}{P(\boldsymbol{l} \mid \boldsymbol{x})} \frac{\partial P(\boldsymbol{l} \mid \boldsymbol{x})}{\partial y_k^t} \qquad (3-51)$$

式中,$P(\boldsymbol{l} \mid \boldsymbol{x})$ 可以由前后向算法进行高效计算[121]:

$$P(\boldsymbol{l} \mid \boldsymbol{x}) = \sum_{j=1}^{|l'|} \alpha_t(j)\beta_t(j)$$

其中,l' 是针对音素序列 l,标注序列修改的过程包括增加 blank 到序列 l 的开始和结尾,以及每对相邻标注单元的中间,因此修改之后序列 l' 的长度是原序列 l 长度的两倍以上;j 用于表示修改序列的长度;$\alpha_t(j)$ 和 $\beta_t(j)$ 是前后向算法在时刻 t 且长度为 j 的概率。据此,后向传播可以导出神经网络参数所对应的梯度。更详细的关于 CTC 训练的细节可以参考文献[122]。

CTC 是一种端到端的序列级建模。这里的端到端体现在两方面:一是 CTC 直接对较大的单元进行建模,比如音素、音节、字或词等,而传统系统依赖于 HMM 和词典等以解决序列的时序依赖性,由此 CTC 实现了多帧特征对应单个输出标注单元的端到端建模;二是 CTC 可以直接对较大的单元进行建模,因此免去了传统语音识别中所需要的细粒度标注,即强制对齐所得到的状态标注序列。同时 CTC 在准则层面实现了直接的序列级建模,因此更符合语音识别本身是一个序列级标注任务的特点。

CTC 模型直接对输出标注序列的所有可能路径的条件概率进行求和,并将其作为优化目标。在这个过程中将重复的输出标注和 blank 输出去掉,由此实现多对一映射。因此 CTC 模型所预测出的标注分布更加集中,而模型本身隐含学习了多对一的映射函数 B。图 3-23 是一个 CTC 输出分布的实例,可以观察到处于第 3 行的 CTC 输出分布在大多数时候是 blank,而少数有音素标注输出的时刻则都呈现非常集中的分布。借助于 CTC 输出分布集中的特点,后续将讨论其高效推理算法。

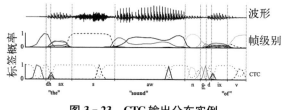

图 3‑23　CTC 输出分布实例

在实际应用中,CTC 模型在较大数据量时往往能取得更好的效果[123]。其原因主要有两方面:一是 CTC 的建模单元较传统模型大,这是因为要达到相应的模型泛化能力就需要提供更多的学习数据;二是 CTC 的建模单元 blank 只有一个,却要建模所有的音素输出之间的复杂声学特性,因此建模难度非常大,需要更多的数据才能使模型鲁棒。在 CTC 的建模单元选择上,英文多采用音素、字母,而中文多采用音素、音节或字。采用这样的单元进行建模主要是考虑建模单元不宜过多。而针对不同建模单元的特性,采用音素或音节进行建模时更易收敛,其原因是建模单元本身隐含相关声学信息;而采用字母或字则可以有效解决语言学中超出词表(out-of-word, OOV)的问题。另一种思路是让模型来决定建模单元和序列的分解方式。文献[124]提出的 CTC 模型仍基于字母进行建模,但允许输出不同长度的字母组合,这使得模型容量变大,性能有所改善。

CTC 的序列鉴别性训练在文献[125‑126]中有所讨论。其相通之处是对 CTC 建模过程融合先验概率,由此将 CTC 转换为一个传统生成型模型,再运用 3.3.6 节所介绍的深度学习框架下的序列鉴别性训练方法进行训练。

2)模型推理

在测试阶段,通过 CTC 模型推理并结合语言学知识来得到最佳语音识别词序列的过程称为语音识别解码搜索。

下面以音素级 CTC 为例,通过引入词典和语言模型的语言学知识,建立词序列与 CTC 标注序列之间的关系如下:

$$
\begin{aligned}
\boldsymbol{w}^* &= \arg\max_{\boldsymbol{w}}\{P(\boldsymbol{w})p(\boldsymbol{x}\mid\boldsymbol{w})\} = \arg\max_{\boldsymbol{w}}\{P(\boldsymbol{w})p(\boldsymbol{x}\mid\boldsymbol{l}_w)\} \\
&= \arg\max_{\boldsymbol{w}}\left\{\frac{P(\boldsymbol{l}_w\mid\boldsymbol{x})P(\boldsymbol{w})}{P(\boldsymbol{l}_w)}\right\} \\
&= \arg\max_{\boldsymbol{w}}\left\{P(\boldsymbol{w})\max_{\boldsymbol{l}_w}\frac{P(\boldsymbol{l}_w\mid\boldsymbol{x})}{P(\boldsymbol{l}_w)}\right\}
\end{aligned}
\tag{3-52}
$$

式中，w 是词序列；w^* 是最佳词序列；l_w 表示 w 所对应的音素序列（这里不考虑多音词的情况）；$P(l_w)$ 是音素序列的先验概率。式(3-52)即为 CTC 解码搜索公式。这里的 CTC 标注集合包含了音素单元和 blank。

对于 CTC 标注序列，其前向概率为

$$P(l \mid x) = \sum_{\pi \in B(l)} \prod_{t=1}^{T} y_{\pi_t}^t \cong \max_{\pi \in B(l)} \prod_{t=1}^{T} y_{\pi_t}^t \tag{3-53}$$

式(3-53)给出了沿用传统逐帧同步维特比束剪枝搜索框架下的解码搜索过程。类似于前文中的 CD-DNN-HMM 系统，这里也逐帧在语言学搜索网络上进行搜索。其具体做法是，可以采用一个代替多对一映射函数 B 的加权有限状态转换机（WFST）（称为 T-WFST）[127]，之后依然沿用传统系统基于 WFST 的搜索网络构建方式[128]。图 3-24 为一个 T-WFST 的实例。

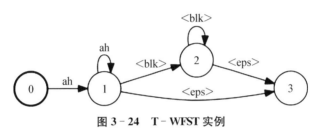

图 3-24 T-WFST 实例

文献[118]提出了一套更加高效的逐音素同步维特比束剪枝搜索算法。该算法的核心思想是在由 blank 输出占据的帧上进行搜索是多余的，因此在 blank 概率非常高的帧上直接跳过，而在其余帧上再进行正常的解码搜索。这样可以得到几乎相同的解码结果，同时由于减少了搜索的迭代次数，最终可以带来 2～3 倍的搜索加速。该算法具体流程如算法 3-2 所示。

算法 3-2 音素同步维特比束搜存(S,E,Q,T)

---

(1) $Q \leftarrow S$ ▷initialization with start node
(2) **for** each $t \in [1, T]$ **do** ▷frame-wise NN Propagation
(3) $F \leftarrow NN\ Propagate(t)$
(4)   **if** ! is BlankFrame(F) **then** ▷phone-wise WFST search
(5) $Q \leftarrow ViterbiBeamSearch(F, Q)$
(6)   **end if**
(7) **end for**
(8) $\hat{B} \leftarrow finalTransition(E, S, Q)$ ▷to reach end node
(9) backtrace ($\hat{B}$)

---

2. 序列整体建模的端到端声学建模

基于注意机制的序列到序列整体建模是另一类端到端声学模型。该类模型采用在机器翻译领域非常成功的基于注意机制的编码器-解码器模型结构[129]。具体来说,注意力机制模型计算出序列整体概率为

$$P(\boldsymbol{l} \mid \boldsymbol{x}) = \prod_i P(l_i \mid \boldsymbol{x}, \boldsymbol{l}_{1:i-1})$$

其中第 i 帧的概率 $P(l_i \mid \boldsymbol{x}, \boldsymbol{l}_{1:i-1}) = AttentionDecoder(\boldsymbol{h}, \boldsymbol{l}_{1:i-1})$, $\boldsymbol{h} = Encoder(\boldsymbol{x})$。

不同于以往的编码器结构,基于注意力机制的编码器-解码器模型将整个语音序列作为输入映射到了高维空间上,并表示为隐层向量。在输出序列阶段,基于注意力机制来对隐层向量进行加权选择以得到用于输出的隐层向量,并基于此隐层向量来进行模型推测。

这类模型的训练准则即为最小化序列整体后验概率的负对数值。不同于CTC,本节所讨论的模型结构不进行序列分解,因此也不做输出标注之间的独立性假设。相应地,这类模型往往可以隐含语言模型的学习。而且,该类模型没有针对语音所包含的特征与标注单调自左向右对齐的特性做任何相应的假设。因此其一方面影响了性能,另一方面也是模型收敛较慢的原因之一。

在具体应用中,该类模型往往非常难以训练。下面介绍一些比较常用的工程技巧。由于隐层向量的数量与句子的帧数相同,模型往往难以在这么多向量中进行选择或加权。时间轴加窗[130]是一种比较合理的做法,往往可以加速训练收敛,同时使推测阶段竞争项更少,搜索更加稳定。另一种做法是采用金字塔式的结构进行多层神经网络的堆叠[131],这样最终输入给注意力机制的隐层向量显著减少。更简单一些的做法是将CTC模型与该类模型做多任务的神经网络训练。这样的做法利用了两种模型之间不同的特性,可以使模型更快、更好地收敛[132]。

本章介绍了统计语音识别的发展和基本概念,着重介绍了声学模型的建模,包括基于隐马尔可夫模型的经典声学建模方法和结合深度学习的声学建模方法两个部分。首先,介绍了 HMM 及 GMM - HMM 基本概念,包括模型结构、参数估计、EM 算法简介。接着,探讨了 GMM - HMM 在语音识别中的使用,如何选择合适的声学建模单元。同时,我们对 GMM - HMM 模型进行了分析,主要探讨模型的改进和现有问题。为了解决上述问题,介绍了说话人自适应技术和鉴别性训练技术。在深度声学模型建模方面,介绍了包括受限玻尔兹曼机、深度置信网络、深度神经网络、循环神经网络等。接着介绍不同结构的深度学习在声学建模中的应用,包括 RNN、LSTM、BLSTM、CNN、CLDNN、FSMN 等模型替代 DNN 在 CD - DNN - HMM 中的应用方法。同时,我们介绍了深度学习自适

应技术、序列鉴别性训练和端到端声学建模。

尽管语音识别的准确率已经非常高,但是声学模型仍然存在一些值得继续探讨的问题:

第一,端到端建模是一种新的趋势。随着大数据的发展,端到端语音识别将会成为主流的声学模型建模方式。数据的扩充在一定程度上可改善语音识别的性能,但是探讨更加鲁棒的端到端系统或模型仍然会是研究的核心问题。

第二,尽管大数据能够弥补模型建模的不足,但是在小数据量或者是低资源情况下的语音识别,仍然需要自适应技术或自适应训练来得到更加良好的性能。同时,如何有效解决声学环境的失配会是一个值得探讨的长期问题。此外,自适应技术往往需要一次解码,实时性较差,如何完成在线自适应也会是研究的新方向。

第三,随着国际化的发展,多语种语音识别逐渐进入研究的范畴。如何使用统一的声学模型为多种语言进行语音识别建模成为一个新的方向,特别是在语码转换(code-switching)这一问题上,已经出现了一些新的声学模型建模方式。

参考文献

[1]　Davis K, Biddulph R, Balashek S. Automatic recognition of spoken digits[J]. The Journal of the Acoustical Society of America, 1952, 24(6): 637 - 642.

[2]　Baker J. The DRAGON system — an overview[J]. IEEE Transactions on Acoustics, Speech, and Signal Processing, 1975, 23(1): 24 - 29.

[3]　Dahl G E, Yu D, Deng L, et al. Large vocabulary continuous speech recognition with context-dependent DBN-HMMs [C]//2011 IEEE International Conference on Acoustics, Speech and Signal Processing. [s. l.]: IEEE, 2011.

[4]　Peddinti V, Povey D, Khudanpur S. A time delay neural network architecture for efficient modeling of long temporal contexts[C]//Annual Conference of International Speech Communication Association (INTERSPEECH). [s. l.]: [s. n.], 2015.

[5]　Yu D, Xiong W, Droppo J, et al. Deep Convolutional Neural Networks with Layer-Wise Context Expansion and Attention. [C]//Annual Conference of International Speech Communication Association (INTERSPEECH). San Francisco: [s. n.], 2016.

[6]　Qian Y, Bi M, Tan T, et al. Very deep convolutional neural networks for noise robust speech recognition[J]. IEEE/ACM Transactions on Audio, Speech, and Language Processing, 2016, 24(12): 2263 - 2276.

[7]　Saon G, Kurata G, Sercu T, et al. English conversational telephone speech recognition

by humans and machines [C]//Annual Conference of International Speech Communication Association (INTERSPEECH). New Orleans: [s. n.], 2017.

[8] Baum L E, Eagon J A. An inequality with applications to statistical estimation for probabilistic functions of Markov processes and to a model for ecology[J]. Bulletin of the American Mathematical Society, 1967, 73(3): 360 - 363.

[9] Dempster A P, Laird N M, Rubin D B. Maximum likelihood from incomplete data via the EM algorithm [J]. Journal of the Royal Statistical Society. Series B (methodological), 1977: 1 - 38.

[10] Young S J, Woodland P C. The use of state tying in continuous speech recognition [C]//Third European Conference on Speech Communication and Technology. [s. l.]: [s. n.], 1993.

[11] Young S J, Odell J J, Woodland P C. Tree-based state tying for high accuracy acoustic modelling[C]//Proceedings of the Workshop on Human Language Technology. [s. l.]: [s. n.], 1994.

[12] Nagendra Kumar, Andreas G Andreou. Heteroscedastic discriminant analysis and reduced rank HMMs for improved speech recognition[J]. Speech Communication, 1998, 26(4): 283 - 297.

[13] Gauvain J L, Lee C H. Maximum a posteriori estimation for multivariate Gaussian mixture observations of Markov chains[J]. IEEE Transactions on Speech and Audio Processing, 1994, 2(2): 291 - 298.

[14] Leggetter C J, Woodland P C. Maximum likelihood linear regression for speaker adaptation of continuous density hidden Markov models[J]. Computer Speech & Language, 1995, 9(2): 171 - 185.

[15] Gales M J. Maximum likelihood linear transformations for HMM-based speech recognition[J]. Computer Speech & Language, 1998, 12(2): 75 - 98.

[16] Bishnu S Atal. Effectiveness of linear prediction characteristics of the speech wave for automatic speaker identification and verification[J]. The Journal of the Acoustical Society of America, 1974, 55(6): 1304 - 1312.

[17] Mark JF Gales. Cluster adaptive training for speech recognition[C]//International Conference on Spoken Language Processing (ICSLP). [s. l.]: [s. n.], 1998.

[18] Mohamed A R, Yu D, Deng L. Investigation of full-sequence training of deep belief networks for speech recognition[C]//Eleventh Annual Conference of the International Speech Communication Association. [s. l.]: [s. n.], 2010.

[19] Su H, Li G, Yu D, et al. Error back propagation for sequence training of context-dependent deep networks for conversational speech transcription[C]//2013 IEEE International Conference on Acoustics, Speech and Signal Processing. Portland: IEEE,

2013.

[20] Kingsbury B, Sainath T N, Soltau H. Scalable minimum Bayes risk training of deep neural network acoustic models using distributed Hessian-free optimization[C]// Thirteenth Annual Conference of the International Speech Communication Association.[s. l.]:[s. n.], 2012.

[21] Kingsbury B. Lattice-based optimization of sequence classification criteria for neural network acoustic modeling[C]//2009 IEEE International Conference on Acoustics, Speech and Signal Processing.[s. l.]: IEEE, 2009.

[22] Vesel K, Ghoshal A, Burget L, et al. Sequence-discriminative training of deep neural networks[C]//INTERSPEECH. Portland:[s. n.], 2013.

[23] Bahl L R, Brown P F, De Souza P V, et al. Maximum mutual information estimation of hidden Markov model parameters for speech recognition[C]//ICASSP. Tokyo: [s. n.], 1986.

[24] Kapadia S, Valtchev V, Young S. MMI training for continuous phoneme recognition on the TIMIT database[C]//1993 IEEE International Conference on Acoustics, Speech, and Signal Processing.[s. l.]: IEEE, 1993.

[25] Povey D, Kanevsky D, Kingsbury B, et al. Boosted MMI for model and feature-space discriminative training.[C]//ICASSP. Las Vegas:[s. n.], 2008.

[26] Goel V, Byrne W J. Minimum Bayes-risk automatic speech recognition[J]. Computer Speech & Language, 2000, 14(2): 115 - 135.

[27] Povey D, Woodland P C. Minimum phone error and I-smoothing for improved discriminative training[C]//2002 IEEE International Conference on Acoustics, Speech, and Signal Processing.[s. l.]: IEEE, 2002.

[28] Rosenblatt F. The perceptron: a probabilistic model for information storage and organization in the brain[J]. Psychological Review, 1958, 65(6): 386.

[29] Rosenblatt F. Principles of neurodynamics, perceptrons and the theory of brain mechanisms[R].[s. l.]:[s. n.], 1961.

[30] Rumelhart D E, Hinton G E, Williams R J. Learning representations by back-propagating errors[J]. Nature, 1986, 323(6088): 533 - 536.

[31] Minsky M, Seymour P. Perceptrons.[M]. Cambridge: MIT press, 1969.

[32] Hinton G E, Osindero S, Teh Y W. A fast learning algorithm for deep belief nets [J]. Neural Computation, 2006, 18(7): 1527 - 1554.

[33] Haykin S S, Haykin S S, Haykin S S, et al. Neural Networks and Learning Machines: volume 3[M].[s. l.]: Pearson Education Upper Saddle River, 2009.

[34] Hinton G E. Training products of experts by minimizing contrastive divergence [J]. Neural Computation, 2002, 14(8): 1771 - 1800.

[35] Bishop C M. Pattern recognition and machine learning: volume 1[M]. New York: Springer New York, 2006.

[36] Trentin E, Gori M. A survey of hybrid ANN/HMM models for automatic speech recognition[J]. Neurocomputing, 2001, 37(1): 91 - 126.

[37] Bourlard H, Morgan N. Continuous speech recognition by connectionist statistical methods[J]. IEEE Transactions on Neural Networks, 1993, 4(6): 893 - 909.

[38] Bourlard H A, Morgan N. Connectionist speech recognition: a hybrid approach: volume 247[M]. [s. l.]: Springer Science & Business Media, 2012.

[39] Franco H, Cohen M, Morgan N, et al. Context-dependent connectionist probability estimation in a hybrid hidden Markov model-neural net speech recognition system [J]. Computer Speech & Language, 1994, 8(3): 211 - 222.

[40] Hennebert J, Ris C, Bourlard H, et al. Estimation of global posteriors and forward-backward training of hybrid HMM/ANN systems[M]. [s. l.]: International Speech Communication Association, 1997.

[41] Morgan N, Bourlard H. Continuous speech recognition using multilayer perceptrons with hidden markov models[C]//1990 International Conference on Acoustics, Speech, and Signal Processing. [s. l.]: IEEE, 1990.

[42] Renals S, Morgan N, Bourlard H, et al. Connectionist probability estimators in hmm speech recognition[J]. IEEE Transactions on Speech and Audio Processing, 1994, 2 (1): 161 - 174.

[43] Robinson A J, Cook G D, Ellis D P, et al. Connectionist speech recognition of broadcast news[J]. Speech Communication, 2002, 37(1): 27 - 45.

[44] Yen Y, Fanty M, Cole R. Speech recognition using neural networks with forward-backward probability generated targets[C]//1997 IEEE International Conference on Acoustics, Speech, and Signal Processing: volume 4. [s. l.]: IEEE, 1997.

[45] Dahl G E, Yu D, Deng L, et al. Context-dependent pre-trained deep neural networks for large-vocabulary speech recognition[J]. IEEE Transactions on Audio, Speech, and Language Processing, 2012, 20(1): 30 - 42.

[46] Godfrey J J, Holliman E C, McDaniel J. Switchboard: Telephone speech corpus for research and development[C]//IEEE International Conference on Acoustics, Speech, and Signal Processing: volume 1. [s. l.]: IEEE, 1992.

[47] Povey D, Ghoshal A, Boulianne G, et al. The kaldi speech recognition toolkit[C]// IEEE 2011 Workshop on Automatic Speech Recognition and Understanding. [s. l.]: IEEE Signal Processing Society, 2011.

[48] Young S, Odell J, Woodland P. Tree based state tying for high accuracy modeling [C]//ARPA Workshop on Human Language Technology. [s. l.]: [s. n.], 1994.

[49] Dahl G E, Sainath T N, Hinton G E. Improving deep neural networks for LVCSR using rectified linear units and dropout[C]//2013 IEEE International Conference on Acoustics, Speech and Signal Processing (ICASSP). [s. l.]: IEEE, 2013.

[50] Zeiler M D, Ranzato M, Monga R, et al. On rectified linear units for speech processing[C]//2013 IEEE International Conference on Acoustics, Speech and Signal Processing (ICASSP). [s. l.]: IEEE, 2013.

[51] Zhang S, Jiang H, Wei S, et al. Rectified linear neural networks with tied-scalar regularization for LVCSR[C]//Interspeech. [s. l.], 2015.

[52] Abdel-Hamid O, Mohamed A R, Jiang H, et al. Applying convolutional neural networks concepts to hybrid nn-hmm model for speech recognition[C]//2012 IEEE International Conference on Acoustics, Speech and Signal Processing (ICASSP). [s. l.]: IEEE, 2012.

[53] Abdel-Hamid O, Deng L, Yu D. Exploring convolutional neural network structures and optimization techniques for speech recognition[C]//Interspeech. [s. l.], 2013.

[54] Abdel-Hamid O, Mohamed A R, Jiang H, et al. Convolutional neural networks for speech recognition[J]. IEEE/ACM Transactions on Audio, Speech, and Language Processing, 2014, 22(10): 1533 - 1545.

[55] Sainath T N, Mohamed A R, Kingsbury B, et al. Deep convolutional neural networks for LVCSR[C]//2013 IEEE International Conference on Acoustics, speech and signal processing (ICASSP). [s. l.]: IEEE, 2013.

[56] Tóth L. Convolutional deep rectifier neural nets for phone recognition[C]// INTERSPEECH. [s. l.]: [s. n.], 2013.

[57] Sainath T N, Kingsbury B, Saon G, et al. Deep convolutional neural networks for large-scale speech tasks[J]. Neural Networks, 2015, 64: 39 - 48.

[58] Sercu T, Puhrsch C, Kingsbury B, et al. Very deep multilingual convolutional neural networks for LVCSR[C]//2016 IEEE International Conference on Acoustics, Speech and Signal Processing (ICASSP). Shanghai: IEEE, 2016.

[59] Yu D, Xiong W, Droppo J, et al. Deep convolutional neural networks with layer-wise context expansion and attention[C]//INTERSPEECH. [s. l.]: [s. n.], 2016.

[60] Bengio Y, Simard P, Frasconi P. Learning long-term dependencies with gradient descent is difficult[J]. IEEE Transactions on Neural Networks, 1994, 5(2): 157 - 166.

[61] Hochreiter S, Schmidhuber J. Long short-term memory[J]. Neural Computation, 1997, 9(8): 1735 - 1780.

[62] Gers F. Long short-term memory in recurrent neural networks[D]. [s. l.]: Universität Hannover, 2001.

［63］ Graves A. Supervised sequence labelling［M］. Berlin：Springer，2012.

［64］ Graves A，Schmidhuber J. Framewise phoneme classification with bidirectional LSTM and other neural network architectures［J］. Neural Networks，2005，18(5)：602 - 610.

［65］ Graves A，Jaitly N，Mohamed A R. Hybrid speech recognition with deep bidirectional lstm［C］//2013 IEEE Workshop on Automatic Speech Recognition and Understanding (ASRU). Scottsdale：IEEE，2013.

［66］ Sainath T N，Vinyals O，Senior A，et al. Convolutional，long short-term memory，fully connected deep neural networks［C］//2015 IEEE International Conference on Acoustics，Speech and Signal Processing (ICASSP). ［s. l. ］：IEEE，2015.

［67］ Zhang S，Jiang H，Xiong S，et al. Compact feedforward sequential memory networks for large vocabulary continuous speech recognition［C］//Interspeech. ［s. l. ］，2016.

［68］ Zhang S，Liu C，Jiang H，et al. Nonrecurrent neural structure for long-term dependence ［J］. IEEE/ACM Transactions on Audio，Speech，and Language Processing，2017，25(4)：871 - 884.

［69］ Oppenheim A V，Schafer R W，Buck J R，et al. Discrete-time signal processing：volume 2［M］. ［s. l. ］：Prentice-Hall Englewood Cliffs，1989.

［70］ Yu D，Seide F，Li G，et al. Exploiting sparseness in deep neural networks for large vocabulary speech recognition［C］//2012 IEEE International Conference on Acoustics，Speech and Signal Processing (ICASSP). ［s. l. ］：IEEE，2012.

［71］ Sainath T N，Kingsbury B，Sindhwani V，et al. Low-rank matrix factorization for deep neural network training with high-dimensional output targets［C］//2013 IEEE International Conference on Acoustics，Speech and Signal Processing (ICASSP). ［s. l. ］：IEEE，2013.

［72］ Xue J，Li J，Gong Y. Restructuring of deep neural network acoustic models with singular value decomposition［C］//INTERSPEECH. ［s. l. ］：［s. n. ］，2013.

［73］ Sak H，Senior A，Beaufays F. Long short-term memory recurrent neural network architectures for large scale acoustic modeling［C］//Fifteenth Annual Conference of the International Speech Communication Association. ［s. l. ］：［s. n. ］，2014.

［74］ Zhang S，Bao Y，Zhou P，et al. Improving deep neural networks for LVCSR using dropout and shrinking structure ［C］//2014 IEEE International Conference on Acoustics，Speech and Signal Processing (ICASSP). ［s. l. ］：IEEE，2014.

［75］ He T，Fan Y，Qian Y，et al. Reshaping deep neural network for fast decoding by node-pruning［C］//2014 IEEE International Conference on Acoustics，Speech and Signal Processing (ICASSP). ［s. l. ］：IEEE，2014.

［76］ Jaitly N，Nguyen P，Senior A，et al. Application of pretrained deep neural networks to large vocabulary speech recognition[C]//INTERSPEECH. [s. l.]: [s. n.], 2012.

[77] Kontár S. Parallel training of neural networks for speech recognition [C]//12th International Conference on Soft Computing MENDEL. [s. l.]: [s. n.], 2006.

[78] Veselý K. Parallel training of neural networks for speech recognition [C]// INTERSPEECH. [s. l.]: [s. n.], 2010.

[79] Park J, Diehl F, Gales M, et al. Efficient generation and use of MLP features for arabic speech recognition[C]//INTERSPEECH. [s. l.]: [s. n.], 2009.

[80] Le Q, Ranzato M, Monga R, et al. Building high-level features using large scale unsupervised learning[C]//ICML. [s. l.]: [s. n.], 2012.

[81] Zhang S, Zhang C, You Z, et al. Asynchronous stochastic gradient descent for DNN training[C]//2013 IEEE International Conference on Acoustics, Speech and Signal Processing (ICASSP). Vancouver: IEEE, 2013.

[82] Chen X, Eversole A, Li G, et al. Pipelined back-propagation for context-dependent deep neural networks[C]//INTERSPEECH. [s. l.]: [s. n.], 2012.

[83] Chen K, Huo Q. Scalable training of deep learning machines by incremental block training with intra-block parallel optimization and blockwise model-update filtering [C]//2016 IEEE International Conference on Acoustics, Speech and Signal Processing (ICASSP). Shanghai: IEEE, 2016.

[84] Vanhoucke V, Devin M, Heigold G. Multiframe deep neural networks for acoustic modeling[C]//2013 IEEE International Conference on Acoustics, Speech and Signal Processing (ICASSP). Vancouver: IEEE, 2013.

[85] Zhou P, Jiang H, Dai L R, et al. State-clustering based multiple deep neural networks modeling approach for speech recognition[J]. IEEE/ACM Transactions on Audio, Speech and Language Processing (TASLP), 2015, 23(4): 631 – 642.

[86] Huang Y, Yu D, Liu C, et al. A comparative analytic study on the gaussian mixture and context dependent deep neural network hidden markov models[C]//Fifteenth Annual Conference of the International Speech Communication Association. [s. l.]: [s. n.], 2014.

[87] Chang S Y, Wegmann S. On the importance of modeling and robustness for deep neural network feature[C]//2015 IEEE International Conference on Acoustics, Speech and Signal Processing (ICASSP). [s. l.]: IEEE, 2015.

[88] Albesano D, Gemello R, Laface P, et al. Adaptation of articial neural networks avoiding catastrophic forgetting[C]//Proceedings of International Conference on Neural Networks (IJCNN). [s. l.]: [s. n.], 2006.

[89] Li X, Bilmes J. Regularized adaptation of discriminative classiers[C]//Proceedings of International Conference on Acoustics, Speech and Signal Processing (ICASSP).

［s. l. ］: ［s. n. ］, 2006.

［90］ Yu D, Yao K S, Su H, et al. KL-divergence regularized deep neural network adaptation for improved large vocabulary speech recognition［C］//Proceedings of International Conference on Acoustics, Speech and Signal Processing (ICASSP). ［s. l. ］: ［s. n. ］, 2013.

［91］ Li B, Sim K C. Comparison of discriminative input and output transformations for speaker adaptation in the hybrid NN/HMM systems［C］//Proceedings of Annual Conference of International Speech Communication Association (INTERSPEECH). ［s. l. ］: ［s. n. ］, 2010.

［92］ Gemello R, Mana F, Scanzio S, et al. Linear hidden transformations for adaptation of hybrid ANN/HMM models ［J］. Speech Communication, 2007, 49 (10/11): 827 - 835.

［93］ Yao K S, Yu D, Seide F, et al. Adaptation of context-dependent deep neural networks for automatic speech recognition ［C］//Proceedings of IEEE Spoken Language Technology Workshop (SLT). ［s. l. ］: ［s. n. ］, 2012.

［94］ Swietojanski P, Renals S. Learning hidden unit contributions for unsupervised speaker adaptation of neural network acoustic models ［C］//Proceedings of IEEE Spoken Language Technology Workshop (SLT). ［s. l. ］: ［s. n. ］, 2014.

［95］ Swietojanski P, Renals S. Di erentiable pooling for unsupervised speaker adaptation ［C］//Proceedings of International Conference on Acoustics, Speech and Signal Processing (ICASSP). ［s. l. ］: ［s. n. ］, 2015.

［96］ Swietojanski P, Renais S. SAT-LHUC: Speaker adaptive training for learning hidden unit contributions［C］//Proceedings of International Conference on Acoustics, Speech and Signal Processing (ICASSP). ［s. l. ］: ［s. n. ］, 2016.

［97］ Swietojanski P, Li J Y, Renals S. Learning hidden unit contributions for unsupervised acoustic model adaptation［J］. IEEE/ACM Transactions on Audio, Speech, and Language Processing, 2016, 24(8): 1450 - 1463.

［98］ Siniscalchi S M, Li J Y, Lee C-H. Hermitian based hidden activation functions for adaptation of hybrid HMM/ANN models［C］//Proceedings of Annual Conference of International Speech Communication Association (INTERSPEECH). ［s. l. ］: ［s. n. ］, 2012.

［99］ Dehak N, Kenny P J, Dehak R, et al. Front-end factor analysis for speaker verification ［J］. IEEE Transactions on Audio, Speech, and Language Processing, 2011, 19(4): 788 - 798.

［100］ Saon G, Soltau H, Nahamoo D, et al. Speaker adaptation of neural network acoustic models using i-vectors［C］//2013 IEEE Workshop on Automatic Speech Recognition and Understanding (ASRU). [s. l.]: IEEE, 2013.

[101] Senior A, Lopez-Moreno I. Improving DNN speaker independence with i-vector inputs[C]//Proceedings of International Conference on Acoustics, Speech and Signal Processing (ICASSP). [s. l.]: [s. n.], 2014.

[102] Gupta V, Kenny P, Ouellet P, et al. I-vector-based speaker adaptation of deep neural networks for french broadcast audio transcription[C]//Proceedings of International Conference on Acoustics, Speech and Signal Processing (ICASSP). [s. l.]: [s. n.], 2014.

[103] Miao Y J, Zhang H, Metze F. Speaker adaptive training of deep neural network acoustic models using i-vectors[J]. IEEE/ACM Transactions on Audio, Speech, and Language Processing, 2015, 23(11): 1938 - 1949.

[104] Liu Y L, Zhang P Y, Hain T. Using neural network front-ends on far-field multiple microphones based speech recognition[C]//Proceedings of International Conference on Acoustics, Speech and Signal Processing (ICASSP). [s. l.]: [s. n.], 2014.

[105] Huang H G, Chai Sim K. An investigation of augmenting speaker representations to improve speaker normalisation for DNN-based speech recognition[C]//Proceedings of International Conference on Acoustics, Speech and Signal Processing (ICASSP). [s. l.]: [s. n.], 2015.

[106] Abdel-Hamid O, Jiang H. Fast speaker adaptation of hybrid NN/HMM model for speech recognition based on discriminative learning of speaker code[C]//Proceedings of International Conference on Acoustics, Speech and Signal Processing (ICASSP). [s. l.]: [s. n.], 2013.

[107] Xue S F, Abdel-Hamid O, Jiang H, et al. Direct adaptation of hybrid DNN/HMM model for fast speaker adaptation in LVCSR based on speaker code[C]//Proceedings of International Conference on Acoustics, Speech and Signal Processing (ICASSP). [s. l.]: [s. n.], 2014.

[108] Xue S F, Abdel-Hamid O, Jiang H, et al. Fast adaptation of deep neural network based on discriminant codes for speech recognition [J]. IEEE/ACM Transactions on Audio, Speech, and Language Processing, 2014, 22(12): 1713 - 1725.

[109] Xue S F, Jiang H, Dai L R, et al. Unsupervised speaker adaptation of deep neunal network based on the combination of speaker codes and singulaer value decomposition for speech recognition[C]//Proceedings of International Conference on Acoustics, Speech and Signal Processing (ICASSP). [s. l.]: [s. n.], 2015.

[110] Ochiai T, Matsuda S, Watanabe H, et al. Speaker adaptive training localizing speaker modules in DNN for hybrid DNN - HMM speech recognizers[J]. IEEE Transactions on Information and Systems, 2016, 99(10): 2431 - 2443.

[111] Ochiai T, Matsuda S, Watanabe H, et al. Bottleneck linear trans-formation network adaptation for speaker adaptive training-based hybrid DNN－HMM speech recognizer [C]//Proceedings of International Conference on Acoustics, Speech and Signal Processing (ICASSP). [s. l.]: [s. n.], 2016.

[112] Ochiai T, Matsuda S, Watanabe H, et al. Speaker adaptive training for deep neural networks embedding linear transformation networks[C]//Proceedings of International Conference on Acoustics, Speech and Signal Processing (ICASSP). [s. l.]: [s. n.], 2015.

[113] Ochiai T, Matsuda S, Lu X G, et al. Speaker adaptive training using deep neural networks[C]//Proceedings of International Conference on Acoustics, Speech and Signal Processing (ICASSP). [s. l.]: [s. n.], 2014.

[114] Kingsbury B. Lattice-based optimization of sequence classification criteria for neural-network acoustic modeling[C]//IEEE International Conference on Acoustics, Speech and Signal Processing. [s. l.]: IEEE, 2009.

[115] Veselý K, Ghoshal A, Burget L, et al. Sequence-discriminative training of deep neural networks[C]//Interspeech. [s. l.]: [s. n.], 2013.

[116] Povey D. Discriminative training for large vocabulary speech recognition [D]. Cambridge: University of Cambridge, 2005.

[117] Sak H, Vinyals O, Heigold G, et al. Sequence discriminative distributed training of long short-term memory recurrent neural networks[C]//Fifteenth Annual Conference of the International Speech Communication Association. [s. l.]: [s. n.], 2014.

[118] Chen Z, Zhuang Y, Qian Y, et al. Phone synchronous speech recognition with CTC lattices[J]. IEEE Transactions on Audio, Speech and Language Processing, 2017, 25(1): 90－101.

[119] Chen S F, Kingsbury B, Mangu L, et al. Advances in speech transcription at IBM under the DARPA EARS program[J]. IEEE Transactions on Audio, Speech, and Language Processing, 2006, 14(5): 1596－1608.

[120] Povey D, Peddinti V, Galvez D, et al. Purely sequence-trained neural networks for ASR based on lattice-free MMI[C]//INTERSPEECH. [s. l.]: [s. n.], 2016.

[121] Xiong W, Droppo J, Huang X, et al. Achieving human parity in conversational speech recognition[J]. arXiv preprint arXiv: 1610. 05256, 2016.

[122] Graves A, Fernández S, Gomez F, et al. Connectionist temporal classification: labelling unsegmented sequence data with recurrent neural networks[C]//Proceedings of the 23rd International Conference on Machine Learning. [s. l.]: ACM, 2006.

[123] Soltau H, Liao H, Sak H. Neural speech recognizer: Acoustic-to-word LSTM model for large vocabulary speech recognition [J]. arXiv preprint arXiv: 1610. 09975,

2016.

[124] Liu H, Zhu Z, Li X, et al. Gram-CTC: automatic unit selection and target decomposition for sequence labelling[J]. arXiv preprint arXiv: 1703. 00096, 2017.

[125] Sak H, Senior A, Rao K, et al. Fast and accurate recurrent neural network acoustic models for speech recognition[J]. arXiv preprint arXiv: 1507. 06947, 2015.

[126] Kanda N, Lu X, Kawai H. Minimum Bayes risk training of CTC acoustic models in maximum a posteriori based decoding framework[C]//2017 IEEE International Conference on Acoustics, Speech and Signal Processing (ICASSP). New Orleans: IEEE, 2017.

[127] Miao Y, Gowayyed M, Metze F. EESEN: End-to-end speech recognition using deep RNN models and WFST-based decoding[C]//2015 IEEE Workshop on Automatic Speech Recognition and Understanding (ASRU). [s. l.]: IEEE, 2015.

[128] Mohri M, Pereira F, Riley M. Weighted finite-state transducers in speech recognition [J]. Computer Speech & Language, 2002, 16(1): 69 - 88.

[129] Bahdanau D, Cho K, Bengio Y. Neural machine translation by jointly learning to align and translate[J]. arXiv preprint arXiv: 1409. 0473, 2014.

[130] Bahdanau D, Chorowski J, Serdyuk D, et al. End-to-end attention-based large vocabulary speech recognition[C]//2016 IEEE International Conference on Acoustics, Speech and Signal Processing (ICASSP). Shanghai: IEEE, 2016.

[131] Chan W, Jaitly N, Le Q, et al. Listen, attend and spell: a neural network for large vocabulary conversational speech recognition [C]//2016 IEEE International Conference on Acoustics, Speech and Signal Processing (ICASSP). Shanghai: IEEE, 2016.

[132] Kim S, Hori T, Watanabe S. Joint CTC-attention based end-to -end speech recognition using multi-task learning[C]//2017 IEEE International Conference on Acoustics, Speech and Signal Processing (ICASSP). New Orleans: IEEE, 2017.

4

特殊场景语音识别
（抗噪、低资源）

谢 磊 张鹏远 钱彦旻 杜 俊

谢 磊，西北工业大学，电子邮箱：lxie@nwpu.edu.cn
张鹏远，中国科学院声学研究所，电子邮箱：zhangpengyuan@hccl.ioa.ac.cn
钱彦旻，上海交通大学，电子邮箱：yanminqian@sjtu.edu.cn
杜 俊，中国科学技术大学，电子邮箱：jundu@ustc.edu.cn

4.1 鲁棒语音识别前端

在过去的几十年中,语音技术在人工智能的推动下有了长足的发展。语音识别系统在相对安静的环境中、说话人语音清晰的情况下,能够实现很高的识别准确率。将语音作为人机交互的入口已经成为可能,并且已被各大主流互联网公司商用化。语音识别问题也从原先的小词汇量的数字语音识别发展到中等词汇量的命令和控制式的语音识别,再到如今的大词汇的语音听写任务、自然发音理解和实时的语音翻译。随着互联网的高速发展,尤其最近 5G 技术的商用及未来的民用,未来人机交互将越来越智能化,应用的场景也将越来越宽广,这对作为人机接口的语音识别提出了更大的挑战。噪声干扰是阻碍语音系统在实际应用的最大障碍之一,其可以分成信道畸变噪声和环境背景噪声。在日常生活中,一般使用麦克风阵列对语音信号进行采集。由于目标说话人与语音信号采集系统有一定的距离,声波在空气中的传播存在能量的损失和噪声的干扰,且采集系统本身存在电流和器械的非线性失真,所以采集到的信号存在很大的失真。这就对我们的语音识别系统在真实场景中的应用提出了巨大的挑战。本节将探究语音识别系统在噪声环境下的鲁棒性问题,即噪声鲁棒性语音识别。

4.1.1 噪声鲁棒性语音识别方法

如图 4-1 所示,噪声鲁棒性语音识别系统可以从信号域、特征域和模型3 个方面各自优化或者相互迭代优化,从而使整个语音识别系统在复杂场景中拥有更强的噪声鲁棒性。其中信号域和特征域的变换可以看作前端系统,模型可以看作后端系统,因此整个识别系统分为前端系统和后端系统。本节主要关注鲁棒性前端系统,即鲁棒性特征和信号域增强。

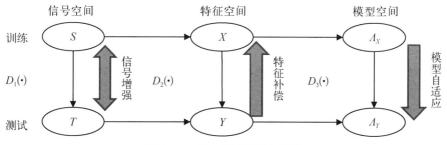

图 4-1 噪声鲁棒性语音识别

4.1.2 鲁棒性特征

鲁棒性特征主要是在特征域上印制噪声成分,保留目标语音。鲁棒性特征可以大致分为 3 类:特征规整、基于听觉机理的鲁棒性特征以及基于统计特性的鲁棒性特征。特征规整是在提取的特征基础上,通过规整方式减少噪声影响。后两者则是从语音中提取对噪声有较高鲁棒性的特征。

1. 特征规整

特征规整的基本思想是基于语音信号分布的统计特性,通过某些规整变换使得测试和训练在分布上达到匹配。最简单的是倒谱均值规整(cepstral mean subtraction, CMN)[1],该方法虽然简单,但其对信道畸变噪声有一定抑制作用。倒谱均值方差规整(mean and variance normalization, MVN)[2]是 CMN 的一个扩展,通过同时规整均值和方差,使得其对信道畸变噪声和加性噪声都有很好的抑制作用。倒谱高阶规整(high order cepstral moment normalization, HOCMN)[3]是根据均值和方差分别与一阶和二阶矩阵相关而提出的。HOCMN 首先假设参考分布是标准高斯分布,由于高斯分布的高阶矩在奇数和偶数两种情况下截然不同,所以需要分别加以规整,实验证明其确实有更好的噪声鲁棒性。直方图均衡(histogram equalization, HEQ)方法最早应用于图像领域,在语音识别领域的应用比较晚[4-5]。相比于 CMN 和 MVN,HEQ 最大的优势在于其非线性变换特性,不仅匹配特征分布的均值方差,而是考虑了特征整体分布。针对传统方法的某些缺陷,又有一系列改进算法,如分数位直方图均衡(quantile HEQ)[6]、渐进式直方图均衡(progressive HEQ)[7]和多项式拟合直方图均衡(polynomial-fit HEQ)[8]。

2. 基于听觉机理的鲁棒性特征

基于听觉机理的鲁棒性特征是根据人类听觉系统处理语音信号特点提取的。而在语音鲁棒性识别中最常见的两种基于听觉心理学的特征分别为梅尔频率倒谱系数(Mel-frequency cepstral coefficient, MFCC)[9]特征和感知线性预测系数(perceptual linear prediction, PLP)特征[10]。MFCC 特征是通过对大量的人耳听觉心理学实验总结出的规律,例如掩蔽效应、梅尔尺度以及滤波器形状等,进行数学和工程归纳并应用到频谱分析中。MFCC 是现在基于 HMM 声学建模最常用的语音特征之一。PLP 特征将人耳听觉感知音调机理和语音产生原理结合。这两种特征并没有考虑噪声问题,在实际应用中会因噪声的存在而使其性能显著下降。

3. 基于统计特性的鲁棒性特征

基于统计特性的鲁棒性特征是根据语音的统计特征提出的一类鲁棒性特

征。其中高斯超向量和 i-vector 特征最为常见。对高斯混合模型的均值进行顺序排列即可得到高维数的高斯超向量特征[11]。在说话人识别系统中,该特征常用来去除语音信号中的信道噪声。该特征是基于高斯混合模型的高层语音特征,因此含有高斯模型的特性,例如高斯模型的鲁棒性和说话人发音特性信息。

由于上述特征需要大量的训练数据,并且其维数较高,Dehak 等[12] 提出了 i-vector 特征分析方法,该方法使用高斯超向量在总体变化矩阵上进行投影变化,得到所需的投影因子。可以看出,i-vector 是在特定空间上的低维向量,并且包含了说话人发音特性的特征,在平稳噪声的情况下具有较好的鲁棒性。其对非平稳噪声鲁棒性不强,同样需要其他鲁棒性技术以减少真实场景复杂噪声的影响。

4.1.3　信号域增强

信号域增强是指单独地作为识别系统的前端进行语音信号增强,将带噪语音恢复到干净语音的过程,从而降低背景噪声对识别性能的破坏。一般来说背景噪声可以分为两类:平稳噪声和非平稳噪声。平稳噪声是指随时间的变化其统计特征平稳的噪声,例如高斯白噪声、机器发动机噪声等。非平稳噪声是指随时间变换其统计特征发生突变的噪声,例如爆炸声、敲击声等。从收集数据的麦克风数量角度出发,语音增强问题可以分为单声道语音增强和多声道语音增强。下面将对这两类语音增强方法进行简要回顾。

1. 单声道语音增强方法回顾

相比于多声道语音增强,单声道语音增强的局限性更大。由于其只有一路麦克风信号,无法利用空间信息准确定位到声源位置,所以很难在空间上区别出目标语音和噪声。单声道语音增强算法已经有几十年的发展史,大多是基于数字信号处理的领域知识。在 1979 年,Boll[13] 提出了最早的语音增强算法——谱减法。该算法假设要处理的噪声信号是平稳信号,可以用非语音段的噪声估计近似带噪语音的噪声,从而用带噪语音减去估计的噪声信号得到我们所需的目标语音信号。该算法的优点是实现简单,运算效率高,但是当噪声变化较快时,对带噪信号的噪声估计不准确。如果是对噪声过估计,则会对目标语音噪声破坏带来失真;如果欠估计,又会引入大量残留的噪声,即音乐噪声。为了解决上述的问题,同年 Berouti 等[14] 通过引入两个可变参数来平衡噪声抑制和语音失真程度,从而在一定程度上提升了谱减法的鲁棒性。但是这两个参数需要人工设置,因此在实际应用中适应性差。在 2002 年,Kamath 和 Loizou[15] 根据语音和噪声在不同频带上的语音特性表现不同,提出了多频带的谱减法。该算法将整个频带划分成多个了频带,在每个子频带单独使用谱减法。与谱减法类似的一个方法便是基于维纳滤波的语音增强[16]。该算法通过设计线性滤波器使滤波器的输出与干净语音之间的均方误差最小,可以对音乐噪声起到一定抑制作用,但是同样无法很好处理非平稳噪声。

基于语音幅度统计模型的语音增强算法是另一类同样重要的单声道语音增强算法。在 1984 年,Ephraim 和 Malah[17]提出了性能优于谱减法的短时谱幅度估计算法,该算法是基于最小均方误差准则。次年,Ephraim 和 Malah[18]提出与人耳听觉系统相关的对数谱幅度估计算法,该算法仍然基于最小均方误差 MMSE 准则。在 2001 年,Cohen 和 Berdugo[19]提出了最小控制迭代平均的噪声估计算法(minima controlled recursive averaging,MCRA),该算法通过先验语音不存在概率估计和先验信噪比估计来计算得到条件语音存在概率,进而获取噪声估计。同时其提出了最优改进对数谱幅度估计(optimally modified log-spectral amplitude estimator,OM – LSA)算法[20]。在 2003 年,Cohen[21]又对 MCRA 算法进行改进,提出了改进的最小控制迭代平均的噪声估计算法(improved MCRA,IMCRA)。除了使用基于高斯分布假设的估计方法,同样可以使用其他假设分布,例如,基于拉普拉斯分布和基于伽马分布的增强算法[22-23]。

随着深度学习技术的不断成熟,基于模型的语音增强发展也逐渐受到研究者的关注,其中包括基于隐马尔可夫模型(HMM)、基于非负矩阵分解(non-negative matrix factorization,NMF)和基于神经网络的语音增强。在 1992 年,Ephraim[24]使用 HMM 模型对干净语音和噪声数据分别建模以实现语音增强。NMF 方法则在训练阶段得到幅度谱上语音和噪声的联合字典[25-26],在测试阶段利用联合字典得到激活向量并用该向量与训练集字典对比得到测试的目标语音。在 1988 年,Tamura 和 Waibel[27]首次提出使用浅层神经网络以在时域解决语音增强问题。随着近年来深度神经网络的发展,Xu 等[28-29]使用深度神经网络(deep neural network,DNN)来实现带噪语音特征到干净语音的非线性回归映射,通过多种噪声类型和干净语音人工加噪的方式构建大量的训练数据集,提升回归模型的鲁棒性;相比于传统的单声道语音增强,其在语音知量和可懂度上有了明显的提升。Wang 和 Wang[30]提出直接利用 DNN 预测理想掩蔽信号,包括理想二值掩蔽(ideal binary mask,IBM)[31]和理想比例掩蔽(ideal ratio mask,IRM)[32]。文献[32]也证明了作为学习目标,IRM 比 IBM 能够取得更好的语音增强性能。随后基于循环网络的模型也应用于语音增强任务。文献

[33-34]提出的基于深层循环网络(DRNN)和 LSTM 语音增强可以有效提升语音识别性能。文献[35]使用两个 LSTM 模型预测干净语音和噪声,根据预测的值计算时频掩蔽以用于增强,该方法相比于 NMF 和 DNN 可以有效提升源失真比率(source-to-distortion ratio,SDR)。文献[36]提出了一种新颖的基于传统通用框架的语音增强框架,但其子任务(VAD 和噪声方差估计)是用不同的神经网络独立完成。文献[37]提出一种学生-老师学习的单声道语音学习框架。首先,老师网络从多声道波束形成后的语音中估计理想比例掩蔽(IRM)信号,然后将估计的 IRM 作为学生网络的目标。尽管该方法在语音分离及识别比赛(CHiME-4 Challenge)的单声道任务上显示出对识别的改进,但是其训练数据必须来自多声道的数据。文献[38]提出了一种基于深度学习估计的 IRM 和基于传统 IMCRA 方法估计的语音存在概率相结合的方式,即改进的语音存在概率(improved speech presence probability,ISPP)。文献[39]直接将 ISPP 作为深度模型的学习目标,相比于 IRM 的方法,其可以直接提升复杂真实场景的语音识别性能。

1) 单声道信号模型

在真实场景中带噪语音中包含的噪声非常复杂,既有加性噪声又可能会有卷积噪声。对于单声道的语音增强任务,主要考虑消除加性噪声:

$$x(n) = s(n) + d(n) \tag{4-1}$$

式中,$x(n)$、$s(n)$ 和 $d(n)$ 分别是观测语音、干净语音和噪声;n 表示离散时间。假设期望信号和背景噪声是服从零均值高斯分布并且两者互不相关,在频域上,其数学表达式为

$$X(k, l) = S(k, l) + D(\lambda, k) \tag{4-2}$$

式中,k 和 l 分别为频带和帧指数;$S(k, l)$、$D(k, l)$ 和 $X(k, l)$ 分别定义为期望干净语音、噪声和带噪语音的 STFT 变换。假设语音信号和噪声信号互不相关,可以得到

$$|X(k, l)|^2 = |S(k, l)|^2 + |D(k, l)|^2 \tag{4-3}$$

单声道语音增强系统如图 4-2 所示。

2) 谱减法

谱减法由 Boll 在 1979 年提出[13],该算法通过估计非语音段的噪声功率谱来近似代替语音段的噪声,根据式(4-3)可以得到

$$|\hat{S}(k, l)|^2 = |X(k, l)|^2 - |\hat{D}(k, l)|^2 \tag{4-4}$$

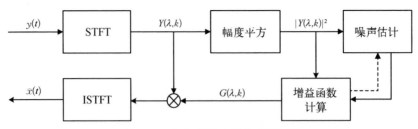

图 4-2　单声道语音增强系统框图

从式(4-4)可以看出当对噪声功率谱估计不准时,干净语音功率谱会产生负值,此时可以通过式(4-5)进行修正:

$$|\hat{S}(k,l)|^2 = \begin{cases} |X(k,l)|^2 - |\hat{D}(k,l)|^2, & |X(k,l)|^2 - |\hat{D}(k,l)|^2 > 0 \\ 0, & \text{其他} \end{cases}$$

$$(4-5)$$

从系统函数的角度出发,增强的表达式为

$$\hat{X}(\lambda,k) = G(\lambda,k)Y(\lambda,k) \tag{4-6}$$

$$G(k,l) = \max\left\{ \sqrt{1 - \frac{\hat{\lambda}_d(k,l)^2}{|X(k,l)|^2}} , 0 \right\} \tag{4-7}$$

式中,$G(k,l)$ 是系统增益函数;$\hat{\lambda}_d(k,l) = E[|D(k,l)|^2]$ 是噪声方差期望。

3) 维纳滤波

维纳滤波(Wiener filtering)方法是数字信号处理最为经典的方法之一,其系统框图如图 4-3 所示。维纳滤波算法的核心是寻求系统函数的最优解从而使目标信号与估计信号之间的误差最小,一般采用最小均方误差准则。维纳滤波输出为

$$\hat{s}(n) = \sum_i h(i)x(n-i)x(n)h(n) \tag{4-8}$$

式中,$h(i)$ 是滤波器函数。

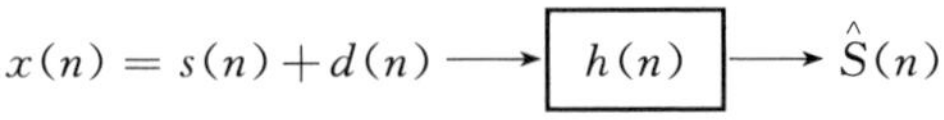

$$x(n) = s(n) + d(n) \longrightarrow \boxed{h(n)} \longrightarrow \hat{S}(n)$$

图 4-3　维纳滤波系统框图

两边进行 STFT 可得

$$\hat{S}(k, l) = H(k, l)X(k, l) \tag{4-9}$$

最小均方误差准则为

$$E(k, l) = E[\,|\,S(k, l) - \hat{S}(k, l)\,|^{2}\,] \tag{4-10}$$

通过求导可以得到最优解为

$$H(k, l) = \frac{E[\,|\,S(k, l)\,|^{2}\,]}{E[\,|\,S(k, l)\,|^{2}\,] + E[\,|\,D(k, l)\,|^{2}\,]} \tag{4-11}$$

4) 改进的最小控制迭代平均的噪声估计算法

IMCRA 算法是 Cohen 在 2003 年提出的噪声估计方法[21],该算法先计算历史帧的语音信号先验信噪比和后验信噪比,然后利用一系列平滑和最小值跟踪,估计出当前帧的语音存在概率,从而更新噪声估计。对于大多数语音增强算法来说,对数幅度谱(log-spectral amplitude, LSA)预测算法可用来减少音乐噪声。明显地,算法的关键是先验信噪比和后验信噪比的准确预测。IMCRA 基于下列两个假设:

(1) 语音不存在,有

$$H_0(k, l)\colon X(k, l) = D(k, l) \tag{4-12}$$

(2) 语音存在,有

$$H_1(k, l)\colon X(k, l) = S(k, l) + D(k, l)$$

相应地,先验信噪比 $\xi(k, l)$ 和后验信噪比 $\gamma(k, l)$ 定义如下:

$$\xi(k, l) \triangleq \frac{\lambda_s(k, l)}{\lambda_d(k, l)} \tag{4-13}$$

$$\gamma(k, l) \triangleq \frac{|\,X(k, l)\,|^{2}}{\lambda_d(k, l)} \tag{4-14}$$

式中,$\lambda_s(k, l) = E[\,|\,S(k, l)\,|^{2}\,|\,H_1(k, l)\,]$ 和 $\lambda_d(k, l) = E[\,|\,D(k, l)\,|^{2}\,]$ 分别定义为期望语音和噪声的方差。对于后验信噪比的预测,只需要准确估计噪声就可以了。因此我们用 $\lambda_d(k, 0) = |\,X(k, 0)\,|^{2}$ 初始化第 1 帧的 $\lambda_d(k, 0)$。然后,通过递归平均 $\lambda_d(k, l)$ 和 $|\,X(k, l)\,|^{2}$ 得到 $\lambda_d(k, l+1)$。最后使用最小控制算法预测相应的平滑因子,其依赖于 $\xi(k, l)$ 和 $\gamma(k, l)$。

先验信噪比的估计为

$$\xi(k, l) = \alpha G^{2}(k, l-1)\gamma(k, l-1) + (1-\alpha)\max\{\gamma(k, l-1) - 1, 0\} \tag{4-15}$$

式中,α 是权重因子,用来控制降噪程度和语音保留[17,40];$G(k,l)$ 是系统增益函数:

$$G(k,l)=\frac{\xi(k,l)}{1+\xi(k,l)}\exp\left(\frac{1}{2}\int_{v(k,l)}^{\infty}\frac{\mathrm{e}^{-t}}{t}\mathrm{d}t\right),\qquad(4-16)$$

$$v(k,l)\triangleq\frac{\gamma(k,l)\xi(k,l)}{1+\xi(k,l)}\qquad(4-17)$$

对带噪信号进行一阶递归平滑可得

$$S(k,l)=\alpha_s S(k,l-1)+(1-\alpha_s)S_f(k,l)\qquad(4-18)$$

式中,α_s 是平滑因子;$S_f(k,l)$ 是当前 l 帧在频率轴上进行平滑,公式为

$$S_f(k,l)=\sum_{i=-w}^{w}b(i)\mid Y(k-i,l)\mid^2\qquad(4-19)$$

式中,$b(i)$ 是长度为 $2w+1$ 的归一化窗函数且 $\sum_{i=-w}^{w}b(i)=1$,通常窗函数可以选用汉宁窗(Hanning)。之后找出平滑功率谱 $S(k,l)$ 的最小值:

$$S_{\min}(k,l)=\min\{S_{\min}(k,l-1),S(k,l)\}\qquad(4-20)$$

通过式(4-21)得到语音存在概率的粗略估算:

$$I(k,l)=\begin{cases}1,&\zeta(k,l)<\zeta_0,\gamma_{\min}(k,l)<\gamma_0\\0,&\text{其他}\end{cases}\qquad(4-21)$$

式中,ζ_0 和 γ_0 分别设置为 1.67 和 4.6:

$$\gamma_{\min}(k,l)=\frac{\mid X(k,l)\mid^2}{B_{\min}S_{\min}(k,l)}$$

$$\zeta(k,l)=\frac{S(k,l)}{B_{\min}S_{\min}(k,l)}$$

其中,$B_{\min}$ 为噪声估计补偿因子,通常取值 1.66。

根据式(4-22)对功率谱特征进行二次平滑:

$$\widetilde{S}_f(k,l)=\begin{cases}\dfrac{\sum\limits_{i=-w}^{w}b(i)I(k-i,l)\mid Y(k-i,l)\mid^2}{\sum\limits_{i=-w}^{w}b(i)I(k-i,l)},&\sum\limits_{i=-w}^{w}I(k-i,l)\neq0\\[2ex]\widetilde{S}_f(k,l-1),&\text{其他}\end{cases}$$

$$(4-22)$$

$\widetilde{S}(k, l)$ 是在帧轴上采用一阶递归平滑得到的平滑功率谱：

$$\widetilde{S}(k, l) = \alpha_s \widetilde{S}(k, l-1) + (1-\alpha_s)\widetilde{S}_f(k, l) \tag{4-23}$$

最小值 $\widetilde{S}_{\min}(k, l)$ 为

$$\widetilde{S}_{\min}(k, l) = \min\{\widetilde{S}_{\min}(k, l-1), \widetilde{S}(k, l)\} \tag{4-24}$$

可以得到语音先验不存在概率为

$$q(k, l) = \begin{cases} 1, & \bar{\varphi}(k, l) \leqslant 1, \bar{\zeta}(k, l) < \zeta_0 \\ \dfrac{3-\bar{\varphi}(k, l)}{2}, & 1 < \bar{\varphi}(k, l) < 3, \bar{\zeta}(k, l) < \zeta_0 \\ 0, & \text{其他} \end{cases} \tag{4-25}$$

定义：

$$\bar{\varphi}(k, l) = \frac{|X(k, l)|^2}{B_{\min}\widetilde{S}_{\min}(k, l)} \tag{4-26}$$

$$\bar{\zeta}(k, l) = \frac{S(k, l)}{B_{\min}\widetilde{S}_{\min}(k, l)} \tag{4-27}$$

根据估计的语音先验不存在概率，计算语音存在概率：

$$p(k, l) = \left\{1 + \frac{q(k, l)}{1-q(k, l)}[1+\hat{\xi}(k, l)]\exp[-v(k, l)]\right\}^{-1} \tag{4-28}$$

噪声谱更新表达式为

$$\hat{\lambda}_d(k, l+1) = \bar{\alpha}_d(k, l)\hat{\lambda}_d(k, l) + [1-\bar{\alpha}_d(k, l)]|Y(k, l)|^2 \tag{4-29}$$

式中，时变平滑因子为

$$\bar{\alpha}_d(k, l) = \bar{\alpha}_d(k, l) + [1-\alpha_d(k, l)]p(k, l)$$

一般噪声估计会偏小，因此使用补偿因子 β 修正噪声估计：

$$\hat{\lambda}_d(k, l+1) = \beta\hat{\lambda}_d(k, l+1) \tag{4-30}$$

5) 基于特征映射的深度学习语音增强

基于特征映射的深度学习语音增强方法最早由 Xu 等[29]提出，该方法通过回归建模的方式学习带噪语音特征和目标干净语音特征之间的非线性关系。干净语音可能会受不同类型噪声和信噪比干扰，因此该回归是一个"多对一"的问

题。基于特征映射的深度学习语音增强的最大优势是可以通过大量的训练数据和测试数据前后帧的信息来有效解决传统增强方法无法消除非平稳噪声的问题。

训练 DNN 回归模型(见图 4-4)需要带噪语音特征和对应的干净语音特征,其中带噪语音可以通过人工加噪的方式来获得不同噪声场景下的不同信噪比水平的数据。特征类型为对数功率谱。一般会将非线性激活函数作为隐层,输出层直接使用线性激活函数。网络使用最小均方误差准则,在每个小批量(mini-batch)使用随机梯度下降算法更新参数:

$$E = \frac{1}{L} \sum_{l=1}^{L} \sum_{k=1}^{F} \{\hat{s}(k, l)[x(k, l), \boldsymbol{W}, \boldsymbol{b}] - s(k, l)\} \tag{4-31}$$

单帧干净特征输出

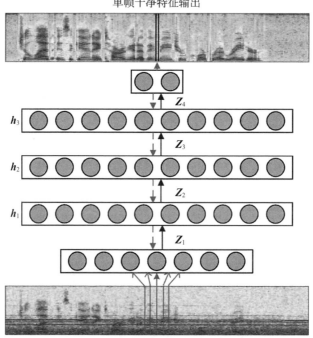

多帧噪声特征输入

图 4-4 基于特征映射的 DNN 回归模型语音增强

式中,$x(k, l)$、$\hat{s}(k, l)[x(k, l), \boldsymbol{W}, \boldsymbol{b}]$ 和 $s(k, l)$ 分别表示在时频点 (k, l) 上带噪语音特征、网络输出和干净语音特征;$\boldsymbol{W}$ 和 $\boldsymbol{b}$ 表示网络权重矩阵和偏执向量;N 是一个 mini-batch 中总的帧数;F 是输入特征维数。

在增强阶段提取测试语音特征并将其送入训练好的回归模型,得到网络输出。由于现在还没有很好的算法能够跟踪干净语音的相位,可直接使用带噪语音的相位代替增强后的语音相位以得到合成后的时域语音信号。

6) 基于时频掩蔽的深度学习语音增强

传统的声学场景分析方法是基于时频掩蔽信号得到目标语音,其中时频掩蔽用来表示在每个时频点上的语音存在概率,取值范围为 0~1。汪德亮团队[30]首次使用深度神经网络学习带噪信号特征与时频掩蔽之间的映射关系,从而实现语音增强。可以发现基于时频掩蔽方法与基于特征映射方法的唯一区别是学习目标的不同。最早使用的掩蔽信号为理想二值掩蔽(IBM),其定义为

$$IBM(k, l) = \begin{cases} 1, & SNR(k, l) > LC \\ 0, & \text{其他} \end{cases} \tag{4-32}$$

式中,LC 是预设门限值。首先通过每个频点的噪声功率和其对应的干净语音的功率计算出 SNR 及 $SNR(k, l)$。其次,比较每个时频点 $SNR(k, l)$ 和 LC 值,如果 $SNR(k, l)$ 的值大于 LC,那么带噪语音在该时频点上的语音占主导,$IBM(k, l)$ 值设为 1;如果 $SNR(k, l)$ 的值小于 LC,那么带噪语音在该时频点上的噪声占主导,$IBM(k, l)$ 值设为 0。由此 IBM 可以看成在每个时频点上的二分类问题。虽然将 IBM 作为深度模型目标可以提升语音的可懂度,但是其 0 或 1 的硬分类会带来增强后语音不连续的问题。

为了解决 IBM 中语音不连续的问题,定义理想比例掩蔽(IRM):

$$IRM(k, l) = \left(\frac{|S(k, l)|^2}{|S(k, l)|^2 + |D(k, l)|^2} \right)^{\beta} \tag{4-33}$$

其中,β 是可调参数。文献[30]也证明将 IRM 作为目标的性能要优于 IBM。

根据干净语音与带噪语音频谱幅值之比可以得到频谱幅值掩蔽(spectral magnitude mask,SMM):

$$SMM(k, l) = \frac{|S(k, l)|}{|X(k, l)|} \tag{4-34}$$

根据式(4-33)我们可以发现其值是大于 0 的任意值。

上述的掩蔽都没有考虑到相位问题,文献[41]在 SMM 基础上加上了相位信息得到相位敏感掩蔽(phase-sensitive mask,PSM):

$$PSM(k, l) = \frac{|S(k, l)|}{|X(k, l)|} \cos\theta \tag{4-35}$$

式中,θ 是带噪语音与干净语音的相位差。

2. 多通道语音增强方法回顾

多通道语音增强算法可以利用多个通道的数据,因此可以利用空间位置区

分目标声源和噪声的方位。在设计多通道语音增强算法时,我们不仅要考虑干净语音时域和频域的稀疏特性,还要考虑信号源的空间稀疏特性。经典的多通道语音增强算法是基于麦克风阵列的波束形成技术。文献[42]提出线性约束最小方差(linearly constrained minimum variance, LCMV)算法,该算法首先假定目标信号源、干扰源在空间中的位置足够稀疏而不在同一个波束主瓣内,然后通过若干个线性约束实现干扰的抑制和目标语音的增强。为了减少计算量,文献[43]提出了广义旁瓣对消器(generalized sidelobe canceller, GSC),GSC 方法首先将主瓣的输出作为期望信号的初步估值,然后将旁瓣中的干扰和噪声收集起来,用于自适应地消除主瓣中的非语音成分,增强目标语音的成分。文献[44]分析了在相关干扰源情况下最小方差无畸变响应(minimum variance distortionless response, MVDR)的算法性能。该波束形成器作为 LCMV 波束形成器的特殊情况,同样假定空间信号源具有空域稀疏性。MVDR 在保证阵列输出中目标信号成分无失真的情况下,使干扰和噪声成分的能量最小化。另外一种多通道语音增强算法是从维纳滤波和子空间滤波的思想发展而来的,即多通道维纳滤波算法和多通道子空间算法[44-46]。在时域上看,这些算法首先将各个通道的语音数据加窗分帧,然后将各通道同一时刻对应的帧拼接起来形成一个加长帧;通过特征分解技术,这个加长帧变换到系数无关的卡亨南-洛维变换(Karhunen-Loeve transform, KLT)域。在多通道语音增强中,基于深度学习的方法也逐渐受到更多的关注,文献[35,48]将通过多通道语音增强算法获得的信号直接用于基于神经网络的增强模型的输入信号。文献[49]采用双向长短期记忆(bidirectional long short-term memory, BLSTM)来估计用于多通道语音增强的波束形成器的信号统计。文献[50]也证明了基于深度神经网络的信号源谱估计有助于多通道滤波器。文献[30,51]分别利用基于神经网络估计的理想比例掩蔽(IRM)和基于语音识别的语音检测(voice activity detection, VAD)的信息,提出了一种闭环的多通道波束形成方法,有效地提升了多通道语音识别性能。下面将介绍几种经典的多通道语音增强技术。

1) 信号模型

给定目标说话人语音信号 $s(t)$,该信号由含有 M 个麦克风的阵列接收,并考虑在时域中 $s(t)$ 被加性噪声和干扰说话人破坏后的信号模型:

$$y_i(t) = g_i s(t - \tau_i) + d_i(t) = x_i(t) + d_i(t) \quad i = 1, 2, \cdots, M$$

$$(4-36)$$

式中,τ_i 是从目标说话人到第 i 个麦克风的时间;g_i 是传播过程中的能量衰减;

$s_i(t)$ 和 $d_i(t)$ 分别是目标语音信号和噪声信号。多通道语音增强的目标是减少加性噪声 $d_i(t)$ 的影响,提高信号信噪比。对于波束形成方式,一般假设 τ_i 是已知量。

2) 延迟相加技术

延迟相加(delay-and-sum,DS)是最简单的波束形成方法。首先对每个通道数据适当延时,从而抵消与参考通道数据的时延差,其表达式为

$$y_i(t + \tau_i) = g_i s(t) + d_{a,i}(t) = x_{a,i}(t) + d_{a,i}(t), \quad i = 1, 2, \cdots, M$$
$$(4 - 37)$$

式中,$d_{a,i}(t) = d_i(t + \tau_i)$。

其次把所有延迟后的通道数据相加,得到 DS 的输出为

$$Z_{\text{DS}}(t) = \frac{1}{N} \sum_{i=1}^{M} y_i(t + \tau_i) = g_s s(t) + \frac{1}{N} d_s(t) \qquad (4 - 38)$$

式中,$g_s = \frac{1}{N} \sum_{i=1}^{M} g_i$;$d_s(t) = \sum_{i=1}^{M} d_i(t + \tau_i)$。

DS 输入信噪比为

$$SNR_{\text{in}} = \frac{\sigma_{x_1}^2}{\sigma_{d_1}^2} = \sigma_1^2 \frac{\sigma_s^2}{\sigma_{d_1}^2} \qquad (4 - 39)$$

式中,$\sigma_{x_1}^2$、$\sigma_{d_1}^2$ 和 σ_s^2 分别表示 $x_1(t)$、$d_1(t)$ 和 $s(t)$ 的方差。DS 的输出信噪比为

$$SNR_{\text{out}} = N^2 g_s^2 \frac{E[s^2(t)]}{E[d_s^2(t)]} = N^2 g_s^2 \frac{\sigma_s^2}{\sigma_{d_s}^2} \qquad (4 - 40)$$

式中,$\sigma_{d_s}^2 = \sum_{i=1}^{M} \sigma_{d_i}^2 + 2 \sum_{i=1}^{M-1} \sum_{j=i+1}^{M} \rho_{d_i d_j}$,$\rho_{d_i d_j}$ 表示 $d_i(t)$ 与 $d_j(t)$ 的互相关函数。

假设不同通道的噪声能量相同,并且信道衰减因子为 1,根据式(4 - 40)有

$$SNR_{\text{out}} = \frac{N}{1 + \rho_s} SNR_{\text{in}} \qquad (4 - 41)$$

可以看出,当噪声互不相关时,$\rho_s = 0$,即 $SNR_{\text{out}} = N SNR_{\text{in}}$,DS 可以获得与麦克风数目正比的增益。

3) 多通道维纳滤波

将式(4 - 36)多通道信号模型写成向量形式:

$$\boldsymbol{y}_i(n) = \boldsymbol{x}_i(n) + \boldsymbol{d}_i(n), \quad i = 1, 2, \cdots, M \qquad (4 - 42)$$

式中，$\boldsymbol{y}_i(n) = [y_i(n) \quad y_i(n-1) \quad \cdots \quad y_i(n+L-1)]$ 表示第 i 个麦克风接收的带噪信号 L 个样本点，同理如 $\boldsymbol{x}_i(n)$ 和 $\boldsymbol{d}_i(n)$。

维纳滤波目的是从 $\boldsymbol{y}_i(n)$ 中估计出干净语音 $\boldsymbol{x}_1(n)$。滤波器的输出表示为

$$z(n) = \sum_{i=1}^{M} \boldsymbol{H}_i \boldsymbol{y}_i(n) = \boldsymbol{H}\boldsymbol{y}(n) = \boldsymbol{H}[\boldsymbol{x}(n) + \boldsymbol{d}(n)] \qquad (4-43)$$

定义：

$$\boldsymbol{H} = [\boldsymbol{H}_1 \quad \boldsymbol{H}_2 \quad \cdots \quad \boldsymbol{H}_M] \qquad (4-44)$$

$$\boldsymbol{y}(n) = [\boldsymbol{y}_1^{\mathrm{T}}(n) \quad \boldsymbol{y}_2^{\mathrm{T}}(n) \quad \cdots \quad \boldsymbol{y}_M^{\mathrm{T}}(n)]^{\mathrm{T}} \qquad (4-45)$$

$$\boldsymbol{x}(n) = [\boldsymbol{x}_1^{\mathrm{T}}(n) \quad \boldsymbol{x}_2^{\mathrm{T}}(n) \quad \cdots \quad \boldsymbol{x}_M^{\mathrm{T}}(n)]^{\mathrm{T}} \qquad (4-46)$$

$$\boldsymbol{d}(n) = [\boldsymbol{d}_1^{\mathrm{T}}(n) \quad \boldsymbol{d}_2^{\mathrm{T}}(n) \quad \cdots \quad \boldsymbol{d}_M^{\mathrm{T}}(n)]^{\mathrm{T}} \qquad (4-47)$$

式中，$\boldsymbol{H}_i$ 表示 $L \times L$ 的矩阵；$\boldsymbol{H}$ 表示 $L \times ML$ 的矩阵。定义误差向量：

$$\boldsymbol{e}(n) = \boldsymbol{y}(n) - \boldsymbol{x}_1(n) = (\boldsymbol{H} - \boldsymbol{U})\boldsymbol{x}(n) + \boldsymbol{H}\boldsymbol{d}(n) = \boldsymbol{e}_x(n) + \boldsymbol{e}_d(n)$$
$$(4-48)$$

式中，$\boldsymbol{U} = [\boldsymbol{I}_{L \times L} \quad \boldsymbol{0}_{L \times L} \quad \cdots \quad \boldsymbol{0}_{L \times L}]$，表示选择矩阵；$\boldsymbol{e}_x(n)$ 表示语音失真；$\boldsymbol{e}_d(n)$ 表示残留噪声。

系统的均方误差（MSE）：

$$\begin{aligned}
E_{\mathrm{MSE}} &= \mathrm{trace}\, E[\boldsymbol{e}(n)\boldsymbol{e}^{\mathrm{T}}(n)] \\
&= E[\boldsymbol{x}_1^{\mathrm{T}}(n)\boldsymbol{x}_1(n)] + \mathrm{trace}[\boldsymbol{H}\boldsymbol{R}_{yy}\boldsymbol{H}^{\mathrm{T}}] - 2\mathrm{trace}[\boldsymbol{H}\boldsymbol{R}_{yx_1}] \qquad (4-49)
\end{aligned}$$

式中，$\boldsymbol{R}_{yy} = E[\boldsymbol{y}(n)\boldsymbol{y}^{\mathrm{T}}(n)]$，表示带噪语音的协方差矩阵；$\boldsymbol{R}_{yx} = E[\boldsymbol{y}(n)\boldsymbol{x}_1^{\mathrm{T}}(n)]$，表示带噪语音与目标语音的互相关矩阵。通过求微分，可以得出最优解为

$$\boldsymbol{H}^{\mathrm{T}} = \boldsymbol{R}_{yy}^{-1}\boldsymbol{R}_{yx_1} \qquad (4-50)$$

在实际任务中，目标语音 $\boldsymbol{x}_1(n)$ 信号变化较快，难以预测。假设语音与噪声相互独立：

$$\boldsymbol{R}_{yx_1} = (\boldsymbol{R}_{yy} - \boldsymbol{R}_{dd})\boldsymbol{U}^{\mathrm{T}} \qquad (4-51)$$

式中，$\boldsymbol{R}_{dd} = E[\boldsymbol{d}(n)\boldsymbol{d}^{\mathrm{T}}(n)]$，表示噪声的协方差矩阵。当噪声变化不大时，有

$$\boldsymbol{H}^{\mathrm{T}} = (\boldsymbol{I} - \boldsymbol{R}_{yy}^{-1}\boldsymbol{R}_{dd})\boldsymbol{U}^{\mathrm{T}} \qquad (4-52)$$

4) 多通道 MVDR 滤波器

将式(4-36)多通道信号模型写成 STFT[52]变换上向量形式:

$$y(k,l)=g(k)s(k,l)+d(k,l)=x(k,l)+d(k,l) \quad (4-53)$$

式中,k 和 l 分别表示频率索引和时间帧索引;$x(k,l)$、$s(k,l)$ 和 $n(k,l)$ 分别表示 $x_i(t)$、$s(t)$ 和 $n_i(t)$ 在 STFT 域的 M 维复数向量;$g(k)$ 表示方向向量。

MVDR 滤波器的核心思想是在向量 $y(k,l)$ 上运用一系列权重 $w(k)$,在保证期望信号不受破坏的条件下,最小化噪声的方差:

$$\min_{w}\{w^{H}(k)R_{nn}(k)w(k)\}, \quad \text{s.t.} \quad w^{H}(k)g(k)=1 \quad (4-54)$$

式中,$R_{nn}(k)$ 是噪声的空间协方差矩阵,且

$$R_{nn}(k)=E_{l}[n(k,l)n^{H}(k,l)] \quad (4-55)$$

根据文献[53]可以得到式(4-54)最优解为

$$w(k)=\frac{R_{nn}^{-1}(k)g(k)}{g^{H}(k)R_{nn}^{-1}(k)g(k)} \quad (4-56)$$

根据式(4-56)可以知道,MVDR 能够找出来自方向向量的信号,从而实现波束形成,消除背景噪声。但当方向向量估计不准确时,容易造成失真。

4.1.4 特征增强/补偿方法

码字相关倒谱规整(codeword-dependent cepstral normalization, CDCN)[54]是较早期的特征增强方法之一,可以联合补偿加性噪声和线性信道畸变。首先它假设干净语音特征分布是 GMM,并认为噪声和信道仅仅影响了这些高斯分布的均值,且可以通过最大似然估计得到,最后利用最小均方误差(MMSE)准则得到干净语音的估计。另一方面,信噪比相关倒谱规整(SNR-dependent cepstral normalization, SDCN)是基于双通道(干净通道和带噪通道)数据的算法,这些双通道数据用来学习带噪语音与干净语音之间的关系,这个关系通过矫正向量来反映,而矫正向量又与即时信噪比有关,SDCN 无法处理未知环境,即没有此环境下的双通道数据。FDCN 结合了 CDCN 和 SDCN 的特点,它的一个著名的派生方法是双通道分段线性环境补偿(stereo-based piecewise linear compensation for environment, SPLICE)[55]。在 SPLICE 中,干净语音倒谱的估计是由带噪语音倒谱在偏移向量的矫正下得到,而此时的偏移向量可以通过双通道数据所训练的基于码本偏移向量的线性加权得到。另一种实用的特征增强/补偿算法是矢量

泰勒级数(vector taylor series，VTS)[56]。它通过一个显式的环境模型来刻画带噪语音的产生机理，然后对此非线性模型进行一阶矢量泰勒展开使其线性化。后续部分类似CDCN，用ML在线估计得到噪声参数并用MMSE得到干净倒谱估计。一般来说，如果环境模型和实际噪声比较吻合，VTS的效果会好于CDCN，但其运算量也较大。

随着深度学习的发展，文献[57]提出基于深度神经网络的特征增强方法，并把增强后的特征直接用于优化后端识别系统，从而实现前端特征增强和后端识别联合优化。文献[58-59]提出基于深度神经网络的掩蔽增强方法和后端识别系统联合优化的方法。文献[60]在使用建模能力更强的LSTM模型的同时优化语音增强和语音识别系统。

1. 鲁棒声学模型

1) 声学模型补偿

除了在信号域和特征域进行提升识别系统的性能，同样可以通过修正声学模型参数来实现识别系统性能的提升，这一过程称为模型补偿。文献[61]提出基于修改HMM基本结构的HMM分解法，该方法需要分别对干净语音和噪声进行HMM建模，在解码时就需要建立同时搜索两个模型状态联合的空间。该方法运算量高，实际应用很少。文献[62]提出基于倒谱方法的并行模型结合(parallel model combination，PMC)，该方法根据环境模型的非线性关系推导出带噪语音参数。文献[63]提出最大似然线性回归(maximum likelihood linear regression，MLLR)方法，该方法通过对干净语音高斯状态分布进行线性变换来拟合带噪数据分布特性，通过EM算法得到线性变换的参数。文献[64]提出加性和卷积失真的联合补偿(joint compensation of additive and convolutive distortion，JAC)方法，通过在对数功率谱上对稳态的加性噪声和信道噪声联合补偿。文献[65]提出最大后验(maximum a posterior，MAP)方法，该方法通过最大化带噪数据后验分布来改善模型参数，先验分布参数需要在不同噪声环境训练，后验分布可以通过自适应数据和HMM高斯分布均值联合推出。当在自适应数据受限的情况下，MAP性能无法达到最优效果。

2) 声学模型多条件训练

通过构造多样性的训练数据(multi-condition training，MT)可以减少噪声对声学模型性能的干扰。文献[66]尝试使用MT提升传统的GMM-HMM声学模型的噪声鲁棒性。在GMM-HMM模型中，特征是由混合高斯直接建模，而高斯由于其参数量的局限性只能对大量训练数据进行简单建模，无法通过大量的加性数据学习噪声引入的额外附加变化。因此GMM模型可能会忽略噪声引起的语音特征破坏,而 DNN 模型可以通过自身大参数量和非线性处理从多样性的数据中提取更加有用的信息。在此基础上文献[67]把 MT 引入 DNN - HMM 的模型中。MT 可以看作是声学模型补偿的一种,但其在低信噪比的复杂场景中仍然存在很大局限性。

本节我们详细介绍了鲁棒性语音识别框架和历史回顾,并把鲁棒性语音识别系统分为鲁棒性特征、信号域增强和鲁棒声学模型 3 个部分。着重介绍了基于信号域增强和模型域的鲁棒性语音识别方法。通过整体回顾,我们发现无论是语音识别还是语音增强,深度学习的兴起让这两个不同领域发生了突飞猛进的变化,同时也推动了工业界的不断发展,使语音应用到生活中更加常见的情境中。与此同时,对语音识别系统在复杂声学场景中的鲁棒性提出了更高的要求,这就需要我们设计更加鲁棒的语音识别算法。首先,不同的鲁棒性特征所针对的问题和设计的出发点都不一样,例如基于听觉机理和统计特性的特征,同时不同的声学模型(例如 DNN 和 LSTM)存在很大的建模差异性,这就需要设计不同的特征拼接和系统融合方案,充分利用它们之间的性能互补特性提升语音识别性能。其次,可以发现传统的语音增强方法由于模型假设和先验知识缺乏,很难在复杂的声学场景中直接对语音识别起到作用,但其是一种在线的参数优化算法,对测试集的噪声有一定鲁棒性。最后,基于深度学习的语音增强虽然能够大幅降低背景噪声,但当训练数据和测试数据不匹配时,其会对目标语音信号造成破坏,这一点对于语音识别是致命的。这就需要我们利用两者的优点去相互补充其不足,进一步提高语音识别在真实复杂声学场景中的鲁棒性。

4.2 环境表达与声学模型自适应

4.2.1 自适应与鲁棒性

在真实情况下的语音识别,训练集和测试集直接的声学环境(包括说话人、噪声、频道等)往往都是不匹配的。即使训练集合充分大,因为我们的训练准则通常是优化全体训练数据上的平均性能,所以当我们针对一个特殊环境下的特殊说话人进行解码的时候,训练和测试的声学环境依然是不匹配的。训练-测试的不匹配问题可以通过自适应技术来解决,这个技术通过对训练好的模型或者模型的输入特征进行变换使其能更匹配测试环境,以得到更鲁棒的语音识别系统。比如,在传统的 GMM - HMM 语音识别中,与说话人相关的语音识别系统相比与说话人无关的语音识别系统通常能取得相对 5%~30% 的性能提升。在 GMM-HMM 框架下，著名且十分有效的方法包括最大似然线性回归（MLLR）、有约束的最大似然线性回归（cMLLR，同时也称为特征层最大似然线性回归 fMLLR）、最大后验（MAP）等。

如果用于自适应的数据同时也有文本标注，那么这种自适应称为有监督的自适应，否则称为无监督的自适应。在无监督的情况下，我们需要首先对文本标注进行识别。通常情况下，我们会首先使用与说话人无关的模型先进行语音识别以得到推理标注（通常也称为伪标注）。在接下来的讨论中，我们默认使用无监督的自适应方法。

最近，相比传统的 GMM-HMM 识别系统，将深度神经网络作为声学模型的 DNN-HMM 取得了巨大的性能提升。然而，学者发现即便使用 DNN 作为声学模型，训练集和测试集的不匹配问题依然会造成巨大的性能下降[68]。因此，不匹配问题成为语音识别走向真实应用的关键问题。近年来，基于深度学习的自适应和自适应训练方法也得到了广泛发展。这些方法可以分成 4 类：第 1 类是基于保守训练的自适应；第 2 类是基于线性变换的自适应；第 3 类是基于环境感知的自适应；第 4 类是基于结构化参数的自适应和自适应训练。

4.2.2　基于保守训练的自适应

最直接的自适应方法是直接使用自适应数据来微调神经网络的参数。然而，由于 DNN 的参数量太过庞大，这样做很容易在自适应数据上过拟合。为了避免过拟合，研究者们提出了保守训练（conservative training, CT）的策略[69-71]。一种简单的启发式方法是只选择一部分权重来进行自适应。比如，在自适应数据上的激活值方差最大的激活点连接到的权重会被更新。另外一种方法是增加正则项来防止过拟合，本节将介绍最流行的两种正则项：L_2 正则项[70]和 KL 距离正则项[71]。

1. L_2 正则项

基于 L_2 正则化的保守训练的基本思想是在训练的准则中增加一项惩罚项，它定义为与说话人无关模型 $\boldsymbol{W}_{\mathrm{SI}}$ 与新的自适应模型 $\boldsymbol{W}$ 的参数差异的 L_2 范数：

$$L_2(\boldsymbol{W}_{\mathrm{SI}}, \boldsymbol{W}) = \| \operatorname{vec}(\boldsymbol{W}_{\mathrm{SI}} - \boldsymbol{W}) \|_2^2$$

其中，$\operatorname{vec}(\boldsymbol{W})$ 是通过把矩阵中的所有列向量连接起来得到的向量。因此最终的训练准则变成

$$J_{L_2}(\boldsymbol{W}, \boldsymbol{b}) = J(\boldsymbol{W}, \boldsymbol{b}) + \lambda L_2(\boldsymbol{W}_{\mathrm{SI}}, \boldsymbol{W}) \tag{4-57}$$

式中，λ 是一个超参数，用于控制准则中两项的相对贡献。

2. KL 距离正则项

KL 距离正则项方法的主要思想是：新的自适应后的模型估计出的语素 (senone)的后验概率分布不能与为自适应之前的模型估计出的后验概率差别太大。这是因为 DNN 的输出是一个后验概率。KL 距离(KLD)是一种用于测量两个概率分布之间差异的典型方法。将这个距离作为正则项，化简后可以得到如下的优化准则：

$$J_{\text{KLD}}(\boldsymbol{W}, \boldsymbol{b}) = (1-\lambda)J(\boldsymbol{W}, \boldsymbol{b}) + \lambda KLD(\boldsymbol{W}_{\text{SI}}, \boldsymbol{b}_{\text{SI}}; \boldsymbol{W}, \boldsymbol{b}) \quad (4-58)$$

式中，λ 是一个正则化权重。

$$KLD(\boldsymbol{W}_{\text{SI}}, \boldsymbol{b}_{\text{SI}}; \boldsymbol{W}, \boldsymbol{b}) = \frac{1}{M}\sum_{m=1}^{M}\sum_{i=1}^{C}P_{\text{SI}}(i \mid o_m; \boldsymbol{W}_{\text{SI}}, \boldsymbol{b}_{\text{SI}})\lg P(i \mid o_m; \boldsymbol{W}, \boldsymbol{b})$$

式中，$P_{\text{SI}}(i \mid o_m; \boldsymbol{W}_{\text{SI}}, \boldsymbol{b}_{\text{SI}})$ 和 $P(i \mid o_m; \boldsymbol{W}, \boldsymbol{b})$ 分别是使用与说话人无关的 DNN 和自适应后的 DNN 估计的第 m 个样本属于类别 i 的后验概率。如果我们使用交叉熵(CE)准则来进行优化，即

$$J(\boldsymbol{W}, \boldsymbol{b}) = \frac{1}{M}\sum_{m=1}^{M}J_{\text{CE}}(\boldsymbol{W}, \boldsymbol{b}; o_m) \quad (4-59)$$

式中，

$$J_{\text{CE}}(\boldsymbol{W}, \boldsymbol{b}; o_m) = -\sum_{i=1}^{C}t_{im}\lg P(i \mid o_m)$$

式中，t_{im} 是自适应数据的标注，当第 m 个样本的标注为 i 的时候它的值为 1，否则为 0；$P(i \mid o_m)$ 是网络预测的后验概率。那么 KLD 正则化的准则可以改写为

$$\begin{aligned}
J_{\text{KLD-CE}}(\boldsymbol{W}, \boldsymbol{b}) &= (1-\lambda)J_{\text{CE}}(\boldsymbol{W}, \boldsymbol{b}) + \lambda KLD(\boldsymbol{W}_{\text{SI}}, \boldsymbol{b}_{\text{SI}}; \boldsymbol{W}, \boldsymbol{b}) \\
&= -\frac{1}{M}\sum_{m=1}^{M}\sum_{i=1}^{C}\left[(1-\lambda)t_{im} + \lambda P_{\text{SI}}(i \mid o_m)\right]\lg P(i \mid o_m) \\
&= -\frac{1}{M}\sum_{m=1}^{M}\sum_{i=1}^{C}\hat{P}(i \mid o_m)\lg P(i \mid o_m) \quad (4-60)
\end{aligned}$$

式中

$$\hat{P}(i \mid o_m) = (1-\lambda)t_{im} + \lambda P_{\text{SI}}(i \mid o_m)$$

仔细观察可以发现，式(4-60)与传统的 CE 准则的区别只是将目标分布替换成了标注与说话人无关模型估计的概率分布 $P_{\text{SI}}(i \mid o_m)$ 的一个加权平均。

因此它可以使得训练出来的自适应模型不会和与说话人无关模型偏离得太远而出现过拟合。另一个优势是可以直接使用传统的 BP 算法,只需要将误差信号修改为 $\hat{P}(i \mid o_m)$。

KL 距离正则项和 L_2 正则项的区别是,前者限制的是网络的输出概率分布,而后者限制的是模型参数本身。

4.2.3 基于线性变换的自适应

在基于 DNN 的自适应中另外一种很重要的方法是基于线性变换的自适应。它的主要思想是在输入特征、DNN 某隐层的激活或者最后的 softmax 层的输入加上一个与说话人或者与环境相关的线性变换。

1. 线性输入网络

在线性输入网络(linear input network,LIN)和类似的特征层鉴别性线性回归(feature-based discriminative linear regression,fDLR)中,一个与说话人相关的线性变换应用在输入的特征上。LIN 的基本想法是通过使用与说话人相关的线性变换将与说话人相关的特征从 v^0 变换到与说话人无关的、和之前训练好的 DNN 更匹配的特征 v^0_{LIN}:

$$v^0_{\text{LIN}} = W^{\text{LIN}} v^0 + b^{\text{LIN}} \tag{4-61}$$

2. 线性输出网络

线性变换同样可以作用在 softmax 层,这样的自适应网络称为线性输出网络(linear output network,LON)或者输出特征的鉴别性线性回归(output-feature discriminative linear regression,oDLR)。LON/oDLR 有两种实现方法。第一种是将线性变换放在 softmax 层的权重之前。即

$$\begin{aligned}
z^L_{\text{LONa}} &= W^{\text{LON}}_{\text{a}} z^L + b^{\text{LON}}_{\text{a}} \\
&= W^{\text{LON}}_{\text{a}} (W^L v^{L-1} + b^L) + b^{\text{LON}}_{\text{a}} \\
&= (W^{\text{LON}}_{\text{a}} W^L) v^{L-1} + (W^{\text{LON}}_{\text{a}} b^L + b^{\text{LON}}_{\text{a}})
\end{aligned} \tag{4-62}$$

式中,L 表示 DNN 总共有 L 层,其中第 L 层是 softmax 层;W^L,b^L 分别是与说话人无关的 DNN 中 softmax 层的权重矩阵和偏置向量。

第二种是将线性变换作用在 softmax 层的权重之前,即

$$\begin{aligned}
z^L_{\text{LONb}} &= W^L v^{L-1}_{\text{LONb}} + b^L \\
&= W^L (W^{\text{LON}}_{\text{b}} v^{L-1} + b^{\text{LON}}_{\text{b}}) + b^L \\
&= (W^L W^{\text{LON}}_{\text{b}}) v^{L-1} + (W^L b^{\text{LON}}_{\text{b}} + b^L)
\end{aligned} \tag{4-63}$$

这两种方法是等价的,因为两个线性变换等价于一个单独的线性变换。然而,这两种方法所估计的参数个数是显著不同的。通常输出层的神经元个数是小于输出的 senone 个数的。线性隐层网络(linear hidden network,LHN)的结构和 LON 类似,同样也有两种方式。不过,因为各个隐层的输出节点个数通常是一样的,所以这两种方法不存在区别。

4.2.4 基于环境感知的自适应

基于环境感知的自适应的主要思想是通过在 DNN 的输入特征上增加某种环境信息的表示来帮助 DNN 更好地感知这些环境。这些环境的表示包括说话人、噪声、信道等与语音内容无关的变化。这些表示通常使用分离的系统来估计,比如使用全局背景模型(universal background model,UBM)估计的说话人信息 i-vector 可以用来进行说话人感知训练(speaker-aware training,SaT)[72-73],使用噪声表示来进行噪声感知训练(noise-aware training,NaT)[74]等。其中 DNN 的输入包括两个部分:声学特征和说话人信息(如果是 NaT,则表示噪声)。在原始的 DNN 中,第 1 个隐层的激活为

$$\boldsymbol{v}^1 = f(\boldsymbol{z}^1) = f(\boldsymbol{W}^1 \boldsymbol{v}^0 + \boldsymbol{b}^1) \tag{4-64}$$

式中,$\boldsymbol{v}^0$ 是输入的声学特征向量;$\boldsymbol{W}^1$ 和 $\boldsymbol{b}^1$ 分别是第 1 个隐层对应的权值矩阵和偏置向量。在基于说话人感知的自适应中,它变为

$$\begin{aligned}
\boldsymbol{v}_{\text{SaT}}^1 = f(\boldsymbol{z}_{\text{SaT}}^1) &= f\left(\begin{bmatrix} \boldsymbol{W}_v^1 \boldsymbol{W}_s^1 \end{bmatrix} \begin{bmatrix} \boldsymbol{v}^0 \\ \boldsymbol{s} \end{bmatrix} + \boldsymbol{b}^1 \right) \\
&= f(\boldsymbol{W}_v^1 \boldsymbol{v}^0 + \boldsymbol{W}_s^1 \boldsymbol{s} + \boldsymbol{b}^1) \\
&= f\left[(\boldsymbol{W}_v^1 \boldsymbol{v}^0 + \boldsymbol{b}^1) + \boldsymbol{W}_s^1 \boldsymbol{s} \right]
\end{aligned} \tag{4-65}$$

式中,$\boldsymbol{s}$ 是一个说话人的特征向量;$\boldsymbol{W}_v^1$ 和 $\boldsymbol{W}_s^1$ 分别对应声学特征和说话人表示特征的权值矩阵。基于环境感知的自适应的一个好处是其自适应过程是内含且高效的,它不需要一个单独的自适应过程(即使用伪标注来微调网络)。

1. 说话人感知训练

已经有不少的工作通过扩展特征来处理语音信号中说话人的变化。使用 i-vector 作为说话人的表示来进行说话人感知训练已经在许多工作中被验证是一种很有效的方法[72]。i-vector 是说话人识别中一种很流行的技术,这个方法将所有的非语音变化(non-speech variability)统一建模,非语音变化形成的子空间称为全变化子空间(total variability subspace)。说话人的超向量 $\boldsymbol{\mu}_s$ 可分解为两部分:

$$\boldsymbol{\mu}_s = \boldsymbol{\mu}_b + \boldsymbol{T}s \tag{4-66}$$

式中，$\boldsymbol{\mu}_b$ 是说话人与噪声无关的超向量，由全局背景模型（UBM）得到；$\boldsymbol{T}$ 是全变化矩阵，它的每一列构成一个基向量，这些基向量张成了高斯均值向量空间的一个子空间；s 即为说话人的表示（i-vector），i-vector 通过使用最大似然估计来获取[72]。

另外一种说话人的表示可以通过深度神经网络获取。首先训练一个带瓶颈层的说话人识别的深度神经网络，即每一帧的标注是该帧所属的说话人。接着，对属于同一说话人的瓶颈层的特征进行平均来获得说话人的表示：

$$s = \frac{1}{|\boldsymbol{T}_s|} \sum_{t \in T_s} \boldsymbol{b}_t \tag{4-67}$$

式中，$\boldsymbol{T}_s$ 是给定说话人的全部语音；$\boldsymbol{b}_t$ 是提取出来的瓶颈特征。

2. 噪声感知训练

与说话人感知训练类似，研究者提出了噪声感知训练以用于处理声学信号中的噪声变化，使用每句话开头和结尾的部分空白帧的平均值作为噪声的表示。直接使用噪声表示并没有特别有效地帮助 DNN 处理噪声变化，通过与丢弃（dropout）相结合，这个方法在 Aurora4（著名的抗噪数据集）取得不错的性能提升。同样，也有工作尝试提取瓶颈特征并将其作为噪声的表示[75]，这个方法同样在 Aurora4 上得到了性能改善，不过没有说话人感知训练提升那么显著。

3. 房间感知训练

基于 DNN 的声学模型在许多近麦克风的识别场景下取得了可以实用的性能，然而在远场（即麦克风距离声源的距离很远）的语音识别场景中，基于 DNN 的声学模型依然表现得很差。信号强度低是导致性能不佳的主要原因，信号强度低导致信噪比也低，使得系统对环境中的回声噪声和加性噪声更加敏感。远场语音识别是鲁棒性语音识别中的另一个主要场景。

房间感知训练是一种解决远场语音识别难题的有效自适应方法。目前还没有一种标准的房间表示方法，不过，有一些可以用来描述房间的准则：

（1）T60。这是表征房间混响的参数，它反映了一个冲击响应的能量衰减60 dB 所消耗的时间，因此用 T60 来表示。通常 T60 可以从一个测量过的房间的冲击响应的能量衰减曲线（energy decay curve，EDC）中计算得来。过去的若干年中，学者们提出了不少用于估计房间的 T60[76-77]。

（2）DDR。DDR 描述的是直接路径上的能量和所有导致混响的反射路径上的能量的比值。具体的 DDR 计算方法可以参考文献[78]。通常 DDR 随着说话人离麦克风的距离增大而下降。

(3) GCC。这个指标是麦克风阵列中各个麦克风之间的广义互相关系数,它对麦克风阵列中两两麦克风之间的延迟进行了编码。

(4) 距离。说话人和麦克风之间的距离直接决定了混响的强度和最终的信噪比。目前主流的方法认为说话人的位置是不变的,然而通常说话人在说话的时候会走动。在这种情形下,说话人与麦克风之间的距离将对声学模型有很大帮助。

以上的与房间相关的信息可以使用房间感知训练的方法直接与 DNN 进行结合,最近,也有研究者提出了基于 DNN 的因子提取方法,比如使用鉴别距离的 DNN 的瓶颈层[79]和使用神经网路预测近麦克风的干净特征[80-81]。这些方法在具有混响的场景中都表现出了不错的性能提升。

4. 多因子感知及联合训练

在上文所介绍的内容中提到了使用单独的环境表示来进行各自的感知训练,同样,我们可以将各种环境信息同时输入给 DNN 并进行多因子感知训练,比如,对每句话分别估计说话人和噪声两种类别的 i-vector。前文也提到了可以使用 DNN 瓶颈层的特征平均来提取说话人、噪声或者房间信息的表示。使用这个方法,我们可以很方便地同时提取多因子(包括说话人、噪声、房间信息等)表示,文献[81-82]使用多任务的框架来提取多因子的表示。这是一个带有瓶颈层的 DNN,DNN 的分类目标包含了多个任务,包括说话人、噪声、干净的麦克风等。这个网络可以与语音识别的网络进行联合优化,Qian 等[83]提出了多因子联合训练的框架,在这个框架里,DNN 可同时进行多个任务,包括 senone 的识别、说话人的识别、噪声的识别和房间信息的识别。通过使用跨越边,多种任务可以互相帮助,得到比单个任务更好的性能。这个方法可以与 i-vector 等信息同时进行环境感知训练,即在特征层同时输入声学和说话人表示等信息。实验结果显示这个方法比单独的多因子联合训练取得了更好的性能提升。

5. 环境表示的更新

基于环境表示的自适应方法的性能极大地依赖于环境表示向量的质量。如果测试时环境与训练的环境极大地不一致(比如没见过的说话人或者环境),环境表示可能对 DNN 有害无益。一种解决方法就是对环境表示进行更新。比如在文献[84]中,每个说话人会估计一个说话人编码(speaker code),这个编码是通过同一个 senone 识别 DNN 优化互信息熵得到的。在基于预测-自适应-矫正的循环神经网络(PAC - RNN)结构中,两个神经网络分别用于预测环境表示和 senone 识别,同时 senone 识别网络会回传矫正信息给自适应网络来形成一个闭环,帮助自适应网络更好地提取环境表示[85]。

4.2.5 参数结构化自适应及自适应训练

传统 DNN 的结构有 6 层,每层含有 2 048 个节点的栈式结构。每层 DNN 并没有显示的含义,在自适应的时候会因有太多参数需要更新而容易导致过拟合。基于模型的 DNN 自适应任务可以形式化为稳定估计一个与环境相关的仿射变换:

$$\boldsymbol{h}^l = \sigma(\boldsymbol{W}_s^l \boldsymbol{h}^{l-1} + \boldsymbol{b}_s^l)$$

其中,$\boldsymbol{W}_s^l$ 和 $\boldsymbol{b}_s^l$ 分别是与环境相关的权重矩阵和偏置向量。前文提到的基于线性变换的自适应可以视为仅使用了与环境相关的权重矩阵,而环境感知训练则是估计了一个与环境相关的偏置向量。

1. 学习隐层单元的贡献

学习隐层单元的贡献(learning hidden unit contribution, LHUC)[86]通过估计一个与环境相关的缩放系数 $\lambda_{s,i}^l (\lambda_{s,i}^l \in [0, 2])$ 来对 DNN 的第 1 层的第 i 个激活节点进行自适应,这个方法也可以视为使用一个对角矩阵的线性隐层变换网络(LHN):

$$\boldsymbol{A}_s^l = \mathrm{diag}(\boldsymbol{\lambda}_{s,i}^l)$$

$$\boldsymbol{W}_s^l = \boldsymbol{W}^l \boldsymbol{A}_s^l$$

2. 聚类自适应训练

聚类自适应训练(cluster adaptive training, CAT)最初在 GMM - HMM 系统中被提出[87]。它的主要思想是使用一组参数基而不仅仅是一套参数来对语音进行建模。在文献[88-91]中,CAT 成功运用在了 DNN 中。CAT 的结构如图 4-5 所示,其中自适应后的最终权重矩阵可通过使用一个与环境相关的加权向量对一组权重基进行加权平均得到:

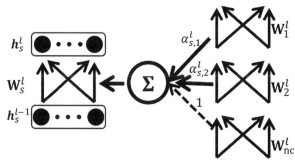

图 4-5 CAT 的结构

$$W_s^l = W_{nc}^l + \sum_{i=1}^{n} \lambda_{s,i}^l W_i^l$$

其中，$W_i^l (1 \leqslant i \leqslant n)$ 就是这组权重基；W_{nc}^l 是中性类的权重矩阵，它对应的加权平均值恒为 1；$\lambda_{s,i}^l$ 为与环境相关的加权平均向量，在最初的文献中，它通过使用反向传播算法最优化 DNN 的互信息熵得到。也有研究者以 i-vector 作为输入，使用 DNN 来进行预测[92-93]。

4.3 多语种声学与语言建模

4.3.1 基于知识共享的多语言声学建模技术

现有的语音识别技术在语音数据充足的条件下已经卓有成效，对于中文、英语等使用人数广泛的语言来说，语音识别的效果甚至已经可以达到人类的识别水平[94-95]。但是世界上的语言种类繁杂，同时语音数据的标注工作需要消耗极大的人工成本，对于世界上大部分语言，往往无法获得充足的语音数据以构建相应的语音识别系统。因此基于知识共享的多语言语音识别技术可以利用多种语言间的声学特征相似性，解决低资源条件下的语音识别问题。

1. 基于共享建模单元的多语言声学建模方法

对于不同的语言，语音信号的发音机理存在一定的共性[96]，因此不同语言的建模单元往往可以归属到一个统一的声学空间。某一特定语言的建模单元集合均属于统一声学空间的子空间，同时不同语言的声学建模空间存在一定的交集，这就为实现多语言间建模单元共享建模提供了一定的理论基础[97-99]。

对语音声学建模来说，建模单元是对声学发音特征进行区分的一个量化指标。根据建模单元颗粒度大小的不同，建模单元可以分为基于音素信息的建模单元、基于音节信息的建模单元和基于音位韵律信息的建模单元等。从建模单元时长以及建模复杂性等多方面考虑，基于音素信息的建模单元使用得相对广泛。在基于高斯混合模型-隐马尔可夫模型(GMM - HMM)的声学建模基础上，每一个建模单元都由一组混合高斯模型对其进行声学特征表示。因此对于同一个建模单元，不同的语言可以共用一套模型参数进行联合建模以及模型优化。在语音标注以及发音词典构建过程中，多种语言也可使用同一套建模单元标注体系对语音特征进行标注。这种基于 GMM - HMM 的共享建模单元的声学模型建模技术具有语言非特定性，可以使用多种语言的数据对模型进行联合优化。对于构建目标新语种的语音识别系统,在数据量不充足的情况下,可以使用具有相同建模单元的相应多语言数据辅助完成声学模型的构建。其中多语言模型中未出现过的音素可以映射到与其最接近的音素上,从而完成对目标新语种的声学建模。

综上所述,共享建模单元的声学建模技术不仅可以提升低资源条件下的语音识别系统的性能,同时由于语音数据的标注需要人工干预,共享建模单元还可以减少语音标注以及声学建模的不确定性。常见的建模单元构建方法分为基于知识驱动的方法、基于数据驱动的方法以及基于知识驱动和数据驱动相结合的方法。

(1)基于知识驱动的方法主要是利用国际语音学会提出的国际音标集(IPA)对多语言的数据进行统一标注。相关研究人员根据对语音学、音韵学的研究,同时基于不同人类发音部位和发音方式的生物学机理构建了多语言统一的音素标注方式。

(2)基于数据驱动的方法的原理是对多种语言的音素集进行相似度判别,将不同语言的相似度在一定度量阈值范围内的音素归为一类音素,通过这种方式构建多语种统一的音素集。常见的相似度度量方法有混淆矩阵相似度度量[100]、高维距离函数相似度度量、似然概率相似度度量以及后验概率相似度度量方法。

(3)基于知识驱动和数据驱动相结合的方法主要是首先使用知识驱动的方法将数据分类,然后使用数据驱动的方法对数据进行进一步更加细致的分类。

近年来,在多语言语音识别的研究中,基于知识驱动的方法逐渐成为主流的音素集构建方式,尤其在面对新语种的语音识别系统构建方面,可以快速为新语种构建音素映射关系,从而利用已有的多语言语音识别系统对目标新语种语音识别系统实现快速优化。

2. 基于共享模型参数的多语言声学建模方法

多语言声学模型的构建主要是根据不同语言的发音特征构建多语言统一的声学建模单元分类模型。基于共享建模单元的多语言声学建模方法主要是从建模单元分类的角度,对发音相似的建模单元进行统一建模。而基于共享模型参数的多语言声学模型共享建模方法不需要对语言种类以及建模单元种类加以区分,只需从特征的鉴别性表示层面寻找不同发音特征的共性,从而实现数据资源的共享策略。

对于传统的基于 GMM - HMM 的声学模型,可以通过子空间高斯混合模型(sGMM)的方法实现基于共享模型参数的多语言声学建模[101]。在基于深度神经网络的多语言声学建模方面,通过多层线性以及非线性变换对声学频谱特征进行特征转换,并依据最终的逻辑分类层对声学特征对应的音素类别进行概率预测。由于神经网络的多层非线性预测是与语种无关的,所以可以通过共享隐层参数的方式对多种语言进行统一的声学模型构建。

基于共享隐层参数的多语言声学模型结构如图4-6所示,输出层网络采用block-softmax的方式对模型前向计算信息进行误差计算,softmax的后验概率计算公式如下:

$$y_i = \frac{\exp(a_i)}{\sum_{j=n_{l,\,s}}^{n_{l,\,e}} \exp(a_j)}$$

式中,y_i 是输出层向量的第 i 个节点的输出值;a_i 表示最后一个全连接层的第 i 个激活值;$n_{l,\,s}$ 表示第 l 种语言的输出层开始节点;$n_{l,\,e}$ 表示第 l 个语言的输出层终止节点。在交叉熵(cross-entropy)损失函数计算准则下,目标函数的计算公式如下:

$$F_{\text{CE}}(\theta) = -\sum_{u=l}^{U} \sum_{i} \ln p(y_i;\theta)$$

式中,θ 表示神经网络的模型参数;y_i 为当前帧对应的真实输出节点上的输出概率。

根据以上描述,多个 block-softmax 的输出层反向回传梯度在隐层进行叠加,共同更新网络共享隐层的网络参数,而语言特定输出层的网络参数由各个语言的输出层误差单独更新。这种基于共享模型参数的多语言声学模型共享建模方法利用多种语言的数据对网络参数进行联合优化,从而提升多种语言的声学建模性能。

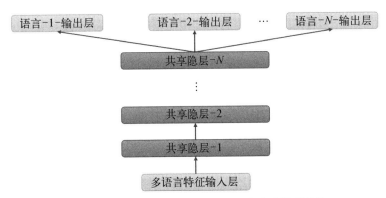

图4-6　基于共享隐层参数的多语言声学模型结构

3. 基于深度神经网络的多语言迁移学习技术及应用

在多语言语音识别领域,迁移学习的应用对于特定语言的声学模型的优化

起着至关重要的作用。传统的迁移学习方法采用预训练/再优化(pre-train/
fine tuning，PT/FT)的方法对目标语言的声学模型进行优化[102]。其中预训练
的模型作为种子模型，对目标语言的声学模型进行初始化。在目标语言训练数
量不充分的条件下，可以使用数据量充分的单语言数据或者多语言的数据来构
建种子模型，具体的模型结构如图 4-7 所示。

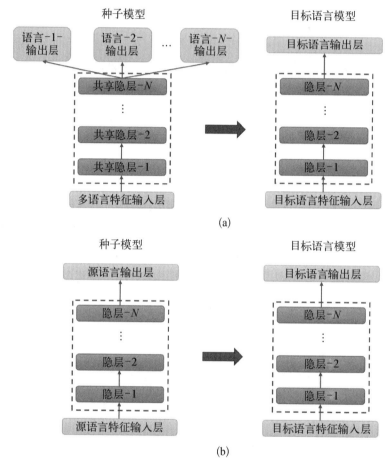

图 4-7　基于深度神经网络的多语言迁移学习示意图
(a) 多语言数据构建种子模型　(b) 单语言数据构建种子模型

其中，种子模型的隐层可以作为携带着音素发音共性信息的特征变换模块，
在源语言或者多语言数据的优化下可以有效地对发音音素进行鉴别。在种子模
型向目标语言模型迁移的过程中可采用局部优化和全局优化的训练方法[103-104]。

(1) 局部优化指的是，首先使用种子模型的隐层参数对目标语言的模型参

数进行初始化,然后在隐层参数的基础上根据目标语言声学模型的音素聚类结果对目标语言的声学模型的输出层进行随机参数初始化,同时使用目标语言的数据对目标语言的声学模型输出层参数进行更新优化,在此过程中隐层参数固定不变。

(2) 全局优化指的是,与局部优化方法相同,首先使用种子模型的隐层参数对目标语言的声学模型参数进行初始化;接下来使用目标语言的数据对声学模型隐层参数和输出层参数进行联合更新优化,使得声学模型能够更加符合目标语言的音素分布规律。

以上两种优化方式都利用种子模型对目标声学模型进行初始化,在目标语言数据量较为稀疏的时候使用局部优化的方式,只对输出层参数进行优化更新可以很大程度上保留种子模型的音素分类性能,同时避免由于数据稀疏造成的模型过拟合效应。在目标语言相对充足的时候,使用全局优化方式可以有效利用种子模型学习到的声学信息,同时最大限度地利用目标语言的数据对模型进行针对性的优化。

4.3.2 小语种语言模型建模技术

对于小语种语音识别任务,通常会面临语料受限的情况,因此语言模型训练常常会出现数据稀疏、模型泛化能力不强的问题。而语言层信息较难使用类似针对声学信息的方法在不同语言之间共享,因此需要针对小语种提高信息的利用效率,减少数据稀疏。本节通过小语种语言模型建模单元选择、数据扩增方法和递归神经网络3个方面来介绍小语种语言模型建模技术。

1. 小语种语言模型建模单元选择

语言模型建模中建模单元通常为词,除此之外子词(sub-word)也是常见的建模单元。许多小语种,如泰语、日语和越南语等语言,它们的书写方式类似于中文,并不存在词与词之间的分隔符。对于这类语言,通常需要预先准备好语言模型建模单元的列表;然后通过正向最大匹配法、逆向最大匹配法、最少切分和双向最大匹配法使用词语列表对文本进行分词;再对使用分词后的文本进行后续的语言模型训练等工作。对于存在词间分割符的语言(如英语),则不必须预先准备词表。

对于黏着语或其他词形变换复杂的语言,将词分割为若干子词对于语言模型建模通常有更好的效果。这是因为这种拆分子词的方法可以在一定程度上减少数据稀疏的程度,并可以减少集外词。将词拆成子词后,文本的单元数会增多,通常使用子词的语言模型需要使用更长的历史信息。适合并常使用子词建模的语言有土耳其语[105]、俄语[106]、芬兰语[107]、维吾尔语[108]、韩语[109]和德语[110]等。

将词拆分为子词的方法可以分为两类：基于语法规则的方法(知识驱动)和基于统计(数据驱动)的方法[111]。基于语法规则的分词结果通常更接近真实的子词;而基于统计的方法不需要额外的语言学知识,可以很方便地应用到一个新的语言上。然而,通常基于统计的无监督方法的分词结果与语法上的子词存在一定差距。

无监督切分子词的方法基于最小描述长度(minimum description length, MDL)准则,它是使得切分后文本的编码长度与统计子词词典的编码长度之和最小。为此,定义目标函数

$$L(x, \theta) = L(x \mid \theta) + L(\theta) \tag{4-68}$$

式中,θ 为统计子词词典;x 为文本语料;$L(x \mid \theta)$ 是文本的编码长度,形式为

$$L(x \mid \theta) = \sum_{i=1}^{N} -\ln P(\mu_i \mid \theta)$$

其中 N 是文本中统计子词的总数,μ_i 表示第 i 个统计子词,$P(\mu_i \mid \theta)$ 是 μ_i 的一元语言模型概率;$L(\theta)$ 是统计子词词典的编码长度,形式为

$$L(\theta) = \ln \frac{(M-1)! \ (N-M)!}{(N-1)!} + \sum_{j=1}^{M} \sum_{k=1}^{\text{length}(\mu_j)} -\ln P(\alpha_{jk})$$

式中 M 是统计子词词典的大小,$\dfrac{(M-1)! \ (N-M)!}{(N-1)!}$ 是选择 M 个和为 N 的正整数的概率,α_{jk} 是统计子词 μ_j 的第 k 个字母,$P(\alpha_{jk})$ 代表字母 α_{jk} 的出现概率。

2. 原始语料稀疏补偿方法

对于小语种来说,通常容易遇到缺少语料的问题。使用文本数据扩增的方法可以在一定程度上缓解目标领域数据稀疏的问题。常用的文本数据扩增方法有基于网络数据、基于生成模型和基于数据扰动这 3 类方法。

基于网络数据的扩增方法指通过搜索引擎从互联网获取相关领域的数据。具体方法通常为先从目标领域数据中提取关键词,再通过搜索引擎获取网络中相关的文字结果,最后筛选出搜索结果与目标领域相关的部分[112-115]。文本筛选部分可以使用基于交叉熵[116]或相对交叉熵[117]的方法。筛选后的文本通常与目标领域数据分别训练语言模型,然后通过线性插值[118]或最大后验概率插值[119]方法组合。

基于生成模型的方法是指利用生成模型产生相关的文本数据。Gorin 等[120]和 Huang 等[121]使用机器翻译模型将其他语言的相关领域文本转换成所需语言的文本。但此方法对翻译模型性能要求较高。除此之外,RNN 模型[121-122]或其他深度生成模型,如变分自编码器或生成对抗网络等[123-124]也是常用的数据生成模型。

对原始数据进行扰动,生成与原始数据类似的数据是基于数据扰动的扩增方法的核心思想。Xie 等[125]提出在神经网络语言模型训练中随机将训练集部分单词替换为其他单词或随机提出部分单词。

3. 基于递归神经网络的语言模型建模技术

近年来,循环神经网络(RNN)语言模型已经成为语言模型常见的实现方法之一,它使语言模型在困惑度和语音识别整体错误率方面都有显著改善。与典型前向反馈神经网络相比,RNN 通过隐层的节点来得到历史信息,从而提高模型对历史信息的利用率。然而随时间距离当前时刻越远,梯度逐层变小,模型在时间维度上会出现梯度消失问题,因此通过 RNN 学习到长时间跨度信息并不容易。另一种常用的语言模型实现方式为长短时记忆(LSTM)神经网络,它通过在 RNN 结构中引入 LSTM 单元来改善前文中提到的梯度消失问题。

递归神经网络语言模型结构[126]如图 4-8 所示。输入层为当前的词的 1-hot 表示。投影层为对应单词的词向量。递归神经网络可以通过特征层加入词性、主题等与当前词或当前语句相关的特征。特征层可省略。输出层为下一个单词的预测概率,通常通过 RNN 层输出和特征层的线性变换再经过 softmax 非线性函数得到。

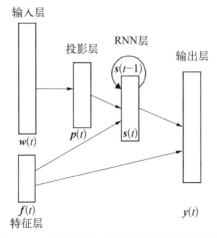

图 4-8　递归神经网络语言模型结构示意图

对于词级别的语言模型,在 LSTM 前增加一层卷积神经网络[127],并且使用字母作为卷积层的输入,可以提高语言模型的效果。卷积神经网络部分如图 4-9 所示。

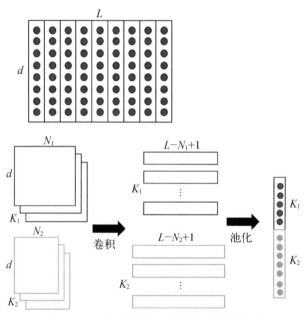

图 4-9 字符级别输入卷积神经网络示意

该部分具体工作方法如下:首先取训练数据中所有分词结果的最大长度,记为 L。设 E 为字母的词向量矩阵,其中每个词向量长度为 d。对每个词的每个字母取对应的词向量,将所有词向量并联。若该词的字词个数少于 L,则将在取到的词向量后补 0,使每个词的输入均为 $L \times d$ 的矩阵。图 4-9 左下两叠表示若干不同长度的卷积核。设有 K_1 个 N_1 阶子词卷积核,每个卷积核为 $N_1 \times d$ 的矩阵。分别使用这 K_1 个卷积核与 $L \times d$ 的词输入矩阵做卷积操作,最终得到 K_1 个长度为 $L - N_1 + 1$ 的向量。取每个向量中的最大值(max-pooling)操作,并将其连接为 K_1 维向量。同样计算其他阶数卷积核的输出结果。通常卷积层后会串联 1~2 层 highway 网络。最终将得到的向量代替投影层和特征层作为 LSTM 层或 RNN 层的输入。这种卷积-highway 结构在多种小语种语言模型建模上取得了良好效果。

参考文献

[1] Atal B S. Effectiveness of linear prediction characteristics of the speech wave for

automatic speaker identification and verification[J]. Journal of the Acoustical Society of America, 1974, 55(6): 1304 – 1312.

[2] Viikki O, Laurila K. Cepstral domain segmental feature vector normalization for noise robust speech recognition[J]. Speech Communication, 1998, 25(1/2/3): 133 – 147.

[3] Hsu C W, Lee L S. Higher order cepstral moment normalization (HOCMN) for robust speech recognition[C]//2004 IEEE International Conference on Acoustics, Speech, and Signal Processing 1. Quebec: IEEE, 2004.

[4] Dharanipragada S, Padmanabhan M. A nonlinear unsupervised adaptation technique for speech recognition [C]//Sixth International Conference on Spoken Language Processing. Beijing: [s. n.], 2000.

[5] De La Torre A, Segura J C, Benitez C, et al. Non-linear transformations of the feature space for robust speech recognition[C]//2002 IEEE International Conference on Acoustics, Speech, and Signal Processing. Florida: IEEE, 2002.

[6] Hilger F, Ney H. Quantile based histogram equalization for noise robust large vocabulary speech recognition [J]. IEEE Transactions on Audio, Speech, and Language Processing, 2006, 14(3): 845 – 854.

[7] Tsai S N, Lee L S. A new feature extraction front-end for robust speech recognition using progressive histogram equalization and multi-eigenvector temporal filtering[C]// Eighth International Conference on Spoken Language Processing. Jeju Island: [s. n.], 2004.

[8] Lin S H, Yeh Y M, Chen B. Exploiting polynomial-fit histogram equalization and temporal average for robust speech recognition[C]//Ninth International Conference on Spoken Language Processing. Pennsylvania: [s. n.], 2006.

[9] Davis S, Mermelstein P. Comparison of parametric representations for monosyllabic word recognition in continuously spoken sentences [J]. IEEE Transactions on Acoustics, Speech, and Signal Processing, 1980, 28(4): 357 – 366.

[10] Hermansky H. Perceptual linear predictive (PLP) analysis of speech[J]. Journal of the Acoustical Society of America, 1990, 87(4): 1738 – 1752.

[11] Campbell W M, Sturim D E, Reynolds D A, et al. SVM based speaker verification using a GMM supervector kernel and nap variability compensation[C]//2006 IEEE International Conference on Acoustics Speech and Signal Processing Proceedings: volume 1. [s. l.]: IEEE, 2006.

[12] Dehak N, Dehak R, Kenny P, et al. Support vector machines versus fast scoring in the lowdimensional total variability space for speaker verification [C]//Tenth Annual Conference of the International Speech Communication Association. Austin: [s. n.], 2009.

［13］ Boll S. Suppression of acoustic noise in speech using spectral subtraction［J］. IEEE Transactions on Acoustics, Speech, and Signal Processing, 1979, 27(2): 113 - 120.

［14］ Berouti M, Schwartz R, Makhoul J. Enhancement of speech corrupted by acoustic noise［C］//IEEE International Conference on Acoustics, Speech, and Signal Processing. Washington, DC: IEEE, 1979.

［15］ Kamath S, Loizou P. A multi-band spectral subtraction method for enhancing speech corrupted by colored noise［C］//ICASSP. Florida: Citeseer, 2002.

［16］ Lim J, Oppenheim A. All-pole modeling of degraded speech［J］. IEEE Transactions on Acoustics, Speech, and Signal Processing, 1978, 26(3): 197 - 210.

［17］ Ephraim Y, Malah D. Speech enhancement using a minimum-mean square error short-time spectral amplitude estimator［J］. IEEE Transactions on Acoustics, Speech, and Signal Processing, 1984, 32(6): 1109 - 1121.

［18］ Ephraim Y, Malah D. Speech enhancement using a minimum mean-square error logspectral amplitude estimator［J］. IEEE Transactions on Acoustics, Speech, and Signal Processing, 1985, 33(2): 443 - 445.

［19］ Cohen I, Berdugo B. Noise estimation by minima controlled recursive averaging for robust speech enhancement［J］. IEEE Signal Processing Letters, 2002, 9 (1): 12 - 15.

［20］ Cohen I, Berdugo B. Speech enhancement for non-stationary noise environments ［J］. Signal Processing, 2001, 81(11): 2403 - 2418.

［21］ Cohen I. Noise spectrum estimation in adverse environments: improved minima controlled recursive averaging［J］. IEEE Transactions on Speech and Audio Processing, 2003, 11(5): 466 - 475.

［22］ Chen B, Loizou P C. Speech enhancement using a MMSE short time spectral amplitude estimator with Laplacian speech modeling［C］//IEEE International Conference on Acoustics, Speech, and Signal Processing. [s. l.]: IEEE, 2005.

［23］ Martin R. Speech enhancement using MMSE short time spectral estimation with Gamma distributed speech priors［C］//2002 IEEE International Conference on Acoustics, Speech, and Signal Processing. Florida: IEEE, 2002.

［24］ Ephraim Y. A Bayesian estimation approach for speech enhancement using hidden Markov models［J］. IEEE Transactions on Signal Processing, 1992, 40 (4): 725 - 735.

［25］ Wilson K W, Raj B, Smaragdis P. Regularized non-negative matrix factorization with temporal dependencies for speech denoising［C］//Ninth Annual Conference of the International Speech Communication Association. [s. l.]: [s. n.], 2008.

［26］ Wilson K W, Raj B, Smaragdis P, et al. Speech denoising using nonnegative matrix factorization with priors［C］//2008 IEEE International Conference on Acoustics，Speech and Signal Processing. Las Vegas：IEEE，2008.

［27］ Tamura S，Waibel A. Noise reduction using connectionist models［C］//International Conference on Acoustics，Speech，and Signal Processing.［s. l.］：IEEE，1988.

［28］ Xu Y，Du J，Dai L R，et al. An experimental study on speech enhancement based on deep neural networks［J］. IEEE Signal Processing Letters，2014，21(1)：65－68.

［29］ Xu Y，Du J，Dai L R，et al. A regression approach to speech enhancement based on deep neural networks［J］. IEEE Transactions on Audio，Speech，and Language Processing，2015，23(1)：7－19.

［30］ Wang Y L，Wang D. Towards scaling up classification-based speech separation ［J］. IEEE Transactions on Audio，Speech，and Language Processing，2013，21(7)：1381－1390.

［31］ Vincent E，Gribonval R，Févotte C. Performance measurement in blind audio source separation［J］. IEEE Transactions on Audio，Speech，and Language Processing，2006，14(4)：1462－1469.

［32］ Wang Y L，Narayanan A，Wang D. On training targets for supervised speech separation［J］. IEEE Transactions on Audio，Speech，and Language Processing，2014，22(12)：1849－1858.

［33］ Maas A，Le Q V，O'neil T M，et al. Recurrent neural networks for noise reduction in robust ASR［C］//Interspeech.［s. l.］：［s. n.］，2012.

［34］ Maas A L，O'neil T M，Hannun A Y，et al. Recurrent neural network feature enhancement：The 2nd CHiME challenge［C］//Proceedings of the 2nd CHiME Workshop on Machine Listening in Multisource Environments held in conjunction with ICASSP. Vancouver：［s. n.］，2013.

［35］ Weninger F，Hershey J R，Roux J L，et al. Discriminatively trained recurrent neural networks for single-channel speech separation［C］//Proceedings of IEEE Global Conference on Signal and Information Process. Atlanta：［s. n.］，2014.

［36］ Mirsamadi S，Tashev I. Causal speech enhancement combining data-driven learning and suppression rule estimation［C］//Proceedings of Annual Conference of International Speech Communication Association. Beijing：IEEE，2016.

［37］ Subramanian A S，Chen S，Watanabe S. Student-teacher learning for BLSTM mask-based speech enhancement［C］//Proceedings of Annual Conference of International Speech Communication Association. Hyderabad：IEEE，2018.

［38］ Tu Y H，Tashev I，Zarar S，et al. A hybrid approach to combining conventional and deep learning techniques for single-channel speech enhancement and recognition［C］//2018 IEEE International Conference on Acoustics，Speech and Signal Processing.

Hyderabad：IEEE，2018.

［39］　Tu Y H，Du J，Lee C H. DNN training based on classic gain function for single-channel speech enhancement and recognition［C］//2019 IEEE International Conference on Acoustics，Speech and Signal Processing. Brighton：IEEE，2019.

［40］　Cappé O. Elimination of the musical noise phenomenon with the Ephraim and Malah noise suppressor［J］. IEEE Transactions on Speech and Audio Processing，1994，2（2）：345 - 349.

［41］　Erdogan H，Hershey J R，Watanabe S，et al. Phase-sensitive and recognition-boosted speech separation using deep recurrent neural networks［C］//Proceedings of IEEE International Conference on Acoustic Speech and Signal Processing. ［s. l. ］：［s. n. ］，2015.

［42］　Frost O L. An algorithm for linearly constrained adaptive array processing［J］. Proceedings of the IEEE，1972，60（8）：926 - 935.

［43］　Griffiths L，Jim C. An alternative approach to linearly constrained adaptive beamforming［J］. IEEE Transactions on Antennas and Propagation，1982，30（1）：27 - 34.

［44］　Zoltowski M D. On the performance analysis of the MVDR beamformer in the presence of correlated interference［J］. IEEE Transactions on Acoustics，Speech，and Signal Processing，1988，36（6）：945 - 947.

［45］　Doclo S，Moonen M. GSVD-based optimal filtering for single and multimicrophone speech enhancement［J］. IEEE Transactions on Signal Processing，2002，50（9）：2230 - 2244.

［46］　Spriet A，Moonen M，Wouters J. Spatially pre-processed speech distortion weighted multichannel wiener filtering for noise reduction［J］. Signal Processing，2004，84（12）：2367 - 2387.

［47］　Doclo S，Spriet A，Wouters J，et al. Frequency-domain criterion for the speech distortion weighted multichannel wiener filter for robust noise reduction［J］. Speech Communication，2007，49（7/8）：636 - 656.

［48］　Gao T，Du J，Xu Y，et al. Joint training of DNNs by incorporating an explicit dereverberation structure for distant speech recognition［J］. EURASIP Journal on Advances in Signal Processing，2016，2016（1）：86.

［49］　Heymann J，Drude L，Chinaev A，et al. BLSTM supported GEV beamformer front-end for the 3rd CHiME challenge［C］//IEEE Automatic Speech Recognition and Understanding Workshop. Scottsdale：IEEE，2015.

［50］　Nugraha A A，Liutkus A，Vincent E. Multichannel audio source separation with deep neural networks［J］. IEEE Transactions on Audio，Speech，and Language Processing，

2016，24(9)：1652 – 1664.

[51] Sohn J，Kim N S，Sung W．A statistical model-based voice activity detection[J]．IEEE Signal Processing Letters，1999，6(1)：1 – 3.

[52] Mcaulay R J，Quatieri T F．Speech analysis/synthesis based on a sinusoidal representation [J]．IEEE Transactions on Acoustics，Speech，and Signal Processing，1986，34(4)：744 – 754.

[53] Capon J．High-resolution frequency-wavenumber spectrum analysis[J]．Proceedings of the IEEE，1969，57(8)：1408 – 1418.

[54] Acero A，Stern R M．Environmental robustness in automatic speech recognition[C]//International Conference on Acoustics，Speech，and Signal Processing．[s. l.]：IEEE，1990.

[55] Deng L，Acero A，Jiang L，et al．High-performance robust speech recognition using stereo training data[C]//2001 IEEE International Conference on Acoustics，Speech，and Signal Processing．[s. l.]：IEEE，2001.

[56] Moreno P J．Speech recognition in noisy environments[D]．Pittsburgh：Carnegie Mellon University，1996.

[57] Gao T，Du J，Dai L R，et al．Joint training of front-end and back-end deep neural networks for robust speech recognition[C]//2015 IEEE International Conference on Acoustics，Speech and Signal Processing．[s. l.]：IEEE，2015.

[58] Narayanan A，Wang D．Joint noise adaptive training for robust automatic speech recognition[C]//2014 IEEE International Conference on Acoustics，Speech and Signal Processing．[s. l.]：IEEE，2014.

[59] Wang Z Q，Wang D．A joint training framework for robust automatic speech recognition [J]．IEEE/ACM Transactions on Audio，Speech，and Language Processing，2016，24(4)：796 – 806.

[60] Chen Z，Watanabe S，Erdogan H，et al．Speech enhancement and recognition using multitask learning of long short-term memory recurrent neural networks [C]//Sixteenth Annual Conference of the International Speech Communication Association．[s. l.]：[s. n.]，2015.

[61] Varga A，Moore R．Hidden Markov model decomposition of speech and noise[C]//International Conference on Acoustics，Speech，and Signal Processing．[s. l.]：IEEE，1990.

[62] Gales M J F．Model-based techniques for noise robust speech recognition [D]．Cambridge：University of Cambridge，1995.

[63] Leggetter C J，Woodland P C．Maximum likelihood linear regression for speaker adaptation of continuous density hidden Markov models[J]．Computer Speech &

Language，1995，9(2)：171 - 185.

[64] Gong Y. Model-space compensation of microphone and noise for speaker independent speech recognition[C]//2003 IEEE International Conference on Acoustics，Speech，and Signal Processing. [s. l.]：IEEE，2003.

[65] Gauvain J L，Lee C H. Maximum a posteriori estimation for multivariate Gaussian mixture observations of Markov chains[J]. IEEE Transactions on Speech and Audio Processing，1994，2(2)：291 - 298.

[66] Virtanen T，Singh R，Raj B. Techniques for noise robustness in automatic speech recognition[M]. New Jersey：John Wiley & Sons，2012.

[67] Seltzer M L，Yu D，Wang Y. An investigation of deep neural networks for noise robust speech recognition[C]//2013 IEEE International Conference on Acoustics，Speech and Signal Processing. [s. l.]：IEEE，2013.

[68] Huang Y，Yu D，Liu C J，et al. Multi-accent deep neural network acoustic model with accent specific top layer using the KLD-regularized model adaptation [C]// Interspeech. Singapore：[s. n.]，2014.

[69] Gemello R，Mana F，Scanzio S，et al. Adaptation of hybrid ANN/HMM models using linear hidden transformations and conservative training[C]// Proceedings of IEEE International Conference on Acoustics，Speech and Signal Processing. [s. l.]：IEEE，2006.

[70] Xiao L，Bilmes J. Regularized adaptation of discriminative classifiers[C]//2006 IEEE International Conference on Acoustics Speech and Signal Processing Proceedings. [s. l.]：IEEE，2006.

[71] Yu D，Yao K，Su H，et al. KL-divergence regularized deep neural network adaptation for improved large vocabulary speech recognition [C]//Proceedings of IEEE International Conference on Acoustics，Speech and Signal Processing. [s. l.]：IEEE，2013.

[72] Saon G，Soltau H，Nahamoo D，et al. Speaker adaptation of neural network acoustic models using i-vectors[C]//Proceedings of IEEE Automatic Speech Recognition and Understanding Workshop (ASRU). [s. l.]：IEEE，2013.

[73] Senior A，Moreno I L. Improving DNN speaker independence with i-vector inputs [C]//Proceedings of IEEE International Conference on Acoustics，Speech and Signal Processing. [s. l.]：IEEE，2014.

[74] Seltzer M L，Yu D，Wang Y. An investigation of deep neural networks for noise robust speech recognition [C]//Proceedings of IEEE International Conference on Acoustics，Speech and Signal Processing. [s. l.]：IEEE，2013.

[75] Kundu S，Mantena G，Qian Y，et al. Joint acoustic factor learning for robust deep

neural network based automatic speech recognition［C］//Proceedings of IEEE International Conference on Acoustics，Speech and Signal Processing．［s. l. ］：IEEE，2016．

[76] Kumar K，Singh R，Raj B，et al．Gammatone sub-band magnitude-domain dereverberation for ASR［C］// Proceedings of IEEE International Conference on Acoustics. Prague，Speech and Signal Processing，ICASSP，2011：4604－4607．

[77] Giri R，Seltzer M L，Droppo J，Yu D．Improving speech recognition in reverberation using a room-aware deep neural network and multi-task learning［C］// Proceedings of IEEE International Conference on Acoustics. South Brisbane，Speech and Signal Processing，ICASSP，2015：5014－5018．

[78] Giri R，Seltzer M L，Droppo J，et al．Improving speech recognition in reverberation using a room-aware deep neural network and multi-task learning［C］//Proceedings of IEEE International Conference on Acoustics，Speech and Signal Processing．［s. l. ］：IEEE，2015．

[79] Miao Y，Metze F．Distance-aware DNNS for robust speech recognition［C］// Interspeech．［s. l. ］：［s. n. ］，2015．

[80] Qian Y，Tan T，Yu D．An investigation into using parallel data for far-field speech recognition［C］//Proceedings of IEEE International Conference on Acoustics，Speech and Signal Processing. Shanghai：IEEE，2016．

[81] Qian Y，Tan T，Yu D，et al．Integrated adaptation with multi-factor joint-learning for far-field speech recognition［C］//Proceedings of IEEE International Conference on Acoustics，Speech and Signal Processing Shanghai：IEEE，2016．

[82] Kundu S，Mantena G，Qian Y，et al．Joint acoustic factor learning for robust deep neural network based automatic speech recognition［C］//Proceedings of IEEE International Conference on Acoustics，Speech and Signal Processing．［s. l. ］：IEEE，2016．

[83] Qian Y M，Tan T，Yu D．Neural network based multi-factor aware joint training for robust speech recognition［J］．IEEE/ACM Transactions on Audio Speech，and Language Processing，2016，24(12)：2231－2240．

[84] Xue S，Abdel-Hamid O，Jiang H，et al．Fast adaptation of deep neural network based on discriminant codes for speech recognition［J］．IEEE/ACM Transactions on Audio Speech，and Language Processing，2014，22(12)：1713－1725．

[85] Zhang Y，Yu D，Seltzer M L，et al．Speech recognition with prediction-adaptation-correction recurrent neural networks［C］//Proceedings of IEEE International Conference on Acoustics，Speech and Signal Processing．［s. l. ］：IEEE，2015．

[86] Swietojanski P，Renals S．Learning hidden unit contributions for unsupervised speaker

adaptation of neural network acoustic models［C］//Proceedings of IEEE Spoken Language Technology Workshop. ［s. l. ］：IEEE，2014.

［87］ Gales M J. Cluster adaptive training of hidden Markov models［J］. IEEE Transactions on Audio Speech，and Language Processing，2000，8(4)：417－428.

［88］ Wu C Y，Gales M J. Multi-basis adaptive neural network for rapid adaptation in speech recognition［C］//Proceedings of IEEE International Conference on Acoustics，Speech and Signal Processing. ［s. l. ］：IEEE，2015.

［89］ Delcroix M，Kinoshita K，Hori T，et al. Context adaptive deep neural networks for fast acoustic model adaptation［C］//Proceedings of IEEE International Conference on Acoustics，Speech and Signal Processing［s. l. ］：IEEE，2015.

［90］ Tan T，Qian Y M，Yin M，et al. Cluster adaptive training for deep neural network ［C］//Proceedings of IEEE International Conference on Acoustics，Speech and Signal Processing. ［s. l. ］：IEEE，2015.

［91］ Tan T，Qian Y M，Yu K. Cluster adaptive training for deep neural network based acoustic model ［J］. IEEE/ACM Transactions on Audio Speech，and Language Processing，2016，24(3)：459－468.

［92］ Wu C Y，Karanasou P，Gales M J. Combining i-vector representation and structured neural networks for rapid adaptation ［C］//Proceedings of IEEE International Conference on Acoustics，Speech and Signal Processing. ［s. l. ］：IEEE，2016.

［93］ Delcroix M，Kinoshita K，Yu C Z，et al. Context adaptive deep neural networks for fast acoustic model adaptation in noise conditions ［C］//Proceedings of IEEE International Conference on Acoustics，Speech and Signal Processing. ［s. l. ］：IEEE，2016.

［94］ Saon G，Kuo H K J，Rennie S，et al. The IBM 2015 English Conversational Telephone Speech Recognition System［J］. Eurasip Journal on Advances in Signal Processing，2015，2008(1)：1－15.

［95］ Xiong W，Wu L，Alleva F，et al. The Microsoft 2017 conversational speech recognition system［C］//2018 IEEE international conference on acoustics，speech and signal processing (ICASSP). Calgary，AB，Canada：IEEE，2018.

［96］ Imseng D，Bourlard H，Dines J，et al. Applying multi-and cross-lingual stochastic phone space transformations to non-native speech recognition［J］. IEEE Transactions on Audio，Speech，and Language Processing，2013，21(8)：1713－1726.

［97］ Schultz T，Westphal M，Waibel A. The globalphone project：Multilingual LVCSR with janus-3［C］//Multilingual Information Retrieval Dialogs：2nd SQEL Workshop. Plzen，Czech Republic：［s. n. ］，1997.

［98］ Schultz T，Thang Vu N，Schlippe T. Globalphone：a multilingual text & speech database in 20 languages［C］//2013 IEEE International Conference on Acoustics，Speech and Signal Processing (ICASSP). ［s. l. ］：IEEE，2013.

［99］ Cui J，Cui X，Ramabhadran B，et al. Developing speech recognition systems for corpus indexing under the IARPA babel program［C］//2013 IEEE International Conference on Acoustics，Speech and Signal Processing. ［s. l. ］：IEEE，2013.

［100］ Adda-Decker M，Lamel L. Pronunciation variants across system conguration，language and speaking style［J］. Speech Communication，1999，29(2)：83 - 98.

［101］ Burget L，Schwarz P，Agarwal M，et al. Multilingual acoustic modeling for speech recognition based on subspace Gaussian mixture models［C］//IEEE International Conference on Acoustics Speech & Signal Processing. ［s. l. ］：IEEE，2010.

［102］ Huang J T，Li J，Yu D，et al. Crosslanguage knowledge transfer using multilingual deep neural network with shared hidden layers ［C］//2013 IEEE International Conference on Acoustics，Speech and Signal Processing. ［s. l. ］：IEEE，2013.

［103］ Ghoshal A，Swietojanski P，Renals S. Multilingual training of deep neural networks ［C］//2013 IEEE International Conference on Acoustics，Speech and Signal Processing. Vancouver，Canada：IEEE，2013.

［104］ Heigold G，Vanhoucke V，Senior A，et al. Multilingual acoustic models using distributed deep neural networks ［C］//2013 IEEE International Conference on Acoustics，Speech and Signal Processing. Vancouver，Canada：IEEE，2013.

［105］ Sak H，Saraclar M，Güngö R T. Morphology-based and subword language modeling for Turkish speech recognition［C］//ICASSP. ［s. l. ］：［s. n. ］，2010.

［106］ Whittaker E W D，Statistical language modelling for automatic speech recognition of Russian and English［D］. Cambridge：Cambridge University，2000.

［107］ Creutz M，Hirsimaki T，Kurimo M，et al. Morph-based speech recognition and modeling of out-of vocabulary words across languages［J］. ACM Transactions on Speech and Language Processing，2007，5(1)：1 - 29.

［108］ Ablimit M，Neubig G，Mimura M，et al. Uyghur Morpheme-based language models and ASR［C］//IEEE 10th International Conference on Signal Processing (ICSP). Beijing：ICSP，2010.

［109］ Kiecza D，Schultz T，Waibel A. Data-driven determination of appropriate dictionary units for Korean LVCSR［C］//International Conference on Speech Processing. ［s. l. ］：［s. n. ］，1999.

［110］ Adda-Decker M. A corpus-based decompounding algorithm for German lexical modeling in LVCSR［C］//Eurospeech-2003. Geneva，Switzerland：［s. n. ］，2003.

［111］ Kurimo M，Creutz M，Varjokallio M，et al. Unsupervised segmentation of words into morphemes — Morpho challenge application to automatic speech recognition

[C]//INTERSPEECH. Pittsburgh，USA：[s. n.]，2006.

[112] Zhu X，Rosenfeld R. Improving trigram language modeling with the world wide web [C]//IEEE International Conference on Acoustics，Speech，and Signal Processing. [s. l.]：LEEE，2001.

[113] Ng T，Ostendorf M，Hwang M Y，et al. Web-data augmented language models for mandarin conversational speech recognition[C]//IEEE International Conference on Acoustics，Speech，and Signal Processing. [s. l.]：IEEE，2005.

[114] Creutz M，Virpioja S，Kovaleva A. Web augmentation of language models for continuous speech recognition of SMS text messages[C]//12th Conference of the European Chapter of the Association for Computational Linguistics. [s. l.]：[s. n.]，2009.

[115] Mendels G，Cooper E，Soto V，et al. Improving speech recognition and keyword search for low resource languages using web data[C]//16th Annual Conference of the International Speech Communication Association. [s. l.]：[s. n.]，2015.

[116] Klakow D. Selecting articles from the language model training corpus[C]//IEEE International Conference on Acoustics，Speech，and Signal Processing. [s. l.]：[s. n.]，2000.

[117] Moore R C，Lewis W. Intelligent selection of language model training data[C]//48th Annual Meeting on Association for Computational Linguistics. [s. l.]：[s. n.]，2010.

[118] Demori R，Federico M. Language model adaptation[M]//Computational Models of Speech Pattern Processing. Berlin：Springer，1999.

[119] Chen L，Huang T. An improved MAP method for language model adaptation[C]//6th European Conference on Speech Communication and Technology. [s. l.]：[s. n.]，1999.

[120] Gorin A，Lileikyte R，Huang G，et al. Language model data augmentation for keyword spotting in low-resourced training conditions[C]//17th Annual Conference of the International Speech Communication Association. [s. l.]：[s. n.]，2016.

[121] Huang G，Gorin A，Gauvain J L，et al. Machine translation based data augmentation for Cantonese keyword spotting[C]//IEEE International Conference on Acoustics，Speech and Signal Processing. [s. l.]：[s. n.]：2016.

[122] Gorin A，Lileikyte R，Huang G，et al. Language model data augmentation for keyword spotting in low-resourced training conditions. [C]//17th Annual Conference of the International Speech Communication Association. [s. l.]：[s. n.]，2016.

[123] Bowman S R，Vilnis L，Vinyals O，et al. Generating sentences from a continuous space[J]. arXiv preprint arXiv：1511. 06349，2015.

[124] Yu L，Zhang W，Wang J，et al. SeqGAN：sequence generative adversarial nets with

policy gradient［C］//31st AAAI Conference on Artificial Intelligence. ［s. l.］: ［s. n.］, 2017.

［125］ Xie Z, Wang S I, Li J, et al. Data noising as smoothing in neural network language models［J］. arXiv preprint arXiv: 1703. 02573, 2017.

［126］ Mikolov T, Zweig G. Context dependent recurrent neural network language model ［C］//2012 IEEE Spoken Language Technology Workshop (SLT). ［s. l.］: IEEE, 2012.

［127］ Kim Y, Jernite Y, Sontag D, et al. Character-aware neural language models［C］// AAAI. ［s. l.］: ［s. n.］, 2016.

5

声纹识别与语种识别

王龙标　李　明　郑　方　程星亮　李蓝天

王龙标,天津大学,电子邮箱: longbiao_wang@tju. edu. cn

李　明,昆山杜克大学,电子邮箱: ming. li369@dukekunshan. edu. cn

郑　方,清华大学,电子邮箱: fzheng@tsinghua. edu. cn

程星亮,清华大学,电子邮箱: chengxl16@mails. tinghua. edu. cn

李蓝天,清华大学,电子邮箱: lilt@mail. tsinghua. edu. cn

5.1　声纹识别与语种识别简介

语音作为人类获取信息的主要来源之一,也是人与外界交流中使用最方便、最有效、最自然的交际工具和信息载体。作为语言的声音表现形式,语音不仅包含了语言语义信息,同时也传达了说话人、语种、性别、年龄、情感、信道、嗓音、病理、生理、心理等多种丰富的副语言语音属性信息[1]。随着人类社会全面步入信息化,特别是通信、多媒体和互联网技术的迅猛发展,智能语音技术也越来越多地应用于人们的日常生活,如何更全面、更准确地识别出语音信号所包含的副语言语音属性信息始终是一个研究热点。

常见的副语言语音属性识别问题如下:

(1) 说话人识别,又称声纹识别,是一种通过语音信号来自动辨识和确认说话人身份的技术[2]。说话人识别根据应用场景的不同可分为两大类任务:辨识(identification)与确认(verification)。说话人辨识任务是从说话人集合中判别出测试语音所属的说话人,为多选一的问题;而说话人确认则是判断测试语音是否属于某个说话人,是二选一的问题。从语音文本内容来讲,说话人识别又分为与文本相关和与文本无关两类。与文本相关的说话人识别要求说话人按照固定的文本发音;而与文本无关的说话人识别则无此限制。

(2) 语种识别,通常也包括方言识别,是用来判别说话人说的是哪种语言或者方言,为后端的语音识别引擎提供重要的语种方言信息[3]。性别、年龄的识别前端可以为语音交互系统提供更多的说话人信息,便于后端应用[4]。基于语音的情感识别又分为离散情感类别分类及多维空间连续刻度的回归估计[5],常用的二维情感空间描述为唤醒度或激活度(valence,表示情感的正负程度)和效价(vrousal,表示情感的平静与激动程度)[6]。近年来,为了更好地保护声纹识别系统不被特定人变声系统、特定人语音合成系统或语音回放等技术攻击(spoofing),语音信道识别(countermeasure,亦称真人语音检测)也吸引了广泛的研究兴趣[7]。语音还可以用来识别其他的一些说话人生理和心理属性,如自闭症语音语调异常检测[7]、嗓音评估、病理学发音障碍评估[8]等应用。

整体来看以上这些副语言语音属性识别问题,我们发现,其核心都是针对不定时长的句子层面语音信号的有监督学习问题,只是要识别的属性标注有不同。这一类语音分类问题可归纳为副语言语音属性识别问题,我们可以在一个统一的算法框架内展开研究。我们将从传统方法和端到端深度学习方法这两个方面说明这一类问题的相似之处。

这一类问题是典型的有监督学习问题,如果我们忽略待识别语音属性标注的不同而只看声学层方法的话,传统方法大致分为特征提取、模型建立、鲁棒性处理、分类器设计这几个步骤,如表 5-1 所示。我们可以看到,一方面,除了针对不同语音属性的特征提取以外,大部分方法在生成模型和鉴别性分类器的设计上有共同的特点。尤其是基于 MFCC 特征和 GMM-i-vector 的方法[9]更是用于大部分的语音属性分类问题上。但是另一方面,由于各个分类任务的数据规模不同、时长不同、识别属性的类别不同、提取的特征不同,建模和分类的方法在选择上也会有一些差异。因此,传统的声学层语音属性分类问题的方法在总体上比较接近,但具体细化到每一个属性的识别问题上又会有一点小的区别,研究这一大类问题的学者也通常是同一批。

表 5-1 副语言语音属性识别传统方法中的代表性特征、模型、鲁棒性处理及分类器

特征提取	MFCC, PNCC, GFCC, CQCC, SDC, OpenSmile, LLD, Tandem, Bottleneck, Acoustic-to-articulatory inversion, subglottal 等
模型建立	GMM-MAP, GMM-supervector, GMM-i-vector, HMM-i-vector, Auto-encoder,DBN 等
鲁棒性处理	WCCN, JFA, LDA, NAP, NDA, LSDA, LFDA 等
分类器设计	SVM, PLDA, NN, ELM, Random Forest, Cosine Similarity, Joint Bayesian, Sparse Representation 等

由于传统方法是特征提取、建模和分类器设计这几个步骤的串联,需要很多特定领域的先验知识,并且每个步骤的优化大多只在每个步骤内部进行,底层特征的提取很难得到来自后端属性标注的指引。比如 MFCC-GMM-i-vector 系统,一直到 i-vector 层都是非监督的学习过程,只在最后一个分类步骤用到了有监督信息。

近年来兴起的端到端深度学习框架则可以通过深度神经网络和大量有标注数据来自动地学习到对分类有意义的底层特征和中层表示,并且用通用的深度神经网络结构来建模,减少了对特定领域先验知识的依赖,更有利于用一个相对统一的端到端深度学习框架去开展多种不同的副语言语音属性识别研究。端到端深度学习架构在一些副语言语音属性任务上取得了优良的性能,如与文本相关声纹识别[10-12]、短时语种识别[13-16]、情感识别[17]等。但在一些其他与文本无关的副语言语音属性识别任务上的效果还没有超过传统方法[18, 19]。

近 30 年来,世界各国都对这个研究方向保持高度重视。自 1994 年开始,每年美国国家标准技术研究院（National Institute of Standards and Technology，NIST）都组织全世界范围的说话人识别评测（speaker recognition evaluation，SRE）或语种识别评测（language recognition evaluation，LRE），吸引了众多国际一流语音研究机构的参与。尽管随着研究的不断深入和发展，识别错误率持续下降，测试任务难度逐渐提高，但在实际应用环境中与我们所期待的性能指标仍有差距。语音领域主流国际学术会议 INTERSPEECH 也从 2009 年开始每年举办语音属性识别的比赛（computational paralinguistics challenge，ComParE）[1]，包括情感、年龄、性别、醉酒、瞌睡、病理、人格、自闭症、心率、进食、帕金森病、抑郁症、感冒、打鼾等多种丰富的副语言属性，吸引了众多研究机构的参与。

下面将以与文本无关声纹识别为例，主要围绕传统方法和近年来兴起的深度学习方法两个方面来阐述国内外研究现状。

5.1.1 传统方法

从特征上来看，识别模块的输入主要分为短时帧级别的特征和长时句子级别的特征两类。在短时帧级别的特征中，基于短时频谱的梅尔频率倒谱系数特征（Mel-frequency cepstral coefficient，MFCC）广泛应用于各种属性识别。在强噪声情况下，其他一些基于听觉感知的特征具有更好的鲁棒性，如功率归一化倒谱系数（power normalized cepstral coefficient，PNCC）[20]、Gammatone 频率倒谱系数（Gammatone frequency cepstral coefficient，GFCC）[21]、时频 Gabor 滤波特征（spectral-temporal Gabor feature）[22]等。另外，在短时帧级别的特征中，位移差分倒谱（shifted Delta-cepstra，SDC）特征[23]适合于语种识别，常 Q 倒谱特征（constant Q cepstral coefficient，CQCC）特征[24]适合于信道真人语音判别。语音发音层面的逆求解（acoustic-to-articulatory inversion）特征[25]和声门（subglottal）特征[26]也对声纹识别有着积极的作用。对于长时句子级别的特征，最具有代表性的是基于 OpenSmile 工具包提取的底层描述（low-level descriptor，LLD）特征及其在句子层面的高维统计量特征[27]。对这些特征分别进行建模和识别，并在得分层次上加以结合可以有效地提高系统的性能和鲁棒性[28]。

从建模及分类的角度来看，鉴于语音时长和特征帧数的不固定性以及特征的多重模态分布（multimodal distribution）特性，人们用高斯混合模型（Gaussian mixture model，GMM）或隐马尔可夫模型（hidden Markov model，HMM）这样的生成模型（generative model）来描述整个语音特征序列。单个注册或测试语音样本不足以训练一个大规模的高斯混合模型，因此需要与大量背景数据训练得到的全局背景模型（universal background model，UBM）相结合以生成一个维数固定的超向量特征用于后端的模式分类。这种生成方式主要有两类：① 调整全局背景模型参数去自适应单个特征序列，如最大似然线性变换（maximum likelihood linear regression，MLLR）[29]，最大后验自适应（MAP adaptation）[30]等；② 计算单个特征序列在全局背景模型上的统计量，如零阶、一阶统计量等。其中经过最大后验自适应或一阶统计而生成的高斯均值超向量（mean supervector）结合后端的支持向量机（support vector machine，SVM）取得了较好的效果[30]。由于其向量维数过高，在此基础上，经过因子分析（factor analysis）降维后可得到低维的全差异空间因子（i-vector）[9,31]。i-vector 具有高鉴别性、小存储空间等优点，得到了广泛的应用[9]。在此基础上，简化版有监督 i-vector（simplified supervised i-vector）[28]在保证性能的情况下进一步降低了计算复杂度。当然，除了参数化的 GMM/HMM 之外，也可以用非参数化的深度学习模型来作为模型表示从而提取句子级别的特征[32,33]。针对这些不同形式的超向量，后端模式分类的方法有很多，常用的有支持向量机（SVM）[30,34]，概率线性鉴别分析（probabilistic linear discriminant analysis，PLDA）[35,36]，联合贝叶斯（joint Bayesian）[37]，神经网络（neural network，NN）[38-40]，随机森林（random Forest）[41]，极限学习机（extreme learning machine，ELM）[42]，余弦相似度（cosine similarity）[9]，稀疏表示（sparse representation）[43]等。由于背景噪声、信道不匹配、文本内容差异等多种干扰因素的存在，多种差异补偿方法可应用到不同的超向量上以提高系统的鲁棒性。常用的方法有联合因子分析（joint factor analysis，JFA）[44]，线性鉴别分析（linear discriminant analysis，LDA）[9]，类内方差归一化（within class covariance normalization，WCCN）[45]，扰动属性映射（nuisance attribute projection，NAP）[30]，最近邻鉴别分析（nearest neighbor discriminant analysis，NDA）[46]，局部敏感鉴别分析（locality sensitive discriminant analysis，LSDA）[47]，局部鉴别分析（local fisher discriminant analysis，LFDA）[48]等。

5.1.2 深度学习方法

用于副语言语音属性识别的深度学习方法大体上可根据标注信息的不同分为两大类：第 1 类为使用文本内容标注训练的语音识别声学模型；第 2 类为使用副语言语音属性标注直接训练的分类模型，包括端到端深度学习架构。下面以说话人识别为例介绍这两类算法的区别，如图 5-1 所示。

1. 基于文本内容标注的深度学习方法

在基于文本内容标注深度学习方法的研究中[49-57]，尝试了多种不同的深度学习方法，如 DNN[49,51,55]、CNN[50,52]、RNN[54]、时延神经网络（time delay

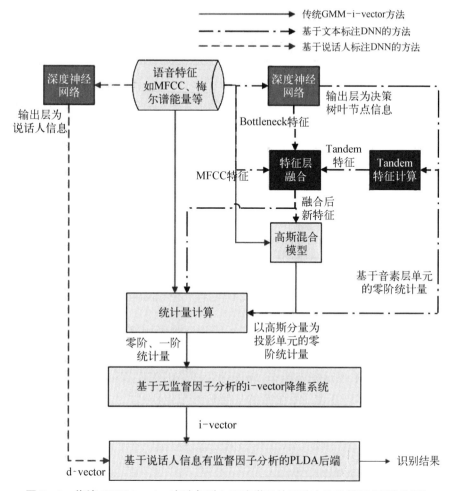

图 5 - 1 传统 GMM-i-vector 方法与引入深度学习的两种方法比较(以声纹为例)

neural network,TDNN)[53]等,其本质上仍然是借用了语音识别系统中的声学模型来有监督地、更准确地得到每一帧的音素层文本信息,并使用这种信息来更鲁棒地计算零阶统计量[49,51],或把这种信息转化为低维特征与传统的倒谱特征在特征层融合[58]。前者效果提高的主要原因是用有监督的学习方法(利用训练数据文本标注)来代替之前的无监督聚类方法以计算投影到不同单元上的零阶和一阶后验概率,使得不同语音能更准确地投影到相同的音素层单元上去进行比较,进而得到更稳定的、维度固定的且每一维都有实际物理意义的统计量向量,并将其作为特征。后者计算统计量的方法仍然是非监督高斯混合模型,但是由于特征层融合了音素层深度神经网络的文本信息(如 Bottleneck[55,59]或

Tandem 特征[56,57]），不同的声学特征仍然可投影到相同或接近音素信息的单元上，以得到更为有效的统计量。图 5 - 2 展示了两种常用的提取音素层深度学习特征的方法，目前也广泛应用于声纹识别、语种识别及其他副语言语音属性识别任务[60]。

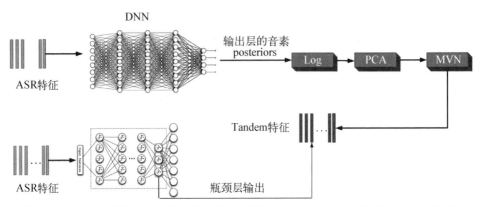

图 5 - 2 两种常用的提取音素层深度学习特征的方法（Tandem 特征和 Bottleneck 特征）

我们认为在引入文本内容标注训练的深度神经网络后，说话人识别和语种识别任务性能得到提高的主要原因是引入了利用有监督学习方法得到的音素层上下文信息。在上述这些方法中，深度神经网络的输出层信息并不是语音属性的类别信息，而是语音识别系统中的决策树叶节点信息[49-57]。不使用深度神经网络，仅将普通的多层感知器（multi-layer perceptron，MLP）作为音素识别器，也可以在 NIST2010 任务上取得 40% 以上的相对错误率下降[58]；使用深度学习作为音素层语音识别技术后，每一帧上的音素识别准确率进一步大幅提高，最终使得说话人识别系统性能得以进一步提高。因此，这一类深度学习模型在与文本无关副语言语音属性识别的训练测试数据上的音素或状态识别帧平均准确率是一个重要的指标，这个指标越高，与文本无关语音属性识别的准确率也就可能越高。

2. 基于副语言语音属性标注的深度学习方法

这一类深度学习方法的前身是浅层网络，用作后端分类器，所以模型的输出是副语言语音属性，而输入则是各种相应的特征。随着深度学习模型结构的不断创新，模型本身的特征学习能力越来越强，输入特征越来越向前端原始数据发展，从 i-vector 到统计量，再到频谱，最后到波形，完成了波形到语音属性的端到端建模[18,19,33,39,61-73]，如表 5 - 2 所示。通常来说，我们认为以频谱（spectrum）或滤波器能量向量（filter bank energy，FBANK）或短时特征为输入特征，以语音属性为输出标注信息的模型都可以称作"广义"的端到端模型。目前流行的端到端语音属性识别框架为：底层为作用于时域波形或频域频谱的 CNN 层，用来提取特征；中层为以长短时记忆网络（long short term memory，LSTM）和其简化版本——门限循环单元（gated recurrent unit，GRU）为代表的 RNN 层，用来建模语音特征时序性信息；最后为全连接层（fully connected layer，FC），用于属性标注的预测。当然，也有一些方法不用最后的全连接层，把 LSTM 模型的最后几帧得分输出求平均作为句子层的得分[61]；或不用 RNN 层，直接在 CNN 后面接全连接层[12,18,69,70,72]；或构建瓶颈结构全连接层，把瓶颈层特征拿出来，采用传统方法（如 ELM 和 PLDA）来做最后的分类器[64,66,67]等。限于篇幅，这里不做一一介绍。从表 5-2 可以看出不同语音属性的识别所用的方法趋向于统一。

表 5-2 基于副语言语音属性标注的深度学习方法

文献	输入特征	深度学习网络模型结构	文本相关	输出属性	发表时间
[39]	i-vector	DNN	否	语种	2016
[19]	PLP	DNN	否	语种	2014
[18]	SDC	CNN+FC	否	语种	2015
[73]	i-vector	DNN (pairwise training)	否	语种	2016
[61]	SDC	RNN(GREMN)	否	语种	2016
[62]	PLP	DNN+CNN+SPP Pooling+FC	否	语种	2016
[63]	FBANK	DNN	是	说话人	2014
[64]	PLP	DNN as tandem feature	是	说话人	2014
[65]	FBANK	DNN，LSTM+FC	是	说话人	2014
[12]	MFCC	DNN，CNN，RNN(with attention)	是	说话人	2016
[66]	MFCC+F0	DNN+statistics+ELM	否	离散情感	2014
[68]	频谱	CNN+FC	否	离散情感	2014
[67]	MFCC，energy，F0 voicing，zero crossing rate	LSTM+statistics+ELM	否	离散情感	2015
[71]	MFCC	DNN(transfer learning)	否	情感	2016
[69]	时域波形	t-CNN+LSTM (correlation based loss function)	否	连续情感	2016
[70]	FBANK	CNN+FC (transfer learning)	否	食物	2015
[72]	频谱	DNN，CNN+FC	否	声音事件	2016

从性能上来说，引入语音识别深度学习模型的 i-vector 方法（包含 Tandem 特征及 Bottlenect 特征）比传统的 GMM-i-vector 方法在长时与文本无关任务上性能有了大幅的提升[60]。基于端到端深度学习架构的方法在一些短时或与文本相关任务上取得了接近或优于传统方法的性能，但在很多与文本无关或训练数据量少或长时语音任务上没有达到传统方法的性能，只能在得分层融合后获得性能提升。比如目前基于端到端深度学习的方法大多局限在短时与文本相关任务。我们认为目前基于端到端学习架构的副语言语音属性识别研究处于一个非常活跃的时期，大量新方法不断涌现，急需开展深入的、全面的研究。

5.1.3　迁移学习、多任务学习及多数据库联合学习

在一些副语言语音属性识别任务上，始终存在着训练数据少，测试数据与训练数据不匹配，不同语言有不同语言的数据库且不能通用（比如不同语种下的情感识别数据），不同的语音属性（说话人、语种、年龄、性别）识别算法共用同一个数据库、同一个特征甚至同一个方法[74]等情况。目前在传统方法框架内已有一些研究开始关注这一研究方向[75-77]。对于说话人识别任务，如果训练数据和测试数据来自不用的语种，那么使用训练数据语种对应的深度学习语音识别声学模型在测试数据上解码得到的后验概率用于 i-vector 系统并不会改善系统性能[78]。最近在传统方法分类器层面出现了几篇基于迁移学习的跨语种、跨数据库的声纹识别和情感识别研究[75-79]，但基于统一端到端深度学习框架的、包含多个副语言语音属性的迁移学习、多任务及跨语种多数据库学习工作还较少。

5.2　声纹识别经典算法

5.2.1　特征提取

声纹识别提取的特征主要有短时频谱特征、声源特征、韵律特征、高层次特征等[2]。本节限于篇幅，介绍声纹识别中常用的短时频谱特征以及声源特征。

1. 短时频谱特征

1）短时振幅频谱特征

短时频谱特征可以分为基于短时振幅频谱的特征以及基于短时相位频谱的特征。

在基于短时振幅频谱的特征中，梅尔频率倒谱系数可能是应用最广的一种

特征。当以赫兹(Hz)为频率的单位时,人耳对不同频率的灵敏度响应是不同的,即以赫兹为单位时,人耳的听觉系统是一个非线性的系统,整体成对数曲线趋势。梅尔频率的产生很好地模拟了人耳的感知特性曲线。梅尔频率与频率 f 的转换关系为

$$Mel(f) = 2\,595\lg\left(1 + \frac{f}{700}\right) \tag{5-1}$$

MFCC 是在此基础上提取出来的特征,符合人耳听觉特性。MFCC 特征提取的流程如图 5-3 所示。

具体步骤如下:

(1) 语音信号经过预加重、加窗、分帧的预处理过程,得到帧序列语音信号。

(2) 对帧序列语音信号进行快速傅里叶变换(fast Fourier transformation, FFT),取模的平方得到离散功率谱 $S(k)$,$1 \leqslant k \leqslant \frac{N}{2} - 1$。

(3) 计算 $S(k)$ 通过一组梅尔频率三角滤波器组得到的一组系数。采样频率为 f_s,则在 $[0, Mel(f_s/2)]$ 范围内等间隔地选取 L 个频率点作为三角滤波器的中心频率 $f_c(i)$,$1 \leqslant i \leqslant L$。第 i 个滤波器的低频边界和高频边界分别记为 $f_1(i)$ 和 $f_h(i)$。

其中,

$$f_c(i) = f_1(i+1) = f_h(i-1) \tag{5-2}$$

$S(k)$ 映射到梅尔频率域得

$$S'(f_k) = S'\left[Mel\left(\frac{f_s}{N}k\right)\right] = S(k) \tag{5-3}$$

滤波器的输出为

$$m(i) = \sum_{k=1}^{n} W(k, i) \mid S'(f_k) \mid, \quad 1 \leqslant i \leqslant L$$

$$W(k, i) = \begin{cases} \dfrac{f_k - f_1(i)}{f_c(i) - f_1(i)}, & f_1(i) \leqslant f_k \leqslant f_c(i) \\[3mm] \dfrac{f_n(i) - f_k}{f_n(i) - f_c(i)}, & f_c(i) < f_k \leqslant f_h(i) \end{cases} \tag{5-4}$$

(4) 对 $m(i)$ 取对数,得到 $\lg[m(i)]$。

(5) 求 $\lg[m(i)]$ 的离散余弦变换(discrete cosine transform, DCT),得到

MFCC 系数：

$$C_{\mathrm{MFCC}}(n) = \sqrt{\frac{2}{L} \sum_{i=1}^{L} Lm(i) \cos\left[(i-0.5)\frac{n\pi}{L}\right]} \qquad (5-5)$$

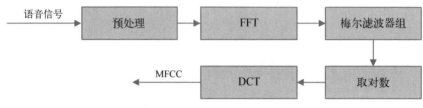

图 5 - 3　MFCC 特征提取流程

2) 短时相位频谱特征

典型的短时相位特征包括群延迟特征（group delay feature，GDF）、瞬时频率特征（instantaneous frequency，IF）和相对相位特征（relative phase，RP）等。虽然传统的语音感知研究已意识到相位信息的重要性，但却少有这方面的研究。这主要是因为语音信号的共振峰在相位谱中表现为跃迁，完全被相位缠绕（phase wrapping）所掩盖。因此，处理傅里叶变换相位以提取语音特征的一种方法是可直接从语音信号计算出的群延迟函数。群延迟函数在早期的研究中用来从语音信号中提取基音和共振峰信息。由于基音周期性效应等问题，传统的群延迟函数无法有效捕获语音的短时语谱图信息。有研究[80]提出了优化的群延迟特征（modified group delay feature，MODGDF）。

群延迟函数定义为傅里叶变换相位谱的负导数：

$$\tau(\omega) = -\frac{\mathrm{d}[\theta(\omega)]}{\mathrm{d}\omega} \qquad (5-6)$$

式中，$\theta(\omega)$ 为相位谱。

群延迟函数与常数的差值表明了相位的非线性程度。语音信号中的群延迟函数可以通过下式计算：

$$\begin{aligned}
\tau_x(\omega) &= -Im\,\frac{\mathrm{d}\{\ln[X(\omega)]\}}{\mathrm{d}\omega} \\
&= \frac{X_R(\omega)Y_R(\omega) + Y_I(\omega)X_I(\omega)}{|X(\omega)|^2}
\end{aligned} \qquad (5-7)$$

式中，下标 R 和 I 分别表示傅里叶变换的实部和虚部；$X(\omega)$ 和 $Y(\omega)$ 分别由 $x(n)$ 和 $nx(n)$ 做傅里叶变换得到；Im 表示虚数部分。因此，群延迟函数一般也可以看作是加权倒谱的傅里叶变换。

其他的短时相位特征还有瞬时频率(IF)特征[81]和相对相位[82,83]特征等。瞬时频率 $f(t)$ 可以从相位中按照下式求得:

$$f(t) = \frac{1}{2\pi} \frac{\mathrm{d}\phi(t)}{\mathrm{d}t} \qquad (5-8)$$

提取瞬时频率特征的基础声学原理在于语音是一种非平稳信号,其频谱特性随时间变化,因此该特征可以较好地表征语音的相位信息。

相位信息会随着分帧的起始位置不同而变化。为了解决这个问题,相对相位特征提取方法通过把不同的帧在某个频率 ω 上变换成相同的相位来实现相位信息的正规化[82]。改进的相对相位特征追加了基于基频同步的分帧方法,使得每个分帧起始时间都与语音信号的基频对应,解决了相位信息易变的问题[83]。

2. 声源特征

声源特征包括以下几种:声段的声门激励信号,如基频和声门脉冲形状,用它可表示特定说话人信息;基频,即声带振动的频率,也是常用的韵律特征;其他与声门脉冲形状相关的参数,如声带开放程度和关闭阶段的持续时间,这些参数与语音质量有关,可以用来描述如语气、喘息声、咯吱声等[84]。

鉴于声道的滤波效果,声源特征是不能直接测量的。一种声源特征的估计方法是假设声源和声道都是相互独立的,先用线性预测模型来估计声道参数,然后通过对原始波形进行逆滤波得到声源信号的估计[85-90]。另一种方法是在声带闭合的部分采用闭式相位协方差分析[87,91,92]。这提高了声带检测准确率,但在嘈杂的环境中对闭合相位难以准确探测[93]。

其中第一种方法对逆滤波后的信号进行特征提取常使用自联想神经网络[88]。其他的方法可使用参数声门流模型参数[87]、小波分析[90]、残余相位[91]、倒谱系数[85,91,94]、高阶统计[94]。

声源特征不能像声道特征一样达到良好的声纹识别性能,但是特征融合后这两个特征互补可以提高系统的精度[86,90]。相关实验结果[88,95]也表明对声源特征的训练和测试所需的数据量将显著低于对声带功能所需要的数据量。其可能的原因是,声带功能依赖于语音内容,需要有足够的音节覆盖训练集和测试集的话语。反过来,声源特征对音节、音素的依赖要少得多。

5.2.2 GMM‑UBM‑MAP

高斯混合模型(GMM)[96,97]是一种随机模型,已成为在说话人识别中广泛使用的模型。可以认为 GMM 是矢量量化(veetor quantization,VQ)模型的扩展,其中聚类是重叠的。也就是说,特征向量不会分配给最近的聚类,而是有一个源于每个聚类的非零概率。

GMM 由有限个多元高斯分量混合组成。一个 GMM 的参数可表示为 $\boldsymbol{\lambda}$,通过概率密度函数进行特征化:

$$p(\boldsymbol{x} \mid \boldsymbol{\lambda}) = \sum_{k=1}^{k} P_k N(\boldsymbol{x} \mid \boldsymbol{\mu}_k, \boldsymbol{\Sigma}_k) \tag{5-9}$$

式中,k 是高斯分量的数目;P_k 是第 k 个高斯分量的先验概率(混合权重),$P_k \geqslant 0$ 且遵循约束 $\sum_{k=1}^{K} P_k = 1$,并且

$$N(\boldsymbol{x} \mid \boldsymbol{\mu}_k, \boldsymbol{\Sigma}_k) = (2\pi)^{-\frac{d}{2}} \mid \boldsymbol{\Sigma}_k \mid^{-\frac{1}{2}} \exp\left[-\frac{1}{2}(\boldsymbol{x} - \boldsymbol{\mu}_k)^{\mathrm{T}} \boldsymbol{\Sigma}_k^{-1}(\boldsymbol{x} - \boldsymbol{\mu}_k)\right]$$

是具有平均向量 $\boldsymbol{\mu}_k$ 和协方差矩阵 $\boldsymbol{\Sigma}_k$ 的 d 变元高斯密度函数。

考虑到数值和计算,GMM 的协方差矩阵通常是对角的(即方差向量),这就在坐标轴方向上限制了高斯椭圆的主轴。估计全协方差 GMM 的参数通常需要更多的训练数据,而且计算成本很高。估计全协方差 GMM 参数的实例,请参阅文献[98]。

单高斯模型将具有完全协方差矩阵的单个高斯分量作为说话人模型[99-103]。因为倒谱平均向量受到卷积噪声的影响(如麦克风和手机噪声),所以有时只使用协方差矩阵。单方差和协方差模型参数较少,因此计算效率很高,尽管它们的精度明显低于 GMM 的。

训练 GMM 包括从训练样本 $\boldsymbol{X} = \{x_1, x_2, \cdots, x_T\}$ 中估计参数 $\boldsymbol{\lambda} = \{P_k, \boldsymbol{\mu}_k, \boldsymbol{\Sigma}_k\}_{k=1}^{K}$,采用的基本方法是最大似然(ML)估计。对于模型 $\boldsymbol{\lambda}$,$\boldsymbol{X}$ 的平均对数似然比为

$$LL_{\mathrm{avg}}(\boldsymbol{X}, \boldsymbol{\lambda}) = \frac{1}{T} \sum_{t=1}^{T} \ln \sum_{k=1}^{K} P_k N(x_t \mid \boldsymbol{\mu}_k, \boldsymbol{\Sigma}_k) \tag{5-10}$$

其值越高,表示未知向量来自模型 $\boldsymbol{\lambda}$ 的指标就越高。著名的期望最大化(EM)算法[104]可以用来实现使给定数据的可能性最大化。需注意,K-Means 方法[105]可用作 EM 算法的初始化;根据文献[105-107],EM 只需要很少的迭代甚至不需要。这并不是一条普遍的规则,但是迭代计数应该针对给定的任务进行优化。

在语音应用中,由于说话人、环境、说话风格等因素的变化,声学模型对新的

操作条件的适应是非常重要的。在基于 GMM 的说话人识别中,首先通过从大量说话人那里收集的几十个或数百个小时的语音数据,使用 EM 算法对与说话人无关的领域模型或通用背景模型(UBM)进行训练[97]。背景模型表示与说话人无关的特征向量的分布,在系统中加入新说话人时,背景模型的参数与新说话人的特征分布相适应。然后,采用经过调整的模型作为说话人的模型。这样,就不用从零开始估计模型参数,而是利用先验知识("通用的语音数据")。现在让我们来看如何执行适配。

可以根据背景模型调整所有参数,或者只调整其中的一些参数。在实践中,只调整均值是行之有效的[97],这也推动了简化的适配 VQ 模型的诞生[105,108]。给定注册样本 $\boldsymbol{X} = \{x_1, x_2, \cdots, x_T\}$ 和 UBM 的参数 $\boldsymbol{\lambda}_{\mathrm{UBM}} = \{P_k, \boldsymbol{\mu}_k, \boldsymbol{\Sigma}_k\}_{k=1}^{K}$,最大后验(MAP)[97]方法中的自适应平均向量 $\boldsymbol{\mu}'_k$ 为说话人训练数据和 UBM 均值的加权和:

$$\mu'_k = \alpha_k \widetilde{x}_k + (1 - \alpha_k)\boldsymbol{\mu}_k, \tag{5-11}$$

式中,

$$\alpha_k = \frac{n_k}{n_k + r}$$

$$\widetilde{x}_k = \frac{1}{n_k}\sum_{t=1}^{T} P(k \mid x_t)x_t$$

$$n_k = \sum_{t=1}^{T} P(k \mid x_t)$$

$$P(k \mid x_t) = \frac{P_k N(x_t \mid \boldsymbol{\mu}_k, \boldsymbol{\Sigma}_k)}{\sum_{m=1}^{k} P_m N(x_t \mid \boldsymbol{\mu}_m, \boldsymbol{\Sigma}_m)}$$

在识别模式中,映射适配模型与 UBM 耦合,识别器通常称为高斯混合模型-通用背景模型(GMM-UBM)。匹配分数取决于目标模型($\lambda_{\mathrm{target}}$)和背景模型($\lambda_{\mathrm{UBM}}$)的平均对数似然比:

$$LLR_{\mathrm{avg}}(X, \lambda_{\mathrm{target}}, \lambda_{\mathrm{UBM}}) = \frac{1}{T}\sum_{t=1}^{T}\{\ln p(x_t \mid \lambda_{\mathrm{target}}) - \ln p(x_t \mid \lambda_{\mathrm{UBM}})\}$$

$$\tag{5-12}$$

它主要测量目标模型与背景模型在产生观测值 $\boldsymbol{X} = \{x_1, x_2, \cdots, x_T\}$ 时的差异。所有说话人都使用一个共同的背景模型,使不同说话人的匹配分数范围具有可比性。在 UBM 标准化的基础上应用测试段相关归一化[109]来解释测试相关的分数偏移是很常见的。

可供选择的 MAP 方法有很多种，并且方法的选择取决于现有训练数据的数量[110]。对于非常短的注册话语（几秒钟），已经证实一些方法是更有效的。最大似然线性回归（MLLR）[111]，最初是为语音识别而开发的，现已成功地应用于说话人识别[110,111,112]。MAP 和 MLLR 自适应都形成了对超矢量分类器研究的基础。

高斯混合模型由于逐帧匹配，计算量很大。在 GMM-UBM 架构[97]中，可以通过从 UBM 中找到每一个测试句向量的 top-C（通常 $C \approx 5$）评分快速评估[97,113,114]。其他加速技术包括减少向量数目、高斯分量评估或说话人模型[113,115-121]。

与语音识别中的隐马尔可夫模型（HMM）不同，GMM 没有显式地利用任何语音信息——GMM 训练集只包含汇集在一起的不同语音类别的所有语谱图特征。测试语音的特征与高斯分量不对齐，因此在训练和测试中，匹配分数可能会因音素的不同而出现偏差。

这个语音失配问题已经被语音驱动的树结构以及对每个语音类[122]或者一部分音节[123]使用一个单独的 GMM 发现。例如，文献[124]中描述的语音 GMM（PGMM）使用神经网络分类器对 11 个语言独立的广域音素类进行分类。在训练阶段，对每个音素类分别进行 GMM 训练，并在运行时使用与帧标签对应的 GMM 进行评分。通过结合具有特征级的会话间组合 PGMM 和常规（非语音）GMM，取到了良好的结果。显然，GMM 中的语音建模是值得进一步研究的。

5.2.3 i-vector

对于一个由大量不同语音特征数据训练而成的通用背景模型 UBM，将一段语音的所有语音特征投影到此 GMM-UBM 的每一个高斯分量上，并在其时间域上求平均，可得到这段语音的 Baum-Welch 统计量信息并得到超向量（supervector）。可以认为，超向量中包含了对应语音的说话人、信道、语种、情感等信息。然而超向量维度较高，为了方便后续信道补偿以及比对打分，需要寻找在低维度空间内保留鉴别性的特征表示来代表说话人。联合因子分析（joint factor analysis，JFA）将超向量的特征空间分解为说话人子空间、信道子空间以及残差 3 部分，但 JFA 估算出来的说话人子空间与信道子空间存在互相掩盖的问题。因此，Dehak[9]提出了基于单因子分析的 i-vector，单因子分析在超向量空间内不严格区分说话人子空间以及信道子空间,直接估算包含说话人信息与信道信息的总体差异空间(total variability space),将超向量映射到总体差异空间中,以此得出对应语音的包含说话人及信道信息的低维度 i-vector。

给定一个具有 C 个高斯分量的 GMM-UBM,其参数 $\boldsymbol{\lambda}_c = \{p_c, \boldsymbol{\mu}_c, \boldsymbol{\Sigma}_c\}$;对于一段语音的特征序列 $\{y_1, y_2, \cdots, y_L\}$,每个特征向量维度为 D。

将语音的特征序列映射到 GMM-UBM 上,则零阶统计量 $\boldsymbol{N} = \begin{bmatrix} N_1 & N_2 & \cdots & N_c & \cdots & N_C \end{bmatrix}$,中心化的一阶统计量 $\boldsymbol{F} = \begin{bmatrix} \boldsymbol{F}_1^\mathrm{T} & \boldsymbol{F}_2^\mathrm{T} & \cdots & \boldsymbol{F}_c^\mathrm{T} & \cdots & \boldsymbol{F}_C^\mathrm{T} \end{bmatrix}^\mathrm{T}$ 且

$$\boldsymbol{N}_c = \boldsymbol{\Sigma}_t P(c \mid y_t, \boldsymbol{\lambda}_c)$$

$$\boldsymbol{F}_c = \boldsymbol{\Sigma}_t P(c \mid y_t, \boldsymbol{\lambda}_c)(y_t - \boldsymbol{\mu}_c)$$

零阶统计量 $\boldsymbol{N}$ 的维度等于 GMM 的高斯分量数 C,每一维代表特征序列在 GMM 的每个高斯分量上的后验概率。$\boldsymbol{F}_c$ 的维度为特征向量的维度 D,而 $\boldsymbol{F}$ 由 C 个 D 维的向量拼接而成,因此 $\boldsymbol{F}$ 为一个 $C \times D$ 的高维向量。

将均值中心化的一阶统计量进行归一化处理,可得超向量 $\widetilde{\boldsymbol{F}} = \begin{bmatrix} \widetilde{\boldsymbol{F}}_1^\mathrm{T} & \widetilde{\boldsymbol{F}}_2^\mathrm{T} & \cdots & \widetilde{\boldsymbol{F}}_c^\mathrm{T} & \cdots & \widetilde{\boldsymbol{F}}_C^\mathrm{T} \end{bmatrix}^\mathrm{T}$,其中 $\widetilde{\boldsymbol{F}}_c$ 代表一段语音的特征序列与 UBM 第 c 个高斯分量的均值在时间域上的平均差异:

$$\widetilde{\boldsymbol{F}}_c = \frac{\boldsymbol{\Sigma}_t P(c \mid y_t, \boldsymbol{\lambda}_c)(y_t - \mu_c)}{\boldsymbol{\Sigma}_t P(c \mid y_t, \boldsymbol{\lambda}_c)} \tag{5-13}$$

UBM 的均值超向量 $\boldsymbol{U} = \begin{bmatrix} \boldsymbol{\mu}_1^\mathrm{T} & \boldsymbol{\mu}_2^\mathrm{T} & \cdots & \boldsymbol{\mu}_c^\mathrm{T} & \cdots & \boldsymbol{\mu}_C^\mathrm{T} \end{bmatrix}^\mathrm{T}$,可以看成是一个参考点,不同语音的均值中心化超向量 $\widetilde{\boldsymbol{F}}$ 代表了不同语音与这个 UBM 参考点的距离,刻画了对应语音的说话人信息。

Dehak 提出了使用单因子分析直接估算包含说话人信息与信道信息的总体差异空间 $\boldsymbol{T}$,不严格区分说话人子空间与信道子空间。因此,可将超向量投影到总体差异空间 $\boldsymbol{T}$ 中,由此估算出包含说话人及信道信息的 i-vector。

在 i-vector 的框架中,给定训练集 $\{\widetilde{\boldsymbol{F}}_1, \widetilde{\boldsymbol{F}}_2, \cdots, \widetilde{\boldsymbol{F}}_J\}$,我们假设第 j 个均值中心化的超向量 $\widetilde{\boldsymbol{F}}_{(j)}$ 由以下单因子分析型生成:

$$\widetilde{\boldsymbol{F}}_{(j)} = \boldsymbol{T} \boldsymbol{X}_{(j)} + \varepsilon_{(j)}, \quad j = 1, 2, \cdots, J \tag{5-14}$$

式中,低秩矩阵 $\boldsymbol{T}$ 为低秩总体差异子空间,$\boldsymbol{T} \in RCD^① \times K, K$ 为 $\boldsymbol{T}$ 的秩,$K \ll$

---

① RCD 表示 $R \times C \times D$,为 J 矩阵的行数。

CD[①]；$X_j \in RK^{②} \times 1$ 为隐含变量，服从高斯分布 $N(0, I)$，可以估计出最终需要得到的 i-vector；ε_j 为无法被总体差异空间表征的残差，服从高斯分布 $N(0, N_j^{-1}\Sigma)$，Σ 是对角协方差矩阵，为未能被总体差异空间 T 表示的残差协方差，N_j 具有如下的形式：

$$N_j = \begin{bmatrix} N_{j,1} & 0 & \cdots & 0 \\ 0 & N_{j,2} & \cdots & 0 \\ \vdots & \vdots & & \vdots \\ 0 & 0 & \cdots & N_{j,C} \end{bmatrix}$$

在因子分析方法中，假设超向量 $\widetilde{F}_J$ 由隐变量 X_j 生成，使用期望最大化算法对参数 $\Theta = \{T, \Sigma\}$ 进行估计。

在计算期望（expectation）步骤中，以当前参数 Θ^g 推断隐变量的后验概率密度 $p(X_j \mid \widetilde{F}_J, \Theta^g)$，根据贝叶斯公式，有

$$p(X_j \mid \widetilde{F}_J, \Theta^g) = \frac{p(\widetilde{F}_J \mid X_j, \Theta^g)p(X_j)}{\Sigma_{X_k} p(\widetilde{F}_J \mid X_k, \Theta^g)p(X_k)} \tag{5-15}$$

式中 $p(\widetilde{F}_J \mid X_j, \Theta^g) = N(TX_j, N_j^{-1}\Sigma)$。式（5-15）中，由于分母 $\Sigma_{X_k} p(\widetilde{F}_J \mid X_k, \Theta^g)p(X_k)$ 可看为一个常数，$p(X_j \mid \widetilde{F}_J, \Theta^g)$ 可写为

$$p(X_j \mid \widetilde{F}_J, \Theta^g) \propto p(\widetilde{F}_J \mid X_j, \Theta^g)p(X_J)$$

$$\propto \exp\left\{-\frac{1}{2}(\widetilde{F}_J - T^g X_j)^T \Sigma^{g-1}(\widetilde{F}_J - T^g X_j) - \frac{1}{2}X_j^T X_j\right\}$$

$$\propto \exp\left[X_j^T T^{gT}\Sigma^{g-1} N_j \widetilde{F}_J - \frac{1}{2}X_j^T(I + T^{gT}\Sigma^{g-1} N_j T^g)X_j\right] \tag{5-16}$$

对比式（5-16）与高斯分布 $N(X \mid \mu_X, \Sigma_X)$ 的形式，可得隐变量的后验概率密度函数：

$$p(X_j \mid \widetilde{F}_J) = N\left[(I + T^{gT}\Sigma^{g-1}N_jT^g)^{-1}T^{gT}\Sigma^{g-1}N_j\widetilde{F}_J, (I + T^{gT}\Sigma^{g-1}N_jT^g)^{-1}\right] \tag{5-17}$$

因此隐变量的期望 $E(X_j)$ 及二阶矩 $E(X_j X_j^T)$ 为

$$E(X_j) = (I + T^{gT}\Sigma^{g-1}N_jT^g)^{-1}T^{gT}\Sigma^{g-1}N_j\widetilde{F}_J$$

---

① CD 表示 $C \times D$ 的一个数。

② RK 表示 $R \times K$ 的一个数。

$$E(\boldsymbol{X}_j\boldsymbol{X}_j^{\mathrm{T}}) = (\boldsymbol{I} + \boldsymbol{T}^{g\,\mathrm{T}}\boldsymbol{\Sigma}^{g-1}\boldsymbol{N}_j\boldsymbol{T}^g)^{-1} + E(\boldsymbol{X}_j)E(\boldsymbol{X}_j)^{\mathrm{T}}$$

在最大化（maximization）步骤中，首先计算对数似然函数 $\ln p(\widetilde{\boldsymbol{F}}_J, \boldsymbol{X}_j \mid \boldsymbol{\Theta})$ 关于隐变量 $\boldsymbol{X}_j$ 的期望，对于整个训练集上 J 个语音段的超向量 $\{\widetilde{\boldsymbol{F}}_1, \widetilde{\boldsymbol{F}}_2, \cdots, \widetilde{\boldsymbol{F}}_J\}$，有

$$
\begin{aligned}
Q(\boldsymbol{\Theta}, \boldsymbol{\Theta}^g) &= \sum_{j=1}^{J}\sum_{\boldsymbol{X}_j} p(\boldsymbol{X}_j \mid \widetilde{\boldsymbol{F}}_J, \boldsymbol{\Theta}^g)\ln p(\widetilde{\boldsymbol{F}}_J, \boldsymbol{X}_j \mid \boldsymbol{\Theta}) \\
&= E_{\boldsymbol{X}}\Big\{\sum_{j=1}^{J}\ln[N(\widetilde{\boldsymbol{F}}_J \mid \boldsymbol{T}\boldsymbol{X}_j, \boldsymbol{N}_j^{-1}\boldsymbol{\Sigma})N(\boldsymbol{X}_j \mid 0, \boldsymbol{I})]\Big\}
\end{aligned}
$$

$$(5\text{-}18)$$

化简式(5-18)，抛弃与所求参数无关的项，可得

$$
\begin{aligned}
Q(\boldsymbol{\Theta}, \boldsymbol{\Theta}^g) = -\sum_{j=1}^{J}\Big[&\frac{1}{2}\ln|\boldsymbol{N}_j^{-1}\boldsymbol{\Sigma}| + \frac{1}{2}\widetilde{\boldsymbol{F}}_j^{\mathrm{T}}\boldsymbol{\Sigma}^{-1}\boldsymbol{N}_j\widetilde{\boldsymbol{F}}_j - \widetilde{\boldsymbol{F}}_j^{\mathrm{T}}\boldsymbol{\Sigma}^{-1}\boldsymbol{N}_j\boldsymbol{T}E(\boldsymbol{X}_j) + \\
&\frac{1}{2}E(\boldsymbol{X}_j^{\mathrm{T}}\boldsymbol{T}^{\mathrm{T}}\boldsymbol{\Sigma}^{-1}\boldsymbol{N}_j\boldsymbol{T}\boldsymbol{X}_j)\Big]
\end{aligned}
$$

$$(5\text{-}19)$$

寻找最大化的期望似然的参数：

$$\boldsymbol{\Theta} = \arg\max_{\boldsymbol{\Theta}} Q(\boldsymbol{\Theta}, \boldsymbol{\Theta}^g) \tag{5-20}$$

求 $Q(\boldsymbol{\Theta}, \boldsymbol{\Theta}^g)$ 对 $\boldsymbol{T}$ 的偏导数，并令其为 0，可得

$$\frac{\partial Q}{\partial \boldsymbol{T}} = \sum_{j=1}^{J}\big[\boldsymbol{N}_j\boldsymbol{\Sigma}^{-1}\widetilde{\boldsymbol{F}}_j E(\boldsymbol{X}_j)^{\mathrm{T}} - \boldsymbol{N}_j\boldsymbol{\Sigma}^{-1}\boldsymbol{T}E(\boldsymbol{X}_j\boldsymbol{X}_j^{\mathrm{T}})\big] = 0 \tag{5-21}$$

式(5-21)可化简为

$$\sum_{j=1}^{J}\boldsymbol{N}_j\widetilde{\boldsymbol{F}}_J E(\boldsymbol{X}_j)^{\mathrm{T}} = \sum_{j=1}^{J}\boldsymbol{N}_j\boldsymbol{T}E(\boldsymbol{X}_j\boldsymbol{X}_j^{\mathrm{T}}) \tag{5-22}$$

$\boldsymbol{T}$ 矩阵是一个 $CD \times K$ 的矩阵，由于 N_{cj} 是一个标量，本文使用文献[10]中的策略，对其中的每个高斯分量分别更新：

$$\boldsymbol{T}_c = \Big[\sum_{j=1}^{J}N_{cj}\widetilde{\boldsymbol{F}}_{cJ}E(\boldsymbol{X}_j)^{\mathrm{T}}\Big]\Big[\sum_{j=1}^{J}N_{cj}E(\boldsymbol{X}_j\boldsymbol{X}_j^{\mathrm{T}})\Big]^{-1} \tag{5-23}$$

式中，$\boldsymbol{T}_c$ 表示 $\boldsymbol{T}$ 矩阵的第 $(c-1)\times(D+1)$ 到 $c\times D$ 行的子矩阵块；$\widetilde{\boldsymbol{F}}_{cJ}$ 则是 $\widetilde{\boldsymbol{F}}_J$ 包含第 $(c-1)\times(D+1)$ 到 $c\times D$ 个元素的子向量。

求 $Q(\boldsymbol{\Theta}, \boldsymbol{\Theta}^g)$ 对 $\boldsymbol{\Sigma}^{-1}$ 的偏导数，并令其为 0，可得

$$\frac{\partial Q}{\partial \boldsymbol{\Sigma}^{-1}} = \sum_{j=1}^{J} \left[\frac{1}{2} (\boldsymbol{\Sigma} - N_j \widetilde{\boldsymbol{F}}_j \widetilde{\boldsymbol{F}}_j^{\mathrm{T}}) + N_j \widetilde{\boldsymbol{F}}_j E(\boldsymbol{X}_j)^{\mathrm{T}} \boldsymbol{T}^{\mathrm{T}} - \frac{1}{2} N_j \boldsymbol{T} E(\boldsymbol{X}_j \boldsymbol{X}_j^{\mathrm{T}}) \boldsymbol{T}^{\mathrm{T}} \right] = 0 \tag{5-24}$$

利用 $\boldsymbol{T}$ 的更新公式——式(5-23)消去带 $E(\boldsymbol{X}_j \boldsymbol{X}_j^{\mathrm{T}})$ 的项,可求出 $\boldsymbol{\Sigma}$ 的更新公式:

$$\boldsymbol{\Sigma} = \frac{1}{J} \sum_{j=1}^{J} N_j \left[\widetilde{\boldsymbol{F}}_j \widetilde{\boldsymbol{F}}_j^{\mathrm{T}} - \boldsymbol{T} E(\boldsymbol{X}_j) \widetilde{\boldsymbol{F}}_j^{\mathrm{T}} \right] \tag{5-25}$$

通过 $\boldsymbol{T}$ 与 $\boldsymbol{\Sigma}$ 的更新公式将新得到的参数值重新应用于 E 步,不断循环,直至收敛到局部最优解。对 EM 进行参数初始化时,$\boldsymbol{T}$ 矩阵的数值随机产生,$\boldsymbol{\Sigma}$ 初始化为 UBM 的协差矩阵。

在估计好总体差异空间 $\boldsymbol{T}$ 后,给定任意一段语的中心化超向量,可以使用点估计的方法,根据隐变量 $\boldsymbol{X}$ 的后验概率密度函数 $p(\boldsymbol{X} \mid \widetilde{\boldsymbol{F}}, \boldsymbol{\Theta})$,取其对应高斯分布的均值作为 i-vector 的取值:

$$\boldsymbol{X} = (\boldsymbol{I} + \boldsymbol{T}^{\mathrm{T}} \boldsymbol{\Sigma}^{-1} \boldsymbol{N} \boldsymbol{T})^{-1} \boldsymbol{T}^{\mathrm{T}} \boldsymbol{\Sigma}^{-1} \boldsymbol{N} \widetilde{\boldsymbol{F}} \tag{5-26}$$

5.2.4　PLDA

由于 i-vector 方法是一种无监督学习方法,并没有严格区分说话人的类间差异和说话人的类内差异,仍然需要对其进行后端建模以消除类内差异。概率线性判别分析(prolalilistic linear discrimination analysis, PLDA)可以看作是 LDA 的概率形式,最早由 Prince[35] 针对人脸识别问题所提出。

标准的 PLDA 可以认为是有监督版本的联合因子分析,它将总体差异空间中的 i-vector 用两个子空间表示:

$$\boldsymbol{\eta}_{ij} = \boldsymbol{m} + \boldsymbol{V} \boldsymbol{y}_i + \boldsymbol{U} \boldsymbol{x}_{ij} + \boldsymbol{\epsilon}_{ij} \tag{5-27}$$

式中,$\boldsymbol{\eta}_{ij}$ 代表第 i 个说话人的第 j 段语音的 i-vector;$\boldsymbol{m}$ 为所有 i-vector 的全局均值;$\boldsymbol{V}$ 是描述说话人类间差异的子空间矩阵;$\boldsymbol{U}$ 是描述说话人类内差异的子空间矩阵;$\boldsymbol{y}_i$ 和 $\boldsymbol{x}_{ij}$ 是其对应子空间内的因子,服从高斯分布;$\boldsymbol{\epsilon}_{ij}$ 是残差项,服从协方差矩阵为对角阵的高斯分布。同样是因子分析方法,与 i-vector 方法不同的是,它需要利用说话人标注数据进行训练,并严格区分说话人类间差异和说话人类内差异。

Kenny[125] 首先将 PLDA 方法应用到说话人识别问题中,由于每个说话人的所有 i-vector 样本数较少,为因子 $\boldsymbol{y}_i$ 和 $\boldsymbol{x}_{ij}$ 以及残差项 $\boldsymbol{\epsilon}_{ij}$ 引入 t(Student's-t)分

布的先验概率。当 Student's-t 分布的自由度增大时，Student's-t 分布逐渐收敛到高斯分布。

研究表明，基于 Student's-t 先验的 PLDA 在识别准确率上优于基于高斯先验的 PLDA[125]，证明了 i-vector 中说话人因子与信道因子的非高斯行为。但基于 Student's-t 先验的 PLDA 求解复杂，计算复杂度高。Garcia-Romero 等[36]为了利用基于高斯先验的 PLDA 的简洁解，将高斯化（Gaussianization）的概念引入 i-vector 中。首先，对 i-vector 白化（whitening）。先对所有 i-vector 做均值归一化处理，计算其的协方差矩阵 $\boldsymbol{\Sigma}_\eta$，通过特征值分解求其特征值与特征向量：

$$\boldsymbol{\Sigma}_\eta = \boldsymbol{E}\boldsymbol{D}\boldsymbol{E}^{-1}$$

其中，$\boldsymbol{E}$ 的每一列为 $\boldsymbol{\Sigma}_\eta$ 的特征向量；$\boldsymbol{D}$ 为对角矩阵，对角线元素为对应特征向量的特征值。由此可求白化矩阵 $\boldsymbol{W} = \boldsymbol{D}^{-\frac{1}{2}} \boldsymbol{E}^{\mathrm{T}}$，白化后的 i-vector $\boldsymbol{W}\boldsymbol{\eta}_{ij}$ 方差为 $\boldsymbol{I}$。接着，对 i-vector 进行长度归一化，使每个 i-vector 的二范数都为 1。这两步操作使得 i-vector 服从高斯分布的先验假设。

在说话人识别领域，由于 i-vector 维度一般都低（一般是 $400 \sim 600$ 维），所以用简化版本的 PLDA 对 i-vector 建模。简化版本的 PLDA 不严格区分说话人类内差异和残差，用一个满秩的全方差矩阵来描述说话人的类间差异以外的所有差异：

$$\boldsymbol{\eta}_{ij} = \boldsymbol{m} + \boldsymbol{\Phi}\boldsymbol{\beta}_i + \boldsymbol{\epsilon}_{ij}$$

其中，$\boldsymbol{\Phi}$ 是描述说话人类间差异的子空间矩阵；$\boldsymbol{\beta}_i$ 只依赖于说话人身份，即对于同一个人是相同的，服从高斯分布 $N(0, \boldsymbol{I})$；$\boldsymbol{\epsilon}_{ij}$ 是噪声项，服从高斯分布 $N(0, \boldsymbol{\Sigma})$，它除了与说话人有关，还依赖于其他能影响说话人类内差异的因素，因此每一句话都会有所区别。

1. PLDA 训练

PLDA 方法认为 i-vector $\boldsymbol{\eta}_{ij}$ 可以由隐变量 $\boldsymbol{\beta}_i$ 产生，可使用期望最大化算法对参数 $\boldsymbol{\Theta} = \{\boldsymbol{\Phi}, \boldsymbol{\Sigma}\}$ 进行估计。$\boldsymbol{\eta}_{ij}$ 关于 $\boldsymbol{\beta}_i$ 的条件概率为

$$p(\boldsymbol{\eta}_{ij} | \boldsymbol{\beta}_i, \boldsymbol{\Phi}) = N(\boldsymbol{\Phi}\boldsymbol{\beta}_i, \boldsymbol{\Sigma}) \tag{5-28}$$

在 E 步中，以当前参数 $\boldsymbol{\Theta}^g$ 推断隐变量的后验概率密度 $p(\boldsymbol{\beta}_i | \boldsymbol{\eta}_{i1}, \cdots, \boldsymbol{\eta}_{iM_i}, \boldsymbol{\Theta}^g)$，其中 M_i 为训练数据中第 i 个人的 i-vector 个数。根据贝叶斯公式，有

$$p(\boldsymbol{\beta}_i | \boldsymbol{\eta}_{i1}, \cdots, \boldsymbol{\eta}_{iM_i}, \boldsymbol{\Theta}^g) \propto \prod_{j=1}^{M_i} p(\boldsymbol{\eta}_{ij} | \boldsymbol{\beta}_i, \boldsymbol{\Theta}^g) p(\boldsymbol{\beta}_i)$$

$$\propto \exp\left\{-\frac{1}{2}\sum_{j=1}^{M_i}(\boldsymbol{\eta}_{ij}-\boldsymbol{\Phi}^g\boldsymbol{\beta}_i)^{\mathrm{T}}\boldsymbol{\Sigma}^{g-1}(\boldsymbol{\eta}_{ij}-\boldsymbol{\Phi}^g\boldsymbol{\beta}_i)-\frac{1}{2}\boldsymbol{\beta}_i^{\mathrm{T}}\boldsymbol{\beta}_i\right\}$$

$$\propto \exp\left\{\boldsymbol{\beta}_i^{\mathrm{T}}\boldsymbol{\Phi}^{g\mathrm{T}}\boldsymbol{\Sigma}^{g-1}\sum_{j=1}^{M_i}\boldsymbol{\eta}_{ij}-\frac{1}{2}\boldsymbol{\beta}_i^{\mathrm{T}}(\boldsymbol{I}+M_i\boldsymbol{\Phi}^{g\mathrm{T}}\boldsymbol{\Sigma}^{g-1}\boldsymbol{\Phi}^g)\boldsymbol{\beta}_i\right\} \tag{5-29}$$

对比式(5-29)与高斯分布 $N(\boldsymbol{X} \mid \boldsymbol{\mu}_{\boldsymbol{X}}, \boldsymbol{\Sigma}_{\boldsymbol{X}})$ 的形式,可得隐变量的后验概率密度函数 $p(\boldsymbol{\beta}_i \mid \boldsymbol{\eta}_{i1}, \cdots, \boldsymbol{\eta}_{iM_i}, \boldsymbol{\Theta}^g)$ 服从如下的高斯分布:

$$N\left[(\boldsymbol{I}+M_i\boldsymbol{\Phi}^{g\mathrm{T}}\boldsymbol{\Sigma}^{g-1}\boldsymbol{\Phi}^g)^{-1}\boldsymbol{\Phi}^{g\mathrm{T}}\boldsymbol{\Sigma}^{g-1}\sum_{j=1}^{M_i}\boldsymbol{\eta}_{ij}, (\boldsymbol{I}+M_i\boldsymbol{\Phi}^{g\mathrm{T}}\boldsymbol{\Sigma}^{g-1}\boldsymbol{\Phi}^g)^{-1}\right]$$

$$E(\boldsymbol{\beta}_i)=(\boldsymbol{I}+M_i\boldsymbol{\Phi}^{g\mathrm{T}}\boldsymbol{\Sigma}^{g-1}\boldsymbol{\Phi}^g)^{-1}\boldsymbol{\Phi}^{g\mathrm{T}}\boldsymbol{\Sigma}^{g-1}\sum_{j=1}^{M_i}\boldsymbol{\eta}_{ij}$$

$$E(\boldsymbol{X}_j\boldsymbol{X}_j^{\mathrm{T}})=(\boldsymbol{I}+M_i\boldsymbol{\Phi}^{g\mathrm{T}}\boldsymbol{\Sigma}^{g-1}\boldsymbol{\Phi}^g)^{-1}+E(\boldsymbol{\beta}_i)E(\boldsymbol{\beta}_i)^{\mathrm{T}}$$

在 M 步中,首先计算训练数据 $\boldsymbol{\eta}_{ij}(i=1, 2, \cdots, N; j=1, 2, \cdots, M_i)$ 的对数似然函数关于隐变量 $\boldsymbol{\beta}_i$ 的期望,其中 N 表示训练数据中说话人的总个数,有

$$Q(\boldsymbol{\Theta}, \boldsymbol{\Theta}^g)=\sum_{i=1}^{N}\sum_{\boldsymbol{\beta}_i}p(\boldsymbol{\beta}_i \mid \boldsymbol{\eta}_{i1}, \cdots, \boldsymbol{\eta}_{iM_i}, \boldsymbol{\Theta}^g)\ln p(\boldsymbol{\eta}_{i1}, \cdots, \boldsymbol{\eta}_{iM_i}, \boldsymbol{\beta}_i \mid \boldsymbol{\Theta}^g)$$

$$=\sum_{i=1}^{N}E_{\boldsymbol{\beta}_i}\{\ln[p(\eta_{i1}, \cdots, \eta_{iM_i} \mid \boldsymbol{\Theta}^g)p(\boldsymbol{\beta}_i)]\}$$

$$=\sum_{i=1}^{N}\sum_{j=1}^{M_i}E_{\boldsymbol{\beta}_i}\{\ln[p(\boldsymbol{\eta}_{ij} \mid \boldsymbol{\Theta}^g)p(\boldsymbol{\beta}_i)]\}$$

$$=\sum_{i=1}^{N}\sum_{j=1}^{M_i}E_{\boldsymbol{\beta}_i}\{\ln[N(\boldsymbol{\eta}_{ij} \mid \boldsymbol{\Phi}^g\boldsymbol{\beta}_i, \boldsymbol{\Sigma}^g)N(\boldsymbol{\beta}_i \mid 0, \boldsymbol{I})]\} \tag{5-30}$$

化简式(5-30),抛弃与所求参数无关的项,可得

$$Q(\boldsymbol{\Theta}, \boldsymbol{\Theta}^g)=\sum_{i=1}^{N}\sum_{j=1}^{M_i}\left[\frac{1}{2}\ln|\boldsymbol{\Sigma}|+\frac{1}{2}\boldsymbol{\eta}_{ij}^{\mathrm{T}}\boldsymbol{\Sigma}^{-1}\boldsymbol{\eta}_{ij}-\boldsymbol{\eta}_{ij}^{\mathrm{T}}\boldsymbol{\Sigma}^{-1}\boldsymbol{\Phi}E(\boldsymbol{\beta}_i)+\right.$$
$$\left.\frac{1}{2}E(\boldsymbol{\beta}_i^{\mathrm{T}}\boldsymbol{\Phi}^{\mathrm{T}}\boldsymbol{\Sigma}^{-1}\boldsymbol{\Phi}\boldsymbol{\beta}_i)\right] \tag{5-31}$$

寻找最大化的期望似然的参数:

$$\boldsymbol{\Theta}=\arg\max_{\boldsymbol{\Theta}}Q(\boldsymbol{\Theta}, \boldsymbol{\Theta}^g) \tag{5-32}$$

求 $Q(\boldsymbol{\Theta}, \boldsymbol{\Theta}^g)$ 对 $\boldsymbol{\Phi}$ 的偏导数,并令其为 0,可得

$$\frac{\partial Q}{\partial \boldsymbol{\Phi}} = \sum_{i=1}^{N} \sum_{j=1}^{M_i} \big[\boldsymbol{\Sigma}^{-1} \boldsymbol{\eta}_{ij} E(\boldsymbol{\beta}_i)^{\mathrm{T}} - \boldsymbol{\Sigma}^{-1} \boldsymbol{\Phi} E(\boldsymbol{\eta}_{ij} \boldsymbol{\eta}_{ij}^{\mathrm{T}}) \big] = 0 \qquad (5-33)$$

化简式(5-33)可求出 $\boldsymbol{\Phi}$ 的更新公式:

$$\boldsymbol{\Phi} = \Big[\sum_{i=1}^{N} \sum_{j=1}^{M_i} \boldsymbol{\eta}_{ij} E(\boldsymbol{\beta}_i)^{\mathrm{T}} \Big] \Big[\sum_{i=1}^{N} M_i E(\boldsymbol{\beta}_i \boldsymbol{\beta}_i^{\mathrm{T}}) \Big]^{-1} \qquad (5-34)$$

求 $Q(\boldsymbol{\Theta}, \boldsymbol{\Theta}^{\mathrm{odd}})$ 对 $\boldsymbol{\Sigma}^{-1}$ 的偏导数,并令其为 0,可得到:

$$\frac{\partial Q}{\partial \boldsymbol{\Sigma}^{-1}} = \sum_{i=1}^{N} \sum_{j=1}^{M_i} \Big[\frac{1}{2}(\boldsymbol{\Sigma} - \boldsymbol{\eta}_{ij} \boldsymbol{\eta}_{ij}^{\mathrm{T}}) + \boldsymbol{\eta}_{ij} E(\boldsymbol{\beta}_i)^{\mathrm{T}} \boldsymbol{\Phi}^{\mathrm{T}} - \frac{1}{2} \boldsymbol{\Phi} E(\boldsymbol{\beta}_i \boldsymbol{\beta}_i^{\mathrm{T}}) \boldsymbol{\Phi}^{\mathrm{T}} \Big] = 0$$

$$(5-35)$$

利用 $\boldsymbol{\Phi}$ 的更新公式——式(5-34)消去带 $E(\boldsymbol{\beta}_i \boldsymbol{\beta}_i^{\mathrm{T}})$ 的项并化简,可求出 $\boldsymbol{\Sigma}$ 的更新公式为

$$\boldsymbol{\Sigma} = \frac{1}{\sum_{i=1}^{N} M_i} \sum_{i=1}^{N} \sum_{j=1}^{M_i} \big[\boldsymbol{\eta}_{ij} \boldsymbol{\eta}_{ij}^{\mathrm{T}} - \boldsymbol{\Phi} E(\boldsymbol{\beta}_i) \boldsymbol{\eta}_{ij}^{\mathrm{T}} \big] \qquad (5-36)$$

通过 $\boldsymbol{\Phi}$ 与 $\boldsymbol{\Sigma}$ 的更新公式将新得到的参数值重新应用于 E 步,不断循环,直至收敛到局部最优解。

2. PLDA 打分

对于说话人确认任务,每组试验都需要一个目标说话人语音和一个测试说话人语音。分别提取上述两条语音的 i-vector,使用 PLDA 模型计算它们来自同一个说话人的似然比得分。

假定目标说话人的 i-vector 为 $\boldsymbol{\eta}_i$,测试说话人的 i-vector 为 $\boldsymbol{\eta}_j$,使用贝叶斯推理中的假设检验理论,计算两个 i-vector 由同一个者隐变量 $\boldsymbol{\beta}$ 生成的似然程度。H_1 假设为 $\boldsymbol{\eta}_i$ 和 $\boldsymbol{\eta}_j$ 来自同一个说话人,两者共享同一个说话人因子隐变量;H_0 假设为 $\boldsymbol{\eta}_i$ 和 $\boldsymbol{\eta}_j$ 来自不同的说话人,它们由不同的说话人因子生成。使用对数似然比计算出最后的得分为

$$score = \ln \frac{p(\boldsymbol{\eta}_i, \boldsymbol{\eta}_j \mid H_1)}{p(\boldsymbol{\eta}_i, \boldsymbol{\eta}_j \mid H_0)} \qquad (5-37)$$

当在 H_1 假设时,$\boldsymbol{\eta}_i$ 和 $\boldsymbol{\eta}_j$ 来自同一个说话人,即

$$\begin{bmatrix} \boldsymbol{\eta}_i \\ \boldsymbol{\eta}_j \end{bmatrix} = \begin{bmatrix} \boldsymbol{\Phi} & 0 \\ 0 & \boldsymbol{\Phi} \end{bmatrix} \begin{bmatrix} \boldsymbol{\beta} \\ \boldsymbol{\beta} \end{bmatrix} + \begin{bmatrix} \boldsymbol{\varepsilon}_i \\ \boldsymbol{\varepsilon}_j \end{bmatrix} \qquad (5-38)$$

此时可计算 $\begin{bmatrix} \boldsymbol{\eta}_i \\ \boldsymbol{\eta}_j \end{bmatrix}$ 的方差为

$$E\left(\begin{bmatrix} \boldsymbol{\eta}_i \\ \boldsymbol{\eta}_j \end{bmatrix}\begin{bmatrix} \boldsymbol{\eta}_i \\ \boldsymbol{\eta}_j \end{bmatrix}^{\mathrm{T}}\right) = \begin{bmatrix} E(\boldsymbol{\eta}_i\boldsymbol{\eta}_i^{\mathrm{T}}) & E(\boldsymbol{\eta}_i\boldsymbol{\eta}_j^{\mathrm{T}}) \\ E(\boldsymbol{\eta}_j\boldsymbol{\eta}_i^{\mathrm{T}}) & E(\boldsymbol{\eta}_j\boldsymbol{\eta}_j^{\mathrm{T}}) \end{bmatrix} \tag{5-39}$$

可以算出,式(5-39)等式右边 4 个子矩阵:

$$E(\boldsymbol{\eta}_i\boldsymbol{\eta}_i^{\mathrm{T}}) = E(\boldsymbol{\eta}_j\boldsymbol{\eta}_j^{\mathrm{T}}) = \boldsymbol{\Phi}\boldsymbol{\Phi}^{\mathrm{T}} + \boldsymbol{\Sigma} \tag{5-40}$$

即 $\begin{bmatrix} \boldsymbol{\eta}_i \\ \boldsymbol{\eta}_j \end{bmatrix}$ 的方差为

$$E\left(\begin{bmatrix} \boldsymbol{\eta}_i \\ \boldsymbol{\eta}_j \end{bmatrix}\begin{bmatrix} \boldsymbol{\eta}_i \\ \boldsymbol{\eta}_j \end{bmatrix}^{\mathrm{T}}\right) = \begin{bmatrix} \boldsymbol{\Sigma}_{\mathrm{tot}} & \boldsymbol{\Sigma}_{\mathrm{ac}} \\ \boldsymbol{\Sigma}_{\mathrm{ac}} & \boldsymbol{\Sigma}_{\mathrm{tot}} \end{bmatrix} \tag{5-41}$$

式中,$\boldsymbol{\Sigma}_{\mathrm{tot}} = \boldsymbol{\Phi}\boldsymbol{\Phi}^{\mathrm{T}} + \boldsymbol{\Sigma}$;$\boldsymbol{\Sigma}_{\mathrm{ac}} = \boldsymbol{\Phi}\boldsymbol{\Phi}^{\mathrm{T}}$。

当在 H_0 假设时,$\boldsymbol{\eta}_i$ 和 $\boldsymbol{\eta}_j$ 来自不同说话人,即

$$\begin{bmatrix} \boldsymbol{\eta}_i \\ \boldsymbol{\eta}_j \end{bmatrix} = \begin{bmatrix} \boldsymbol{\Phi} & 0 \\ 0 & \boldsymbol{\Phi} \end{bmatrix}\begin{bmatrix} \boldsymbol{\beta}_i \\ \boldsymbol{\beta}_j \end{bmatrix} + \begin{bmatrix} \boldsymbol{\epsilon}_i \\ \boldsymbol{\epsilon}_j \end{bmatrix} \tag{5-42}$$

同理可计算 $\begin{bmatrix} \boldsymbol{\eta}_i \\ \boldsymbol{\eta}_j \end{bmatrix}$ 的方差为

$$E\left(\begin{bmatrix} \boldsymbol{\eta}_i \\ \boldsymbol{\eta}_j \end{bmatrix}\begin{bmatrix} \boldsymbol{\eta}_i \\ \boldsymbol{\eta}_j \end{bmatrix}^{\mathrm{T}}\right) = \begin{bmatrix} \boldsymbol{\Sigma}_{\mathrm{tot}} & 0 \\ 0 & \boldsymbol{\Sigma}_{\mathrm{tot}} \end{bmatrix} \tag{5-43}$$

由以上推导,可知 $p(\boldsymbol{\eta}_i, \boldsymbol{\eta}_j \mid \mathrm{H}_1)$ 及 $p(\boldsymbol{\eta}_i, \boldsymbol{\eta}_j \mid \mathrm{H}_0)$ 分别服从如下高斯分布:

$$p(\boldsymbol{\eta}_i, \boldsymbol{\eta}_j \mid \mathrm{H}_1) \sim N\left(\begin{bmatrix} \boldsymbol{\eta}_i \\ \boldsymbol{\eta}_j \end{bmatrix}; \begin{bmatrix} 0 \\ 0 \end{bmatrix}, \begin{bmatrix} \boldsymbol{\Sigma}_{\mathrm{tot}} & \boldsymbol{\Sigma}_{\mathrm{ac}} \\ \boldsymbol{\Sigma}_{\mathrm{ac}} & \boldsymbol{\Sigma}_{\mathrm{tot}} \end{bmatrix}\right)$$

$$p(\boldsymbol{\eta}_i, \boldsymbol{\eta}_j \mid \mathrm{H}_0) \sim N\left(\begin{bmatrix} \boldsymbol{\eta}_i \\ \boldsymbol{\eta}_j \end{bmatrix}; \begin{bmatrix} 0 \\ 0 \end{bmatrix}, \begin{bmatrix} \boldsymbol{\Sigma}_{\mathrm{tot}} & 0 \\ 0 & \boldsymbol{\Sigma}_{\mathrm{tot}} \end{bmatrix}\right)$$

因此,两个 i-vector 的对数似然比得分为

$$score = \ln N\left(\begin{bmatrix} \boldsymbol{\eta}_i \\ \boldsymbol{\eta}_j \end{bmatrix}; \begin{bmatrix} 0 \\ 0 \end{bmatrix}, \begin{bmatrix} \boldsymbol{\Sigma}_{\mathrm{tot}} & \boldsymbol{\Sigma}_{\mathrm{ac}} \\ \boldsymbol{\Sigma}_{\mathrm{ac}} & \boldsymbol{\Sigma}_{\mathrm{tot}} \end{bmatrix}\right) - \ln N\left(\begin{bmatrix} \boldsymbol{\eta}_i \\ \boldsymbol{\eta}_j \end{bmatrix}; \begin{bmatrix} 0 \\ 0 \end{bmatrix}, \begin{bmatrix} \boldsymbol{\Sigma}_{\mathrm{tot}} & 0 \\ 0 & \boldsymbol{\Sigma}_{\mathrm{tot}} \end{bmatrix}\right)$$

$$
= -\frac{1}{2}\begin{bmatrix}\boldsymbol{\eta}_i\\\boldsymbol{\eta}_j\end{bmatrix}^{\mathrm{T}}\begin{bmatrix}\boldsymbol{\Sigma}_{\mathrm{tot}}&\boldsymbol{\Sigma}_{\mathrm{ac}}\\\boldsymbol{\Sigma}_{\mathrm{ac}}&\boldsymbol{\Sigma}_{\mathrm{tot}}\end{bmatrix}^{-1}\begin{bmatrix}\boldsymbol{\eta}_i\\\boldsymbol{\eta}_j\end{bmatrix}+\frac{1}{2}\begin{bmatrix}\boldsymbol{\eta}_i\\\boldsymbol{\eta}_j\end{bmatrix}^{\mathrm{T}}\begin{bmatrix}\boldsymbol{\Sigma}_{\mathrm{tot}}&0\\0&\boldsymbol{\Sigma}_{\mathrm{tot}}\end{bmatrix}^{-1}\begin{bmatrix}\boldsymbol{\eta}_i\\\boldsymbol{\eta}_j\end{bmatrix}+\mathrm{const.}
$$

$$
= -\frac{1}{2}\begin{bmatrix}\boldsymbol{\eta}_i\\\boldsymbol{\eta}_j\end{bmatrix}^{\mathrm{T}}\begin{bmatrix}(\boldsymbol{\Sigma}_{\mathrm{tot}}-\boldsymbol{\Sigma}_{\mathrm{ac}}\boldsymbol{\Sigma}_{\mathrm{tot}}^{-1}\boldsymbol{\Sigma}_{\mathrm{ac}})^{-1}&-\boldsymbol{\Sigma}_{\mathrm{tot}}^{-1}\boldsymbol{\Sigma}_{\mathrm{ac}}(\boldsymbol{\Sigma}_{\mathrm{tot}}-\boldsymbol{\Sigma}_{\mathrm{ac}}\boldsymbol{\Sigma}_{\mathrm{tot}}^{-1}\boldsymbol{\Sigma}_{\mathrm{ac}})^{-1}\\(\boldsymbol{\Sigma}_{\mathrm{tot}}-\boldsymbol{\Sigma}_{\mathrm{ac}}\boldsymbol{\Sigma}_{\mathrm{tot}}^{-1}\boldsymbol{\Sigma}_{\mathrm{ac}})^{-1}\boldsymbol{\Sigma}_{\mathrm{ac}}\boldsymbol{\Sigma}_{\mathrm{tot}}&(\boldsymbol{\Sigma}_{\mathrm{tot}}-\boldsymbol{\Sigma}_{\mathrm{ac}}\boldsymbol{\Sigma}_{\mathrm{tot}}^{-1}\boldsymbol{\Sigma}_{\mathrm{ac}})^{-1}\end{bmatrix}\cdot
$$

$$
\begin{bmatrix}\boldsymbol{\eta}_i\\\boldsymbol{\eta}_j\end{bmatrix}+\frac{1}{2}\begin{bmatrix}\boldsymbol{\eta}_i\\\boldsymbol{\eta}_j\end{bmatrix}^{\mathrm{T}}\begin{bmatrix}\boldsymbol{\Sigma}_{\mathrm{tot}}&0\\0&\boldsymbol{\Sigma}_{\mathrm{tot}}\end{bmatrix}^{-1}\begin{bmatrix}\boldsymbol{\eta}_i\\\boldsymbol{\eta}_j\end{bmatrix}+\mathrm{const}
$$

$$
= \frac{1}{2}\begin{bmatrix}\boldsymbol{\eta}_i\\\boldsymbol{\eta}_j\end{bmatrix}^{\mathrm{T}}\begin{bmatrix}\boldsymbol{\Sigma}_{\mathrm{tot}}^{-1}-(\boldsymbol{\Sigma}_{\mathrm{tot}}-\boldsymbol{\Sigma}_{\mathrm{ac}}\boldsymbol{\Sigma}_{\mathrm{tot}}^{-1}\boldsymbol{\Sigma}_{\mathrm{ac}})^{-1}&\boldsymbol{\Sigma}_{\mathrm{tot}}^{-1}\boldsymbol{\Sigma}_{\mathrm{ac}}(\boldsymbol{\Sigma}_{\mathrm{tot}}-\boldsymbol{\Sigma}_{\mathrm{ac}}\boldsymbol{\Sigma}_{\mathrm{tot}}^{-1}\boldsymbol{\Sigma}_{\mathrm{ac}})^{-1}\\\boldsymbol{\Sigma}_{\mathrm{tot}}^{-1}\boldsymbol{\Sigma}_{\mathrm{ac}}(\boldsymbol{\Sigma}_{\mathrm{tot}}-\boldsymbol{\Sigma}_{\mathrm{ac}}\boldsymbol{\Sigma}_{\mathrm{tot}}^{-1}\boldsymbol{\Sigma}_{\mathrm{ac}})^{-1}&\boldsymbol{\Sigma}_{\mathrm{tot}}^{-1}-(\boldsymbol{\Sigma}_{\mathrm{tot}}-\boldsymbol{\Sigma}_{\mathrm{ac}}\boldsymbol{\Sigma}_{\mathrm{tot}}^{-1}\boldsymbol{\Sigma}_{\mathrm{ac}})^{-1}\end{bmatrix}\cdot
$$

$$
\begin{bmatrix}\boldsymbol{\eta}_i\\\boldsymbol{\eta}_j\end{bmatrix}+\mathrm{const}
$$

$$
= \frac{1}{2}\begin{bmatrix}\boldsymbol{\eta}_i\\\boldsymbol{\eta}_j\end{bmatrix}^{\mathrm{T}}\begin{bmatrix}\boldsymbol{Q}&\boldsymbol{P}\\\boldsymbol{P}&\boldsymbol{Q}\end{bmatrix}\begin{bmatrix}\boldsymbol{\eta}_i\\\boldsymbol{\eta}_j\end{bmatrix}+\mathrm{const}
$$

$$
= \frac{1}{2}(\boldsymbol{\eta}_i^{\mathrm{T}}\boldsymbol{Q}\,\boldsymbol{\eta}_i+2\boldsymbol{\eta}_i^{\mathrm{T}}\boldsymbol{P}\,\boldsymbol{\eta}_i+\boldsymbol{\eta}_j^{\mathrm{T}}\boldsymbol{Q}\,\boldsymbol{\eta}_j)+\mathrm{const} \tag{5-44}
$$

式中,

$$
\boldsymbol{P} = \boldsymbol{\Sigma}_{\mathrm{tot}}^{-1}\boldsymbol{\Sigma}_{\mathrm{ac}}(\boldsymbol{\Sigma}_{\mathrm{tot}}-\boldsymbol{\Sigma}_{\mathrm{ac}}\boldsymbol{\Sigma}_{\mathrm{tot}}^{-1}\boldsymbol{\Sigma}_{\mathrm{ac}})^{-1}
$$

$$
\boldsymbol{Q} = \boldsymbol{\Sigma}_{\mathrm{tot}}^{-1}-(\boldsymbol{\Sigma}_{\mathrm{tot}}-\boldsymbol{\Sigma}_{\mathrm{ac}}\boldsymbol{\Sigma}_{\mathrm{tot}}^{-1}\boldsymbol{\Sigma}_{\mathrm{ac}})^{-1}
$$

5.3 鲁棒性声纹识别算法

近年来,随着声纹识别技术的发展和逐步成熟,在限定条件下的声纹识别已可取得令人满意的系统性能。然而,在实际应用中,声纹预留语音与声纹认证语音的不匹配,成为制约声纹识别系统性能的一个重要因素。例如,说话人在安静环境下完成声纹预留建模,而在实际噪声环境下进行声纹认证;说话人使用固定电话完成声纹预留建模,而采用手机麦克风进行声纹认证;说话人声纹预留的时间与声纹认证的时间跨度较大;说话人声纹预留的语音时长充分,而声纹认证的语音时长较短,等等。通常,可将上述这些不匹配问题分为 3 种类型:复杂环境下的不匹配问题、与说话人相关的不匹配问题以及应用相关的不匹配问题。这些不匹配现象在实际应用中时常发生,使声纹识别系统的性能损失明显,严重影响了使用者的体验性。此外,声纹作为生物特征的一种,与人脸、指纹、虹膜、指静脉等特征类似,也会受到一系列假冒闯入的风险,这属于声纹识别系统的安全问题。例如,闯入者对目标说话人发音韵律和讲话风格的模仿;闯入者采用特定说话人的语音合成技术完成对目标说话人的语音合成;闯入者采用声音转换技术完成闯入者语音与目标说话人语音之间的转换;闯入者借助简单的录音、放音设备完成目标说话人的语音录放等。研究表明,上述 4 类假冒闯入场景(声音模仿、语音合成、声音转换、录音重放)在很大程度上提高了声纹识别系统的错误接受率,极大地影响了声纹识别系统的安全性。

面对上述提及的声纹识别系统的用户体验性和系统安全性的挑战,众多国内外高校、科研机构和企业陆续开展了一系列探究,并提出了相应的解决方案。本节将以复杂环境声纹识别、时变声纹识别、短语音声纹识别和防声纹假冒闯入 4 个方面为例,简要罗列相关的声纹识别技术方法。

5.3.1 复杂环境声纹识别

复杂多变的环境是制约声纹识别技术大规模应用的一个重要因素。在实际应用过程中,声纹识别系统会受到各种复杂环境的影响,如公路上的汽车鸣笛声、咖啡厅的背景音乐声、不同频段的电话手机信道、会议中多说话人的混合声等。通常,我们无法预知这些复杂的环境因素,这也使得复杂环境声纹鲁棒性问题变得更加困难。在本节中,我们将重点讨论背景噪声和信道失配两种复杂环境因素,并浅析相关的鲁棒性技术方法。

1. 背景噪声

在实际应用中,录制的语音信号中除了说话人的声音外,还混杂着各种各样的背景噪声,如白噪声、汽车噪声、音乐噪声等。一方面,在说话人模型训练时,这些背景噪声会混杂在说话人模型中,降低了说话人模型的"纯度";另一方面,其对声纹认证过程造成混淆和干扰,降低了声纹识别的系统性能。因此,如何更好地消除背景噪声一直是国内外的研究热点和难点。背景噪声的声纹鲁棒性研究大致可分为 4 个方向:语音增强、特征提取、模型补偿、分数规整。

目前,一些传统的或者最新的语音增强技术都已在语音识别领域取得了较为满意的效果,许多相关技术也逐渐应用到声纹识别任务中。针对噪声环境下的声纹识别,采用基于信号域的语音增强方法已被证明是有效的。早在 1979 年,Boll[126] 提出谱减法(cepstral mean subtraction, CMS)来抑制语音信号中的平稳噪声。该方法首先计算语音静音段中的频谱噪声偏差,而后通过消减这种偏差得到消噪后的语音信号。该方法通常用在声纹识别系统的预处理过程。Wang 等[127] 提出了若干削弱加性噪声的技术方法,并将其应用于声源特征

WOCOR 和声道特征 MFCC 上。实验结果表明,在低信噪比条件下,该去噪方法可取得更加鲁棒的系统性能。RASTA 滤波[128]和倒谱均值归一(cepstral mean normalization, CMN)[129]等作为削弱卷积噪声的方法,也应用于声纹识别当中。受人耳听觉感知的启发,计算听觉场景分析(computational auditory scene analysis, CASA)[130]在时频域上估计二进制掩码,从而抽取高信噪比的语音信号,抑制低信噪比的噪声部分。

在特征域上,研究者们提出了一系列提高系统噪声鲁棒性的特征提取方法。Hanilçi 等[131]对比了 12 种不同的短时频谱估计方法在加性噪声环境下的鲁棒性。2002 年美国国家标准技术研究院(NIST)主办的说话人识别技术评测(SRE)(NIST SRE 2002)的实验结果表明,使用不同的频谱估计方法其噪声鲁棒性大有不同;相比于标准离散傅里叶变换(discrete Fourier transform, DFT),基于稳定加权线性预测(stabilized weighted linear prediction, SWLP)和最小方差无失真响应(minimum variance distortionless response, MVDR)的方法可取得相对等错误率(equal error rate, EER)7% ~ 8% 的性能提高。

在模型域上,研究者们通常采用模型补偿的方法来减少声纹预留语音与声纹认证语音之间噪声不匹配的问题。Lei 等[132-133]采用了一种基于矢量泰勒级数(vector Taylor series, VTS)的 i-vector 模型。该方法将一个"带噪"的 GMM 模型分解为一个"干净"的 GMM 模型和一个噪声分布,然后用"干净"的 i-vector 表征分解得到的"干净"的 GMM 模型,最后进行相应的 i-vector 后端处理。类似地,González 等[134]也基于 VTS 的思想,在倒谱域尝试建立干净语音与带噪语音之间的倒谱系数关系,以此来估计出"干净"的 i-vector 模型。Bellot 等[135]提出了一种并行模型融合(parallel model combination, PMC)的方法,通过迭代补偿的方法,实现声纹预留和声纹认证语音之间的噪声补偿,以达到两者噪声匹配的状态。

在分数域上,Lei 等[136]提出了一种"多形式"的通用打分模型,其将不同类型、不同信噪比的噪声数据,添加到 i-vector 模型训练和 PLDA 打分判别中。实验结果表明,该方法使得系统性能在各种信噪比水平上均有显著提升。

2. 信道失配

信道失配是影响声纹识别的另一大因素。在实际应用中,语音信号可通过各式各样的采集设备录制得到,如桌面麦克风、手机话筒、电话话筒等。不同品牌、不同型号的采集设备对语音信号产生的影响也是不同的。当然,语音信号也可通过不同的传输途径发送至声纹识别系统,如电话信道、网络传输、扩频传输等,这也会导致信道失配现象。因此,在实际应用中,获取的语音信号既包含了说话人特性,又包括了信道特性。这种信道特性会使得原始语音信号发生频域畸变,从而影响到语音声学特征的提取纯度和说话人模型对说话人特性的描述能力,造成声纹认证语音的声学特征与说话人模型在声学空间分布上的不匹配。这种失配在很大程度上降低了声纹识别系统的性能。

针对信道失配问题,王军[137]系统性地总结了相关技术。Furui 等声纹识别领域的权威研究者多次发表论文,提出信道失配是导致声纹识别系统性能下降的重要因素之一[137]。一直以来,信道鲁棒性也是声纹识别的研究热点。为了推动声纹识别跨信道鲁棒性的研究,NIST 说话人识别技术评测从实际出发,设计多种跨信道的评测组合。从历年 NIST 公布的评测结果来看,同信道条件下的声纹确认系统的等错误率可达到 3% 以下,而在跨信道条件下的系统性能可提高至 18%;两者性能相差甚远,可见信道失配对声纹识别的性能影响之大。目前,针对信道失配问题,研究者们分别在特征域、模型域和分数域上开展了一系列研究探索。

在特征域上,Furui[138]早在 1981 年提出采用倒谱均值方差归一(cepstral mean and variance normalization, CMVN)方法可以消除平稳信道的影响。RASTA 滤波(relative spectral)方法[139]认为语音信号反映了人体声道的运动,而非语音的因素则是在声道运动之外,因此采用了截止频率很低的带通滤波器来抑制频谱中的常量和缓变部分。Pelecanos 和 Sriolharan[140]认为信道差异会破坏语音特征的短时分布特性;因此,其提出特征弯折(feature warping)方法——将一段时间窗内的特征序列通过累积分布函数变换为符合标准正态分布的特征序列,提高了特征对不同信道的鲁棒性。Reynold[141]提出了一种特征映射方法,将不同信道下的特征映射到一个与信道无关的特征空间,以此提高系统的信道鲁棒性。

在模型域上,在经典的高斯混合模型-通用背景模型(GMM-UBM)框架下,Teunen 等[142]针对信道失配问题提出了目标信道模型合成的方法。首先,其利用原始信道和目标信道 UBM,估计两个信道之间的偏移量;然后,利用该偏移量以及说话人在原始信道下的模型,合成说话人在目标信道下的 GMM 模型;最后,使用合成后的模型进行声纹认证。麻省理工学院林肯实验室的 Campbell 团队[143]提出了冗余分量投影(nuisance attribute projection, NAP)方法,目的是寻找一个不同信道下差异最小的投影方向,得到去除信道干扰的说话人 GMM 超向量。该方法在高斯混合模型-支持向量机(GMM-SVM)系统上取得了较好的效果。在 2008 年,Kenny 团队[144-145]提出了联合因子分析(joint factor analysis,JFA)模型,将说话人差异和信道差异分别用说话人子空间和信道子空间描述,从而实现说话人因子与信道因子的分离。随后,Dehak 等[146] 提出了 JFA 的简化版本:i-vector 模型。i-vector 模型认为信道因子中仍包含说话人特性,因此其定义了一个全变量子空间,同时包含了说话人特性和信道特性。这种做法的优点是保留了更多说话人信息,缺点则是引入了更多与说话人无关的信道信息。因此,许多研究者提出了一系列 i-vector 模型的后端处理方法,如类内协方差归一化(within-class covariance normalization,WCCN)[147]、线性判别分析(LDA)[148]、概率线性判别分析(PLDA)[149] 等,以此实现信道补偿并增强说话人之间的区分性。其中,已证明 PLDA 是 i-vector 后端处理性能表现最优的方法之一,PLDA 极大提升了 i-vector 对说话人特性的表征能力。这其中主要有两个方面的原因:一方面,PLDA 作为 LDA 的概率形式,继承了 LDA 的区分性能力(减少说话人内部变动的同时增大说话人之间的差异);另一方面,PLDA 是一个产生式模型,对说话人变量定义了先验分布,从而在语音数据有限的条件下仍可完成对说话人建模。除此以外,Li 等[150] 提出了最大边缘距离度量(max-margin metric learning,MMML)方法。该方法摒弃了 PLDA 先验概率分布的假设,而直接针对声纹确认的任务设定目标函数,使得来自同一说话人的 i-vector 模型靠得更近而来自不同说话人的 i-vector 模型更远。实验结果表明,该 MMML 方法在跨信道上声纹确认系统上可以取得优于 PLDA 的效果。

在分数域上,研究者们提出了许多分数归一化处理的方法。如 Z-norm 统计不同信道下说话人待认证语音在同一个目标模型上的打分,进行均值和方差的归一化[151];T-norm 则考虑待认证语音在参考说话人模型集上的闯入测试打分,进行均值和方差的归一化[152]。当然,也可将多个归一化后的分数进行融合,提高系统的鲁棒性。

背景噪声和信道失配是声纹识别所面临的两个最常见的复杂环境因素。当然,实际应用中还会有许多其他难以预估的复杂环境因素。例如,在嘈杂的鸡尾酒舞会中,如何准确地从混合多个说话人的语音中捕获识别出目标说话人。因此,复杂环境下的声纹识别技术仍将是研究的热点和主流方向。

5.3.2 时变声纹识别

除了复杂环境外,说话人自身的一些因素也会对声纹识别性能带来一定程度的影响。同一个说话人的声音虽相对稳定,但仍具有易变性,其通常会受其身体状况、情绪波动、时间变化等各种因素的影响。这些影响因素也是当前语音信号处理的重要难点。本节将以时变问题为例,探究时间变化对个体声纹的影响,并总结已有的时变解决方案。

　　"声纹"这个概念从诞生之初,就一直伴随着其是否随时间而变化的质疑。早在 1997 年,Furui[153] 总结了自动说话人识别技术在过去几十年来的发展与进步,同时也指出了其中悬而未决的若干课题,其中之一就是如何处理语音中的长时变化。Bonastre 等[154] 语音界前辈也曾提到,唯一地刻画一个人的声音的挑战在于如何应对声音随时间的变化。这种变化可能是短期的(1 天内不同时段的变化)、中期的(1 个月、1 年内的变化)或者长期的(随着年龄增长带来的变化)。在实际的声纹识别系统中,研究者们发现随着声纹预留与声纹认证之间的时间间隔增大,系统性能也愈发降低。Soong 等[155] 使用两个月内的 5 次录音进行若干组实验,发现用于测试的语音样本与训练声纹模型所使用的语音样本之间时间间隔越久,声纹识别系统的性能越差。Kato 和 Shimizu[156] 也提到了同样的问题,间隔 3 个月后,声纹识别系统的准确率会有明显的下降。Wang 等[157] 建立了一套适合声纹时变研究的数据库 CSLT-Chronos,秉承"尽最大可能保证时间是唯一变化的因素"的原则,共录制了历时 3 年、16 次录音会话。如图 5-4 所示,当训练数据分别来自第 2 次、第 3 次、第 7 次录音会话时,其在不同测试时间下的系统性能整体上呈现"V"字形趋势。该趋势体现了时间变化对声纹识别系统性能的影响。综上所述,声纹识别中存在明显的时变现象。为此,研究者们针对时变问题开展了一系列研究。

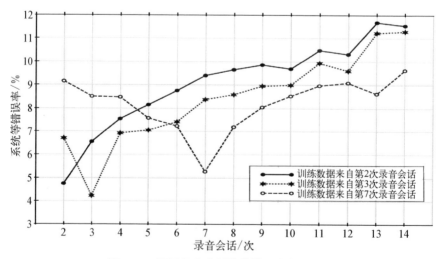

图 5-4　不同录音会话的等错误率变化曲线

　　就特征提取来说,来自浙江大学的陈文翔和杨莹春[158] 分析了语音基音频率(pitch fundamental frequency)、能量以及共振峰(formant)等特征随着时间变化的分布情况。实验结果表明,基音频率范围会随着时间推移而出现明显的上下波动,而能量的均值却趋于稳定,较少受时变影响。王等[159]提出了基于 F-ratio 准则的频带区分性算法和基于性能驱动的频带弯折算法,其中心思想在于强调说话人个性信息的同时弱化时变信息,以此提取时变鲁棒的声纹特征。实验结果表明,与标准 MFCC 和 LPCC 特征相比,上述两种时变声纹特征均在一定程度上减轻了时间变化对声纹识别的影响。

在模型建立方面,一些研究者尝试寻找一种合适的说话人模型自适应方法。Beigi[160]采用了最大后验概率(MAP),将判断为"接受"的语音在原始说话人模型 GMM 上进行 MAP 自适应,从而不断地更新说话人模型。其实验结果表明,经过 MAP 自适应后的系统性能有了大幅提高,对于相隔 3 个多月的测试,说话人辨认错误率由自适应之前的 43% 下降到 18%。Lamel 和 Gauvin[161]采用最大似然线性回归(MLLR)来实现说话人模型自适应,其声纹确认系统在最后两次会话中的等错误率由 2.50% 下降到 1.70%。此外,Li 等[162]提出了一种基于端到端的深度说话人识别模型,其在 1 个星期、1 个月和 3 个月的时间跨度上均取得了比 i-vector 模型更优的性能。

在分数决策上,Kelly 等[163]以英国广播公司(BBC)针对 18 位普通人长达 60 年的访谈纪录片作为时变数据,在分数域上开展了相关研究。他们发现,随着目标说话人年龄的增长,其真实语音在目标说话人模型上的打分有着明显的下降趋势;而假冒闯入语音在目标说话人模型上的打分变化并不明显。因此,随着年龄的增长,真实语音得分与假冒语音得分差距越来越小,系统性能则随之变差。基于此观察,他们提出了一种与时间相关的决策边界算法。该算法采用一种称之为堆叠分类的方法,将待识别语音在目标说话人模型上的似然分与时间间隔组成"对(pair)";而后依据最大边距准则,利用 SVM 找到在结构风险最小化条件下的最优分类边界,并对"对"进行二次分类。该方法相当于估计了一条置信度阈值随着时间逐渐下降的曲线,其在一定程度上缓解了时变对系统的影响。

5.3.3　短语音声纹识别

当前主流的声纹识别系统大都基于概率统计模型。为了提高系统性能,这些统计模型通常需要充足时长的语音数据进行说话人的建模与识别[164]。然而,在实际应用的声纹识别系统中,用户通常并不愿配合录制太长的语音(如在电子银行中);此外,许多应用领域无法获取足够长度的测试语音(如刑侦安防)。因此,研究短语音时长下的声纹识别技术具有很强的现实意义。

早在 1983 年,Li 和 Wrench[165]就指出声纹识别的训练和识别都需要充足时长的语音数据以保证系统的性能。Campbell[166]也曾提到语音时长对不同系统的影响,其认为对于与文本相关的声纹识别系统,由于文本内容的局限性,系统在短时语音上仍可取得较为不错的效果;而对于与文本无关的声纹识别系统,语音长度会直接并且剧烈地影响系统性能,甚至导致系统无法使用。当前主流的几种说话人识别系统的性能,在短时测试语音的条件下都会受到剧烈影响。对于 GMM-UBM 系统,Vogt 等[167]在 NIST SRE 2005 数据上截取了不同时长的语音数据,并进行了相应实验。实验结果显示,在测试语音时长充足(有效时长大于 30 s)时,声纹识别系统的等错误率为 6.34%;而当测试语音的有效时长缩短至 2 s 时,系统性能剧烈下降到 23.89%。Kanagasundaram 等[168]发现在 JFA 和 i-vector 系统上也有着同样的现象,即在较短的测试语音时长下,两种系统均无法取得令人满意的系统性能。综上所述,如何改善短语音条件下的声纹系统性能是一个值得研究的方向。

近年来,许多研究机构和组织在国际重大学术会议上先后发起了关于短语音声纹识别的特殊议题。例如,在 2014 年 INTERSPEECH 上的与文本相关短语音说话人确认特殊议题(Special Session: Text-Dependent Speaker Verification With Short Utterances)和 2016 年 INTERSPEECH 上的基于 RedDots 短语音挑战特殊议题(Special Session: The RedDots Challenge: Towards Characterizing Speakers from Short Utterances)等。研究者们也陆续在与文本相关、文本提示和与文本无关的短语音说话人识别任务上开展了一系列工作。

众所周知,语音数据是声纹识别的基础。对于短语音而言,如何充分地利用有限的数据资源将变得更加重要。因此,一些研究者尝试从短语音数据中挑选出对声纹识别最有效的部分,以此来提高系统性能。Nosratighods 等[169]在 2010 年提出了一种基于相似说话人集合的语音分段选择方法。他们认为语音中有识别性能好的部分,也有不好的部分;而语音时长变短造成系统性能下降的原因是整段语音打分判决的平均效果削弱了系统的判决准确度。因此,将语音进行分段,并只选取其中打分最显著、最可靠的语音段来进行训练和识别。实验结果表明,在测试语音时长少于 1 s 的情况下,等错误率从 19.40% 下降到 18.44%。

此外,一些研究者从特征提取的角度出发,尝试从短语音中提取出能够表征说话人区分性的特征。不同于传统基于专家知识的特征提取方式,Fu 等[170]提出了一种串联的深度特征。该特征由 3 种深度特征串联而成,而这 3 种特征分别从受限玻尔兹曼机(restricted Boltzmann machine,RBM)、音素区分性神经网络和说话人区分性神经网络的中间隐层提取得到。基于此特征,后端采用

GMM-UBM 进行声纹建模与识别。实验结果表明,在与文本相关的短语音数据库 RSR2015 上,基于该串联深度特征的系统与基于传统感知线性预测(perceptual linear prediction,PLP)系数的系统相比,等错误率相对下降了 50%。Li 等[171] 提出了一种基于卷积-时延的深度神经网络来学习描述说话人区分性的深层特征。Li 等[171] 认为基于说话人区分的目标函数,通过逐层学习,可使神经网络削弱、滤掉与说话人无关的特征,而保留、增强与与说话人相关的特征。实验结果表明,在测试语音为 3 s 的情况下,基于该深度说话人特征并采用简单的余弦打分方式就已超过了当前主流的 i-vector+PLDA 打分模型。更有意思的是,Li 等[171] 还在超短测试语音(有效长度为 20 帧,约 0.3 s)上完成了相关实验;结果显示该深度说话人特征可在帧级别上取得等错误率低于 10% 的效果。

在同样训练数据的条件下,不同的说话人模型所体现的短语音鲁棒性也大有不同。因此,如何建立更精确的说话人模型以此更好地体现说话人个性信息,同时增加不同说话人之间的区分性,也显得尤为重要。当前针对短语音声纹识别,模型训练的思想大多都是利用语音信号中的内容信息,增加训练识别匹配程度。为此,研究者们提出了一系列基于文本、音素匹配的声纹识别模型。Larcher 等[172] 在 i-vector 模型下,研究文本内容信息对短语音声纹确认系统的影响。其发现在文本内容匹配(类似于与文本相关)的情况下,i-vector 在短语音上的系统性能远高于文本不匹配(类似于与文本无关)的情况。为此,Larcher 等[173] 利用该文本内容信息,设计了多种 i-vector 后端处理的方法,如文本限定的 WCCN 和文本限定的 PLDA 等,两者均在短语音与文本相关任务上取得了一定的成效。Li 等[174] 提出了一种基于发音音素类的多模型说话人识别框架。该方法首先借助语音识别获取语音中的音素序列;然后,对不同音素进行聚类,得到不同的音素类,以此避免数据稀疏的问题;最后,利用该音素类信息,训练得到多音素类 GMM 和对应的多音素类说话人 GMM。由于每个说话人由多个发音音素类模型表示,其显然比传统音素无关的 GMM 更加精细准确。类似地,Chen 等[175] 提出了一种内容提示的局部 i-vector 模型。通过对音素聚类,划分出不同的局部全变量子空间,并推断出对应的 i-vector 模型。Zeinali 等[176] 提出了一种基于 HMM 的 i-vector 模型。不同于传统的 GMM-i-vector 模型,其借助一组音素相关的 HMM 模型来计算充分统计量用于 i-vector 的提取。其实验结果表明,该 HMM-i-vector 模型利用了文本内容的时序信息,在短语音上取得了比 GMM-i-vector 更优的性能。

在短语音条件下,如何设计一套合理准确的打分策略也是一个重要的研究课题。Malegaonkar 等[177] 提出了一种双边(bilateral)打分策略。这种打分方法首先将测试语音训练成一个 GMM 模型，而后在测试和训练之间互相计算对数似然分，最后用一个平衡参数来加权得到最终的判决分数。他们认为该打分方式能够更好地计算测试语音和训练语音之间的近似程度。Jelil 等[178]提出了一种基于高斯后验概率谱的打分统计方法。该方法首先计算训练语音和测试语音中每一帧在说话人每个高斯混合上的后验概率，构建出大小为语音帧数×高斯混合数的后验概率矩阵（谱）；而后基于动态时间归整（dynamic time warping，DTW）完成训练语音概率谱与测试语音概率谱之间的相似度打分。该方法充分利用了语音中每一帧在每个混合上的分数概率，在与文本相关的短语音声纹识别上取得了不俗的效果。

5.3.4　防声纹假冒闯入对策

众所周知，一切生物特征识别都会受到欺骗或者假冒的威胁。早在 20 世纪 90 年代，研究者就已关注到生物特征识别中的假冒闯入问题，并针对指纹、人脸识别提出了一系列防假冒闯入的方法和对策（spoofing and countermeasure）[179]。随着声纹识别技术的快速发展与广泛应用，针对声纹识别的防假冒闯入研究也逐渐兴起。Evans 等[180]和 Wu 等[181]总结了声纹识别中 4 种常见的假冒闯入场景，分别是声音模仿（impersonation）、语音合成（speech synthesis）、声音转换（voice conversion）和录音重放（replay），并针对性给出了抵抗每种假冒闯入场景的策略。

为了更好地促进各个研究团队对防声纹假冒闯入问题的研究与交流，以 Evans、Wu、Kinnunen、Todiso 为首的研究者[180,182-184]先后于 2013 年、2015 年、2017 年和 2019 年在国际语音会议 INTERSPEECH 上组织了"自动声纹确认系统中的假冒闯入问题及其对策"特殊议题。Evans 等[180]在 2013 年 INTERSPEECH 上首次系统性地总结了声纹防假冒闯入问题，并呼吁研究组织共同构建标准的假冒闯入语音数据库。这引起了业界的广泛关注。Wu 等[182]联合了英国爱丁堡大学、芬兰东芬兰大学和法国 EURECOM 在 2015 年 INTERSPEECH 上发起了第 1 个关于防假冒闯入的挑战。ASVspoof 2015 数据库共涵盖了基于 10 种不同语音合成和声音转换技术生成的语音，用于开展合成语音和转换语音对声纹系统的攻击与防御研究。Kinnunen 等[183]在 2017 年 INTERSPEEECH 上提出了实际应用中录音重放对声纹假冒闯入的威胁，并发布了包含多种复杂录放信道的 ASVspoof 2017 数据库。该数据库的发布极大地促进了研究者们对防录音重放闯入问题的研究。ASVspoof 2019 挑战赛[184]综合了前两届的经验，举办了逻辑层面攻击（logical access）和物理层面攻击（physical access）两项子挑战。逻辑层面攻击包含语音合成攻击和声音转换攻击,数据集由 17 种不同的语音合成系统和声音转换系统生成的语音信号组成。物理层面攻击则关注录音重放攻击,其采用计算机模拟仿真的方法,在原始语音信号中引入房间(混响)和设备(信道)等,实现对语音信号的重放模拟。本节将依次简述 4 种声纹假冒闯入场景及其相应对策。

1. 声音模仿

声音模仿是一种最显而易见的假冒闯入方式。闯入者试图通过模仿目标说话人声音的音色和韵律来欺骗并攻击声纹识别系统。早在 2004 年,Lau 等[185]发现非专业的模仿者能够通过改变他们的声音来闯入声纹识别系统,但是其前提是闯入者的原本声音需与目标说话人声音足够相似。Lau 等[186]进一步研究发现声音模仿可使错误接受率(false acceptance rate,FAR)从接近 0 提高至10%甚至 60%。Hautamäki 等[187]让专业的模仿者去模仿 5 位目标说话人的发音,并尝试对基于 GMM-UBM 和 i-vector 的声纹系统进行闯入攻击,但其实验结果与 Lau 等[186]不同:模仿声音并不能闯入声纹识别系统。Hautamäki 等[188]认为声音模仿更多体现对目标说话人的韵律和讲话风格的模仿,而并未从根本上改变其共振峰和其他频谱特性。因此,他们认为模仿更多是对人耳的欺骗,而对声纹识别系统威胁不大。总体来看,声音模仿对声纹识别假冒闯入的影响仍不够清晰明确。因此,并没有太多的研究涉及针对声音模仿闯入的对策。

2. 语音合成和声音转换

语音合成通常称为"文语转换"(text-to-speech,TTS)技术,它是将计算机自己产生的或外部输入的文字信息转变为可以听得懂的、流利的口语的技术。如今语音合成技术已在对话系统、机器翻译、智能机器人等领域广泛应用,随着语音合成技术快速发展,可借助少量语音实现特定说话人的模型自适应,而后将合成得到的特定说话人语音用于声纹系统假冒闯入。现已有大量关于使用各种不同语音合成技术对声纹识别系统进行假冒闯入研究的文献。

1999 年,Masuko 等[189]采用基于 HMM 自适应的方法合成特定说话人的语音,并探究其对基于 HMM 文本提示声纹识别系统的闯入情况。结果显示声纹识别系统在原始正常语音上的 FAR 为 0,而在合成语音上可达 70%。De Leon 等[190]同样基于 HMM 语音合成器,在 283 人的数据库上评估了合成语音对GMM-UBM 和 GMM-SVM 声纹系统的威胁程度。实验结果显示,GMM-UBM系统的 FAR 从原始的 0.28%上升至 86.00%;GMM-SVM 系统的 FAR 从原始的 0 上升至 81%。此外,De Leon 等[190]还对比了真实说话人测试的分数分布与合成语音测试的分数分布,发现两者之间存在很大的交叠;这也进一步证明了基于语音合成的假冒闯入对声纹识别系统存在很大的威胁。

声音转换(voice conversion，VC)则是一项改变说话人声音特征的技术，其可以将一个说话人的语音转换成另一个人的语音。声音转换技术的目标是确定一个转换规则，使得转换后的语音既保留源说话人(source speaker)语音中的内容信息，又具有目标说话人(target speaker)的声音特性。与语音合成不同，声音转换的输入并非文本，而是一段自然的语音信号。典型的两类声音转换方法为频谱映射(spectral mapping)和韵律转换(prosody conversion)。频谱映射的目标即为训练得到源说话人与目标说话人声学特征之间的映射关系。韵律转换更多考虑的是韵律相关的特征，如基频、时长等。

早在 1999 年，Pellom 和 Hansen[191] 就观测了声音转换对 GMM-UBM 声纹识别系统的影响。实验结果表明该声音转换攻击导致系统的 FAR 从 1‰上升到 86%。类似地，Matrouf 等[192] 和 Bonastre 等[193] 也先后测试了不同声音转换技术对大规模与文本无关 GMM-UBM 系统性能的影响。此外，Kinnunen 等[194] 和 Wu 等[195] 扩展了多种声音转换技术，并将其在主流的 JFA 和 PLDA 模型上进行攻击测试。实验结果表明，基于 GMM 的声音转换攻击导致 JFA 系统的 FAR 从 3.24%上升至 17.00%；基于单元选择的声音转换攻击将当前主流的 PLDA 系统的 FAR 从 2.99%上升至 40.00%。Kons 和 Aronowitz[196] 在与文本相关的 i-vector、GMM-NAP 和 HMM-NAP 声纹系统上检验了声音转换攻击的威胁。

语音合成与声音转换技术产生的语音都属于人造语音，因此研究者对它们的检测思路非常类似，即都是试图去找出语音中一些人造的、非自然的元素从而完成检测任务。Satoh 等[197] 针对基于 HMM 语音合成器的合成语音，利用语音帧之间的动态差分特性进行合成语音检测。Chen 等[198] 则利用高阶的梅尔倒谱系数(MCEP)检测基于 HMM 的合成语音。他们发现 MCEP 能够反映频谱包络的细节信息，而这些信息通常在 HMM 模型训练和合成时被平滑处理掉，因此可作为合成语音检测的一种依据。针对基于单元选择和统计参数的语音合成技术，Ogihara 等[199] 和 De Leon 等[200] 采用 F0 统计来实现其合成语音的检测。这是因为基于统计参数的语音合成技术，其 F0 模型过于平滑；而基于单元选择的语音合成技术则存在"F0 跳跃"的现象。

上述特征都针对特定攻击技术进行设计，对特定攻击具有很强的检测能力。但是，当面对未知的攻击时，此类特征大多会失效。因此，研究者陆续开始研究通用的、能够检测未知攻击的方法，并提出了一系列特征，如线性频率倒谱系数(linear frequency cepstral coefficient，LFCC)[201]，逆梅尔频率倒谱系数(inverse Mel frequency cepstral coefficient，IMFCC)[201]，常量 Q 倒谱系数(constant-Q cepstral coefficient，CQCC)[202]等。其中，CQCC 具有较强的通用性，在面对已知攻击和未知攻击时，均取得了不错的效果[202]。此外，有研究表明，人耳听觉系统对相位信息并不敏感，因此，在语音合成编码过程中，通常不会重构语音相位信息。声音转换算法也较少关心相位的逼真性。针对这个特点，许多可表征相位的特征也被提出，如群延迟(group delay，GD)[203]、修改后的群延迟(modified group delay，MGD)[203]、余弦归一化相位主系数(cosine normalized phase principal coefficient，cosPhasePC)[203]、瞬时频率(instantaneous frequency，IF)[204]、相对相位偏移(relative phase shift，RPS)[205]等，均取得了一定的效果。

3. 录音重放

与语音合成和声音转换相比，录音重放在实际场景中更容易出现。闯入者首先通过麦克风等录音设备录制目标说话人的语音，再进行处理(如拼接、降噪等)，而后通过扬声器等放音设备对声纹识别系统进行攻击。在整个过程中，闯入者无须任何语音学知识，仅借助简单的录音放音设备(如手机)即可实现录音重放攻击。因此，录音重放攻击是实际应用中极易发生且威胁较大的假冒闯入场景。

1999 年，Lindberg 和 Blomberg[206]基于 HMM 与文本相关声纹识别系统对录音重放攻击的威胁性进行了评估。实验结果表明，录音重放攻击可使系统等错误率(EER)和错误接受率(FAR)明显提高。对于男性说话人和女性说话人，录音重放攻击使声纹识别系统的 EER 分别从原始的 1.10% 和 5.60% 提高到 27.30% 和 70.00%；而 FAR 分别从原始的 1.10% 和 5.60% 提高到 89.50% 和 100.00%。Villalba 和 Lleida[207-209]在基于 JFA 与文本无关声纹识别系统上也开展了相关研究，其主要针对远场(far-field)麦克风下的录音重放场景。实验结果表明录音重放攻击使系统的 FAR 从原始的 0.71% 提高至 68.00%。Alegre 等[210]也给出了相似的结论。Wu 等[211]对比观察了录放语音和真实语音的频谱图，发现录放语音的频谱分布在一定程度上与真实语音的频谱分布一致。这个结论从侧面表明基于频谱特征的声纹识别系统极易受到录音重放的攻击，导致声纹系统的 FAR 显著提高。

当前，针对防录音重放攻击的对策主要有以下几种：基于历史语音相似性的方法、基于重放失真的检测方法、基于多模态的方法以及活体检测方法。

基于历史语音相似性的方法假定重放的录音在之前已被声纹识别系统接触过。人类发音具有的随机性，即使语音内容相同，人类也很难两次发出相同的语音，而录音重放则非常稳定。因此，若发现当前待测试语音与系统以前接触过的语音非常相似，则该语音很有可能是重放语音。Shang 和 Stevenson[212]对语音的频谱峰值点提取 Peak-map 特征,并计算待测语音与历史语音的相似度,将相似度超过一定阈值的语音判为重放语音。Shang 和 Stevenson[213]还进一步对每次打分进行了分数规整,减少了相似度受语音内容等因素的干扰,提升了算法检测的稳定性,方便划定一个统一的阈值。Wu 等[211]对语音提取频谱二值图(spectral bitmap)特征,而后基于该特征,进行相似性快速计算。Villaba 和 Lleida[214]对语音提取 MFCC 特征,并使用动态时间弯折(DTW)算法来计算两个语音的相似度。这类相似度算法能有效检测该类录音重放攻击,但其缺点也很明显:一方面,数据库中的语音数量会随着时间的增长而使得检测算法计算量增大;另一方面,在实际使用时,偷录的语音可能来自其他场景,并没有在数据库中出现,此时该检测方法就会失效。

基于重放失真的检测方法则是从信号域的角度探究重放对声音信号造成的影响。由于重放信号经过了录音、放音、再录音 3 个步骤,其中会引入录音设备和放音设备两种设备的影响,以及录音和重放两个环境的影响,这会使得信号在重放过程中产生失真并引入噪声。为此,研究者提出了多种特征来检测这种失真。针对远程麦克风下的录音重放场景,Villalba 和 Lleida[207]认为远程录音会增大语音信号的噪声与混响。他们提出了一系列频谱比值和调制指数,并将其作为检测远程噪声和混响的特征以用于录音重放检测,这在与文本无关声纹识别系统中取得了不错的效果。Wang 等[215]认为录音重放过程会使语音混杂额外的加性信道噪声。因此,他们提出通过检测信道噪声的方法来实现录音重放检测。Malik[216]对信号进行双谱分析,进而在双谱上提取图像特征进行检测。Todisco 等[217]提取常量 Q 倒谱系数(CQCC)以用于录音重放检测任务,发现其在该领域的效果出色。Nagarsheth 等[218]将信号通过高通滤波器提取 HFCC 特征,发现在 ASVspoof 2017 数据集上高频部分更有利于录音重放检测。Witkowski 等[219]也有类似发现,其对语音信号提取 6 k~8 k 的高频部分,进而提取 CQCC 特征用于检测任务,取得了不错的效果。Li 等[220]基于 F-ratio 准则探究了真实语音与重放语音在不同频带上的差异性,进而提出了一种频带加权的特征提取方法,取得了一定的效果。

除上述特征外,研究者们在模型上也开展了大量研究。高斯混合模型-通用背景模型(GMM-UBM)是该领域的经典模型,已经广泛地使用[217]。最近,许多研究者开始尝试使用深度神经网络(deep neural network, DNN)对录音重放失真进行建模。然而,DNN 对数据量要求较高,而当前可获得的重放数据库大多规模较小,这使得模型很容易过拟合,成为一大挑战。Lavrentyeva 等[221]使用 LightCNN 模型进行录音重放检测,其使用最大特征映射(max-feature-map,

MFM) 激活函数, 较传统卷积神经网络模型 (convolution neural network, CNN) 相比减少了参数量, 在一定程度上缓解了过拟合问题, 取得了良好的效果。Tom 等[222] 使用在图像领域预训练的残差神经网络 (residual neural network, ResNet) 进行跨领域的迁移学习, 并使用注意力机制对输入特征进行处理, 取得了不俗的效果。为了增强模型对未知设备重放攻击的检测能力, Sriskandaraja 等[223] 使用孪生网络进行度量学习, 而后将网络最后一层隐层的输出作为特征, 并使用 GMM-UBM 对真实样本和重放样本的分布进行建模, 进而完成重放检测。

此外, 也有一些研究者通过研究录放过程中潜在的物理现象, 对录音重放进行检测。Chen 等[224] 针对智能手机终端场景, 利用手机上的磁场感应器来检测扬声器中的磁铁所发出的磁场。实验结果表明, 该方法可很好地检测在 6 cm 范围以内的扬声器。对于较远处的扬声器, 该研究利用手机中的加速度感应器来估计手机在接受语音时的空间移动轨迹, 并由此对声源距离进行估计; 当声音距离过远时, 系统将拒绝本次验证请求。Bredin 等[225] 结合视频信息, 检测语音信号与嘴唇运动之间的相关性, 提高了对录音重放攻击的防御能力。

除了上述提到的解决方法外, 活体检测也是一种有效的防闯入机制。活体检测通俗地讲就是判断系统输入是预先处理得到的语音 (如合成语音、转换语音、录音重放语音) 还是真实的活体人声。Shiota 等[226] 利用人类在发音过程中由呼吸而产生的噗噗声 (pop noise) 来判断语音是活体人声还是机器重放声。Baloul 等[227] 提出基于挑战-响应的检测方法, 其要求认证者回答系统提出的随机问题, 以防止预先录音。同时, 该方式可以融合基于知识的认证方法, 让问题的答案也作为一种只有真实认证者才知道的密码, 提高了系统整体的安全性。

5.4 基于深度学习的声纹及语种识别算法

早在 2012 年开始, 自动语音识别 (automatic speech recognition, ASR) 领域就已经掀起了深度学习方法的研究浪潮。然而直到 2014 年, 深度学习方法在声纹及语种识别领域才得到首次成功运用。基于深度学习的声纹及语种识别算法可以说是在某种程度上 "借用" 了 ASR 领域的研究成果, 因此其发展历程与 ASR 也惊人地相似: 首先, 融合深度神经网络 (DNN) 方法与 GMM-i-vector 传统方法的混合方法 (hybrid DNN i-vector approach) 或串联方法 (tandem approach), 该类方法取得了显著的性能提升, 并迅速占据研究主流; 然后经过一定时期的研究过渡以后, 逐渐开始发展为完全脱离 GMM-i-vector 方法的端到端

(end-to-end)方法。

DNN i-vector 方法实际上是对传统的统计量计算方法进行拓展,用 ASR 中训练好的深度神经网络声学模型对特征序列进行音素状态解码得到后验概率,以此替代传统的高斯混合模型,在 5.4.1 节将会详细阐述该广义统计量的计算流程。Tandem 方法则是用预训练好的 ASR 深度神经网络来自动化提取具有音素判别信息的特征表示,以此替代或融合传统手工提取的 MFCC 声学特征,后端仍然基于 GMM-i-vector 进行建模,在 5.4.2 节将会详细介绍 tandem/bottleneck 特征的提取过程。5.4.3 节则会结合近年来主流研究者的具体工作,对以上两种研究方法涉及的典型网络结构进行详细阐述。

5.4.1　广义统计量

传统计算统计量的流程如图 5-5 所示,具体步骤如下:

(1) 首先使用大量的 MFCC 特征序列训练得到混合高斯通用背景模型(UBM)。

(2) 然后将 MFCC 特征序列投影到训练好的 UBM 上,得到每一帧 MFCC 特征在 UBM 的每个高斯成分上的后验概率。

(3) 将步骤(2)中得到的后验概率在时间域上进行汇集,得到句子级别的零阶统计量。

(4) 逐帧计算 MFCC 特征序列与 UBM 均值的残差,结合步骤(2)中得到的后验概率,在时间域上进行汇集,得到句子级别的一阶统计量。

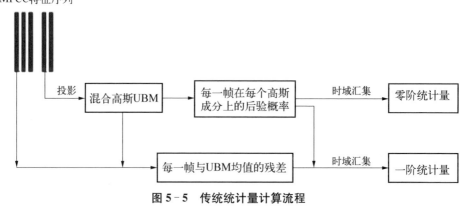

图 5-5　传统统计量计算流程

从图 5-5 中可以看出,这种传统的统计量计算方法有以下特点:① 计算后验概率和一阶统计量的特征为同一种特征;② UBM 是一个混合高斯模型,其本质是通过无监督学习方法训练得到的生成式模型,每个高斯成分并没有对应的确切物理意义。

近年来,随着深度学习方法在声纹和语种识别上的应用,上述统计量计算框架得到了一定程度上的拓展。

广义统计量计算流程如图 5-6 所示:

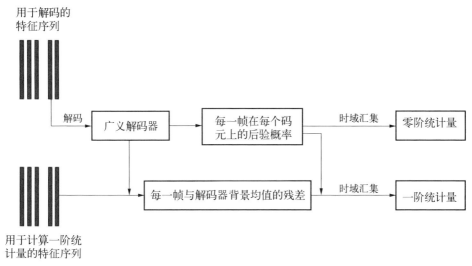

图 5-6 广义统计量计算流程

首先,GMM 泛化为更为一般意义上的解码器,只要能够得到每一帧对于每个解码单元的后验概率,即可作为解码器,具体的形式没有任何限制。既可以通过无监督方法学习得到,也可以通过有监督方法学习得到;既可以是生成式模型,也可以是判别式模型。因此传统的 GMM 可以看成是该广义解码器的一种特例。目前在基于深度学习的 DNN i-vector 方法中,解码器是通过大量数据根据音素状态(严格意义上来说是 senone,即绑定的三音素状态)标签预训练得到的 ASR 声学模型,这使得解码器具有音素感知(phonetically-aware)的能力,即每个码元代表了一个 senone 单元,具有实实在在的物理意义。

其次,用于解码的特征序列和用于计算一阶统计量的特征序列并不要求一致。我们可以用一种特征训练解码器进行解码得到后验概率,然后用另一种不同的特征来计算得到一阶统计量。

最后,仍然存在的一个问题:在计算一阶统计量以及训练 i-vector 提取器的时候,我们需要用到 UBM 的均值和方差。然而,基于 DNN 方法训练得到的音素解码器并没有显式的背景模型参数表达。因此,我们预先随机采样一小部分训练数据,根据它们的解码信息,通过式(5－45)和式(5－46)计算得到类似于 UBM 的均值和方差的参数 $\{\boldsymbol{u}_c\}$ 和 $\{\boldsymbol{\Sigma}_c\}$。

$$\boldsymbol{u}_c = \frac{\sum_i \sum_t P(c \mid \boldsymbol{o}_{it})\boldsymbol{o}_{it}}{\sum_i \sum_t P(c \mid \boldsymbol{o}_{it})} \tag{5－45}$$

$$\boldsymbol{\Sigma}_c = \frac{\sum_i \sum_t P(c \mid \boldsymbol{o}_{it})(\boldsymbol{o}_{it} - \boldsymbol{u}_c)(\boldsymbol{o}_{it} - \boldsymbol{u}_c)^{\mathrm{T}}}{\sum_i \sum_t P(c \mid \boldsymbol{o}_{it})} \tag{5－46}$$

式中,$\boldsymbol{o}_{it}$ 是第 i 句语音段的第 t 帧待解码的特征向量;$P(c \mid \boldsymbol{o}_{it})$ 是该特征向量在解码器第 c 个码元上的后验概率。

因此,从这个角度来看,DNN i-vector 方法本质上仍然需要一个 UBM,只是这个 UBM 是通过有监督学习方法得到的,每个成分对应于一个 senone 单元。

在得到 $\{\boldsymbol{u}_c\}$、$\{\boldsymbol{\Sigma}_c\}$ 和广义统计量之后,则可完全按照传统的 i-vector/ PLDA 因子分析方法进行后端建模。

5.4.2　Tandem 及 Bottleneck 特征

与上述 DNN i-vector 方法使用神经网络来替代 GMM 的特征解码器不同,在说话人和语种识别领域,还有一类使用 DNN 进行特征提取任务的 tandem 方法,即将神经网络看成一种自动的特征提取器,以替代传统手工提取 MFCC 特征的过程。

Tandem 方法的核心是用一种携带语音中层音素信息的音素判别特征(phonetic discriminant feature)替代或融合传统的 MFCC 底层声学特征,然后沿用传统的 GMM-i-vector 方法建模。得到音素判别特征往往需要一个声学神经网络模型,因此总体模型将会是神经网络模型与 GMM 模型相级联,因而称为 tandem 方法。Tandem 方法使用的特征统称为 tandem 特征。

ASR 深度神经网络的 senone 数量往往比较大(通常在 1 k～10 k 之间),因此不能直接将 ASR 深度神经网络输出层得到的后验概率作为特征使用。具体而言,由 ASR 深度神经网络得到音素判别特征主要有以下两种方法(见图 5－7):

(1) 将声学神经网络输出层的 senone 后验概率做对数运算,然后用主成分分析(principal component analysis, PCA)方法进行降维,再对每一个维度做标准化处理(mean variance normalization, MVN)。

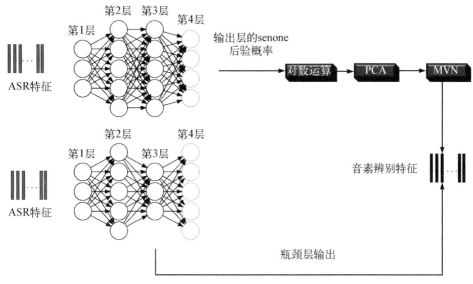

图 5-7 两种得到音素判别特征的方法

（2）直接训练一个带有瓶颈层（bottleneck layer）的声学神经网络，取瓶颈层的输出作为音素判别特征，通过该方法得到的特征因而也称为 bottleneck 特征。

以上两种方式在本质上都是为了得到原始 senone 后验概率的低维度表示，在最大化程度地保留音素判别信息的同时避免维数灾难，便于后续 GMM/i-vector 建模。

大量实验证明通过 ASR 深度神经网络得到的音素判别特征和 MFCC 特征具有互补的性质，因此一般所说的 tandem 特征即指将 MFCC 特征和通过 ASR 深度神经网络得到的音素判别特征拼接融合后的新特征。

5.4.3　典型模型结构

近年来，尽管深度学习方法在声纹识别和语种识别领域内的研究层出不穷，但是无论是 DNN i-vector 方法还是 tandem 方法，目前主流的深度学习方法本质上都是"借用"预训练好的 ASR 深度神经网络，核心是在传统 i-vector/PLDA 方法的基础上融合语音的音素层信息：tandem 方法是在特征表达层面利用 ASR 神经网络的解码结果提取得到音素判别特征，以此作为一种新的自动化特征表达；DNN i-vector 方法则是在特征解码器层面把 GMM 替换为具有音素感知能力的 ASR DNN 模型，从而使得每个解码单元都有对应的物理意义。它们的后端建模方法仍然是基于 i-vector/PLDA。

因此,不同网络结构的区别,往往本质上就是 ASR 深度声学模型的区别。从最开始的全连接层深度神经网络(fully-connected DNN)到卷积神经网络(CNN)、循环神经网络(RNN)、长短期记忆循环神经网络(LSTM - RNN)、时延神经网络(TDNN)等,都由不同的研究者应用于 DNN i-vector 或者 tandem 框架的声纹或者语种识别系统中,且都取得了相比传统 GMM-i-vector 方法显著的性能提升。此外,也有研究者使用两阶段(two-stage)深度声学神经网络级联的方式来提取 bottleneck 特征,也取得了相较于普通 bottleneck 特征的进一步性能提升。

以 NIST SRE10 评测数据集为例,无论是 tandem 系统还是 DNN i-vector 系统,首先都需要使用额外的语音识别数据库(如 Fisher 或 Switchboard)训练一个深度神经网络模型。忽略部分细节,训练该深度神经网络的主要步骤如下:

(1) 根据语音数据训练一个传统的 GMM - HMM 语音识别系统,以此确定 senone 的数量(一般为 1 k～10 k 之间),并将所有训练语音数据解码并强制对齐到各个 senone 节点上面,从而使得每一帧语音数据都有对应的 senone 标签。

(2) 设计深度神经网络结构,提取语音的梅尔滤波器系数特征(Mel filter bank feature),将每个目标语音帧与其上下文窗口中邻近的特征绑定连接在一起作为输入,输出为目标语音帧所对应的 senone 标签。具体而言,倘若梅尔滤波器系数特征为 40 维,上下文窗口为 4,则神经网络输入层的神经元数为 360 个;假如步骤(1)中得到的 senone 总数量为 8 k,则神经网络输出层的神经元数量也为 8 k,每个输出神经元对应一个 senone 标签。

得到该声学深度神经网络之后,如果按照 DNN i-vector 框架,则需要:

(1) 随机采样部分说话人识别训练数据,利用其 DNN 解码信息得到类似于 UBM 参数的 $\{u_c\}$ 和 $\{\Sigma_c\}$。

(2) 将所有说话人识别训练数据通过 DNN 进行解码,根据其解码得到的后验概率以及步骤(1)中得到的 $\{u_c\}$ 和 $\{\Sigma_c\}$,按照广义统计量计算方法得到每条语音数据的零阶统计量和一阶统计量。

如果按照 tandem 框架,则需要:

(1) 随机采样部分说话人识别训练数据,根据其 DNN 解码得到的后验概率去对数运算后再训练 PCA 矩阵。

(2) 将所有说话人识别数据通过 DNN 进行解码,解码后的后验概率去对数运算后,直接与步骤(1)中训练好的 PCA 矩阵一起作用得到低维度的音素判别特征。

（3）将音素判别特征与 MFCC 特征拼接在一起，做归一化处理，并将其作为一种新的特征，然后按照传统方法训练 GMM 并提取统计量。

在 tandem 框架中，如果按照 bottleneck 方法提取音素判别特征，则需要设计带瓶颈层的深度声学神经网络，以瓶颈层输出直接作为音素判别特征，然后按照上述步骤（3）与 MFCC 特征拼接在一起。可以看到，得到 bottleneck 特征的过程无须经过节点数量巨大的神经网络输出层，也无须额外的 PCA 训练，因此目前在说话人和语种识别中 tandem 框架以 bottleneck 特征使用居多。

以上端到端的学习方法的后端建模过程仍然基于 i-vector/PLDA。

由于深度神经网络强大的建模能力，近两年来，端到端的说话人识别系统成为一个研究热点。语音不定长，而说话人特征却是一种与语音时长无关的时不变（time-invariant）特征，因此端到端的语音识别的一个难点为如何有效地从不定长的语音输入里学习到固定维度表示的说话人特征（speaker embedding）。一般来说，固定维度的说话人特征的学习有两种做法：① 先将不定长的语音切成固定长度的语音片段，将这些语音片段作为神经网络的输入，学习说话人特征，一句话的说话人特征为这句话所有语音片段的说话人特征的平均；② 在神经网络中使用编码层（encoding layer），直接学习如何将不定长的语音编码为固定长度的说话人编码。通常来说，第 2 种学习说话人特征的方法更为统一高效，性能也比较好。如图 5 - 8 所示，本节将结合基于编码层的端到端网络架构具体展开。

1. 特征提取

相比于经典 i-vector 方法所采用的 MFCC 等特征，端到端的说话人识别系统一般直接使用频谱特征或者经过一组较多个梅尔滤波器组处理的对数梅尔谱（log Mel filter bank energy）特征作为输入。相比于 MFCC，对数梅尔谱不经过 DCT 变换，保留相邻维度之间的相关性。

2. 前端特征学习

经典的 i-vector 方法直接对提取出的声学特征进行建模。然而，声学特征并不是一种最优的特征，底层的声学特征与音素特征融合后具有更优的建模潜能。为了构建一个具有高性能的端到端系统，经常会在声学特征上建立一个新模块，它能够学习抽象出声学特征中具有适合说话人识别任务的特征，学习所得的特征即为特征映射。一般来说，全连接神经网络、卷积神经网络、时延神经网络、循环神经网络都可以作为前端特征学习的网络模块。

3. 编码层

在端到端系统中，前端特征学习得到的特征映射仍然是具有时序信息的，而

图 5‑8　经典 i-vector 方法与带编码层的端到端神经网络方法对比图

说话人特征应当是一个与时序无关的特征,因此,需要对前端特征进行编码,使得不同时长的特征映射能够变成一个固定长度的特征表示,即编码向量。

在经典的 i-vector 方法中,充当编码层角色的是 GMM-UBM,它将时序特征投影到 GMM 中的每一个高斯分量上,得到整句话在每一个高斯分量上的统计量。

在端到端方法中,得到编码向量最简单的办法就是在时域求平均,或者是在时域上计算特征映射的均值方差;更具建模能力的方法包括循环神经网络、NetFV 编码层、NetVLAD 编码层、字典可学习的编码层(learnable dictionary encoding,LDE)等。

编码层类似于 GMM,都是将时序特征投影到 GMM 或编码层字典(dictionary)的不同描述子(descriptor)上,求出每一帧特征在每一个描述子上的概率,即零阶统计量,再将所有特征在每一个描述子上根据零阶统计量加权平均,以得到时序特征在每一个描述子上的一阶统计量。GMM 中的每个高斯分量是先离线训练,后续的建模过程无法再继续对其进行优化。与 GMM 不同的是,编码层中的字典是由端到端的方法学习得到的,不同的编码层方法求取零阶统计量也不同。

4. 全连接层与损失函数

如图 5-11 所示,通过编码层得到固定维度特征表示后,该固定维度特征经过全连接层对说话人特征进行进一步学习,得到深度说话人编码。一般来说,端到端系统的深度说话人编码学习有两种不同的方式。

第 1 种方式是使用带有瓶颈层的全连接层,其输出层的节点代表训练数据中的每一个说话人。训练时,瓶颈层的输出代表深度说话人编码,瓶颈层到输出层为一个分类过程,即将深度说话人编码进行分类;测试时,直接将瓶颈层输出作为深度说话人编码。这种方式所采用的损失函数一般是多类别交叉熵等适合分类任务的损失函数。

第 2 种方式是直接学习深度说话人编码,全连接输出层的输出即为深度说话人编码,在损失函数中,对比两个不同的深度说话人编码,根据这两个深度说话人编码是否为同一个人计算损失,以此优化神经网络。常用的损失函数有 Triplet 损失函数、Center 损失函数、Angular-Softmax 损失函数等。

相比于经典 i-vector 方法,端到端系统的损失函数能够在学习过程中对整个系统的各个模块进行优化。而在 i-vector 方法中,一旦得到 i-vector,后端建模时的损失函数只能优化后端模型。因此,基于端到端深度学习的方法,如 x-vector,在大规模数据上的性能普遍优于传统的 i-vector 方法。

5.5 评价指标、数据库及工具包

5.5.1 评价指标

在一个通用数据集上评估新算法的性能使其可以做有意义的性能比较是很重要的。在早期的研究中,语料库仅仅包括几个人到几十个人,并且数据往往是自收集的。最近,在规范的说话人确认的评估方法方面取得了显著成就。

美国国家标准与技术研究所(NIST)提供了一个与文本无关的说话人识别方法通用评估框架[228]。NIST 在匹配条件(如电话)和不匹配条件(如语言效应和非语言效应)下进行实验测试、跨通道检测和双说话人检测。从 1997 年开始,每年都举行基于 NIST 的说话人识别竞赛,并且对所有有兴趣参与这一活动的各方开放注册。在评估过程中,NIST 向参与者发布了一套语音文件以作为发展数据。在这个初始阶段,参与者没有获得"真实值",即说话人标签。然后每个参赛组在给定的"盲"评价数据集上运行他们的算法,并提交识别信息和验证决策。接着,NIST 根据提交的结果对算法的性能进行评估,并且结果会在后续的研讨会上进行讨论。使用"盲"评价数据集可以进行各种算法的无偏比较,如果没有一个通用的评估数据集或评价标准协议,这些活动的进行将会是很困难的。

检测错误权衡(DET)曲线和等错误率(EER)的视觉检查[229]在说话人确认方面是常用的评价工具。等错误率的问题在于它对应于一个任意的检测阈值,但是在实际的应用中,对于维持用户的便利性和安全性之间的平衡来说,它不是一个可能的选择。NIST 将检测成本功能 DCF 作为评估说话人确认性能的初步指标:

$$DCF(\Theta) = 0.1P_{miss}(\Theta) + 0.99P_{fa}(\Theta) \tag{5-47}$$

式中,$P_{miss}(\Theta)$ 和 $P_{fa}(\Theta)$ 分别是丢失(拒绝一个正确的说话人)和误报(接受一个错误的说话人)的概率。它们都是全局函数(独立说话人)的验证阈值。

最小的 DCF(minDCF),定义为阈值,也就是在式(5-47)中的最小值,是最佳的成本。当判决阈值可以在发展集上优化并应用于评估主体时,就产生了实际的 DCF。因此,最小 DCF 和实际 DCF 之间的差异可表明系统对于特定程序是如何校准的,并且设置阈值的方法是否具有鲁棒性[230]。

为综合考核参评系统的灵活度、实用度以及综合实力,NIST 将 C-primary(或称为 actDCF)作为首要核心指标,用于描述说话人识别系统的整体辨别能力,评判标准不再仅看在某个阈值点的 FAR/FRR 或 DCF,竞赛的难度进一步提升。因此,NIST SRE 测评结果不仅为当前说话人识别的最新技术进步水平,也代表着该技术在目前实战场景应用中能够具备的最佳表现。

5.5.2 数据库及工具包

NIST 的 SRE 数据集由 LDC 公司收集创建,主要包括电话语音和麦克风语音。近年来,NIST SRE 的重点任务是对在现阶段实用领域中,口语对话电话语音(CTS)的说话人检测。除了在各种手机上录制的 CTS 之外,SRE18 中的开发和测试材料还加入了 IP 语音(VOIP)数据,以及视频音频(AfV)数据。数据库环境的复杂程度更高,干扰因素更多,已远远超过一般的实际应用场景,具有很强的鲁棒性。

VoxCeleb 是一个大型的语音识别数据集[231]。它由来自 YouTube 视频中的 1251 名明星所讲的约 10 万句话组成。这些数据性别分布均衡(男性占 55%),名人包括不同的口音、职业和年龄,训练集和测试集之间没有重叠。

希尔贝壳中文普通话语音数据库 AISHELL-2[232]的语音时长为 1 000 h,其中 718 h 来自 AISHELL-ASR0009-[ZH-CN],282 h 来自 AISHELL-ASR0010-[ZH-CN][233]。录音文本涉及唤醒词、语音控制词、智能家居、无人驾驶、工业生产等 12 个领域。1 991 名来自中国不同口音区域的说话人参与录制。

ASVspoof challenge[234]数据集收录了运用语音合成、语音转换、录音回放等几种声纹欺诈的常用手段进行欺诈的数据。

ALIZE toolkit 也是一个常用的声纹识别软件包,它是法国阿维尼翁大学开发的一个开源软件。该项目的目的是提供一套低级别和高级别的框架,允许任何人开发应用程序来处理说话人识别领域的各种任务:验证/识别、分段等。关于该软件包的更多详情,感兴趣的读者可以参考研究[235]。

使用各种不同软件包的目的是,建立一个完整的说话人识别系统。由 MathWorks 公司开发的 Matlab 软件性能优异,尤其是对开发新的特征提取方法。Octave 也是一个开源的软件,可以替代 Matlab。Matlab 和 Octave 有很多免费的工具箱,如 Statistical Pattern Recognition Toolbox 和 NetLab。除了 Matlab 和 Octave,隐马尔可夫模型工具包(HTK)也是一种流行的统计建模工具箱,而 Torch 软件实现了最流行的支持向量机。

对于多个子系统的得分融合,我们推荐 FoCal toolkit;对于评估,例如绘制 DET 曲线,我们建议使用 NIST 的 DETware 工具箱(Matlab)。SRETools 类似工具箱但具有更多的功能。BOSARIS Toolkit 集成封装了关于求解最新 DCF 的算法。

MSR identity Tools 使用微软的声纹识别工具箱,该工具箱包含了常规的基于 GMM-UBM 方法以及 i-vector 方法的基础类库。

参考文献

[1] Schuller B W. The computational paralinguistics challenge [social sciences][J]. IEEE Signal Processing Magazine,2012,29(4):97 - 101.

[2] Kinnunen T,Li H. An overview of text-independent speaker recognition:from features to supervectors[J]. Speech Communication,2010,52(1):12 - 40.

[3] Li H,Ma B,Lee K A. Spoken language recognition:from fundamentals to practice [J]. Proceedings of the IEEE,2013,101(5):1136 - 1159.

[4] Müller C. The INTERSPEECH 2010 paralinguistic challenge[C]//[s. l.]:[s. n.], 2010.

[5] Schuller B,Steidl S,Batliner A. The INTERSPEECH 2009 emotion challenge[C]. [s. l.]:[s. n.],2009.

［6］ Kehrein R. The prosody of authentic emotions［C］//Speech Prosody 2002. ［s. l.］：［s. n.］, 2002.

［7］ Wu Z, Evans N, Kinnunen T, ed al. Spoofing and countermeasures for speaker verification：a survey［J］. Speech Communication, 2015, 66：130‑153.

［8］ Kim J, Kumar N, Tsiartas A, et al. Automatic intelligibility classification of sentence‑level pathological speech［J］. Computer Speech & Language, 2015, 29(1)：132‑144.

［9］ Dehak N, Kenny P J, Dehak R, et al. Front-end factor analysis for speaker verification［J］. IEEE Transactions on Audio, Speech, and Language Processing, 2011, 19(4)：788‑798.

［10］ Variani E, Lei X, McDermott E, et al. Deep neural networks for small footprint text‑dependent speaker verification［C］//2014 IEEE International Conference on Acoustics, Speech and Signal Processing. ［s. l.］：IEEE, 2014.

［11］ Heigold G, Moreno I, Bengio S, et al. End-to-end text-dependent speaker verification［C］//2016 IEEE International Conference on Acoustics, Speech and Signal Processing. ［s. l.］：IEEE, 2016.

［12］ Zhang S X, Chen Z, Zhao Y, et al. End-to-end attention based text-dependent speaker verification［C］//2016 IEEE Spoken Language Technology Workshop. ［s. l.］：IEEE, 2016.

［13］ Lopez-Moreno I, Gonzalez-Dominguez J, Plchot O, et al. Automatic language identification using deep neural networks［C］//2014 IEEE International Conference on Acoustics, Speech and Signal Processing. ［s. l.］：IEEE, 2014.

［14］ Geng W, Zhao Y, Wang W, et al. Gating recurrent enhanced memory neural networks on language identification［J］. 2016.

［15］ Lozano-Diez A, Zazo-Candil R, Gonzalez-Dominguez J, et al. An end-to-end approach to language identification in short utterances using convolutional neural networks［C］//Sixteenth Annual Conference of the International Speech Communication Association. ［s. l.］：［s. n.］,2015.

［16］ Ma J, Song Y, McLoughlin I V, et al. LID-senone extraction via deep neural networks for end-to-end language identification［J］. 2016.

［17］ Trigeorgis G, Ringeval F, Brueckner R, et al. Adieu features? End-to-end speech emotion recognition using a deep convolutional recurrent network［C］//2016 IEEE International Conference on Acoustics, Speech and Signal Processing. ［s. l.］：IEEE, 2016.

［18］ Lozano-Diez A, Zazo-Candil R, Gonzalez-Dominguez J, et al. An end-to-end approach to language identification in short utterances using convolutional neural networks［C］//

Sixteenth Annual Conference of the International Speech Communication Association.〔s. l.〕：〔s. n.〕,2015.

[19] Lopez-Moreno I, Gonzalez-Dominguez J, Plchot O, et al. Automatic language identification using deep neural networks[C]//2014 IEEE International Conference on Acoustics, Speech and Signal Processing.〔s. l.〕：IEEE, 2014.

[20] Kim C, Stern R M. Power-normalized cepstral coefficients (PNCC) for robust speech recognition[J]. IEEE/ACM Transactions on Audio, Speech and Language Processing, 2016, 24(7)：1315 – 1329.

[21] Shao Y, Wang D L. Robust speaker identification using auditory features and computational auditory scene analysis[C]//2008 IEEE International Conference on Acoustics, Speech and Signal Processing.〔s. l.〕：IEEE, 2008.

[22] Kleinschmidt M, Gelbart D. Improving word accuracy with Gabor feature extraction [C]//Seventh International Conference on Spoken Language Processing.〔s. l.〕：〔s. n.〕, 2002.

[23] Torres-Carrasquillo P A, Singer E, Kohler M A, et al. Approaches to language identification using Gaussian mixture models and shifted delta cepstral features[C]// Seventh International Conference on Spoken Language Processing.〔s. l.〕：〔s. n.〕, 2002.

[24] Todisco M, Delgado H, Evans N. A new feature for automatic speaker verification anti-spoofing：Constant Q cepstral coefficients [C]//Speaker Odyssey Workshop, Bilbao, Spain. 2016, 25：249 – 252.

[25] Li M, Kim J, Lammert A, et al. Speaker verification based on the fusion of speech acoustics and inverted articulatory signals[J]. Computer Speech & Language, 2016, 36：196 – 211.

[26] Guo J, Yeung G, Muralidharan D, et al. Speaker verification using short utterances with DNN-based estimation of subglottal acoustic features [C]//INTERSPEECH. 〔s. l.〕：〔s. n.〕,2016.

[27] Eyben F, Wöllmer M, Schuller B. Opensmile：the munich versatile and fast open-source audio feature extractor [C]//Proceedings of the 18th ACM International Conference on Multimedia.〔s. l.〕：ACM, 2010.

[28] Li M, Narayanan S. Simplified supervised i-vector modeling with application to robust and efficient language identification and speaker verification[J]. Computer Speech & Language, 2014, 28(4)：940 – 958.

[29] Stolcke A, Ferrer L, Kajarekar S, et al. MLLR transforms as features in speaker recognition [C]//Ninth European Conference on Speech Communication and Technology.〔s. l.〕：〔s. n.〕,2005.

[30] Campbell W M, Sturim D E, Reynolds D A, et al. SVM based speaker verification using a GMM supervector kernel and NAP variability compensation[C]//2006 IEEE International Conference on Acoustics Speech and Signal Processing. [s. l.]: IEEE, 2006.

[31] Zeinali H, Sameti H, Burget L, et al. i-Vector/HMM based text-dependent speaker verification system for RedDots challenge[C]//INTERSPEECH. [s. l.]: [s. n.], 2016.

[32] Fei W, Ye X, Sun Z, et al. Research on speech emotion recognition based on deep auto-encoder[C]//2016 IEEE International Conference on Cyber Technology in Automation, Control, and Intelligent Systems (CYBER). IEEE, 2016: 308 - 312.

[33] Wang D S, Zou Y X, Liu J H, et al. A robust DBN-vector based speaker verification system under channel mismatch conditions[C]//2016 IEEE International Conference on Digital Signal Processing. [s. l.]: IEEE, 2016.

[34] Schuller B, Steidl S, Batliner A, et al. Paralinguistics in speech and language—state-of-the-art and the challenge[J]. Computer Speech & Language, 2013, 27(1): 4 - 39.

[35] Prince S J D, Elder J H. Probabilistic linear discriminant analysis for inferences about identity[C]//2007 IEEE 11th International Conference on Computer Vision. [s. l.]: IEEE, 2007.

[36] Garcia-Romero D, Espy-Wilson C Y. Analysis of i-vector length normalization in speaker recognition systems[C]//Twelfth Annual Conference of the International Speech Communication Association. [s. l.]: [s. n.], 2011.

[37] Wang Y, Xu H, Ou Z. Joint bayesian gaussian discriminant analysis for speaker verification[C]//2017 IEEE International Conference on Acoustics, Speech and Signal Processing. [s. l.]: IEEE, 2017.

[38] Han K J, Ganapathy S, Li M, et al. TRAP language identification system for RATS phase II evaluation[C]//INTERSPEECH. [s. l.]: [s. n.], 2013.

[39] Ghahabi O, Bonafonte A, Hernando J, et al. Deep neural networks for i-vector language identification of short utterances in cars[C]//INTERSPEECH. [s. l.]: [s. n.], 2016.

[40] Wang W, Yuan Q, Zhou R, et al. Characterization vector extraction using neural network for speaker recognition[C]//2016 8th International Conference on Intelligent Human-Machine Systems and Cybernetics (IHMSC). [s. l.]: IEEE, 2016.

[41] Räsänen O, Pohjalainen J. Random subset feature selection in automatic recognition of developmental disorders, affective states, and level of conflict from speech[C]//INTERSPEECH. [s. l.]: [s. n.], 2013.

[42] Han K, Yu D, Tashev I. Speech emotion recognition using deep neural network and

extreme learning machine[C]//Fifteenth Annual Conference of the International Speech Communication Association. [s. l.]: [s. n.],2014.

[43] Li M, Zhang X, Yan Y, et al. Speaker verification using sparse representations on total variability i-vectors[C]//Twelfth Annual Conference of the International Speech Communication Association. [s. l.]: [s. n.], 2011.

[44] Kenny P, Boulianne G, Ouellet P, et al. Joint factor analysis versus eigenchannels in speaker recognition [J]. IEEE Transactions on Audio, Speech, and Language Processing, 2007, 15(4): 1435 – 1447.

[45] Hatch A O, Kajarekar S, Stolcke A. Within-class covariance normalization for SVM-based speaker recognition[C]//Ninth International Conference on Spoken Language Processing. [s. l.]: [s. n.],2006.

[46] Sadjadi S O, Pelecanos J W, Zhu. W. Nearest neighbor discriminant analysis for robust speaker recognition[C]//INTERSPEECH. [s. l.]: [s. n.], 2014.

[47] Cai D, Cai W, Ni Z, et al. Locality sensitive discriminant analysis for speaker verification [C]// Signal & Information Processing Association Summit & Conference. [s. l.]: IEEE, 2017.

[48] Shen P, Lu X, Liu L, et al. Local fisher discriminant analysis for spoken language identification[C]// IEEE International Conference on Acoustics. [s. l.]: IEEE, 2016.

[49] Lei Y, Scheffer N, Ferrer L, et al. A novel scheme for speaker recognition using a phonetically-aware deep neural network[C]//2014 IEEE International Conference on Acoustics, Speech and Signal Processing. [s. l.]: IEEE, 2014.

[50] Lei Y, Ferrer L, Lawson A, et al. Application of convolutional neural networks to language identification in noisy conditions[J]. Proceedings of Odyssey-14, 2014, 41(1): 1 – 8.

[51] Kenny P, Gupta V, Stafylakis T, et al. Deep neural networks for extracting baum-welch statistics for speaker recognition[C]//Proceedings of Odyssey, 2014, 41(1): 293 – 298.

[52] Ganapathy S, Han K, Thomas S, et al. Robust language identification using convolutional neural network features [C]//Fifteenth Annual Conference of the International Speech Communication Association. [s. l.]: [s. n.],2014.

[53] Snyder D, Garcia-Romero D, Povey D. Time delay deep neural network-based universal background models for speaker recognition[C]//2015 IEEE Workshop on Automatic Speech Recognition and Understanding. [s. l.]: IEEE, 2015.

[54] Zheng H, Zhang S, Liu W. Exploring robustness of DNN/RNN for extracting speaker Baum-Welch statistics in mismatched conditions[C]//Sixteenth Annual Conference of

the International Speech Communication Association. ［s. l. ］：［s. n. ］,2015.

[55] Tian Y, Cai M, He L, et al. Investigation of bottleneck features and multilingual deep neural networks for speaker verification［C］//Sixteenth Annual Conference of the International Speech Communication Association. ［s. l. ］：［s. n. ］,2015.

[56] Richardson F, Reynolds D, Dehak N. Deep neural network approaches to speaker and language recognition［J］. IEEE Signal Processing Letters，2015，22（10）：1671 - 1675.

[57] Li M, Liu W. Speaker verification and spoken language identification using a generalized i-vector framework with phonetic tokenizations and tandem features［C］// Fifteenth Annual Conference of the International Speech Communication Association. ［s. l. ］：［s. n. ］,2014.

[58] Li M, Liu L, Cai W, et al. Generalized i-vector representation with phonetic tokenizations and tandem features for both text independent and text dependent speaker verification［J］. Journal of Signal Processing Systems，2016，82(2)：207 - 215.

[59] Matejka P, Zhang L, Ng T, et al. Neural network bottleneck features for language identification［J］. Proceedings of IEEE Odyssey，2014，14(1)：299 - 304.

[60] Richardson F, Reynolds D, Dehak N. A unified deep neural network for speaker and language recognition［EB/OL］. ［2020 - 03 - 25］. http://arxiv. org/obs/1504. 00923.

[61] Geng W, Zhao Y, Wang W, et al. Gating recurrent enhanced memory neural networks on language identification［J］. 2016.

[62] Ma J, Song Y, McLoughlin I V, et al. LID-senone extraction via deep neural networks for end-to-end language identification［J］. 2016.

[63] Variani E, Lei X, McDermott E, et al. Deep neural networks for small footprint text-dependent speaker verification［C］//2014 IEEE International Conference on Acoustics, Speech and Signal Processing. ［s. l. ］：IEEE, 2014.

[64] Fu T, Qian Y, Liu Y, et al. Tandem deep features for text-dependent speaker verification ［C］//Fifteenth Annual Conference of the International Speech Communication Association. ［s. l. ］：［s. n. ］,2014.

[65] Heigold G, Moreno I, Bengio S, et al. End-to-end text-dependent speaker verification ［C］//2016 IEEE International Conference on Acoustics, Speech and Signal Processing (ICASSP). ［s. l. ］：IEEE, 2016.

[66] Han K, Yu D, Tashev I. Speech emotion recognition using deep neural network and extreme learning machine［C］//Fifteenth Annual Conference of the International Speech Communication Association. ［s. l. ］：［s. n. ］ 2014.

[67] Lee J, Tashev I. High-level feature representation using recurrent neural network for speech emotion recognition［C］//Sixteenth Annual Conference of the International

Speech Communication Association.［s. l.］：［s. n.］,2015.

［68］ Mao Q，Dong M，Huang Z，et al. Learning salient features for speech emotion recognition using convolutional neural networks［J］. IEEE Transactions on Multimedia，2014，16(8)：2203－2213.

［69］ Trigeorgis G，Ringeval F，Brueckner R，et al. Adieu features? end-to-end speech emotion recognition using a deep convolutional recurrent network［C］//2016 IEEE international conference on acoustics，speech and signal processing.［s. l.］：IEEE，2016.

［70］ Milde B，Biemann C. Using representation learning and out-of-domain data for a paralinguistic speech task［C］//Sixteenth Annual Conference of the International Speech Communication Association.［s. l.］：［s. n.］,2015.

［71］ Huang Y，Hu M，Yu X，et al. Transfer learning of deep neural network for speech emotion recognition［C］//Chinese Conference on Pattern Recognition Singapore：Springer,2016.

［72］ Takahashi N，Gygli M，Pfister B，et al. Deep convolutional neural networks and data augmentation for acoustic event detection［EB/OL］.［2020－03－25］. http://arxiv. org/obs/1604. 07160.

［73］ Lu X，Shen P，Tsao Y，et al. Pair-wise distance metric learning of neural network model for spoken language identification［C］//INTERSPEECH.［s. l.］：［s. n.］,2016.

［74］ Shivakumar P G，Li M，Dhandhania V，et al. Simplified and supervised i-vector modeling for speaker age regression［C］//2014 IEEE International Conference on Acoustics，Speech and Signal Processing.［s. l.］：IEEE，2014.

［75］ Sholokhov A，Kinnunen T，Cumani S. Discriminative multi-domain PLDA for speaker verification［C］//2016 IEEE International Conference on Acoustics，Speech and Signal Processing.［s. l.］：IEEE，2016.

［76］ Hong Q，Li L，Wan L，et al. Transfer learning for speaker verification on short utterances［C］//INTERSPEECH.［s. l.］：［s. n.］,2016.

［77］ Aronowitz H. Compensating inter-dataset variability in PLDA hyper-parameters for robust speaker recognition［C］//Speaker and Language Recognition Workshop (IEEE Odyssey).［s. l.］：［s. n.］,2014.

［78］ Novotný O，Matějka P，Glembek O，et al. Analysis of the DNN-based sre systems in multi-language conditions［C］//2016 IEEE Spoken Language Technology Workshop.［s. l.］：IEEE，2016.

［79］ Wen Y，Liu W，Yang M，et al. Efficient misalignment-robust face recognition via locality-constrained representation［C］//ICIP.［s. l.］：［s. n.］,2016.

[80] Hegde R M, Murthy H A, Gadde V R R. Significance of the modified group delay feature in speech recognition[J]. IEEE Transactions on Audio, Speech and Language Processing, 2007, 15(1): 190 - 202.

[81] Grimaldi M, Cummins F. Speaker identification using instantaneous frequencies [J]. IEEE Transactions on Audio, Speech and Language Processing, 2008, 16(6): 1097 - 1111.

[82] Nakagawa S, Wang L, Ohtsuka S. Speaker identification and verification by combining MFCC and phase information [J]. IEEE Transactions on Audio Speech & Language Processing, 2012, 20(4): 1085 - 1095.

[83] Wang L, Nakagawa S, Zhang Z, Yoshida Y, Kawakami Y. Spoofing Speech Detection Using Modified Relative Phase Information [J]. IEEE J. Sel. Topics Signal Processing, 2017, 11(4): 660 - 670.

[84] Espy-Wilson C Y, Manocha S, Vishnubhotla S. A new set of features for text-independent speaker identification [C]//INTERSPEECH 2006 - Icslp, Ninth International Conference on Spoken Language Processing, Pittsburgh, Pa, Usa, September. DBLP, 2006: 1475 - 1478.

[85] Kinnunen T, Alku P. On separating glottal source and vocal tract information in telephony speaker verification[J]. 2009: 4545 - 4548.

[86] Murty K S R, Yegnanarayana B. Combining evidence from residual phase and MFCC features for speaker recognition[J]. IEEE Signal Processing Letters, 2006, 13(1): 52 - 55.

[87] Plumpe M D, Quatieri T F, Reynolds D. Modeling of the glottal flow derivative waveform with application to speaker identification[J]. IEEE Transactions on Speech & Audio Processing, 1997, 7(5): 569 - 586.

[88] Prasanna S R M, Gupta C S, Yegnanarayana B. Extraction of speaker-specific excitation information from linear prediction residual of speech. [J]. Speech Communication, 2006, 48(10): 1243 - 1261.

[89] Thévenaz P, Hügli H. Usefulness of the LPC-residue in text-independent speaker verification[J]. Speech Communication, 1995, 17(95): 145 - 157.

[90] Zheng N, Tan L, Ching P C. Integration of complementary acoustic features for speaker recognition[J]. IEEE Signal Processing Letters, 2007, 14(3): 181 - 184.

[91] Gudnason J, Brookes M. Voice source cepstrum coefficients for speaker identification [C]//IEEE International Conference on Acoustics, Speech and Signal Processing. [s. l.]: IEEE Xplore, 2008.

[92] Slyh R E, Hansen E G, Anderson T R. Glottal modeling and closed-phase analysis for speaker recognition [C]//ODYSSEY04 - The Speaker and Language Recognition

Workshop. ［s. l.］：［s. n.］, 2004.

[93] Alku P，Tiitinen H，Näätänen R. A method for generating natural-sounding speech stimuli for cognitive brain research［J］. Clinical Neurophysiology Official Journal of the International Federation of Clinical Neurophysiology，1999，110(8)：1329 - 1333.

[94] Chetouani M，Faundez-Zanuy M，Gas B，et al. Investigation on LP-residual presentations for speaker identification［J］. Pattern Recognition，2009，42（3），487 - 494.

[95] Chan W N，Zheng N，Lee T. Discrimination power of vocal source and vocal tract related features for speaker segmentation［J］. IEEE Transactions on Audio Speech & Language Processing，2007，15(6)：1884 - 1892.

[96] Reynolds D A，Rose R C. Robust text-independent speaker identification using Gaussian mixture speaker models［J］. IEEE Transactions on Speech and Audio Processing，1995，3(1)：72 - 83.

[97] Reynolds D A，Quatieri T F，Dunn R B. Speaker verification using adapted Gaussian mixture models［J］. Digital Signal Processing，2000，10(1/2/3)：19 - 41.

[98] Yuo K H，Wang H C. Joint estimation of feature transformation parameters and Gaussian mixture model for speaker identification［J］. Speech Communication，1999，28(3)：227 - 241.

[99] Besacier L，Bonastre J F，Fredouille C. Localization and selection of speaker-specific information with statistical modeling［J］. Speech Communication，2000，31（2/3）：89 - 106.

[100] Besacier L，Bonastre J F. Subband architecture for automatic speaker recognition ［J］. Signal Processing，2000，80(7)：1245 - 1259.

[101] Bimbot F，Magrin-Chagnolleau I，Mathan L. Second-order statistical measures for text-independent speaker identification［J］. Speech Communication，1995，17(1/2)：177 - 192.

[102] Campbell J P. Speaker recognition：a tutorial［J］. Proceedings of the IEEE，1997，85(9)：1437 - 1462.

[103] Zilca R D. Text-independent speaker verification using utterance level scoring and covariance modeling［J］. IEEE Transactions on Speech and Audio Processing，2002，10(6)：363 - 370.

[104] Bishop C M. Mixture models and the EM algorithm［R］. Cambridge：Microsoft Research，2006.

[105] Kinnunen T，Saastamoinen J，Hautamäki V，et al. Comparative evaluation of maximum a posteriori vector quantization and Gaussian mixture models in speaker verification［J］. Pattern Recognition Letters，2009，30(4)：341 - 347.

[106] Kolano G, Regel-Brietzmann P. Combination of vector quantization and Gaussian mixture models for speaker verification with sparse training data[C]//Sixth European Conference on Speech Communication and Technology. [s. l.]: [s. n.],1999.

[107] Pelecanos J, Myers S, Sridharan S, et al. Vector quantization based Gaussian modeling for speaker verification[C]//Proceedings 15th International Conference on Pattern Recognition. [s. l.]: IEEE, 2000.

[108] Gautama T, van Hulle M A. A phase-based approach to the estimation of the optical flow field using spatial filtering[J]. IEEE Transactions on Neural Networks, 2002, 13(5): 1127 - 1136.

[109] Auckenthaler R, Carey M, Lloyd-Thomas H. Score normalization for text-independent speaker verification systems [J]. Digital Signal Processing, 2000, 10(1/2/3): 42 - 54.

[110] Collobert R, Bengio S, Mariéthoz J. Torch: a modular machine learning software library[R]. Idiap, 2002.

[111] Karam Z N, Campbell W M. A new kernel for SVM MLLR based speaker recognition [C]//Eighth Annual Conference of the International Speech Communication Association. [s. l.]: [s. n.],2007.

[112] Stolcke A, Kajarekar S S, Ferrer L, et al. Speaker recognition with session variability normalization based on MLLR adaptation transforms [J]. IEEE Transactions on Audio, Speech, and Language Processing, 2007, 15 (7): 1987 - 1998.

[113] Saeidi R, Mohammadi H R S, Ganchev T, et al. Particle swarm optimization for sorted adapted gaussian mixture models[J]. IEEE Transactions on Audio, Speech, and Language Processing, 2009, 17(2): 344 - 353.

[114] Tydlitát B, Navratil J, Pelecanos J W, et al. Text-independent speaker verification in embedded environments [C]//2007 IEEE International Conference on Acoustics, Speech and Signal Processing. [s. l.]: IEEE, 2007.

[115] Auckenthaler R, Mason J S. Gaussian selection applied to text-independent speaker verification[C]//A Speaker Odyssey-The Speaker Recognition Workshop. [s. l.]: [s. n.], 2001.

[116] Louradour J, Daoudi K, Bach F. SVM speaker verification using an incomplete Cholesky decomposition sequence kernel[C]//2006 IEEE Odyssey-The Speaker and Language Recognition Workshop. [s. l.]: IEEE, 2006.

[117] McLaughlin J, Reynolds D A, Gleason T. A study of computation speed-ups of the GMM-UBM speaker recognition system[C]//Sixth European Conference on Speech Communication and Technology. 1999.

[118] Pellom B L, Hansen J H L. An efficient scoring algorithm for Gaussian mixture model based speaker identification[J]. IEEE Signal Processing Letters, 1998, 5(11): 281 – 284.

[119] Roch M. Gaussian-selection-based non-optimal search for speaker identification [J]. Speech Communication, 2006, 48(1): 85 – 95.

[120] Xiang B, Berger T. Efficient text-independent speaker verification with structural Gaussian mixture models and neural network[J]. IEEE Transactions on Speech and Audio Processing, 2003, 11(5): 447 – 456.

[121] Xiong G, Feng C, Ji L. Dynamical Gaussian mixture model for tracking elliptical living objects[J]. Pattern Recognition Letters, 2006, 27(7): 838 – 842.

[122] Faltlhauser R, Ruske G. Improving speaker recognition using phonetically structured gaussian mixture models [C]//Seventh European Conference on Speech Communication and Technology. [s. l.]: [s. n.], 2001.

[123] Bocklet T, Shriberg E. Speaker recognition using syllable-based constraints for cepstral frame selection [C]//2009 IEEE International Conference on Acoustics, Speech and Signal Processing. [s. l.]: IEEE, 2009.

[124] Castaldo F, Colibro D, Dalmasso E, et al. Compensation of nuisance factors for speaker and language recognition[J]. IEEE Transactions on Audio, Speech, and Language Processing, 2007, 15(7): 1969 – 1978.

[125] Kenny P. Bayesian speaker verification with heavy-tailed priors [C]//Odyssey. [s. l.]: [s. n.], 2010.

[126] Boll S. Suppression of acoustic noise in speech using spectral subtraction[J]. IEEE Transactions on Acoustics, Speech, and Signal Processing, 1979, 27(2): 113 – 120.

[127] Wang N, Ching P C, Zheng N, et al. Robust speaker recognition using denoised vocal source and vocal tract features[J]. IEEE Transactions on Audio, Speech, and Language Processing, 2011, 19(1): 196 – 205.

[128] Hermansky H, Morgan N. RASTA processing of speech[J]. IEEE transactions on speech and audio processing, 1994, 2(4): 578 – 589.

[129] Furui S. Cepstral analysis technique for automatic speaker verification[J]. IEEE Transactions on Acoustics, Speech, and Signal Processing, 1981, 29(2): 254 – 272.

[130] Zhao X, Shao Y, Wang D L. CASA-based robust speaker identification[J]. IEEE Transactions on Audio, Speech, and Language Processing, 2012, 20(5): 1608 – 1616.

[131] Hanilçi C, Kinnunen T, Saeidi R, et al. Comparing spectrum estimators in speaker verification under additive noise degradation[C]//2012 IEEE International Conference on Acoustics, Speech and Signal Processing. IEEE, 2012.

[132] Lei Y，Burget L，Scheffer N. A noise robust i-vector extractor using vector taylor series for speaker recognition[C]//2013 IEEE International Conference on Acoustics，Speech and Signal Processing. [s. l.]：IEEE，2013.

[133] Lei Y，McLaren M，Ferrer L，et al. Simplified VTS-based i-vector extraction in noise-robust speaker recognition [C]//2014 IEEE International Conference on Acoustics，Speech and Signal Processing. [s. l.]：IEEE，2014.

[134] González M D，Burget L，Stafylakis T，et al. Unscented transform for ivector-based noisy speaker recognition[C]//2014 IEEE International Conference on Acoustics，Speech and Signal Processing. [s. l.] IEEE，2014.

[135] Bellot O，Matrouf D，Merlin T，et al. Additive and convolutional noises compensation for speaker recognition[C]//Sixth International Conference on Spoken Language Processing. [s. l.]：[s. n.]，2000.

[136] Lei Y，Burget L，Ferrer L，et al. Towards noise-robust speaker recognition using probabilistic linear discriminant analysis[C]//2012 IEEE International Conference on Acoustics，Speech and Signal Processing. [s. l.]：IEEE，2012.

[137] 王军. 复杂环境下说话人确认鲁棒性研究[D].北京：清华大学，2015.

[138] Furui S. Comparison of speaker recognition methods using statistical features and dynamic features [J]. IEEE Transactions on Acoustics，Speech，and Signal Processing，1981，29(3)：342－350.

[139] Hermansky H，Morgan N，Bayya A，Kohn P. RASTA-PLP speech analysis technique[C]//Acoustics，Speech and Signal Processing (ICASSP)，1992 IEEE International Conference on. IEEE，1992，1：121－124.

[140] Pelecanos J，Sridharan S. Feature warping for robust speaker verification[J]. 2001.

[141] Reynolds D A. Channel robust speaker verification via feature mapping [C]//2003 IEEE International Conference on Acoustics，Speech and Signal Processing. [s. l.]：IEEE，2003.

[142] Teunen R，Shahshahani B，Heck L. A model-based transformational approach to robust speaker recognition[C]//Sixth International Conference on Spoken Language Processing. [s. l.]：[s. n.]，2000.

[143] Solomonoff A，Campbell W M，Boardman I. Advances in channel compensation for SVM speaker recognition[C]//2005 IEEE International Conference on Acoustics，Speech and Signal Processing. [s. l.]：IEEE，2005.

[144] Kenny P，Ouellet P，Dehak N，et al. A study of interspeaker variability in speaker verification[J]. IEEE Transactions on Audio，Speech，and Language Processing，2008，16(5)：980－988.

[145] Kenny P，Boulianne G，Ouellet P，et al. Joint factor analysis versus eigenchannels in

speaker recognition［J］. IEEE Transactions on Audio，Speech，and Language Processing，2007，15(4)：1435－1447.

［146］ Dehak N，Kenny P，Dehak R，et al. Front-end factor analysis for speaker verification ［J］. IEEE Transactions on Audio，Speech，and Language Processing，2011，19(4)：788－798.

［147］ Hatch A O，Kajarekar S S，Stolcke A. Within-class covariance normalization for SVM-based speaker recognition［C］//INTERSPEECH.［s. l.］：［s. n.］,2006.

［148］ Mika S，Ratsch G，Weston J，et al. Fisher discriminant analysis with kernels［C］//Neural Networks for Signal Processing IX：Proceedings of the 1999 IEEE Signal Processing Society Workshop.［s. l.］：IEEE，1999.

［149］ Ioffe S. Probabilistic linear discriminant analysis［J］. Computer Vision-ECCV 2006，2006：531－542.

［150］ Li L，Wang D，Xing C，et al. Max-margin metric learning for speaker recognition ［C］//2016 10th International Symposium on Chinese Spoken Language Processing (ISCSLP).［s. l.］：IEEE，2016.

［151］ Li K P，Porter J E. Normalizations and selection of speech segments for speaker recognition scoring［C］//1988 IEEE International Conference on Acoustics，Speech and Signal Processing.［s. l.］：IEEE，1988.

［152］ Auckenthaler R，Carey M，Lloyd-Thomas H. Score normalization for text-independent speaker verification systems［J］. Digital Signal Processing，2000，10(1/2/3)：42－54.

［153］ Furui S. Recent advances in speaker recognition［J］. Pattern Recognition Letters，1997，18(9)：859－872.

［154］ Bonastre J，Bimbot F，Boë L，et al. Person authentication by voice：a need for caution ［C］//Eighth European Conference on Speech Communication and Technology.［s. l.］：［s. n.］,2003.

［155］ Soong F，Rosenberg A，Rabiner L，et al. A vector quantization approach to speaker recognition［C］//2012 IEEE International Conference on Acoustics，Speech and Signal Processing. IEEE，1985，10：387－390.

［156］ Kato T，Shimizu T. Improved speaker，verification over the cellular phone network using phoneme-balanced and digit-sequence-preserving connected digit patterns［C］//2003 IEEE International Conference on Acoustics，Speech and Signal Processing.［s. l.］：IEEE，2003.

［157］ Wang L，Wang J，Li L，et al. Improving speaker verification performance against long-term speaker variability［J］. Speech Communication，2016，79：14－29.

［158］ 陈文翔,杨莹春. 声纹漂移现象初探［C］//第九届中国语音学学术会议.［s. l.］：

[s. n.], 2010.

[159] 王琳琳. 说话人识别中的时变鲁棒性问题研究[D]. 北京：清华大学, 2013.

[160] Beigi H. Effects of time LAPSE on speaker recognition results[C]//2009 16th International Conference on Digital Signal Processing. [s. l.]: IEEE, 2009.

[161] Lamel L F, Gauvain J L. Speaker verification over the telephone[J]. Speech Communication, 2000, 31(2): 141 - 154.

[162] Li C, Ma X, Jiang B, et al. Deep speaker: an end-to-end neural speaker embedding system[EB/OL]. [2020 - 03 - 25]. http://arxiv. org/obs/1705. 02304.

[163] Kelly F, Drygajlo A, Harte N. Speaker verification with long-term ageing data[C]// 2012 5th IAPR International Conference on Biometrics. [s. l.]: IEEE, 2012.

[164] 张陈昊. 短语音说话人识别研究[D]. 清华大学, 2014.

[165] Li K, Wrench E. An approach to text-independent speaker recognition with short utterances[C]//1983 IEEE International Conference on Acoustics, Speech and Signal Processing. [s. l.]: IEEE, 1983.

[166] Campbell J P. Speaker recognition: a tutorial[J]. Proceedings of the IEEE, 1997, 85(9): 1437 - 1462.

[167] Vogt R, Sridharan S, Mason M. Making confident speaker verification decisions with minimal speech[J]. IEEE Transactions on Audio, Speech, and Language Processing, 2010, 18(6): 1182 - 1192.

[168] Kanagasundaram A, Vogt R, Dean D, et al. I-vector based speaker recognition on short utterances[C]//Proceedings of the 12th Annual Conference of the International Speech Communication Association. [s. l.]: International Speech Communication Association, 2011.

[169] Nosratighods M, Ambikairajah E, Epps J, et al. A segment selection technique for speaker verification[J]. Speech Communication, 2010, 52(9): 753 - 761.

[170] Fu T, Qian Y, Liu Y, et al. Tandem deep features for text-dependent speaker verification[C]//Fifteenth Annual Conference of the International Speech Communication Association. [s. l.]: [s. n.], 2014.

[171] Li L, Chen Y, Shi Y, et al. Deep speaker feature learning for text-independent speaker verification[EB/OL]. [2020 - 03 - 25]. http://arxiv. org/obs/1705. 03670, 2017.

[172] Larcher A, Bousquet P, Lee K, et al. i-vectors in the context of phonetically-constrained short utterances for speaker verification[C]//2012 IEEE International Conference on Acoustics, Speech and Signal Processing. [s. l.]: IEEE, 2012.

[173] Larcher A, Lee K, Ma B, et al. Phonetically-constrained PLDA modeling for text-dependent speaker verification with multiple short utterances[C]//2013 IEEE

International Conference on Acoustics，Speech and Signal Processing. ［s. l. ］：IEEE，2013.

[174] Li L，Wang D，Zhang C，et al. Improving short utterance speaker recognition by modeling speech unit classes［J］. IEEE/ACM Transactions on Audio，Speech and Language Processing，2016，24(6)：1129 - 1139.

[175] Chen L，Lee K，Chng S E，et al. Content-aware local variability vector for speaker verification with short utterance［C］//2016 IEEE International Conference on Acoustics，Speech and Signal Processing. ［s. l. ］：IEEE，2016.

[176] Zeinali H，Sameti H，Burget L，et al. i-Vector/HMM based Text-dependent speaker verification system for RedDots challenge［C］//INTERSPEECH. ［s. l. ］：［s. n. ］，2016.

[177] Malegaonkar A，Ariyaeeinia A，Sivakumaran P，et al. On the enhancement of speaker identification accuracy using weighted bilateral scoring［C］//42nd Annual IEEE International Carnahan Conference on Security Technology. ［s. l. ］：IEEE，2008.

[178] Jelil S，Das K R，Sinha R，et al. Speaker verification using gaussian posteriorgrams on fixed phrase short utterances ［C］//Sixteenth Annual Conference of the International Speech Communication Association. ［s. l. ］：［s. n. ］，2015.

[179] Lindberg J，Blomberg M. Vulnerability in speaker verification-a study of technical impostor techniques［C］//Sixth European Conference on Speech Communication and Technology. ［s. l. ］：［s. n. ］，1999.

[180] Evans N W D，Kinnunen T，Yamagishi J. Spoofing and countermeasures for automatic speaker verification［C］//INTERSPEECH. ［s. l. ］：［s. n. ］，2013.

[181] Wu Z，Evans D W N，Kinnunen T，et al. Spoofing and countermeasures for speaker verification：a survey［J］. Speech Communication，2015，66：130 - 153.

[182] Wu Z，Kinnunen T，Evans D W N，et al. ASVspoof 2015：the first automatic speaker verification spoofing and countermeasures challenge［C］//Sixteenth Annual Conference of the International Speech Communication Association. ［s. l. ］：［s. n. ］，2015.

[183] Kinnunen T，Evans N，Yamagishi J，et al. ASVspoof 2017：automatic speaker verification spoofing and countermeasures challenge evaluation plan［J］. Training，2017，10(1508)：1508.

[184] Todisco M，Wang X，Vestman V，et al. ASVspoof 2019：future horizons in spoofed and fake audio detection［EB/OL］. ［2020 - 03 - 25］. http：//arxiv. org/obs/1904. 05441.

[185] Lau Y W，Wagner M，Tran D. Vulnerability of speaker verification to voice

mimicking [C]//Proceedings of 2004 International Symposium on Intelligent Multimedia, Video and Speech Processing. [s. l.]: IEEE, 2004.

[186] Lau Y, Tran D, Wagner M. Testing voice mimicry with the YOHO speaker verification corpus[C]//Knowledge-Based Intelligent Information and Engineering Systems. Berlin: Springer, 2005.

[187] Hautamäki R G, Kinnunen T, Hautamäki V, et al. i-vectors meet imitators: on vulnerability of speaker verification systems against voice mimicry [C]// INTERSPEECH. [s. l.]: [s. n.], 2013.

[188] Hautamäki V, Hautamäki G R, Kinnunen T, et al. Comparison of human listeners and speaker verification systems using voice mimicry data[J]. TARGET, 2014, 4000: 5000.

[189] Masuko T, Hitotsumatsu T, Tokuda K, et al. On the security of HMM-based speaker verification systems against imposture using synthetic speech [C]// Eurospeech. [s. l.]: [s. n.], 1999.

[190] De Leon P L, Pucher M, Yamagishi J, et al. Evaluation of speaker verification security and detection of HMM-based synthetic speech[J]. IEEE Transactions on Audio, Speech, and Language Processing, 2012, 20(8): 2280 - 2290.

[191] Pellom B L, Hansen J H L. An experimental study of speaker verification sensitivity to computer voice-altered imposters[C]//1999 IEEE International Conference on Acoustics, Speech and Signal Processing. [s. l.]: IEEE, 1999.

[192] Matrouf D, Bonastre J F, Fredouille C. Effect of speech transformation on impostor acceptance[C]//2006 IEEE International Conference on Acoustics, Speech and Signal Processing. [s. l.]: IEEE, 2006.

[193] Bonastre J F, Matrouf D, Fredouille C. Artificial impostor voice transformation effects on false acceptance rates[C]//Eighth Annual Conference of the International Speech Communication Association. [s. l.]: [s. n.], 2007.

[194] Kinnunen T, Wu Z, Lee K, et al. Vulnerability of speaker verification systems against voice conversion spoofing attacks: the case of telephone speech[C]//2012 IEEE International Conference on Acoustics, Speech and Signal Processing. [s. l.]: IEEE, 2012.

[195] Wu Z, Kinnunen T, Chng E, et al. A study on spoofing attack in state-of-the-art speaker verification: the telephone speech case[C]//Signal & Information Processing Association Annual Summit and Conference (APSIPA ASC), 2012 Asia-Pacific. [s. l.]: IEEE, 2012.

[196] Kons Z, Aronowitz H. Voice transformation-based spoofing of text-dependent speaker verification systems[C]//INTERSPEECH. [s. l.]: [s. n.], 2013.

[197] Satoh T，Masuko T，Kobayashi T，et al. A robust speaker verification system against imposture using an HMM-based speech synthesis system［C］//Seventh European Conference on Speech Communication and Technology. ［s. l.］：［s. n.］，2001.

[198] Chen L W，Guo W，Dai L R. Speaker verification against synthetic speech［C］// 2010 7th International Symposium on Chinese Spoken Language Processing. ［s. l.］：IEEE，2010.

[199] Ogihara A，Unno H，Shiozaki A. Discrimination method of synthetic speech using pitch frequency against synthetic speech falsification［J］. IEICE Transactions on Fundamentals of Electronics，Communications and Computer Sciences，2005，88(1)：280－286.

[200] De Leon P L，Stewart B，Yamagishi J. Synthetic speech discrimination using pitch pattern statistics derived from image analysis［C］//INTERSPEECH. ［s. l.］：［s. n.］，2012.

[201] Sahidullah M，Delgado H，Todisco M，Yu H，Kinnunen T，Evans D W N，Tan Z. Integrated spoofing countermeasures and automatic speaker verification：An evaluation on ASVspoof 2015［J］. 2016.

[202] Todisco M，Delgado H，Evans N. A new feature for automatic speaker verification anti-spoofing：Constant Q cepstral coefficients［C］//Speaker Odyssey Workshop，Bilbao，Spain. 2016，25：249－252.

[203] Wu Z，Chng E S，Li H. Detecting converted speech and natural speech for anti-spoofing attack in speaker recognition［C］//Thirteenth Annual Conference of the International Speech Communication Association. 2012.

[204] Xiao X，Tian X，Du S，Xu H，Chng E，Li H. Spoofing speech detection using high dimensional magnitude and phase features：The NTU approach for ASVspoof 2015 challenge［C］//Sixteenth Annual Conference of the International Speech Communication Association. 2015.

[205] Alam M J，Kenny P，Bhattacharya G，Stafylakis T. Development of CRIM system for the automatic speaker verification spoofing and countermeasures challenge 2015［C］//Sixteenth Annual Conference of the International Speech Communication Association. 2015.

[206] Lindberg J，Blomberg M. Vulnerability in speaker verification-a study of technical impostor techniques［C］//Sixth European Conference on Speech Communication and Technology. 1999.

[207] Villalba J，Lleida E. Preventing replay attacks on speaker verification systems［C］// 2011 IEEE International Carnahan Conference on Security Technology. ［s. l.］：

IEEE，2011.

[208] Villalba J, Lleida E. Speaker verification performance degradation against spoofing and tampering attacks[C]//FALA workshop. [s. l.]：[s. n.], 2010.

[209] Villalba J, Lleida E. Detecting replay attacks from far-field recordings on speaker verification systems[J]. Biometrics and ID Management, 2011：274 - 285.

[210] Alegre F, Janicki A, Evans N. Re-assessing the threat of replay spoofing attacks against automatic speaker verification [C]//2014 International Conference of the Biometrics Special Interest Group. [s. l.]：IEEE, 2014.

[211] Wu Z, Gao S, Cling E S, et al. A study on replay attack and anti-spoofing for text-dependent speaker verification[C]//Asia-Pacific Signal and Information Processing Association, 2014 Annual Summit and Conference (APSIPA ASC). [s. l.]：IEEE, 2014.

[212] Shang W, Stevenson M. A preliminary study of factors affecting the performance of a playback attack detector[C]//2008 Canadian Conference on Electrical and Computer Engineering. [s. l.]：IEEE, 2008.

[213] Shang W, Stevenson M. Score normalization in playback attack detection[C]// 2010 IEEE International Conference on Acoustics Speech and Signal Processing. [s. l.]：IEEE, 2010.

[214] Villalba J, Lleida E. Preventing replay attacks on speaker verification systems[C]// 2011 Carnahan Conference on Security Technology. [s. l.]：IEEE, 2011.

[215] Wang Z F, Wei G, He Q H. Channel pattern noise based playback attack detection algorithm for speaker recognition[C]//2011 International Conference on Machine Learning and Cybernetics. [s. l.]：IEEE, 2011.

[216] Malik H. Securing speaker verification system against replay attack[C]//Audio Engineering Society Conference：46th International Conference：Audio Forensics. [s. l.]：Audio Engineering Society, 2012.

[217] Todisco M, Delgado H, Evans N. Constant Q cepstral coefficients：a spoofing countermeasure for automatic speaker verification [J]. Computer Speech & Language, 2017, 45：516 - 535.

[218] Nagarsheth P, Khoury E, Patil K, et al. Replay attack detection using DNN for channel discrimination[C]//INTERSPEECH. [s. l.]：[s. n.], 2017.

[219] Witkowski M, Kacprzak S, Zelasko P, et al. Audio replay attack detection using high-frequency features[C]//INTERSPEECH. [s. l.]：[s. n.], 2017.

[220] Li L, Chen Y, Wang D, et al. A study on replay attack and anti-spoofing for automatic speaker verification[EB/OL]. [2020 - 03 - 25]. http：/arxiv. org/obs/ 1706. 02101, 2017.

［221］ Lavrentyeva G，Novoselov S，Malykh E，et al. Audio replay attack detection with deep learning frameworks［C］//INTERSPEECH.［s. l.］:［s. n.］，2017.

［222］ Tom F，Jain M，Dey P. End-to-end audio replay attack detection using deep convolutional networks with attention［C］//INTERSPEECH.［s. l.］:［s. n.］，2018.

［223］ Sriskandaraja K，Sethu V，Ambikairajah E. Deep siamese architecture based replay detection for secure voice biometric［C］//19th Annual Conference of the International Speech Communication Association.［s. l.］:［s. n.］，2018.

［224］ Shiota S，Villavicencio F，Yamagishi J，Ono N，Echizen I，Matsui T. You can hear but you cannot steal: Defending against voice impersonation attacks on smartphones ［C］//2017 IEEE 37th International Conference on Distributed Computing Systems （ICDCS）. IEEE，2017: 183 – 195.

［225］ Bredin H，Miguel A，Witten I H，Chollet G. Detecting replay attacks in audiovisual identity verification［C］//2006 IEEE International Conference on Acoustics，Speech and Signal Processing.［s. l.］: IEEE，2006.

［226］ Shiota S，Villavicencio F，Yamagishi J，et al. Voice liveness detection algorithms based on pop noise caused by human breath for automatic speaker verification［C］// INTERSPEECH.［s. l.］:［s. n.］，2015.

［227］ Baloul M，Cherrier E，Rosenberger C. Challenge-based speaker recognition for mobile authentication［C］//2012 BIOSIG-Proceedings of the International Conference of Biometrics Special Interest Group.［s. l.］: IEEE，2012.

［228］ Przybocki M A，Martin A F，Le A N. NIST Speaker Recognition Evaluations Utilizing the Mixer Corpora—2004，2005，2006［J］. IEEE Transactions on Audio Speech & Language Processing，2007，15(7): 1951 – 1959.

［229］ Martin A，Doddington G，Kamm T，et al. The DET Curve in Assessment of Detection Task Performance［C］// European Conference on Speech Communication and Technology，Eurospeech 1997，Rhodes，Greece，September. 1997: 1895 – 1898.

［230］ Brümmer N，Preez J D. Application-independent evaluation of speaker detection ［J］. Computer Speech & Language，2006，20(2 – 3): 230 – 275.

［231］ Nagrani A，Chung J S，Zisserman A. Voxceleb: a large-scale speaker identification dataset［J］. arXiv preprint arXiv: 1706.08612，2017.

［232］ Du J，Na X，Liu X，et al. AISHELL-2: Transforming Mandarin ASR Research Into Industrial Scale［J］. arXiv preprint arXiv: 1808.10583，2018.

［233］ Bu H，Du J，Na X，et al. AIShell-1: An open-source Mandarin speech corpus and a speech recognition baseline［C］//2017 20th Conference of the Oriental Chapter of the International Coordinating Committee on Speech Databases and Speech I/O Systems and Assessment (O-COCOSDA). IEEE, 2017: 1 – 5.

[234] Delgado H, Todisco M, Sahidullah M, et al. ASVspoof 2017 Version 2. 0: meta-data analysis and baseline enhancements [C]//Proc. Odyssey 2018 The Speaker and Language Recognition Workshop. 2018: 296 – 303.

[235] Fauve B G B, Matrouf D, Scheffer N, et al. State-of-the-Art Performance in Text-Independent Speaker Verification Through Open-Source Software [J]. IEEE Transactions on Audio Speech & Language Processing, 2007, 15(7): 1960 – 1968.

韵律、情绪及音乐分析

陶建华 李爱军 李 伟

陶建华,中国科学院自动化研究所,电子邮箱:jhtao@nlpr.ia.ac.cn

李爱军,中国社会科学院语言所,电子邮箱:liaj@cass.org.cn

李 伟,复旦大学计算机科学技术学院,电子邮箱:weili-fudan@fudan.edu.cn

6.1 言语韵律

本章第一部分将要讨论言语韵律（speech prosody）。从语言学上来说，韵律指的是元音（vowel）与辅音（consonant）等音段之外的其他信息，这些信息一般称为超音段（suprasegmental）信息。大体说来，韵律作为超音段信息与音段信息之间的区别在于：音段间的对立是聚合式（paradigmatic）的，而超音段间的对立则是组合式（syntagmatic）的。人在听到一个辅音或元音时，依据这个音自身的声学特性就能将它与来自其他范畴的语音区分开来；而在区分不同的重音时，则是通过不同音节之间的轻重对比来实现的。这种聚合与组合的区分并不是绝对的。在言语韵律中，词汇声调的对立就主要涉及聚合关系。从物理性质上来说，音段信息的物理特性主要是谱特征（如共振峰、频谱重心等），而韵律信息的物理特性则主要是基频、音强和时长等。这两者的基本区别在于，尽管谱特征也可以维持一定的时间，而基频、音强、时长在时间跨度上要比谱特征更大。从语言学上来说，韵律可以分为词汇韵律（lexical prosody）与后词汇韵律（post-lexical prosody）。词汇韵律一般包括声调、重音、音高重音等；而后词汇韵律则包括语调、节奏等。韵律是一句话或者多个连贯话语的各种语言成分的系统组织，作用于音节或者更大语言学单元上，并且实现为言语的音段和超音段特征，具有传递语言学、副语言学和非语言学信息的功能[1]。因此，韵律与声调、语调、重音、节奏等相关；与更高层的语言学组织也有联系，如语篇层级信息结构、修辞结构等；还与语用功能相关，如说话人的语言行为、情感和态度等。本节将首先介绍言语韵律的基本概念与相关的理论；第二部分则将具体介绍几种韵律分析与建模的理论；第三部分将介绍一些主要的韵律标注系统；最后一部分从汉语口语特点出发，讨论汉语言语韵律研究在口语智能交互系统中面临的挑战。

6.1.1 言语韵律基本概念与理论

前文已经提及，音段与言语韵律在物理性质上的不同主要是，音段一般利用谱特征来形成对立，而韵律则一般利用音高、音强与时长①等超音段特征来形成对立。根据超音段特征用来区分的意义在语言学上所处的不同层面，言语韵律

---

① 音高、音强的物理属性其实分别是基频（fundamental frequency）与振幅（amplitude），音高与音强是这两者的感知相关物（perceptual correlate）。由于人类语言对这些物理性质的运用基本是基于感知的，除非特别涉及感知与物理性质之间的关系，音高、音强与基频、振幅在语言学中一般可以互换使用。

又可以划分为词汇韵律与后词汇韵律。这两者统称为语言的韵律特征。事实上,韵律有广义与狭义之分。广义的韵律包括词汇韵律与后词汇韵律两部分,而狭义的韵律则专指语调。这一部分将从音高、时长、音强三个维度出发,讨论韵律在词汇与后词汇层面的主要表现;其后将简单介绍语调的主要理论。这些理论的细节则留待下一部分介绍。

1. 言语韵律涉及的主要概念

音高、音长、音强三个维度的物理特性并不是完全相互独立的。在语言中,音高与音强往往是相互交织在一起的;另外,很少有语言学特征单独利用音强来形成对立。音长看似与音高、音强没有太紧密的联系,但是由于人类的发音生理限制,音长在受到急剧压缩时,音高的变化仍保持其固有的速度。因此,音高作为超音段特征与音段的连接往往会出现滞后的现象。了解这三者之间的相互关系对于理解言语韵律至关重要。

严格来说,音高是基频的感知相关物,而基频是由声带的振动引起的。在语言中,音段有带音(voiced)与不带音(voiceless)的区别,前者一般是元音,后者一般是辅音。事实上,在自然情况下,不同音段往往带有其固有的音高。在语言中,由这种音段自身特性引起的音高变化一般不影响语言学范畴,因而称这种效应为"微韵律"(microprosody)。由此往上,音高的变化可以用来区分词汇意义。假如一种语言的所有音节都带有特定的、可以区分词义的音高变化,那么这种语言就称为声调语言。而假如在一种语言中,只有重读音节带有特有的、可区分词义的音高变化,那么这种语言就是音高重音语言。声调又可根据音高的高度(相对于说话人的音高范围)和变化方向分为静态特征(static feature)和动态特征(dynamic feature)。主要利用静态特征的声调称为音阶型(level)声调,主要利用动态特征的声调称之为曲拱型(contour)声调。音高重音语言的不同音高重音往往还会利用音高变化与音段地标(landmark)之间的对齐模式来形成对立。由词汇层面进到后词汇层面,有语言学意义的音高变化则一般称为语调(intonation),即狭义上的韵律。对于语调的基本单位是音高高度还是音高变化,学者有不同的意见,因此语调留待下一部分具体讨论。

与音高相似,不同音段也有其固有音长。在词汇层面,能利用音长来区分词汇意义的一般认为是音段的特征。在语言中,辅音和元音都可以有长短之分。词汇层面的音长区别并不在韵律的范畴之内。在后词汇层面,语言学家根据听觉印象(auditory impression)发现语言中固定的语言单位之间音长大致相等。这种语言单位在固定时长间隔中交替出现的现象称为节奏(rhythm)。传统上,根据不同语言中时长相等的单位不同,可以将语言分为重音计时语言和音节重音语言。后来的经验研究发现,在语言中语言单位之间并不存在严格的等时性。为了捕捉不同语言之间节奏的差异,学者们提出了一系列不同的节奏量化指标。这些指标将在 7.1.2 节进行介绍。

传统上曾经认为音强与重音相关。重音指一个多音节词中某一个音节比其余音节在听感上更突显的现象。有的语言可以通过重音来区别词义。更为严格的实验研究发现,重音音节不只音强更强,音高也会更高,有的还有时长的延长。从重音位置来看,有的语言中重音相对于词边界的位置是较为固定的,如捷克语的重音总是落在一个词的最后一个音节上;而有的语言重音位置则较不稳定,如英语等。重音与声调不同,重音的对立是通过与周围音节的对比为人所感知的。因此,有的学者认为之所以无法确切地找出一种重音的声学关联物,是因为重音是一种突显的节律位置。在这一位置上的音节则会成为重音,而它在声学上的实现则可以有各种不同的手段。

2. 言语韵律的主要理论

狭义的韵律主要指语调。在言语韵律这一领域,有相当多的理论试图理解语调现象。不同的理论对于语调研究的一些基本问题采取了不同的取向,根据对这些问题的不同回答,可以将语调理论分成不同的类别。语调主要用来区分后词汇意义,由语调表征的功能主要有句子类型、焦点、新旧信息等。语调的声学相关物与声调的相同,都是音高。根据语调的这些基本性质,不同理论对语调的描述与研究的分歧主要集中在以下几个问题上:

(1) 应当从基本功能还是从语调形式出发对语调进行描述?

(2) 语调的基本单位是音高的整体变化还是音高高度?

(3) 不同层面的音高目标是在音高维度叠加在一起的? 还是在时间上顺序出现的?

根据对这些问题的不同回答可以将语调理论分为: ① 形式取向(formal)与功能取向(functional)的语调理论; ② 音高组构(configurational)或音高级别(level)的语调理论; ③ 叠置型(superpositional)与序列型(sequential)的语调理论。

传统上,以 Bolinger[2] 和 Cruttenden[3] 为代表的学者认为功能在语调中起着关键的作用,他们认为语调形式与功能之间存在非任意性(non-arbitrary)的关系。因此,不同语言对语调的运用具有普遍性[2-3]。另一位持语调的功能观的是许毅。他认为"言语韵律是以发音手段实现的交际功能"[4]。自主音段-节律(autosegmental-metrical,AM)理论则根据语调在音高上的变化区分不同语调范畴,属于第二种语调理论。音高与频谱特征不同,音高变化是在较长的时间维度上展开的。因此，对于语调中音高的基本单元是音高的整体变化(升或降)还是音高的高低，学者存在争论。英国核心调(nuclear tone)理论认为语调的基本单元是音高整体变化，并将一个语调单元分为调头、调核和调尾。而 AM 理论则认为语调是由高、低两个音高目标组成的，具体的音高曲线则是相邻的音高目标之间的插值(interpolation)，这种插值一般是线性的，有的则可能是非线性的[5]。语言中不同层级之间可能存在不同的音高目标，而语调内部也存在不同的成分。这些不同的成分与其他层级的成分是如何共同实现的呢？Fujisaki[6] 提出的语调模型认为语调可以分为两种指令(command)：短语指令(phrasal command)和重音指令(accent command)。这两者相互叠加形成表层的语调音高曲线，因此这是一种叠置型语调理论。而 AM 理论基于 Bruce[7] 的研究，认为不同层级的音高目标是在时间上顺序出现的，是一种序列型语调理论。

　　AM 理论是目前最流行的语调理论，基于该理论有声调与间断指数(tone and break index, ToBI)的韵律标注体系，这一标注体系将在 7.1.3 节进行介绍。这里将简单介绍 AM 理论的主要观点[5,8-9]。语言中不同层级之间可能存在不同的音高目标，而语调内部也存在不同的成分。这些不同的成分与其他层级的成分是如何共同实现的呢？AM 理论认为语调由三类主要音高目标组成，分别为音高重音(pitch accent)、短语重音(phrase accent)和边界调(boundary tone)。这三种目标都可以用高(H)、低(L)两种声调特征表示。音高重音可以分为简单型或复杂型，简单的音高重音只有一个目标，复杂的音高重音则可以有两个音高目标。音高重音以星号(*)表示。短语重音以连接线(-)表示，在中间短语(intermediate phrase, ip)的边界处出现。边界调则一般在语调短语(intonational phrase, IP)的边界处出现，用百分号(%)表示。韵律结构与句法结构相似，也存在层级结构，一般说来，韵律层级由高到低可以分为话语(utterance)、语调短语、中间短语、音系词(phonological word)、音步(feet)、音节(syllable)等几个层级。不同的韵律层级在语调上有不同的表现。图 6-1 展示了用 ToBI 标注的语调例句。

　　汉语与英语等语言不同，汉语中存在声调。鉴于汉语的情况，我国学者也提出了一些汉语语调理论，如赵元任的"大波浪加小波浪"的语调理论和"橡皮带"理论等[10-11]、吴宗济的移调理论[12]、沈炯的高低线理论[13-14]等。赵元任对汉语语调的分析有以下几个重要的观点。赵元任[10]认为汉语的声调与语调之间是"代数和"的关系，也就是说表层的音高是声调与语调相加的结果。但是，这种相加并不是简单地将基频值相加。因此，他的重要观点之一就是字调与语调是小波浪与大波浪的关系。在汉语中，字调在语调的影响下依旧能保持调形，但是语

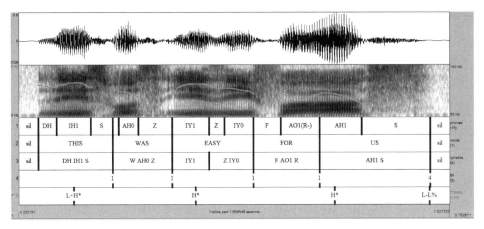

图 6-1　基于 ToBI 对英语句子"this was easy for us"的语调表示

注：上为声波，中间是三维语图和 F0（语调）曲线；数值表示韵律层级，1 为韵律词边界，4 为语调短语边界

调则能改变调阶。两者相加，正如小波浪与大波浪的关系。而声调与语调的叠加存在两种形式：一种是同时叠加，另一种则是后续叠加。

鉴于汉语中大量存在的连读变调与由语调引起的音阶变化等现象，吴宗济[15]提出了一种对汉语语调进行模拟的方法。他将句子语调分为调群（phrase contour，PC）与句尾变调（ending drift，ED）两种成分。他认为在声调在一个调群中存在较稳定的模式。其另一个重要的发现是虽然不同调群在音阶（key，K）上存在差异，但是不同调群的大致范围（半音值）却相对稳定。因此，对于不同调群，只需以移调处理，即将不同调群在音阶上进行移动，就能得到句子的语调（sentence intonation，SI）。除了调群，句子语调的其他部分是句尾变调。因此，句子语调可以用式 6-1 来得到：

$$SI = \sum_{i=1}^{n} PC_i(K_i) + ED \qquad (6-1)$$

沈炯[13-14]认为赵元任所提出的"橡皮带"理论只描写了音域的宽窄和音域的音阶高低，而事实上，语调中高音线与低音线是可以独立作用的。所谓高音线或低音线，就是将一段语音中的高点或低点分别连接得到的调域上下线。高音线可以单独向上扩展，而低音线保持不变；也可以高音线保持不变，而低音线向下扩展，形成调域的扩展。

林茂灿[16]基于 AM 理论提出汉语语调双要素模型，认为重音和边界调是汉语语调的两个要素。短语（或句子）音高（F₀）曲线受重音和边界调两个要素制约。人们说的短语（或句子）要传递两类信息：一类信息是关键（焦点）信息，以引起听话人对他说的主要内容的关注；另一类信息是传递说话人的说话态度——疑问、陈述、感叹、命令、感情等。关键（焦点）信息体现于焦点重音，而听话人是通过说话人的语气（陈述、疑问、感叹和命令）知道说话人的说话态度。

韵律还在口语语篇（包括口语篇章与口语对话）的信息传递（编码）和感知（解码）中起着重要作用。口语篇章与口语对话的区别在于二者的规划程度不同。口语篇章大多是有事先准备的稿子，因此规划程度较高；而口语对话则是即兴发生的，规划程度较低。传统的韵律研究忽略韵律对语篇语义的编解码作用，基于互动语言学的语篇分析[17]则非常看重韵律在互动中的作用，认为韵律在口语语篇中有系统的组织，说话人将韵律作为基本手段来表达与语境相关的社交功能，从而将韵律研究与口语语篇研究关联起来，而不再局限于传统的孤立句子层面[18]。

Couper-Kuhlen 和 Ford[19]总结了从传统语调研究到语境语调研究再到口语语篇视角下的韵律研究所经历的几个阶段：① 语法的语调（intonation-as-grammar approach）；② 信息的语调（intonation-and-information flow approach）；③ 语境的语调（intonation-as-contextualization）；④ 语境与韵律特征。在实际声学分析中，除了分析语调对应的音高，时长和音强往往也是非常重要的特征，甚至声带的发声态和气流特征等在情态语气表达中也有显著的作用，因此学者更多地考察韵律特征与语篇的关系，将韵律特征视为语境特征之一（prosody-as-contextualization cue）。这种研究范式也称为语境特征研究范式（contextualization-cue paradigm）。

韵律在语境中有系统的组织形式，一方面是交际双方的生理、心理和信息处理能力的体现，另一方面也是交际双方社会属性的体现。在口语篇章中，有一些口语篇章单元与韵律具有很好的对应关系[20]，口语篇章结构与韵律参数（如停顿时长、音高、音强与语速等）有着密切的联系[21]，韵律特征表达口语篇章韵律结构、信息结构、语句之间的修辞关系，以及语篇焦点话题转换等。比如，篇章中一个重要的现象是信息结构，信息结构可以划分为不同类别，如已知（given）信息、新（new）信息和可及（accessible）信息等。这些不同的信息结构类别是在语境中浮现的。前文已经出现的词语一般是已知信息，而与已知信息在语义等层面上相关的则是可及信息。无法从语境中推测出来的则是新信息。新旧信息的表达除了句法和上下文语境的标记，在口语中与语音特征特别是韵律特征密切相关。新信息比旧信息在语音上更突显，语义焦点比话题更突显。因此，韵律特征与语篇的新旧信息、焦点信息和指称信息之间的关系可以帮助对语篇语义的理解。在口语对话中,韵律特征可以指征对话交际双方的话轮转换(延续、终结)、话题转换,表达各种言语行为(包括言内行为和言外行为)等[22]。

6.1.2 韵律分析与建模

广义的韵律包括语调、节奏以及词汇韵律等,而狭义的韵律则仅指语调。对韵律的量化分析与建模一般集中在语调研究上,而对于节奏,则有一些量化指标来区分语言在节奏上的不同类型学属性。

1. 语调与节奏模型

上一节已经根据对语调基本问题的回答对理论进行了简单分类,这里将从分析目标与分析的基本单位对语调模型进行简要说明。

不同语调理论的分析目标往往有所不同。有的语调理论旨在理解语调作为语言现象的音系结构,以及它在语言系统与人类认知系统中的表征,AM 理论就是这类典型的音系学取向的语调理论;而有的语调理论则旨在通过对语调表层音高曲线的分析来合成自然度高的合成语音,IPO 理论[23]、Fujisaki 模型[6]、Tilt模型[24]以及并行编码与目标逼近(parallel encoding and target approximation,PENTA)[25]模型都属于这种语音学取向的语调理论。由于这两类语调理论的旨趣不同,音系学取向的语调理论更偏重于解释语调现象,而语音学取向的语调理论更注重生成与人类说话类似的音高曲线。因此,从分析方法上看,音系学取向的语调理论将语调现象划分为有层级性的语言单位,而语音学取向的语调理论则将语调现象划分为简单的语音单元。在对语调基本单位的划分上,如 AM理论从语言学出发的方法大致是基于语音学信息的;IPO 理论对语调形状的区分则主要基于感知,即听起来没有区别的音高曲线属于一类;而如 Fujisaki 模型、PENTA 模型等则是基于人类的发音,尤其是 PENTA 模型,它将人类发音目标看作语调基本目标。这三种模型都是语音学模型。

由于节奏的等时性(isochorony)缺乏实验上的证据,一些学者提出了一些节奏的量化指标,以期区分不同节奏类型的语言。研究较多的是以时长参数为主。如 Ramus 等[26]根据元音在听感上比辅音更为突显,而提出来以下三项指标:① 句子中元音间隔的比例%V(proportion of vocalic intervals within the sentence);② 每句中元音间隔的标准差 ΔV(standard deviation of vocalic intervals over a sentence);③ 每句辅音间隔的标准差 ΔC(standard deviation of consonantal intervals over a sentence)。

这三项指标没有将语速考虑在内,为了弥补这一缺陷,Dellwo 提出了$Varco\,\Delta C$ 的概念:

$$Varco\Delta C = \frac{\Delta C \times 100}{\bar{C}} \qquad (6-2)$$

式中：C 表示辅音间隔的时长；ΔC 为辅音间隔的标准差；$\bar{C}$ 为其平均值。

Ling 和 Grabe[27] 提出了成对变化度指标(pairwise variability index，PVI)。这一指标的基本思想是通过顺序地比较相邻成分时长来获取语段整体节奏模式。PVI 可分为 raw PVI(rPVI)[见式(6-3)]与 normalized PVI(nPVI)[见式(6-4)]两种。

$$rPVI = \sum_{k=1}^{m-1} \frac{|d_k - d_{k+1}|}{m-1} \qquad (6-3)$$

$$nPVI = 100 \sum_{k=1}^{m-1} \frac{\left| \dfrac{d_k - d_{k+1}}{(d_k + d_{k+1})/2} \right|}{m-1} \qquad (6-4)$$

而 Cumming[28] 更进一步提出了一种利用感知实验的结果对原先单纯基于时长信息的 PVI 值进行加权运算的加权 PVI (weighted PVI)值。其主要思想是通过增加听音人在感知中对音高信息与时长信息不同的依赖程度来更好地区分不同语言的节奏模式。加权 PVI 值的公式为

$$wPVI = 100 \sum_{k=2}^{n} \frac{w_k}{n-1} \qquad (6-5)$$

$$w_k = b_{\text{dur}} \left| \frac{d_k - d_{k-1}}{(d_k + d_{k-1})/2} \right| + b_{f_0} \left| \frac{f_k - f_{k-1}}{(f_k + f_{k-1})/2} \right| \qquad (6-6)$$

式中：w_k 为利用时长数据与基频数据加权后得到的参数；d_k、d_{k-1}、f_k、f_{k-1} 分别代表与第 k 和第 $k-1$ 个单位对应的时长和基频值，b_{dur} 和 b_{f0} 则分别表示通过感知实验得到的对时长和对基频的加权值，而且 b_{dur} 与 b_{f0} 之和为 1。以上对节奏参数的简短回顾表明对节奏的把握已经由单纯的考察时长走向了时长与音高都考虑的思路。

2. 主要语调计算模型介绍

这一部分将介绍三种语调计算模型，分别为指令-响应模型(command-response model)、软模板标记语言(soft template mark-up language，Stem-ML)模型和并行编码与目标逼近(PENTA)模型。

指令-响应模型由 Fujisaki[6, 29] 提出，最早应用在日语中，并较好地应用在了其他一些语言中，如英语、汉语等[30]。Fujisaki 认为表层的基频曲线从功能上说能够传达语言学、副语言学(paralinguistic)和非语言学(non-linguistic)等信

息,但是可以简化为两种指令,即短语指令(phrase command)和重音指令(accent command)。其中,短语指令是广域的(global),而重音指令则是局部的(local)。即便如此,这两种指令在时间上也与相应的音段成分有密切的关联。短语指令在话语起始前 200 ms 处、句法边界 200 ms 处出现,而重音指令则是在带有高重音的莫拉(mora)前 40~50 ms 出现,至其后 40~50 ms 结束[29]。这两者相加就形成了我们所观察到的基频曲线。这一个模型可以用图 6-2 来说明。

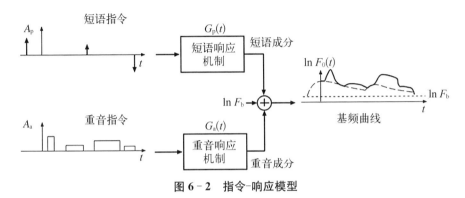

图 6-2 指令-响应模型

图 6-2 中 A_p 是短语指令的幅度;A_a 是重音指令的幅度,而横轴的 t 代表时间。从图 6-2 可以看出,短语指令有正有负,而重音指令则都是正的。这是日语中的情况,其他语言的情况可能与日语不同。$G_p(t)$ 指短语响应机制,$G_a(t)$ 指重音响应机制。这两者与基频基线值 F_b 的和即为表层基频。表层基频的自然对数值可以由公式(6-7)求出。

$$\ln F_0(t) = \ln_e F_b + \sum_{i=1}^{I} A_{pi} G_p(t - T_{oi}) + \sum_{j=1}^{J} A_{aj} \left[G_a(t - T_{1j}) - G_a(t - T_{2j}) \right]$$

$$(6-7)$$

式中:i 为当前的短语指令数;j 为当前的重音指令数;T_{oi} 为第 i 个短语指令所在的时间;T_{1j} 与 T_{2j} 分别为第 j 个重音指令的起始时间与结束时间。可以看到,通过几个简单的参数,指令-响应模型就能计算出一整段基频曲线的自然对数值。这一模型是有生理依据的。此外,不同语言在局部指令上存在差异。有的语言只有正值的局部指令;而有的语言既有正值的局部指令,也有负值的局部指令[30]。

软模板标记语言(Soft TEMplate Mark-up Language, Stem-ML)模型[31]是将韵律标记与音高产出相结合的尝试。一方面,一段文字可以由不同的标签(tag)来确定其大致的韵律类型,这些标签又可以进一步转换成音高数值。这一模型与指令-响应模型有一点类似，即其也认为韵律有两个成分：重音形状（accent shape）和短语曲线（phrase curve）。前者可以用重音标签（stress tag）来标记，而后者则用音阶（step）和斜率（slope）标签来标记。另一方面，这些标签并不是一成不变的，它们受到两方面的限制。首先，人类基频的产出是受发音生理限制（physiological constraint）的，因此音高曲线一般不会急促地上升或下降，而大多是平滑的；其次，表层韵律也受交际需求的限制，当相邻的标签发生冲突时，强度（strength）更大的标签就会取胜。此外，Stem-ML 模型还认为人类在产出语音时是有计划的，因此还有用短语标签（phrase tag）来模拟这种计划。

Stem-ML 模型在算法实现上包括以下几步：

（1）通过来自音阶标签与斜率标签的限制计算短语曲线。

（2）通过来自音高标签的限制计算音高轨迹。

（3）将语言学概念映射到可观察的参数。

（4）通过非线性转化以接近人类感知。

这里将主要介绍第（1）步与第（2）步。一段语音包含 n 个 p_t（短语曲线）值，t 指短语曲线值所在的时间点，一般每隔 10 ms 有一个点。因此，p_{t+1} 与 p_t 的关系可以用式（6-8）来表示。$slope_t$ 由斜率标签提供。因为每隔 10 ms 有一个点，所以 $\Delta t = 10$ ms。此外，音阶标签具有两组限制，分别为式（6-9）和式（6-10）。其中，to 和 by 都是音阶标签的性质，w 由式（6-11）求出，$smooth$ 为平滑宽度，而 t 则是音阶标签所在的时间点。最后，可以通过最小二乘法来求得相应的 p_t 值。

$$p_{t+1} - p_t = slope_t \cdot \Delta t \tag{6-8}$$

$$p_t = to \tag{6-9}$$

$$p_{t+w} - p_{t-w} = by \tag{6-10}$$

$$w = 1 + [smooth/(2\Delta t)] \tag{6-11}$$

第（2）步是求韵律值 e_t，e_t 必须满足式（6-12）与式（6-13），以达到平滑效果。在这一步，重音标签的形状特征提供了具体的重音形状，重音形状与短语曲线的和即为重音模板。

$$e_{t+1} - e_t = 0 \tag{6-12}$$

$$-e_{t+1} + 2e_t - e_{t-1} = 0 \tag{6-13}$$

此外,所有标签除了各自的特有性质之外,还有一个强度值,这决定了相邻标签之间的关系。其余实现细节可以参考文献[31],Stem - ML 模型的基本思路就是利用标签标记文本,而标签又具有不同的参数值,从而可以计算出韵律值。

Xu[4]认为言语韵律是以发音手段来实现的交际功能,因此,他从功能与发音目标两个角度出发来构建并行编码与目标逼近模型(PENTA)[25],如图 6 - 3 所示。

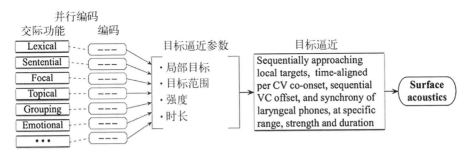

图 6 - 3 并行编码与目标逼近模型

不同的交际功能通过编码得到一系列逼近参数,包括局部目标(local target)、目标范围(target range)、强度(strength)、时长(duration)等;然后,这些逼近参数由发音动作逐渐逼近,而它们在时长上与音节节点对齐。PENTA 模型的基本假设是表层的韵律是为了传达不同交际功能而形成的,而不同的交际功能的编码是并行的;同时,这些逼近参数是在音节范围内逐渐逼近的。这也正是其得名的由来。尽管 PENTA 模型对于基频的计算有较为详尽的论述,但其算法实现仍在研究中,因此,此处只介绍其基本原理。

6.1.3 韵律标注系统

不管是对语言学研究还是言语工程来说,详细标注的语料都具有极其重要的意义。要获取标注语料,首先必须要有一套明确的标注体系。本节将介绍几种主要的韵律标注体系。其中,国际语调标注系统(international transcription system of intonation, INTSINT)是一种完全基于语音的标注体系,因此可以看作是窄式标音(narrow transcription);而 ToBI 则是基于语言中已经确立的几种语调范畴,是一种语调音系标注系统,因此可以看作是宽式标音(broad transcription)。ToBI 一开始只适用于英语,而后来逐渐扩展到其他很多种语言中,也包括汉语[32-33]。本节将分别介绍国际语调标注系统和声调与间断指数

(ToBI)两种标注体系,以及声调与间断指数在汉语中的变体 C_ToBI[32]。

1. 国际语调标注系统与 Momel 算法

鉴于在语调研究中缺乏一个广为接受的语调标注系统,Hirst 等[34]提出了国际语调标注系统 INTSINT。同时,由于 INTSINT 提出的初衷是跨语言语调的标注,标注依据基本是语音学信息,而很少考虑音系单位。INTSINT 假设语调的基本目标并不是音高变化,而是音高目标点。音高目标点在音高曲线上的表现是转折点(turning point)。相邻的音高目标之间由特定的过渡函数(transition function)确定。根据音高目标点之间的关系,一个音高目标点与正好在它之前的目标点的关系可能有三种,即更高(higher)、更低(lower)或者相同(same)。除了这三种可能,目标点还可能有降阶(downstep)或升阶(upstep)的情况。此外,INTSINT 还考虑了目标点在发音人调域中的相对位置。目标点可能位于调域的顶部(top)或者底部(bottom)。音高目标点还可能出现在句子中的不同位置,即边界(boundary)和非边界。最后,语调中还有一些重要的现象,如音高重置(resetting)等也需要标注。INTSINT 中所用的音高目标点如表 6-1 所示。其中,边界(boundary)没有特定的字母,在表 6-1 中用"—"来表示。这些不同符号的各种组合就可以用来表示多种多样的语调。

表 6-1　INTSINT 标注符号

音高目标点特征	符　号	字　母
更高	↑	H
更低	↓	L
相同	→	S
降阶	>	D
升阶	<	U
顶部	⇑ ⇑	T
底部	⇓ ⇓	B
边界	□	

由于 INTSINT 是完全基于声学数据的,所以可以对语调进行 INTSINT 的自动标注,Momel(Modeling melody)算法就实现了这一目的[34]。Momel 算法有以下三步:① 基频检测;② Momel 目标检测;③ INTSINT 编码。

首先,基频检测在很大程度上依赖于最大基频与最小基频的确定。在 Momel 算法中,最大基频由式(6-14)来确定,而最小基频由式(6-15)来确定。其中,q_3 和 q_1 分别为所有基频值的第三四分位点与第一四分位点。当然,也可以手动确定最大基频和最小基频。其次,通过二次样条函数(quadratic spline function)来确定 Momel 目标点。INTSINT 认为两个相邻目标点之间的过渡函数是一个二次函数,因此可用二次样条函数来模拟。而两个相邻目标点的一阶导数都等于零,以确保相邻目标点都是局部的最大值或最小值。这与 INTSINT 中将转折点作为音高目标点的想法一致。两个目标点之间的中点为样条结(spline knot)。由此就可以确定一系列 Momel 目标点。最后,这一系列目标点则将成为 INTSINT 编码的输入,并最终完成 INTSINT 编码。由于这一算法模拟了基频曲线的转折点,因此,单从声学数据来看,其确定的目标点是相当有意义的,对于理解不同语言的语调具有重要意义。这一算法已经制成了 Praat 插件,以供学者使用。

$$f_{0\max} = 1.5q_3 \tag{6-14}$$

$$f_{0\min} = 0.75q_1 \tag{6-15}$$

2. ToBI 及其在不同语言中的变体

声调与间断指数(ToBI)是基于自主音段-节律音系学而提出的、对美式英语语调进行标注的规范[35]。这种标注体系必须要有事先对特定语言语调系统的音系描写。因此,ToBI 不像 INTSINT 一样可以适用于很多种语言,它适用的只有语调系统已经在 AM 理论框架中描写清楚的语言。ToBI 标注并不像 INTSINT 那样基于声学数据,因此,用简单的算法进行简单标注是做不到的,而即便是人工标注也需要长期的培训。鉴于此,Beckman[36]写了一份 ToBI 标注规范。首先,ToBI 标注包括四层:声调层(tone tier)、正则层(orthographic tier)、间断指数层(break-index tier)、其他层(miscellaneous tier),可以参见图 6-1 的例子。声调层与间断指数层是韵律的核心成分,而正则层标注录音内容,其他层标注其他内容,如笑声等。声调层主要标注各种不同的音高时间,如上文所说的音高重音与边界调等;间断指数则标注与不同韵律单位对应的间断等级,以 1-4 表示,不同的数字表示不同的间断强度,从而表示不同层级的韵律单位。在 Beckman 的守则中,不仅有对 ToBI 的介绍,而且有对几乎所有音高事件与间断指数的详细示例。由于 ToBI 标注依赖于事先对特定语言基于 AM 理论的描写,不同语言所用的标注符号可能不尽相同。基于相当多的语言考察,Jun and Fletcher[37]列举了所有语言中可能出现的不同标注符号,并对这些符号对应的语音学表现进行了详细的说明。

随着更多语言的语调系统在 AM 框架中的描写不断增多,ToBI 标注系统也由英语独有的标注系统变成了包含很多种语言的跨语言标注系统,而最初的只适用于英语的 ToBI 也改名为 MAE_ToBI(mainstream American English ToBI)[38]。针对不同方言，汉语 ToBI 标注系统有不同版本[32, 33, 39]。下面介绍 C_ToBI 标注体系。[32]

　　汉语与英语不同，汉语有声调，而且调域(pitch range)等信息在汉语语调中也有丰富的含义。同时，汉语中还有轻声这样的现象。汉语的语调标注必须将这些情况考虑在内。鉴于汉语语调与英语语调的差异，C_ToBI 有一套与英语 ToBI 不同的韵律标注，其可以有多层标注，根据研究需要确定选择不同层级的标注。一般包括的层级有：音节层，声母与韵母层；声调层；间断指数层；重音指数层；话论转换层；对话言语行为层(语用功能)；口音层；其他层(杂类层)。一般声调层包括对音节原调和变调的标注，也可以标注在音节层上或者韵母后边，边界调标注 L％或者 H％，也可以标注后续叠加边界调的情况。重音等级直接标注在音节上，包括韵律词重音、韵律短语重音和语调短语重音等。间断等级包括韵律词边界、韵律短语边界、语调短语边界、韵律组边界、话轮边界等。对话言语行为层可以标注对话言语行为[40-41]。

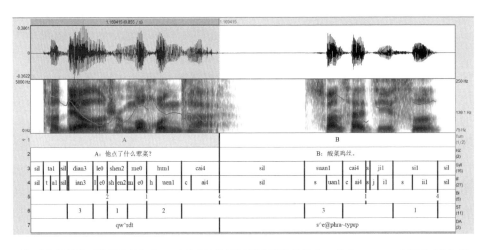

注：DA 层标注对话言语行为，"qw˘rdt" 表示特指问˘请求详细信息、"s˘e@phra～typrp" 表示 陈述˘细节@单句～典型性回应

图 6-4　C-ToBI 标注对话"A：他点了什么荤菜？ B：酸菜鸡丝。"

6.1.4　汉语韵律研究的挑战

　　语篇形式和意义之间的关系非常复杂。语言学上认为语篇具有系统的、层级的组织结构，其语音、音系、词法和句法形式与语义之间不是简单的对应关系。汉语作为声调语言和分析语，与印欧语言相比，缺乏句法形式标记，因此韵律特征对语义的传递功能更为突显。如何在口语语篇理解系统中融合更多的语篇韵律信息,对语篇意图理解至关重要,也给汉语自然口语交互系统带来了挑战。

屈承熹[42]总结了汉语的两个特点:一个是"孤立型"(isolating,与西方语言的"屈折型"(inflectional)对立)或称"分析型"(analytic,与"综合型"(synthetic)对立);另一个是"话题显著"(topic-prominent,与西方语言的"主语显著"(subject-prominent)相对立)。这两个特点对句法分析会产生很大的影响,如汉语分析不能拘泥于词类变化的形式,对主语的要求不甚严格,等等。其实,其重要性也许更体现在篇章研究上的差异,如话题在篇章衔接上所体现的重要性。

沈家煊[43]再次强调汉语口语语法特点是零句占优,整句由零句组成,零句是根本。零句可以独立,没有主语—谓语形式。它最常见于对话以及说话和行动掺杂的场合。大多数零句是动词性词语或名词性词语。整句只有在连续的、有意经营的话语中才是主要的句型。在日常会话中,零句占优势。在汉语里零句"更是根本,甚至更加常用"[10-11]。下面一段真实对话中包括了名词或者名词短语的零句话轮,此外还有"嗯、啊"等话语标记词,每个话轮有完整的语调和韵律特征,完成了话语交际。

A:你想,高英南,

B:嗯。

A:那队长,

B:嗯。

A:松山。

B:啊。

A:这仨了吧?

汉语口语另外一个语法特点是流水句多。吕叔湘先生[44]最早使用这个概念:"用小句而不用句子做基本单位,较能适应汉语的情况,因为汉语口语里特多流水句,一个小句接一个小句,很多地方可断可连。"沈家煊[43]指出:"造成汉语'特多流水句'的原因就是零句占优势,零句可以组合成整句又可以独立成句,句与句之间除了停顿和终结语调没有其他形式标志,有没有关联词不能作为判别标准,而且关联词经常不用,意义上的联系靠上下文来推导。"同时其也指出了口语语篇的另外一个特点,就是在汉语口语语篇的修辞结构关系中关联词经常不出现。所谓修辞结构关系(RST)是指语篇中"语句"之间的语义关系。RST从功能的角度解读语篇的整体性和连贯性,并对微观结构中小句间的关系进行了描写。通用的 RST 大概有 30 多种,如递进关系、转折关系、因果关系等。据统计,汉语的句间修辞关系中隐性关系,即没有关联词标记的比例,高于其他语言,汉语为 70％,英语和西班牙语为 55％,德语为 61％。但在修辞关系的韵律接口研究中发现,韵律层级结构以及韵律特征与修辞结构的层级关系有很好的对应关系[45-47],可以作为修辞语义关系的特征。

口语交际的目的是传情达意,因此其除了传递语言学上的意义,还传递说话人的情感和态度,表达各种言语行为。近年来,互动语言学上对情感话语和言语行为的句法和韵律特征研究非常关注。在汉语中,经常用的修辞性的问句(疑问言语行为)往往不表疑问,没有要求应答的功能,而是作为一种常用手段表示说话人的否定态度等,如"那么好的电影,难道你不想去吗?"。其中汉语韵律特征特别是汉语语调是如何对情感态度和言语行为进行编码的,还有待深入探索[41, 48-50]。

当然,口语语篇的理解还依赖交际双方的认知和所处语境。比如:"爸爸打了儿子,他太淘气了。"和"爸爸打了儿子,他太生气了。"这两个小语篇中的"他"都是代词回指,但指代关系不一样,第一句回指"儿子",第二句回指"爸爸"。对代词"他"回指的语义理解,不但涉及了句子之间关系,而且也涉及了我们的基本"知识"。

因此,如果要让计算机理解语篇的语义或者交际双方的意图,就需要对交际双方信息、语境信息、语用信息(言语行为)、句法信息、韵律信息、音段信息等进行表示,然后对这些信息之间的关系进行建模。

6.2 情感语音

6.2.1 情感语音的声学特征

情感是人类的一种重要本能,它同理性思维和逻辑推理能力一样,在我们的日常生活、工作扮演着重要的角色。在人机交互的发展过程中,人类情感的研究一直以来都是一个重要的研究方向。Goleman[51] 在 1995 年提出了"情感智能"的概念,认为情感是人类智能中一种非常重要的组成。情感智能是指机器具有感知和处理人类情绪信息的能力,并且运用这些情绪信息来提供智能化的服务、调整交互对话的方式。情感计算的概念是在 1997 年由美国麻省理工学院(MIT)媒体实验室 Picard 教授[52] 提出的,其于 1997 年正式出版专著 *Affective Computing*。Picard 教授在书中明确指出情感计算的概念:情感计算是与情感相关、源自情感或能对情感施加影响的计算。MIT 的 Minsky 教授[53] 就情感的重要性专门指出"问题不在于智能机器能否有情感,而在于没有情感的机器能否实现智能"。国内最早倡导开展情感计算的谭铁牛院士在中国科学院大学设立人工智能学院的典礼上做了报告[54]，认为"情感计算使得智能交互更有温度"。人工智能如果在人机交互中缺少情感因素会显得"冷冰冰"，不能识别出情感并且不能对相应的情感做出反应，无法形成真正的人工智能。因此，在人机交互领域中，如何让机器人具有较高的"情商"，受到越来越多研究者的关注。目前，多个国家的相关部门及科研机构基于情感计算理论进行了相关探索并取得了一些成果。中国科学院自动化研究所在情感语音识别上也取得一定的进展。中国科学院自动化研究所陶建华研究员和谭铁牛院士[55]共同出版的 *Affective Information Processing* 著作，对情感的机理以及人机交互过程中的多模态信息进行了阐述，推动了情感计算在国内的研究。

　　情感是对一系列主观认知经验的通称，是多种感觉、思想和行为综合产生的心理和生理状态，是人们对外部刺激所呈现出的自然生理反应，当人处于不同心理状态时所表现出的情感状态也不尽相同。要研究语音信号的情感，首先需要根据某些特性标准，对情感做一个有效合理的分类，然后在不同类别的基础上研究特征参数的特性。目前主要从离散情感和维度情感两个方面来描述情感状态。离散情感模型将情感描述为离散的、形容词标签的形式，如高兴、愤怒等，一般认为，那些能够跨越不同人类文化，甚至能够为人类和具有社会性的哺乳动物所共有的情感类别为基本情感。早在我国西汉古籍《礼记》中就将情感分为喜、怒、忧、思、悲、恐、惊 7 种类别。而 Ekman[56] 提出的 6 大基本情感（生气、厌恶、恐惧、高兴、悲伤和惊讶）在当今情感相关研究领域的使用较为广泛。相对于离散情感模型，维度情感模型将情感状态描述为多维情感空间中的连续数值，因此也称为连续情感描述。这里的情感空间实际上是一个笛卡尔空间，空间的每一维对应着情感的一个心理学属性（例如，表示情感激烈程度的激活度属性，以及表明情感正负面程度的效价属性）。在理论上，该空间的情感描述能力能够涵盖所有的情感状态。

　　语音是人们获取信息的一种最直接的交流方式，语音不仅包含了简单的文字符号信息，而且体现了说话人在不同状态和不同语境下的情感表达。例如，同一句话"真是多谢你啊"，往往由于说话人运用的语气和语速不同，表现的情感不同，听者的感受可能也完全不同。它可理解为感激的语句，也可解读为埋怨的意思。传统的语音信号处理中倾向于关注文字符号的表面意思，往往忽略了包含在语音信号中的情感状态表达。然而，情感是语音信息表达中不可或缺的部分，语音不仅传达的是话语本身的内容，还应该通过说话人的语气和语调的变化察觉到情感的转变，理解说话人最真实的感受。因此，如何有效地处理语音信号中的情感信息，分析语音信号中的情感特征，对情感语音特征参数建模、识别，合成多种情感语音等是一项意义重大的研究课题。

6.2.2　语音的情感分类与识别

1. 语音情感特征

情感语音当中可以提取多种声学特征，用以反映说话人情感行为的特点。情感特征的优劣对情感最终识别效果的好坏有非常重要的影响，如何提取和选择能有效反映情感变化的语音特征，是目前语音情感识别领域最重要的问题之一。许多常见的语音参数都可以用来研究，这些语音参数也常用于自动语音识别和说话人识别。传统的语音情感特征可粗略地分为基于声学的情感特征和基于语义的情感特征。

基于声学的情感特征又分为 3 类：韵律学特征、音质特征以及频谱特征。音高、能量、基频和时长等是最为常用的韵律学特征，韵律学特征具有较强的情感辨别能力，已经得到了研究者们的广泛认同。韵律学特征描述了语音在音高、声调、快慢、重音等方面的变化，又称为"超音段特征"或"超音质特征"。情感所导致的生理变化会对语音发音产生影响，即情感的差异会使得声门和声道特征产生变化，如声道的绷紧和舒展，以及声带张开闭合周期等。因此，韵律学特征具有较强的情感辨别能力，这已经得到了研究者们的广泛认同。其中，与语音情感表达密切相关的韵律学特征参数为基频、语速、能量等。在各种韵律学特征参数中，特别值得一提的是基音频率。人在发出浊音时，声门波形成的周期性脉冲，即声带的振动周期，称为浊音的基音周期，基音频率即为其倒数，简称基频，通常用 F0 表示。基频值取决于声带大小、厚薄、松紧程度，以及声门上下之间的气压差效应等。基频及其相关参数在语音领域具有重要的作用。学者研究发现，随着情绪的不同，基频通常体现以下规律：处在激动情绪，如愤怒的人所表达的语音的基频较高，变化范围较大；处于低落情绪，如悲伤的人所表达的语音的基频较低，变化范围较小；处于平静情绪的人所表达的语音的基频则相对稳定。

音质特征主要是为了衡量语音的纯净度、清晰度以及辨识度等。它会受到喘息、哽咽、颤音等声学表现的影响，而且这些声学表现往往发生在说话人情绪激动、心情难以平复的状况下。音质特征主要包括共振峰、谐波噪声比、松紧度、粗糙度、清晰度、明亮度、喉化度和呼吸声等。共振峰是反映声道特性的一个重要参数。声道可以看成是一根具有非均匀截面的声管，在发音时起共鸣器作用。当元音激励进入声道时会引起共振特性，产生一组共振频率，这就是共振峰。不同情绪状态的发音可能使声道有不同的变化，而每种声道形状都有一套共振峰频率以作为特征。焦虑语音会出现"F0 抖动"现象，这就是基频抖动(jitter)。基频抖动是描述测量到的基频快速反复的变化程度,主要反映粗糙声程度,其次反映嘶哑声程度。影响基频抖动分布的因素有基频值的强烈变化、声源类型的不同、重音模式的变化等,而这些因素都源于发音器官的作用,比如情感的变化会使大脑产生使声带肌肉紧张、声道表面变硬或变软的命令。振幅抖动(shimmer)反映周期间振幅的变化,主要反映嘶哑声程度,这与基频抖动类似。

基于谱的相关特征通常是语音信号的短时表示。使用短时表示的原因是语音信号的产生过程是多个发音器官共同作用的结果,而因发音器官的物理特性,发音器官难以在短时发生较大的变化,一般认为在 5～50 ms 语音信号是平稳的,即其谱特性变化不大。在情感语音识别任务中,最重要的感知特性反映在功率谱中。语音中的情感内容对频谱能量在各个频谱区间的分布有着明显的影响。频谱特征主要包括线性谱特征和倒谱特征,线性谱特征包括线性预测系数(near predictor cofficient,LPC)、对数频率功率谱系数(log-frequency power cofficient,LFPC)等,倒谱特征包括梅尔频率倒谱系数(mel-frequency cepstral cofficient,MFCC)、线性预测倒谱系数(linear predictor cepstral cofficient,LPCC)等。此外,基于这 3 类语音情感特征不同语段长度的统计特征是目前使用最为普遍的特征参数之一,如特征的平均值、变化率、变化范围等。

情感语音的时间构造主要着眼于不同情感的语音时间构造的差别,情感语句的语速差异是基于不同情感说话速率的。在激动状态,语速较平常状态要高,因此可以利用语音信号中的语速和语音持续时间等参数来判别情感中激动成分的程度。从图 6-5(a)可以看出,在语音持续时间上,与平静语音相比,愤怒、惊奇的语音长度压缩了,而欢快的语音长度却伸长了。在被压缩的愤怒、惊奇中,愤怒的语音最短,其次是惊奇。从图 6-5(b)可以看出,与平静

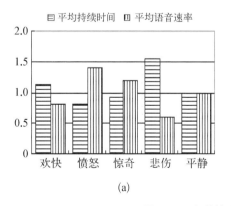

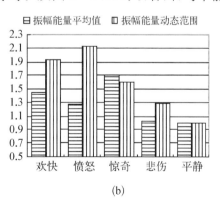

图 6-5 各种情感特征参数相对值

(a) 时间参数相对值 (b) 振幅参数相对值

语音信号相比,欢快、愤怒、惊奇 3 种情感语音信号的振幅将变大,相反地,悲伤的振幅将减小。

共振峰亦为反映声道特性的一个重要参数,这是因为不同情感的语音可能使声道有不同的变化。相对于平静语音,欢快和愤怒的第 1 共振峰频率略微地提高了,而悲伤的第 1 共振峰频率明显地降低。基音是指发浊音时声带振动所引起的周期性,而基音周期是指声带振动频率的倒数,是反映情感信息的重要特征参数。与平静语音信号相比,欢快、愤怒和惊奇语音信号的平均基频、动态范围、平均变化率比较大,而悲伤语音信号的变化率则较小。对比变化率较大的欢快、愤怒、惊奇语音信号来讲,欢快语音信号的特征量最大,其次是惊奇和愤怒。通过研究,Murray 和 Arnott[57]总结了情感和语音参数之间的关系,如表 6-2 所示。

表 6-2 情感和语音参数之间的关系

规律	语速	平均基音	基音范围	强度	声音质量	基音变化	清晰度
愤怒	略快	非常高	很宽	高	有呼吸声,胸腔声	重音处突变	含糊
高兴	快或慢	很高	很宽	高	有呼吸声,共鸣音调	光滑,向上弯曲	正常
悲伤	略慢	略低	略窄	低	有共鸣声	向下弯曲	含糊
恐惧	很快	非常高	很宽	正常	不规则声音	正常	精确
厌恶	非常快	非常低	略宽	低	嘟囔声,胸腔声	宽,最终向下弯曲	正常

2. 语音情感识别

语音作为人们交流的主要方式,其信息在传递过程中由于说话人情感的介入而更加丰富。语音是日常生活中人们最基本、最便捷的交流形式,这使得语音情感识别成为人类情感研究中最重要的方向之一。语音信号是语言的声音表现形式,情感是说话人所处环境和心理状态的反映,语音情感识别就是让计算机能够通过语音信号识别说话人的情感状态,是情感计算的重要组成部分。语音情感识别面临许多挑战性的难题,其不仅存在于针对某种单一语言交流时的情感分析,也存在于不同文化背景下不同语种人们交流时的情感分析。语音情感识别的目的是使计算机能够效仿人脑情感的感知机理以及理解过程,从人类的语音信号中发现人的当前情感状态,让机器能理解人的感性思维,从而使计算机具有更人性化、更复杂的功能。这有助于人机交互的过程更人性化、更智能化。因此,分析和处理语音信号中的情感信息、判断说话人的喜怒哀乐具有重要意义。

一般说来,语音情感识别系统主要由 3 部分组成,即语音信号采集、情感特征提取和情感识别,其系统框架如图 6-6 所示。语音信号采集模块通过语音传感器(如麦克风等语音录制设备)获得语音信号,并传递到下一个情感特征提取模块,对语音信号中与说话人情感关联紧密的声学参数进行提取,最后送入情感识别模块完成情感的判断。在上一部分,我们已经介绍了相关的语音情感特征;在这一部分,我们主要介绍一些典型的语音情感识别模型。

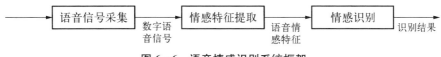

图 6-6 语音情感识别系统框架

语音情感识别本质上是一个典型的模式分类问题,因此模式识别领域中的诸多算法都曾用于语音情感识别的研究,典型的有 PCA、HMM、高斯混合模型(GMM)、支持向量机(SVM)和深度神经网络。

下面以 SVM 为例介绍语音情感识别模型,如图 6-7 所示,该模型主要分为语音预处理、语音情感特征提取、语音情感识别 3 部分。

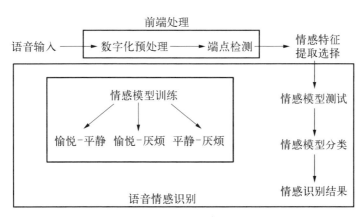

图 6-7 基于 SVM 语音情感识别原理图

在一整套 SVM 语音情感识别模型中,最先开始的预处理是数字化预处理以及语音端点检测处理,这是因为只有消噪、降噪后选取的有效语音信号才能减少计算量,提高识别的精确度。情感特征分析提取主要是将这些通过试验研究获得的情感特征送入情感识别模块,情感模式识别的两部分分别为情感分类模型的训练和情感分类模型的测试。在情感分类模型的训练中,主要是利用上一步情感特征提取的全局统计情感特征,将 SVM 模型训练得具有情感分类能力。

语音情感识别测试分为：用训练好的 SVM 模型在情感语音库上进行性能检测，旨在提高其泛化能力的离线测试；通过人声实时录制，对已训练好的 SVM 模型进行性能检测的在线测试。

何种建模算法最适合语音情感识别，一直是研究者们非常关注的问题。不同的情感数据库在不同的测试环境和不同的识别算法中各有优劣，对此不能一概而论，表 6-3 是对常用的几种传统机器学习算法的总结。

表 6-3 常见识别算法对比

算　法	优　点	缺　点
支持向量机	泛化力强，适合小样本数据	进行多分类时操作复杂，参数多
高斯混合模型	拟合力强	对训练数据集依赖性太强
人工神经网络	容易逼近复杂非线性关系，在一定程度上可模拟人脑特征	容易陷入网络过学习问题，迭代耗时，网络结构难以确定
模糊认知图	自然，更符合人类表达习惯的逻辑含义	情感种类较多，单一特征描述不充分对识别效果影响很大

传统的机器学习方法在情感识别与生成方面取得了不少的进展，但由于数据库的限制，以及这些方法对于大数据的模式识别能力较弱，其实现的情感认知和生成水平离人们的期望还相距较远。深度学习在近几年进入一个蓬勃发展时期，各种不同的网络结构和算法相继提出，并在各个领域获得了令人惊喜的成绩。在很大程度上，它们的成功归结于深度神经网络可以学到输入数据的一个层次非线性特征表示。常用的深度神经网络模型有深度信念网络、自动编码器、深度神经网络、卷积神经网络、循环神经网络，以及最近流行的注意力机制模型和对抗网络。

近来，由于深度学习的迅猛发展，语音情感识别也获益良多。许多文献将不同的网络结构应用于语音情感识别，其大致分为两类。

一类研究者利用深度学习网络提取有效的情感特征，再送入分类器中进行识别，如利用自编码器、降噪自编码、变分自编码器和对抗自编码器等无监督学习网络。自动编码器是一种非常典型的无监督神经网络模型。它可以学习到输入数据的隐含特征，称其为编码，同时用学习到的新特征可以重构出原始输入数据，称之为解码。从直观上来看，自动编码器可以用于特征降维，类似主成分分析，但是相比主成分分析其性能更强，这是因为神经网络模型可以提取更有效的新特征。降噪自编码器将输入加入一定的噪声，因此得到的情感特征表示有更强的鲁棒性。许多研究者利用自动编码器提取语音情感特征，将语音情感数据输入到自编码器中,利用重建损失函数进行训练,其目的是得到更低维度的编码向量,去除冗余信息,更好地对原始数据进行表征。研究者基于降噪编码器构建了模型,更加强调获得情感相关的特征表示、去除情感无关的信息,该模型结构如图6-8所示。模型的输入为干净的语音,经过加噪之后送到两个隐藏层,一个表示中性无情感信息,另一个表示情感相关的信息,将两者融合起来得到重建的输入。这个模型将情感信息从输入信号中剥离出来,以获得更好的特征表示。相比于传统的降噪自编码器,利用此模型的声学情感特征向量能获得更好的性能。

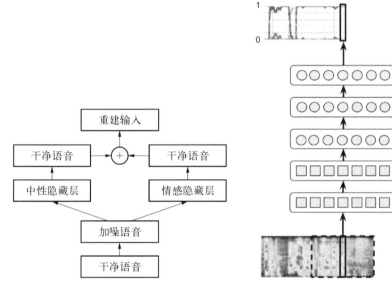

图 6-8 利用降噪自编码器获得情感相关的特征表示

图 6-9 基于深度神经网络的语音情感识别系统

另一类研究者将传统的分类器替换为深度神经网络进行识别,例如深度神经网络(DNN)、深度卷积神经网络(CNN)和长短时记忆模型(LSTM)。基于深度神经网络的语音情感识别系统如图6-9所示,原始语音信号分段输入到深度神经网络中,提取局部的情感信息,然后经过处理得到全局的情感特征,送入到分类器(一般采用softmax)中,得到预测的概率类别。因此,当训练结束后,输入一段语音情感信号,可以得到每一段对每个情感类别的预测概率值,一般取概率占比最多的情感类别作为最终预测类别。试验结果也表明该系统能获得比传统的隐马尔可夫模型更好的性能。

卷积神经网络由一个或多个单层卷积神经网络进行多次堆叠而成,同时也包括关联权重和池化层,这一结构使得卷积神经网络能够利用输入数据的二维结构。单层卷积神经网络一般包括卷积、非线性变换和下采样 3 个阶段。卷积神经网络对信号具有很好的编码能力,因此卷积神经网络常用来提取有效的语音情感特征,一些经典的卷积神经网络,如 AlexNet、VGG、Inception V3、ResNet,都可用来提取语音情感特征。卷积神经网络的输入需要是三维信号,因此许多研究者探索使用语音频域信号和其一阶分量、二阶分量组成三维矩阵,利用卷积神经网络的分段卷积和池化特征构建整个语音情感识别系统,如图 6 - 10 所示。研究者将语音转化为语谱图然后送入 CNN 中,类似图像识别一样处理,提供了新的思路。

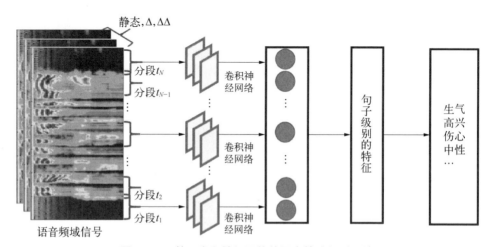

图 6 - 10　基于卷积神经网络的语音情感识别系统

而 LSTM 能刻画长时动态特性,能更好地描述情感的演变状态,因此能取得较好的效果。当然,有研究者将提取特征和情感识别两部分都替换成了神经网络,提出了端到端的语音情感识别系统,为研究提出了新的方向。他们利用卷积回归模型直接学习语音波形到情感标签的映射关系,如图 6 - 11 所示。首先,将预处理后的原始波形送入卷积层,用于替换原始特征抽取的操作。然后,将基

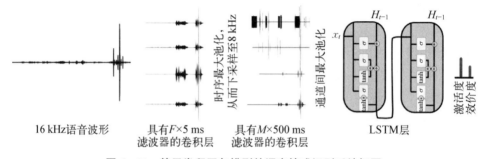

图 6 - 11　基于卷积回归模型的语音情感识别系统框图

于卷积神经网络的特征送入长短时记忆模型,进行情感识别。

另外,一些其他领域的模型也可用来进行语音情感识别的建模,如语音识别中的基于连接时序分类模型。在基于连接时序分类的语音情感识别中,研究者将离散语音情感识别转化为"多对多"的序列问题。连接时序分类模型首先应用在语音识别中,其通过增加一个空的标签,使语音帧和标签之间不再需要强制对齐,通过模型的自动训练找出关键帧与相应的标签对应。这正适合语音情感识别,有些静音帧者无情感的语音帧即为空标签,并且无须人工对每一帧的语音情感做出判断。因此,需要将原来一句一个标签转为序列标签,如图 6 - 12 所示,类似于马尔可夫链包括开始初始状态、结束状态、非情感状态和情感状态,试验结果表明基于循环神经网络和连接时序分类的模型比只用循环神经网络能获得更好的效果。

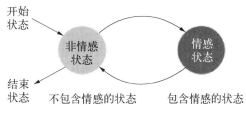

图 6 - 12 语音的马尔可夫情感标签序列

语音情感识别技术应用广泛。在电话服务中心,系统可以检测谈话的语气和情感,从而提高服务质量。在教学实践环节,情感分析可以在教学的同时注重学生对信息的接收理解程度,从而及时调整教学节奏和进度,使得学生能更好地吸收知识。在工业生产领域,如电话通信中,加入语音情感分析服务平台,可以进一步提高通信质量,使通话双方交流更通畅。在医学研究中,烦躁、焦虑、抑郁等不良情绪对治疗有很大的阻碍作用,如果能够更早发现患者情绪波动并及时稳定,对患者的康复也有着积极作用。

6.2.3 情感语音合成

语音合成是通过计算机自动地把各种形式的文本信息转化为自然语音的过程,又称为文语转换。对于传统的语音合成方法,研究人员仅仅实现了把书面文字、字符转换为简单的口语输出,却忽略了说话人在言语表达过程中所携带的情感信息,单纯的文本-语音转换不仅让听者感到语音交流的单调、乏味,同时合成语音也不足以反映说话人所传达的情感信息,进而导致听者对言语内容理解的偏差。

因此,如何提高合成语音表现力,将成为情感语音合成技术研究的重要内容,也将是未来语音信号处理领域研究的必然趋势。20 世纪 90 年代,美国 MIT 实验室通过计算机程序实现了仿声学和语言学的发音功能;1998 年,欧洲 PHYSTA 项目对情感语料库的构建进行开发,并对人类情绪在人机交互的应用技术展开研究;同年,日本 ATR 实验室 JST、CREST ESP 项目为实现最接近人类自然发音的语音合成也开始了基础研究。到 90 年代中后期,国外一些企业对情感语音合成系统的开发和实现逐渐展开,如 IBM、Dragon System、Nuance、Microsoft 等。国内一些著名大学及科研院所也逐渐开展对情感计算的理论和方法的研究,如清华大学、中科院等。目前,随着深度学习研究方法的逐渐成熟,IBM、Google、百度、中科院等知名企业和科研院所,也开始采用深度学习的研究方法对情感语音合成展开研究。

1. 基于波形拼接的情感语音合成

基于波形拼接的情感语音合成方法,是目前情感语音合成领域中比较常用的方法之一。如图 6 - 13 所示,采用这种方法,需要录制并构建一个包含不同情感的情感语音数据库,并尽量保证每种情感的语音数据相互独立;之后对输入的文本进行文本分析和韵律分析,根据分析得到的结果获得合成语音基本的单元信息,比如音节、半音节、音素等;最后,根据得到的单元信息,在先前标注好的数据库中选取出最合适的语音基元,根据需求进行一定的修改和调整,最终经过波形拼接的方式得到目标情感的合成语音。其中语音基元的选取依据主要包括该基元所处的语境信息、韵律结构信息、声学参数信息。其优点是因为合成情感语音基元直接来源于原始语料库,所以合成的语音能够保持情感语音的特征,并具有较好的情感相似度。

图 6 - 13　基于波形拼接的情感语音合成流程图

采用基于波形拼接的情感语音合成方法,由于合成语音的基元均来自情感语料库的自然发音,合成语音包含真实的情感色彩,具有良好的情感相似度,在理论上可以拼接得到任意情感色彩的合成语句。另外,由于受到情感语料库内容的制约,这种方法也存在着明显的缺陷。一方面,这种方法只能得到情感语料库中所包含的相应的情感说话人有限的情感语音,对于语料库之外的其他说话人、其他文本内容起不到任何作用,扩展性较差;另一方面,这种方法得到的情感语音的自然度欠佳,音质也不够清晰。如果想得到更多说话人、可懂度更高的情感语音,就需要构建更大的语料库。除此之外,对拼接算法的优化、存储配置的调整等方面的要求也会提高。

早期刚提出波形拼接技术时,语料库的容量都比较小,且单元调整算法还不完善,因此合成语音的音质和连续性都不是很好,当对语音合成单元做出较大调整时,会对合成语音的音质产生明显影响。当时这种方法的优势并没有完全体现出来,这是因为拼接合成的样本数比较少,也就是说用来合成的原始音库比较小;这种系统称为样本语料库的波形修改拼接语音合成系统。后来,计算机的性能不断提升,语音音库的容量也随之增大,因此可以更加准确地选择出所需要的合成基元,从而基本不需要对基元进行修改就可以让合成语音的自然度得到明显改善。由于所需语音基元都是从录制的语音语料库中直接选取的,合成语音能保持原说话人的语音特性。这种方法也称为基于大语料库的基元选取波形拼接语音合成方法。

虽然基于大语料库的基元选取波形拼接语音合成系统得到的语音自然度较高,合成语音清晰,也能够很好地体现目标说话人的发音特征,但是这种系统的性能并不稳定。有时候在语音基元的拼接过程中,如果语句中的拼接点处存在过多的不连续情况,便不能保证各个语音基元之间声学参数的连续性,并最终降低合成语音的音质。因此,80 年代后期,Moulines 和 Charpentier[58]提出了基于波形拼接的基音同步叠加算法(pitch synchronous overlap add,PSOLA)。这种算法先对待合成语音的韵律特征参数进行修改,并达到最优效果,再通过波形拼接方法得到合成语音。基音同步叠加算法的提出较大地改善了合成语音的自然度,有效地促进了波形拼接语音合成技术的发展。这种方法在小词汇的语音合成领域,比如旅游信息、天气预报等信息的合成,得到极好的应用。当然,如果需要合成更高质量的任意文本语音,波形拼接方法还需要进一步改进和提高。

对于基元选取波形拼接情感语音合成来说,其主要任务就是构建合适的情感语料库。Iida[59]构建了包含高兴、悲伤、生气 3 种典型情感的语料库,利用该语料库采用波形单元选择方法,搭建了情感语音模型,并通过实验证明采用这种模型合成得到的情感语句可达到较高的识别率。语料库的构建过程包括语料设计、语音录制和音库制作这 3 个步骤。其中,在音库的制作过程中,需要对每个发音基元的韵律信息和边界信息进行标注。语音音库越大,语料库越充足,则合成的语音质量越好,但是要制作一个效果比较好的情感语音音库,工作量太大,周期也较长。早期的音库都是人工手动标注的,现在虽然可以通过程序实现语料的自动标注,但是其效果并不是很好,不是很稳定;因此,现在在语料库的构建上,大都选取单个或者比较少的说话人的语料,例如只选取一个男性或女性说话人的情感语料来构建音库,以减少音库标注和构建的工作量,但是这样合成的语音特性比较单一。除此之外,在进行单元挑选时,对于现阶段的许多大语料库合成系统,当说话人、发音语种、发音情感发生变化时,需要对先前的单元挑选算法进行调整和优化,鲁棒性不高。

2. 基于韵律特征的情感语音合成

吴宗济先生曾指出[60]，一个人所说语言，不论其经意与否，其表达的语气、情调都与韵律特征有关。韵律特征对于所有语言都是必需的，更重要的是语音的韵律特征对情感表达起着非常重要的作用。采用波形拼接的方法虽然可以通过增加情感语料库的存储容量以及数据库的个数来进一步达到改变合成语音的情感特征，但是在增强合成语音表现力方面还是较为麻烦，并且它对韵律的控制能力非常有限。陶建华[61]阐述了基于音节韵律特征分类的韵律建模思路，并采用韵律模板和韵律代价函数实现了韵律的自动预测。

韵律特征是情感信息传达必不可少的一部分，人在说话的过程中，言语中所携带的语气、情调都与韵律特征相关。采用波形拼接的情感语音合成方法可以通过扩大情感语音语料库来提升合成语音的情感特征，但这种方法对韵律特征的控制能力是很有限的。韵律合成流程如图6-14所示。

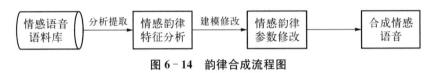

图 6 - 14　韵律合成流程图

采用基于广义回归神经网络（generalized regression neural network，GRNN）的韵律转换方法可实现情感语音合成，如图6-15所示。该研究主要分为两个阶段：训练阶段和转换阶段。在训练过程中，一方面输入训练语音文本，并提供相应的音节语境参数；另一方面，提供训练语音的情感语音文件，提取相应的声学参数信息，并训练GRNN转换模型。在转换阶段，一方面输入待转换语音的文本信息及相应的文本标注信息，在GRNN模型库指导下得到相应的预测信息；另一方面，输入待转换语音，进行STRAIGHT（speech transformation and representation based on adaptive interpolation of weighted spectrogram，STRAIGHT）参数分析，根据相应的预测信息，通过STRAIGHT语音合成器转换得到目标情感语音。

3. 基于统计参数的情感语音合成

前面已经提到，基于波形拼接的情感语音合成系统在合成的过程中需要提供一个大型的情感语料库，但情感语料库的搭建工作量大，对时间和精力的投入比较高，最终合成的语音效果与构建的语料库的好坏有很大的关系，且受环境影响较大，鲁棒性不高。虽然基频、时长、音强等韵律特征参数对合成语音的情感表达起着重要的作用，但音质、发声器官等声学参数与情感语音合成特征体现也有密切的联系。

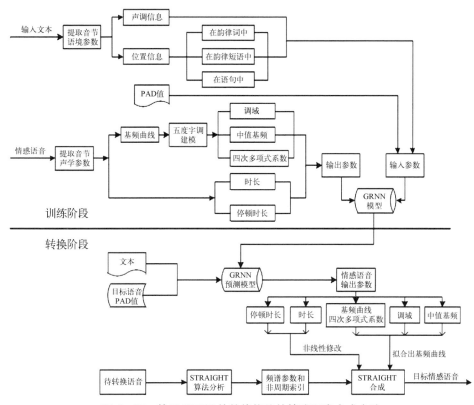

图 6 - 15 基于 GRNN 的韵律修改的情感语音合成方法

随着基于统计参数的情感语音合成方法日益成熟,这种方法逐渐应用到情感语音合成中,它能够自动训练出情感语音的声学模型。参数化的情感语音合成方法的基本思想是,通过对输入的训练语音进行参数分解,然后对之进行声学参数建模,并构建参数化的训练模型,生成训练模型库,最后在模型库的指导下,预测待合成文本的语音参数,将参数输入参数合成器,最终得到目标情感语音。其中,基于隐马尔可夫模型(HMM)的统计参数情感语音合成方法应用最为广泛,其流程如图 6 - 16 所示。HMM 是一种统计学习模型,主要用来对半平稳随机过程进行建模。在语音信号处理中,早期利用 HMM 进行语音识别。20 世纪90 年代中期,HMM 也引入语音合成领域。在语音合成中,早期 HMM 训练语音合成声学模型的算法以及声学参数生成算法并不成熟,使得该方法合成的语音音质不高,远不如前面提到的基于大语料库的语音合成系统,这限制了该方法的发展和应用。经过科研人员和相关学者的不断研究,模型训练算法和声学参数生成算法得到改进和完善,STRAIGHT 算法的提出使提取的参数更为准确,且参数合成器的性能也有了提高,从而提高了基于 HMM 的统计参数情感语音合成方法合成语音的质量,并由越来越多的学者使用和研究,成为当前语音合成研究的热点算法。相比基于大语料库的语音合成方法,基于 HMM 的统计参数情感语音合成方法在训练和合成的过程中,基本上不需要人工干预,对语料库数据需求也相对较少,因此这种方法要比基于大语料库的语音合成方法有一定的优势,其合成的语音音质较稳定,受语料库中训练说话人的影响较小。

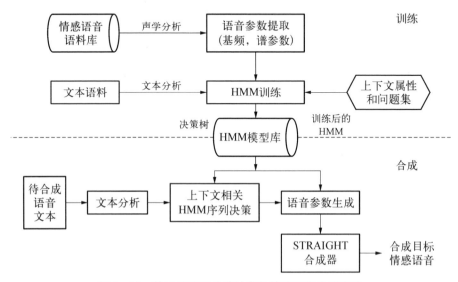

图 6 - 16 基于 HMM 的统计参数情感语音合成方法

当前,情感语音合成的研究成果不仅可以应用在一些传统语音合成领域,比如有声读物、软硬件系统提示音、声讯服务等,还可以广泛应用到信息智能查询、人机对话、语音邮箱、游戏娱乐等领域。

6.3 音乐内容分析理解

6.3.1 音乐和语音的关系

音乐与科技的融合具有悠久的历史。早在 50 年代,一些不同国家的作曲家、工程师和科学家已经开始探索利用新的数字技术来处理音乐,并逐渐形成了音乐科技/计算机音乐(music technology/computer music)这一交叉学科。70 年代之后,欧美各国相继建立了多个大型计算机音乐研究机构,如 1975 年建立的美国斯坦福大学 CCRMA(Center for Computer Research in Music and Acoustics)、1977 年建立的法国巴黎 IRCAM(Institute for Research and Coordination Acoustic/Music)、1994 年成立的西班牙巴塞罗那 UPF 大学 MTG(Music Technology Group),以及 2001 年成立的英国伦敦女王大学 C4DM(Center for Digital Music)等。在欧美之后,音乐科技在世界各地都逐渐发展起来,欧洲由于其浓厚的人文和艺术气息成为该领域的世界中心。该学科在中国大陆发展较晚,大约在 90 年代起开始有零散的研究,由于各方面条件的限制,至今仍处于起步阶段。

音乐科技具有众多应用,例如数字乐器、音乐制作与编辑、音乐信息检索、数字音乐图书馆、交互式多媒体、音频接口、辅助医学治疗等。这些应用背后的科学研究通常称为声音与音乐计算(sound and music computing,SMC),在 20 世纪 90 年代中期作为美国计算机协会 ACM(Association for Computing Machinery)的标准术语。SMC 是一个多学科交叉的研究领域,在科技方面涉及声学(acoustics)、音频信号处理(audio signal processing)、人工智能(artificial intelligence)、人机交互(human-machine interactions)等学科;在音乐方面涉及作曲(composition)、音乐制作(music creation)、声音设计(sound design)等学科。国际上已有多个侧重点不同的国际会议和期刊,如 1972 年创刊的 JNMR(*Journal of New Music Research*)、1974 年建立的 ICMC(*International Conference on Computer Music*)、1977 年创刊的 CMJ(*Computer Music Journal*)、2000 年建立的 ISMIR(*International Society for Music Information Retrieval Conference*)等。

SMC 是一个庞大的科学研究领域,可细化为以下 4 个学科分支。① 声音与音乐信号处理:用于声音和音乐的信号分析、变换及合成,例如频谱分析(spectral analysis)、调幅(magnitude modulation)、调频(frequency modulation)、低通/高通/带通/带阻滤波(low-pass/high-pass/band-pass/band-stop filtering)、转码(transcoding)、无损/有损压缩(lossless/lossy compression)、重采样(resampling)、混音(remixing)、去噪(denoising)、变调(pitch shifting,PS)、保持音高不变的时间伸缩(time-scale modification/time stretching,TSM)、线性时间缩放(linear time scaling)等。该分支比较成熟,已有多款商业软件如 Gold Wave、Adobe Audition/Cool Edit、Cubase、Sonar/Cakewalk、Ear Master 等。② 声音与音乐的理解分析:使用计算方法对数字化声音与音乐的内容进行理解和分析,例如音乐识谱、旋律提取、节奏分析、和弦识别、音频检索、流派分类、情感分析、歌手识别、歌唱评价、歌声分离等。该分支是在 90 年代末随着互联网数字音频和音乐的急剧增加而发展起来,研究难度大,其多项研究内容至今仍在持续进行中。与计算机视觉(computer vision,CV)对应,该分支也可称为计算机听觉(computer audition,CA)或机器听觉(machine listening，ML)。注意,计算机听觉是用来理解分析而不是处理音频和音乐,且不包括语音。语音信息处理的历史要早数十年,发展相对成熟,已独立成为一门学科,包含语音识别、说话人识别、语种识别、语音分离、计算语言学等多个研究领域。CA 若剔除一般声音而局限于音乐,则可称为音乐信息检索(music information retrieval,MIR),这也是本节的主要介绍内容。③ 音乐与计算机的接口设计:包括音响及多声道声音系统的开发与设计,以及声音装置等。该分支偏向音频工程应用。④ 计算机辅助音乐创作:包括算法/AI 作曲、自动编曲、歌声合成、计算机音乐制作、音效及声音设计、声景分析及设计等。该分支偏向艺术创作。

与音乐有关但是与 SMC 不同的另一个历史更悠久的学科是音乐声学(music acoustics)。音乐声学是研究在音乐这种声音振动中存在的物理问题的科学,是音乐学与物理学的交叉学科。音乐声学主要研究乐音与噪声的区别,音高、音强和音色的物理本质,基于电磁振荡的电声学,听觉器官的声波感受机制,乐器声学,人类发声机制,音律学,与音乐有关的室内声学等。从学科的角度看,一部分音乐声学知识也是 SMC 的基础,但 SMC 研究更依赖于音频信号处理和机器学习/人工智能这两门学科。同时,研究内容面向音频与音乐的信号处理、内容分析和理解,与更偏重于解决振动相关物理问题的音乐声学也有较大区别。为更清楚地理解各学科之间的区别与联系,我们将音乐科技及听觉研究各领域关系分别示于图 6 - 17 和图 6 - 18。

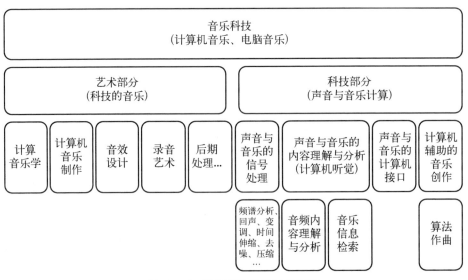

图 6 - 17　音乐科技各领域关系图

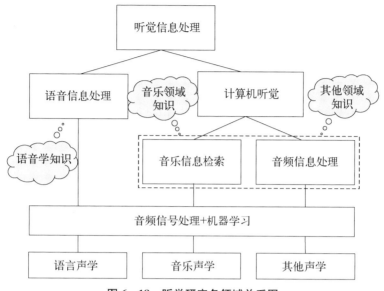

图 6‑18 听觉研究各领域关系图

从 90 年代中期开始,互联网在世界范围内迅速普及。同时,以 MP3 (MPEG‑1 Layer 3)为代表的音频压缩技术开始大规模应用。此外,半导体技术和工艺的迅猛发展使得硬盘等存储设备容量越来越大。这几大因素使得传统的黑胶唱片、磁带、CD 光盘等音乐介质几乎消失,取而代之的是在电脑硬盘上存储,在互联网上传输、下载和聆听的数字音乐。海量的数字音乐直接促使了音乐信息检索技术的产生,其内涵早已从最初的狭义音乐搜索扩展到使用计算手段对数字音乐进行内容分析理解的大型科研领域,包含数十个研究子领域。2000 年国际音乐信息检索学术会议 ISMIR 的建立可以视为这一领域的正式创建。

基于内容的音乐信息检索有很多应用。在娱乐相关领域,其典型应用包括听歌识曲、哼唱/歌唱检索、翻唱检索、曲风分类、音乐情感计算、音乐推荐、彩铃制作、卡拉 OK 应用、伴奏生成、自动配乐、音乐内容标注、歌手识别、模仿秀评价、歌唱评价、歌声合成及转换、智能作曲、数字乐器、音频/音乐编辑制作等。在音乐教育及科研领域,其典型应用包括计算音乐学、视唱练耳及乐理辅助教学、声乐及各种乐器辅助教学、数字音频/音乐图书馆等。在日常生活、心理及医疗、知识产权等其他领域,其典型应用还包括乐器音质评价及辅助购买、音乐理疗及辅助医疗、音乐版权保护及盗版追踪等应用。此外,在电影和很多视频中,音频及音乐都可以与视觉内容相结合进行更全面的分析。以上应用均可以在电脑、智能手机、音乐机器人等各种平台上实现。

　　早期的 MIR 技术以符号音乐(symbolic music)如乐器数字接口(musical instrument digital interface, MIDI)为研究对象。由于其具有准确的音高、时间等信息,很快就逐渐成熟。后续研究很快转为以音频信号为研究对象,研究难度急剧上升。随着该领域研究的不断深入,如今 MIR 技术已经不仅仅指早期狭义的音乐搜索,而从更广泛的角度上包含了音乐信息处理的所有子领域。MIR 领域的几十个研究课题可归纳为核心层和应用层共 9 个部分(见图 6-19)。核心层包含与各大音乐要素(如音高与旋律、音乐节奏、音乐和声等)及歌声信息处理相关的子领域,应用层则包含在核心层基础上更偏向应用的子领域(如音乐搜索、音乐情感计算、音乐推荐等)。本节着重介绍最主要的两个子领域,即音乐旋律及节奏的内容分析。

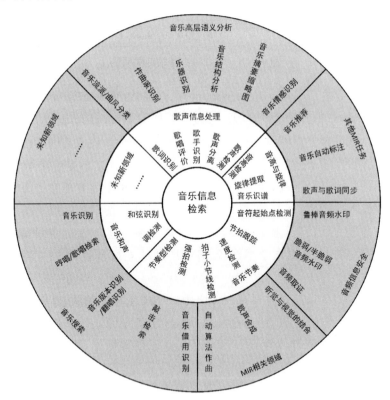

图 6-19　音乐信息检索的研究领域

6.3.2　音乐旋律分析

　　歌声(或声乐),是人类通过嗓音表达的一种音乐形式,即语音的乐音化。声乐不能简单地看作是语音的移植，它在乐音化的过程中有着丰富多彩的艺术化表现。语音与声乐都是由人类发声器官发出，既有联系又有区别。语音的音节、节拍、韵律等与乐音的乐节、乐句、节奏、旋律等直接相关。

1. 歌声与语音的相似之处

人类嗓音(voice)的发声器官主要包括肺、声带(vocal folds)与声道(vocal tract)。肺产生气流，经由气管(trachea)到达声带。声带在气流的冲击下产生振动，将气流切割成一系列的脉冲。这些脉冲作为声源，经过由口腔、鼻腔等组成的声道，产生浊音(voiced sound)。当声带不振动时，发声器官的各组成部分也可以在肺部气流的作用下产生某种震荡，形成清音(unvoiced sound)。在语音中，所有的元音(vowel)都是浊音，而辅音(consonant)则一部分是清音，一部分是浊音。

人类噪音发声器官的状态是随时间变化的，因此产生的语音和歌声都属于非平稳信号。通常认为声音信号在较短时间内如 $20 \sim 50$ ms 是近似平稳的，可以基于短时帧(frame)进行频谱分析。以时间为横坐标、频率为纵坐标的图，称为频谱图(spectrogram)。语音和歌声的短时浊音信号在频谱图上一般具有明显的峰值。第 1 个峰值所在的频率位置称为基频 $F0$(fundamental frequency)，体现为音高(pitch)。注意，$F0$ 在频谱中不一定具有最高的幅度。其他频率为 $F0$ 整数倍的峰值称为谐波(harmonies)，谐波的数量、能量等对音色具有一定影响。通常谐波能量会随频率上升而下降。在频谱图中各频率的外包络线也具有若干峰值，对应的频率称为声道的共振频率或共振峰(formants)。共振峰与各发音器官的形状有关，前两个共振峰($F1$、$F2$)所处的频率能基本确定对应的元音。共振峰除了具有中心频率，还具有各自的带宽以及包络形状等参数，这些参数会影响语音和歌声的音色。

2. 歌声与语音的区别

尽管歌声和语音都是由人类噪音发声器官所产生，但它们之间仍然具有明显区别，例如时长控制、基频、谐波、频谱形状等。对于受过专业训练的歌手所发出的声音，其区别更加明显。

语音在时长方面主要由韵律决定。单一音节(syllable)的时长一般为 $0.2 \sim 0.5$ s，很少出现长时间持续的情况。在同一句话的各个字或词的中间，一般有明显的能量下降或短暂停顿。在不同的语句之间，则经常出现较长的停顿。与此不同，歌声的时长控制取决于乐谱中的节奏信息。为了呈现艺术表现力，在音符时长范围内，要保持对应的歌词发音的稳定性。音符时长变化范围巨大，有些音会非常短，有些音通过气息控制则会非常长，甚至持续数秒。

基频体现为语音或歌声的音高。语音的基频范围较窄,一般在 $100\sim$ 300 Hz。男声的基频较低,女声、童声的基频较高,童声的基频有可能达到 500 Hz 左右。相比之下,歌声的基频范围则要宽得多。经过专业训练的男低音可发出接近 60 Hz 的最低音频率,而花腔女高音则可发出接近 1 200 Hz 的最高音频率。在基频的走向方面,语音的基频受说话人、表达的情感、声调等因素的控制;而歌声的基频则以乐谱中的旋律音高为标准,很少与正常说话时一样,且在同一音符时长范围内保持基本稳定。此外,在歌声中,声调(如汉语的一声、二声、三声、四声)会随着旋律线的走向而变化。在很多情况下,同一个字或词在说和唱时的声调是完全不同的。这直接导致了一个研究难题,即语音识别模型对演唱歌词的识别效果极差。

语音的谐波数量相对较少,谐波能量通常随着频率的升高而明显下降。歌声的谐波比语音丰富,数量多;而且在很多情况下,高次谐波依然保持着较高的能量。歌声的谐波极少保持频率水平,通常都会在基频的上下发生波动。这些波动有的是由于业余歌唱者的气息不稳定造成,有的则是发出的艺术化装饰如颤音(vibrato)。颤音表现为准周期的调频信号,或者是基频轨迹的波动,一般范围为 $5\sim8$ Hz。在专业歌手的演唱中颤音表现非常明显。

歌声和语音在频谱形状方面的区别主要表现在共振峰上。在美声唱法的专业演唱中,有时会在 3 000 Hz 附近出现一个非常清晰的共振峰:一般是第 3 共振峰,有时是第 3 共振峰和第 4 共振峰合并而成,甚至可能包含第 5 共振峰。歌手共振峰(singer's formant)需要经过专门的发声训练才能发出,以男歌手表现更为明显,而在语音或未经训练的业余歌唱者中则没有这一现象。在剧场演出条件下,3 000 Hz 附近的频谱增强有助于使歌声在整个剧场能都清晰可闻。

音乐中每个音符都具有一定的音高属性。若干个音符经过艺术构思按照节奏及和声结构(harmonic structure)形成多个序列,其中反映音乐主旨的序列称为主旋律,是最重要的音乐要素,其余序列分别为位于高音声部、低音声部的伴奏。该子领域主要包括音高检测、旋律提取和音乐识谱等任务。

3. 音高检测

音高(pitch)由周期性声音波形的最低频率即基频决定,是声音的重要特性。音高检测(pitch detection)也称为基频估计(fundamental frequency/$F0$ estimation),是语音及音频、音乐信息处理中的关键技术之一。音高检测技术最早面向语音信号,在时域包括经典的自相关算法及改进的 YIN 算法、最大似然算法、简化逆滤波跟踪(simplified inverse filter tracking, SIFT)滤波器算法以及超分辨率算法等;在频域包括基于正弦波模型、倒谱变换、小波变换等的各种算法。一个好的算法应该对声音偏低者、偏高者都适用,而且对噪声鲁棒。

在 MIR 技术中,音高检测可扩展到多声部/多音音乐(polyphonic music)中的歌声信号。由于各种乐器伴奏的存在,检测歌声的音高更加具有挑战性。直观上首先进行歌声与伴奏分离有助于更准确地检测歌声音高。估计每个音频帧(frame)上的歌声音高范围,可以减少乐器或歌声泛音(partial)引起的错误,尤其是八度错误(octave errors),融合几个音高跟踪器的结果也有希望得到更高的准确率。此外,相邻音符并非孤立存在,而是按照旋律与和声有机地连接,可用隐马尔可夫模型等时序建模工具进行纠错。除了歌声,Goto 等[62] 使用期望最大化方法并结合时域连续性来估计旋律和低音线的基频。

4. 旋律提取

旋律提取(melody extraction)从多声部/多音音乐信号中提取单声部/单音(monophonic)主旋律,是 MIR 领域的核心问题之一,在音乐搜索、抄袭检测、歌唱评价、作曲家风格分析等多个子领域中具有重要应用。从音乐信号中提取主旋律的方法主要分为 3 类,即音高重要性法(pitch-salience based melody extraction)、歌声分离法(singing separation based melody extraction)、数据驱动的音符分类法(data-driven note classification)。第 1 类方法依赖每个音频帧上的旋律音高提取,这本身就是一个极困难的问题;此外还涉及旋律包络线的选择和聚集等后处理问题。第 3 类方法单纯依赖统计分类器,难以处理各种各样的复杂多声部/多音音乐信号。相比之下,我们认为第 2 类方法具有更好的前景,其并不需要完全彻底的音源分离,而只需要像有些文献那样根据波动性和短时性特点进行旋律成分增强,或通过概率隐藏成分分析(probabilistic latent component analysis,PLCA)学习非歌声部分的统计模型以进行伴奏成分消减,之后即可采用自相关等音高检测方法提取主旋律线(predominant melody lines)。以上各种方法还面临一些共同的困难:如八度错误,如何提取纯器乐的主旋律等。

5. 音乐识谱

音乐可分为单声部/单音音乐和多声部/多音音乐。单声部/单音音乐是指在某一时刻只有一个乐器或歌唱的声音,使用上述的音高检测技术即可进行比较准确的单声部/单音音乐识谱(monophonic music transcription)。目前急需解决的是多声部/多音音乐识谱(polyphonic music transcription),即从一段音乐信号中识别每个时刻同时发声的各个音符,形成乐谱并记录下来,俗称扒带子。由于音乐信号包含多种按和声结构存在的乐器和歌声,频谱重叠现象普遍,音乐识谱(music transcription)极具挑战性,是 MIR 领域的核心问题之一。同时，音乐识谱具有很多应用，如音乐信息检索、音乐教育、乐器及多说话人音源分离、颤音（vibrato）及滑音（glissando）标注等。

多声部/多音音乐识谱系统首先将音乐信号分割为时间单元序列，然后对每个时间单元进行多音高/多基频估计（multiple pitch/fundamental frequency estimation），再根据 MIDI 音符表将各基频转换为对应音符的音名，最后利用音乐领域知识或规则对音符、时值等结果进行后处理校正，结合速度和调高估计来输出正确的乐谱。

多音高/多基频估计是音乐识谱的核心功能。经常使用对音乐信号的短时幅度谱或常数 Q 变换进行矩阵分解，如独立成分分析（independent component analysis，ICA）、非负矩阵分解（non-negative matrix factorization，NMF）、概率隐藏成分分析（PLCA）等。与此思路不同，有的文献基于迭代方法，首先估计最重要音源的基频，从混合物中将其减去，然后再重复处理残余信号。有的文献使用重要性函数（salience function）来选择音高候选者，并使用一个结合候选音高的频谱和时间特性的打分函数来选择每个时间帧的最佳音高组合。由于多声部/多音音乐信号中当前音频帧的谱内容在很大程度上依赖以前的帧，最后还需使用谱平滑性（spectral smoothness）、HMM、条件随机场（conditional random field，CRF）等进行纠错。

音乐识谱的研究虽然早在 90 年代就已开始，但目前仍是 MIR 领域一个难以解决的问题，只能在简单情况下获得一定的结果。随着并发音符数量的增加，检测难度急剧上升，而且性能严重低于人类专家。主要原因在于当前识谱方法使用通用的模型，无法适应各个场景下的复杂音乐信号。一个可能的改进方法是使用乐谱、乐器类型等辅助信息进行半自动识谱，或者进行多个算法的决策融合。

6.3.3 音乐节奏分析

音乐节奏是一个广义词，包含与时间有关的所有因素。把音符有规律地组织到一起，按照一定的长短和强弱有序进行，从而产生律动的感觉。MIR 领域与音乐节奏相关的子领域包括音符起始点检测、速度检测、节拍跟踪、拍子/小节线检测及强拍估计、节奏型检测。

1. 音符起始点检测

音符起始点（note onset）是音乐中某一音符开始的时间，如图 6 - 20 所示。对于钢琴、吉他、贝斯等具有脉冲信号特征乐器的音符，其起音（attack）阶段能量突然上升，称为硬音符起始点（hard note onset）。而对于小提琴、大提琴、萨克斯、小号等弦乐或吹奏类乐器演奏的音符,则通常没有明显的能量上升,称为软音符起始点(soft note onset)。音符起始点检测(note onset detection)通常是进行各种音乐节奏分析的预处理步骤,在音乐混音(music remixing)、音频修复(audio restoration)、歌词识别、保持音高不变的时间缩放(time-scale modification,TSM)、音频编码及合成(audio coding and synthesis)中也都有应用。

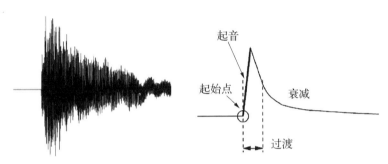

图 6-20　理想情况下一个音符的时间域信息描述

在单声部/单音音乐信号中,检测音符起始点并不难,尤其是对弹拨或击奏类乐器,简单地定位信号幅度包络线的峰值即可得到很高的准确率。但是在多声部/多音音乐信号中,检测整体信号失去效果,通常需要进行基于短时傅里叶变换(short-time Fourier transform,STFT)、小波变换(wavelet transform,WT)、听觉滤波器组的子带(subband)分解。如有的文献[63]在高频子带使用基于能量的峰值挑选(peak-picking)来检测强的瞬态事件,在低频子带使用一个基于频率的距离度量来提高软音符起始点的检测准确性。有的文献[64]没有检测能量峰值,而是通过观察相位在各个音频帧的分布来进行准确检测。除了常规的子带分解,还有其他的分解形式。有的文献[65]对音乐信号的频谱进行非负矩阵分解(NMF)分解,在得到的线性时域基(linear temporal base)上构造音符起始点检测函数。有的文献[66]基于匹配追踪(matching pursuit)方法对音乐信号进行稀疏分解(sparse decomposition),通过稀疏系数的模式来判断信号是稳定的还是非稳定的,之后自适应地通过峰值挑选得到音符起始/起音点(onset)矢量。

除了基于信号处理的方法,近年又发展了多种基于机器学习的检测方法。机器学习主要用于分类,但具体应用方式并不相同。例如,有的文献[67]使用人工神经网络对候选峰值进行分类,确定哪些峰值对应于音符起始点,哪些峰值由噪声或打击乐器引起。希望避免峰值挑选方法中的门限问题。有的文献则使用神经网络将信号每帧的频谱图（spectrogram）分类为 onsets 和非音符起始/起音点（non-onsets），对前者使用简单的峰值挑选算法。

2. 速度检测

速度检测/感应（tempo detection/induction）可获取音乐进行的快慢信息，是 MIR 节奏类的基本任务之一。通常用每分钟多少拍（beats per minute，BMP）来表示。速度检测是音乐情感分析（如欢快、悲伤等）中的一个重要因素。其另一个有趣的应用是给帕金森患者播放与其走路速度一致的音乐，从而辅助其恢复行动机能。

进行音乐速度检测通常首先需要进行信号分解。其核心思想是，在节奏复杂的音乐中某些成分会比整体混合信息具有更规律的节奏，从而使速度检测更容易。如有的文献将混合信号分解为和声部分和噪声部分两个子空间（subspace），有的文献将混合信号分解到多个子带[68]。打击乐器控制速度进行，有的文献[69]使用非负矩阵分解将混合信号分解为不同成分（component），希望把不同的鼓声甚至频谱可能重叠的底鼓和贝斯声分解到不同的成分。与此思想类似，有的文献[70]使用概率隐藏成分分析将混合音乐信号分解到不同的成分。

针对各个子空间或子带的不同信号特性，采用不同的软、硬音符起始点函数，使用自相关、动态规划等方法分别计算周期性，再对候选速度值进行选择。速度检测方法基本上都基于音频信号处理方法，一种基于机器学习的方法是使用听觉谱特征和谱距离，在一个已训练好的双向长短时记忆单元-递归神经网络（bidirectional long short term memory-recurrent neural network，BLSTM-RNN）上预测节拍，通过自相关进行速度计算。训练集包含不同音乐流派而且足够大。对于节奏稳定、打击乐或弹拨击奏类乐器较强的西方音乐，以上方法的速度检测准确性已经很高；对于打击乐器不存在或偏弱的音乐，其准确性较差。

处理弦乐等抒情音乐（expressive music）或速度渐快（accelerando）、渐慢（rallentando）的音乐仍然具有很大的研究难度：需为每个短时窗口估计主局部周期（predominant local periodicity，PLP）以进行局部化处理。有的文献[71]使用概率模型来处理抒情音乐中的时间偏差，用连续的隐藏变量对应速度（tempo），形式化为最大后验概率（MAP）状态估计问题，用蒙特卡洛（Monte Carlo）方法求解。有的文献[72]基于谱能量通量（spectral energy flux）建立一个Onset 函数，采用自相关函数估计每个时间帧的主局部周期，然后使用维特比（Viterbi）算法来检测最可能的速度值序列。

以上方法都是分析原始格式音频，还有少量算法可以对高级音频编码（advanced audio coding，AAC）等压缩格式音乐在完全解压、半解压、完全压缩等不同条件下进行速度估计。无论原始域还是压缩域速度检测算法，目前对抒情音乐、速度变化、非西方音乐、速度的八度错误（减半或加倍/halve or double）等问题仍然没有很好的解决办法。

3. 节拍跟踪

节拍（beat）是指某种具有固定时长（duration）的音符，通常以四分音符或八分音符为一拍。节拍跟踪/感应（beat tracking/induction）是计算机对人们在听音乐时会无意识地踮脚或拍手现象的模拟，经常用于音乐信号按节拍的分割，是理解音乐节奏的基础和很多 MIR 应用及多媒体系统如视频编辑、音乐可视化、舞台灯光控制等的重要步骤。早期的算法只能处理 MIDI 形式的符号音乐或者少数几种乐器的声音信号，而且不能实时工作。90 年代中期以后，开始出现能处理包含各种乐器和歌声的流行音乐声音信号的算法，其基本思想是通过检测控制节奏的鼓声来进行节拍跟踪。节拍跟踪可在线或离线进行，前者只能使用过去的音频数据，后者则可以使用完整的音频，难度有所降低。

节拍跟踪通常与速度检测同时进行，首先在速度图（tempogram）中挑选稳定的局部区域；下一步就是检测候选的节拍点，方法各不相同。有的文献[73]经过带通滤波等预处理后，对每个子带计算其幅度包络线和导数，与一组事先定义好的梳状滤波器（comb-filter）进行卷积，对所有子带上的能量求和后得到一系列峰值。更多的方法依赖于音符起始点、打击乐器及其他时间域局域化事件的检测。如果音乐偏重抒情，没有打击乐器或不明显，可将和弦改变点（无须识别和弦名字）作为候选节拍点。

以候选节拍点为基础，即可进行节拍识别。有的文献[73]将最高的峰值对应于速度并进一步提取节拍。有的文献[74]基于感知设立门限并得到节拍输出。有的文献[75]使用简单有效的动态规划（dynamic programming，DP）方法来找到最好的节拍时间。有的文献[76]采用机器学习中的条件随机场（CRF）这种复杂的时域模型，将节拍位置估计模拟为时序标注问题，在一个短时窗口中通过 CRF 指定的候选节拍点来捕捉局部速度变化并定位节拍。

对于大多数流行音乐，速度及节拍基本维持稳定，很多算法都可以得到不错的结果，但具体的定量性能比较依赖具体评测方法的选择。对于少数复杂的流行音乐（如速度渐慢或渐快、每小节拍子发生变化等）和绝大多数古典音乐、交响乐、歌剧、东方民乐等，节拍跟踪仍然是一个研究难题。

4. 拍子检测、小节线检测及强拍估计

音乐中有很多强弱不同的音符，在由小节线划分的相同时间间隔内，按照一定的次序重复出现，形成有规律的强弱变化，即拍子（meter/time signature）。

换句话说,拍子是音乐中表示固定单位时值和强弱规律的组织形式。在乐谱开头用节拍号(如 4/4、3/4 等)标记。拍子是组成小节(bar/mcasure)的基本单位,小节则是划分乐句、乐段、整首乐曲的基本单位。在乐谱中用小节线划分,小节内第 1 拍是强拍(downbeat)。拍子和小节提供了高层(high-level)的节奏信息,拍子检测/估计/推理(meter detection/estimation/inference)、小节线检测(bar line/measure detection)及强拍检测/估计(downbeat detection/estimation)在音乐识谱、和弦分析等很多 MIR 任务中都有重要应用。

一个典型的拍子检测的方法是首先计算节拍相似性矩阵(beat similarity matrix),利用它来识别不同部分的重复相似节拍结构。利用类似的思路,即节拍相似性矩阵,可进行小节线检测。使用之前小节线的位置和估计的小节长度来预测下一个小节线的位置。该方法不依赖打击乐器,而且可以在一定程度上容忍速度的变化。对于没有鼓声的音乐信号,通过检测和弦变化的时间位置,利用基于四分音符的启发式音乐知识进行小节线检测。音乐并不一定都是匀速进行,经常会出现渐快、渐慢等抒情表现形式,甚至出现 4/4 或 3/4 拍子穿插进行的复杂小节结构(如额尔古纳乐队演唱的莫尼山),这给小节推理(meter inference)算法带来巨大困难。有的文献[78]提出一个基于稀疏 NMF(sparse NMF)的非监督方法来检测小节结构的改变,并进行基于小节的分割。

强拍估计可以确定小节的起始位置,并通过周期性分析进一步获得小节内强拍和弱拍的位置,从而得到拍子结构。这对拍子和小节线检测都非常有益。有的文献[79]将强拍检测和传统的节拍相似性矩阵结合,进行小节级别(bar-level)的自动节奏分析。早期强拍序列预测方法采用 Onset、Beat 等经典节奏特征及回归模型,近年随着深度学习技术的成熟,出现了数个数据驱动的强拍检测算法。有的文献[80]使用深度神经网络在音色、和声、节奏型等传统音乐特征上进行自动特征学习(feature learning),得到更能反映节奏本质的高层抽象表示。使用 Viterbi 算法进行时域解码后得到强拍序列。类似地,有的文献[81]从和声、节奏、主旋律(main melody)和贝斯 4 个音乐特征出发进行表示高层语义的深度特征(deep feature)学习,使用条件随机场模型进行时域解码得到强拍序列。有的文献[82]将两个递归神经网络作为前端,一个在各子带对节奏建模,一个对和声建模;输出被结合送进作为节奏语言模型(rhythmical language model)的动态贝叶斯网络(dynamic Bayesian network,DBN),从节拍对齐的音频特征流中提取强拍序列。

5. 节奏型检测

音乐节奏的主体由经常反复出现的具有一定特征的节奏型(rhythmic

pattern)组成。节奏型也可以称为节拍直方图(beat histogram),在音乐表现中具有重要意义:使人易于感受、便于记忆,有助于音乐结构的统一和音乐形象的确立。节奏型经常可以清楚地表明音乐的流派类型,如布鲁斯、华尔兹等。

　　该子领域的研究不多,但早在 1990 年就有研究者提出了经典的基于模板匹配的节奏型检测方法。另一项工作也使用基于模板匹配的思路,对现场音乐信号进行节奏型的实时检测,注意检测时需要比节奏型更长的音频流。该系统能区分某个节奏型的准确和不准确的演奏,能区分以不同乐器演奏的、同样的节奏型,以及以不同速度演奏的节奏型。鼓是控制音乐节奏的重要乐器,有的文献[83]通过分析音频信号中鼓声的节奏信息进行节奏型检测。打击乐器的节奏信息通常可由音乐信号不同子带的时域包络线进行自相关来获得,具有速度依赖性。有的文献[84]对自相关包络线的时间延迟(time-lag)轴取对数,抛弃速度相关的部分,得到速度不变的节奏特征。除了以上信号处理类的方法,基于机器学习的方法也应用于节奏型检测。有的文献[85]使用神经网络模型自动提取单声部/单音或多声部/多音符号音乐的节奏型。有的文献[85]基于隐马尔可夫模型从一个大的标注节拍和小节信息的舞曲数据集中直接学习节奏型,并同时提取节拍、速度、强拍、节奏型、小节线。

参考文献

[1] Fujisaki H. Prosody, Models, and Spontaneous Speech[M]//Computing Prosody: Computational Models for Processing Spontaneous Speech. Sagisaka Y, Campbell N, Higuchi N, ed. New York: Springer, 1997.

[2] Bolinger D. Intonation Across Languages[M]//Universals of Human Language, Volume 2: Phonology. Stanford: Stanford University Press, 1978.

[3] Cruttenden A. Intonational diglossia: A case study of Glasgow[J]. Journal of the International Phonetic Association, 2007, 37(3): 257-274.

[4] Xu Y. Speech melody as articulatorily implemented communicative functions[J]. Speech Communication, 2005, 46(3/4): 220-251.

[5] Pierrehumbert J B, Steele S A. Categories of tonal alignment in English[J]. Phonetica, 1989, 46(4): 181-196.

[6] Fujisaki H. Dynamic Characteristics of Voice Fundamental Frequency in Speech and Singing[M]//The Production of Speech. New York: Springer, 1983.

[7] Bruce Gösta. Swedish Word Accents in Sentence Perspective[J]. Liber, 1977, 12.

[8] Ladd, D Robert. Review of Sun-Ah Jun (Ed.) (2005). Prosodic Typology: The Phonology of Intonation and Phrasing[J], Phonology, 2008, 25 (2): 372-76.

[9] Pierrehumbert J B. The Phonology and Phonetics of English Intonation[D]. MA: MIT，1980.

[10] Chao Y R. Tone and Intonation in Chinese[J]. 中央研究院历史語言研究所集刊 1933，4 (2)：121 - 34.

[11] Chao Y R. A Grammar of Spoken Chinese. Berkeley；Los Angeles：University of California Press，1965.

[12] Wu Z J. A new method of intonation analysis for standard Chinese：frequency transposition processing of phrasal contours in a sentence[J]. 语音研究报告，1993，1 - 18.

[13] 沈炯. 汉语语调模型刍议[J]. 语文研究，1992(4)：16 - 24.

[14] 沈炯. 汉语语调构造和语调类型[J]. 方言，1994，16(3)：221 - 228.

[15] 吴宗济. 吴宗济语言学论文集[M]. 北京：商务印书馆，2004.

[16] 林茂灿. 汉语语调实验研究[M]. 北京：中国社会科学出版社，2012.

[17] Sacks H，Schegloff E A，Jefferson G. A simplest systematics for the organization of turn-taking for conversation[J]. Language，1974，50(4)：696 - 735.

[18] Couper-Kuhlen E. 2001，Intonation and discourse：current views from within[M]// Handbook of Discourse Blackwell Publishers，2001.

[19] Couper-kuhlen E，Ford C E. Sound patterns in interaction[M]. Amsterdam：John Benjamins Publishing Company，2004.

[20] Couper-kuhlen E. Prosodic cues of discourse units[M]//Encyclopedia of Language & Linguistics. Amsterdam：Elsevier，2006.

[21] Tyler J. Prosodic correlates of discourse boundaries and hierarchy in discourse production[J]. Lingua，2013，133：101 - 126.

[22] Couper-Kuhlen E. English Speech Rhythm：Form and Function in Everyday Verbal Interaction[J]. Language，1996，S0378 - 2166(96)：90073 - 90079.

[23] Hart J T，Collier R，Cohen A. A perceptual study of intonation[M]. Cambridge：Cambridge University Press，1990.

[24] Taylor P. Analysis and synthesis of intonation using the Tilt model[J]. The Journal of the Acoustical Society of America，2000，107(3)：1697 - 1714.

[25] Xu Y. Timing and coordination in tone and intonation—An articulatory-functional perspective[J]. Lingua，2009，119(6)：906 - 927.

[26] Ramus F，Nespor M，Mehler J. Correlates of linguistic rhythm in the speech signal [J]. Cognition，1999，73(3)：265 - 292.

[27] Ling L E，Grabe E，Nolan F. Quantitative characterizations of speech rhythm：syllable-timing in Singapore English [J]. Language and Speech，2000，43 (4)：377 - 401.

［28］ Cumming R E. Perceptually informed quantification of speech rhythm in pairwise variability indices［J］. Phonetica, 2011, 68(4)：256 - 277.

［29］ Fujisaki H. A Note on the Physiological and Physical Basis for the Phrase and Accent Components in the Voice Fundamental Frequency Contour［M］//Vocal Physiology： Voice Production, Mechanisms and Functions. New York：Raven Press Ltd., 1988.

［30］ Fujisaki H. Information, Prosody, and Modeling — with Emphasis on Tonal Features of Speech［C］//Proceedings of Speech Prosody. Nara：［s. n.］, 2004.

［31］ Kochanski G, Shih C. Prosody modeling with soft templates［J］. Speech Communication, 2003, 39(3/4)：311 - 352.

［32］ Li A, Li A J. Chinese prosody and prosodic labeling of spontaneous speech［C］// International Conference on Speech Prosody 2002. ［s. l.］：［s. n.］.

［33］ Peng S H, Chan M K M, Tseng C Y, et al. Towards a pan-mandarin system for prosodic transcription［M］//Prosodic Typology. Oxford：Oxford University Press.

［34］ Hirst D. A Praat plugin for momel and intsint with improved algorithms for modelling and coding intonation［C］//ICPhS XVI. ［s. l.］：［s. n.］, 2007.

［35］ Kim S, Beckman M, Pitrelli J, et al. ToBI：a standard for labeling english prosody ［C］// Proceedings of ICSLP. ［s. l.］：［s. n.］, 1992.

［36］ Beckman M E. A Typology of Spontaneous Speech［M］//Computing Prosody： Computational Models for Processing Spontaneous Speech. New York： Springer, 1997.

［37］ Jun S A, Fletcher J. Methodology of studying intonation：From data collection to data analysis［M］//Prosodic Typology II. Oxford：Oxford University Press, 2014.

［38］ Beckman M E, Hirschberg J, Shattuck-Hufnagel S. The original ToBi system and the evolution of the ToBi framework［M］//Prosodic Typology. Oxford：Oxford University Press, 2005.

［39］ Wong W Y P, Chan M K M, Beckman M E. An autosegmental-metrical analysis and prosodic annotation conventions for Cantonese ＊［M］//Prosodic Typology. Oxford： Oxford University Press, 2005.

［40］ Zhou K Y, Li A J, Zong C Q. Dialogue-act analysis with a conversational telephone speech corpus recorded in real scenarios［EB/OL］. ［2020 - 03 - 25］. ：https：// www. researchgate. net/publication/265866347.

［41］ Li A J. Response Acts in Chinese conversation：The coding scheme and analysis［C］// 2018 11th International Symposium on Chinese Spoken Language Processing (ISCSLP). Piscataway：IEEE, 2018.

［42］ 屈承熹. 汉语篇章语法：理论与方法［J］. 俄语语言文学研究, 2006(3).

［43］ 沈家煊. "零句"和"流水句"［J］. 中国语文, 2012(5)：403 - 415.

[44] 吕叔湘. 汉语语法分析问题[M]. 北京：北京商务印书馆，1979.

[45] Zhang L，Jia Y，Li A J. Analysis of prosodic and rhetorical structural influence on pause duration in Chinese reading texts[C]//7th International Conference on Speech Prosody 2014. ISCA：ISCA，2014.

[46] Zhang L，Li A J，Luo Y Y. Chinese causal relation：Conjunction, order and focus-to-stress assignment[C]//2018 11th International Symposium on Chinese Spoken Language Processing (ISCSLP). Piscataway：IEEE，2018.

[47] 贾媛. 汉语语篇分层表示体系构建与韵律接口研究[M]. 北京：中国社会科学出版社，2018.

[48] Li A. Encoding and Decoding of Emotional Speech：A Cross-Cultural and Multimodal Study between Chinese and Japanese(Prosody，Phonology and Phonetics)[M]. Berlin：Springer，2015.

[49] Liu X F，Li A J，Jia Y. How does prosody distinguish Wh-statement from Wh-question? A case study of Standard Chinese[C]//Speech Prosody 2016. [s. l.]：ISCA，2016.

[50] Huang G，Zhu L，Li A J. Syntactic structure and communicative function of echo questions in Chinese dialogues[C]//2018 11th International Symposium on Chinese Spoken Language Processing (ISCSLP). Piscataway，IEEE，2018.

[51] Goleman D. Emotional intelligence：Why it can matter more than IQ[M]. New York：Bantam，1995.

[52] Picard R W. Affective computing[M]. Cambridge (MA)：The MIT Press，1997.

[53] Minsky M. Society of mind[M]. New York：Simon and Schuster，1988.

[54] 谭铁牛. 人工智能的历史、现状和未来[N/OL]. 2019[2019 - 02 - 21]. https://www. sohu. com/a/296222962_464033.

[55] Tao J，Tan T. Affective information processing [M]. London，Springer，2009.

[56] Ekman P. An argument for basic emotions[J]. Cognition & emotion, 1992, 6(3 - 4)：169 - 200.

[57] Murray I R，Arnott J L. Toward the simulation of emotion in synthetic speech：A review of the literature on human vocal emotion[J]. The Journal of the Acoustical Society of America, 1993, 93(2)：1097 - 1108.

[58] Moulines E，Charpentier F. Pitch-synchronous waveform processing techniques for text-to-speech synthesis using diphones[J]. Speech Communication, 1990, 9(5 - 6)：453 - 467.

[59] Iida A，Campbell N，Higuchi F，et al. A corpus-based speech synthesis system with emotion[J]. Speech Communication ，2003，40(1 - 2)：161 - 187.

[60] 吴宗济，林茂灿. 实验语音学概要[M]. 北京：高等教育出版社，1989.

［61］ 陶建华，蔡莲红. 基于音节韵律特征分类的汉语语音合成中韵律模型的研究［J］. 声学学报，2003，2003，28(5)：395－402.

［62］ Goto M. F0 estimation of melody and bass lines in real — worldmusical Audio signals ［J］. Information Processing Society of Japan Sig Notes，1999(68)：91－98.

［63］ Duxbury C，Sandler M，Davies M. A hybrid approach to musical note onset detection ［C］//International Conference on Digital Audio Effects(DAFx). Hamburg，Germany：DAFx，2002：33－38.

［64］ Bello J P，Andler M. Phase-based note onset detection for music signals［C］//IEEE International Conference on Acoustics，Speech and Signal Processing(ICASSP). Hong Kong，China：ICASSP，2003：441－444.

［65］ Wang W W，Luo Y H，Chambers J A，et al. Note onset detection via nonnegative factorization of magnitude spectrum［J］. EURASIP Journal on Advances in Signal Processing，2008：1－15.

［66］ Shao X，Gui W，Xu C. Note onset detection based on sparse decomposition［J］. Multimedia Tools and Applications，2016，75(5)：2613－2631.

［67］ Lacoste A，Eck D. A Supervised Classification Algorithm for Note Onset Detection ［J］. Journal on Advances in Signal Processing，2007，1：1－13.

［68］ Gainza M，Coyle E. Tempo Detection Using a Hybrid Multiband Approach［J］. IEEE Transactions on Audio Speech and Language Processing，2011，19(1)：57－68.

［69］ Gärtner D. Tempo detection of urban music using tatum grid non-negative matrix factorization［C］// World Computer Congress. Curitiba，Brazil：ISMIR，2013：311－316.

［70］ Chordia P，Rae A. Using Source Separation to Improve Tempo Detection［C］// International Society for Music Information Retrieval Conference. DBLP，Kobe，Japan：ISMIR，2009：183－188.

［71］ Cemgil A T Kappen B. Monte Carlo Methods for Tempo Tracking and Rhythm Quantization［J］. Journal of Artificial Intelligence Research，2003，18(1)：45－81.

［72］ Peeters G . Time Variable Tempo Detection and Beat Marking［C］//International Computer Music Conference(ICMC)，Barcelona，Spain：ICMC，2005：1－4.

［73］ Scheirer E D. Tempo and beat analysis of acoustic musical signals［J］. Journal of the Acoustical Society of America，1998，103(1)：588－601.

［74］ Zapata JR，Holzapfel A，Davies M E P，et al. Assigning a confidence threshold on automatic beat annotation in large datasets［C］// International Society for Music Information Retrieval Conference(ISMIR). Porto，Portugal：ISMIR，2012：157－162.

［75］ Ellis D P W. Beat Tracking by Dynamic Programming［J］. Journal of New Music Research，2007，36(1)：51－60.

［76］ Fillon T，Joder C，Durand S，et al. A Conditional Random Field system for beat tracking［C］// IEEE International Conference on Acoustics. Brisbane，Australia： ICASSP，2015：424－428.

［77］ Krebs F，Böck S，Dorfer M，et al. Downbeat Tracking Using Beat Synchronous Features with Recurrent Neural Networks. ［C］// International Society for Music Information Retrieval Conference(ISMIR). New York，USA：ISMIR，2016：129－135.

［78］ Durand S，David B，Richard G. Enhancing downbeat detection when facing different music styles［C］// IEEE International Conference on Acoustics，Speech and Signal Processing (ICASSP). Florence，Italy：ICASSP，2014：3156－3160.

［79］ Durand S，Bello J P，David B，et al. Downbeat Tracking with Multiple Features and Deep Neural Networks［C］// iProceedings of the IEEE International Conference on Acoustics，Speech and Signal Processing (ICASSP). IEEE，Brisbane，Australia： ICASSP，2015：409－413.

［80］ Durand S，Essid S. Downbeat Detection with Conditional Random Fields and Deep Learned Features ［C］// International Society for Music Information Retrieval Conference. New York，USA：ISMIR，2016：386－392.

［81］ Krebs F，Böck S，Dorfer M，et al. Downbeat Tracking Using Beat Synchronous Features with Recurrent Neural Networks ［C］// International society for Music Information Retrieval Conference(ISMIR). New York，USA：ISMIR，2016：129－135.

［82］ Blostein D，Haken L. Template matching for rhythmic analysis of music keyboard input［C］// International Conference on Pattern Recognition. IEEE，1990：767－770.

［83］ Gruhne M，Dittamar C，Gaertner D，et al. An evaluation of pre-processing algorithms for rhythmic pattern analysis［C］// Audio Engineering Society (AES) Convention. SanFrancisco，USA：AES，2008：7542.

［84］ Gruhne M，Dittamar C. Improving rhythmic pattern features based on logarithmic preprocessing［C］// Audio Engineering Society(AES)Convention. Munich，Germany： AES，2009：7817.

［85］ Krebs F，Böck S，Widmer G. Rhythmic Pattern Modeling For Beat And Downbeat Tracking In Musical Audio ［C］//International Society for Music Information Retrieval Conference(ISMIR). Curitiba，Brazil：ISMIR，2013：227－232.

7 统计语音合成

凌震华　陶建华

凌震华，中国科学技术大学，电子邮箱：zhling@ustc.edu.cn

陶建华，中国科学院自动化研究所，电子邮箱：jhtao@nlpr.ia.ac.cn

7.1 语音合成概述

语音合成旨在赋予机器像人一样的"说话"能力,是实现高效便捷的人机交互的关键技术之一。除了在智能手机、智能家电、智能汽车等智能终端中的应用外,语音合成技术在自动控制、有声读物、信息查询与发布系统、办公自动化、电影动画与游戏、虚拟现实与增强现实等诸多领域都有广泛的应用需求。此外,语音合成技术还可以作为语音表达有障碍人士的辅助通信手段。

语音合成是一门典型的交叉学科[1-4],涉及声学、语音学、语言学、语义学、信息论、信号处理、计算机、模式识别、人工智能、心理学等诸多学科的理论与技术。按照输入的不同层次,语音合成可以分成从文本到语音的合成(text-to-speech,TTS)、从概念到语音的合成(concept-to-speech,CTS)、从意向到语音的合成(intention-to-speech,ITS)3 个不同的层次。现阶段大部分的语音合成研究仍集中在第 1 个层次,即从文本到语音的合成,在本章的后续介绍中提到的语音合成均指的是这种合成。

一个典型的语音合成系统包括前端文本分析和后端波形生成两个主要步骤,如图 7-1 所示。其中前端文本分析包括文本规整、字音转换、韵律分析等主要模块,可从输入文本中提取中间语言学特征;后端波形生成依据中间语言学特征,生成其对应的语音波形,可采用的方法包括共振峰合成、波形拼接合成、统计参数合成等。

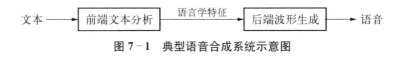

图 7-1 典型语音合成系统示意图

早期的语音合成探索是基于机械装置和人工操作来模拟人发音的物理过程。1779 年,德国科学家 Kratzenstein 研制了一种声学共振器[7],使用风箱产生激励模拟人的肺部运动,采用振动簧片来模仿声带的作用,用皮革做的共振腔近似声道部分,通过各部分协调运作,可以合成出 5 个长元音(/a/、/e/、/i/、/o/、/u/)。在此后的许多年中,很多研究者对这种机械式语音合成器进行改进,但是其与实际应用仍相差甚远。1939 年,贝尔实验室 Dudley 与贝尔电话公司的工程师研制了电子式语音合成器(voice-operated demonstrator,VODER)[8],使语音合成技术从机械模拟步入了电子模拟的新时代。与机械式语音合成器不同,电子式语音合成器不需要模拟各发音器官的物理特性,而着眼于这些器官的声学功能,并借助于电子技术来模拟实现这些功能,从而达到合成语音的目的。VODER 在 1939 年的美国纽约国际博览会上展出。该合成器采用脉冲发生器来产生浊音激励对应的声带振动,采用噪声发生器来模拟清音激励对应的气流噪声,还使用 10 个带通滤波器来模拟声道,最后经放大器输出得到合成语音。VODER 有一个像琴键一样的键盘,控制各带通滤波器,从而产生各种语音。一个训练有素的操作员培训半年到 1 年,就可以用 VODER"弹奏"一些简单的语句。

虽然使用 VODER 合成出的语音具有一定的可懂度,但是 VODER 只有有限个滤波器通道,难以刻画出自然语音变化万千的频谱特征。1953 年,Lawrence 发明的参数人工发生器(parametric artificial talker, PAT)[9] 和 Fant 制作的电动语音机(orator verbis electris, OVE)[10] 引起了人们的关注。他们认为人的声道是一个谐振腔,利用声道的谐振特性,如共振峰频率和带宽等,能够建立相应的声道滤波器以产生语音。PAT 由 3 个电子共振器以并联的形式组合而成,输入为蜂鸣声或噪声,移动的玻璃载片用来控制 3 个共振峰、噪声幅度、基频和噪声幅度。OVE 则是将共振器串联,移动的二维机械臂控制最低的两个共振频率,手持电位器控制噪声的幅度和基频。1980 年,Klatt 设计出串/并联混合型共振峰合成器[11]。它使用串联通道产生元音和浊辅音,使用并联通道产生清辅音,还可以对声源做各种选择和调整,以模拟不同的嗓音。虽然该共振峰合成器具有较强的语音声学特性表征能力,但这种合成器的结构较为复杂,参数设置需要大量的手工调试,合成语音的质量也不够理想。

20 世纪 80 年代末,提出了基音同步叠加(pitch synchronous overlap add, PSOLA)的时域波形修改算法[12],该方法较好地解决了语音段之间的拼接问题,从而有力地推动了波形拼接语音合成方法的发展。波形拼接语音合成方法的基本思想是根据输入的前端文本分析信息,从预先录制和标注好的语音库中挑选合适的单元,进行少量调整或者不进行调整,然后拼接得到最终的合成语音。由于最终合成语音使用的每个合成单元都取自音库中的真实录音,该方法的最大的优势就在于保持了原始录音的音质。在波形拼接合成方法最初提出时[13-14],由于音库容量以及单元调整算法性能的限制,其合成语音的质量优势并不明显,往往存在合成语音不连续、单元调整过大时语音音质急剧下降等问题。一般我们把这种原始音库容量比较小(即拼接样本数比较少)的早期波形拼接方法称为基于样本调整的波形拼接合成,而与此对应的就是现阶段得到普遍应用的基于大语料库单元挑选的波形拼接合成[15-17]。这种演变主要得益于

90 年代以来计算机运算和存储能力的飞速增长,音库尺寸由最初的 1 MB 变为 100 MB,甚至达到数个 GB,相应的单元挑选策略也越来越精细,使得挑选出来的单元基本不再需要调整,这样不仅保持了原始语音的音质,而且拼接处的不连续现象也得到很大改善,合成语音自然度得到了显著提高。

而到 20 世纪末,伴随着语音信号统计建模方法的日益成熟以及用户对于语音合成系统构建自动化程度要求的增强,提出了可训练的文语转换(trainable text-to-speech)方法[18-19]。该方法的基本思想是基于统计建模和机器学习的方法,根据一定的语音数据进行训练并快速构建合成系统。随着语音声码器性能的提升,在可训练文语转换基础上又发展出了统计参数语音合成(statistical parametric speech synthesis, SPSS)方法[20]。该方法通过训练声学模型来实现输入文本中的语言特征到语音声学特征的映射,利用声码器(如 STRAIGHT[20])来实现从声学特征中重构出语音波形。本章重点介绍的统计语音合成即为此类方法。该方法可以在较少需要人工干预的情况下自动快速地构建合成系统,系统尺寸小,模型训练方法对于不同发音人、不同发音风格、不同语种的通用性强,很适合嵌入式设备上的应用以及多样化语音合成的需求。因此该方法已经发展为现阶段与基于大语料库单元挑选的波形拼接方法相并列的主流语音合成方法,得到越来越多的研究关注。在最初提出统计语音合成时,隐马尔可夫模型(hidden Markov model,HMM)是最为常用的声学模型形式[21]。近年来随着深度学习的发展和普及,基于深层结构神经网络的声学建模和声码器成为语音合成领域的研究热点。

7.2 基于隐马尔可夫模型的统计语音合成方法

自隐马尔可夫模型(HMM)[21]应用于语音信号处理领域以来,该模型的理论与实践都取得了巨大发展。本节将首先介绍 HMM 的概念原理及 3 个基本问题;然后系统地介绍基于 HMM 的统计参数语音合成方法及其中的关键技术点;最后对该方法的特点进行分析,阐述其优点及不足。

7.2.1 隐马尔可夫模型

我们首先介绍离散时域有限状态自动机,由此引入 HMM 的基本概念及原理。离散时域有限状态自动机是一个一阶马尔可夫链,即状态和时间参数都是离散的马尔可夫过程。在离散时刻 t,它处于状态 $S_n(n=1, 2, \cdots, N)$ 中的一种,不妨记为 q_t,并且它在 $t+1$ 时刻所处状态 q_{t+1} 的概率只与它在时刻 t 的状态 q_t 有关,而与之前任何时刻所处的状态均无关:

$$P_r(q_{t+1}=S_j)=a_{ij}P_r(q_t=S_i), \quad t\geqslant 1, 1\leqslant i, j\leqslant N \quad (7-1)$$

式中,a_{ij} 表示转移概率,即从上一时刻的状态 S_i 跳转到下一时刻状态 S_j 的概率。所有转移概率 $a_{ij}(i, j=1, 2, \cdots, N)$ 可以构成一个转移概率矩阵 A。初始状态概率矢量 π 定义为 $t=1$ 时刻所处各状态的概率,即

$$\pi=P_r(q_1=S_n), \quad 1\leqslant n\leqslant N \quad (7-2)$$

由以上定义得到的状态转移概率矩阵 A 及初始状态概率矢量 π,可以完全描述该一阶马尔可夫链。

隐马尔可夫模型是在马尔可夫链的基础上发展而来。在具体的实际应用场景中,某些系统在时刻 t 所处的状态 q_t 并不为外界所见。因为该系统的状态 q_t 隐藏在系统内部,所以外界只能观察到系统在该状态 q_t 下提供的观测值 o_t,该观测值是一个 $\mathbf{R}$ 空间的随机变量。若 o_t 符合一个连续分布,它的概率密度函数只由时刻 t 所处的状态 q_t 唯一决定:

$$b_{S_n}(o_t)=p(o_t|q_t=S_n), \quad t\geqslant 1, 1\leqslant n\leqslant N \quad (7-3)$$

式中,N 表示状态空间的可取状态总数。所有状态对应分布 $b_{S_n}(o_t)$ 中的参数构成参数集合 B。由于外界只可以观察到该系统的观测值,而系统状态是隐藏在系统内部的,所以该系统称为隐马尔可夫模型。结合之前介绍的马尔可夫链的参数集合 $(A; \pi)$,一个 HMM 可以由 $\lambda=(\pi; A; B)$ 3组参数完全描述。由 $\lambda=(\pi; A; B)$ 所描述的 HMM 输出长度为 T 的序列 $O=\begin{bmatrix} o_1 & o_2 & \cdots & o_T \end{bmatrix}$ 的概率:

$$P(O|\lambda)=\sum_{\forall q}\pi_{q_1}b_{q1}(o_1)\prod_{t=2}^{T}a_{q_{t-1}q_t}b_{q_t}(o_t) \quad (7-4)$$

HMM 有 3 个经典问题:

(1) 给定输出序列 O 和 HMM 模型参数集合 λ,那么该 HMM 输出该序列的概率是什么? 这个问题可以通过前后向(forward-backward)算法进行求解。

(2) 给定输出序列 O 和 HMM 模型参数集合 λ,那么最有可能输出该序列 O 的状态序列 q 是什么? 这个问题可以通过 Viterbi 算法进行求解。

（3）给定了输出序列 O 和 HMM 模型的拓扑结构，如何估计最优的模型参数集合 λ，使得该模型输出该序列 O 的概率最大，即 HMM 的模型训练过程。Baum-Welch 算法是最常用的 HMM 模型训练算法。

语音信号是一个含有隐藏状态的非平稳随机过程，语音的声学特征是可以观测的时序信号，而语音中含有的音素等语言相关信息则对应不可观测的状态。HMM 不仅可以较好地描述语音信号的短时平稳性，也可以体现出语音信号整体非平稳的特性，因此广泛地应用于语音信号处理。

当 HMM 用于语音建模时，我们通常提取语音信号的声学特征作为模型的观测值。针对不同的建模应用，选择的特征也会有所不同。例如，在语音识别、说话人识别、语种识别中使用最为广泛的是梅尔域倒谱系数（MFCC）；在基于 HMM 的统计参数语音合成中，梅尔域倒谱特征或者线谱对特征是最为常用的频谱特征，另外浊音段的基频特征也可描述语音的激励特性。在基于 HMM 的统计参数语音合成中，一般使用与上下文相关音素作为 HMM 建模的基本单元，中文也会选择与上下文相关声韵母作为基本单元。用于语音建模的 HMM 一般采用由左向右并且各态历经的拓扑结构，模型状态数为 3～5 个。但是对于某些特殊单元，例如静音或者塞音，有时并不要求 HMM 各态历经，可以存在空跳。在 HMM 状态观测概率的分布形式选择上，通常采用多维高斯分布对连续声学特征进行建模，根据具体情况也可以采用多流和多高斯的形式，如

$$b(\boldsymbol{o}) = \prod_{s=1}^{S} \Big[\sum_{m=1}^{M_s} c_{sm} \mathcal{N}(\boldsymbol{o}_s ; \boldsymbol{\mu}_{sm} , \boldsymbol{\Sigma}_{sm}) \Big]^{\gamma_s} \qquad (7-5)$$

式中，S 用来表示特征向量 o 中流的数目，即 $\boldsymbol{o} = \begin{bmatrix} \boldsymbol{o}_1 & \boldsymbol{o}_2 & \cdots & \boldsymbol{o}_S \end{bmatrix}^{\mathrm{T}}$；$\gamma_s$ 表示第 s 个流的权重；M_s 表示第 s 个流所对应的高斯数目；c_{sm} 表示第 s 个流的第 m 个高斯分量的权重；$\mathcal{N}(\cdot ; \boldsymbol{\mu} , \boldsymbol{\Sigma})$ 表示一个高斯分布，其均值向量为 $\boldsymbol{\mu}$，协方差矩阵为 $\boldsymbol{\Sigma}$。

7.2.2 基于 HMM 的统计参数语音合成

图 7-2 为基于 HMM 的统计参数语音合成方法的基本框架，可分为训练和合成两个阶段。

在模型训练阶段，首先需要对 HMM 的参数进行设置，其中包括建模单元的尺度、HMM 的拓扑结构、状态数目等，这些参数对模型训练及合成效果有直接影响。在此之后进行 HMM 训练所需数据的准备，训练数据主要包括声学特征和标注信息两个部分。声学特征可以利用参数合成器（又称声码器）从语音波

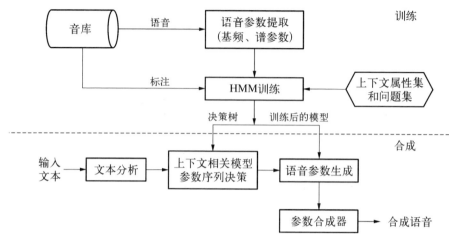

图 7-2 基于 HMM 的统计参数语音合成流程图[5]

形中提取得到,STRAIGHT[20]是统计参数语音合成最为常用的声码器。标注
信息包括音素边界和韵律标注。音素边界指的是连续语音中包含的各个基本音
素单元的起止位置,一般采用 HMM 模型自动切分的方式获得。韵律标注指的
是与语音韵律特征相关的标注信息,例如单词边界、短语边界、轻重读位置等,这
些可以采用自动标注或人工标注获得。虽然人工标注可以取得较高的标注精度
和合成语音质量,但针对大规模语料库的人工标注是一件耗时耗力的工作,且需
要专业培训以保证标注的一致性,因此合成语料库的自动韵律标注方法也是一
个专门的研究课题。

如图 7-2 基于 HMM 的统计参数语音合成流程图[5]所示,在模型训练阶段
所需的数据,除了语音的声学特征和标注信息外,还有上下文属性集和问题集。
其中,上下文属性集指的是基于标注信息定义的、用于描述音素上下文特点的一
组属性。例如基于标注的语音音段信息,我们可以定义前接、当前、后接音素的类
别来作为当前音素的上下文属性。问题集基于上下文属性集设计,用于后续介绍
的基于决策树的与上下文相关模型聚类。在训练过程中使用的标注信息、上下文
属性集和问题集通常是与语种(或者语音风格)相关的。除此之外,整个基于
HMM 的统计参数语音合成系统的构建过程基本与语种(或语音风格)无关。

在合成阶段,首先对输入的文本进行文本分析,得到与训练阶段使用的标注
信息相对应的文本分析输出结果。基于待合成文本中各音素的上下文属性集和
问题集回答结果,确定待合成语句所对应的完整 HMM 模型的参数,并利用该
模型进行声学特征的预测,最后利用参数合成器将预测的声学特征恢复为语音

波形信号。

7.2.3 基于 HMM 的统计参数语音合成关键技术

基于 HMM 的统计参数语音合成借鉴了许多自动语音识别领域中的成熟技术。但是针对语音合成任务,诸多关键技术的提出有效地提高了语音合成的效果。这些关键技术包括:

(1) STRAIGHT 语音分析合成算法。

(2) 基于决策树的模型聚类。

(3) 基于多空间分布(multi-space distribution,MSD)的基频建模。

(4) 考虑动态特征约束的参数生成算法。

1. STRAIGHT 语音分析合成算法

如图 7-2 所示,基于 HMM 的统计参数语音合成利用参数合成器实现训练阶段的声学特征提取和合成阶段的语音波形重构。传统的共振峰合成器、倒谱合成器及线性预测编码合成器生成的语音音质相对较差。STRAIGHT 语音分析合成算法[20]的提出显著提高了参数合成器重构语音的质量,在基于 HMM 的统计参数语音合成中得到了普遍应用。

STRAIGHT 是一种针对语音信号的分析合成算法,经过其特征提取和波形重构后的语音仍可以保留较高质量,并且利用该算法可以对语音的时长、基频和频谱参数进行调整。STRAIGHT 语音分析合成算法主要由以下部分组成:

(1) 去除周期影响的谱估计。在分析语音信号时,首先对语音信号进行加窗处理,计算其短时谱。由于准周期浊音激励的存在,语音信号的短时谱在时域及频域上表现出与基音周期相关的周期性。STRAIGHT 语音分析合成算法通过去除短时谱在时域轴和频域轴上的周期性进行语音谱包络的估计,实现了谱特征与基频特征的分离。

(2) 可靠的基频提取。STRAIGHT 语音分析合成算法通过对频谱进行谐波分析可实现对浊音段语音基频特征的提取,相比于传统自相关等方法,该方法提取的基频轨迹更加精确和稳定。

(3) 基于基音同步叠加的波形重构。在合成阶段,给定每帧语音对应的基频(包含清浊判决)和频谱特征,STRAIGHT 语音分析合成算法采用基于基音同步叠加方法重构语音波形。其中基音同步位置由基频特征决定,而每个同步位置处叠加的波形形状由该位置处的幅度谱特征和设计的相位谱计算得到。

在实际应用中,由于 STRAIGHT 提取的谱包络维度往往较高,直接建模难度较大,需要首先对谱包络进行特征参数化,然后对所提取到的特征参数进行建模。

不同的参数具有不同的特性,将直接影响建模的精度与合成的语音质量。线谱对(line spectral pair,LSP)与梅尔倒谱系数是较常用于语音合成的频谱特征参数。

2. 基于决策树的模型聚类

为了体现上下文属性对语音声学特征的影响,基于 HMM 的统计参数语音合成通常利用上下文属性对单音素进行扩展,将与上下文相关音素作为基本建模单元。由于上下文属性的组合数目非常大,所以对应到每一个与上下文相关音素模型的训练数据非常少(可能只有一个音素样例)。为了避免模型参数过拟合到少量数据上,把基于决策树的模型聚类算法[22]广泛地应用到基于 HMM 的统计参数语音合成中。其算法过程如下所示:

(1)将所有与上下文相关音素模型都放在待分裂的根节点,并根据训练样本估计聚类后的模型参数。

(2)遍历上下文属性问题集中的所有问题,计算当前决策树中的所有叶子节点分裂后的模型似然值增长,选择似然值增长最高的叶子节点及其所使用问题。如果此时最高似然值增长高于预先设置的分裂门限,则使用选择的问题对选择的节点进行分裂,否则不分裂。在实际应用中,分裂门限通常依据最短描述长度(minimum description length,MDL)准则以及叶子节点中的最少样本数据进行设定。

(3)重复步骤(2),直至所有叶子节点不能再分裂为止。

3. 基于多空间分布的基频建模

区别于传统的基频建模方法,例如 Fujisaki 模型[23]、音高目标(pitch target)模型[24]和功能包络叠加(superposition of functional contour,SFC)[25]模型等,基于 HMM 的统计参数语音合成采用统一的 HMM 模型对基频和频谱特征进行建模。与频谱特征不同的是,基频特征受语音产生的清浊特性影响,只存在于语音中的浊音段中,如图 7-3 所示。这种不连续性给直接使用传统的 HMM 模型进行基频建模带来了困难。因此,提出了多空间概率分布 HMM(MSD-HMM)[26]模型,用以实现对清音段和浊音段基频特性的统一建模。该方法使用两个不同维度的子空间分别描述浊音段和清音段的基频特征;其中浊音段基频位于 1 维子空间内,而清音段基频则属于 0 维子空间(即无基频值);HMM 模型的每个状态都按照不同权重同时输出两个子空间的基频值。该方法实现了对语音浊音段和清音段使用具有统一形式的概率分布来描述基频的产生过程,解决了 HMM 建模不连续基频特征的问题。

4. 考虑动态特征约束的参数生成算法

如图 7-2 所示,在合成阶段首先得到待合成句对应的 HMM 模型,然后进

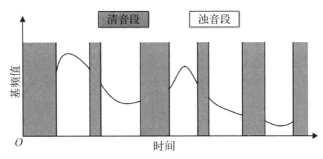

图 7 - 3 基频特征的多空间示意图

行参数生成。模型参数在状态持续时间内为固定值,因此当在最大似然准则下估计最优声学特征序列时,在每个状态持续时间内预测的特征均为模型均值,在状态跳转时会产生声学特征不连续的现象。考虑动态特征约束的参数生成算法[27]可以避免该问题,生成平滑的声学特征序列。下面对该方法进行简要介绍。

记 $c_t \in \mathbf{R}^M$ 为某一帧的静态声学特征, $\boldsymbol{C} = [\boldsymbol{c}_1^{\mathrm{T}} \quad \boldsymbol{c}_2^{\mathrm{T}} \quad \cdots \quad \boldsymbol{c}_T^{\mathrm{T}}]^{\mathrm{T}} \in \mathbf{R}^{MT}$,为 T 帧静态声学拼接后的特征序列,其中 $(\bullet)^{\mathrm{T}}$ 表示矩阵转置。在引入声学特征的一阶、二阶动态特征后,观测值序列可以表示为 $\boldsymbol{X} = \boldsymbol{WC} \in \mathbf{R}^{3MT}$。 其中 $\boldsymbol{W} \in \mathbf{R}^{3MT \times MT}$,表示由静态特征序列计算一阶、二阶动态特征使用的矩阵,由定义动态特征时使用的窗函数决定。

在模型训练时,使用含有动态特征的 $\boldsymbol{X}$ 作为观测的声学特征序列。在参数生成时,采用最大似然准则进行最优静态特征序列 $\boldsymbol{C}^*$ 的估计:

$$\boldsymbol{C}^* = \arg \max_{\boldsymbol{C}} P(\boldsymbol{WC} \mid \lambda) = \arg \max_{\boldsymbol{C}} \sum_{\boldsymbol{q}} P(\boldsymbol{WC}, \boldsymbol{q} \mid \lambda) \qquad (7 - 6)$$

式中,λ 为待合成语句对应的 HMM 模型,该模型描述包含动态特征的序列 $\boldsymbol{X}$(即 $\boldsymbol{WC}$)的分布。直接求解式(7 - 6)较为困难,通常将其近似为

$$\boldsymbol{C}^* \approx \arg \max_{\boldsymbol{C}} P(\boldsymbol{WC} \mid \lambda, \boldsymbol{q}^*) P(\boldsymbol{q}^* \mid \lambda) \qquad (7 - 7)$$

式(7 - 7)的求解过程可分解为两步,即

$$\boldsymbol{q}^* = \arg \max_{\boldsymbol{q}} P(\boldsymbol{q} \mid \lambda) \qquad (7 - 8)$$

$$\boldsymbol{C}^* = \arg \max_{\boldsymbol{C}} P(\boldsymbol{WC} \mid \lambda, \boldsymbol{q}^*) \qquad (7 - 9)$$

式(7 - 8)和式(7 - 9)分别对应状态时长预测和声学特征序列预测。在 λ 中各状

态观测概率已知的情况下,式(7-9)可以通过求解线性方程组得到闭合形式的解[27]。

7.2.4 基于 HMM 的语音合成灵活性

1. 结合发音动作特征的可控语音合成

基于 HMM 的统计参数语音合成通常只将声学特征作为观测值和建模对象。然而,声学特征并不是语音唯一的表征形式,发音动作特征(articulatory feature)同样也是一种有效的语音描述形式。这里的发音动作特征指的是对说话人在发音过程中使用的舌、下颚、嘴唇、软腭等发音器官位置以及运动情况的定量描述,如图7-4所示。目前可以通过多种技术来收集这些发音动作特征,例如电磁发音仪(electromagnetic articulography,EMA)、磁共振成像(magnetic resonance imaging,MRI)、超声波等。由于声学信号是由发音器官的运动产生的,所以声学特征与发音动作特征是彼此相关的。此外,语音产生的物理机理也决定了发音动作特征相对声学特征具有变化缓慢平滑、描述语音特征直接简便、噪声鲁棒性强等优点。

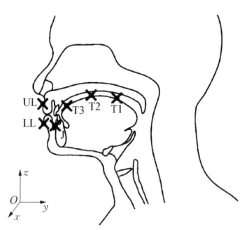

T1—舌根;T2—舌背;T3—舌尖;UL—上唇;LL—下唇;J—下颚

图 7-4 电磁发音仪传感器位置示意图[6]

基于发音动作特征的这些优点,已有研究者将其应用到基于 HMM 的自动语音识别中,并且在降低识别错误率方面取得了积极效果[28-29]。发音动作特征也同样可应用到基于 HMM 的统计参数语音合成中,实现其与声学特征的联合建模与生成[30-31]。该方法一方面提高了声学模型的精度,降低了声学特征的预测误差;另一方面可以依据语音学规则方便地控制发音动作特征来改变合成语音特性,提高了语音合成的灵活性。

在训练阶段,针对具有相同帧数 N 的平行的声学特征序列 $X = [x_1^T \quad x_2^T \quad \cdots \quad x_N^T]^T$ 和发音动作特征序列 $Y = [y_1^T \quad y_2^T \quad \cdots \quad y_N^T]^T$,该方法基于最大似然准则训练它们的联合概率密度函数 $P(X, Y \mid \lambda)$。每一帧的声学特征向量 $x_t \in \mathbf{R}^{3D_X}$ 和发音动作特征向量 $y_t \in \mathbf{R}^{3D_Y}$ 均由静态参数和在此基础上计算出来的一阶、二阶差分组成,其中 D_X 和 D_Y 分别表示静态声学特征和发音动作特征的维数。由于声学信号是由发音动作有规律的运动生成的,所以采用了

图 7-5 所示的模型结构来表征
声学特征对发音动作特征的依
赖关系,即声学特征的生成不仅
依赖于当前 HMM 的状态,还依
赖于当前的发音动作特征。可
采用线性变换的形式来表征这
种依赖关系。状态 j 的输出概
率密度函数表示为

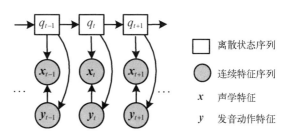

图 7-5 结合发音动作特征的 HMM 语音
合成中的特征生成模型结构[6]

$$b_j(\boldsymbol{x}_t, \boldsymbol{y}_t) = b_j(\boldsymbol{x}_t \mid \boldsymbol{y}_t)b_j(\boldsymbol{y}_t) \tag{7-10}$$

$$b_j(\boldsymbol{x}_t \mid \boldsymbol{y}_t) = N(\boldsymbol{x}_t; \boldsymbol{A}_j\boldsymbol{y}_t + \boldsymbol{\mu}_{X_j}, \boldsymbol{\Sigma}_{X_j}) \tag{7-11}$$

式中,$N(\boldsymbol{x}; \boldsymbol{\mu}, \boldsymbol{\Sigma})$ 表示向量 $\boldsymbol{x}$ 服从均值向量和协方差矩阵分别为 $\boldsymbol{\mu}$ 和 $\boldsymbol{\Sigma}$ 的正态分布;$\boldsymbol{A}_j$ 是从发音动作特征到声学特征的转换矩阵,表示在状态 j 上后者对前者的依赖关系。这些模型参数都可以利用平行的声学与发音动作特征训练数据,通过 EM 算法进行估计[30]。

在合成阶段,基于最大输出概率准则,并且考虑动态参数的约束,同时进行声学特征和发音动作特征的预测:

$$(\boldsymbol{X}_S^*, \boldsymbol{Y}_S^*) = \arg\max_{\boldsymbol{X}_S, \boldsymbol{Y}_S} P(\boldsymbol{X}, \boldsymbol{Y} \mid \lambda) = \arg\max_{\boldsymbol{X}_S, \boldsymbol{Y}_S} \sum_{\boldsymbol{q}} P(\boldsymbol{W}_X\boldsymbol{X}_S, \boldsymbol{W}_Y\boldsymbol{Y}_S, \boldsymbol{q} \mid \lambda)$$

$$\tag{7-12}$$

式中,$\boldsymbol{X}_S$ 和 $\boldsymbol{Y}_S$ 表示静态的声学特征序列和发音动作特征序列;$\boldsymbol{X} = \boldsymbol{W}_X\boldsymbol{X}_S$;$\boldsymbol{Y} = \boldsymbol{W}_Y\boldsymbol{Y}_S$;$\boldsymbol{W}_X \in \mathbf{R}^{3ND_X \times ND_X}$ 和 $\boldsymbol{W}_Y \in \mathbf{R}^{3ND_Y \times ND_Y}$ 分别表示计算声学特征和发音动作特征的含动态成分表征时使用的转换矩阵。求解式(7-12)的结果发现,声学特征序列 $\boldsymbol{X}_S^*$ 的生成依赖于生成的发音动作特征 $\boldsymbol{Y}_S^*$,而发音动作特征对语音产生机理有更加直接的反映。这意味着我们可以通过对生成的发音动作特征 $\boldsymbol{Y}_S^*$ 进行基于语音学规则的调整,并以此控制生成的声学特征以及合成语音的感知特性。实验结果表明,该方法可以通过调整语音合成过程中元音对应的舌部相关发音动作特征,实现对于元音发音过程中舌位高低的有效控制,从而实现对于合成语音中元音的类别控制[30],以及音库中缺失的元音类别的生成[31]。

2. 个性化语音合成

随着语音合成技术的发展,合成语音的可懂度和自然度已有了较大提升,能在一定程度上满足应用需求。在此基础上,用户对语音合成系统也提出了更高的要求,尤其是希望合成语音能够体现特定发音人的个性化特点。在基于 HMM 的统计参数语音合成中,声学特征由训练得到的声学模型产生。通过修改模型参数,可以快速有效地实现对合成语音说话人特点的控制。基于 HMM 的个性化语音合成主要包括模型自适应、模型插值、特征声音等方法。

模型自适应技术可以在使用少量说话人语音数据的情况下,将已有的平均声学模型转化为说话人的声学模型,如图 7-6 所示。平均声音模型是一个与说话人无关的 HMM 模型,该模型可以使用与说话人自适应训练(speaker adaptive training, SAT)技术[35-36]来对不同与说话人的声学特征进行归一化处理。在进行模型自适应时,最常用的方法是最大似然线性回归(maximum likelihood linear regression, MLLR)[33-34]。为了体现语音合成中的上下文属性对模型自适应的影响,一般使用决策树对 HMM 模型中表示各状态输出概率的高斯分布进行聚类处理,然后同类的高斯成分共享一个相同的 MLLR 变换[37]。例如,图 7-6 中有 3 个回归类,类内共享相同的转换。假设平均声音模型中第 i 个状态的输出概率高斯分布表示为 $N(o_t; \mu_i, \Sigma_i)$,则经过 MLLR 自适应后的输出概率高斯分布表示为

$$b_i(o_t) = N(o_t; \zeta_k \mu_i + \epsilon_k, \Sigma_i), \qquad (7-13)$$

式中,k 表示该状态属于第 k 个回归类;ζ_k 和 ϵ_k 为分别对模型均值进行线性变换而使用的变换矩阵和偏置向量。这些线性变换参数利用说话人的少量数

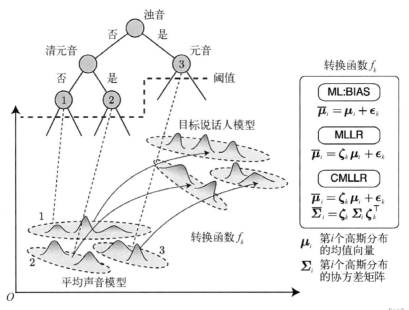

图 7-6 基于 HMM 的个性化语音合成声学模型的说话人自适应技术示意图[32]

据,基于最大似然准则进行估计。

模型插值技术指的是在两个或者多个代表性的预训练说话人声学模型内插出一个中间模型。这种插值技术首先是在声音转换(voice conversion)技术研究中提出的,即通过存储不同说话人的频谱特征,以及对多个说话人的频谱特征插值来实现对输入语音中的说话人特征的转换[38]。这种方法也可以应用于基于HMM的语音合成中。通过对一些代表性说话人的HMM模型参数进行插值,就可以得到一个内插后的新说话人模型,如图7-7所示。除了一般的插值策略外,研究人员还提出了使用定义明确的统计测量方法来对HMM模型进行插值计算,如KL散度等[39]。使用模型插值技术,我们可以合成各种在训练数据之外的音色、说话方式和口音。

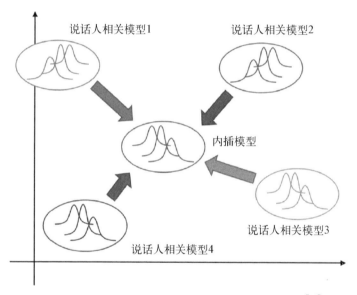

图7-7 基于HMM语音合成的模型插值技术示意图[32]

使用模型插值技术,通过调整代表性声音HMM参数的插值比例,可以得到无训练数据的新的合成语音音色。但是,当代表性声音数目增加时,如何通过恰当的插值得到想要的音色并不是显而易见的。因此,研究人员提出了一种基于主成分分析(principle component analysis,PCA)[40]的特征声音(eigenvoice)[41]方法来降低控制向量的维度并提高其可解释性。进一步地,也把概率主成分分析应用到HMM语音合成中来改善特征声音方法的声学模型建模能力[42]。

3. 跨语种语音合成

跨语种语音合成是指在不需要说话人掌握多种语言的前提下,实现具有特定说话人音色特征的多个语种的语音合成。在基于 HMM 的统计参数语音合成框架下,同语种的说话人模型自适应方法已经在上一节中进行了介绍。而在目标说话人语种与源模型语种不匹配的应用条件下,为了得到具有目标说话人音色的合成语音,需要进行跨语种的模型自适应。以中文到英文为例,若目标说话人只会说中文这一种语言,我们只能获得该说话人中文的自适应数据,如果目标是建立该说话人的英文发音模型,则须进行中文到英文的跨语种模型自适应。这里将源HMM 合成模型对应的语种称为源模型语种(英文),训练此模型所用语音数据的发音人称为源说话人;而在自适应过程中可以获得的目标说话人数据的语种称为目标说话人语种(中文),其与源模型语种(英文)存在差异。跨语种模型自适应的目的就是利用目标说话人的自适应数据(中文),对源说话人的语音合成模型(英文)进行自适应,从而构建出具有目标说话人音色特征的源语种(英文)语音合成模型。

在基于 HMM 的统计参数语音合成中,通常使用与上下文相关的声学模型来进行频谱、基频等声学特征的建模。对于不同语种,其音素体系、韵律属性均存在差异,例如在中文中声调是非常重要的语言学属性,而英文则使用词内重音来区分不同音节的音调高低。这些差异给进行跨语种模型自适应带来了困难。在针对语音合成的跨语种模型自适应方面,有语种无关声学模型训练[43]、状态映射[44]、两遍决策树生成[45]等多种方法。其中,基于音素映射(phone-mapping)和三音素(triphone)模型的跨语种语音合成模型自适应[46]是一种较为常用的方法,其方法框图如图 7-8 所示。

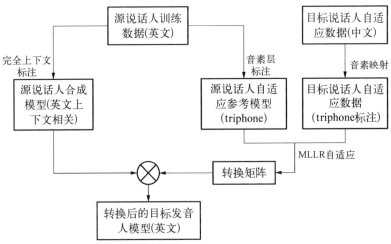

图 7-8　基于音素映射和三音素模型的跨语种语音合成模型自适应方法框图

音素映射[47]是解决跨语种模型自适应问题的一个自然思路,最早由Campbell[48]用于多语种合成领域。其基本思想是寻找源语种与目标语种间发音特征相近的音素或音素串,进而利用这种相近特征的对应关系来实现音素替换,将跨语种自适应问题转化为同语种自适应问题,进而采用已有的同语种模型自适应方法加以解决。

图 7-8 所示方法通过音素映射将目标发音人自适应数据对应的音素序列转换成与源语种相一致的形式,然后舍弃所有音素层以上的韵律属性,这样便可将自适应数据看作是带有源语种音素层次标注形式的同语种自适应数据。之后通过对源语种 triphone 模型的 MLLR 自适应来计算转换矩阵并应用于源语种与上下文相关声学模型,实现针对目标发音人的音色自适应。其中,音素映射表准确与否直接关系到自适应结果的性能。通常来说有两种音素映射方式[49]:

(1)基于数据驱动的音素映射(data-driven phone mapping)。音素映射表建立在数据统计的结果之上,通常是利用一个语种的音素识别器去识别另一语种的大量语音数据,得到相对应的音素序列,统计分析得到的识别结果即可得出两个语种间相关程度最高的音素单元,也可加入某些语音空间上的距离比较手段来确定合适的映射关系[50]。该方法需要有一定数量的多语种训练数据来建立基本的映射关系。

(2)基于语音学知识的音素映射(knowledge-based phone mapping)。音素映射表的建立以国际音标体系(international phonetic alphabet,IPA)[51]为基本规则,语种间发音特征位置相同的音素可直接进行替换,发音特征位置有差异而无法直接对应的音素则选择 IPA 中最为相近的音素进行替换。此方法基于IPA 规则,当缺乏足够的数据来训练语种间的映射表时可以采用。

4. 表现力语音合成

从通常意义上来说,人类的语音主要携带了两方面的信息:一方面是语言信息,它遵循特定语言的规则,用来表述语音对应的文本内容和完成语义交流的目的;另一方面是超语言信息,它与语言内容无关,用来指示说话人当前的态度与情感状态等。情感在语音上的表现主要体现在韵律特征上,比如基频和时长等。音质(voice quality)在情感的表达方面也起着重要的作用。除了基频均值、基频域等基本的韵律参数外,情感还在其他参数如能量和基频高低线形状上有所体现。具有情感表现力的语音合成也是语音合成研究领域的一个研究热点。

在表现力语音合成研究的初期通常使用基于共振峰合成器的方法。它通过控制共振峰合成器中声源和声道相关的参数设置,来实现不同情感语音的合成。这种方法所合成语音的清晰度和自然度有限,但是对语音参数的调节能力较强。后来,基于波形拼接的语音合成方法和基于 HMM 的统计参数语音合成方法逐渐应用于情感语音合成。其中,基于波形拼接的语音合成方法需要对每种目标情感搜集大量的情感语音数据,针对特定情感建立相应的语料库。虽然这种方法具有合成高情感相似度语音的优势,但是该方法的系统构建代价较大,扩展性差,鲁棒性不高,而且合成语音质量受情感语料库的容量影响,也会产生没有挑选到足够好的拼接单元而导致的不连续现象。基于 HMM 的统计参数语音合成方法因其灵活性高、可扩展性强以及数据量依赖性低的优点,在表现力语音合成方面也受到了广泛的关注。

Miyanaga 等[52-53]将多元回归方法应用于基于 HMM 的语音合成来控制语音特征。其中状态输出的均值向量由一个低维辅助特征直接控制。在表现力语音合成中,这个低维辅助特征通常为具体的表现力描述,如说话风格和情感等。但这种方法的缺点是,对于待合成的情感类型,仍需要有相当规模的情感语音库。此外,可以将模型自适应技术与回归方法相结合。通过结合这些技术,我们不需要准备大量语音数据就可以合成具有多种说话风格和情感的语音。例如,Tachibana 等[54]和 Nose 等[55]将多元回归和自适应技术相结合,用少量的语音数据实现多元回归。Tamura 等[56]和 Masuko 等[57]也通过采用模型自适应技术有效地减少了训练模型所需的情感语音数据量。首先,该方法建立一个中立语音的 HMM 声学模型;在此基础上,基于少量情感语音数据对该中立语音模型的参数进行自适应调整,可以采用的自适应准则包括最大后验概率准则和最大似然线性回归准则等;最终得到目标情感语音的 HMM 声学模型。同时,一些可以控制情感的语音合成方法也得到了发展。研究者提出基于情感建模[58]和模型插值[59]的情感控制方法,通过改变插值的权重达到控制情感强弱的目的。另外,语音中的重音焦点也是增强语音表现力的一个重要方式。对于语音焦点建模,Badino 等[60]设计实现了基于 HMM 结合对比词进行焦点建模的语音合成系统,并可以合成具有更高表现力的语音。

7.2.5 基于 HMM 的统计参数语音合成方法的优缺点

基于 HMM 的统计参数语音合成方法相较于传统单元挑选和波形拼接方法的优点可以归纳为以下几点:

(1) 系统构建所需数据量少。传统的单元挑选和波形拼接方法为了保证合成语音的效果,必需保证音库对各种上下文属性组合有较高的覆盖率。现阶段,基于大语料库方法构建的语音合成系统通常需要数小时至数十小时语料库,而语料库的设计与制作是一个耗时、耗力的工作。而对基于 HMM 的统计参数语音合成方法,只需要 1 个小时左右的语料库就可以合成出平滑流畅、可懂度高的语音。因此其在系统的构建时间及制作成本上有明显优势。

（2）系统构建自动化程度高。通过上文的介绍可知，在提供制作好的语料库和上下文属性问题集以及配置好 HMM 的结构后，基于 HMM 的统计参数语音合成系统的训练是一套自动化的流程，很少需要人工干预。系统构建流程中绝大部分模块都是与语种（或语音风格）无关的。

（3）系统尺寸小。传统的单元挑选和波形拼接方法在合成时需要使用自然语音，因此必须存储音库中的原始语音。整个系统的存储尺寸与使用的音库大小成正比，缩减难度较大。而基于 HMM 的统计参数语音合成系统不需要存储音库中的原始语音，只需要存储训练后的模型参数。因此其系统尺寸可以控制在数个兆字节以内，非常适合在资源受限的嵌入式设备及智能移动终端上使用。

（4）系统灵活度高。当我们想要实现一个新发音人或者新的发音风格语音合成系统时，传统的单元挑选和波形拼接方法必需重新设计并制作相应的音库。而音库的录制、标注是一个费时、费力的工作。对基于 HMM 的统计参数语音合成方法而言，可以收集少量的目标发音人和发音风格数据，利用多种模型自适应或者模型内插的方法来实现发音人的转换或者发音风格的转换。这极大地提高了语音合成系统的灵活性，也扩展了语音合成的应用场景。

（5）合成语音平稳，鲁棒性高。基于 HMM 的统计参数语音合成系统所生成的语音都是通过模型参数预测出来的，因此没有单元挑选和波形拼接方法中拼接处不连续的现象，韵律也更加流畅。而且其对于不同类型的文本都可以合成良好的语音，具有较强的系统鲁棒性。

虽然基于 HMM 的统计参数语音合成方法已经成为主流的语音合成方法，在技术与应用方面都取得了长足的进步，但是其还是存在一些不足与局限：

（1）合成语音音质不高。采用统计模型在给基于 HMM 的统计参数语音合成带来诸多优点的同时，会影响最终合成语音的音质，统计建模过程中的平滑效应会引起合成语音共振峰的模糊问题，该问题会降低合成语音的音质。而且参数合成器的性能也会影响合成语音的音质。为了改善此问题，提出了基于 HMM 的单元挑选语音合成方法[61]。在训练阶段，该方法针对语料库中各音素的声学特征和相应的标注属性，进行与上下文相关的统计模型的构建；在合成阶段，依据统计声学模型设计单元挑选的代价函数，指导最优备选单元序列的挑选。由于单元挑选的代价函数充分考虑了多种声学特征的分布特性，所以该方法合成的语音能保证良好的自然度与稳定性。统计声学模型参数通过自动训练获得，因此该方法在系统构建过程中的自动化程度优于传统单元挑选和波形拼接方法。在近年来的 Blizzard Challenge 国际语音合成评测活动中，基于该方法的语音合成系统也取得了优异的测试成绩[62]。

（2）合成语音韵律平淡。上文中提到基于 HMM 的统计参数语音合成系统生成的合成语音平稳且鲁棒性高，但是这也使得合成语音的韵律变化不够丰富，缺少自然语音中的抑扬顿挫。尤其是在有声书、人机交互等非新闻朗读应用场景下，长时间聆听合成语音容易产生疲劳感。

（3）数据依赖性。相比于传统的单元挑选和波形拼接方法，基于 HMM 的统计参数语音合成方法需要的训练数据少，并且可以利用少量目标数据做自适应训练，但是其本质还是数据驱动的方法，不能摆脱对于数据的依赖，尤其是在目标发音人和目标风格语音数据量较少、质量不理想情况下，合成语音的自然度、相似度等性能也下降明显。

7.3 结合深度学习的统计语音合成方法

本节将介绍结合深度学习的统计参数语音合成方法。首先介绍深度学习的关键技术，包括受限玻尔兹曼机、深度置信网络、深度自编码器、深度神经网络和循环神经网络；然后介绍深度学习技术在统计语音合成不同模块中的应用，包括基于深度学习的声学建模方法、基于深度学习的频谱特征提取与频谱生成后滤波方法、基于神经网络的波形生成方法，以及基于神经网络的语音合成前端处理与端到端建模方法等。

7.3.1 深度学习关键技术

1. 受限玻尔兹曼机

受限玻尔兹曼机（restricted Boltzmann machine，RBM）[63]是一种特殊的马尔可夫随机场，包含一个显层和一个隐层，如图 7-9 所示。显层随机变量单元 $\boldsymbol{v}=\begin{bmatrix}v_1 & v_2 & \cdots & v_V\end{bmatrix}^{\mathrm{T}}$ 和隐层随机变量单元 $\boldsymbol{h}=\begin{bmatrix}h_1 & h_2 & \cdots & h_H\end{bmatrix}^{\mathrm{T}}$ 互相之间存在连接，而在同层之间没有连接。通常情况下 $\boldsymbol{h} \in \{0,1\}^H$ 为二值随机向量。

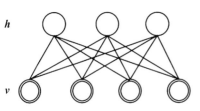

图 7-9 受限玻尔兹曼机模型结构示意图

当 $\boldsymbol{v} \in \{0,1\}^V$ 同样为二值随机向量时，该 RBM 模型称为伯努利-伯努利 RBM（Bernoulli-Bernoulli RBM，BBRBM）。此 RBM 模型在 $\{\boldsymbol{v},\boldsymbol{h}\}$ 状态的能量定义为

$$E(\boldsymbol{v}, \boldsymbol{h}) = -\boldsymbol{h}^{\mathrm{T}} \boldsymbol{W}^{\mathrm{T}} \boldsymbol{v} - \boldsymbol{b}^{\mathrm{T}} \boldsymbol{v} - \boldsymbol{a}^{\mathrm{T}} \boldsymbol{h} \qquad (7-14)$$

式中，$\{\boldsymbol{W}, \boldsymbol{b}, \boldsymbol{a}\}$ 为模型参数；$\boldsymbol{W} = \{w_{ij}\}$，$w_{ij}$ 表示显层节点 i 和隐层节点 j 之间的连接权重；$\boldsymbol{b} = \begin{bmatrix} b_1 & b_2 & \cdots & b_V \end{bmatrix}^{\mathrm{T}}$ 和 $\boldsymbol{a} = \begin{bmatrix} a_1 & a_2 & \cdots & a_H \end{bmatrix}^{\mathrm{T}}$ 分别表示显层和隐层的偏置向量。此时，显层节点和隐层节点的联合分布定义为

$$p(\boldsymbol{v}, \boldsymbol{h}) = \frac{1}{Z} \exp\left[-E(\boldsymbol{v}, \boldsymbol{h})\right] \qquad (7-15)$$

式中，Z 为归一化常数。进一步可以得到显层节点的边缘分布为

$$p(\boldsymbol{v}) = \frac{1}{Z} \sum_{\forall \boldsymbol{h}} \exp\left[-E(\boldsymbol{v}, \boldsymbol{h})\right] \qquad (7-16)$$

给定显层向量 $\boldsymbol{v}$ 的训练数据，RBM 模型的参数可以基于最大似然准则，利用对比差异（contrastive divergence, CD）[64] 方法进行估计。

当显层节点取实数值，即 $v \in \mathbf{R}^V$ 时，RBM 模型称为高斯-伯努利 RBM（Gaussian-Bernoulli RBM, GBRBM）。此模型处在状态 $\{\boldsymbol{v}, \boldsymbol{h}\}$ 时的能量定义为

$$E(\boldsymbol{v}, \boldsymbol{h}) = \sum_{i=1}^{V} \frac{(v_i - b_i)}{2\sigma_i^2} - \sum_{i=1}^{V} \sum_{j=1}^{H} w_{ij} v_i \frac{h_j}{\sigma_i} - \sum_{j=1}^{H} a_j h_j \qquad (7-17)$$

式中，$\{\boldsymbol{W}, \boldsymbol{b}, \boldsymbol{a}, \boldsymbol{\sigma}\}$ 为模型参数；$\boldsymbol{\sigma} = \begin{bmatrix} \sigma_1 & \sigma_2 & \cdots & \sigma_V \end{bmatrix}^{\mathrm{T}}$ 为显层方差向量。在实际使用中，一般在模型训练前对数据各维方差进行规整，因此 $\boldsymbol{\sigma}$ 的各元素通常设置为 1，不进行训练。GBRBM 的联合分布 $p(\boldsymbol{v}, \boldsymbol{h})$ 和边缘分布 $p(\boldsymbol{v})$ 定义与 BBRBM 相同。作为一种描述连续随机向量的产生式概率模型，GBRBM可以看作是一个具有 $V + H$ 个分量的专家乘积模型（product of expert, PoE）或者具有 2^H 个分量的高斯混合模型（Gaussian mixture model, GMM）[65]，具有较强的针对高维特征维间相关性的建模能力。

2. 深度置信网络

深度置信网络（deep belief network, DBN）[66] 是一种包含多个隐层的生成式概率图模型，如图 7-10 所示。其隐层为二值随机变量，显层为二值或实值随机变量。每个隐层内部没有连接，每个隐层节点和它相邻层的所有节点连接。DBN 模型的联合概率

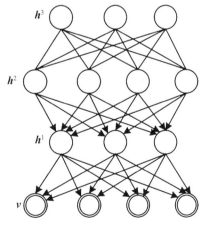

图 7-10 深度置信网络模型结构示意图

密度可以表示为

$$P(\boldsymbol{v}, \boldsymbol{h}^1, \boldsymbol{h}^2, \cdots, \boldsymbol{h}^L) = P(\boldsymbol{v} \mid \boldsymbol{h}^1) P(\boldsymbol{h}^1 \mid \boldsymbol{h}^2) \cdots P(\boldsymbol{h}^{L-2} \mid \boldsymbol{h}^{L-1}) P(\boldsymbol{h}^{L-1} \mid \boldsymbol{h}^L)$$

$$(7-18)$$

DBN 模型的最上两层为无向图,构成一个 RBM;以下层是单向的,构成一个向下的多层前馈网络。DBN 相邻两隐层间的条件概率公式为

$$p(h_j^k = 1 \mid \boldsymbol{h}^{k-1}) = g\left(a_j^k + \sum_i w_{ij}^k h_i^{k-1}\right) \qquad (7-19)$$

$$p(h_i^{k-1} = 1 \mid \boldsymbol{h}^k) = g\left(b_i^k + \sum_j w_{ij}^k h_j^k\right) \qquad (7-20)$$

式中,$k = 1, 2, \cdots, L$,表示层数;$g(\cdot)$ 为 sigmoid 函数。在显层节点为实值随机变量时,其条件概率分布为

$$p(\boldsymbol{v} \mid \boldsymbol{h}^1) = N(\boldsymbol{v}; \boldsymbol{b}^1 + \boldsymbol{W}^{1\mathrm{T}} \boldsymbol{h}^1, \boldsymbol{\sigma}^{-1}) \qquad (7-21)$$

式中,N 为正态分布;$\boldsymbol{\sigma}$ 为显层方差,一般在训练数据归一化后将其中各元素固定为1。

由于 DBN 模型过于复杂,模型参数无法直接通过最大似然准则直接估计得到。常用的训练策略是无监督的贪心算法,即通过自下向上逐层训练 RBM 模型来堆叠得到 DBN 模型参数。

3. 深度自编码器

自编码器(auto-encoder,AE)[67] 是一种由编码和解码两部分构成的人工神经网络。编码部分由输入特征计算得到隐层表征:

$$\boldsymbol{h} = f_\theta(\boldsymbol{v}) = s(\boldsymbol{W}\boldsymbol{v} + \boldsymbol{b}) \qquad (7-22)$$

式中,$\boldsymbol{W}$ 和 $\boldsymbol{b}$ 分别是编码部分的模型权值矩阵和偏置向量;$s(\cdot)$ 是一个非线性激活函数;$\boldsymbol{v}$ 是输入特征。编码部分的输出是隐层表征 $\boldsymbol{h}$,$\boldsymbol{h}$ 可以通过解码部分重构出输入特征:

$$\boldsymbol{v}' = f'_{\theta'}(\boldsymbol{h}) = t(\boldsymbol{W}'\boldsymbol{h} + \boldsymbol{b}') \qquad (7-23)$$

式中,$\boldsymbol{W}'$ 和 $\boldsymbol{b}'$ 分别是解码部分的模型权值矩阵和偏置向量;$t(\cdot)$ 是一个线性或非线性激活函数。一般情况下,$\boldsymbol{W}'$ 被约束为 $\boldsymbol{W}$ 的转置。AE 模型的参数通常是通过随机梯度下降法(stochastic gradient descent,SGD)最小化重构和输入特征的均方误差(mean square error,MSE)训练得到的。

AE 可以通过多层叠加拓展成深度自编码器(deep auto-encoder, DAE),如图 7-11 所示。显层特征可以通过编码过程逐层向上,得到最高层的隐层表征。DAE 的训练方法与 AE 相同,都是以最小化重构 v' 和输入 v 的均方误差为训练准则,进行 SGD 训练。DAE 模型结构复杂,通常会采用逐层预训练或者 DBN 预训练方式来初始化 DAE 模型参数。

4. 深度神经网络

深度神经网络(deep neural network, DNN)是一种在输入层和输出层之间包含多个隐层的前馈神经网络(feedforward neural network, FNN)[68]。模型每一层中的节点只与相邻层连接,同一层内部没有连接。信息流从输入层,经过多个隐层,最后到达输出层。图 7-12 是包含两个隐层的 DNN 结构示意图。其中 x 是输入层,h^1 和 h^2 是两个隐层,y 是输出层。

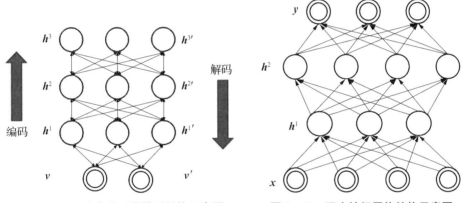

图 7-11 深度自编码器模型结构示意图   图 7-12 深度神经网络结构示意图

在 DNN 中,每个隐层节点由其前一层的输入经过非线性映射得到。对于第 l 个隐层,该计算可以表示为

$$h_j^l = g\left(b_j^l + \sum_i h_j^{l-1} w_{ij}^l\right) \tag{7-24}$$

式中,h_j^l 表示第 l 层第 j 个隐层节点;w_{ij} 是连接 h_j^l 和 h_i^{l-1} 的权重;b_j 为偏置;$g(\cdot)$ 为激活函数,隐层常用的非线性激活函数包括 sigmoid, tanh, ReLU 等。对于分类任务,输出层常用的激活函数为 softmax 函数;对于回归任务,输出层通常使用线性激活函数。

DNN 模型参数通常采用反向传播算法(BP)[69],通过最小化模型预测值与真实值之间的误差进行训练。对于分类任务,通常使用交叉熵(cross entropy)作为损失函数;对于回归任务,通常使用均方误差作为损失函数。

5. 循环神经网络

循环神经网络（recurrent neural network，RNN）[74]是一种包含具有动态递归特性的隐层节点的神经网络。在 DNN 模型中，当前时刻的输出仅受当前输入的影响，无法很好地刻画建模对象的时序相关性。在 RNN 模型中，隐层节点的输入不只包含当前时刻的模型输入，还包含前一时刻的隐层状态。图 7-13 是一个在时间上展开的 RNN 模型示意图。图 7-13 中只有一个隐层，x_t 表示 t 时刻的输入，h_t 表示 t 时刻隐层的状态，y_t 表示 t 时刻的输出，通过如下公式进行计算：

$$\boldsymbol{h}_t = g(\boldsymbol{W}_{xh}\boldsymbol{x}_t + \boldsymbol{W}_{hh}\boldsymbol{h}_{t-1} + \boldsymbol{b}_h) \tag{7-25}$$

$$\boldsymbol{y}_t = \boldsymbol{W}_{hy}\boldsymbol{h}_t + \boldsymbol{b}_y \tag{7-26}$$

式中，$\boldsymbol{W}$ 为权值矩阵；$\boldsymbol{b}$ 为偏置向量；$g(\cdot)$ 为隐层激活函数，输出层使用线性激活函数。

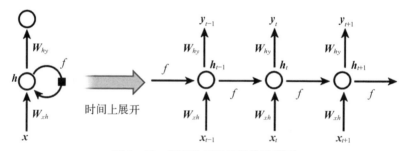

图 7-13 循环神经网络结构示意图

RNN 可以使用改进的反向传播算法计算梯度进行训练，由于计算梯度时需要在时间上回传，这种算法也称为时间轴上的反向传播算法（back propagation through time，BPTT）[70]。由于这种时序的隐层递归连接，RNN 可以对长时序列进行建模。

传统 RNN 的一个缺点是只能利用历史时刻的输入信息，而在某些应用中，当前的输出不仅与当前时刻之前的输入序列有关，也与之后的输入序列有关。为了适应这些任务，Schuster 和 Paliwal[71]提出双向循环神经网络（bidirectional RNN，BRNN）。BRNN 是由时间轴上两个不同方向的 RNN 叠加在一起，其输出由这两个 RNN 共同决定。

此外，传统 RNN 模型在训练过程中会出现梯度消失和梯度爆炸的问题。梯度消失指的是某一时刻的梯度很小，接近于 0。梯度爆炸指的是训练过程中某一时刻由损失函数计算的参数梯度变得非常庞大。这两个问题都会导致模型无法有效地进行参数更新。为了解决此问题,Hochreiter 和 Schmidhuber[72] 提出长短时记忆单元(long short term memory,LSTM)。LSTM 是一种带有门结构的复杂隐层节点,节点中信息的流动通过输入门(input gate)、遗忘门(forget gate)、输出门(output gate)以及记忆单元(cell memory state)控制。LSTM 可以作为 RNN 的隐层基本单元。LSTM 可以通过门机制有选择性地存储记忆,在较长时间内保存有用信息,从而实现了有效的误差回传,缓解了 RNN 训练中的梯度消失和梯度爆炸问题。

7.3.2 基于深度学习的声学建模方法

基于隐马尔可夫模型[32](HMM)的声学建模(acoustic modeling)方法在语音合成中取得了稳定有效的成果,能够生成可懂度高、平滑连续的合成语音。然而,HMM 模型在表征语音合成中输入文本与输出声学参数之间复杂的非线性关系上的建模能力有限,这导致合成语音比自然语音听感沉闷。近年来,深度学习技术在语音合成领域取得了较大进展,相比传统基于 HMM 的声学建模方法有了显著提升。早期的研究工作尝试将深度学习的方法与基于 HMM 的统计参数语音合成系统进行结合。随后,提出了完全基于深度学习的声学建模方法,抛弃了传统的 HMM 模型和决策树模型。在此基础上,研究人员分别从模型结构、特征表征、训练准则等方面对基于深度学习的声学建模方法进行了深入研究。

1. 结合 HMM 与 RBM 和 DBN 模型的声学建模

最初将深度学习应用于统计参数语音合成领域的尝试侧重在 HMM 声学建模框架下结合深度学习方法,以提升合成语音的质量。一个代表性工作就是在 HMM 声学建模框架下使用 RBM 和 DBN 对谱包络特征进行建模[65]。

传统基于 HMM 的统计参数语音合成,通常对梅尔倒谱(Mel-cepstrum)、线谱对(line spectral pair,LSP)等高层频谱特征进行声学建模。由于梅尔倒谱和线谱对参数的阶数相对较低,在其提取过程中,语音频谱的一些细节会丢失。在传统声学建模方法中,每个 HMM 状态的概率密度函数是由一个具有单位协方差矩阵的单高斯分布来表示,并使用最大似然准则进行模型训练。单高斯模型的建模能力有限,在依照最大输出概率准则进行声学特征预测时,所生成的结果会接近高斯分布的均值,而高斯分布均值是通过对上下文环境类似的声学特征求平均得到的。虽然这一平均过程会增加合成结果的稳定性,但是会产生过平滑的问题,使得生成频谱中的细节丢失,语音听感沉闷。

为了解决上述问题,Ling 等[65] 提出在 HMM 系统框架下使用 RBM 和

DBN 直接对高维的原始谱包络进行建模。相比于传统方法,该方法有两点优势:① 避免了在从谱包络中提取高层频谱特征过程中的频谱细节丢失问题;② RBM 和 DBN 等深度学习模型相对单高斯或者高斯混合模型(Gaussian mixture model,GMM)具有更强的高维特征(例如谱包络)建模能力。

该方法的实现流程如图 7 - 14 所示,其中实线部分表示传统基于 HMM 的统计参数语音合成方法流程,虚线部分是使用 RBM 和 DBN 对谱包络建模时的方法流程。

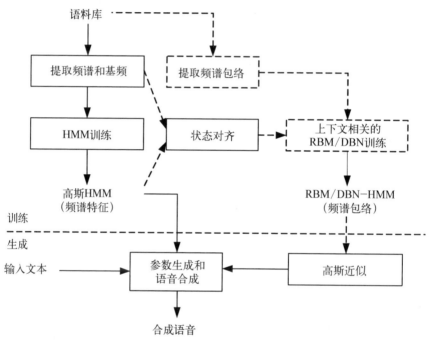

图 7 - 14　结合 HMM 与 RBM 和 DBN 模型的声学建模方法框图[65]

在训练阶段,首先进行声学特征提取。在使用 STRAIGHT 声码器进行特征提取过程中,除了传统的高层频谱特征(梅尔倒谱或者线谱对)外,也保留了高维的谱包络特征。然后使用高层频谱特征和基频进行传统的与上下文相关 HMM 模型训练,每个 HMM 状态使用单高斯进行建模。在建模完成后,使用 HMM 模型对训练集数据进行切分,得到声学参数的状态切分。使用状态边界信息,得到对应于每个聚类后的 HMM 状态对应的谱包络参数。与传统梅尔倒谱或线谱对参数类似,谱包络特征也是由静态及一阶和二阶动态参数构成。然后使用收集到的谱包络特征,对每个聚类后的 HMM 状态使用 RBM 或者 DBN 进行声学建模,并采用最大似然准则进行模型训练。最终得到了谱包络特征的与上下文相关 RBM-HMM 或者 DBN-HMM 模型。

在合成阶段,使用最大输出概率准则预测每帧语音的谱包络。传统 HMM 声学建模方法使用单高斯作为状态分布,此时结合动态特征的最大输出概率参数生成算法有闭合解。但是,RBM 和 DBN 的边缘概率密度函数相比单高斯更加复杂,这导致基于最大输出概率准则进行特征生成时没有闭合解。为此,该方法采用了一种高斯分布近似策略,即将原有的 RBM 或 DBN 模型近似成一个单高斯分布用以作为 HMM 状态的概率密度函数,从而可以使用具有闭合解的传统参数生成算法进行生成。

在一个中文女声合成音库上的实验结果表明,RBM 模型相对 GMM 模型具有更强的描述 HMM 状态内谱特征分布的能力[65]。在一个包含 650 帧训练数据和 130 帧测试数据的 HMM 状态上的实验结果如图 7-15 所示,图 7-15(a)和图 7-15(b)分别为对 41 维倒谱特征和 513 维谱包络特征的建模结果。可以发现,随着模型复杂度上升,GMM 模型趋于过拟合状态,在测试集上的似然值不再上升或开始下降;而 RBM 模型随着隐层节点数增加仍表现出较好的泛化能力,尤其是对于具有较强维间相关性的谱包络特征。

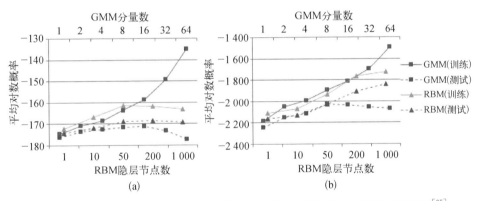

图 7-15 GMM 模型和 RBM 模型用于 HMM 状态建模的平均对数似然值结果[65]

(a)倒谱特征 (b)谱包络特征

不同系统合成语音的自然度倾向性测听结果如表 7-1 所示,其中基线使用倒谱特征和单高斯状态分布进行建模,其他系统均在谱包络上进行建模。GMM(8)、RBM(10)、RBM(50)分别表示使用 8 个分量的 GMM 模型、10 个隐层节点的 RBM 模型和 50 个隐层节点的 RBM 模型进行状态建模。从表 7-1 中可以发现,RBM 模型可以取得优于单高斯和 GMM 模型的合成语音自然度;增加 RBM 模型中的隐层节点数可以进一步提高合成效果。

表7-1 不同系统合成语音的自然度倾向性百分比[65] 单位：%

基　线	GMM(8)	RBM(10)	RBM(50)	无倾向
18.67	**48.00**	—	—	33.33
12.00	—	**50.67**	—	37.33
5.33	—	—	**70.67**	24.00
—	16.00	—	**69.33**	14.67
—	—	9.33	**37.33**	53.33

2. 基于 DNN 的声学建模

基于 HMM 的统计参数语音合成使用决策树聚类后的与上下文相关 HMM 模型来描述给定文本时声学参数的分布。然而决策树对复杂与上下文相关信息的建模能力有限，且存在在构建过程中由于数据划分带来的过训练问题。因此，提出了基于神经网络的语音合成声学建模方法，用以完全替代传统方法中使用的 HMM 和决策树模型。虽然早在 20 世纪 90 年代，基于神经网络的语音合成方法已经提出，但是由于当时数据量和计算能力的限制，该方法并未取得理想的效果。直到 2013 年以后，基于神经网络的统计参数语音合成方法才逐渐成为主流方法之一。

Zen 等[73]最早提出的基于 DNN 的语音合成声学建模方法流程如图 7-16 所示。输入文本首先通过前端文本分析得到输入特征序列。每一帧语音对应的输入特征包括对与文本相关问题的二值回答结果，以及一些数值特征(例如当前短语中单词的个数、当前帧在当前音素中的相对位置、当前音素的时长等)。然后输入特征通过 DNN 模型映射得到输出声学特征，其中 y_m^t 表示第 t 帧输出特征的第 m 维。输出特征包括频谱特征和激励特征以及它们的动态成分。通过最小化训练集上输出特征与实际声学特征的误差来进行 DNN 模型参数的训练。

在合成阶段，在待合成文本中提取的输入特征经过 DNN 模型映射得到输出特征。其后续过程与基于 HMM 的统计参数语音合成方法类似，使用结合动态特征的参数生成算法来进行最终频谱、基频等声学特征的预测。此时将每帧对应的高斯分布的均值向量设置为 DNN 的输出，高斯分布的协方差矩阵使用训练集上统计的全局方差。最终将生成的声学特征送入参数合成器重构语音。

一个包含 33 000 句话的英文女声音库上的客观实验结果(见图 7-17)表明，在非周期成分(aperiodicity)特征和清浊标志(voiced/unvoiced)特征的预测误差上，DNN 模型的稳定性优于 HMM 模型。在梅尔倒谱误差上，多层 DNN

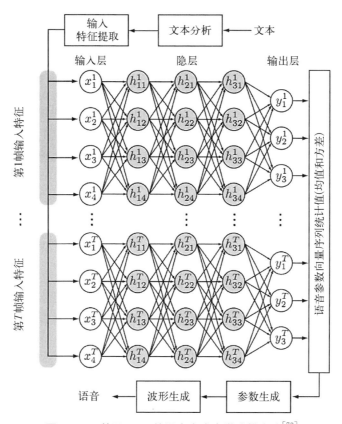

图 7 - 16　基于 DNN 的语音合成声学建模方法[73]

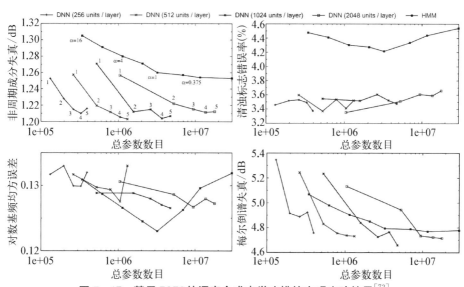

图 7 - 17　基于 DNN 的语音合成声学建模的客观实验结果[73]

模型有类似或优于 HMM 模型的结果。但是在对数基频（log $F0$）的预测精度上，DNN 模型略差于 HMM 模型，这可能是由于 DNN 模型没有采用 HMM 建模时使用的多空间概率分布来处理清音段基频缺失的问题，而是采用了插值后的连续基频。这可能给基频建模带来一定误差。

对比具有相似模型规模的 HMM 模型与 DNN 模型合成语音的主观倾向性测听结果，如表 7 - 2 所示。从表 7 - 2 可以发现，DNN 模型可以取得显著优于 HMM 模型的合成语音主观质量。测听者表示，相比于 HMM 模型，DNN 模型合成语音的沉闷感有所减弱，这与频谱特征的预测精度提升有关。

表 7 - 2　基于 HMM 和 DNN 的语音合成声学建模主观倾向性百分比[73]

单位：%

HMM	DNN	无倾向
15.8	**38.5**	45.7
16.1	**27.2**	56.8
12.7	**36.6**	50.7

该方法首次实现了在声学模型中完全丢弃 HMM 模型及决策树，使用基于深度学习模型直接实现从文本空间到声学空间的映射。该方法提出后受到语音合成研究领域的广泛关注，并在此基础上发展出了一系列相关的声学建模方法，显著提升了统计参数语音合成的效果。

3. 神经网络声学建模中的模型结构

在 DNN 成功应用于语音合成声学建模后，多种其他结构的神经网络模型，包括循环神经网络（recurrent neural network，RNN）、深度混合密度模型（deep mixture density model，DMDN）、深度条件受限玻尔兹曼机（deep conditional restricted Boltzmann machine，DCRBM）等，也陆续用于语音合成声学建模，并取得了积极效果。

1) 基于 RNN 的语音合成声学建模方法

语音信号具有时序特性，其产生过程中存在协同发音等时域相关特性。而将 DNN 模型用于语音合成声学建模时，假设当前时刻的输入仅与当前时刻的输入有关，而与其他时刻的输入无关，这限制了模型对于输入和输出之间时域相关特性的建模能力。此外，为了生成连续平滑的声学特征序列，DNN 声学模型需要使用动态声学特征，在合成阶段利用结合动态特征约束的参数生成算法来产生最终的声学特征序列，这在一定程度上也增加了生成特征的过平滑问题。

为了更好地对语音产生过程中输入文本特征与输出声学特征间的长时相关性进行建模,提出了基于循环神经网络(RNN)和双向长短时记忆单元(bidirectional long short term memory,BLSTM)的声学建模方法[74],如图 7‐18 所示。该方法的框架与基于 DNN 的声学建模方法类似,不同之处在于其每个隐层包含前向层和后向层两个子层,而且每个隐层节点均为长短时记忆单元(LSTM),能对特征的时序相关性进行建模。该模型的输入与基于 DNN 的声学建模方法类似,包括二值特征(例如独热的音素编码、词性编码、韵律标注编码等)和数值特征(例如时长和帧位置等)。输出包括每帧语音的频谱、基频等声学特征。在训练阶段,输入和输出特征序列通过 HMM 模型进行强制对齐。

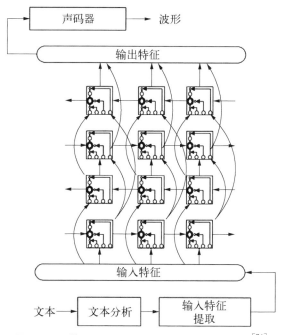

图 7‐18 基于 BLSTM‐RNN 的声学建模方法[74]

RNN 模型通过使用 BPTT 算法进行在最小均方误差准则下的模型参数训练。BPTT 算法是将 RNN 在时序上展开,然后通过类似的 BP 算法进行参数更新。对于 BLSTM 模型,BPTT 在前向和后向隐层节点均会进行。与 DNN 训练不同,RNN 训练时计算整句话的误差,然后进行梯度回传更新模型参数。在生成声学特征时,输入文本首先转换成输入特征序列。然后通过 RNN 模型,映射得到输出特征序列。基于 DNN 的声学建模往往需要结合动态参数进行参数生成。但在 RNN 建模方法中,RNN 自身具有很强的时序建模能力,可以直接生成连续的声学参数序列,因此 RNN 的输出特征只使用频谱、基频等静态特征而无须再使用动态特征,在生成阶段也无须结合动态特征约束进行参数生成。

在一个 5 h 英文女声音库上的客观和主观实验结果[74]表明,RNN 声学建模方法相比 DNN 可以有效降低倒谱、基频等声学特征的预测误差,并取得更好的合成语音自然度。另一方面,RNN 模型中的隐层节点时序相关性,使得序列中各时刻在训练和生成过程中无法并行计算,效率相对 DNN 模型较低。

2) 基于 DMDN 和 DCRBM 的语音合成声学建模方法

对于传统基于 DNN 的声学建模方法,假设在给定输入特征条件下,输出特征服从单高斯分布,且方差为单位阵。这一假设过于简单,在此基础上相继提出了一些改进模型结构。一个直接的想法是使用 GMM 替换单高斯,从而产生了基于深度混合密度模型(DMDN)的语音合成声学建模方法[75],如图 7 - 19 所示。相比 DNN 模型直接输出声学特征,DMDN 模型的输出为一个 GMM 模型的参数,包括各个高斯分量的均值、方差与权值。该 GMM 模型可描述与输入特征相对应的每一帧声学特征的分布。相比单高斯模型,GMM 模型可以对声学特征的多峰分布进行更好的建模。在训练阶段,基于最大似然准则进行模型参数的估计;在合成阶段,使用最大输出概率准则进行声学特征的预测。

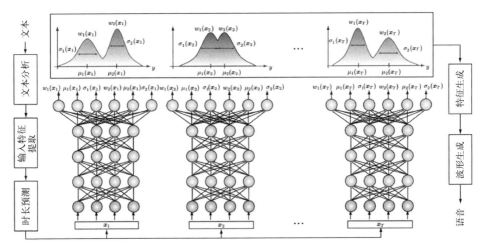

图 7 - 19　基于 DMDN 的语音合成声学建模[75]

此外,前文已经提到 RBM 模型比 GMM 模型具有更为良好的概率分布建模能力。因此,提出了结合 DNN 和 RBM 模型的深度条件受限玻尔兹曼机(DCRBM)[76],并应用于语音合成的声学建模。该模型结构如图 7 - 20 所示。图 7 - 20 左侧分支为两个隐层的 DNN 模型,实现由输入文本特征 x 到隐层

$\boldsymbol{h}^2$ 的映射。图 7 - 20 虚线框内部为一个条件 RBM 模型,该模型在给定条件 $\boldsymbol{h}^2$ 的情况下,利用 RBM 隐层 $\boldsymbol{h}^*$,对输出特征 $\boldsymbol{y}$ 的条件概率密度进行建模。在训练阶段,基于最大似然准则对 DCRBM 模型各层参数进行联合训练;在生成阶段,在给定输入文本情况下,通过循环采样的方法从顶层的 RBM 中预测得到输出特征。实验结果表明,以上两种针对 DNN 模型输出层的结构改进方法均可以取得优于传统 DNN 方法的合成语音质量。

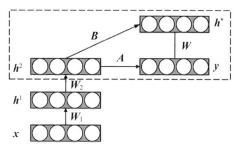

图 7 - 20　DCRBM 模型结构图[76]

4. 神经网络声学建模中的特征表征

在最初的基于 DNN、RNN 等的声学建模方法中,输入为人工设计的、与文本相关的二值或者数值特征,输出为声学特征。为了进一步改善神经网络声学建模效果,后续研究者在输入和输出的特征表征上也开展了一系列的研究工作。

1) 输入特征表征

神经网络声学建模使用的传统输入特征中,有部分特征(如韵律短语边界、重读等)在训练阶段的提取依赖人工标注。为了减少这一依赖,词向量(word embedding)可用于语音合成的输入特征表征[77]。词向量是由神经网络语言模型(language model)提取到的单词的低维连续表征。一个典型的基于神经网络

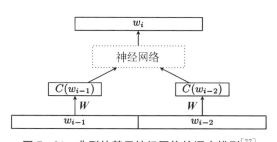

图 7 - 21　典型的基于神经网络的语言模型[77]

的语言模型如图 7 - 21 所示。该模型在给定前两个单词 w_{i-1},w_{i-2} 的情况下,通过神经网络预测当前单词 w_i。其中历史单词 w_{i-1} 和 w_{i-2} 采用独热(one-hot)向量表征,向量长度对应词典大小。在模型训练完后,取第 1 个隐层的权重向量 $\boldsymbol{W}$ 作为词典中每个单词的词向量表征,实现将输入单词的独热向量表征映射到低维连续空间中。词向量具有较好的单词语义表征能力,在现阶段的自然语言处理研究中得到了广泛应用。

词向量作为模型输入可用于 RNN 声学模型[77],如图 7 - 22 所示。其中 $I_t^{(1)}$ 为单词的独热向量表征,$I_t^{(2)}$ 为传统的输入特征(去掉需要人工标注的部分维

度),t 表示帧数,W 为词向量矩阵。实验结果表明,该方法在无须使用人工标注文本输入特征的情况下能够取得较好的合成效果。

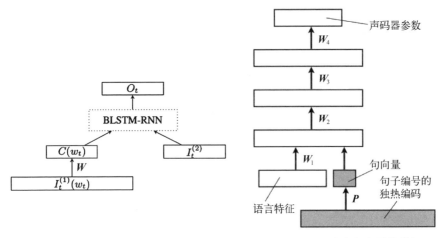

图 7 - 22 结合词向量输入的神经网络声学模型[77]   **图 7 - 23 结合句向量的神经网络声学模型**[78]

此外还有研究工作尝试在输入中加入句子控制向量(sentence control vector),即句向量[78],如图 7 - 23 所示。图 7 - 23 中白色方框部分为传统的基于 DNN 的语音合成声学模型结构,灰色部分为增加的句向量模块。在模型训练时,使用独热编码来表示训练集中的每一个句子,并通过模型权值矩阵估计每个训练句子对应的控制向量。在模型生成时,通过控制这一句向量,可以实现具有不同整体风格特征的语音合成。

通过在神经网络声学模型的输入中增加说话人编码(speaker code),能够构建多说话人的语音合成声学模型[79],实现在神经网络声学建模框架下的个性化语音合成。其模型结构如图 7 - 24 所示,其中 3 个子图分别对应标准 DNN 声学模型,在单隐层增加说话人编码的声学模型和在每个隐层加说话人编码的声学模型。在训练多说话人语音合成声学模型时,同时使用多个说话人的语料库作为训练数据,在输入端通过说话人编码来区分不同说话人。说话人编码可以设置为独热向量,也可以直接设置为可训练的参数向量。在语音合成时,通过改变说话人编码,可以达到合成不同说话人声音的目的。在得到少量目标发音人语音数据的情况下,可以通过重新估计说话人编码(或者同时重估其他模型参数)来实现个性化的语音合成。

2) 输出特征表征

传统 DNN 声学模型的输出特征为倒谱、基频等声学特征。也有研究工作

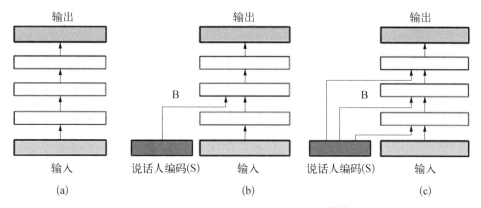

图7-24 多说话人语音合成声学模型[79]

（a）标准DNN声学模型 （b）在单隐层增加说话人编码的声学模型 （c）在每个隐层加说话人编码的声学模型

尝试通过修改DNN模型的输出模块，结合人类语音产生过程的源-滤波器原理，直接以波形作为输出特征[80]。此时的模型结构如图7-25所示。模型输入的文本特征，通过DNN映射首先得到频谱参数，然后通过源-滤波器信号处理模型合成语音波形，并在波形层面计算似然度，通过最大似然准则进行梯度回传和模型参数更新。实验结果表明该方法能够生成可懂的语音，但整体质量仍不够理想。

5. 神经网络声学建模中的训练准则

传统的DNN语音合成声学建模，通过最小化倒谱和基频的预测误差指导模型参数估计，存在训练准则与人对语音的主观听感不一致的问题。为此，提出了一种基于听感损失函数的模型训练准则[81]。与传统方法不同，该损失函数在时频激励模式（spectro temporal excitation pattern，STEP）域进行计算。STEP特征的提取过程采用与听感相关的计算模型，改进后的损失函数与人的主观听感差异更加一致。该方法在训练阶段的流程如图7-26所示。在训练过程中，输入的文本特征经过DNN预测得到基频（F0）、清浊标记（VUV）、倒谱（MCEP）、非周期成分比例（BAP）等声学特征；然后将倒谱转换为谱包络，进一步转换得到STEP特征；最后在STEP特征空间进行误差计算，并以此为指导更新模型参数。

另外，多任务（multi-task）神经网络训练方法也可应用于语音合成的声学模型训练[82]。如图7-27所示，模型左边为一个带有瓶颈层（bottleneck layer）的多任务DNN训练过程，其主任务以传统的倒谱特征为预测目标，而辅任务则以

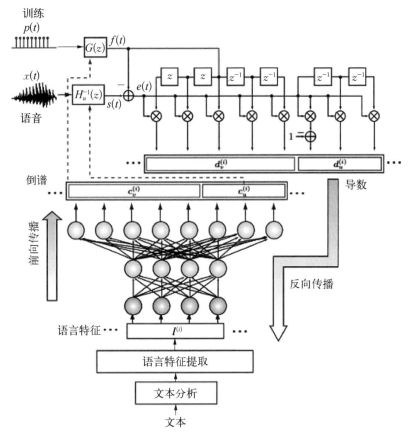

图 7 - 25　使用波形输出特征的神经网络声学模型[80]

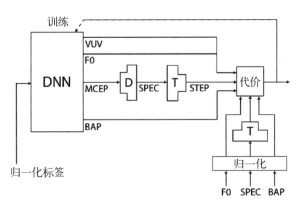

图 7 - 26　在 STEP 域进行损失计算的神经网络声学模型训练方法框图[81]

STEP、共振峰、线谱对等其他相关频谱特征为预测目标。在训练完成后，将瓶颈特征重新加入输入层，进行第 2 次多任务训练。在多任务训练过程中，模型需要同时最小化两个任务上的预测误差，因此能够防止模型过拟合，同时能够提取出两个任务中相关的信息，提高模型的泛化能力。

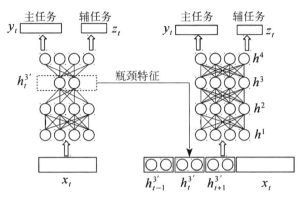

图 7 - 27　基于多任务神经网络训练的 DNN 语音合成声学建模方法[82]

此外，DNN 声学模型的输入和输出均对应单帧语音，缺乏对语音的时序特性的考虑。因此，提出了一种考虑语音声学特征轨迹的训练方法[83]，该方法以语音声学特征轨迹取代单帧声学特征，并将其作为建模对象，改善了 DNN 模型合成语音过平滑的问题；同时提取声学特征轨迹的全局方差，将其似然值也加入模型训练准则，缩小了自然声学特征与预测声学特征在全局方差上的差异，进一步提升了合成语音的质量。

7.3.3　基于深度学习的频谱特征提取与频谱生成后滤波

除了声学模型，深度学习方法在统计参数语音合成的其他模块上也得到了应用，本节介绍基于深度学习的频谱特征提取方法与频谱生成后滤波方法。

1. 基于深度学习的频谱特征提取

传统统计参数语音合成将倒谱或者线谱对作为频谱特征来进行声学建模，在从高维频谱包络到低维频谱特征的映射过程中存在一定的精度损失。近年来，使用深度学习手段从原始信号中自动提取低维特征的方法受到广泛研究。在语音合成领域，基于深度置信网络（deep belief network，DBN）和深度自编码器（deep auto-encoder，DAE）的频谱特征提取方法也相继提出。这些方法使用深度学习模型从语音的原始频谱特征（包括短时傅里叶变换谱以及从中提取的谱包络）中提取出低维的频谱表征，用于后续的声学建模。

1) 基于 DBN 的频谱特征提取

DBN 作为一种产生式概率模型,其隐层可以看作是输入特征的一种抽象表征。基于 DBN 的频谱特征提取方法[84]尝试使用一个 DBN 模型,将语音的谱包络特征变换到 DBN 的隐层二值空间,然后在这个隐层二值空间进行后续的声学建模。

该方法以 STRAIGHT 声码器提取的高维谱包络为建模对象来训练 DBN 模型,如图 7 - 28 所示。DBN 的训练通过堆叠多个 RBM 模型完成,在训练高层 RBM 时,将底层输出的二值化样本作为训练数据。在 DBN 训练完成后,将训练集合中每一帧 STRAIGHT 谱包络通过该模型映射到隐层二值空间中,得到基于 DBN 的二值编码(DBN-based binary code, DBC)并将其作为频谱特征表示,用于声学模型构建。在合成阶段,声学模型预测的 DBC 特征作为输入 DBN 模型的隐层,反向重构出谱包络用于合成最终语音。基于 HMM 的声学建模实验结果表明 DBC 特征可以取得显著优于传统倒谱特征的合成语音自然度。

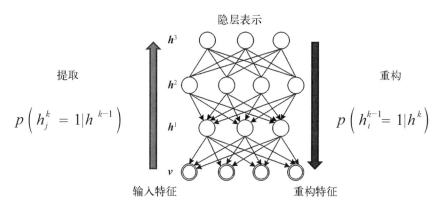

图 7 - 28　基于 **DBN** 的频谱特征提取方法[84]示意图(模型输入为
STRAIGHT 声码器提取的高维谱包络)

2) 基于 DAE 的频谱特征提取

作为与 DBN 类似、可以进行无监督训练的模型,DAE 也可用于语音合成中的频谱特征提取[85]。DAE 是一种包含多层编码器和解码器的神经网络模型,它能将输入的特征经过编码器压缩到一个低维特征空间。DAE 模型的训练通常使用逐层(layer-wise)预训练和基于最小均方误差(minimum mean square error, MMSE)准则的微调(fine-tuning)方法,如图 7 - 29 所示。图 7 - 29 中左侧为分层的预训练过程,右侧为微调过程。输入的 2 049 维谱包络特征(快速傅里叶变换(fast Fourier transform, FFT)频谱或 STRAIGHT 声码器频谱),经过逐层压缩,最后得到 120 维的隐层编码。将这种隐层编码作为频谱参数,结合 DNN 模型进行声学建模,便得到一个基于 DAE 隐层特征的 DNN 语音合成声学模型。生成时给定文本,DNN 预测得到 DAE 隐层特征,然后经过 DAE 模型重构出谱包络,进行参数生成后,合成最终语音波形。实验结果表明,将 DAE 特征用于 DNN 声学建模,相比于传统倒谱特征可以取得更高的合成语音自然度;在原始谱包络特征的选择上,基于 FFT 谱包络提取的 DAE 特征取得了最好效果[85]。

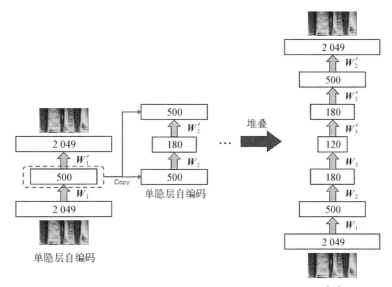

图 7-29　用于频谱特征提取的 DAE 模型训练示意图[85]

2. 基于深度学习的频谱生成后滤波

后滤波是为了解决统计参数语音合成系统预测频谱特征的过平滑问题而通过直接对特征预测结果的调整补偿来提高合成语音质量的一种方法。传统后滤波方法包括考虑全局方差(global variance,GV)[86]的参数生成、基于调制谱(modulation spectrum,MS)[87]的特征补偿等方法。近年来,提出了基于深度学习的频谱生成后滤波方法,其主要思路是通过构建深度学习模型实现将声学模型预测的过平滑频谱向自然频谱进行映射。

1)基于产生式训练深度神经网络的频谱后滤波

产生式训练深度神经网络(generatively trained deep neural network,GTDNN)最初用于语音转换(voice conversion,VC)任务[88],是一种不采用 MMSE 准则而通过产生式方法训练的 DNN 模型。用于语音合成频谱后滤波的 GTDNN 模型的训练过程如图 7-30 所示[89]。首先基于已有的语音合成声学模型,预测训练集内语句对应的频谱特征;然后分别以自然频谱特征和预测频谱特征为目标训练 DBN 模型；两个 DBN 模型训练完成后，将训练数据映射到 DBN 最高隐层；然后，构建一个双向联想记忆（bidirectional associative memory，BAM）模型以实现合成频谱对应的 DBN 隐层到自然频谱对应的 DBN 隐层的映射。将训练完成的两个 DBN 模型和一个 BAM 模型的权值参数进行组合，得到最终的频谱后滤波 DNN 模型，如图 7-30 中右图所示。在合成阶段，GTDNN 模型的输入为声学模型预测得到的频谱特征，输出为后滤波增强后的频谱特征以用于重构语音波形。实验结果[89]表明，基于 GTDNN 的频谱后滤波方法在倒谱域取得的效果与传统 GV 和 MS 后滤波方法类似，而在谱包络域进行后滤波时可以取得显著优于其他后滤波方法的效果。

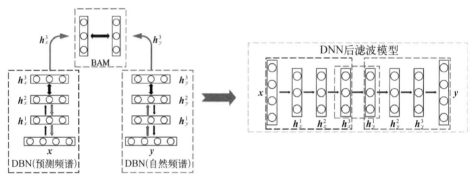

图 7-30　基于 GTDNN 的频谱后滤波模型训练过程[89]

2）基于 DBN 的频谱生成后滤波

基于 GTDNN 的频谱生成后滤波方法虽然可以取得优于传统后滤波方法的效果，但其也存在一个问题：GTDNN 在训练时需要使用声学模型预测训练集所有句子对应的频谱特征，即针对不同的语音合成声学模型，都需要单独训练一个 GTDNN 模型进行后滤波处理。为了简化模型训练过程，提出了基于 DBN 的频谱后滤波方法[90]。该方法使用 DBN 对自然频谱包络进行建模，使用 DBN 的隐层表征重构出谱包络并将其作为后滤波的结果。该方法可以看成是一种简化的基于 GTDNN 的频谱生成后滤波，即在 GTDNN 的输入端和输出端使用两个相同的 DBN 并去掉中间的 BAM 层。与 GTDNN 相比，DBN 模型的训练过程不需要合成训练集中句子对应的频谱特征，且后滤波处理在频谱特征恢复的谱包络上进行，因此具有针对不同声学模型和频谱特征的通用性。

7.3.4　基于神经网络的波形生成方法

深度学习模型除了用于语音合成的声学建模、特征提取与后滤波之外，也用于构建声码器以实现从声学特征到语音波形的重构,其中具有代表性的神经网络波形生成模型为 WaveNet[91] 和 SampleRNN[92]。

1. WaveNet

WaveNet[91] 是谷歌 DeepMind 于 2016 年提出的一种基于深度卷积神经网络的生成式模型。对于一个语音波形序列 $\boldsymbol{x} = \{x_1, x_2, \cdots, x_T\}$,其联合概率可以用如下的条件概率相乘来表达

$$p(\boldsymbol{x}) = \prod_{t=1}^{T} p(x_t \mid x_1, x_2, \cdots, x_{t-1}) \qquad (7-27)$$

即每个波形采样点 x_t 的分布由时刻 t 以前的所有采样点决定。WaveNet 使用深度卷积神经网络对每个语音采样点波形幅度的条件概率分布 $p(x_t \mid x_1, x_2, \cdots, x_{t-1})$ 进行建模。

WaveNet 借鉴了图像生成模型 PixelCNN[93] 的思想和结构,堆叠多个卷积层来计算该条件概率分布。卷积网络中没有池化层,模型输出维度和输入维度保持一致。模型输出层使用 softmax 函数计算采样点 x_t 的类别分布概率。模型参数通过最大似然准则进行训练。

WaveNet 的主要构成单元是因果卷积(见图 7-31),因果卷积可以保证 t 时刻的模型表征 $p(x_t \mid x_1, x_2, \cdots, x_{t-1})$ 只依赖 t 时刻之前的历史信息而不包含任何未来的信息。语音波形是一维数据,对其做因果卷积时,可以先正常卷积再对卷积输出进行相应时间移位。在模型训练阶段,所有历史波形点信息已知,这种以历史信息为条件的预测可以并行,因为模型没有使用递归连接,所以它会比训练递归神经网络更快;但是在模型生成阶段,预测是序列化的,即每预测一个采样点要将它反馈给网络作为历史信息的一部分用于预测下一采样点。因果卷积的缺点是它会需要堆叠很多层或者使用较宽的滤波器来增大接受野宽

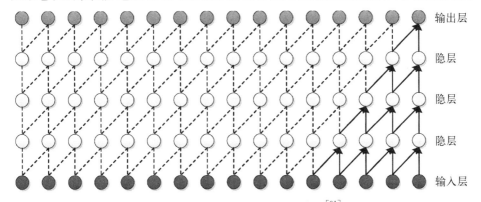

图 7-31 堆叠的因果卷积层示意图[91]

度。例如图 7-31 中的网络接受野宽度只有 5(接受野宽度＝网络层数＋滤波器长度－1)。

为了增大接受野宽度,WaveNet 采用了一种带孔的因果卷积(扩张因果卷积)来解决以上问题。在扩张因果卷积中,输入会跳过固定间隔,使得滤波器会作用在超过滤波器宽度的区域。这样等价于将原来的滤波器补零扩张为一个大滤波器,但是比直接增加滤波器宽度的处理效率更高。特别地,当扩张系数为 1 时,扩张卷积退化为标准卷积。图 7-32 展示了扩张系数分别为 1、2、4、8 时的扩张因果卷积层,其中实线指示计算当前输出(最上层最右侧节点)时所使用的隐层和输入节点连接情况。堆叠扩张因果卷积层能够快速增大接受野宽度,使用较少的层数就可以得到较大的接受野宽度。WaveNet 采用逐层加倍的扩张系数,达到一定值后组成一个卷积块,再重复这些卷积块。例如,不同层的扩张系数可以是

$$\{1, 2, 4, 8, \cdots, 512, 1, 2, 4, 8, \cdots, 512, 1, 2, 4, 8, \cdots, 512\}$$

$$(7-28)$$

这样的参数配置有两个好处:一方面,接受野宽度会随着层数增加指数倍增大,例如一个扩张系数为 $\{1, 2, 4, 8, \cdots, 512\}$ 的卷积块接受野宽度为 1 024;另一方面,堆叠卷积块可以增加模型容量并进一步增大接受野宽度。

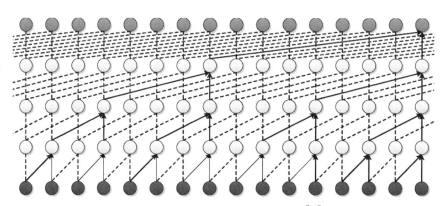

图 7-32　扩张因果卷积网络示意图[91]

语音波形信号一般使用 16 比特线性量化表征每个采样点幅度。这时如果对波形幅度进行离散化的分类预测,softmax 层需要输出 65 536 个概率值,建模难度较大。因此,WaveNet 使用 μ-law 压扩对音频信号进行 8 比特量化,这样 softmax 层只需要输出 256 个概率值,提高了建模预测的可行性。

在每个网络节点,WaveNet 采用了类似 PixelCNN 的门激活函数:

$$z = \tanh(W_{f,k} * x) \odot \sigma(W_{g,k} * x) \qquad (7-29)$$

式中，$*$ 是卷积运算；$\odot$ 是数乘运算；$\sigma(\bullet)$ 是 Sigmoid 函数；$W_{f,k}$ 和 $W_{g,k}$ 分别代表第 k 层的滤波和门控卷积滤波器。WaveNet 实验证明用这种非线性激活函数比修正线性单元（rectified linear unit，ReLU）效果更好。此外，WaveNet 网络采用了残差网络策略来构造深层的网络结构，可加快模型收敛。

除了对波形序列的联合概率 $p(x)$ 进行建模，WaveNet 还可以接受额外的输入 h，对条件概率分布 $p(x \mid h)$ 进行建模，此时式（7-27）变为

$$p(x \mid h) = \prod_{t=1}^{T} p(x_t \mid x_1, \cdots, x_{t-1}, h) \qquad (7-30)$$

这里的额外输入可以是发音人信息、文本信息等，从而指导 WaveNet 生成特定发音人特征和相应文本内容的语音。根据条件输入的特性差别，有两种不同方式将条件输入加入模型中：全局条件化和局部条件化。全局条件化是指条件输入影响整个时间轴上的波形序列，例如发音人信息在一句话中一直影响波形序列；而局部条件化是指条件输入只影响对应时间段内的波形序列，例如文本信息，一个音素符号只影响音素持续时间内的波形序列。当全局条件加入 WaveNet 时，式（7-29）中的激活函数改写为

$$z = \tanh(W_{f,k} * x + V_{f,k}^{\mathrm{T}} h) \odot \sigma(W_{g,k} * x + V_{g,k}^{\mathrm{T}} h) \qquad (7-31)$$

式中，$V_{f,k}$ 和 $V_{g,k}$ 分别为第 k 层中用于处理条件输入的滤波与门控卷积滤波器。

当局部条件加入 WaveNet 时，由于局部条件（如文本信息、声学特征）通常采样率比语音波形低，需要先将局部条件上采样至语音波形采样率，即 $y = f(h)$，再加入激活函数中，即

$$z = \tanh(W_{f,k} * x + V_{f,k} * y) \odot \sigma(W_{g,k} * x + V_{g,k} * y) \qquad (7-32)$$

将文本信息经过前端分析得到的语言学特征作为局部条件输入，可以构建基于 WaveNet 的统计参数语音合成系统，此时的 WaveNet 模型融合了原有声学模型和声码器的功能；将频谱、基频等声学特征作为局部条件输入，则可以构建基于 WaveNet 的声码器，用于在合成阶段取代传统的源-滤波器结构声码器以实现波形重构。实验结果表明，使用 WaveNet 模型的合成语音自然度平均意见分（mean opinion score，MOS）可以达到 4 分以上，优于传统的统计参数语音合成方法，且接近原始录音的自然度水平[91]。

WaveNet 波形建模与生成方法的优势主要体现在直接对原始语音波形建

模,生成语音时不再依赖传统声码器。传统统计参数语音合成方法在帧级别对语音的声学参数建模,预测声学参数送入声码器合成语音波形,合成语音质量受限于声码器性能。目前常用的源-滤波器结构声码器基于描述语音信号产生过程的理论模型和简化假设,存在频谱细节和相位丢失、重构语音自然度下降的问题。而 WaveNet 模型通过使用扩张因果卷积神经网络可以有效提升接受野宽度,捕捉波形序列的长时非线性相关性,改善波形建模的精度,提升重构语音的音质。

WaveNet 模型仍存在一些不足与局限。首先,WaveNet 模型以具有较高时域采样率的波形点为建模对象,并且在生成阶段采用了自回归模型结构,这导致模型计算量很大,尤其在合成阶段难以满足实时应用需求。因此,近年来也提出了一些基于并行化技术手段的 WaveNet 生成效率改进方法[94]。其次,在输入语言学特征直接进行声学建模时,WaveNet 模型对于基频等韵律特征的建模效果不够理想。因此,基于 WaveNet 模型构建声码器[95]并结合其他更高性能的神经网络声学模型(如 Tacotron 等),成为现阶段应用 WaveNet 的主流方法。

2. SampleRNN

SampleRNN 是由 Mehri 等[92]提出的、无条件的端到端波形生成神经网络模型。这一模型充分结合了无记忆的多层感知机(MLP)结构和有记忆的循环神经网络(RNN)结构,可以实现基于历史波形点幅度对当前波形点幅度的预测。SampleRNN 采用层级的结构,可以在不同层上实现不同采样率的操作,从而使我们可以充分利用有限的计算资源来建模样本之间的依赖性,在较长的时间跨度上捕获时间序列的变化规律。

与 WaveNet 类似,SampleRNN 将波形序列 $x = \{x_1, x_2, \cdots, x_T\}$ 的联合概率表示为每一样本点条件概率的乘积,即

$$p(x) = \prod_{t=1}^{T} p(x_t \mid x_1, \cdots, x_{t-1}) \qquad (7-33)$$

SampleRNN 采用 RNN 来描述上述每点的条件概率。传统 RNN 模型可以直接用于建模序列数据,这时上述条件概率的计算过程可以表示为

$$h_t = H(h_{t-1}, x_{i=t}) \qquad (7-34)$$

$$p(x_{t+1} \mid x_1, \cdots, x_t) = \text{softmax}(\text{MLP}(h_t)) \qquad (7-35)$$

式中,H 是常用的记忆单元,如 GRU、LSTM 或者一些其他的变体。然而,原始音频波形是很难直接建模的,这是因为它们包含不同尺度的结构化信息:相邻样本之间以及分开的数千个样本之间均存在不同程度的相关性。

针对这一问题,SampleRNN 采用了层级化的模型结构,如图 7-33 所示,每一层在不同的时间分辨率上进行操作。最底层的模型处理单一的样本,更高层的模型在逐渐增加的时间尺度和更低的时间分辨率上进行操作。每一层的模型以它上面的模型为条件,最底层的模型输出样本级别的预测值。整个层级结构通过反向传播算法端对端地进行联合训练。与 WaveNet 相同,SampleRNN 模型在生成阶段同样采用自回归方式,即每个新生成的波形点会作为条件用于指导下一波形点的生成。

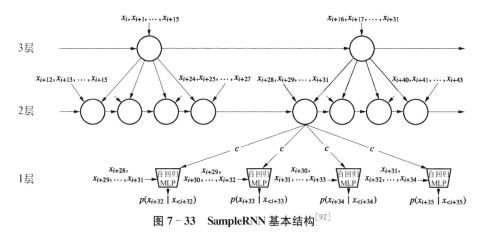

图 7-33 SampleRNN 基本结构[92]

在利用 SampleRNN 构建神经网络声码器时,可以采用有条件的 SampleRNN 结构[96]。此时,将输入的帧级倒谱、基频等声学特征作为波形生成的条件作用于 SampleRNN 的最顶层。实验结果表明,SampleRNN 声码器可以取得显著优于传统 STRAIGHT 声码器的合成语音质量[96]。

7.4 基于神经网络的语音合成前端处理

前端文本分析是语音合成系统的重要组成部分。近年来,在字音转换(grapheme-to-phoneme,G2P)、韵律边界预测等前端处理任务上,基于深度学习的方法也逐渐展示出其优势。

7.4.1 基于深度学习的字音转换

字音转换是将输入文字(字符序列)转换成其对应发音(音素序列)的过程。例如,给定单词"google",G2P 需要对其发音进行预测,即

$$google \rightarrow g\ u\ g\ @\ l$$

传统方法在训练 G2P 模型时,首先需要对单词中的字符和发音进行对齐,然而这一对齐过程并不简单,比如单词"able"中"e"不发音,在对齐时难以界定边界。

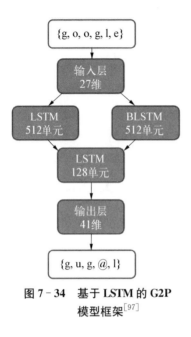

图 7 - 34 基于 LSTM 的 G2P 模型框架[97]

一种基于深度学习的 G2P 方法[97]使用 LSTM 神经网络模型对这一问题进行处理,摆脱了对于对齐过程的依赖,其模型结构如图 7 - 34 所示。在输出音素序列前,LSTM 能够看到多个字符,使得其能够根据不同情况正确预测出单词的发音。由于每个字符的发音可能与其前后字符都有关系,所以可以使用双向 LSTM(BLSTM)模型来增强模型的建模能力,或者采用输出延迟的方式使得每个时刻的输出能够看到未来的输入信息。模型使用连接时序分类(connectionist temporal classification,CTC)准则进行训练。CTC 准则无需显式的输入-输出对齐关系,而是考虑了输入-输出序列之间全部的对齐可能性,并直接最大化输出正确音素序列的概率。在公开的 CMU 发音词典库上的实验表明了该方法相对基于对齐训练的传统 G2P 方法可以取得更低的 G2P 转换词错误率(word error rate,WER)。

7.4.2 基于深度学习的韵律边界预测

语音的韵律体现在节奏、停顿、语调等方面,与时长、响度、音高等特征有关。韵律会直接影响合成语音的可懂度和自然度,其中韵律结构是最为重要的韵律属性之一。中文的韵律结构包括韵律词(prosodic word,PW)、韵律短语(prosodic phrase,PPH)和语调短语(intonational phrase,IPH)等层次,如图 7 - 35 所示。从输入文本中预测各韵律层次的边界位置是语音合成前端文本分析的重要任务之一。

传统方法使用一系列人工设计的语言特征进行韵律边界的预测。通常使用的特征包括词性(part-of-speech,POS)、音节重音等。诸多机器学习模型已用于韵律边界的预测,其中以条件随机场(conditional

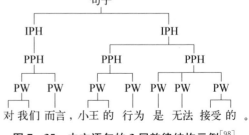

图 7 - 35 中文语句的 3 层韵律结构示例[98]

random filed,CRF)为典型代表,但其仍需要使用人工设计的语言特征。

为了降低对于人工设计特征的依赖,提出了一种基于深度学习的韵律边界预测方法[98],如图 7-36 所示。在输入特征方面,该方法使用了由海量无标注文本库中训练得到的词向量(word embedding)特征来增强对汉字的表征能力;输入汉字对应特征序列先经过前馈神经网络层进行特征变换,然后经过BLSTM-RNN 层;模型输出层是

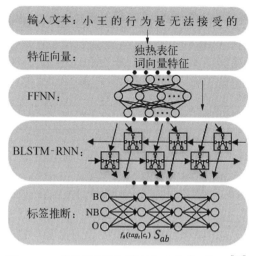

图 7-36 韵律边界预测的神经网络模型框图[98]

一个解码网络,给定预测的各个符号的概率以及符号间的跳转概率,通过维特比算法(Viterbi algorithm)解码得到最终预测的韵律边界序列。

对比传统 CRF 方法的韵律边界预测实验结果如表 7-3 至表 7-5 所示,其中 P、R、F 分别表示准确率(precision)、召回率(recall)和 F1 值。由表 7-3~表 7-5 可知,基于 BLSTM 的韵律边界预测方法相比传统 CRF 方法,在 PW 预测结果上相当,在 PPH 和 IPH 的预测精度上优势明显。结合词向量后的 BLSTM 方法能够进一步提升各韵律边界的预测精度,取得了优于传统 CRF 方法的结果。

表 7-3 基于 CRF 的韵律结构边界预测的实验结果[98]

韵 律 结 构	$P/\%$	$R/\%$	$F/\%$
PW	95.34	96.73	96.03
PPH	83.41	83.68	83.06
IPH	84.85	73.39	78.71

表 7-4 基于 BLSTM 的韵律结构边界预测的实验结果[98]

韵 律 结 构	$P/\%$	$R/\%$	$F/\%$
PW	96.02	96.69	96.35
PPH	82.50	86.75	84.57
IPH	84.06	79.33	81.63

表 7-5　基于 BLSTM 并结合词向量的韵律结构边界预测的实验结果[98]

韵 律 结 构	$P/\%$	$R/\%$	$F/\%$
PW	96.27	96.91	96.59
PPH	82.89	87.13	84.96
IPH	84.81	79.88	82.27

7.5　基于神经网络的语音合成端到端建模方法

传统语音合成系统分为前端和后端两个主要模块。前端对文本进行处理，提取语音合成所需的语言学特征；后端对语言特征和语音声学特征之间的映射关系进行建模，实现声学特征的预测和语音波形的生成。随着深度学习技术的发展，提出了融合前后端处理的神经网络端到端语音合成方法。这类方法能够直接由输入的文本经过单个模型预测语音声学特征，简化了系统构建流程，降低了对于语种相关的语言知识的依赖。端到端的语音合成方法已成为未来语音合成发展的一个重要方向。下面以 2017 年谷歌发表的 Tacotron 模型[100]为例，对这类方法进行简要介绍。

Tacotron 模型的整体框架如图 7-37 所示。其采用了一种编码器-解码器（encoder-decoder）的模型结构，使用注意力（attention）机制自动学习输出声学

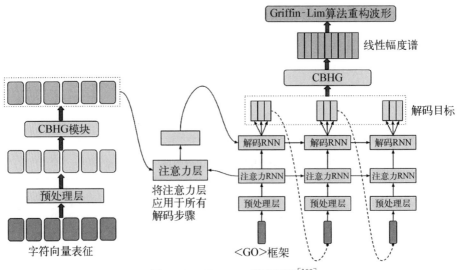

图 7-37　Tacotron 模型框架[100]

参数与输入字符序列的对齐关系,使用一个后处理(post-processing)网络将解码器输出的声学参数映射到线性幅度谱,通过 Griffin-Lim 算法生成语音波形。图 7 - 37 的左边为编码器部分,编码器主要用于从字符序列中提取出声学特征预测所需的时序表征。编码器的输入是独热(one-hot)编码的字符序列;通过一层线性网络映射到一个连续的向量空间;然后通过一个带随机失活(dropout)的预处理(pre-net)层和一个 CBHG 模块得到最终的编码表征。其中 CBHG 模块结构如图 7 - 38 所示,由卷积滤波器组、时域池化、Highway 层、双向 RNN 层等多层组成。

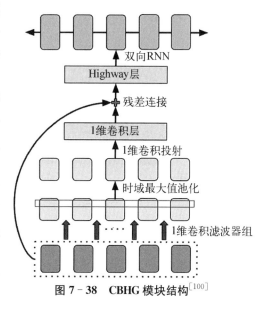

图 7 - 38 CBHG 模块结构[100]

解码器部分由一个递归的 GRU①-RNN 模型构成,并利用注意力机制有选择地接收编码器的结果作为解码的条件输入,实现了输出声学特征与输入字符的自动对齐。编码器输出的目标是 80 维的梅尔谱(Mel-scale spectrogram)特征,然后通过一个后处理网络变换到线性频率的语谱特征。在解码过程中采用了一次预测多帧的策略,这样能够减少模型尺寸以及训练和测试的时间,同时能提高模型收敛速度。解码器采用了自回归结果,解码第 1 帧时使用的历史信息为全 0 帧,后续帧则递归使用前一帧的解码结果作为历史信息。

Tacotron 模型的实验在一个 24.6 h 的英文女声音库上进行。通过观察模型产生的输入字符序列与输出声学特征之前的对齐曲线,可以验证模型的端到端建模能力。对比传统编码器-解码器(encoder-decoder)中的编码网络、基于 GRU 的编码网络,以及 Tacotron 中使用的编码网络,其实验结果如图 7 - 39 所示。从图 7 - 39 中可以发现:传统编码网络在注意力对齐时容易在某些位置卡住,产生不合理的对齐结果;基于 GRU 的编码网络的对齐结果会出现较多对齐噪声;而 Tacotron 模型得到的对齐结果最为清晰合理。在表 7 - 6 所示的合成语音主观测试中,Tacotron 方法可以取得优于传统分离前后端的统计参数合成

---

① GRU,指门控循环单元(gated recurrent unit)。

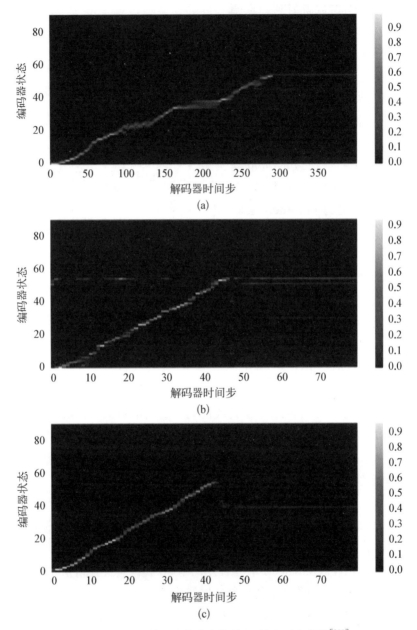

图7-39 不同模型结构产生的输入-输出对齐曲线[100]

（a）传统编码器-解码器中的编码网络 （b）基于 GRU 的编码网络

（c）Tacotron 中使用的编码网络

方法(parametric)以及单元挑选与波形拼接语音合成方法(concatenative)的合成语音自然度 MOS 分。

表 7 - 6　不同合成方法的自然度 MOS 分及标准差对比[100]

合 成 方 法	MOS
Tacotron	3.82±0.085
Parametric	3.69±0.109
Concatenative	4.09±0.119

　　综上所述,近年来随着深度学习的快速发展和应用普及,语音合成技术得到了长足进步,在合成语音的自然度、相似度等指标上与真人语音的差距已经逐步缩小。在今后一段时间内,以下几点将成为语音合成研究和技术发展的重点关注方向。

　　(1) 高质高效的声学建模与波形生成方法。随着深度学习模型的发展,现阶段用于语音合成声学建模与波形生成的神经网络模型日益复杂,较多的模型层数和参数规模虽然可以取得较好的合成语音质量,但是极大地增加了运算复杂度,这也制约了语音合成系统在存储与运算资源受限的硬件环境下的应用。此外,现有 Tacotron、WaveNet 等模型使用的自回归解码结构,也使得 GPU 等具有较强并行计算能力的硬件难以充分发挥其运算能力。因此,在保证高质量的前提下研究高效率的声学建模与波形生成方法是今后语音合成技术发展的一个重要方向。此外,现有的神经网络模型类似一个黑盒子,其内部工作机理缺乏可解释性,在语音合成实际应用中会存在难以定制、无法优化单点问题等不足。因此,提高语音合成声学建模与波形生成模型的可解释性也是一个值得关注的研究方向。

　　(2) 高度灵活可控的语音合成。统计参数语音合成方法相对单元挑选与波形拼接方法,已经具有一定的基于模型的控制合成语音说话人、情感等属性的灵活性。但是其灵活性仍然不足。在说话人自适应方面,现有方法对于目标说话人的数据量仍有一定的要求,在目标说话人数据量较少时,合成语音的自然度与相似度下降明显。在情感控制方面,现阶段方法仍然依赖显式的情感标注,且主要围绕扮演式的情感语音数据库开展工作,实际语音交互、有声读物等场景中的表现力合成,会存在情感风格定义与标注困难等方面的问题。因此,如何综合利用多人语音数据,结合无监督或半监督模型训练方法,提高语音合成的灵活性和可控性,是今后一个重要的研究方向。

（3）在数据资源受限情况下的多语种语音合成。现有语音合成方法的研究主要基于英语、汉语普通话等有丰富语音学知识与语音、文本数据库的语种开展。在实际多语种合成系统构建过程中，会遇到目标语种的语音学知识缺乏、数据库不足等问题。虽然现有的 Tacotron 等端到端合成方法可以降低对合成前端规则与数据的需求，但是直接从字符出发的端到端合成仍然存在字音转换精度的问题。此外，端到端合成对于数据量的需求会更高。另外，如何面向语音翻译等应用，实现在特定发音人目标语种数据缺失情况下的多语种语音合成，以及在同一段文本中多个语种混读情况下的语音合成，也是值得重点研究的技术方向。

参考文献

[1] 陈永彬,王仁华.语音信号处理[M].合肥：中国科技大学出版社,1990.

[2] 杨行峻,迟惠生.语音信号数字处理[M].北京：电子工业出版社,1995.

[3] Huang X, Acero A, Hon H W, et al. Spoken Language Processing：A Guide to Theory, Algorithm, and System Development[M]. Upper Saddle River：Prentice Hall PTR, 2001.

[4] 蔡莲红.现代语音技术基础与应用[M].北京：清华大学出版社,2003.

[5] 吴义坚,王仁华.基于 HMM 的可训练中文语音合成[J].中文信息学报,2006,20(4)：77 - 83.

[6] 蔡明琦,凌震华,戴礼荣.基于隐马尔可夫模型的中文发音动作参数预测方法[J].数据采集与处理,2014,29(2)：204 - 210.

[7] Karjalainen M. Review of speech synthesis technology [D]. Finland：Helsinki University of Technology, 1999.

[8] Dudley H. The vocoder[J]. Bell Labs Rec, 1939,17：122 - 126.

[9] Lawrence W. The synthesis of speech from signals which have a low information rate [J]. Communication Theory, 1953，460 - 469.

[10] Fant G. Modern instruments and methods for acoustic studies of speech [C]// Proceedings of the Ⅷ International Congress of Linguistics. [s. l.]：[s. n.],1958.

[11] Klatt D H. Software for a cascade/parallel formant synthesizer[J]. Journal of the Acoustical Society of America, 1980, 67(3)：971 - 995.

[12] Moulines E, Charpentier F. Pitch-synchronous waveform processing techniques for text-to-speech synthesis using diphones[J]. Speech Communication, 1990, 9(5/6)：453 - 467.

[13] Iwahashi N, Kaiki N, Sagisaka Y. Concatenative speech synthesis by minimum distortion criteria[C]//1992 IEEE International Conference on Acoustics，Speech, and Signal Processing. IEEE, 1992.

[14] Campbell N，Black A W. Prosody and the Selection of Source Units for Concatenative Synthesis［M］//Progress in speech synthesis. New York：Springer，1997.

[15] Hunt A J，Black A W. Unit selection in a concatenative speech synthesis system using a large speech database［C］//1996 IEEE International Conference on Acoustics，Speech，and Signal Processing Conference Proceedings. ［s. l. ］：IEEE，1996.

[16] Wang R H，Ma Z，Li W，et al. A corpus-based Chinese speech synthesis with contextual dependent unit selection［C］//Sixth International Conference on Spoken Language Processing. ［s. l. ］：［s. n. ］，2000.

[17] Chu M，Peng H，Yang H，et al. Selecting non-uniform units from a very large corpus for concatenative speech synthesizer［C］//2001 IEEE International Conference on Acoustics，Speech，and Signal Processing. Proceedings. ［s. l. ］：IEEE，2001.

[18] Donovan R E. Trainable speech synthesis［D］. Cambridge：University of Cambridge，1996.

[19] Huang X，Acero A，Adcock J，et al. Whistler：a trainable text-to-speech system ［C］//Proceeding of Fourth International Conference on Spoken Language Processing. ［s. l. ］：IEEE，1996.

[20] Kawahara H，Masuda-Katsuse I，De Cheveigne A. Restructuring speech representations using a pitch-adaptive time-frequency smoothing and an instantaneous-frequency-based F0 extraction：possible role of a repetitive structure in sounds［J］. Speech Communication，1999，27(3/4)：187 - 207.

[21] Rabiner L R. A tutorial on hidden Markov models and selected applications in speech recognition ［J］. Proceedings of the IEEE，1989，77(2)：257 - 286.

[22] Odell J J. The use of context in large vocabulary continuous speech recognition ［D］. Cambridge：University of Cambridge，1995.

[23] Fujisaki H，Hirose K. Analysis of voice fundamental frequency contours for declarative sentences of Japanese［J］. Journal of the Acoustical Society of Japan (E)，1984，5(4)：233 - 242.

[24] Xu C X，Xu Y，Luo L S. A pitch target approximation model for F0 contours in Mandarin ［C］//Proceedings of the 14th International Congress of Phonetic Sciences. ［s. l. ］：［s. n. ］，1999.

[25] Bailly G，Holm B. Learning the hidden structure of speech：from communicative functions to prosody［J］. Cadernos de Estudos Lingüísticos，2002，43：37 - 54.

[26] Tokuda，K，Masuko T，Miyazaki N，et al. Hidden Markov models based on multi-space probability distribution for pitch pattern modeling［C］//ICASSP. ［s. l. ］：［s. n. ］，229 - 232.

[27] Tokuda K，Kobayashi T，Imai S. Speech parameter generation from HMM using

dynamic features[C]//1995 International Conference on Acoustics, Speech, and Signal Processing. [s. l.]: IEEE, 1995.

[28] King S, Frankel J, Livescu K, et al. Speech production knowledge in automatic speech recognition[J]. Journal of the Acoustical Society of America, 2007, 121 (2): 723 - 742.

[29] Markov K, Dang J, Nakamura S. Integration of articulatory and spectrum features based on the hybrid HMM/BN modeling framework[J]. Speech Communication, 2006, 48(2): 161 - 175.

[30] Ling Z H, Richmond K, Yamagisihi J, et al. Integrating articulatory features into HMM-based parametric speech synthesis[J]. IEEE Transaction on Audio, Speech, and Language Processing, 2009, 17(6): 1171 - 1185.

[31] Ling Z H, Richmond K, Yamagisihi J. Articulatory control of HMM-based parametric speech synthesis using feature-space-switched multiple regression [J]. IEEE Transactions on Audio, Speech, and Language Processing, 2013, 21(1): 207 - 219.

[32] Tokuda K, Nankaku Y, Toda T, et al. Speech synthesis based on hidden Markov models[J]. Proceedings of the IEEE, 2013, 101(5): 1234 - 1252.

[33] Leggetter J, Woodland P, C. Maximum likelihood linear regression for speaker adaptation of continuous density hidden Markov models[J]. Computer Speech and Language, 1995, 9: 171 - 185.

[34] Woodland P, C. Speaker adaptation for continuous density HMMs: a review [C]// Proceedings of ISCA Workshop Adapt. Methods Speech Recognit. [s. l.]: [s. n.], 2001.

[35] Anastasakos T, McDonough J, Schwartz R, et al. A compact model for speaker-adaptive training[C]//Proceedings of International Conference on Spoken Language Processing. [s. l.]: [s. n.], 1996.

[36] Yamagishi J, Tamura M, Masuko T, et al. A training method of average voice model for HMM-based speech synthesis [J]. IEICE Transactions on Foundamentals of Electronics Communications and Computer Sciences, 2003(8): 1956 - 1963.

[37] Gales M, Young S. The application of hidden Markov models in speech recognition [J]. Foundations and Trends® in Signal Processing, 2008, 1(3): 195 - 304.

[38] Iwahashi N, Sagisaka Y. Speech spectrum conversion based on speaker interpolation and multi-functional representation with weighting by radial basis function networks [J]. Speech Communication, 1995, 16(2): 139 - 151.

[39] Yoshimura T, Tokuda K, Masuko T, et al. Speaker interpolation in HMM-based speech synthesis system[C]//Proceedings of Eurospeech. [s. l.]: [s. n.], 1997.

[40] Kuhn R, Janqua J C, Nguyen P, et al. Rapid speaker adaptation in eigenvoice space

[J]. IEEE Transactions on Speech and Audio Processing, 2000, 8(6): 695 – 707.

[41] Shichiri K, Sawabe A, Tokuda K, et al. Eigenvoices for HMM-based speech synthesis [C]//Proceedings of International Conference on Spoken Language Processing. [s. l.]: [s. n.], 2002.

[42] Kazumi K, Nankaku Y, Tokuda K. Factor analyzed voice models for HMM-based speech synthesis [C]//Proceedings of International Conference on Acoustics Speech, and Signal Processing. [s. l.]: [s. n.], 2010.

[43] Latorre J, Iwano K, Furui S. New approach to the polyglot speech generation by means of an HMM-based speaker adaptable synthesizer[J]. Speech Communication, 2006, 1227 – 1242.

[44] Wu Y, Nankaku Y, Tokuda K. State mapping based method for cross-lingual speaker adaptation in HMM-based speech synthesis[C]//Proceedings of Interspeech. [s. l.]: [s. n.], 2009.

[45] Gibson M, Hirsimaki T, Karhila R, et al. Unsupervised cross-lingual speaker adaptation for HMM-based speech synthesis using two-pass decision tree construction [C]//Proceedings of ICASSP. [s. l.]: [s. n.], 2010.

[46] Wu Y, King S, Tokuda K. Cross-lingualspeaker adaptation for HMM-based speech synthesis[C]//Proceedings of ISCSLP. [s. l.]: [s. n.], 2008.

[47] Campbell N. Talking foreign Concatenative speech synthesis and the language barrier [C]//Proceedings of Eurospeech. [s. l.]: [s. n.], 2001.

[48] Campbell N. Foreign-language speech synthesis [C]//Proceedings of ESCA/COCOSDA Workshop on Speech Synthesis. Jenolan Caves, Australia: [s. n.], 1998.

[49] Schultz T, Waibel A. Experiments on cross-language acoustic delingmo [C]//Proceedings of Eurospeech. [s. l.]: [s. n.], 2001.

[50] Mak B, Barnard E. Phone clustering using the Bhattacharyya distance [C]//Proceedings of ICSLP. [s. l.]: [s. n.], 1996.

[51] IPA. Handbook of the international phonetic association [M]. Oxford: Oxford University Press, 1999.

[52] Masuko T, Kobayashi T, Miyanaga K. A style control technique for HMM-based speech synthesis [C]//Eighth International Conference on Spoken Language Processing. [s. l.]: [s. n.] 2004.

[53] Nose T, Yamagishi J, Masuko T, et al. A style control technique for HMM-based expressive speech synthesis[J]. IEICE Transactions on Information and Systems, 2007, 90(9): 1406 – 1413.

[54] Tachibana M, Izawa S, Nose T, et al. Speaker and style adaptation using average voice model for style control in HMM-based speech synthesis [C]//2008 IEEE

International Conference on Acoustics, Speech and Signal Processing. [s. l.]: IEEE, 2008.

[55] Nose T, Tachibana M, Kobayashi T. HMM-based style control for expressive speech synthesis with arbitrary speaker's voice using model adaptation [J]. IEICE Transactions on Information and Systems, 2009, 92(3): 489 - 497.

[56] Tamura M, Masuko T, Tokuda K, et al. Adaptation of pitch and spectrum for HMM-based speech synthesis using MLLR [C]//2001 IEEE International Conference on Acoustics, Speech, and Signal Processing. [s. l.]: IEEE, 2001.

[57] Masuko T, Tokuda K, Kobayashi T, et al. Voice characteristics conversion for HMM-based speech synthesis system [C]//1997 IEEE International Conference on Acoustics, Speech, and Signal Processing. [s. l.]: [s. n.] 1997.

[58] Yamagishi J, Onishi K, Masuko T, et al. Acoustic modeling of speaking styles and emotional expressions in HMM-based speech synthesis [J]. IEICE Transactions on Information and Systems, 2005, 88(3): 502 - 509.

[59] Tachibana M, Yamagishi J, Masuko T, et al. Speech synthesis with various emotional expressions and speaking styles by style interpolation and morphing [J]. IEICE Transactions on Information and Systems, 2005, 88(11): 2484 - 2491.

[60] Badino L, Andersson J S, Yamagishi J, et al. Identification of contrast and its emphatic realization in HMM-based speech synthesis [C]//2009 IEEE International Conference on Acoustics, Speech, and Signal Processing. [s. l.]: IEEE, 2009.

[61] Ling Z H, Wang R H. HMM-based unit selection combining Kullback-Leibler divergence with likelihood criterion [C]//2007 IEEE International Conference on Acoustics, Speech, and Signal Processing. [s. l.]: IEEE, 2007.

[62] King S. Measuring a decade of progress in text-to-speech [J]. Loquens, 2014, 1(1): 6.

[63] Smolensky P. Information processing in dynamical systems: foundations of harmony theory [R]//Parallel Distributed Processing, 1986, 1(6): 194 - 281.

[64] Hinton G. Training products of experts by minimizing contrastive divergence [J]. Neural Computation, 2002, 14(8): 1711 - 1800.

[65] Ling Z H, Kang S Y, Zen H, et al. Deep learning for acoustic modeling in parametric speech generation: a systematic review of existing techniques and future trends [J]. IEEE Signal Processing Magazine, 2015, 32(3): 35 - 52.

[66] Hinton G, Osindero S, Teh Y W. A fast learning algorithm for deep belief nets [J]. Neural Computation, 2006, 18(7): 1527 - 1554.

[67] Deng L, Seltzer M, Yu D, et al. Binary coding of speech spectrograms using a deep auto-encoder [C]//Proceedings of Interspeech. [s. l.]: [s. n.], 2010.

[68] Hinton G, Deng L, Yu D, et al. Deep neural networks for acoustic modeling in speech recognition[J]. IEEE Transactions on Signal Processing, 2012, 29(6): 82-97.

[69] Rumelhart D E, Hinton G E, Williams R J. Learning internal representations by error propagation[R]. San Diego: California University San Diego La Jolla Institute for Cognitive Science, 1985.

[70] Werbos P J. Backpropagation through time: what it does and how to do it[J]. Proceedings of the IEEE, 1990, 78(10): 1550-1560.

[71] Schuster M, Paliwal K K. Bidirectional recurrent neural networks[J]. IEEE Transactions on Signal Processing, 1997, 45(11): 2673-2681.

[72] Hochreiter S, Schmidhuber J. Long short-term memory[J]. Neural Computation, 1997, 9(8): 1735-1780.

[73] Zen H, Senior A, Schuster M. Statistical parametric speech synthesis using deep neural networks[C]//Proceedings of ICASSP. [s. l.]: [s. n.], 2013.

[74] Fan Y, Qian Y, Xie F L, et al. TTS synthesis with bidirectional LSTM based recurrent neural networks[C]//Proceedings of Interspeech. [s. l.]: [s. n.], 2014.

[75] Zen H, Senior A. Deep mixture density networks for acoustic modeling in statistical parametric speech synthesis[C]//Proceedings of ICASSP. [s. l.]: [s. n.], 2014.

[76] Yin X, Ling Z H, Hu Y J, et al. Modeling spectral envelopes using deep conditional restricted Boltzmann machines for statistical parametric speech synthesis[C]// Proceedings of ICASSP. [s. l.]: [s. n.], 2016.

[77] Wang P, Qian Y, Soong F K, et al. Word embedding for recurrent neural network based TTS synthesis[C]//Proceedings of ICASSP. [s. l.]: [s. n.], 2015.

[78] Watts O, Wu Z, King S. Sentence-level control vectors for deep neural network speech synthesis[C]//Proceedings of Interspeech. [s. l.]: [s. n.],2015.

[79] Hojo N, Ijima Y, Mizuno H. An investigation of DNN-based speech synthesis using speaker codes [C]//Proceedings of Interspeech. [s. l.]: [s. n.], 2016.

[80] Tokuda K, Zen H. Directly modeling voiced and unvoiced components in speech waveforms by neural networks[C]//Proceedings of ICASSP. [s. l.]: [s. n.], 2016.

[81] Valentini-Botinhao C, Wu Z, King S. Towards minimum perceptual error training for DNN-based speech synthesis[C]//Proceedings of Interspeech. [s. l.]: [s. n.], 2015.

[82] Wu Z, Valentini-Botinhao C, Watts O, et al. Deep neural networks employing multi-task learning and stacked bottleneck features for speech synthesis[C]//Proceedings of ICASSP. [s. l.]: [s. n.], 2015.

[83] Hashimoto K, Oura K, Nankaku Y, et al. Trajectory training considering global variance for speech synthesis based on neural networks [C]//Proceedings of ICASSP. [s. l.]: [s. n.], 2016.

[84] Hu Y J, Ling Z H. DBN-based spectral feature representation for statistical parametric speech synthesis[J]. IEEE Signal Processing Letters, 2016, 23(3): 321 – 325.

[85] Takaki S, Yamagishi J. A deep auto-encoder based low-dimensional feature extraction from FFT spectral envelopes for statistical parametric speech synthesis [C]//Proceedings of ICASSP. [s. l.]: [s. n.], 2016.

[86] Toda T, Tokuda K. A speech parameter generation algorithm considering global variance for hmm-based speech synthesis[J]. IEICE Transactions on Information and Systems, 2007, 90(5): 816 – 824.

[87] Takamichi, S, Toda T, Black A W, et al. Parameter generation algorithm considering modulation spectrum for HMM-based speech synthesis [C]//Proceedings of ICASSP. [s. l.]: [s. n.], 2015.

[88] Chen L H, Ling Z H, Liu L J, et al. Voice conversion using deep neural networks with layer-wise generative training[J]. IEEE/ACM Transactions on Audio, Speech and Language Processing, 2014, 22(12): 1859 – 1872.

[89] Chen L H, Raitio T, Valentini-Botinhao C, et al. A deep generative architecture for postfiltering in statistical parametric speech synthesis[J]. IEEE/ACM Transactions on Audio, Speech and Language Processing, 2015, 23(11): 2003 – 2014.

[90] Hu Y J, Ling Z H, Dai L R. Deep belief network-based post-filtering for statistical parametric speech synthesis[C]//Proceedings of ICASSP. [s. l.]: [s. n.], 2016.

[91] Oord A, Dieleman S, Zen H, et al. WaveNet: a generative model for raw audio [EB/OL]. (2016 – 09 – 19) [2020 – 10 – 22]. http://arxiv. org/abs/1609. 03499.

[92] Mehri S, Kumar K, Gulrajani I, et al. SampleRNN: an unconditional end-to-end neural audio generation model[EB/OL]. (2017 – 02 – 11) [2020 – 10 – 22]. http:// arxiv. org/abs/1612. 07837.

[93] Oord A, Kalchbrenner N, Espeholt L, et al. Conditional image generation with pixelCNN decoders[C]//Advances in neural information processing systems. [s. l.]: [s. n.], 2016.

[94] Oord A, Li Y, Babuschkin I, et al. Parallel wavenet: fast high-fidelity speech synthesis[EB/OL]. (2017 – 11 – 28) [2020 – 10 – 22]. http://arxiv. org/abs/1711. 10433.

[95] Tamamori A, Hayashi T, Kobayashi K, et al. Speaker-dependent waveNet vocoder [C]//Proceedings of Interspeech. [s. l.]: [s. n.], 2017.

[96] Ai Y, Wu H C, Ling Z H. SampleRNN-based neural vocoder for statistical parametric speech synthesis[C]//Proceedings of ICASSP. [s. l.]: [s. n.], 2018.

[97] Rao K, Peng F, Sak H, et al. Grapheme-to-phoneme conversion using long short-term memory recurrent neural networks [C]//2015 IEEE International Conference on

Acoustics, Speech and Signal Processing. [s. l.]: IEEE, 2015.

[98] Ding C, Xie L, Yan J, et al. Automatic prosody prediction for Chinese speech synthesis using BLSTM - RNN and embedding features[C]//2015 IEEE Workshop on Automatic Speech Recognition and Understanding. [s. l.]: IEEE, 2015.

[99] Arik S Ö, Chrzanowski M, Coates A, et al. Deep voice: real-time neural text-to-speech [C]//Proceedings of the 34th International Conference on Machine Learning. [s. l.]: JMLR, 2017.

[100] Wang Y, Skerry-Ryan R J, Stanton D, et al. Tacotron: towards end-to-end speech synthesis[EB/OL]. (2017 - 04 - 06) [2020 - 10 - 22]. http://arxiv. org/abs/ 1703. 10135.

人机口语对话系统

俞 凯 陈 露

俞　凯,上海交通大学,电子邮箱: kai. yu@sjtu. edu. cn

陈　露,上海交通大学,电子邮箱: chenlusz@sjtu. edu. cn

8.1 人机口语对话系统概述

8.1.1 人机口语对话系统发展历史及分类

人机口语对话是人工智能技术的集中体现,对科学发展、社会经济进步具有重大作用,因而一直以来受到国内外政府机构、学术界和工业界的高度重视。例如美国国防部高级研究计划局(DARPA)自 20 世纪 90 年代起就先后设立了口语系统(spoken language systems,SLS)计划(1989—1995)和 Communicator 计划(1999—2002),资助面向信息查询的口语对话系统研究;欧盟在框架计划(framework program,FP)下,资助了一系列多语种的、面向信息查询的人机口语对话项目,包括对话口语理解(speech understanding in dialogue,SUNDIAL)计划(1988—1993),欧洲自动铁路信息系统(railway telephone information service,RAILTEL)计划及其后续的面向任务的教学对话(automatic railway information systems for europe,ARISE)计划(1996—1998)、面向任务的教学对话(task oriented instructional dialogue,TRIND)项目(1998—2000)等。这是人机口语对话系统研究的第 1 次高潮。

但是,以上早期的项目研究大多比较简单,受语音识别和自然语言处理的技术瓶颈限制,智能程度较低。到 21 世纪初,随着语音识别和自然语言处理技术的迅速发展以及大数据时代的到来,人机口语对话系统的研究又掀起了一次高潮,这次不仅在学术界,也在工业界真正得到了高度重视。美国 DARPA 的大词汇连续语音识别 EARS(2002—2005)项目和 GALE(2005—2009)项目极大地促进了语音识别和机器翻译的发展,CALO(2003—2008)项目将语义理解和基于规则的对话管理推到了一个新的高度,这两者直接导致了苹果公司在 iPhone 4S 上推出了风靡全球的个人语音助手 Siri。欧洲也在第 7 届欧盟框架计划(the 7th framework program,FP7)下启动了 CLASSiC(2008—2011)项目,针对任务型的对话研究基于统计的对话管理和自适应技术,并随后继续设立 PARLANCE(2012—2014)项目,研究渐进式的语义理解、对话管理和面向开放领域的统计口语对话系统。近年来,移动互联网和物联网的迅速普及进一步地拉动了人机对话系统的需求,引发了产业界的风潮,微软(Microsoft)、谷歌(Google)、脸谱(Facebook)以及国内的百度、腾讯等公司纷纷启动对话机器人的研发项目,这使得人机口语对话系统成为人机交互领域热门的研究方向之一。

从功能上分,人机口语对话系统大致分为 3 大类:

(1) 第 1 类是问答。这类对话有两大特点:一是单轮的,即对话往往是一问一答,不涉及对话上下文;二是非结构化,即没有办法用本体和语义槽来表达整个对话任务。问答往往涉及后端的知识搜索以及在回答中的匹配。

(2) 第 2 类是聊天。问答的目的是要完成任务和提取知识点,有非常明确的信息需求,而聊天对话则没有具体的目的,即人和机器进行聊天交互并不是为了让机器帮助人完成任务,也不是为了获取具体的知识。

(3) 第 3 类是任务型对话。任务型对话系统针对具体的应用领域,具有比较清晰的业务语义单元的定义、本体结构以及用户目标范畴,例如航班信息查询、电影搜索、设备控制,这类交互往往是以完成特定的操作任务为交互目标。此外,任务型对话绝大部分都是多轮的,需要结合对话上下文进行用户意图理解。

3 种不同的对话系统的应用场景、工程架构和核心技术也不尽相同。近年来,随着物联网的高速发展,任务型人机口语对话系统和相关的理论与技术得到了越来越多的学术界和产业界的重视[1],这也是本文讨论的重点。

8.1.2　任务型人机口语对话系统的基本架构

图 8-1 为典型的任务型人机口语对话系统架构图,其中语音识别(automatic speech recognition, ASR)部分是将用户的声音转换为文字,语义理解(spoken language understanding, SLU)部分是将语音识别的文字转换为系统能够识别的对话动作,然后对话管理(dialog management, DM)部分中的对话状态跟踪(dialogue state tracking, DST)部分根据语义理解部分输出的对话

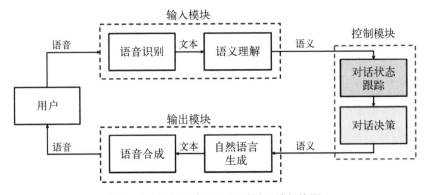

图 8-1　任务型人机口语对话系统架构图

动作更新对话状态,对话决策(decision making)部分根据系统的对话状态生成系统的语义级反馈动作,自然语言生成(nature language generator,NLG)部分将系统生成的反馈动作转换为自然文本,最后语音合成(test-to-speech,TTS)部分将自然文本合成语音播放给用户。

任务型人机口语对话系统的技术发展依据对话控制的方式不同大致可以分为3个阶段,代表了不同智能程度的"交互性"。

第1代是基于规则的对话系统。这类系统以关键词匹配和句型匹配为主要特征,即这一代的对话管理需要维护一个包含很多问答对的知识库。当系统和用户对话时,系统需要根据用户所说话的关键词去与知识库中的问答对匹配,如果匹配上,就将相应的应答返回给用户;如果没有匹配上,则系统按事先的约定给用户一个回答。这类系统有两个缺点:一是不能处理对话中出现的语音识别错误及语义理解错误;二是不能很好地关联对话上下文。为了解决上下文缺失的问题,提出了基于 Voice XML 的对话管理系统[2-4]。这类系统假定对话状态是确定的,采用限定复杂度的表格方式来表示对话文法,用有限状态机的方式进行表格之间的转移。这类系统的语音识别和语义理解一般是基于 Voice XML 确定的语法进行的,其优势是设计非常直观,在逻辑简单、环境安静的情况下可以实现有效的、基于上下文的人机对话。其缺点是灵活性和稳定性高度不足,用户必须完全跟着预设规则走。其性能高度依赖于规则的包容度和语音识别的准确度,一旦用户不按照规则说话,整个对话就无法进行,智能交互程度较低。通过改进理解的性能以及采用结构化的规则等,对话系统的性能可以得到一些改善。但对于自然语音交互中存在的鲁棒性不足的问题,难于有效地推广到一般性的对话系统开发中。

第2代是基于统计学习的对话系统。其特点是引入统计学习模型进行对话系统各个模块的优化。两类不同的统计学习方法都在统计型对话系统中得到了应用。第1类是数据驱动的有监督训练,主要用于优化语音识别、语义理解和语音合成模块。第2类是针对规划和决策过程的强化学习算法,用于对话管理的统计优化。强化学习的使用是对话系统研究中的一个重要里程碑。这一代的对话管理将选择回复看成是一个规划问题,用马尔可夫决策过程(Markov decision process,MDP)[5]来对人机对话过程进行建模[6],即系统以一定的对话策略(policy)来决定回复用户的动作,对话策略可以通过用户的反馈信号利用强化学习算法进行优化。在 MDP 的框架中,没有对语音识别、语义理解产生的错误进行建模,即假设语音识别和语义理解的结果是完全正确的,而真实环境的人机对话往往不能满足这个假设。为了解决这个问题,提出了基于部分可观测的马尔可夫决策过程（partially observable Markov decision process，POMDP）[7]的对话管理技术[8-10]。在 POMDP 的框架中，对话管理可明确分为对话状态跟踪和对话决策两个部分。经典的工作包括基于聚类算法的隐信息状态（hidden information state）[11]和基于统计独立性分解的贝叶斯状态更新（Bayesian update of state）[12]。第 2 代对话管理器技术拥有一定的灵活性，不仅能回答用户提出的问题，而且在某些情况下能主动提出问题来澄清一些模糊的概念，包括识别错误、用户提供信息不足、上下文语义不一致等。但是，这一代对话管理技术只是在实验室任务上进行了验证，无法进行大规模的工业应用。

第 3 代是基于深度学习和深度强化学习的对话系统。在第 2 代的基础上，将深度学习技术全面应用到语音识别、语义理解和语音合成各个模块。同时，这一代对话管理技术是在传统 POMDP 框架上的进一步发展。一个重要研究趋势是将对话状态跟踪独立抽象为有监督学习的问题，产生了一系列新型的对话状态跟踪算法[13]。另一个趋势是提出了深度学习[14-15]与强化学习[16-17]相结合产生的深度强化学习（deep reinforcement learning，DRL）[18-19]方法，其在游戏[18-23]、机器人控制[24-28]、语言理解[29-32]、路径规则[33]、自动驾驶[34]等一系列任务上取得了突破性进展。目前，DRL 已经初步应用在对话管理的策略训练中[35-41]。与其他的深度学习方法类似，基于 DRL 的对话策略需要大量的对话交互进行训练，目前相关的工作主要集中在利用有监督的预训练和高效的探索（exploration）来提高 DRL 的学习速度上。

上述的第 2 代和第 3 代的对话管理技术都属于对话系统认知技术的范畴[42]，本章将重点综述其中的语义理解和对话管理相关的技术。

8.1.3　对话系统的评估

如 8.1.2 节所述，任务型人机口语对话系统的实现涉及大量的子模块，每个模块能够正常工作显然是整个系统正常工作的前提。但每个模块正常后，整个系统是否能实现预期的工作效果，还需要进行整体评估。

任务型人机口语对话的目的是通过对话完成一个既定的目标任务，比如查找旅游路线或预定一家餐馆，对任务型人机口语对话系统最直观也最简单的评估方式就是"任务是否达成"[43-45]。这样的二元判断适用性广，标准清晰易操作，在很多场景中可以通过制定规则实现自动对话评估，方便系统的迭代开发[45-47]。但由于只关注对话的结果，忽略了对话的过程和细节，该方法无法较好地顾及用户体验。

更人性化的方法是，从用户满意度（satisfaction）的角度评估对话系统。Engelbrech 等[48] 提出可以对所有的对话用"非常差（bad）""较差（poor）""一般（fair）""较好（good）""非常好（excellent）"这五个等级来评判。类似地，Schmitt 等[49] 提出用若干个连续整数表示用户对对话的满意度，比如用 $1 \sim 5$ 表示满意程度逐渐加深。Higashinaka 等[50] 提出对对话系统回复的自然流畅度（smoothness）做额外的打分。当然，根据不同的应用场景，可能还需要提出更有针对性的标准。尽管用户满意度是一种较为全面的考量，但这类评估方法模糊化了用户的评判标准，即每个用户都用自己对当前对话是否满意的主观标准来打分，从而导致各个用户打分标准不一致的问题。另外，该方法需要耗费大量的人力和时间，不利于系统的快速迭代开发。

上述评估方法实际上都是针对"离线（off-line）"对话系统的评估，即系统在评估过程中不会有结构或参数的变化。在实际应用中，还有一种能够"在线（on-line）"学习的对话系统，随着与用户交互越来越多，对话系统将逐渐学习与用户进行对话的策略。对于这类对话系统，关键是要评估其学习过程，对此，Chen 等[51] 提出两个重要的评价标准：

（1）安全性。它反映了对话系统在在线学习的初始阶段能否满足基本的服务水平。直观地说，对话系统的初始阶段在基本服务水平保持的时间越短、离基本服务水平的差距越小，在线学习越安全。

（2）高效性。它反映了对话系统通过在线学习达到令人满意的表现水平需要的时间长短。直观地说，对话系统越快达到令人满意的水平，在线学习越高效。

在这两个标准中，安全性要求的基本服务水平和高效性要求的令人满意的表现水平，既可以是前述的对话成功与否的二元判断，也可以是人性化的用户满意度，其数值大小应根据实际需求确定。

本章接下来的几节将具体介绍语义理解和与对话管理相关的理论、模型及算法。其中，8.2 节介绍口语理解的基本概念、相关模型及算法、不确定性建模、领域自适应问题；8.3 节首先将介绍对话管理的基本概念，然后重点介绍对话状态跟踪的相关模型及算法；8.4 节重点介绍强化学习及其在对话策略优化上的应用。最后对本章内容进行总结，对未来对话系统的发展进行展望，分析提出若干值得关注的重点发展方向。

8.2 口语理解

8.2.1 口语理解基本概念

语音是口语对话系统中最主要的输入,语音识别模块可以将音频输入转换为对应的文字信息。然而原始的文字信息只能由计算机记录,而不能被计算机所"理解"。因此我们需要有一个理解模块,让计算机正确地理解用户(人)所说的话以及后续能够做出适当的回答。口语理解(spoken language understanding, SLU)作为语音识别和对话状态跟踪之间的连接模块,将用户输入的文字信息转换成结构化的语义信息。比如,用户说了一句"帮我查询明天下午从上海开往北京的机票",其中包含了3个关键的信息:"出发时间=明天下午""出发地=上海""到达地=北京"。

1. 语义表达

在不同的口语理解系统中,语义信息的表达方式也都可能不一样。本文主要介绍两种常见的语义表达方式(其他方式大多都可以被这两种概括):语义框架(semantic frame)和对话动作(dialogue act)。

1)语义框架

一个特定对话领域的语义结构定义可以以语义框架为基本单位。如图 8-2 所示,这是美国的航空信息系统(air travel information system,ATIS)领域中的 3 个简化的语义框架示例(其中 ATIS 是由 DARPA 赞助支持的口语系统评测数据集\cite{hemphill 1990atis, dahl1994expanding}[53-54],涉及北美航空信息查询领域)。其中每一个语义框架包含一系列带类型的成分"语义槽(slot)",而语义槽的类型(type)则限定了它可以被哪一类的值填充。比如 Flight 语义框架中的语义槽"出发城市(DCity)"和"到达城市(ACity)"的填充类型都为"city",表明该语义槽(也可以

```
<frame name="ShowFlight "type="Void">
    <slot name="subject" type="Subject">
    <slot name="flight" type="Flight">
</frame>
<frame name="GroundTrans" type="Void">
    <slot name="city" type="City">
    <slot name="type" type="TransType">
</frame>
<frame name=" Flight " type="Flight">
    <slot name="DCity" type="City">
    <slot name="ACity" type="City">
    <slot name="DDate" type="Date">
</frame>
```

图 8-2 ATIS 领域中简化的语义结构[52]。图中 DCity 表示出发城市(departure city),ACity 表示到达城市(arrival city),DDate 表示出发日期(departure date)

理解为一种属性)允许被填充的值是某一个城市名。

一个输入句子的语义表示就是相应语义框架的一个实例化。如图 8-3 所示,输入句子"Show me flights from Seattle to Boston on Christmas Eve"的语义表示是图 8-2 中语义框架 ShowFlight 的一个实例化,而且 ShowFlight 中还嵌套了子语义框架 Flight。当然也有一些口语理解系统不允许框架内包含任何的子结构,采用扁平化的结构。在这种情况下,语义表示就简化成一系列的属性值对(或者槽值对),比如图 8-3 的数据样例可以表示为

Show me [flights:Subject] from [Seattle:DCity] to [Boston:ACity] on [Christmas Eve:DDate]

层次化的语义表示具有更强的表达能力,并且支持框架之间共享一些子结构,比如框架 ShowFlight 和 CancelFlight 都可以包含框架 Flight。而扁平化的语义表示更简单,易看懂,可以构造更简单的统计模型(比如序列标注模型)。

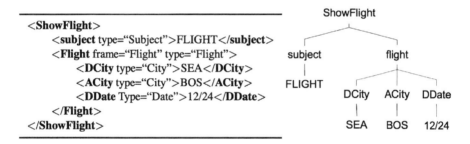

图 8-3 输入句子"Show me flights from Seattle to Boston on Christmas Eve"的语义表示是图 8-2 中语义框架 **ShowFlight** 的一个实例化,而且 **ShowFlight** 中还嵌套了语义框架 **Flight**(该图的右半部分是树形的语义表示)[52]

2) 对话动作

上文所述的语义框架已经具有很好的语义表达能力。这里介绍的对话动作并非在结构上有超越,而是对语义表示的侧重点不同。对话动作更加侧重于对"对话行为"的表示。1999 年,Traum[55] 发展了对话系统中的行为概念,考虑了对话的轮次信息以及用行为来表达对话的意义,其中包括请求确认(confirm)、询问(request)等行为。比如,"请求确认"可以用来表示句子"您是明天上午十点出发吗?"的行为,"询问"可以用来表示句子"这家饭店的地址是什么?"的行为。

但是这种行为表示过于抽象,与更丰富具体的语义槽值信息是分离开的。为了可以同时表达更具体的意思,Young 等[56-57]提出了一种简单有效的语义表

达形式——对话动作(dialogue act),对话动作包括了一句话的行为特征以及其所带的若干简单的语义槽值对(slot-value pair):

$$act\_type(a = x, b = y, \ldots)$$

其中 act_type 表示一句话的行为(也称为语义动作类型),它可以是一般的陈述(inform)、询问信息(request),以及肯定(affirm)回复和否定(deny)回复,等等。$a = x$ 和 $b = y$ 表示的是语义动作涉及的语义槽值对,即 slot=value(slot 表示语义槽名字,value 为相应槽的值),或者更简单的形式,比如"出发时间=上午十点"。更简单的语义槽值对可以是两种,语义槽为空和值为空,比如 request (phone)可以表示"这家店的电话是多少",inform(=dontcare)可以表示"我无所谓"。另外,表 8-1 提供了一些不同对话动作的例子。

可以发现,对话动作更加偏重于"对话行为"的表示,适合多轮对话的情景,而语义框架有一个很严谨的结构定义,两者互不矛盾且可以进行有效的结合。

表 8-1 一组对话动作的示例

输 入 句 子	对 话 动 作
从上海到北京的机票	inform(出发城市=上海,到达城市=北京)
您是明天上午十点出发吗	confirm(出发日期=明天,出发时间=上午十点)
现在去北京的机票价格是多少	request(机票价格,到达城市=北京)
对的	affirm()
不是,你听错了	deny()

2. 本体

本体(ontology)是对一个对话领域内的概念化准确说明,其组成部分为概念、概念的关系、实例、公理。其既可以与上述的其他语义表示结合,也可以独立作为一个领域的语义表示架构。概念包含我们之前介绍的语义槽,比如概念可以是语义槽"出发城市、到达城市",也可以是语义槽值的类型"城市名称"。概念的关系很多,比如上下位、组成部分的关系,像"出发城市、城市名称"。实例就是概念的实例化,比如"出发城市"有"上海、北京、广州"等。公理则是一些事实,像"机票信息肯定有出发城市和到达城市""每架航班肯定隶属于一家航空公司"等。关于概念和概念的关系,也还可以有它们的文字说明或者定义,方便人为查看。

本体是对于一个对话领域的定义,提供了该领域的语义范围。第一,本体为开发者设计领域内的语义表示以及口语理解算法提供了参考。第二,本体作为一种人为加工过的知识,对于口语理解的统计学习算法有辅助作用。

3. 口语理解的不确定性问题

语音识别并不能保证百分百正确。语音识别在过去的几十年时间里已经取得了非常不错的进展,如采用深度学习实现的语音识别系统[58]利用了云端的计算优势,已经给人们带来了可用的语音识别技术。虽然在单一信道和安静环境下,语音识别系统在非特定人的连续朗诵情况下的识别率已经大于95%,但是在复杂噪声环境下语音识别率不高:在人工加噪声的数据下小词汇语音识别率目前也只有80%左右[59];在真实噪声场景下的大词汇连续语音识别的识别率有时甚至都不到50%,离实际的需求还有很大差距[60]。同时,其对新的噪声环境和对话领域的表现鲁棒性也不够理想。

不确定性(或非精确性、不准确性),是人机对话通道的本质属性之一。语音识别本身由于噪声干扰、说话人语速口音等问题具有不可避免的错误。在多通道输入的情况下,各个通道都有由干扰产生的不确定性。在语音识别的编码转换过程中的误差,再传递到口语理解层,就引发了口语理解的不确定性。另一方面,从认知角度出发,人类也自然地倾向于用非精确的信息进行交流,因为这会大大增加信息传输的速度。在信息传输和语义本身具有不确定性的条件下,由机器对用户意图进行理解就成为认知技术的重要范畴之一。它与传统的"语义理解"或"自然语言处理"的根本不同就是将不确定性纳入研究范畴之内。

语音识别的结果是带有不确定性的,它的输出形式对于后续的口语理解也非常重要。实际语音识别的输出并不仅仅是简单的文本句子,这是因为在给定输入句子语音的情况下,语音识别模块会将其后验概率分配给相应识别出来的词。一种典型的输出形式就是 N 最佳假设列表(N-best hypotheses list),以及它们相应的概率,其中 N 是一个整数值,根据需求可以取 1 或者 10 等。这样的输出形式使用 N 个最可能的句子来近似地在所有可能句子上完整分布,这是一种有限的近似。通常情况下,这些最佳假设之间仅仅只有少量的词不同,而且很多都是短功能的词(如语气词、冠词、其他一些停用词等,像"吗""么""的"等)。这样就会使得这些最佳假设句子的语义差不多。此外,一些概率较低的词往往会被这个 N 最佳假设列表忽略掉。一个 N 最佳假设列表的例子如表 8-2 所示。

在直觉上,语音识别系统输出的、关于所有可能词的后验分布信息都可以由口语语义理解模块所利用。词格(word lattice)和词混淆网络(word confusion

表 8-2   一个 N 最佳假设列表的示例(其中排序综合了这两项后验概率对识别结果)[61]

排序	假　　设	声学模型的对数后验概率	语言模型的对数后验概率
1	it's an area that's naturally sort of mysterious	−7 193. 53	−20. 25
2	that's an area that's naturally sort of mysterious	−7 192. 28	−21. 11
3	it's an area that's not really sort of mysterious	−7 221. 68	−18. 91
4	that scenario that's naturally sort of mysterious	−7 189. 19	−22. 08
5	there's an area that's naturally sort of mysterious	−7 198. 35	−21. 34
6	that's an area that's not really sort of mysterious	−7 220. 44	−19. 77
7	the scenario that's naturally sort of mysterious	−7 205. 42	−21. 50
8	so it's an area that's naturally sort of mysterious	−7 198. 35	−21. 34
9	that scenario that's not really sort of mysterious	−7 217. 34	−20. 70
10	there's an area that's not really sort of mysterious	−7 226. 51	−20. 01

network)就提供了信息量更大的词识别后验分布,而不像 N 最佳假设那样裁剪了得分较低的词。词格是一种可以高效地编码多种可能词序列的有向图结构[62],如图 8-4 所示。所有可能的词序列就是每一条从开始结点到终结点的路径。另外,图 8-4 中没有显示的信息还包括每条边的权值,以及每个词的开

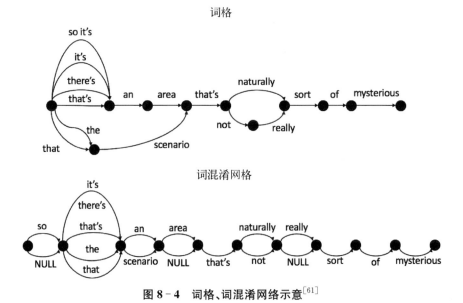

图 8-4   词格、词混淆网络示意[61]

始时刻和结束时刻信息。类似词格,词混淆网络也是一个可以枚举所有可能路径的有序图,不同的是它的结构有更多的限制[63]。如图 8-4 所示,词混淆网络由一个结点序列组成,每个结点表示的是词边界,且连续的两个结点之间由一些互斥的词连接。需要注意的是从词格转换成词混淆网络时会有一些额外的路径产生,如图 8-4 中"the scenario area"在词混淆网络有但不在词格中出现。然而,词格中的路径都会同时存在于词混淆网络中。此外,词混淆网络还引入了空边(NULL),用于表示与具体词无关的结点转移。

由此可见,口语理解算法应该对语音识别结果的不确定性有相应的建模,使得口语理解系统对于语音识别错误具有良好的鲁棒性。

8.2.2 口语理解算法前沿

口语理解的研究开始于 20 世纪 70 年代 DARPA 的言语理解研究和资源管理任务。在早期,像有限状态机和扩充转移网络等自然语言理解技术直接应用于口语理解[64]。直到 20 世纪 90 年代,口语理解的研究才开始激增,其主要得益于 DARPA 赞助的 ATIS 评估[65]。许多来自学术界和产业界的研究实验室试图理解用户关于航空信息的、自然的口语询问(其可以包括航班信息、地面换乘信息、机场服务信息等),然后从一个标准数据库中获得答案。在 ATIS 领域的研究过程中,人们开发了很多基于规则和基于统计学习的系统。

受自然语言处理的影响,大多数研究的建模仍然以一个句子(词序列)为基础,而不是更复杂的 N 最佳假设列表、词格、词混淆网络。关于不确定性建模,我们将在下一节阐述。

1. 基于规则的口语理解方法

早期的语义解析方法往往基于规则,例如商业对话系统 Voice XML 和 Phoenix Parser[66]。开发人员可以根据要应用的对话领域,设计与之对应的语言规则来识别由语音识别模块产生的输入文本。比如 Phoenix Parser 将输入的一句文本(词序列)映射到由多个语义槽组成的语义框架里。如图 8-5 所示,一个语义槽的匹配规则由多个槽值类型和连接词构成的,可以表示一段完整的信息。

在基于规则的系统(有时也称为基于知识的系统)[67-70]中,开发人员会写一些句法/语义的规则语法,并用这个规则来分析输入的文本以获取语义信息。这类方法最大的好处是不需要大量的训练数据。然而一个基于规则的系统往往由于以下这 4 个原因而很难开发:

(1) 规则语法的开发是一个易出错的过程。

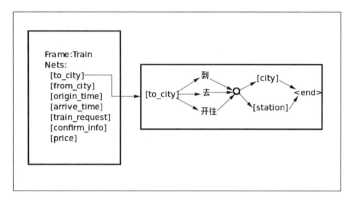

图 8-5 基于 Phoenix Parser 的一个语义网络结构图示例(其中包括了"到达城市"(to_city)的文本匹配网络)

(2) 调整一个规则语法往往需要很多轮的迭代。

(3) 要使一个规则语法很好地覆盖相应对话领域并取得好的性能,往往需要将语言学专家和工程专家结合起来。

(4) 在系统中规则数量增多的情况下,规则之间的矛盾冲突会使得规则系统很难维护。

而且在实际的口语对话系统里,语音识别过程往往会产生一定的字错误率,即语音的识别错误。受制于要匹配完整的语法规则,这种基于规则的语义理解方法在实际的语音技术应用里表现出来的性能会大打折扣。因此面向语音技术的领域,我们要寻找更好、更适合的技术。

此外,也有一些规则口语理解方法和概率统计的结合,比如组合范畴语法(combinatory categorial grammar,CCG),可以基于标注数据,对大量的复杂语言现象进行统计建模和规则自动提取。由于语法规则的宽松性,以及与统计信息的结合,该方法在口语语义理解中的应用可以学习解析无规则的自然语音和带错误的语音识别结果[71]。

2. 基于统计学习的口语理解方法

基于统计学习的口语语义理解方法则解决了很多基于规则的方法的问题,它可以从句子样例及其相应的语义标注上自动学习。与手工书写规则相比,数据标注需要的特定专业知识要少很多。而且统计方法通过一些半监督、无监督学习等方法,可以自动向新数据自适应。然而统计的口语语义理解方法的一个缺点是数据稀疏,这是因为真实世界的大量标注数据很难获取。

统计口语理解模型可以进一步分为两类:生成式模型(generative model)和

判别式模型(discriminative model)。生成式模型学习的是输入 x 和标注 y 之间的联合概率分布 $P(x, y)$。判别式模型则直接对条件概率 $P(y \mid x)$ 进行建模。本文后续会对这两种方法进行区分。

1) 对齐与非对齐数据

近些年,基于统计学习的口语语义理解方法盛行起来。这些统计方法各有不同,其最主要的不同在于它们的目标是在词序列层次上标注数据还是在整个句子层次上标注数据。在词层次上的序列标注方法需要在词层次上对齐数据,而对句子整体进行标注的方法则可以使用非对齐的数据。对齐的标注需要提供输入句子的词与目标语义的一一对应,而非对齐数据不需要这样。图 8-6 给出了一个体现对齐数据和非对齐数据(训练数据中)不同的例子,其引入了 BIO 标签用于对齐标注(BIO 标签提供了一种可以对齐标注序列区域的方法,具体如图 8-6 所示)。其中对齐数据中每一个词都有它相应的语义标注,而非对齐数据只对整个句子有一个完整的标注。它们最主要的区别是标注层次不一样:对齐数据是词一级的标注,非对齐数据是句子层的标注。因此非对齐数据的标注应该更廉价。

对齐数据

标签:	O	O	O	O	B-from-city	O	B-to-city	I-to-city	B-date
句子层:	Show	me	flights	from	Boston	to	New	York	today

非对齐数据

句子层: Show me flights from Boston to New York today

标签: from city = Boston; to city = New York; date = today

注:BIO 标签标识了一个标注的开始(begin)、里面(inside)和外面(outside)的位置信息,以满足一个标注可以对应多个词的现象

图 8-6 ATIS 中关于对齐与非对齐数据的标注示例[65]

2) 对齐数据与传统统计模型

基于词对齐数据的口语理解通常可看作一个序列标注问题,即给定词序列(输入句子) $w_1^N = (w_1, w_2, \cdots, w_N)$,要预测一个等长的语义槽标签序列 $s_1^N = (s_1, s_2, \cdots, s_N)$,其中语义槽标签一般会引入 BIO 标注格式,$N$ 是序列长度。

随机有限状态传感器(stochastic finite state transducer,SFST)是一种估算词序列和语义标签序列的生成式模型。在文献[72]中,作者提出了一个基于

SFST 的口语理解框架 λ_{SLU}：

$$\lambda_{SLU} = \lambda_G \circ \lambda_{gen} \circ \lambda_{w2c} \circ \lambda_{SLM} [\circ \lambda_v]$$

其中，$\circ$ 表示的是 FST 的合并（compose）操作；λ_G 是一个表示语音识别结果（如词格，或者更简单的 1-best hypothesis）的有限状态机；λ_{gen} 是一个将词转换为类别（如"城市名""日期""时间"）的有限状态传感器，相当于加入了一些先验知识以提高模型泛化能力；λ_{w2c} 将短语转换为语义槽，该模型可以从训练数据中自动归纳，也可以人工手写规则；λ_{SLM} 表示统计语义槽序列的语言模型，$p(w_1^N, s_1^N) = \prod_{n=1}^{N} p(w_n, s_n \mid h_n)$，如在三元组语言模型情况下 $h_n = (w_{n-1}, s_{n-1})$，(w_{n-2}, s_{n-2})；λ_v 是一个将槽值进行归一化的转换（一般基于人工规则），如对数值的归一化。

此外在生成式模型中，基于短语的统计机器翻译（statistical machine translation，SMT）、动态贝叶斯网络（dynamic Bayesian network，DBN）也应用到口语理解中[72]。

判别式模型则直接学习给定输入句子特征表示后得到相应输出标签的后验概率。与生成式模型不同，这类模型不需要做特征集之间的独立性假设，因此这类模型可以更随意地引入一些潜在可能有用的特征。研究表明在口语语义理解任务中判别式模型会显著地优于生成式模型[73]。在对齐数据的口语理解任务中，一般采用基于分类的序列标注模型。该类模型一般有两种输出假设。一种假设为，输出序列的元素之间是基于输入特征独立的，即 $p(s_1^N \mid w_1^N) = \prod_{n=1}^{N} p(s_n \mid w_1^N)$。在该假设下，$p(s_n \mid w_1^N)$ 可以采用经典的分类模型来建模，如最大熵（maximum entropy，ME）模型、支持向量机（support vector machine，SVM）模型[74]。另外一种假设是输出序列的元素之间是基于输入特征相关的，如最大熵马尔可夫模型（maximum entropy Markov model，MEMM）[72]、条件随机场（conditional random field，CRF）[74-75]。其中最大熵马尔可夫模型和条件随机场都可以描述为如下的条件概率公式：

$$p(s_1^N \mid w_1^N) = \frac{1}{Z} \prod_{n=1}^{N} \exp\left[\sum_{m=1}^{M} \lambda_m h_m(s_{n-1}, s_n, w_1^N)\right]$$

其中：Z 为归一化项；M 为特征函数总数量；$h_m(s_{n-1}, s_n, w_1^N)$ 为考虑了输出元素一阶依赖关系的特征函数；λ_m 为特征函数的权值。最大熵马尔可夫模型和条件随机场的根本区别在于归一化项 Z 的不同。对于最大熵马尔可夫模型，有

$$Z = \prod_{n=1}^{N} \sum_{\tilde{s}} \exp\Big[\sum_{m=1}^{M} \lambda_m \boldsymbol{h}_m(s_{n-1}, \tilde{s}, \boldsymbol{w}_1^N)\Big]$$

其中 $\tilde{s}$ 表示所有可能的语义槽标签。而对于条件随机场,有

$$Z = \sum_{\tilde{s}_1^N} \prod_{n=1}^{N} \exp\Big[\sum_{m=1}^{M} \lambda_m \boldsymbol{h}_m(\tilde{s}_{n-1}, \tilde{s}_n, \boldsymbol{w}_1^N)\Big]$$

其中 $\tilde{s}_1^N$ 表示所有可能的输出序列。这两个模型的根本区别在于,MEMM 仅做了局部的归一化,并没有考虑所有可能的输出序列,MEMM 会产生著名的标签偏移(label bias)问题[75]。目前传统统计模型在 ATIS 评测集合上取得最好效果的是 CRF,语义槽检测的调和平均值(F-score)达到了 92.94%[76]。

通过使用三角 CRF(triangular-CRF),条件随机场的结构也可以经过适当的改变,同时预测一个句子的主题,或者说也可以同时做句子分类的任务[77]。

3) 非对齐数据与传统统计模型

基于词对齐数据的口语理解通常可看作一个序列分类问题,即给定词序列(输入句子) $w_1^N = (w_1, w_2, \cdots, w_N)$,要预测一个语义项集合 $c_1^T = (c_1, c_2, \cdots, c_T)$,$N$ 是输入序列长度,T 是语义项集合大小。语义项是一句话的语义表示的子结构,通常包括对话动作类型(或者句子意图)、语义槽值对。

生成式的动态贝叶斯网络在观察到的词的基础上,可以将一句话的语义建模成一个隐式结构[78-79]。该方法可以使用最大期望算法在非对齐数据上进行训练,但是马尔可夫假设使得该模型不能准确地对词的长程相关性进行建模。一种分层隐状态的方法[79]可以很好地解决这一问题,但它所需要的计算复杂度很高。另外一种鲁棒的生成式概率语法也可以从非对齐数据中学习得到[71]。Filip 等[80]基于带权值的有限状态传感器(weighted finite state transducer, WFST),采用贪心策略,提出了可以自动构建文字片段到语义项映射的算法。

Mairesse 等[81]在使用支持向量机分类器的基础上提出了语义元组分类器(semantic tuple classifier, STC)的方法[81],该语义元组分类器是对句子的分类,它可以在非对齐数据上训练。该方法利用了句子中词的 N 元组(N-gram)特征,对每一种出现过的语义项训练一个分类器。该方法还采用了类别替换的技巧(如把"上海""北京"替换为 CITY)来提升模型的泛化能力。

3. 深度学习方法

近十年来,深度学习方法在人工智能领域的各个领域都取得了突破性的进展,包括语音处理、图像处理、自然语言处理等领域。深度学习方法在各个领域

的具体体现就是深度神经网络模型的应用。在自然语言处理领域,特别是循环神经网络(recurrent neural network, RNN)在语言模型研究中的成功应用[82-83],将深度学习方法在自然语言处理中的研究热度推向高峰。

在口语理解的语义槽填充(基于序列标注)任务上,循环神经网络首先取得突破。Yao 等[84]和 Mesnil 等[76]同时将单向 RNN 应用于语义槽填充任务,并在 ATIS 评测集合上取得了超越 CRF 模型的显著性效果。如图 8-7 所示,这是一个用于口语理解中序列标注任务的循环神经网络模型结构。其中最下面一层为输入层,中间为隐层,最上面一层为输出层。每一层都代表了一系列的神经元,层与层之间由一个权值矩阵连接,如图 8-7 中的 $\boldsymbol{U}$, $\boldsymbol{W}$, $\boldsymbol{V}$。 输入层 $\boldsymbol{w}_t$ 表示的是输入词序列第 t 时刻词的 1-of-K 向量(K 为词表大小,向量中 $\boldsymbol{w}_t$ 对应的那一维值为 1,其他值全为 0)。输出层向量 $\boldsymbol{s}_t$ 表示的是在语义标签上的概率分布,向量长度是所有可能语义标签的数量。隐层和输出层的计算过程如下:

$$\boldsymbol{h}_t = f(\boldsymbol{U}\boldsymbol{w}_t + \boldsymbol{W}\boldsymbol{h}_{t-1})$$
$$\boldsymbol{s}_t = g(\boldsymbol{V}\boldsymbol{h}_t)$$

式中,f 为 sigmoid 激活函数(神经网络的激活函数还有很多,如 tanh、ReLU 等),$f(z) = \dfrac{1}{1 + \mathrm{e}^{-z}}$;$g$ 为 softmax 归一化函数,$g(z_m) = \dfrac{\mathrm{e}^{z_m}}{\sum_k \mathrm{e}^{z_k}}$;$\boldsymbol{U}\boldsymbol{w}_t$ 将 1-of-K 向量(离散)映射为一个连续的向量,该连续向量的词表示常称为词向量或者词嵌入(word embedding)。

该模型可以使用标准的神经网络反向传播算法优化参数,其目标是最小化数据的负的条件对数似然:

$$-\sum_t \lg[p(\boldsymbol{s}_t \mid \boldsymbol{w}_1 \cdots \boldsymbol{w}_t)]$$

该模型输出的语义标签是没有相互依赖关系的,且 t 时刻的输出预测仅依赖于当前词和它的历史词序列。此外,为了看到一定的将来词信息,可以以当前词为中心,设置一个固定大小的输入窗口(如 $2d+1$ 个词),则 t 时刻的输入从 $\boldsymbol{w}_t$ 变为 $\boldsymbol{w}_{t-d}^{t+d}$,这样做取得的效果会有一定的提升。

然而这种简单的循环神经网络不容易训练,存在梯度消失(gradient vanishing)或者梯度激增(gradient exploding)的问题。长短时记忆单元(long short-term memory, LSTM)的提出[85-86]则有效解决了这两个问题,LSTM 的公式描述如下:

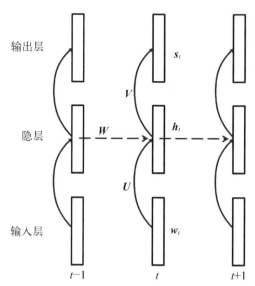

图 8-7　用于口语理解中序列标注任务的循环神经网络模型结构[84]

$$i_t = \sigma(\boldsymbol{W}^{(xi)} \boldsymbol{x}_t + \boldsymbol{W}^{(hi)} \boldsymbol{h}_{t-1} + \boldsymbol{W}^{(ci)} \boldsymbol{c}_{t-1} + \boldsymbol{b}^{(i)})$$

$$\boldsymbol{f}_t = \sigma(\boldsymbol{W}^{(xf)} \boldsymbol{x}_t + \boldsymbol{W}^{(hf)} \boldsymbol{h}_{t-1} + \boldsymbol{W}^{(cf)} \boldsymbol{c}_{t-1} + \boldsymbol{b}^{(f)})$$

$$\boldsymbol{c}_t = \boldsymbol{f}_t \cdot \boldsymbol{i}_t + \boldsymbol{i}_t \cdot \tanh(\boldsymbol{W}^{(xc)} \boldsymbol{x}_t + \boldsymbol{W}^{(hc)} \boldsymbol{h}_{t-1} + \boldsymbol{b}^{(c)})$$

$$\boldsymbol{o}_t = \sigma(\boldsymbol{W}^{(xo)} \boldsymbol{x}_t + \boldsymbol{W}^{(ho)} \boldsymbol{h}_{t-1} + \boldsymbol{W}^{(co)} \boldsymbol{c}_{t-1} + \boldsymbol{b}^{(o)})$$

$$\boldsymbol{h}_t = \boldsymbol{o}_t \cdot \tanh(\boldsymbol{c}_t)$$

式中，$\boldsymbol{i}_t$、$\boldsymbol{f}_t$、$\boldsymbol{c}_t$、$\boldsymbol{o}_t$ 和 $\boldsymbol{h}_t$ 分别代表 t 时刻的输入门、遗忘门、神经元激活、输出门和隐层值的向量；$\sigma(\cdot)$ 是 sigmoid 函数；$\boldsymbol{W}$ 是连接不同门的权重矩阵；$\boldsymbol{b}$ 是对应的偏差向量；$\boldsymbol{W}^{(ci)}$、$\boldsymbol{W}^{(cf)}$、$\boldsymbol{W}^{(co)}$ 是对角矩阵。从功能角度而言，上述公式中的输入向量 $\boldsymbol{x}_t$ 和隐层向量 $\boldsymbol{h}_t$ 与传统 RNN 的输入层值和隐层值是一致的。Yao 等[87]第一次将基于 LSTM 的循环神经网络应用于口语理解领域，并在 ATIS 任务上取得了优于传统 RNN 的性能。但是 LSTM 的计算复杂，提出了一些更简单的门控单元并得到应用，如门控循环单元(gated recurrent unit，GRU)[88-89]。

　　以上是单向循环神经网络的模型，只能考虑当前时刻的历史信息而不能考虑将来词的信息。由于口语理解一般是给定一句完整的话来预测语义信息，所以我们可以同时考虑历史词和将来词的信息。最典型的就是双向循环神经网络模型，该模型是由两个单向循环神经网络组成，一个向右传播(forward)，一个向左传播(backward)，如图 8-8 所示。双向循环神经网络模型在 ATIS 任务上也取得了比单向循环网络更好的性能[90-91]。基于双向循环神经网络模型的语义标签序列标注可以表示为如下条件概率公式：

$$p(s_1^T \mid w_1^T) = \prod_{t=1}^{T} p(s_t \mid w_1 \cdots w_T) = \prod_{t=1}^{T} p(s_t \mid w_1^T)$$

其中：w_1^T、s_1^T 分别表示输入、输出序列；s_t 表示 t 时刻的语义标签。

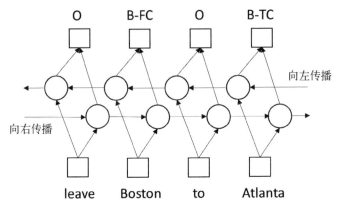

注：FC 表示出发城市，TC 表示到达城市

图 8 - 8　口语理解中序列标注任务的双向循环神经网络模型示例

　　除了循环神经网络，卷积神经网络（convolutional neural network, CNN）也经常应用到序列标注任务中[92-93]，这是因为卷积神经网络也可以处理变长的输入序列。图 8 - 9 是 CNN 在口语理解中比较成功的应用。该模型对 t 时刻的词 w_t 进行特征提取，得到 h_{w_t}，最后加一个前馈神经网络，预测 w_t 的语义标签 slot(w_t)。CNN 模型的应用在于如何自动提取 w_t 在当前句子中的上下文特征。该模型使用卷积层分别对当前上下文的历史信息和将来信息提取特征。其历史信息为句子的第 1 个词一直到第 $t+d$ 个词，其中 d 表示局部的窗口大小（在图 8 - 9 中 $d=3$），而将来信息则是第 $t-d$ 个词直到句子的末尾。CNN 模型的权值矩阵在这两个词序列上以一定窗口大小移动，将词向量特征做一次线性变换，并通过非线性的激活函数（sigmoid、ReLU 等）得到隐层信息。最大值池化（max pooling）操作将 CNN 卷积操作后的变长隐层信息转化为固定长的向量（如图 8 - 9 中的 C_{p_t}、C_{f_t}）。在得到上下文信息 C_{p_t}、C_{f_t} 后，该模型最后又将当前词的词向量信息 $e(w_t)$ 合并进来，并加入一层前馈神经网络，组成最后完整的特征 $h_{w_t} = ((U \cdot e(w_t), V_p \cdot C_{p_t}), (U \cdot e(w_t), V_f \cdot C_{f_t}))$。

　　上述模型在建模输出序列上不同时刻的预测是相互独立的，没有考虑输出结果之间的依赖关系。而传统的条件随机场（CRF）模型则对相邻输出之间的依

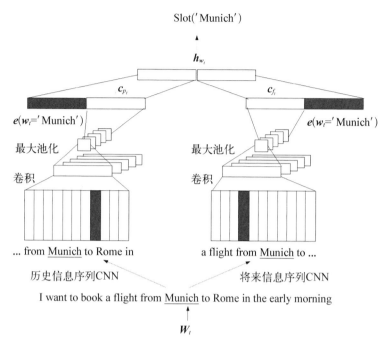

图 8-9 口语理解中序列标注任务的卷积神经网络模型示例[93]

赖关系有较好的建模,于是诸多研究者将深度神经网络(RNN、LSTM、CNN等)与 CRF 相结合[92,94-95]。这类模型的核心在于将深度神经网络看成一个很强的序列特征提取模型,并将这些特征及其值看作 CRF 模型的特征函数和相应的权值(或者将 CRF 优化目标函数看作深度神经网络的优化目标),如图 8-10 所示。由于 CRF 模型也可以采用反向传播的算法更新参数,于是这样结合的模型可以联合优化。

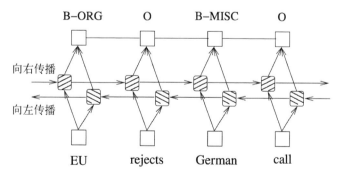

图 8-10 应用于序列标注任务中的双向循环神经网络加条件随机场模型[95]

除了与传统 CRF 模型的结合，基于序列到序列（sequence-to-sequence）的编码器-解码器（encoder-decoder）模型[96]也可应用到口语理解中来[97]。这类模型的编码器和解码器分别是一个循环神经网络，编码器对输入序列进行编码（特征提取），解码器根据编码器的信息进行输出序列的预测。其核心在于解码器中 t 时刻的预测会将 $t-1$ 时刻的预测结果作为输入。应用此模型的语义标签序列标注可以表示为如下条件概率公式：

$$p(s_1^T \mid w_1^T) = \prod_{t=1}^{T} p(s_t \mid w_1^T; s_1 \cdots s_{t-1})$$

式中，w_1^T、s_1^T 分别表示输入、输出序列；s_t 表示 t 时刻的语义标签。受 encoder-decoder 模型的启发，Kurata 等[98]提出了编码器-标注器（encoder-labeler）的模型，其中编码器 RNN 是对输入序列的逆序编码，解码器 RNN 的输入不仅有当前输入词，还有上一时刻预测得到的语义标签，如图 8-11 所示。Zhu 等[91]和 Liu 等[99]分别将基于关注机（attention）的 encoder-decoder 模型应用于口语理解，并提出了基于"聚焦机（focus）"的 encoder-decoder 模型，如图 8-12 所示。其中 attention 模型[96]利用解码器 RNN 的上一时刻 $t-1$ 的隐层向量和编码器 RNN 每一时刻的隐层向量依次计算权值 $\alpha_{t,i}$，$i=1, 2, \cdots, T$，再对编码器 RNN 的隐层向量做加权和得到 t 时刻解码器 RNN 的输入。而 focus 模型则利用了序列标注中输入序列与输出序列等长、对齐的特性，解码器 RNN 在 t 时刻的输入就是编码器 RNN 在 t 时刻的隐层向量。文献[91]和[99]中的实验表明 focus 模型的结果明显优于 attention 模型，且同时优于不考虑输出依赖关系的双向循环神经网络模型。目前在 ATIS 评测集合上，单个语义标签标注任务且仅利用原始文本特征的已发表最好结果（F-score）是 95.79%。

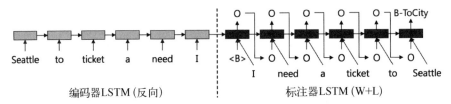

编码器LSTM（反向）　　　　　　　　标注器LSTM（W+L）

注：输入句子是"I need a ticket to Seattle"，"ToCity"表示达到城市，"B"表示一个语义槽的开头

图 8-11　应用于序列标注任务中的 encoder-labeler 模型[98]

此外，许多循环神经网络的变形也在口语理解中进行了尝试和应用，例如：加入了外部记忆单元（external memory）的循环神经网络可以提升网络的记忆能力[100]。

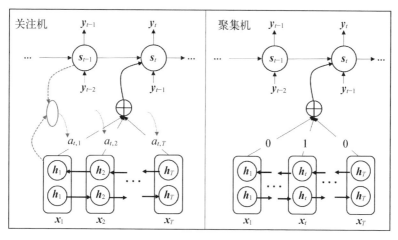

图 8 - 12　应用于序列标注任务中的 encoder - decoder 模型,其中包括 attention
和 focus 两种利用编码器特征信息的机制[91]

8.2.3　口语理解中的不确定性建模

自然口语对话系统中的语音识别难以避免错误,且其规律性也很难发现。这就使得语音通道的输入具有不确定性。传统的优化观点认为,提升识别准确率和降低不确定性是实现有效口语理解的唯一途径。然而,从认知技术的角度去看,人类语言自身就具有高度的模糊性。认知科学的观点认为,允许使用模糊的表达手段可以避免不必要的认知负担,有利于提高交互活动的高效性和自然度。允许非精确输入,将使得信息的输入带宽大大提高,人机交互的自然性和高效性极大改观。因此,如何在非精确条件下实现有效的理解,即认知统计口语理解,是认知技术的重要研究范畴。

认知统计口语理解就是从非精确的编码输入中得到准确的最优或多重语义理解。它与传统自然语言处理的不同之处在于,可能存在多重通道的编码以准同步的方式输入;输入编码本身可能存在与用户意图无关的编码错误;对应同一输入信号,通道层可能输出多种编码解释。多种编码解释是由信息在输入通道中传输而产生的不确定性,这些不确定性与通道自身的性质或对话情境有关。保留合理的多重编码解释或利用多通道的非精确输入会为用户意图的理解和后续决策提供更多的信息,因而在认知型统计口语理解范畴下,具有不确定性的输入通道的多重编码解释技术就成为重要的一环。

多重编码及置信度代表了输入不确定性,其表达形式可以有很多种,如 N 最佳假设列表、词格和词混淆网络。

口语理解模型需要对此类包含不确定性信息的输入进行建模来提升模型对于不确定性信息和语音识别错误的鲁棒性。一种非常简单易行的方法[101]：① 在模型训练阶段，使用用户所说话的人工转写文本（即完全正确的词序列）或者语音识别输出结果中置信度最高的词序列（top hypothesis）以及语义标注进行口语理解模型训练；② 在模型测试阶段，使用语音识别输出结果的 N 最佳假设句子列表，将 1 至 N 句话一一输入模型进行语义解析，最后联合考虑语音识别结果的置信度和语义解析的置信度，将语义解析结果进行整合（merge duplicate）。其过程如图 8 - 13 所示。

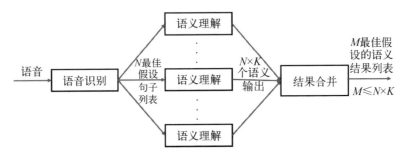

图 8 - 13　一种在语义解析阶段基于 N 最佳假设加权合并的不确定性建模方式

早期口语理解中的不确定性建模训练都是基于语音识别结果中置信度最高的词序列（ASR 1-best 结果）[79, 81]，但是显然 N 最佳假设列表、词格和词混淆网络等语音识别输出编码包含的信息量更大，置信度更准确。后续相继有人在 N 最佳假设列表、词格、词混淆网络上提取口语理解的特征，进行不确定性建模[101-104]。

基于非对齐数据的口语理解，Matthew 等[101]直接对 N 最佳假设列表和词混淆网络提取特征，利用支持向量机模型构建语义元组分类器（semantic tuple classifier），进行语义解析器的训练和测试。该方法的核心思想就是将 ASR 最有可能的前 N 句输出的 n-gram 特征做加权和（权值依据它们各自在 ASR 中的后验概率）。这样既综合了 ASR N-best 输出的信息，又减少了解析回合数（这是因为一般基于 1-best n-gram 训练的模型在解析 N-best 输入时，需要重复运行 N 遍，如图 8 - 13 中的方法），如图 8 - 14(a)所示。

ASR N-best 的 n-gram 特征定义如下：

$$x_i = \sum_{j=1}^{N} C_{\text{hyp}_j}(n\text{-gram}_i) p_j$$

式中，x_i 是第 i 个 n-gram 的值，即最终 n-gram 特征向量中第 i 维的值；hyp_j 是 ASR 输出 N-best 列表的第 j 个句子；p_j 是它的后验概率；函数 $C_u(n\text{-gram})$ 表示 n 元组 n-gram 在句子 u 中出现的次数。

类似地，该方法中词混淆网络的 n-gram 特征定义如下：

$$x_i = E\big[C_u(n\text{-gram}_i)\big]^{1/|n\text{-gram}_i|}$$

其中：$|n\text{-gram}_i|$ 表示 $n\text{-gram}_i$ 中词的个数；$E\big[C_u(n\text{-gram}_i)\big]$ 表示的是 $n\text{-gram}_i$ 在词混淆网络中出现次数的期望（$n\text{-gram}_i$ 出现的概率之和）；指数项是一个归一化操作，这是因为 n-gram 越长，其出现次数期望越低。文献[101]的结果也显示使用 ASR N-best 的 n-gram 特征可以取得比只利用 ASR 1-best 的更好的性能，而利用了词混淆网络的 n-gram 特征的方法可以取得最好的结果。这是因为从保护的信息量的角度来说，词混淆网络大于 ASR N-best，ASR N-best 大于 ASR 1-best。

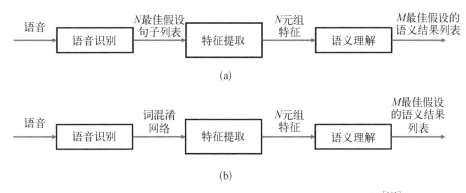

图 8-14　基于 ASR N-best list 和词混淆网络的口语理解建模[101]

（a）基于 ASR N-best 加权和特征的语义解析　（b）基于词混淆网络提取 n-gram 特征的语义解析

除了非对齐数据，在面向对齐数据的口语理解（一般定义为序列标注问题）时，词混淆网络也可利用。Tür 等[103]将词混淆网络看作一个分段序列（bin），其中每一个分段表示音频中相邻两个时刻之间对应的所有可能的词及其后验概率，这样传统序列标注的模型（如 CRF）就可以应用上了。该方法的第 1 步是将输出序列的语义标签与词混淆网络分段进行对齐，如图 8-15 所示，每一个分段包含了该时间段内所有可能的词。该方法基于 CRF 建模，对相邻的分段提取 n-gram 特征。实验证明基于词混淆网络的模型的性能优于只使用了 ASR 1-best 的模型。但该方法在训练过程中没有考虑词混淆网络中每个词的后验概率。文献[104]则在该方法的基础上做了两点改进：① 考虑了分段中每个词的后验概率,对分段进行聚类,构建基于分段类别的词表;② 在分段类别的序列上引入循环神经网络和 CRF 结合的模型。该方法取得了口语理解性能的进一步提升,并再一次验证了口语理解不确定性建模的优势。

词混淆网络(Word Confusion Bins)				
a	t	with	ashton	kutcher
tv	series	wet	aston	
the	tv		astion	
↓	↓	↓	↓	↓
B-类型	I-类型	O	B-明星	I-明星

图 8-15　口语理解中基于词混淆网络分段的序列标注建模[103]

8.2.4　上下文建模及领域自适应

1. 基于对话上下文的口语理解

在口语对话框架下,口语理解往往是对上下文敏感的,即同样的一句话在不同的对话情境下语义会不一样。比如下面这两个情景下的例子:

(1) 用户轮次 1,"请帮我订一张去北京的机票"。

(2) 用户轮次 2,"明天上午 10 点"。

(3) 用户轮次 1,"帮我设定一个时间提醒"。

(4) 用户轮次 2,"明天上午 10 点"。

从例子中可以看出,前后两次"明天上午 10 点"的意义是不一样的,前一个是指机票的出发时间,后一个是指设置提醒的时间。在很多时候,单独一句话是会引发歧义的,而对话上下文的引入则可以在一定程度上解决这一类的语义歧义现象。

在口语人机对话框架下主要有两类上下文信息:一类是用户以前说过的话(如上面的例子);一类则是机器以前说过的话(一般在对话系统内部以语义表示的形式存在)。这两类上下文信息的使用都可以对用户的口语理解提供帮助。

Matthew 等[101]将机器最新的回复信息(语义表示形式)作为语义解析器的额外特征来提升口语理解性能。该方法首先获取机器内部最新回复信息的语义表示(如对话动作类型、意图类别、语义槽值对),将它们的出现与否当做额外特征,与原始的文本特征一起辅助口语理解模型的训练和测试。文献[101]中的实验表明机器端的历史信息对口语理解的帮助非常大。

Liu 等[105]采用循环神经网络的思想,利用一个循环层记录口语理解模型的历史信息。

Chen 等[106]提出利用记忆网络(memory network)将历史上下文编码为一种知识表示向量,再将该向量作为当前句子口语理解的额外特征。在多轮对话任务上,该方法相对于不对上下文建模的方法有了很大提升。如图 8-16 所示,该框架包含 3 个 RNN 模型,分别是对历史句子进行编码的 RNN_{mem}、对当前句子进行编码的 RNN_{in}、进行口语理解-序列标注的 RNN 标记器。其中 RNN_{mem} 将历史句子 x_i 分别编码为一个向量(图 8-16 所示为 RNN 的最后一个时刻的隐层向量),同样 RNN_{in} 把当前句子 c 也编码为一个向量。

$$m_i = RNN_{mem}(x_i)$$
$$u = RNN_{in}(c)$$

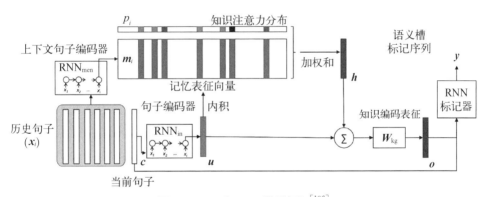

图 8-16 3 个 RNN 模型框架[106]

这样历史句子集合 x_i 就可转换为一个知识向量集合 m_i,下一步是利用当前句子的向量表示和知识向量集合计算一个知识关注(knowledge attention)分布 p_i:

$$p_i = softmax(u^T m_i)$$

式中,$softmax(z_i) = e^{z_i} / \sum_j e^{z_j}$;$p_i$ 可以看作是当前句子和历史句子的相关度。最后我们获得知识编码表示向量:

$$h = \sum_i p_i m_i$$
$$o = W_{kg}(h + u)$$

其中,W_{kg} 是一个线性变换矩阵;o 为最终的知识编码向量。该知识编码向量可以作为口语理解-序列标注模型的额外特征,使用历史句子信息对当前句子的口语理解进行去歧义化。由于整个框架之间的模型连接都是平滑可导的,所以所有模型都可以通过标准的反向传播算法进行联合的参数更新。

2. 口语理解中的领域自适应与扩展

对于基于统计学习(包括深度学习)的口语理解,如果想要在某个对话领域内达到比较好的语义解析效果,足量且准确的数据必不可少。然而在实际中获取真实数据十分费时费力,数据标注成本很高。为了实现非限定领域的口语理解,需要研究语义的进化,即语义在不同领域的扩展和迁移。从语义进化的角度看,在传统技术框架下,如果想要扩展口语理解领域,往往需要从头定义领域、收集数据、标注数据和构建系统。于是充分利用已有的资源进行领域自适应的口语理解研究变得尤为重要,且具有很高的实用价值。

1) 多领域的领域自适应

前文提到口语对话领域的数据非常难获取,那么如何利用不同领域的少量数据互帮互助进而提升各自领域的口语理解性能(领域自适应)变得非常有价值。一种常见的领域自适应方式是对不同领域的数据进行多任务学习,即共享不同领域数据的特征学习层。Jaech 等[107]在基于双向循环网络的口语理解模型上,利用多任务的框架对不同领域的数据进行共享学习。该方法共享双向循环网络的输入层和隐层结构(特征学习相关),而每个领域有一个自己的输出层(任务相关)。实验结果表明多任务学习的框架可以通过共享特征学习来节省不同领域的训练数据量。

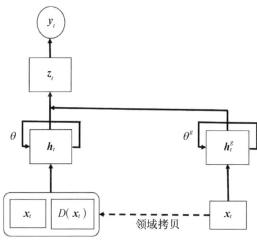

图 8 - 17　一种共享部分参数的多领域-多任务口语理解模型[108]

但不同领域之间的特征学习真的是完全可以共享的吗？比如两个很不相关的领域,一个是"音乐播放",一个是"地点导航",完全共享是否会对各自领域的口语理解有害,这是一个值得研究的问题。Kim 等[108]就在口语理解任务上对多领域数据的多任务学习框架进行了改进,采用了不同领域之间既有私有参数也有共享参数的方式。如图 8 - 17 所示,每一个领域 d 的口语理解模型都分为两部分,左边从 x_t、$D(x_t)$ 到 h_t

再到 z_t、y_t 的是领域 d 私有的模型结构,而右边 x_t 到 h_t^g 是领域共享的模型,其中 x_t 是领域共享的词向量;h_t 表示领域私有的循环神经网络的隐层向量;h_t^g 则表示领域共有的循环神经网络的隐层向量。由此可见,该模型可以将不同领域之间共享的特征学习模式和领域特有的特征学习模式区分开,进行更好的建模。

2) 领域扩展

在对话领域转移或者扩展的情况下,很难在短时间内获取一定量的数据。在这种情况下,基于多任务学习的领域自适应已经不适用,或者收效甚微。而更好的方式是研究如何快速构建扩展领域的数据,或者从其他领域迁移口语理解模式。

Zhu 等[109] 提出利用源领域的数据样本模板和目标领域的本体(包含目标领域的语义槽和语义槽可取的值)自动生成目标领域的数据,其中获取源领域的数据样本模板的过程加入了人工规则。该方法对不同对话领域之间的语义数据进行了分类:

(1) 领域无关型。有一类数据是领域无关的或者是通用的,比如常见的"你好""再见"等通用语句。

(2) 领域可转让型。有一类数据是两个领域共有的,但并不是所有领域都会有,比如"订机票"和"订火车票"领域都会有价格查询的数据。

(3) 领域限制型。这一类数据对于某一个领域是特有的,不可以直接被其他领域转移使用。

Zhu 等[109] 提出来的数据模拟生成就是主要解决第 3 类的数据迁移问题。如图 8‑18 所示,该口语理解的数据模拟生成方法包括 5 部分:

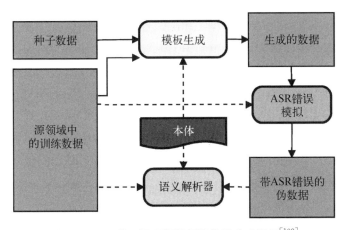

图 8‑18　一种口语理解数据的模拟生成框架[109]

（1）源领域的数据样本模板提取。该过程通过人工规则提出源领域数据中语义槽值部分，获取抽象化的句子模板及其语义标注。例如：句子模板为"I need moderately priced［food］food"，语义标注为"inform（pricerange＝moderate，food＝［food])"，其中［food］表示该位置可以填入任何的 food 相关的值。

（2）目标领域的样本模板生成(pattern generation)。该过程通过读取模板领域本体(ontology)中的语义槽信息，将源领域模板中的抽象化语义槽替换为目标领域中新出现的语义槽。

（3）根据新生成的样本模板以及本体中记录的每一种语义槽可能对应的值进行槽值填充，生成目标领域的文本数据(generated data)。

（4）语音识别错误模拟(ASR-error simulation)。为了提高口语理解对于语音识别错误的鲁棒性，该方法还利用了源领域的数据构建词混淆矩阵，以一定概率将正确的词映射为错误的词。

（5）目标领域的口语理解模型训练。

除了传统的数据生成的方式，零数据样本的学习策略(zero-shot learning)也应用到口语理解中来[110-112]。其中 Ferreira 等[111-112]利用预训练的词向量（如 word2vec、GLOVE 等工具的公开资源）和词向量相似度计算，进行输入句子和语义项的匹配（匹配过程可以是无参数的）。该方法是一种不错的冷启动方式，但过度依赖预训练的词向量，且词向量相似度对于专有领域的语义不一定可靠，比如"是"和"否"两个词在词向量空间很接近，但语义却是反的。Yazdani 等[110]基于非对齐的口语理解任务提出了一种迁移学习的框架，该模型框架将传统基于句子特征输入的语义项分类器改变为同时输入句子特征和语义项特征的相似度计算二分类器，如图 8-19 所示。其核心在于，在传统的语义项分类模型中语义项类别之间是相对独立的，而该模型框架语义项类别之间不相互独立。从统计模型分类的角度看，传统语义项分类模型是判别式模型 $p(y \mid x)$（其中 x 为句子输入，y 为语义项类别），而该模型框架是生成式模型 $p(x, y)$。从而，对于领域扩展后出现的新语义项 y'，判别式模型 $p(y \mid x)$ 无法预测，而生成式模型 $p(x, y)$ 还可以直接计算。

另外，Chen 等[113-115]借助外部开放语义资源（FrameNet）以及知识库（FreeBase）进行了无监督的口语语义理解研究，但该方法要求外部开放语义资源具有完备的领域定义，便捷性不高。Heck 等[116]利用从网页中提取的语义知识图谱对语义项构建自然文本表示，从而生成口语理解的训练数据。

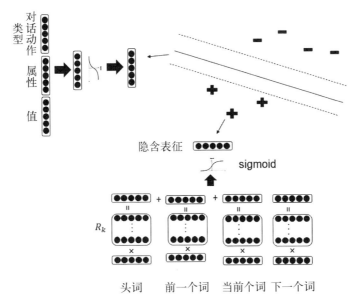

对
话
动
类
作
型

属
性

值

隐含表征

sigmoid

R_k

头词　前一个词　当前个词　下一个词

注：下方为输入句子特征学习模型，左上方为语义项特征学习模型，右上方为输入输出特征的相似度计算模型，该处的相似度计算可以是简单的 cosine 距离

图 8-19　一种口语理解的输入输出相似度匹配模型[110]

8.2.5　研究展望

1. 语义表示的设计

如何将一个句子的意思表示成合适的结构化形式使其有利于鲁棒的语义解析与推理、增加领域之间的可迁移性，一直是口语理解中最有挑战性的问题。这是因为语义表示需要满足各种各样不同的口语对话应用和场景，如呼叫中心、信息获取、业务导向的应用、娱乐、游戏。如果人所说的自然语言是一种信息的源编码，那么语义表示则是目标编码，口语理解就是解码过程。源编码是既定的，那么目标编码的设计也将影响口语理解的算法设计和性能。

2. 语义解析和语音识别的联合优化

自然口语对话系统中的语音识别难以避免错误，且其规律性也很难发现。无论如何基于语音识别的输出编码进行不确定性建模，两个模块之间的错误传递总是存在的。为了减少这种错误传递，对两个模块进行联合优化（或者是端到端的口语理解）是一个很好的解决思路。但由于工程难度和方法难度等原因，目前极少有工作在该研究方向上进行尝试。

3. 口语理解的领域迁移技术

如前文所述，口语理解中的数据收集和标注非常难，且随着用户对口语对话领域需求的增加,利用已有资源对对话口语理解算法进行快速的领域扩展和迁移的研究变得非常重要。目前的领域迁移算法需要完整的领域定义,且要求源领域与目标领域之间有很多相关性。

8.3 对话状态跟踪

8.3.1 基于部分可观测马尔可夫决策过程(POMDP)的对话管理框架概述

部分可观测马尔可夫决策过程(POMDP)是一个 8 元组 ($\mathcal{S}$, $\mathcal{A}$, $\mathcal{T}$, $\mathcal{R}$, $\mathcal{O}$, $\mathcal{Z}$, γ, b_0)。其中: $\mathcal{S}$ 是机器的状态 s 的集合,刻画了机器对用户意图和对话历史的所有可能理解; $\mathcal{A}$ 是机器所有可能的动作 a 的集合; $\mathcal{T}$ 定义了一组状态转移的概率 $P(s_t \mid s_{t-1}, a_{t-1})$; $\mathcal{R}$ 定义了一组瞬时收益函数 $r(s_t, a_t)$,表示在特定时刻的特定状态下,机器采取特定动作时获得的收益; $\mathcal{O}$ 表示所有可以观察到的特征集合; $\mathcal{Z}$ 定义了基于状态和机器动作的特征转移概率 $P(o_t \mid s_t, s_{t+1})$; $0 \leqslant \gamma \leqslant 1$,是强化学习的折扣系数; b_0 是状态分布的初始值,又称为初始置信状态。

POMDP 描述了机器和人交互进行决策的过程。一个典型的对话系统 POMDP 可由图 8 - 20 所示的动态贝叶斯网络(dynamic Bayesian network)①表示[45]。

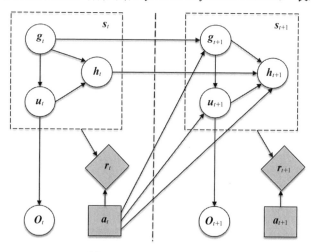

图 8 - 20　POMDP 示意图

---

① 动态贝叶斯网络的每个节点表示一个随机变量,节点之间的箭头表示随机变量之间的统计相关性,$A \rightarrow B$ 表示 B 依赖于 A,没有箭头的节点之间是条件独立的。阴影节点代表可观测的值,空白节点表示隐变量。

在每个时间点 t，POMDP 系统都处于某个未知的状态 s_t。在自然人机对话系统中，这个"状态"必须能够描述 3 个方面的信息：用户的终极意图 g_t，它代表了机器必须从用户那里获取的、能够正确完成任务所需的信息；最近的用户输入中包含的单句意图理解 u_t，它代表了用户刚刚在时刻 t 说过的话；所有的对话历史 h_t。这就使得实际的对话系统状态可以分解为 $s_t = (g_t, u_t, h_t)$，如图 8 - 20 中虚线框部分所示，而这 3 部分在真实的人机交互过程中又都不是可以直接精确观测的[117]。系统在时刻 t 的全部状况则由所有状态的概率分布 $b_t(s_t) = P(s_t)$ 表示，这个分布通常是一个离散分布，可简写为 b_t，又称为"置信状态"。需要强调的是，"置信状态"是分布而不是一个具体状态，它是对于系统全局状态的完整综合描述，包括了所有不确定的信息。基于置信状态 b_t，机器会根据一定的策略选取机器行为 a_t，基于此收获一个收益值 r_t，并产生状态转移，形成新的状态空间。机器行为是用户可以观测的，而收益值取决于当前系统的状态 $s_t = (g_t, u_t, h_t)$ 和机器行为 a_t，一般是预先设计好或可以估计的。新转移到的状态 s_{t+1} 也是不可见的，在统计上，它仅仅依赖于上一时刻的状态 s_t 和机器行为 a_t。其中观察特征 o_t 是通过识别和理解模块观察到的用户意图，表现形式是语义信息项。o_t 会具有一定的不确定性，不同于真正的用户单句意图 u_t，但从对话系统角度来看，它在统计上仅仅依赖于 u_t。

由于 POMDP 提供了置信状态跟踪和策略优化的数学方法，它成为解决基于不确定性的推理和决策控制的重要工具。但人机对话的状态包括了大量的语义项和项值，用户意图、理解结果和对话历史的各种可能组合更使得状态空间的规模指数增长，一个不大的研究任务的状态空间都可能数以百万计[118]，一般性的 POMDP 算法在理论和实践上都不可行。这使得 POMDP 在人机对话系统中有了更多新的需要解决的问题，构成了认知技术的重要部分。

本节剩余的部分将介绍对话状态跟踪的基本概念及模型，8.4 节将介绍对话策略及其优化技术。

8.3.2 对话状态跟踪

对话状态跟踪本质上是对概率分布 b_{t+1} 的估计，大多数研究都是基于贝叶斯公式的展开进行分项研究。由图 8 - 20 中给出的统计相关关系假设，可以得出置信状态进行统计跟踪的基本公式：

$$b_{t+1}(g_{t+1}, u_{t+1}, h_{t+1}) = \eta P(o_{t+1} \mid u_{t+1}) P(u_{t+1} \mid g_{t+1}, a_t) \sum_{g_t} P(g_{t+1} \mid g_t, a_t)$$

$$\sum_{h_t} P(h_{t+1} \mid g_{t+1}, u_{t+1}, h_t, a_t) b_t(g_t, u_t, h_t) \quad (8 - 1)$$

式(8-1)展开的各项代表不同的物理含义,分别对应于人机对话不同层次的模型:

(1) 观察模型 $P(o_{t+1} \mid u_{t+1})$,对语音识别和语义理解中可能的误差进行了建模。

(2) 用户模型 $P(u_{t+1} \mid g_{t+1}, a_t)$,表现了在一定的用户意图和系统反馈下,用户可能表达的具体语义,这是对用户行为特征的建模。

(3) 意图转换模型 $P(g_{t+1} \mid g_t, a_t)$,表达了用户的意图在对话过程中转换的概率。

(4) 历史模型 $P(h_{t+1} \mid g_{t+1}, u_{t+1}, h_t, a_t)$,表达了系统对对话状态历史的记忆。

以上的模型每一项都有较高的复杂度,为了使得 POMDP 模型能够可计算,近似算法就成为置信状态跟踪的核心之一。近年来,两类近似算法正在广泛使用:

(1) N-best 近似。原始的置信状态 b_t 描述的是所有可能的状态 s_t 的概率分布,N-best 近似的基本原理是用一些最可能的状态列表来代替近似整个状态空间。这意味着只有那些有较高概率的对话状态才会被有效描述,而其他的状态只有很小的概率。这种框架下的一个典型例子是"隐信息状态"模型[118],它将相似的用户意图聚类,形成基于树结构的聚类分割,这些类可以随着对话过程的继续进行动态的分割和合并。而置信状态的跟踪仅仅在类的级别进行,这就大大减小了计算复杂度。在类似的框架下,如何有效地进行聚类[119-120],状态空间剪枝算法[120-121],状态的概率形式[122-124]等问题都得到了较多的研究,使得 N-best 近似能够成功应用于小规模的真实世界对话任务[118]。N-best 近似的框架从原理上可以看作是有 N 个基于精确输入的对话管理器在并行运行,每个对话管理器对于用户所说的内容都有各自的理解。

(2) 因素分解近似。与 N-best 近似算法不同,因素分解近似是在结构上对用户意图进行进一步的统计分解。例如对于一个旅游信息系统,用户的意图可能是餐馆或旅店,而这两种不同类型的意图又分别对应不同的具体语义项,例如菜品、星级。于是从先验知识出发,可以假定餐馆相关的用户意图与旅店相关的意图是完全独立,即可以分别独立跟踪。由于这种分解,用户意图可以在语义项的层次进行分别跟踪,这使得完整的概率分布跟踪成为可能,在独立性假设合理的情况下,该法会优于 N-best 近似算法[44, 125]。由于因素分解近似采用完整的概率分布,机器学习领域很多标准的置信跟踪算法都可以应用[126]。近年提出来一些改进算法,使得因素分解近似可以对一定的意图相关性进行建模[125, 127]。

因素分解近似也已经成功地应用于小规模的真实世界对话任务[128]。

以上的状态跟踪算法都是基于式(8-1)进行的。状态跟踪本身也可以看作是一个分类加置信度的机器学习问题。为了促进对话状态跟踪的研究，Williams 等[129]组织了对话状态跟踪挑战赛(dialogue state tracking challenge, DSTC)，引发了很大的研究兴趣。

8.3.3 对话状态跟踪挑战赛

到目前为止，Williams 等共组织了 5 届 DSTC[13,129-133]，其中前 3 届的评估数据是基于人机口语对话数据，后两届是基于人人之间的对话数据，由于人机对话与人人对话的差别较大，本文只介绍与人机口语交互相关的前 3 届 DSTC。这 3 届比赛都对对话状态进行了简化，即只跟踪用户目标。

第 1 届 DSTC (DSTC-1)[129]的评估数据源于提供公交信息查询系统的 Let's Go 对话系统。在这个任务中，共有 9 个语义槽(slot)。在这次比赛中，提出了多种不同的评估指标，其中所有语义槽的联合用户目标的估计准确度(ACC)和 L2 距离是被后面几届 DSTC 广泛接受的两个指标。

第 2 届 DSTC (DSTC-2)[130]的评估数据源于提供餐饮查询信息的对话系统，共有 8 个语义槽，其中有些语义槽可以供用户询问(requestable slot)，有些语义槽可以当做查询的限制条件(informable slot)。相比 DSTC-1，DSTC-2 的主要特点是对话中用户的目标可能会发生变化。

第 3 届 DSTC(DSTC-3)[131]是 DSTC-2 的扩展，其领域是旅游信息查询，包含了 DSTC-2 的餐饮查询。DSTC-3 的目标是评估不同模型的泛化能力及迁移能力。

如前文所述，在 DSTC 之前，大多数的对话状态跟踪(dialogus state tracking, DST)模型都是基于贝叶斯公式的生成模型，它们尽管在数学上有很好的解释，但是往往不能应用到大规模的真实任务中，也不能在模型加入丰富的特征。在 DSTC 中，提出了许多新型的 DST 模型，这些模型大致可以分为 3 大类：基于统计的模型、基于规则的模型以及基于规则与统计相结合的模型。

8.3.4 基于统计的 DST 模型

在基于统计的 DST 模型中，大多数模型都属于鉴别性模型，包括最大熵模型(maximum entropy model, MaxEnt)[134,135]、深度神经网络(deep neural network, DNN)[136,135]、条件随机场模型(condition random field, CRF)[137]以及决策森林(decision forest)[138]等。从各种模型的输出特性及对时序的建模来

看,它们可以分为 4 种不同的模型：二分类模型、多分类模型、结构化鉴别模型以及序列标注模型。

（1）二分类模型。在这个模型中，假设所有的语义槽互相独立，因此对话状态联合概率分布可以分解为每个语义槽概率的乘积，即

$$\boldsymbol{b}(a_t = v_1, \cdots, a_n = v_n) = \prod_j \boldsymbol{b}(a_j = v_j) \tag{8-2}$$

根据此假设，要想计算联合目标的置信度分布，就只需要单独计算每个语义槽 a 是候选取值 v 的置信度 $\boldsymbol{b}(a = v)$。因此，可以将每个语义槽-值对的置信度估计转换为二分类问题，即 $a = v$ 是否正确。在独立估计出每个候选值的置信度后，再将所有候选值的置信度进行归一化。为了减少二分类器的数量，同一语义槽不同的候选取值可以采用相同的分类器，即只需要对每个语义槽建立一个二分类器。MaxEnt DST[134-135] 和 DNN DST[135-136] 都属于二分类模型。

（2）多分类模型。在二分类 DST 模型中，语义槽每个候选取值 v 的置信度是独立估计的，忽略了不同候选取值之间的相互影响。为了直接对语义槽不同的候选值之间的相互影响进行建模，多分类模型同时估计语义槽每个候选值的置信度，即每一类的输出对应一个候选值的置信度。与二分类 DST 一样，多分类 DST 模型也假设不同语义槽之间相互独立，联合目标的概率用式（8-2）计算。基于循环神经网络（RNN）的 DST 模型[139-140] 就是典型的多分类模型。

（3）结构化鉴别模型。二分类和多分类 DST 模型都没有考虑不同语义槽之间的相互影响，而在实际情况中，不同语义槽的取值是有可能相互影响的。例如，在公交信息查询任务中，语义槽出发地（departure）和目的地（destination）不能是相同的值。结构化鉴别模型对同一个对话轮回（turn）中不同语义槽之间的关系进行了显式建模。基于 CRF[137] 和基于网页排序（即决策森林）[138] 的 DST 模型都属于这一类。

（4）序列标注模型。前面介绍的 3 种模型都只关注当前对话轮回的用户目标跟踪，序列标注模型则对同一语义槽不同对话轮回的取值同时进行估计，考虑了轮间用户目标的相互关系。Kim 等[141] 提出的线性 CRF DST 就属于此类模型。

8.3.5　基于规则的 DST 模型

在 DSTC 中，提出了一些新颖的基于规则的 DST 模型。相对于基于统计的模型，其具有不需要训练数据、泛化性好、可解释性强的优势。例如，Wang 等[142-143] 根据概率公式提出了 HWU 规则模型。在这个模型中，对于第 t 对话

轮回语义槽 a 及其候选取值 v,$P_t^+(v)$ 和 $P_t^-(v)$ 分别表示口语语言理解(spoken language understanding,SLU)中与 $a=v$ 相关的正向(inform($a=v$)或者 affirm($a=v$))的置信度和负向(deny($a=v$))的置信度。则 $\boldsymbol{b}_t(v)$ ① 的计算公式为

$$\boldsymbol{b}_t(v) = \left\{1 - \left[1 - \boldsymbol{b}_{t-1}(v)\right]\left[1 - P_t^+(v)\right]\right\}\left[1 - P_t^-(v) - \sum_{v' \neq v} P_t^+(v')\right]$$

$$(8-3)$$

上述简单的 HWU 规则模型在 DSTC 中的表现甚至要优于一些基于统计的模型。

8.3.6 基于规则与统计相结合的 DST 模型

为了充分利用基于规则的 DST 模型和基于统计的 DST 模型的优势,Sun 等[144-146]在 HWU 模型的基础上提出了一个混合模型——有约束的马尔可夫贝叶斯多项式(constrainted Markov Bayesian polynomial,CMBP),该模型能够将两者优势结合起来。将式(8-3)右边部分展开,可以发现其是关于变量 $P_t^+(v)$,$P_t^-(v)$,$\boldsymbol{b}_{t-1}(v)$ 和 $\sum_{v' \neq v} P_t^+(v)$ 的多项式。在 CMBP 模型中,除了上述 4 种变量,还引入了两种变量,共包括:

(1) $\boldsymbol{b}_t(v)$,第 t 轮,语义槽 a 的取值为 v 的置信度。

(2) $\boldsymbol{b}_t^r$,到第 t 轮为止,语义槽 a 还没有被用户提到($a=$none)的置信度。

(3) $P_t^+(v)$,SLU 中与 $a=v$ 相关的正向(inform($a=v$)或者 affirm($a=v$))的置信度之和。

(4) $P_t^-(v)$,SLU 中与 $a=v$ 相关的负向(deny($a=v$))的置信度之和。

(5) $\widetilde{P}_t^+(v) = \sum_{v' \notin \{v,\, \text{none}\}} P_t^+(v')$。

(6) $\widetilde{P}_t^-(v) = \sum_{v' \notin \{v,\, \text{none}\}} P_t^-(v')$。

CMBP 定义为带有限制条件的关于上述变量的多项式函数:

$$\boldsymbol{b}_t(v) = f^k(\boldsymbol{b}_{t-1}(v),\ \boldsymbol{b}_{t-1}^r,\ P_t^+(v),\ P_t^-(v),\ \widetilde{P}_t^+(v),\ \widetilde{P}_t^-(v))$$

$$\text{s. t. constrains} \tag{8-4}$$

式中,$f^k(\cdot)$ 表示 k 阶(一般不超过 3 阶)多项式,且其系数只能为 $-1,0,1$;

---

① 在没有歧义的情况下,为了表述方便,$\boldsymbol{b}_t(a=v)$ 可以缩写为 $\boldsymbol{b}_t(v)$。

constrains 表示约束，代表着先验知识或者规则。例如，$b_{t-1}(v)$，b_{t-1}^r，$P_t^+(v)$，$P_t^-(v)$，$\tilde{P}_t^+(v)$，$\tilde{P}_t^-(v)$ 的取值范围都在 $[0,1]$；SLU 的输出中关于 v 相关的置信度的和不会大于1，即 $0 \leqslant P_t^+(v) + P_t^-(v) + \tilde{P}_t^+(v) + \tilde{P}_t^-(v) \leqslant 1$。

求解式(8-4)就是寻找满足约束的 k 阶多项式的系数。为了降低求解的复杂度，非线性约束可以用线性约束来近似，则求解式(8-4)就转变成了一个线性规划问题。一般地，符合条件的解会有多个，如果有标注好的训练数据，我们可以测试这些解在数据集上的性能，挑选性能最好的一个或多个解。进一步地，有了整数解，可以使用启发式搜索的方法，例如爬山法，在整数解的周围搜索实数解。

CMBP 模型通过引入先验知识使得其在小数据甚至无训练数据时拥有较好的初始性能，当训练数据增多时模型性能可以进一步提升。但是，在 CMBP 模型中加入更多的变量会急剧增加模型的复杂度，使得线性规划的求解难度显著增加；此外，利用启发式搜索的方法寻找实数解并不是十分高效。鉴于此，Xie 等[147-148]在 CMBP 模型的基础上进一步提出了"循环多项式网络(RPN)"。

RPN 是一种可以表达具有时序关系的循环多项式的计算图，一个简单的 RPN 如图8-21所示。从下往上，第1层〇表示输入节点，第2层⊗表示乘积节点，每个节点的值是与其相连的所有输入节点的乘积，每条相连的边代表一次乘积，第3层⊕表示加和节点，节点的值是所有乘积节点的加权和，边上的值代表权重，即多项式的系数 w。3种节点组合成的 RPN 可以表达以输入为变量的任意多项式，同时将上一时刻的输出作为下一时刻的输入，RPN 就可以对不同时刻的时序关系进行建模。根据上述定义，图8-22表示多项式 $b_t = b_{t-1} + P_t^+ - P_t^+ b_{t-1}$。图8-22是一个完整的3阶 RPN 示意图。

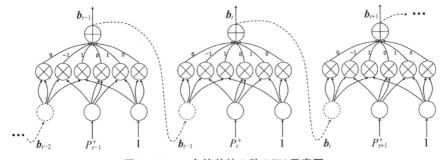

图8-21　一个简单的2阶 RPN 示意图

RPN 的参数可以通过随时间的后向传播(backpropagation through time, BPTT)算法进行训练，优化准则可以是最小化均方误差(MSE)。为了加速模型

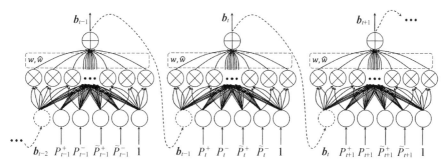

图 8 - 22 一个 3 阶的 RPN 示意图

的训练速度,可以用 CMBP 的解作为 RPN 的初始参数。

RPN 除了与 CMBP 一样能够表征多项式以外,还可以在输入层加入更多的特征,同时在输出层加入激活函数,增加模型的表达能力。

8.3.7 端到端的 DST 模型

上面提到的一些 DST 模型在对概率分布 b_{t+1} 进行估计时,都需要 SLU 给出 $a = v$ 相关的置信度。这种方法一方面可能在语义解析阶段引入额外的误差,影响 DST 模型的表现;另一方面,由于 SLU 与 DST 的分离使得模型难以联合优化,不方便实现增量式学习的 DST 模型。端到端 DST 模型避免显式构建 SLU,而直接以 ASR 的结果作为输入,为解决这些问题提供了一种思路[139-151]。一般地,这种模型利用 RNN 对历史信息进行编码建模,根据编码建模的尺度可以分为词级别(word-level)的模型和句子级别(turn-level)的模型两类。

1. 词级别的 DST 模型

在 Žilka 和 Jurčíček[151] 提出的词级别的 DST 模型中[151],为了预测当前时刻 t 的对话状态,整个对话从 0 时刻到 t 时刻的所有对话被拼成一个长句子以作为输入,并在该长句子结尾做出预测。图 8 - 23 以"food"和"area"这两个语义槽为例,展示了该模型处理对话到当前时刻只有一个句子"looking for Chinese food"时,预测对话状态的过程。

图 8 - 23 中,每一时刻的词 a_t 首先经过词嵌入层被映射成固定维度的词向量 w_t;然后该词向量输入到 Enc 这个 RNN 编码器中,同时输入 Enc 的还有该编码器在上一时刻的输出,从而得到当前时刻的信息编码表示 h_t,即 $h_t =$ Enc(w_t, h_{t-1});最后,在句子末尾的时刻 T,编码器的输出 h_T 作为整个对话的编码向量表示,送入一个简单的 Softmax 分类器,得到对话在当前语义槽上的不同取值的概率分布,即 $b_T = C_i(h_T)$,其中 C_i 是第 i 个语义槽对应的分类器。

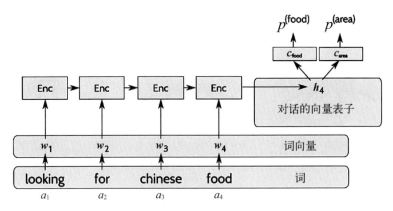

图 8 - 23 词级别的 DST 模型

在构造模型的句子输入时,既需要用户句子信息,也需要系统回复的信息。对于用户句子,只有 ASR 结果中置信度最高的结果(1-best-ASR)才能利用。而对于系统回复,系统语义动作"act_type(slot_name=slot_val)"将展平成单个的词"act_type,slot_name,slot_val",并拼接起来构造一个短句。比如系统动作"inform(food=chinese)"将展平成短句"inform food Chinese"。在预测第 t 时刻的对话状态时,模型的句子输入通过将当前时刻及以前的所有用户句子信息和系统回复信息按时间拼接在一起得到。

该模型由于只利用了 ASR 的 1-best 信息,且没有考虑 1-best-ASR 对应的置信度的影响,在部分语义槽上的表现不佳,尤其是当语义槽可能的取值比较多时。于是,Žilka 等[152]改进了该模型,提出在把 w_t 输入 Enc 之前,将该 1-best-ASR 对应的置信度 r_t 考虑进来。即 $h_t = \text{Enc}(u(w_t, r_t), h_{t-1})$,其中 u 是将词向量 w_t 和置信度 r_t 拼接后做联合映射的全连接层。模型的其他结构不变,新模型相比之前在性能上略有提升。

2. 句子级别的 DST 模型

通常来说,在 ASR 的 N-best 结果中,置信度最高的识别文本并不总是正确文本,正确文本信息可能散布在不同的 N-best 结果中。鉴于此,能够考虑 ASR 的所有 N-best 信息的句子级别的 DST 模型将比词级别的 DST 模型有更好的效果[139, 149-150]。图 8 - 24 以"food"和"area"这两个语义槽为例,展示了句子级别的 DST 模型的处理过程。其中 Enc 是 RNN 的编码器,TF_t 表示的是第 t 轮对话时模型输入的句子级特征(turn-level feature),对话的每一轮结束都可以对当前轮提取句子级特征,结合 Enc 的历史信息,可以预测当前轮的对话状态。

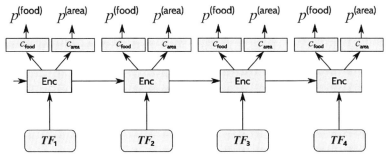

图 8 - 24　句子级别的 DST 模型

该模型的关键在于如何构建对话的句子级特征 $\boldsymbol{TF}_t$，对话的每轮句子级特征由用户句子特征和系统句子特征构成。以构造用户句子特征为例，典型的方法包括：

（1）N-gram 特征。从 ASR 的 N-best 识别结果的每个文本中提取 1-gram、2-gram、3-gram 特征，用词袋模型（bag of word，BOW）构造文本特征向量[153]，并根据不同 N-best 的置信度进行加权，得到用户句子特征。

（2）连续分布式表示特征。用文本连续空间的分布式向量来表示文本的特征，比如 RNN 特征和 CNN 特征。当使用 RNN 作为编码器时[150]，将 ASR 的 N-best 识别结果的每个文本输入 RNN 编码器提取文本特征向量，并根据置信度对向量求加权和，即得到用户句子的 RNN 特征。类似地，可以构造 CNN 特征，图 8 - 25 展示了 Wen 等[154] 提取 CNN 特征的过程，该 CNN 结构包括 3 个卷积层：最大池化层、平均池化层、输出句子级特征向量。值得注意的是，该结构的输入是去词汇化（delexicalised）的句子，"s. food"替换的是句子中表示"food"这个语义槽的名称，"v. food"替换相应语义槽的值。

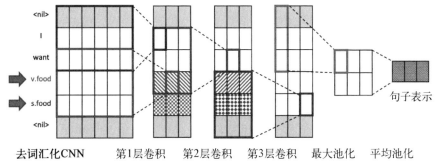

图 8 - 25　CNN 特征提取[154]

上述方法比较充分地利用了 ASR 的所有 N-best 文本和相关置信度信息，相比只利用 1-best 信息，其提取的特征含有更丰富的信息。另外，不同方法提取的特征也可以通过拼接或加和等方式进行融合。构造系统句子特征采用的方法与上面相同，区别在于系统回复是语义动作，需要先展平成短语，并且默认置信度为 1。

为了提升模型的泛化能力，往往需要根据实际情况对训练数据做一些预处理：

（1）在训练集中随机挑选一些句子，随机选取一些词替换成集外词（out-of-vocabulary，OOV）标识，以增强模型对 ASR 结果中出现集外词的处理能力。

（2）将出现次数比较低的槽值替换成预定义的标识符，比如，用户文本中出现了"food"这个语义槽对应的槽值"jamaican"，而这个槽值在整个数据集出现次数很少，那么可以将该对话中所有的"jamaican"替换成"♯food1"，类似地后续出现的关于"food"的低频槽值替换为"♯food2"，并在相应的数据标注中修改对应槽值为替换后的标识符，如此可以使模型更好地处理出现频率较低的槽值[152]。

（3）对用户文本进行完全的去词汇化处理，即将所有的语义槽的名称和值都替换成通用的标识符，比如对于"food"这个语义槽，"I want chinese food"进行去词汇化后得到"I want v. food s. food"，这样的处理方便在提取句子特征的模型中进行网络权重共享[154]。

（4）在生成系统句子特征时，添加对系统动作中出现的槽值进行标识化后的特征，比如将系统动作"inform（food＝jamaican）"替换成"inform（food＝♯value）"，提取替换后动作的句子特征后将其拼接在原始句子特征后面，以降低模型对系统动作中特定槽值的依赖[139]。

实际上，用朴素的 RNN 做编码器难以达到很好的性能，GRU（gated recurrent unit）和 LSTM（long short term memory）等 RNN 模型的变种通常是更好的选择。另外，还可以通过对 RNN 内部结构调整来提升模型的能力。比如：Plátek 等[150]在 RNN 编码器引入注意力（attention）机制；Henderson 等[139]通过在 RNN 结构中引入内部存储（internal memory）单元的设计，取得了目前端到端 DST 模型最好的结果。

Henderson 等[139]提出的结构对于给定的语义槽 s，维护了一个每轮对话更新的内部存储单元 $m \in \mathbf{R}^{N_{mem}}$，如果语义槽 s 有 N 种不同的取值，则概率分布输出 $p \in \mathbf{R}^{N+1}$，其中 p 的最后一个概率值 $p \mid_N$ 表示取值为"none"时的概率。图 8-26 展示了每轮对话如何根据 m 和 p 更新得到新的内部存储单元 m' 和新的概率分布 p'。其中，f、f_s、f_v 是从用户 ASR 和系统动作提取的 N-gram 特征,分别对应原始文本的特征、做了语义槽标签替换后的特征、做了槽值标签替换后的特征。

图 8 - 26 网络的一个重要部分是,学习一个从原始文本特征 f、存储单元 m 和上一轮概率分布 p 到向量 h 的映射,该向量将直接用于后续 p' 的更新。h 的计算涉及语义槽 s 在训练集中出现过的所有槽值。图 8 - 26 中还有一个针对每个槽值,利用标签替换后的特征做更新的子结构,即计算 g 的子结构。该子结构输入了标签化后的文本特征,充分利用语义槽和槽值在文本中出现时对应的上下文特征,能够提升模型的泛化能力。随后,新的存储单元 m' 直接由原始文本

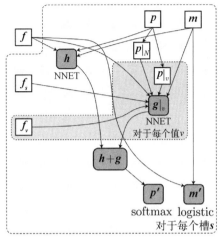

图 8 - 26　每轮对话 m' 和 p' 的计算

特征 f 和上一轮的 m 得到,而新的概率分布 p' 根据 h 和 g 计算得到。具体的计算公式为

$$h = NNet(f \oplus p \oplus m) \in \mathbf{R}^N \tag{8-5}$$

$$g\mid_v = NNet(f \oplus f_s \oplus f_v \oplus \{p\mid_v, p\mid_N\} \oplus m) \in \mathbf{R}^N \tag{8-6}$$

$$m' = \sigma(W_{m0}f + W_{m1}m) \in \mathbf{R}^{N_{mem}} \tag{8-7}$$

$$p' = softmax([h+g] \oplus \{B\}) \in \mathbf{R}^{N+1} \tag{8-8}$$

式中:$NNet(\cdot)$ 表示作用于输入的神经网络;$\oplus$ 表示向量拼接操作;W_{m0} 和 W_{m1} 是更新 m' 的神经网络的参数;B 表示神经网络对应于值"none"的网络参数。

8.3.8　多领域 DST 模型

在大多数情况下,DST 模型用于单一的特定领域,对于不同的领域需要不同领域的训练数据,并针对每个领域训练独立的 DST 模型,在应用时根据对话当前所属领域切换不同的 DST 模型。为了构建开放领域对话系统,需要搭建能够跨领域的 DST 模型,称之为多领域(multi-domain)DST 模型[155-157]。

Mrkšić 等[157]在句子级 DST 模型[139]的基础上,根据迁移学习的思想,提出了一种层次训练(hierarchical training)方法来构建多领域 DST 模型,其实验结

果表明该模型在考察的多个领域上表现出色,并且能够方便地进行领域拓展以支持新的领域,基本步骤包括如下3步:

(1)进行共享初始化操作。对不同领域的所有训练数据进行去词汇化,即将所有槽值出现的地方都替换成特定的通用标识符,构造槽值无关的对话数据;对于RNN模型,只提供一套RNN参数,即初始时所有语义槽共用同一套RNN参数。

(2)训练多领域共享RNN模型。利用所有领域去词汇化后的对话数据进行训练,使得模型能够捕获对话中非常通用的动态特征信息,最终得到一个共享RNN模型。

(3)训练特定语义槽的RNN模型。对于任一语义槽,将第(2)步得到的共享RNN模型拷贝一份,在拷贝模型的基础上,利用所有领域的对话数据做训练,得到针对该语义槽的多领域RNN模型。

在共享RNN模型基础上训练的特定语义槽的DST模型,利用了额外的对话信息,往往比直接在特定语义槽上训练的模型有更好的泛化性。另外,在进行领域拓展或构建一个新领域的DST模型时,层次训练的方法通过利用领域外的对话初始化共享RNN模型,能够加快训练过程,尤其是在新领域的训练数据较少时,能够显著提高模型的初始性能。

8.4　对话策略优化

对话策略是对话系统的核心模块,对话策略的作用是根据对话系统记录的对话状态选择系统动作来回复用户。在POMDP框架下,对话系统的"策略"是一个从置信状态 b 到机器行为 a 的映射,这个映射既可以是确定性的映射函数[118],表示为 $a = \pi(b)$,也可以是随机映射[158],表示为给定置信状态产生特定机器行为的概率,$\pi(a \mid b) \in [0, 1]$ 且 $\sum_a \pi(a \mid b) = 1$。除这两种主流的状态表示之外,也有一些其他形式的策略表示,如有限状态控制[159],观察序列到机器行为的直接映射[160]等。对话策略优化就是指利用强化学习方法来优化映射函数的参数。本节将分别介绍强化学习及其在对话策略优化中的应用、近年来发展起来的深度强化学习及其应用、对话策略优化的高级技术等。

8.4.1　强化学习及其在对话策略优化中的应用

强化学习主要是用来生成最优的控制马尔可夫决策过程的策略。强化学习可认为是决策系统的目标策略生成的框架。强化学习主要用在如图 8‑27 所示的系统中,可以看到强化学习有 4 个基本组建:环境(environment)、智能体(agent)、动作(action)、反馈(reward)。其中强化学习目标就是大脑的主体部分,它所承担的任务就是接收环境的状态,根据当前的状态做出相应的动作,在做动作之后会得到相应的回报值,学习的目标就是最大化这个回报值。因此,强化学习要做的就是与环境不断地交互,然后生成使得回报值最大化的策略。强化学习与有监督学习的区别主要分为两点:

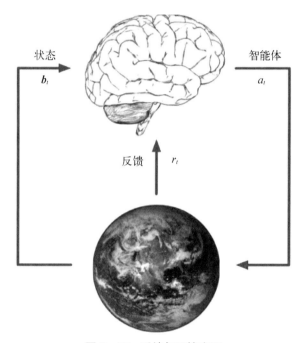

状态 b_t
智能体 a_t
反馈 r_t

图 8‑27　系统与环境交互

(1) 训练数据的来源不同。强化学习的数据是序列的,交互的,并且还是有反馈的。这就导致了其与有监督学习在优化目标的表现形式的根本差异:强化学习是一个决策模型,有监督学习更偏向模式挖掘,低阶的函数逼近与泛化。

(2) 数据标识不同。在训练过程中,有监督学习的数据标识是固定的,是由具有知识水平的监督者标注的,数据标识是正确答案;在随着与环境的交互过程中策略的更新,强化学习的数据标识在不同策略下是变化的,是环境反馈的评估性得分。

强化学习中有 3 个重要的基本概念:策略、值函数和环境状态模型。接下来就分别来介绍这 3 个部分。

策略指的就是 POMDP 中机器动作的选取依据,用 $\pi(a_t \mid \boldsymbol{b}_t)$ 来表示,也称为行为动作函数,用来在给定的置信状态 $\boldsymbol{b}_t$ 下选择相应的动作 a_t,也就是从状态到动作之间的映射函数。

值函数包括动作值函数 $Q^\pi(\boldsymbol{b}_t, a_t)$ 和状态值函数 $V^\pi(\boldsymbol{b}_t)$。$Q^\pi(\boldsymbol{b}_t, a_t)$ 表示在置信状态 $\boldsymbol{b}_t$ 下选择动作 a_t 并且后续动作选择遵循 π 所获得的累计折扣回报,即

$$Q^\pi(\boldsymbol{b}_t, a_t) = E[r_t + \gamma r_{t+1} + \gamma^2 r_{t+2} + \cdots \mid \boldsymbol{b}_t, a_t] \qquad (8-9)$$

$V^\pi(\boldsymbol{b}_t)$ 表示从置信状态 $\boldsymbol{b}_t$ 开始后续所有的动作选择都遵循 π 所获得累计折扣回报,即

$$V^\pi(\boldsymbol{b}_t) = E[r_t + \gamma r_{t+1} + \gamma^2 r_{t+2} + \cdots \mid \boldsymbol{b}_t] \qquad (8-10)$$

式中,γ 为折扣系数,当 $\gamma = 0$ 时,就是直接把当前的立即回报值当作最终回报;当 $\gamma = 1$ 时,就是将接下来的所有状态的回报值与立即回报值同等看待并相加得到最终回报。由式(8-9)和式(8-10)的定义可知,$Q^\pi(\boldsymbol{b}_t, a_t)$ 和 $V^\pi(\boldsymbol{b}_t)$ 的关系可以表示为 $V^\pi(\boldsymbol{b}_t) = \sum_{a_t} \pi(a_t \mid \boldsymbol{b}_t) Q^\pi(\boldsymbol{b}_t, a_t)$。

环境状态模型建立的是环境状态之间的转移概率和回报值函数(reward function)。对于简单的系统,可能构建出环境状态模型,但是对于比较复杂的系统,例如对话系统,环境状态模型是很难构建的。根据系统是否对状态之间的转移概率以及回报值函数进行显式建模,强化学习的方法可分为两大类:基于模型的(model-based)方法和无模型的(model-free)方法。对于基于模型的方法,也就是说对于环境状态之间的转移概率和回报值能够预测的系统,只需要使用动态规划的方法就能够直接得到最优的策略,这种方法称为离线(off-line)方法。对于无模型的方法,环境状态是不可知的,这时就要引入回报值的估计方法,这样的方法主要有两种:蒙特卡罗(MC)方法和时间差分(TD)方法。这两种值函数估计方法的数学理论基础都是大数定理。

(1)用蒙特卡罗方法估计状态值函数的表达式为

$$V(\boldsymbol{b}_t) \leftarrow V(\boldsymbol{b}_t) + \alpha(G_t - V(\boldsymbol{b}_t)) \qquad (8-11)$$

$$G_t = r_t + \gamma r_{t+1} + \cdots + \gamma^{T-1} r_T \qquad (8-12)$$

式中,G_t 指的是在一次试验采样(episode)中状态 $\boldsymbol{b}_t$ 的折扣累计回报值。在特定的策略下,根据式(8-11)多次迭代更新后,$V(\boldsymbol{b}_t)$ 的值会逐渐收敛到其对应的真实的期望值。理论上,根据大数定理,蒙特卡洛方法就是在固定的策略下,

通过计算每个状态的回报值的均值来估计在此策略下这个状态回报值的期望。

（2）用时间差分方法估计状态值函数的表达式为

$$V(\boldsymbol{b}_t) \leftarrow V(\boldsymbol{b}_t) + \alpha[r_t + \gamma V(\boldsymbol{b}_{t+1}) - V(\boldsymbol{b}_t)] \qquad (8-13)$$

式中，$V(\boldsymbol{b}_t)$ 指的是下一个状态的期望值，这里是通过使用估算的状态值来估算当前的状态值。式（8-13）是结合了蒙特卡罗方法和贝尔曼期望等式的结果，该表达式的理论基础还是大数定理，在特定的策略下，经过多轮的计算后，$V(\boldsymbol{b}_t)$ 的值会收敛，就是其对应的真实的期望值。

蒙特卡罗方法和时间差分方法在本质上是估计期望值函数时偏差和方差的权衡，蒙特卡罗方法中的 G_t 是对状态在 $\boldsymbol{b}_t$ 时折扣累计回报值的无偏估计，而时间差分方法的 $r_t + \gamma V(\boldsymbol{b}_{t+1})$ 是对状态在 $\boldsymbol{b}_t$ 时回报值的有偏估计，虽然时间差分方法的偏差比蒙特卡罗方法的大，但是其方差要比蒙特卡罗方法的小。

对话策略的训练目前都是用无模型强化学习方法，无模型强化学习算法分为两大类。

（1）基于回报值的强化学习。通过估计最优的动作值函数或者是状态值函数来完成对应策略的生成。值函数也称为目标函数，可以转化为不同的表达形式，上面的 $Q^\pi(\boldsymbol{b}_t, a_t)$ 和 $V^\pi(\boldsymbol{b}_t)$ 可变形为多个等式，也称为贝尔曼等式。

贝尔曼期望等式：

$$\begin{aligned} Q^\pi(\boldsymbol{b}_t, a_t) &= E[r_t + \gamma r_{t+1} + \gamma^2 r_{t+2} + \cdots \mid \boldsymbol{b}_t, a_t] \\ &= E_{\boldsymbol{b}_{t+1}, a_{t+1}}[r_t + \gamma Q^\pi(\boldsymbol{b}_{t+1}, a_{t+1}) \mid \boldsymbol{b}_t, a_t] \end{aligned} \qquad (8-14)$$

$$V^\pi(s_t) = E[r_t + \gamma r_{t+1} + \gamma^2 r_{t+2} + \cdots \mid \boldsymbol{b}_t] = E_{\boldsymbol{b}_{t+1}}[r_t + \gamma V^\pi(\boldsymbol{b}_{t+1}) \mid \boldsymbol{b}_t]$$
$$(8-15)$$

贝尔曼最优等式：

$$Q^*(\boldsymbol{b}_t, a_t) = E_{\boldsymbol{b}_{t+1}}[r_t + \gamma \max_{a_{t+1}}\{Q^*(\boldsymbol{b}_{t+1}, a_{t+1})\} \mid s_t, a_t] \qquad (8-16)$$

$$V^\pi(\boldsymbol{b}_t) = E_{\boldsymbol{b}_{t+1}}[r_t + \gamma V^*(\boldsymbol{b}_{t+1}) \mid \boldsymbol{b}_t] \qquad (8-17)$$

将回报值的两种估计方法代入贝尔曼等式中，就形成了基于回报值的强化学习方法。基于回报值的强化学习的算法有 Q-learning。

（2）基于策略梯度的强化学习。通过直接优化策略来实现最大化所有状态下的回报期望值。一般的方法就是使用策略函数来表示策略，然后根据对应的目标函数来更新策略函数的参数，从而获得最优策略表达式。

策略的目标函数 $\pi_\theta(\boldsymbol{b}, a)$ 的参数集合用 θ 表示，现在的目标就是找到最好

的 θ，使得当前的策略能够让所有状态的平均回报值达到最大。可通过计算在参数值为 θ 时每一时刻的平均回报值来衡量策略的好坏，表达式为

$$J_{\mathrm{avg}}(\theta) = \sum_b d^{\pi_\theta}(\boldsymbol{b}) \sum_a \pi_\theta(s, a) R_s^a \tag{8-18}$$

式中，d^{π_θ} 是在策略为 π_θ 时对应的马尔可夫链的固有状态分布。该等式求得的是在策略参数为 θ 时整体状态的平均回报值。由式(8-18)可以得到策略梯度的表达式为

$$\nabla_\theta J(\theta) = E_{\pi_\theta}[\nabla_\theta \log_{\pi_\theta(b|a)} Q_{\pi_\theta}(\boldsymbol{b}, a)] \tag{8-19}$$

$$\Delta\theta = \alpha \nabla_\theta J(\theta) \tag{8-20}$$

策略梯度算法就是将策略函数化，策略参数的更新借助的是目标函数，即所有状态的平均回报值。根据上面估计基于策略梯度的强化学习的算法有蒙特卡罗策略梯度算法[161]和行动器-批判器(actor-critic)策略梯度算法[162]。

上面提到的强化学习提供了基于数据对策略进行统计学习的认知技术框架，经典的强化学习算法在对话策略优化上的应用就是 Young 等[118]提到的 HIS 模型，其中提到了 Q-learning 算法在对话策略优化上的应用。尽管精确和近似的 POMDP 策略优化算法都已经在传统强化学习文献中提出，但是这些标准算法都无法在真实世界对话系统的尺度上运行。这是由于用户的意图、可能的机器行为和用户输入的组合过于庞大，即使是一个中等规模的系统，组合数可以很轻易地达到 10^{10} 以上，这就使得针对认知主体的强化学习与传统强化学习有根本的不同，必须采用新型的近似算法才能得到实用系统。

新型的近似算法的基本思路是假定状态空间中相邻的点可以对应同样的机器行为，这就需要将整个状态空间进行分割，每个分块中的所有点对应同样的最优机器行为。尽管进行了分割，精确的 POMDP 策略在真实系统中仍然因状态空间规模过大而不可计算。考虑到在真实对话系统中，虽然可能性众多，但实际只有很小部分的置信空间和机器行为会用到，如果在这个较小的子空间中进行计算，POMDP 的策略优化就变得可行了。这就引入了所谓"摘要空间"的概念。在这一框架下，在对话系统运行的时候，置信状态的跟踪在主状态空间进行；在状态转移完成后，主空间的置信状态映射到摘要空间的置信状态和摘要机器行为集合；之后就通过策略函数选择从置信状态到摘要机器行为的最优映射；最后，利用一些启发性的知识再将摘要机器行为映射回正常的机器行为。这样，策略的优化和决策确定都是在摘要空间完成。

摘要空间技术的一个核心问题是如何将摘要机器行为映射到主空间，得到

完整的机器行为。一类简单的方法是将对话行为的类型作为摘要机器行为,而到主空间行为的映射仅仅自动地将此对话行为类型与具有最高的置信度的语义项结合。这种方法的好处是可以全部自动化,不足之处是可能出现逻辑错误。另一类方法是建立人工规则或马尔可夫逻辑网络,这类方法可以有效地引入先验知识,而且在训练最优策略的过程中可以加快收敛速度,但人工规则会有正确性风险,可能把最优的机器行为遗失。摘要空间技术的另一个核心问题是如何抽取状态和机器行为的特征以供计算使用。对机器行为而言,可以简单地用二值特征来表示某个对话类型或语义项是否出现,在一般情况下会有 20～30 维的特征,每一维度表示一个独立的摘要机器行为。对状态而言,特征往往具有不同的数据类型,包括实值特征、二值特征或类别特征等,具体的特征物理含义包括用户意图的 N-best 猜测、数据库匹配的条目数、对话历史等。状态特征不一定仅仅限于置信状态的特征,它也包括一些外部特征,如数据库的信息等。

给定摘要空间后,对话策略就可以表示为确定性的映射或者随机映射。在随机映射情况下,最终的机器行为是从条件概率中采样得到。这些映射函数的学习是对话策略优化的核心内容,占主流的方法都是通过优化 Q 函数发现最优的策略映射,也就是前面提到的基于回报值的强化学习方法。

8.4.2 深度强化学习在对话策略优化中的应用

在深度强化学习中,深度学习是用来表示强化学习中所需要的函数,基于回报值的强化学习中的动作值函数和状态值函数,基于策略梯度的强化学习中的策略函数,这些都是函数,都有其对应的参数,而这些参数的计算都可以使用梯度下降或者是梯度上升的方法迭代计算出来,这就自然地将深度学习引入到强化学习中了。

深度学习解决问题的思路主要分为 3 步:① 将深度神经网络作为函数的表达式;② 定义相应的损失函数(损失函数是用来衡量深度神经网络输出的好坏);③ 使用随机梯度下降的方法来优化参数。这个过程可以使用现有的深度学习工具很快实现。

无论是基于回报值的强化学习方法还是基于策略梯度的强化学习方法,用线性方法估计值函数或者是策略函数的表达能力是有限的,将深度学习应用到强化学习中的函数估计将会大大增加强化学习解决问题的范围。这是因为深度学习有非常强的非线性函数的表达能力,训练深度网络的数据来源于机器与环境之间的交互信息,在训练过程中更新深度网络的权重值,也就是对应在强化学习中函数的参数值。基于回报值和策略梯度的强化学习方法在实现过程中的本质区别是在它们的策略梯度更新的目标函数不同。由上面的内容可知,基于回报值的强化学习方法的目标函数就是动作值函数 $Q^\pi(\boldsymbol{b}, a)$，基于策略梯度的强化学习方法的目标函数就是 $J_{avg}(\theta)$。如图 8 - 28 所示，(a)的输入是对话状态，输出为对应机器动作的回报值；(b)的输入是对话状态，输出为机器动作选取的概率；(c)的输入是对话状态，输出为在输入对话状态下的回报值。

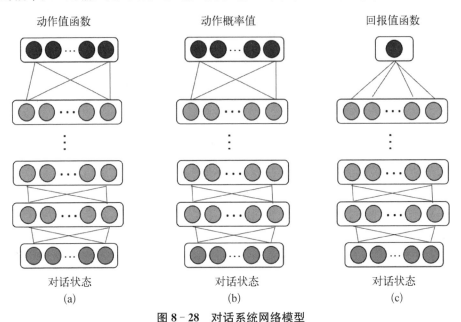

图 8 - 28　对话系统网络模型

(a) 基于回报值的强化学习方法中回报值函数的网络结构　(b) 基于策略梯度的强化学习方法中策略函数的网络结构　(c) 回报值函数的网络结构

在基于回报值的强化学习方法中，比较经典的算法是 $DQN^{[19]}$ 算法。DQN 是离线策略(off-policy)的方法，使用深度网络来表示动作值函数，有一个目标网络和一个行为网络，目标网络是由行为网络更新固定的次数后拷贝得到的，保证了学习的稳定性。为了有效利用与环境交互得到的数据，DQN 使用了经验池(replay memory)的概念，通过对经验池中的数据反复使用可加速学习过程。DQN 的损失函数为

$$J_{\mathrm{DQN}}(\theta) = [r(\boldsymbol{b}_t, a_t) + \gamma Q_{\max}(\boldsymbol{b}_{t+1}, a_{t+1}; \bar{\theta}) - Q(\boldsymbol{b}_t, a_t; \theta)]^2$$

$$(8 - 21)$$

式中，$\bar{\theta}$ 是目标函数的参数，用来作贪心决策也就是选择；θ 是当前行为网络的参数，用来评估网络。DQN 中网络的更新目标就是最小化这个损失函数。DQN 实现的重点有两个方面：第 1 个就是经验池的使用；第 2 个就是间隔更新目标网络。经验池的使用减少了动作值函数更新到收敛所需要的与环境交互所产生

的数据量,使得其在有限的数据范围内也能很好地近似原本数据的分布。间隔更新目标网络可以稳定 DQN 的学习过程。Cuayáhuitl 团队首先将 DQN 用于基于对话的游戏任务[35]和模拟的餐饮查询任务[36]上。Fatemi 等[37]将 DQN 与GPSARSA 进行了实验对比,结果表明,虽然在训练初期阶段 DQN 的表现要差于 GPSARSA,但是其收敛到最优策略的速度更快,并且使用相同对话数进行训练所用的时间更少。其在预测动作值的时候包含一个最大化的步骤,会导致出现过高的预测值,使得学习到不实际的高动作值,也就是说选到了次优化动作。双向 DQN(DDQN)[163]算法就是为了解决这个问题而提出来的。标准 DQN 上的最大化操作是用相同的值来选择和评价一个动作。这使得其更偏向于选择过度估计值,导致次优的估计值。为了防止此现象发生,可以从评估中将选择独立出来,这是 DDQN 的思想。DDQN 的损失函数为

$$J_{\text{DDQN}}(\theta) = [r(\boldsymbol{b}_t, a_t) + \gamma Q(\boldsymbol{b}_{t+1}, a_{t+1}^{\max}; \bar{\theta}) - Q(\boldsymbol{b}_t, a_t; \theta)]^2$$

$$(8-22)$$

式(8-22)与 DQN 的损失函数式(8-21)不同的是,a_{t+1} 的选择来自 θ 参数网络,这就是评估与选择之间的平衡。这样的损失函数在一定程度上解决了 DQN的次优化问题。DQN 和 DDQN 对经验池中的数据都是随机选取的,为了进一步提高经验池中数据的利用效率,使得学习的速度加快,提出了具有优先级的DDQN(PDDQN)算法。PDDQN 将经验池中的数据按照其时间差分误差(TD-error)的大小来进行划分等级,也就是说 TD-error 越大这个数据被选用更新网络的概率就越大,这样的做法会使得动作值函数的学习过程加速。在更新过程中,动作值函数的计算用的是 DDQN。PDDQN 中的优先级的计算方法为

$$prior = (TDerror)^a \qquad (8-23)$$

$$TDerror = r(\boldsymbol{b}_t, a_t) + \gamma Q(\boldsymbol{b}_{t+1}, a_{t+1}^{\max}; \bar{\theta}) - Q(\boldsymbol{b}_t, a_t; \theta) \quad (8-24)$$

式中,幂值 a 的大小最好在[0,1],当 $a=0$ 时,就相当于普通 DQN 的随机选取经验池中的数据。在选取经验池中的数据时,就根据式(8-23)得到的优先级来转化为对应的概率。除此之外,还有很多 DQN 的改进版本。Zhao 和 Eskenazi[38]提出了深度循环 Q 网络(deep recurrent Q-network,DRQN)的改进模型,使得其能够对 SLU 模型和对话策略同时进行训练,该模型在猜人名对话游戏任务上取得了良好的效果。为了提升 DQN 的探索(exploration)效率,Lipton 等[39]提出用贝叶斯神经网络替代普通的神经网络,根据网络的不确定性进行汤普森采样(Thompson sampling),实验结果表明该方法极大地提高了探索的效率[39]。

在基于策略梯度的强化学习方法中,蒙特卡洛策略梯度(MC)算法是通过使用蒙特卡洛方法来估计值函数,将其估计的结果带入策略梯度中,然后进一步更新参数。蒙特卡洛方法表示每个状态的回报值,虽然是无偏估计,但是引出了另一个问题,即方差增加了,这使得其不容易收敛。一个有效解决该问题的方法就是加上一个基线函数来矫正蒙特卡洛无偏估计引出的方差较大问题。引入基线函数来矫正蒙特卡洛无偏估计并不会影响策略梯度的计算,并且最后策略函数也能收敛。Actor-critic 策略梯度(AC)算法是用策略梯度更新算法来更新策略表达式 actor 的参数,actor 的网络结构如图 8 - 28(b)所示,对应的 critic 函数是通过值函数求解算法解决的,critic 的网络结构如图 8 - 28(c)所示。该算法在对应状态下选择动作的是 actor 函数,与此同时,更新对应策略的值函数,用值函数的表达式来更新策略表达式。一般地,不会直接使用动作值函数求出的值来更新策略表达式,要么是使用 TD-error 表达式,要么使用收益(advantage)表达式来更新策略表达式。Actor-critic 策略梯度算法是通过函数来估计对应状态下的值函数,这种方法与蒙特卡洛策略梯度算法相反,它的方差比较小,但是对应的偏差比蒙特卡洛策略梯度算法的要大,这就是蒙特卡洛方法与时间差分方法的偏差与方差权衡问题。Su 等和 Fatemi 等分别将蒙特卡洛策略梯度算法和 actor-critic 策略梯度算法应用到餐馆查询任务中,为了提升学习速率,都是用了监督学习方法在提前收集的对话数据上预训练网络。William 等在模拟的打电话任务上使用了 actor-critic 策略梯度算法,与前面两个工作类似,一些专家设计的对话样例可用来预训练网络。

8.4.3 对话策略优化的高级技术

本节将介绍对话策略优化的高级技术,包括基于高斯过程的强化学习(GPRL)以及基于 GPRL 的领域自适应。

1. 基于高斯过程的强化学习

基于高斯过程的强化学习(GPRL)是一种无参(nonparametric)的强化学习方法[164],其假设 Q -函数是一个高斯过程,即

$$Q(\boldsymbol{b}, a) \sim \mathcal{GP}[m(\boldsymbol{b}, a), k((\boldsymbol{b}, a), (\boldsymbol{b}, a))]$$

式中,$m(\cdot, \cdot)$ 表示先验均值函数;$k(\cdot, \cdot)$ 表示核函数。在对话策略中,$k(\cdot, \cdot)$ 一般分解成置信状态的核函数和摘要动作的核函数的乘积,即 $k((\boldsymbol{b}, a), (\boldsymbol{b}', a')) = k_B(\boldsymbol{b}, \boldsymbol{b}') k_A(\boldsymbol{a}, \boldsymbol{a}')$。置信状态 $\boldsymbol{b}$ 一般可以分解为各个语义槽的置信状态 $\boldsymbol{b}_s$,则可以先定义关于各个语义槽置信状态的子核函数

$k_{B_s}(\cdot,\cdot)$,然后再将子核函数组合(加)起来组成最终的置信状态核函数,即 $k_B(\boldsymbol{b},\boldsymbol{b}')=\sum_s k_{B_s}(\boldsymbol{b}_s,\boldsymbol{b}'_s)$。 一种常见的子核函数是线性核函数 $k_{B_s}(\boldsymbol{b}_s,\boldsymbol{b}'_s)=\langle\boldsymbol{b}_s,\boldsymbol{b}'_s\rangle$。 动作核函数一般定义为指示函数,即当且仅当 a 和 a' 相等时 $k_A(a,a')$ 为 1,其他情况下为 0。

给定一个置信状态-动作对的序列 $\boldsymbol{B}=[(\boldsymbol{b}^0,a^0)\quad(\boldsymbol{b}^1,a^1)\quad\cdots\quad(\boldsymbol{b}^t,a^t)]^\mathrm{T}$ 和对应的立即回报序列 $\boldsymbol{r}=[r^1\quad r^2\quad\cdots\quad r^t]^\mathrm{T}$,则对于任意的置信状态-动作对 $(\boldsymbol{b},a)$ 的 Q-函数值的后验如下:

$$Q(\boldsymbol{b},a)\mid\boldsymbol{r},\boldsymbol{B}\sim N(\bar{Q}(\boldsymbol{b},a),\mathrm{cov}((\boldsymbol{b},a),(\boldsymbol{b},a)))\quad(8\text{-}25)$$

式中:$\bar{Q}(\cdot,\cdot)$ 和 $\mathrm{cov}(\cdot,\cdot)$ 分别是均值和方差:

$$\bar{Q}(\boldsymbol{b},a)=\boldsymbol{k}^\mathrm{T}(\boldsymbol{b},a)\boldsymbol{H}^\mathrm{T}(\boldsymbol{HKH}^\mathrm{T}+\sigma^2\boldsymbol{HH}^\mathrm{T})^{-1})(\boldsymbol{r}-\boldsymbol{m})$$
$$\mathrm{cov}((\boldsymbol{b},a),(\boldsymbol{b},a))=k((\boldsymbol{b},a),(\boldsymbol{b},a))-\boldsymbol{k}^\mathrm{T}(\boldsymbol{b},a)\boldsymbol{H}^\mathrm{T}(\boldsymbol{HKH}^\mathrm{T}+$$
$$\sigma^2\boldsymbol{HH}^\mathrm{T})^{-1}\boldsymbol{Hk}(\boldsymbol{b},a)\quad(8\text{-}26)$$

式中,$\boldsymbol{m}=[m(\boldsymbol{b}^0,a^0)\quad m(\boldsymbol{b}^1,a^1)\quad\cdots\quad m(\boldsymbol{b}^t,a^t)]^\mathrm{T}$;$\boldsymbol{k}(\boldsymbol{b},a)=[k((\boldsymbol{b}^0,a^0),(\boldsymbol{b},a))\quad\cdots\quad k((\boldsymbol{b}^1,a^1),(\boldsymbol{b},a))\quad k((\boldsymbol{b}^t,a^t),(\boldsymbol{b},a))]^\mathrm{T}$;$\boldsymbol{K}$ 是格拉姆矩阵(Gram matrix),其中每个元素 $k_{ij}=k((\boldsymbol{b}^i,a^i),(\boldsymbol{b}^j,a^j))$;$\boldsymbol{H}$ 是对角元素为 $[1\quad-\lambda]$ 的带状矩阵;σ^2 是噪声的先验方差。

在决策时,可以先根据式(8-25)采样得到一个 Q-函数实例 $\hat{Q}(\boldsymbol{b},a)$,再从中选择对应 Q-函数值最大的动作:

$$\pi(b)=\arg\max_a\hat{Q}(\boldsymbol{b},a)$$

2. 对话策略领域自适应

在真实应用场景中,对话领域可能会不断增加。对于新增加的领域,训练数据往往很少甚至没有,这就使得新领域的对话策略得不到充分训练而性能很差,严重影响用户的体验。为了解决这个问题,Gašić 等[165] 提出了一种分布式对话策略(distributed dialogue policies)的方法。在这个方法中,对话领域会根据话题类型进行聚类,同一类型(class)下的领域会共享一个公共策略。公共策略可以使用该类型下所有领域的数据进行训练,当领域增加时,刚开始就可以使用该领域所属类型对应的公共策略;当领域内的训练数据收集到足够多后,则可以以公共策略为先验进一步训练当前领域的私有策略。

图 8-29 是一个分布式对话策略的示例。旅馆(hotel)和餐馆(restaurant)都属于公共领域地点(venue)。当两个领域的数据都不够多时,则将两个领域的所有

数据集中起来训练一个公共策略 M_V，如左边子图所示；当各自领域的数据足够多后，则用 M_V 为先验分别训练各自私有的策略 M_H 和 M_R，如右边子图所示。

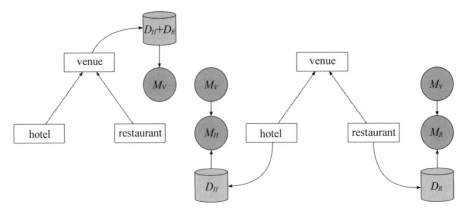

图 8 - 29　分布式对话策略示例

注意到，通过式(8 - 25)和式(8 - 26)计算 Q -函数的后验分布的均值和方差时，需要计算当前的置信状态-动作对与训练数据中所有置信状态-动作对和核函数值。如果训练数据是由多个领域的数据组成，由于置信状态空间和动作空间不尽相同，则需要重新定义不同领域间置信状态-动作对的核函数值。一般地，同一类型下不同领域间既有共享的语义槽，也有非共享的语义槽。对于共享的语义槽，计算置信状态的核函数值时相同的语义槽直接配对，如果两者的置信状态的向量长度不同，则短的向量用 0 补齐；对于非共享的语义槽，可以手动将语义槽进行配对，并将未能配对的语义槽舍弃，同样地，短的向量用 0 补齐。

分布式对话策略是将多领域的数据集中起来训练一个公共策略，这属于数据融合的方法。Gašić 等[166]在此基础上进一步提出了一种模型融合的方法，即先利用每个领域的数据训练各自的策略，然后再利用贝叶斯委员会机(Bayesian committee machine, BCM)将模型组合起来。在多领域对话策略中，可以先利用每个领域的数据训练各个的 Q 函数。假设有 M 个领域，第 i 个领域的 Q 函数的均值为 $\bar{Q}_i(\boldsymbol{b}, a)$，方差为 $\mathrm{cov}_i(\boldsymbol{b}, a)$，则利用 BCM 组合后的 Q 函数的均值和方差分别为

$$\left.\begin{aligned} \bar{Q}(\boldsymbol{b}, a) &= \mathrm{cov}(\boldsymbol{b}, a)\sum_{i=1}^{M}\mathrm{cov}_i^{-1}(\boldsymbol{b}, a)\bar{Q}_i(\boldsymbol{b}, a) \\ \mathrm{cov}^{-1}(\boldsymbol{b}, a) &= -(M-1)k^{-1}((\boldsymbol{b}, a), (\boldsymbol{b}, a)) + \\ &\quad \sum_{i=1}^{M}\mathrm{cov}_i^{-1}(\boldsymbol{b}, a) \end{aligned}\right\} \quad (8-27)$$

由上式可知，每个领域的 Q 函数的均值 $\bar{Q}_i$ 对整体均值 $\bar{Q}$ 的贡献与其方差呈反比。图 8 - 30 是一个 BCM 示意图，图中有 H、R 和 L 3 个领域，每个领域有自己对应的数据及模型。如果 L 是新增的领域，那么对于 L 领域内的置信状态-动作对 $(\boldsymbol{b}, a)$，其 Q - 函数值 $\bar{Q}(\boldsymbol{b}, a)$ 的估计更依赖于 $\bar{Q}_H(\boldsymbol{b}, a)$ 和 $\bar{Q}_R(\boldsymbol{b}, a)$。

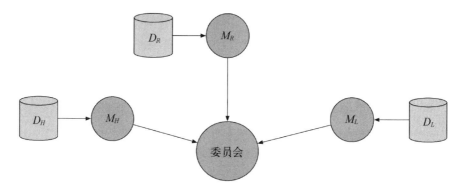

图 8 - 30　贝叶斯委员会机(BCM)示例

与分布式对话策略一样，在计算 Q 函数的后验分布的均值和方差时，需要计算不同领域间的置信状态-动作对的核函数值，Gasic 等[166] 提出了一种将不同领域间语义槽自动配对的方法。

8.4.4　用户模拟器

如上节所述，对话策略是系统对话状态到对话动作的一个映射，而一个好的对话策略需要系统在反复的交互中学习得到。理论上训练统计对话系统可以使用真实的用户或者使用系统-用户交互的语料，但是对于现实的大规模应用领域来说，对话的状态空间是十分巨大的，使用上述两种方法需要太多的人力或者超大规模的训练语料。因此，建造一个用户模拟器[167] 用以代替人和对话管理器的交互是十分必要的。有了机器模拟的用户，就可以进行海量的、多轮交互的、完整对话，使得统计对话管理器的学习或评估成为可能。其基本思想是：以用户模拟器代替人来训练对话管理器，用以得到最终可以与人进行自然交互的对话管理器。虽然这种思想受到了一定质疑，但从统计对话系统的研发角度来看，用户模拟器与对话管理器往往采用不同的模型进行独立的训练，用户模拟器可以比静态语料更充分地遍历可能的状态空间，对统计对话管理器的训练，尤其是从无到有的初始化具有重要的作用。

用户模拟器本质上是一个可以与对话系统直接交互的用户决策系统，是对话管理器的逆过程,代表了真人用户在交互过程中的响应。它既可以由规则确定,也可以引入数据驱动的方式从语料库中学习得到。图 8-31 显示了用户模拟器和对话管理器的交互过程。

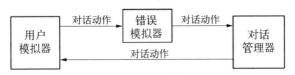

图 8-31 用户模拟器与对话管理器的交互过程

如图 8-31 所示,在使用用户模拟器训练或者评估对话管理器时,每一轮对话①中,用户模拟器的输出经过错误模拟器后传递给对话管理器,然后对话管理器根据其策略选择一个动作回复给用户模拟器。错误模拟器是一个模拟语音识别和语义解析错误的模型。给定了用户模拟器和错误模拟器之后,就可以通过生成海量的对话来训练对话管理器的参数,或对确定参数的对话管理器的性能进行评估。

根据对话建模的抽象层级不同,用户模拟器可以分为以下几类:语音层级[168]、文本层级[169] 及语义层级[170]。在最近几年,研究人员更加关注语义层级用户模拟器的研究,图 8-31 就显示了这一层级的用户模拟器交互过程,即各模块的接口是"对话动作"。

1. N-gram 模型

使用基于统计的用户模拟器训练和评估对话系统首先由 Eckert 等[171] 提出。假设在 t 时刻用户模拟器的动作 u_t 仅仅与系统的对话历史和之前的用户模拟器动作有关,但是如果使用较长的对话历史,数据稀疏就会成为模型训练的主要问题。为了解决这个问题,Eckert 等[171] 提出用 bigram 模型来近似精确,即

$$u_t = \arg \max_{u_t} p(u_t \mid a_{t-1}, u_{t-1}, a_{t-2}, u_{t-2}, \cdots, a_1, u_1)$$
$$\approx \arg \max_{u_t} p(u_t \mid a_{t-1}, u_{t-1}) \tag{8-28}$$

式中,a_t 表示 t 时刻对话管理器的对话动作。

这个模型完全是基于概率的,并且与具体领域无关。但是,它没有对用户模拟器的动作 u_t 做任何限制,任何用户动作都是系统当前动作的合法回复,因而导致用户目标经常改变或者经常重复之前的动作,这样产生的对话一般都比

---
① 一轮对话是指用户(或者用户模拟器)和系统各说了一句话。

较长。

2. 基于图的模型

为了解决 bigram 模型用户目标不连续的问题，Scheffler 和 Young[172-173]将确定的规则和概率建模相结合，提出了一种基于图的模型。在这种基于图的模型中，用户在对话中的所有可能"路径"都必须提前确定并且形成一个网络。网络的每一个节点代表"选择点"，边代表用户动作。节点中的一部分节点是概率节点，即用户在此"选择点"根据一定的概率选择不同的动作。网络中的其余节点是确定的"选择点"，即用户在当前节点选择哪条边仅仅依赖于用户的目标。在对话的过程中，用户的目标是保持不变的。

这种模型具有很强的领域依赖性，需要用户模拟器的建造者拥有很强的领域知识，并且设计整个网络的结构也是十分耗时耗力的。

3. 贝叶斯网络模型

为了解决用户动作的一致性，同时避免耗费大量的精力来人工设计网络，Pietquin[174]结合 N-gram 模型和基于图的模型的优点，提出了贝叶斯网络模型。Pietquin 的模型假设用户的当前动作 u 仅仅与对话管理器的动作 a、用户目标 g 及对话历史有关 h，即 $p(u|a, g, h)$。基于贝叶斯网络的用户模型虽然还是比较粗糙的，但是对用户模拟器中用户状态有了更好的表示。

4. 基于议程的用户模型

在贝叶斯模型的基础上，Schatzmann 和 Young[170]提出了基于议程（agenda）的模型，将用户状态分解为用户目标和议程，即

$$p(u \mid S) = p(u \mid G, A) \qquad (8\text{-}29)$$

式中，G 表示用户目标；A 表示用户议程。

在信息查询领域，用户模拟器的用户目标是由一些属性-值对（slot-value pair）和用户想要知道值的属性（slot）组成。用户议程是一个像栈（stack-like）一样的结构，里面包含着一系列模拟器准备生成的用户动作。在用户模拟器和对话管理器开始交互的时候，用户目标是根据领域本体（ontology）①随机生成的。在交互的过程中，模拟器每当收到对话管理器的系统动作之后，就会根据系统动作更新用户目标和用户议程，然后从议程处生成相应的用户动作做出回复。

5. 其他模型

除了上面介绍的 4 种模型外，研究人员还提出了隐马尔可夫模型[175]和反强

---

① 本体描述着用户查询信息时可以使用的属性集合、各个属性的取值集合及属性之间的关系。

化学习(inverse reinforcement learning，IRL)模型[176]。

6. 性能评价指标

如上所述，用户模拟器既能为基于强化学习的对话系统训练提供语料，也能评估对话系统的性能。因此，用户模拟器的性能的好坏能直接影响到对话系统的性能分析和所学策略的好坏。用户模拟器的性能评估还是一个开放问题，目前还没有一致的衡量指标[177]。Pietquin 和 Hastie[178] 提出一个好的用户模拟器的性能评价指标需要满足以下几个条件：

(1) 一致性(consistency)，即能够衡量用户模拟器生成的对话动作和训练数据的统计一致性。

(2) 序列一致性(consistent sequences)，即能够衡量用户模拟器生成的动作序列的一致性。

(3) 所学策略的质量(quality of learnt strategy)，即当用户模拟器用于训练对话管理器时，评价指标要能够评估所学策略的质量。

(4) 性能预测(performance prediction)，即能够预测对话系统与真实用户的性能。

(5) 泛化能力(generalization)，即能够测量用户模型的泛化能力。

(6) 排名和优化准则(ranking and optimization criteria)，即能够计算出一个标量值作为排名和优化用户模拟器的准则。

(7) 任务无关性(task independence)，即能够独立于具体的任务和对话系统而评估用户模拟器。

(8) 自动计算(automatic computation)，即能够从目标信息中自动计算出评价指标的值。

在过去的十几年中，提出了许多不同的评价指标，同时也出现了对这些指标不同的分类方法。Schatzmann 等[167] 根据指标是否是直接评价用户模拟器性能将其分为两类：一类是直接的评价指标，即通过测试用户模拟器本身的预测能力来评价模型的性能；另一类是间接评价指标，即通过评价用户模拟器训练的对话管理器的性能来间接评价模型的性能。而 Pietquin 和 Hastie[178] 提出了不同的分类方法：局部指标，即描述单轮(turn)的统计特性；全局指标，即衡量整个对话层级的统计特性。

1) 精度，召回率，准确度

精度(precision)和召回率(recall)是机器学习中用来衡量模型预测能力的一种常见指标。用户模拟器可以看作是一个在给定上下文的情况下预测用户动作的模型[179]，因此可以计算用户模拟器预测动作的精度 P 和召回率 R[177]。

精度和召回率两个指标是互补的,当用这两个指标对用户模拟器进行评估时,需要权衡两者的影响,因此可以计算 F 值来将这两个指标结合起来,从而得到一个单一的指标值:

$$F = \frac{2PR}{P+R} \tag{8-30}$$

与 F 值类似,Zukerman 和 Albrecht[179]定义了准确度和期望准确度来衡量用户模拟器的性能,Georgila 等[180]又对这两个指标进行了改进。

2) KL 距离和差异性

用户(或者用户模拟器)和对话管理器的对话可以看作是由一轮一轮的用户对话动作和系统对话动作组成的序列,因此可以分别统计真实的对话①和模拟的对话②中不同对话动作出现的频率,进而可以得到不同对话动作分布的近似直方图[174, 177]。有许多方法能够比较两个不同分布之间的差异性,计算 KL 距离[181]是其中最常用的方法。两个分布 P 和 Q 之间的 KL 距离定义为

$$D_{\mathrm{KL}}(P \parallel Q) = \sum_{i=1}^{M} p_i \lg\left(\frac{p_i}{q_i}\right) \tag{8-31}$$

式中,p_i 和 q_i 分别是真实对话和模拟对话中对话动作 u_i 出现的频率。KL 距离不具有对称性,即 $D_{\mathrm{KL}}(P \mid Q) \neq D_{\mathrm{KL}}(Q \mid P)$,因而 Cuayáhuitl 等[175]提出用差异性度量 $D(P \mid Q)$ 来衡量用户模拟器的性能:

$$D(P, Q) = \frac{D_{\mathrm{KL}}(P \parallel Q) + D_{\mathrm{KL}}(Q \parallel P)}{2} \tag{8-32}$$

3) 任务完成度

精度、召回率、F 值、准确度、差异性等都是衡量用户模拟器的局部指标,不能很好地衡量对话动作序列的一致性和模型的泛化能力。因此,一些研究人员提出了一些全局指标。基于任务的对话系统在与用户对话的过程中总是试图理解用户的意图并完成任务。Scheffler 和 Young[182]、Schatzmann 等[177]、Pietquin[174]提出用系统③任务的完成率来衡量用户模拟器的性能。除此以外,Schatzmann 等[177]还提出用系统任务的完成时间和对话的平均长度评价用户模拟器的性能。

---

① 指真实的用户和对话管理器交互得到的对话。
② 指用户模拟器和对话管理器交互得到的对话。
③ 这里的系统是指其对话管理器的策略是用用户模拟器训练得到的系统。

4）困惑度和对数似然度

困惑度（perplexity）广泛应用于评价语言模型的性能，Georgila 等[180]首先提出将困惑度作为衡量用户模拟器性能的指标。一个模型的困惑度定义如下：

$$PP = 2^{-\sum_{i=1}^{N} \frac{1}{N} \log_2 p_m(x_i)} \tag{8-33}$$

式中，x_i 是指第 i 段对话序列，即 $(u_1, u_2, \cdots, u_n)$；$p_m(x_i)$ 是指在给定用户模拟器的情况下产生 x_i 的概率。与困惑度类似，也可以定义对数似然度 $l(x)$ 来衡量用户模拟器的性能：

$$l(x) = \sum_{i=1}^{N} \log_2 p_m(x_i) \tag{8-34}$$

困惑度和对数似然度能够很好地衡量模型对测试数据的预测能力，因而能够评估模型的泛化能力。

5）其他指标

除上面介绍的衡量指标外，研究人员还提出了克拉美·冯·米塞斯分歧（Cramer-von Mises divergence）[183]、双语评估替补得分（bilingual evaluation understudy score，BLEU）[169]、模拟用户的语用错误率（simulated user pragmatic error rate，SUPER）[184]等指标来评估用户模拟器的性能。

本章对对话任务型口语对话系统，特别是其中的口语理解、对话状态跟踪及对话策略优化相关的技术做了详细的综述。在口语理解方面，重点介绍了口语理解的基本概念、相关模型及算法、不确定性建模、领域自适应方法等。在对话状态跟踪方面，首先介绍了相关的概念，然后介绍了对话状态跟踪挑战赛以及最新的一些相关模型及算法，包括基于规则的模型、基于统计的模型、基于规则与统计相结合的模型、端到端的对话状态跟踪模型以及多领域对话状态跟踪等。在对话决策方面，首先介绍了强化学习的基本概率及强化学习在对话策略优化方面的经典应用，然后介绍了深度强化学习方法在策略优化上的应用，最后介绍了对话策略的自适模型及算法。

虽然相关技术在近年有较大的发展，但在系统框架、算法研究、工程实践等方面还面临许多挑战：

（1）安全高效。面向真实任务的认知型口语交互中的一个重要挑战是如何保证对话系统在线训练的安全性与高效性，其关键是解决如下问题：如何将人类的逻辑知识嵌入到模型中，既能使系统的初始性能满足与用户交互的基本要求，又能加快模型的学习速度；如何将人类的参与引入到对话管理框架中，借助人类的帮助保证学习安全的同时提升学习效率。

（2）可扩展。对话系统一旦应用在真实任务中，就要面临可扩展性的问题，用户的交互习惯、语义项及其取值集合甚至整个领域任务都可能随时间而发生变化。其中要解决的关键问题有：如何能够使模型具有自适应能力，如何将口语理解模型、对话状态跟踪和对话决策模型无缝支持领域内对话状态和对话动作的扩展，以及迁移到类似领域。

（3）大规模优化。在真实场景下，几乎任何时刻都有大量的用户同时与系统进行交互，这就需要系统能够支持大规模的优化，其关键是解决如下问题：如何获取能够大量的用于强化学习优化的用户反馈信号；如何实现深度强化学习模型的异步更新；如何实现模型的批量更新。

参考文献

［1］ 俞凯，陈露，陈博，等. 任务型人机对话系统中的认知技术——概念，进展及其未来［J］.计算机学报，2015，38(12)：2333-2348.

［2］ Niklfeld G, Finan R, Pucher M. Architecture for adaptive multimodal dialog systems based on voicexml［C］//INTERSPEECH. ［s. l. ］：［s. n. ］，2001.

［3］ Eric N, Teruko M, Nobuo H. Dialogxml：Extending voicexml for dynamic dialog management［C］//Proceedings of the Second International Conference on Human Language Technology Research. San Francisco, USA：Morgan Kaufmann，2002.

［4］ Michael F M. Developing a Directed Dialogue System Using Voicexml［M］//Spoken Dialogue Technology Berlin：Springer，2004.

［5］ Bellman R. A Markovian decision process ［J］. Indiana University Mathematics Journal，1957，6：679-684.

［6］ Levin E, Pieraccini R, Eckert W. Learning dialogue strategies within the Markov decision process framework ［C］//1997 IEEE Workshop on Automatic Speech Recognition and Understanding. ［s. l. ］：IEEE，1997.

［7］ Kaelbling L P, Littman M L, Cassandra A R. Planning and acting in partially observable stochastic domains ［J］. Artificial Intelligence，1998，101(1)：99-134.

［8］ Roy N, Pineau J, Thrun S. Spoken dialogue management using probabilistic reasoning ［C］//Proceedings of the 38th Annual Meeting on Association for Computational Linguistics. ［s. l. ］：Association for Computational Linguistics，2000.

［9］ Young S J. Talking to machines (statistically speaking)［C］//INTERSPEECH. ［s. l. ］：［s. n. ］，2002.

[10] Williams J D, Young S. Partially observable markov decision processes for spoken dialog systems [J]. Computer Speech & Language, 2007, 21(2): 393 – 422.

[11] Young S, Gašić M, Keizer S, et al. The hidden information state model: a practical framework for POMDP-based spoken dialogue management [J]. Computer Speech & Language, 2010, 24(2): 150 – 174.

[12] Thomson B, Young S. Bayesian update of dialogue state: a POMDP framework for spoken dialogue systems [J]. Computer Speech & Language, 2010, 24 (4): 562 – 588.

[13] Williams J, Raux A, Henderson M. The dialog state tracking challenge series: a review [J]. Dialogue & Discourse, 2016, 7(3): 4 – 33.

[14] Hinton G E, Osindero S, Teh Y W. A fast learning algorithm for deep belief nets [J]. Neural Computation, 2006, 18(7): 1527 – 1554.

[15] LeCun Y, Bengio Y, Hinton G. Deep learning [J]. Nature, 2015, 521 (7553): 436 – 444.

[16] Sutton R S, Barto A G. Reinforcement Learning: An Introduction [M]. Cambridge: Cambridge Univ Press, 1998.

[17] Littman M L. Reinforcement learning improves behaviour from evaluative feedback [J]. Nature, 2015, 521(7553): 445 – 451.

[18] Mnih V, Kavukcuoglu K, Silver D, et al. Playing atari with deep reinforcement learning[EB/OL]. [2020 – 03 – 25]. http://arxiv.org/abs/1312.5602.

[19] Mnih V, Kavukcuoglu K, Silver D, et al. Human-level control through deep reinforcement learning [J]. Nature, 2015, 518(7540): 529 – 533.

[20] Schaul T, Quan J, Antonoglou I, et al. Prioritized experience replay[EB/OL]. [2020 – 03 – 25]. http://arxiv.org/abs/1511.05952.

[21] Mnih V, Badia A P, Mirza M, et al. Asynchronous methods for deep reinforcement learning[C]//Proceedings of ICML. [s. l.]: [s. n.], 2016.

[22] Wang Z Y, de Freitas N, Lanctot M. Dueling network architectures for deep reinforcement learning [C]//Proceedings of the 33rd International Conference on Machine Learning. [s. l.]: [s. n.], 2016.

[23] Zhang F Y, Leitner J, Milford M, et al. Towards vision-based deep reinforcement learning for robotic motion control[EB/OL]. [2020 – 03 – 25]. http://arxiv.org/abs/1511.03791.

[24] Levine S, Finn C, Darrell T, et al. End-to-end training of deep visuomotor policies [J]. Journal of Machine Learning Research, 2016, 17(39): 1 – 40.

[25] Duan Y, Chen X, Houthooft R, et al. Benchmarking deep reinforcement learning for continuous control[EB/OL]. [2020 – 03 – 25]. http://arxiv.org/abs/1604.06778.

[26] Schulman J, Levine S, Abbeel P, et al. Trust region policy optimization[C]//Proceedings of the 32nd International Conference on Machine Learning. [s. l.]：[s. n.], 2015.

[27] Levine S, Wagener N, Abbeel P. Learning contact-rich manipulation skills with guided policy search[C]//2015 IEEE International Conference on Robotics and Automation (ICRA). [s. l.]：IEEE, 2015.

[28] Silver D, Huang A, Maddison C J, et al. Mastering the game of go with deep neural networks and tree search [J]. Nature, 2016, 529(7587)：484 - 489.

[29] Narasimhan K, Kulkarni T, Barzilay R. Language understanding for text-based games using deep reinforcement learning [C]//Proceedings of the 2015 Conference on Empirical Methods in Natural Language Processing. Lisbon, Portugal：Association for Computational Linguistics 2015.

[30] Guo H Y. Generating text with deep reinforcement learning[EB/OL]. [2020 - 03 - 25]. http：//arxiv. org/abs/1510. 09202.

[31] Sukhbaatar S, Szlam A, Synnaeve G, et al. Mazebase：a sandbox for learning from games[EB/OL]. [2020 - 03 - 25]. http：//arxiv. org/abs/1511. 07401.

[32] He J, Chen J S, He X D, et al. Deep reinforcement learning with an action space defined by natural language[EB/OL]. [2020 - 03 - 25]. http：//arxiv. org/abs/1511. 04636.

[33] Tamar A, Levine S, Abbeel P. Value iteration networks[EB/OL]. [2020 - 03 - 25]. http：//arxiv. org/abs/1602. 02867.

[34] Shalev-Shwartz S, Shammah S, Shashua A. Safe, multi-agent, reinforcement learning for autonomous driving[EB/OL]. [2020 - 03 - 25]. http：//arxiv. org/abs/1610. 03295.

[35] Cuayáhuitl H, Keizer S, Lemon O. Strategic dialogue management via deep reinforcement learning[EB/OL]. [2020 - 03 - 25]. http：//arxiv. org/abs/1511. 08099.

[36] Cuayáhuitl H. Simpleds：a simple deep reinforcement learning dialogue system[EB/OL]. [2020 - 03 - 25]. http：//arxiv. org/abs/1601. 04574.

[37] Fatemi M, Asri L E, Schulz H, et al. Policy networks with two-stage training for dialogue systems[C]//Proceedings of the 17th Annual Meeting of the Special Interest Group on Discourse and Dialogue. Los Angeles：Association for Computational Linguistics, 2016.

[38] Zhao T C, Eskenazi M. Towards end-to-end learning for dialog state tracking and management using deep reinforcement learning[C]//Proceedings of the 17th Annual Meeting of the Special Interest Group on Discourse and Dialogue. Los Angeles：

Association for Computational Linguistics，2016.

[39] Lipton Z C, Gao J F, Li L H, et al. Efficient exploration for dialogue policy learning with BBQ networks & replay buffer spiking[EB/OL]. [2020 - 03 - 25]. http://arxiv. org/abs/1608. 05081.

[40] Williams J D, Zweig G. End-to-end lstm-based dialog control optimized with supervised and reinforcement learning[EB/OL]. [2020 - 03 - 25]. http://arxiv. org/abs/1606. 01269.

[41] Su P H, Gašić M, Mrksic N, et al. Continuously learning neural dialogue management[EB/OL]. [2020 - 03 - 25]. http://arxiv. org/abs/1606. 02689.

[42] Young S. Cognitive user interfaces [J]. IEEE Signal Processing Magazine，2010，27(3)：128 - 140.

[43] Gorin A L , Riccardi G, Wright J H. How may I help you? [J] Speech Communication, 1997, 23(1/2)：113 - 127.

[44] Thomson B, Young S. Bayesian update of dialogue state: a POMDP framework for spoken dialogue systems[J]. Computer Speech and Language, 2010, (4)：562 - 588.

[45] Young S, Gašić M, Thomson B, POMDP-based statistical spoken dialog systems: a review[C]//Proceedings of the IEEE. [s. l.]: [s. n.], 2013.

[46] Su P H, Vandyke D, Gašić M, et al. Learning from real users: rating dialogue success with neural networks for reinforcement learning in spoken dialogue systems [C]//INTERSPEECH. [s. l.]: [s. n.], 2015.

[47] Su P H, Gašić M, Mrksic N, et al. On-line active reward learning for policy optimisation in spoken dialogue systems [C]//Meeting of the Association for Computational Linguistics. [s. l.]: [s. n.], 2016.

[48] Engelbrech K P, Hartard F, Ketabdar H. Modeling user satisfaction with hidden Markov model[C]//Sigdial 2009 Conference: the Meeting of the Special Interest Group on Discourse and Dialogue. [s. l.]: [s. n.], 2009.

[49] Schmitt A, Schatz B, Minker W. Modeling and predicting quality in spoken human-computer interaction[C]//Sigdial 2011 Conference. [s. l.]: [s. n.], 2011.

[50] Higashinaka R, Minami Y, Dohsaka K, et al. Issues in predicting user satisfaction transitions in dialogues: individual differences, evaluation criteria, and prediction models[C]//International Workshop on Spoken Dialogue Systems Technology. [s. l.]: [s. n.], 2010.

[51] Chen L, Yang R Z, Chang C, et al. On-line dialogue policy learning with companion teaching[C]//EACL 2017. [s. l.]: [s. n.], 2017.

[52] Wang Y Y, Deng L, Acero A. Spoken language understanding [J]. IEEE Signal Processing Magazine, 2005, 22(5)：16 - 31.

[53] Hemphill C T，Godfrey J J，Doddington G R，et al. The ATIS spoken language systems pilot corpus[C]//Proceedings of the DARPA Speech and Natural Language Workshop. [s. l.]：[s. n.]，1990.

[54] Dahl D A，Bates M，Brown M，et al. Expanding the scope of the ATIS task：the ATIS-3 corpus[C]//Proceedings of the workshop on Human Language Technology，Association for Computational Linguistics. [s. l.]：[s. n.]，1994.

[55] Traum D R. Speech acts for dialogue agents [M]//Foundations of Rational Agency. Berlin：Springer，1999.

[56] Young S. Cued standard dialogue acts [R]. Cambridge：Cambridge University Engineering Department，2007.

[57] Thomson B. Statistical Methods for Spoken Dialogue Management [M]. Berlin：Springer，2013.

[58] Deng L，Li J Y，Huang J T，et al. Recent advances in deep learning for speech research at Microsoft[C]//2013 IEEE International Conference on Acoustics，Speech and Signal Processing (ICASSP). [s. l.]：IEEE，2013.

[59] Bocchieri E，Dimitriadis D. Investigating deep neural network based transforms of robust audio features for LVCSR [C]//2013 IEEE International Conference on Acoustics，Speech and Signal Processing (ICASSP). [s. l.]：IEEE，2013.

[60] Liao H，McDermott E，Senior A. Large scale deep neural network acoustic modeling with semi-supervised training data for youtube video transcription[C]//2013 IEEE Workshop on Automatic Speech Recognition and Understanding (ASRU). [s. l.]：IEEE，2013.

[61] Jurafsky D，Martin J H. Speech and Language Processing [M]. New Jersey：Pearson，2014.

[62] Murveit H，Butzberger J，Digalakis V，et al. Large-vocabulary dictation using SRI's decipher speech recognition system：progressive search techniques [C]//IEEE International Conference on Acoustics，Speech，and Signal Processing，1993. [s. l.]：IEEE，1993.

[63] Mangu L，Brill E，Stolcke A. Finding consensus among words：lattice-based word error minimization[C]//Eurospeech. [s. l.]：[s. n.]，1999.

[64] Woods W A. Language processing for speech understanding [R]. [s. l.]：DTIC Document，1983.

[65] Price P. Evaluation of spoken language systems：the ATIS domain[C]//Proceedings of the Third DARPA Speech and Natural Language Workshop. [s. l.]：Morgan Kaufmann，1990.

[66] Ward W. Understanding spontaneous speech[C]//Proceedings of the workshop on

Speech and Natural Language. [s. l.]: Association for Computational Linguistics, 1989.

[67] Ward W. Extracting information in spontaneous speech [C]//Third International Conference on Spoken Language Processing. [s. l.]: [s. n.], 1994.

[68] Ward W, Issar S. Recent improvements in the EMU spoken language understanding system[C]//Proceedings of the workshop on Human Language Technology. [s. l.]: Association for Computational Linguistics, 1994.

[69] Seneff S. Tina: a natural language system for spoken language applications [J]. Computational Linguistics, 1992, 18(1): 61 - 86.

[70] Dowding J, Gawron J M, APPELT D, et al. Gemini: a natural language system for spoken-language understanding [C]//Proceedings of the 31st Annual Meeting on Association for Computational Linguistics. [s. l.]: Association for Computational Linguistics, 1993.

[71] Zettlemoyer L S, Collins M. Online learning of relaxed CCG grammars for parsing to logical form[C]//EMNLP-CoNLL. [s. l.]: [s. n.], 2007.

[72] Hahn S, Dinarelli M, Raymond C, et al. Comparing stochastic approaches to spoken language understanding in multiple languages [J]. IEEE Transactions on Audio, Speech, and Language Processing, 2011, 19(6): 1569 - 1583.

[73] Wang Y Y, Acero A. Discriminative models for spoken language understanding[C]// INTERSPEECH. [s. l.]: [s. n.], 2006.

[74] Raymond C, Riccardi G. Generative and discriminative algorithms for spoken language understanding [C]//Eighth Annual Conference of the International Speech Communication Association. [s. l.]: [s. n.], 2007.

[75] Lafferty J, McCallum A, Pereira F C N. Conditional random fields: probabilistic models for segmenting and labeling sequence data [C]//Proceedings of Eighteeth. International Conference on Machine Learning. [s. l.]: [s. n.], 2001.

[76] Mesnil G, He X D, Deng L, et al. Investigation of recurrent-neural-network architectures and learning methods for spoken language understanding [C]// INTERSPEECH. [s. l.]: [s. n.], 2013.

[77] Jeong M, Lee G G. Triangular-chain conditional random fields [J]. IEEE Transactions on Audio, Speech, and Language Processing, 2008, 16(7): 1287 - 1302.

[78] Schwartz R, Miller S, Stallard D, et al. Language understanding using hidden understanding models [C]//Fourth International Conference on Spoken Language. [s. l.]: IEEE, 1996.

[79] He Y L, Young S. Spoken language understanding using the hidden vector state model [J]. Speech Communication, 2006, 48(3): 262 - 275.

[80] Jurcicek F, Mairesse F, Gašic M, et al. Transformation-based learning for semantic parsing[C]//INTERSPEECH. [s. l.]: [s. n.], 2009.

[81] Mairesse F, Gašić M, Jurčíček F, et al. Spoken language understanding from unaligned data using discriminative classification models [C]//IEEE International Conference on Acoustics, Speech and Signal Processing. [s. l.]: IEEE, 2009.

[82] Mikolov T, Karafiát M, Burget L, et al. Recurrent neural network based language model[C]//INTERSPEECH. [s. l.]: [s. n.], 2010.

[83] Mikolov T, Yih W T, Zweig G. Linguistic regularities in continuous space word representations[J]. HLT-NAACL, 2013, 13: 746 – 751.

[84] Yao K S, Zweig G, Hwang M Y, et al. Recurrent neural networks for language understanding[C]//INTERSPEECH. [s. l.]: [s. n.], 2013.

[85] Hochreiter S. The vanishing gradient problem during learning recurrent neural nets and problem solutions [J]. International Journal of Uncertainty, Fuzziness and Knowledge-Based Systems, 1998, 6(2): 107 – 116.

[86] Graves A. Supervised Sequence Labelling with Recurrent Neural Networks [M]. Berlin: Springer, 2012.

[87] Yao K S, Peng B L, Zhang Y, et al. Spoken language understanding using long short-term memory neural networks [C]//Spoken Language Technology Workshop (SLT). [s. l.]: IEEE, 2014.

[88] Chung J, Gulcehre C, Cho K, et al. Gated feedback recurrent neural networks[C]// International Conference on Machine Learning. [s. l.]: [s. n.], 2015.

[89] Vukotic V, Raymond C, Gravier G. A step beyond local observations with a dialog aware bidirectional GRU network for spoken language understanding [C]// INTERSPEECH. [s. l.]: [s. n.], 2016.

[90] Vu N T, Gupta P, Adel H, et al. Bi-directional recurrent neural network with ranking loss for spoken language understanding[C]//2016 IEEE International Conference on Acoustics, Speech and Signal Processing (ICASSP). [s. l.]: IEEE, 2016.

[91] Zhu S, Yu K. Encoder-decoder with focus-mechanism for sequence labelling based spoken language understanding [C]//IEEE International Conference on Acoustics, Speech and Signal Processing (ICASSP). [s. l.]: [s. n.], 2017.

[92] Xu P Y, Sarikaya R. Convolutional neural network based triangular CRF for joint intent detection and slot filling[C]//IEEE Workshop on Automatic Speech Recognition and Understanding (ASRU). [s. l.]: IEEE, 2013.

[93] Vu N T. Sequential convolutional neural networks for slot filling in spoken language understanding[C]//INTERSPEECH. [s. l.]: [s. n.], 2016.

[94] Yao K S, Peng B L, Zweig G, et al. Recurrent conditional random field for language

understanding[C]//IEEE International Conference on Acoustics, Speech and Signal Processing (ICASSP). [s. l.]: IEEE, 2014.

[95] Huang Z H, Xu W, Yu K. Bidirectional LSTM-CRF models for sequence tagging[EB/OL]. [2020 - 03 - 25]. http://arxiv. org/abs/1508. 01991.

[96] Bahdanau D, Cho K, Bengio Y. Neural machine translation by jointly learning to align and translate[EB/OL]. [2020 - 03 - 25]. http://arxiv. org/abs/1409. 0473.

[97] Simonnet E, Camelin N, Deléglise P, et al. Exploring the use of attention-based recurrent neural networks for spoken language understanding[C]//Machine Learning for Spoken Language Understanding and Interaction NIPS 2015 workshop (SLUNIPS 2015). [s. l.]: [s. n.], 2015.

[98] Kurata G, Xiang B, Zhou B W, et al. Leveraging sentence-level information with encoder lstm for semantic slot filling[C]//Proceedings of the 2016 Conference on Empirical Methods in Natural Language Processing. Austin, Texas: Association for Computational Linguistics, 2016.

[99] Liu B, Lane I. Attention-based recurrent neural network models for joint intent detection and slot filling[C]//INTERSPEECH. [s. l.]: [s. n.], 2016.

[100] Peng B L, Yao K S, Jing L, et al. Recurrent neural networks with external memory for spoken language understanding[C]//Natural Language Processing and Chinese Computing. Berlin: Springer, 2015.

[101] Henderson M, Gašić M, Thomson B, et al. Discriminative spoken language understanding using word confusion networks[C]//Spoken Language Technology Workshop (SLT). [s. l.]: IEEE, 2012.

[102] Hakkani-Tür D, Béchet F, Riccardi G, et al. Beyond ASR 1-best: using word confusion networks in spoken language understanding [J]. Computer Speech & Language, 2006, 20(4): 495 - 514.

[103] Tür G, Deoras A, Hakkani-Tür D. Semantic parsing using word confusion networks with conditional random fields[C]//INTERSPEECH. [s. l.]: [s. n.], 2013.

[104] Yang X H, Liu J. Using word confusion networks for slot filling in spoken language understanding [C]//Sixteenth Annual Conference of the International Speech Communication Association. [s. l.]: [s. n.], 2015.

[105] Liu C X, Xu P Y, Sarikaya R. Deep contextual language understanding in spoken dialogue systems [C]//Sixteenth Annual Conference of the International Speech Communication Association. [s. l.]: [s. n.], 2015.

[106] Chen Y N, Hakkani-Tür D, Tür G, et al. End-to-end memory networks with knowledge carryover for multi-turn spoken language understanding [C]//INTERSPEECH. [s. l.]: [s. n.], 2016.

[107] Jaech A, Heck L, Ostendorf M. Domain adaptation of recurrent neural networks for natural language understanding[C]//INTERSPEECH. [s. l.]：[s. n.], 2016.

[108] Kim Y B, Stratos K, Sarikaya R. Frustratingly easy neural domain adaptation[C]// COLING. [s. l.]：[s. n.], 2016.

[109] Zhu S, Chen L, Sun K, et al. Semantic parser enhancement for dialogue domain extension with little data[C]//Spoken Language Technology Workshop (SLT). [s. l.]：IEEE, 2014.

[110] Majid Yazdani, James Henderson. A model of zero-shot learning of spoken language understanding[C]//EMNLP. [s. l.]：[s. n.], 2015.

[111] Ferreira E, Jabaian B, Lefèvre F. Zero-shot semantic parser for spoken language understanding [C]//Sixteenth Annual Conference of the International Speech Communication Association. [s. l.]：[s. n.], 2015.

[112] Ferreira E, Jabaian B, Lefevre F. Online adaptive zero-shot learning spoken language understanding using word-embedding [C]//2015 IEEE International Conference on Acoustics, Speech and Signal Processing (ICASSP). [s. l.]：IEEE, 2015.

[113] Chen Y N, Wang W Y, Rudnicky A I. Unsupervised induction and filling of semantic slots for spoken dialogue systems using frame-semantic parsing[C]//2013 IEEE Workshop on Automatic Speech Recognition and Understanding (ASRU). [s. l.]：IEEE, 2013.

[114] Chen Y N, Wang W Y, Rudnicky A I. Leveraging frame semantics and distributional semantics for unsupervised semantic slot induction in spoken dialogue systems[C]// Spoken Language Technology Workshop (SLT). [s. l.]：IEEE, 2014.

[115] Chen Y N, Wang W Y, Gershman A, et al. Matrix factorization with knowledge graph propagation for unsupervised spoken language understanding [C]//ACL. [s. l.]：2015.

[116] Heck L, Hakkani-Tür D. Exploiting the semantic web for unsupervised spoken language understanding[C]//Spoken Language Technology Workshop (SLT). [s. l.]：IEEE, 2012.

[117] Williams J D, Young S. Partially observable Markov decision process for spoken dialog systems [J]. Computer Speech and Language, 2007, 21(2)：393 - 422.

[118] Young S, Gašić M, Keizer S, et al. The hidden information state model：a practical framework for POMDP-based spoken dialogue management [J]. Computer Speech and Language, 2010, 24(2)：150 - 174.

[119] Kim K, Lee C, Jung S, Lee G. A frame-based probabilistic framework for spoken dialog management using dialog examples[C]//SigDial. [s. l.]：[s. n.], 2008.

[120] Gašić M, Young S. Effective handling of dialogue state in the hidden information state pomdp-based dialogue manager [J]. ACM Transactions on Speech and Language Processing (TSLP), 2011, 7(3): 4.

[121] Williams J. Incremental partition recombination for efficient tracking of multiple dialogue states[C]// ICASSP. [s. l.]: [s. n.], 2010.

[122] Higashinaka R, Nakano M, Aikawa K. Corpus-based discourse understanding in spoken dialogue systems[C]//ACL. [s. l.]: [s. n.], 2003.

[123] Henderson J, Lemon O. Mixture model POMDPs for efficient handling of uncertainty in dialogue management[C]//ACL. [s. l.]: [s. n.], 2008.

[124] Bohus D, Rudnicky A. A 'k hypotheses + other' belief updating model[C]//AAAI Workshop on Statistical and Empirical Approaches for Spoken Dialogue Systems. [s. l.]: [s. n.], 2006.

[125] Thomson B, Schatzmann J, Young S. Bayesian update of dialogue state for robust dialogue systems[C]//ICASSP. [s. l.]: [s. n.], 2008.

[126] Bui T, Poel M, Nijholt A, et al. A tractable hybrid DDN-POMDP approach to affective dialogue modeling for probabilistic frame-based dialogue systems [J]. Natural Language Engineering, 2009, 15(2): 273 - 307.

[127] Williams J D. Using particle filters to track dialogue state[C]//Proceedings of IEEE ASRU. [s. l.]: [s. n.], 2007.

[128] Black A W, Burger S, Conkie A, et al. Spoken dialog challenge 2010: comparison of live and control test results[C]//Proceedings of IEEE SLT. [s. l.]: [s. n.], 2011.

[129] Williams J, Raux A, Ramachandran D, et al. The dialog state tracking challenge [C]//Proceedings of SigDial. [s. l.]: [s. n.], 2013.

[130] Henderson M, Thomson B, Williams J D. The second dialog state tracking challenge [C]//Proceedings of the 15th Annual Meeting of the Special Interest Group on Discourse and Dialogue (SIGDIAL): Philadelphia: Association for Computational Linguistics, 2014.

[131] Henderson M, Thomson B, Williams J D. The third dialog state tracking challenge [C]//Proceedings of IEEE Spoken Language Technology Workshop (SLT). [s. l.]: [s. n.], 2014.

[132] Kim S, D'Haro L F, Banchs R E, et al. The fourth dialog state tracking challenge [C]//Proceedings of the 7th International Workshop on Spoken Dialogue Systems (IWSDS). [s. l.]: [s. n.], 2016.

[133] Rafael E, Banchs J D, Williams M. The fifth dialog state tracking challenge[C]// Proceedings of IEEE Spoken Language Technology Workshop (SLT). [s. l.]: [s. n.], 2016.

[134] Lee S, Eskenazi M. Recipe for building robust spoken dialog state trackers: dialog state tracking challenge system description [C]//Proceedings of the SIGDIAL 2013 Conference. Metz, France: Association for Computational Linguistics, 2013.

[135] Sun K, Chen L, Zhu S, et al. The SJTU system for dialog state tracking challenge 2[C]//Proceedings of the 15th Annual Meeting of the Special Interest Group on Discourse and Dialogue (SIGDIAL). Philadelphia: Association for Computational Linguistics, 2014.

[136] Henderson M, Thomson B, Young S. Deep neural network approach for the dialog state tracking challenge[C]//Proceedings of the SIGDIAL 2013 Conference. Metz, France: Association for Computational Linguistics, 2013.

[137] Lee S. Structured discriminative model for dialog state tracking[C]//Proceedings of the SIGDIAL 2013 Conference. Metz, France: Association for Computational Linguistics, 2013.

[138] Williams J D. Web-style ranking and SLU combination for dialog state tracking[C]//Proceedings of the 15th Annual Meeting of the Special Interest Group on Discourse and Dialogue (SIGDIAL). Philadelphia: Association for Computational Linguistics, 2014.

[139] Henderson M, Thomson B, Young S. Word-based dialog state tracking with recurrent neural networks[C]//Proceedings of the 15th Annual Meeting of the Special Interest Group on Discourse and Dialogue (SIGDIAL). Philadelphia: Association for Computational Linguistics, 2014.

[140] Henderson M, Thomson B, Young S. Robust dialog state tracking using delexicalised recurrent neural networks and unsupervised adaptation[C]//Proceedings of IEEE Spoken Language Technology Workshop (SLT). [s. l.]: [s. n.], 2014.

[141] Kim S, Banchs R. Sequential labeling for tracking dynamic dialog states[C]//Proceedings of the SIGDIAL Conference. [s. l.]: [s. n.], 2014.

[142] Wang Z R, Lemon O. A simple and generic belief tracking mechanism for the dialog state tracking challenge: on the believability of observed information [C]//Proceedings of the SIGDIAL 2013 Conference. Metz, France: Association for Computational Linguistics, 2013.

[143] Wang Z R. HWU baseline belief tracker for DSTC 2 & 3 [R]. [s. l.]: Technical Report, 2013.

[144] Sun K, Chen L, Zhu S, et al. A generalized rule based tracker for dialogue state tracking [C]//Proceedings of IEEE Spoken Language Technology Workshop (SLT). [s. l.]: [s. n.], 2014.

[145] Yu K, Sun K, Chen L, et al. Constrained markov bayesian polynomial for efficient

dialogue state tracking [J]. IEEE/ACM Transactions on Audio, Speech, and Language Processing, 2015, 23(12): 2177 - 2188.

[146] Yu K, Chen L, Sun K, et al. Evolvable dialogue state tracking for statistical dialogue management [J]. Frontiers of Computer Science, 2016, 10(2): 201 - 215.

[147] Xie Q Z. Sun K, Zhu S, et al. Recurrent polynomial network for dialogue state tracking with mismatched semantic parsers[C]//16th Annual Meeting of the Special Interest Group on Discourse and Dialogue. [s. l.]: [s. n.], 2015.

[148] Sun K, Xie Q Z, Yu K. Recurrent polynomial network for dialogue state tracking [J]. D&D, 2016, 7(3): 65 - 88.

[149] Vodolán M, Kadlec R, Kleindienst J. Hybrid dialog state tracker with ASR features [EB/OL]. [2020 - 03 - 25]. http://arxiv. org/abs/1702. 06336.

[150] Plátek O, Bělohlávek P, Hudeček V, et al. Recurrent neural networks for dialogue state tracking[EB/OL]. [2020 - 03 - 25]. http://arxiv. org/abs/1606. 08733.

[151] Žilka L, Jurčíček F. Lectrack: incremental dialog state tracking with long shortterm memory networks[C]//International Conference on Text, Speech, and Dialogue. Berlin: Springer, 2015.

[152] Žilka L, Jurčíček F. Incremental LSTM-based dialog state tracker[C]//2015 IEEE Workshop on Automatic Speech Recognition and Understanding (ASRU). [s. l.]: IEEE, 2015.

[153] Yang X H, Liu J. Dialog state tracking using long short-term memory neural networks[C]//Sixteenth Annual Conference of the International Speech Communication Association. [s. l.]: 2015.

[154] Wen T H, Vandyke D, Mrksic N, et al. A network-based end-to-end trainable task-oriented dialogue system[EB/OL]. [2020 - 03 - 25]. http://arxiv. org/abs/1604. 04562.

[155] Williams J D. Multi-domain learning and generalization in dialog state tracking[C]// Proceedings of the SIGDIAL Conference. Metz, France: [s. n.], 2013.

[156] Henderson M, Thomson B, Young S. Robust dialog state tracking using delexicalised recurrent neural networks and unsupervised adaptation [C]//Spoken Language Technology Workshop (SLT). [s. l.]: IEEE, 2014.

[157] Mrkšić N, Séaghdha D O, Thomson B, et al. Multi-domain dialog state tracking using recurrent neural networks [EB/OL]. [2020 - 03 - 25]. http://arxiv. org/abs/ 1506. 07190.

[158] Jurcicek F, Thomson B, Young S. Natural actor and belief critic: reinforcement algorithm for learning parameters of dialogue systems modelled as POMDPs [J]. ACM Transachons on Speech and Language Processirig, 2011, 7(3): 6.

[159] Hansen E. Solving POMDPs by searching in policy space [C]//Proceedings of UAI. [s. l.]: [s. n.], 1998.

[160] Littman M L, Sutton R S, Singh S. Predictive representations of state [C]// Proceedings of NIPS. [s. l.]: [s. n.], 2002.

[161] Sutton R S, McAllester D A, Singh S P, et al. Policy gradient methods for reinforcement learning with function approximation [C]//Proceedings of NIPS. [s. l.]: [s. n.], 1999.

[162] Konda V R, Tsitsiklis J N. Actor-critic algorithms [C]//Advances in Neural Information Processing Systems. [s. l.]: [s. n.], 2000.

[163] Hasselt H V. Double Q-learning[C]//Advances in Neural Information Processing Systems. [s. l.]: [s. n.], 2010.

[164] Gašić M, Young S. Gaussian processes for POMDP-based dialogue manager optimization [J]. IEEE/ACM Transactions on Audio, Speech, and Language Processing, 2014, 22(1): 28 – 40.

[165] Gašić M, Mrkšić N, Su P H, et al. Policy committee for adaptation in multi-domain spoken dialogue systems [C]//2015 IEEE Workshop on Automatic Speech Recognition and Understanding (ASRU). [s. l.]: IEEE, 2015.

[166] Gašić M, Kim D H, Tsiakoulis P, et al. Distributed dialogue policies for multi-domain statistical dialogue management[C]//2015 IEEE International Conference on Acoustics, Speech and Signal Processing (ICASSP). [s. l.]: IEEE, 2015.

[167] Schatzmann J, Weilhammer K, Stuttle M, et al. A survey of statistical user simulation techniques for reinforcement-learning of dialogue management strategies [J]. The Knowledge Engineering Review, 2006, 21(2): 97 – 126.

[168] Gotze J, Scheffler T, Roller R, et al. User simulation for the evaluation of bus information systems[C]//Spoken Language Technology Workshop (SLT). [s. l.]: IEEE, 2010.

[169] Jung S, Lee C, Kim K, et al. Data-driven user simulation for automated evaluation of spoken dialog systems [J]. Computer Speech and Language, 2009, 23 (4): 479 – 509.

[170] Schatzmann J, Young S. The hidden agenda user simulation model [J]. IEEE Transactions on Audio, Speech, and Language Processing, 2009, 17 (4): 733 – 747.

[171] Eckert W, Levin E, Pieraccini R. User modeling for spoken dialogue system evaluation [C]//1997 IEEE Workshop on Automatic Speech Recognition and Understanding. [s. l.]: IEEE, 1997.

[172] Scheffler K, Young S. Probabilistic simulation of human-machine dialogues[C]//

2000 IEEE International Conference on Acoustics, Speech, and Signal Processing. [s. l.]: IEEE, 2000.

[173] Scheffler K, Young S. Automatic learning of dialogue strategy using dialogue simulation and reinforcement learning[C]//Proceedings of the Second International Conference on Human Language Technology Research. [s. l.]: Morgan Kaufmann Publishers Inc. , 2002.

[174] Pietquin O. Framework for Unsupervised Learning of Dialogue Strategies [D]. Belgium: Faculte Polytechnique de Mons, 2004.

[175] Cuayáhuitl G, Renals S, Lemon O, et al. Human-computer dialogue simulation using hidden markov models[C]//2005 IEEE Workshop on Automatic Speech Recognition and Understanding, IEEE, 2005.

[176] Chandramohan S, Geist M, Lefevre F, et al. User simulation in dialogue systems using inverse reinforcement learning[C]//Proceedings of the 12th Annual Conference of the International Speech Communication Association. Florence: [s. n.], 2011.

[177] Schatzmann J, Georgila K, Young S. Quantitative evaluation of user simulation techniques for spoken dialogue systems[C]//6th SIGdial Workshop on Discourse and Dialogue. [s. l.]: [s. n.], 2005.

[178] Pietquin O, Hastie H. A survey on metrics for the evaluation of user simulations [J]. Knowledge Eng. Review, 2013, 28(1): 59 – 73.

[179] Zukerman I, Albrecht D W. Predictive statistical models for user modeling [J]. User Modeling and User-Adapted Interaction, 2001, 11(1/2): 5 – 18.

[180] Georgila K, Henderson J, Lemon O. User simulation for spoken dialogue systems: learning and evaluation[C]//INTERSPEECH. [s. l.]: Citeseer, 2006.

[181] Kullback S, Leibler R A. On information and sufficiency [J]. The Annals of Mathematical Statistics, 1951, 22(1): 79 – 86.

[182] Scheffler K, Young S. Corpus-based dialogue simulation for automatic strategy learning and evaluation[C]//Proceedings of NAACL Workshop on Adaptation in Dialogue Systems. Pittsburgh: [s. n.], 2001.

[183] Williams J. Evaluating user simulations with the cramer-von mises divergence [J]. Speech Communication, 2008, 50: 829 – 846.

[184] Rieser V, Lemon O. Cluster-based user simulations for learning dialogue strategies [C]//INTERSPEECH. Pittsburg: [s. n.], 2006.

9 面向健康医疗的语音技术

贾 珈

贾珈,清华大学,电子邮箱:jjia@tsinghua.edu.cn

语言是人类大脑创造的思维工具和交际工具,是以语音为物质外壳,以语义为意义内容,音义结合的词汇和语法组织规律的体系。Pinson 提出的言语链描述了人类言语生成、感知和交流的物理和生理过程,当言语链的某个环节出现功能缺失或者损伤,将导致相关言语障碍,如图 9‑1 所示。

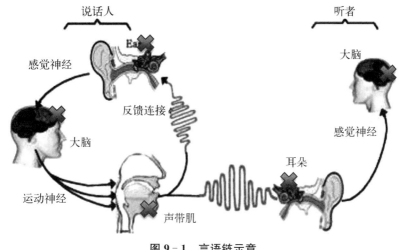

图 9‑1 言语链示意

本章将具体阐述言语感知的脑机制,助听技术与听障评估,嗓音障碍产生机制与客观评估技术以及如何利用语音技术进行言语功能的训练和重塑等技术。

9.1 言语感知的脑机制

9.1.1 言语感知机理

当言语信号到达耳蜗后,言语信号经由听觉神经传输到人脑的各级神经系统进行加工。言语信号在到达大脑听觉皮层之前,会先经过脑干。传统的观点认为,脑干一级的知觉加工(sensory processing)较为低级且无神经可塑性(neural plasticity),因此一般往往忽视了脑干在言语感知中的作用。但是近来的研究发现,脑干对言语信号尤其是基频(F0)的加工与编码(encoding)受人的语言与音乐经验影响。例如,母语为声调语言的人士(如汉语母语者)在脑干一级对于母语声调的基频编码比母语为非声调语言的人士(如英语母语者)更加准确可靠。另一方面,有长期音乐训练的人士的脑干基频编码也比无长期音乐训练的人士更为准确。由此可见,在较低级的脑干,其对言语信号的初级加工已经受到更高级的大脑皮层的控制与影响。当言语信号到达大脑皮层后,会首先传输到双侧的听觉皮层进行语音加工,并进而传输到其他脑区进行更高级的语言加工,如双侧的颞上沟进行音系加工(phonological processing),双侧的颞中回和颞下沟后部进行词汇加工(lexical processing),以及大脑左侧的布洛卡区(Broca's area)与发音运动网络进行言语的知觉运动加工。

虽然言语信号的神经加工大致会经过以上所述的神经通路,但是实际上的言语感知过程要复杂得多。要全面理解言语感知的脑机制,目前还有很多复杂的问题要解决。这其中最重要的问题包括言语信号的多变性(variability)与缺乏语音恒常性(phonetic constancy)。言语信号千差万别,其受语境与不同说话者影响而呈现出非常不同的声学特征。不同说话者有独特的声道与声带结构,因此不同说话者所发的言语信号有很大的个体差异。即使同一个人在不同时间(如清晨、中午、晚上)和不同情感状态下发同一个音,其声学信号皆不相同。这造成了声学信号与语音的大脑表征之间的多对多映射(many-to-many signal-to-representation mapping):不同的声学信号可映射到同一个语音范畴的大脑表征上,而类似的声学信号也可映射到不同语音范畴的表征上。换言之,不同的声学信号可以听成同一个音,而类似的声学信号却可听成不同的音。这一重要理论问题在言语感知研究领域称为"缺乏不变性"问题("lack of invariance" problem)。

然而,听话人却能轻松而准确地理解说话人想传达的语音信息。这一过程看似稀松平常,但其实非常复杂,言语差异也是电脑自动语音识别技术领域中的一个难以解决又亟待解释的问题。言语信号在人脑中究竟经过了怎样的加工才能如此轻松地实现感知的语音恒常性,假如能完全解答这一问题,这不仅是理解人类认知和言语加工的重要里程碑,也可为自动语音识别技术提供新的思路。当前言语感知研究有两大主要理论,即运动理论(motor theory)和一般听觉理论(general auditory theory),不过围绕着这两大理论还有很多争议。

1. 言语感知的运动理论和一般听觉理论

上面提到,"缺乏不变性"问题是言语感知研究中的一大难题。人脑究竟是如何处理言语信号中的声学差异,并将充满差异的声学信号准确地映射到相应的语音范畴的大脑表征上呢?Liberman 等学者[1]提出言语感知并非依据声学信号,而是依据发音器官的神经运动指令。依据这一理论,虽然言语信号千差万别,但是发音器官的神经运动指令或具有较强的恒常性。听话者感知言语信号时不是感知其声学特征,而是感知背后的神经运动。这一观点将言语感知与言语产生非常紧密地联系起来。这也意味着听话者需要预先建立起言语感知与发音运动之间的映射,进而使用言语产生的运动信息理解言语信号。这一过程可能是人类在婴孩时期通过模仿成人的言语建立起发音动作与听觉效果之间的联系。运动理论的另一重要观点是,言语感知系统是天生的、人类独有的能力。这是因为其他动物基本不具备人类的言语产生能力(虽然某些动物如鹦鹉可以在某些程度上模仿人类的一些言语),也无法以发声运动信息支持言语感知。

运动理论的主要支持证据来自范畴感知(categorical perception)和双重感知(duplex perception)。范畴感知表现为,在声学上连续变化的言语信号在感知上并不会听成是连续的变化,而是会归入一至两个语音范畴。换言之,细微的、范畴间的声学差异会被感知系统忽视,并归入同一个语音范畴。范畴感知研究通常用两个任务:一个是识别任务(identification task),另一个是辨别任务(discrimination task)。在识别任务中,范畴感知通常表现为感知反应从一个语音范畴转换到另一个语音范畴的变化不是连续的,而是在范畴间边界附近发生非常急促的转换。在辨别任务中,同一个范畴内的声学差异较难听出差别,而跨范畴边界的、与范畴内差异同样大小的声学差异则会很容易听出差别。双重感知与范畴感知亦有一定的联系。双重感知表现为同一个声学信号可以同时听成非言语信号与言语信号。当声学信号听成非言语信号时,感知到的声学变化是连续的;而当声学信号听成言语信号时,感知到的声学变化则是范畴性的、非连续的。这说明人类感知系统有两个模块(module):一个是非言语感知模块,另一个是言语感知模块。非言语感知模块对声学信号的加工是连续的,而言语感知模块对声学信号的加工则是范畴性的。

近来的脑成像研究使用核磁共振成像(magnetic resonance imaging)、脑电图(electroencephalography)和经颅磁刺激(transcranial magnetic stimulation)等技术来进一步研究言语感知的脑机制,研究发现负责言语产生和发音运动的脑区在言语感知中发挥重要作用,尤其是在噪声环境中的言语感知。例如,Lee 等发现在范畴感知任务中,负责言语产生的布洛卡区亦会被激活。另外,D'ausilio 等发现若是使用经颅磁刺激分别刺激控制不同发音部位的运动区会影响与其发音部位对应的语音信号的感知。如刺激控制唇部的运动区会影响唇音(如/p/)的感知,而刺激控制舌头的运动区则影响齿音(如/t/)的感知。刺激运动区的神经活动对语音感知的影响在噪声条件下的言语感知中表现得尤其明显。这些发现都为运动理论提供了进一步支持。

但是,学者对运动理论也有很多争议。在运动理论提出之后出现了很多反对的声音。与运动理论相对的另一大理论——一般听觉理论,就与运动理论非常不同。一般听觉理论认为言语感知源于人类听觉系统,例如范畴感知,是由人类听觉系统的一般特性决定的,而非由于运动系统的作用。确实,人类婴孩在发展出言语产生能力之前就已经具备感知不同语音差异的能力。人类婴孩通常在12个月时能够发出第一个词,但是他们在几个月大的时候就已经能够听辨出不同的语音区别,不管这些区别是他们母语中特有的语音区别还是其他从未听过的语言中的语音区别。此外,一般听觉理论认为言语感知能力并非人类所独有的。

有很多研究为一般听觉理论提供了支持证据。例如,Cutting 和 Rosner 发现音乐也可以有范畴感知。听者在判断一段非言语信号听起来是像拔音(pluck sound;音量升幅较急促)还是像弓音(bow sound;音量升幅较平缓)时表现出范畴感知,而且他们对音乐感知的范畴性与他们在感知言语信号(/tʃ/-/ʃ/)时的范畴性大致相若。此外,有研究发现动物也可以表现出范畴感知。Kuhl 和 Miller 发现若是训练栗鼠(chinchilla)对标准的/d/和/t/音做出不同的反应,然后用一段在/d/和/t/之间连续变化的言语信号(sound continuum)来测试它们,栗鼠表现出与英语听话者非常相似的范畴感知。这些发现说明范畴感知的存在或许并非因为听话者使用神经运动信息来支持言语感知,而是因为听觉记忆会快速衰减,以至于细微的差异往往很快从听觉记忆中消失,而不同范畴的记忆则可以维持更长时间。这可以解释为何非言语信号也可以表现出范畴感知。此外,这些结果也说明听觉系统本身或许就具有一定程度的不连续性和离散性(discreteness)。换言之,我们的听觉系统本身就对某些声学差异较为敏感,而对另一些声学差异较不敏感。这一听觉系统的不连续性显然也会影响我们对言语信号的感知。

当前,对运动理论和一般听觉理论还有很多争议,不过越来越多的人认为这两大理论各有可取之处。首先,由运动理论提出的言语感知与言语产生之间有紧密联系这一主张确实获得了很多脑神经证据的支持。其次,范畴感知大概主要源于听觉系统本身的一般特性(如不连续性和听觉记忆的衰减)。最后,言语感知并非是人类独有的能力,这是因为动物(如栗鼠)经过训练也可以表现出与人类相若的感知能力。

2. 声调感知的脑机制

全世界约有一半的语言是声调语言。在汉语等典型声调语言中,声调具有辨义功能,可以区分词义。普通话除轻声之外共有 4 个声调:T1 高平调,如/ma55/"妈";T2 高升调,如/ma35/"麻";T3 低降升调,如/ma214/"马";T4 高降调,如/ma51/"骂"。粤语的声调系统更为复杂,舒声音节(无塞音韵尾的音节)就有 6 个声调:T1 高平调,如/si55/"诗";T2 高升调,如/si25/"史";T3 中平调,如/si33/"试";T4 低降调,如/si21/"时";T5 低升调,如/si23/"市";T6 低平调,如/si22/"事"。另外入声音节(有-p/-t/-k 等塞音韵尾的音节)区分 3 个入声调:T7 高调,如/sik5/"色";T8 中调,如/sik3/"锡";T9 低调,如/sik2/"食"。声调的主要声学特征是基频,音长和音量作为次要声学特征亦承载一些声调的声学区别。

前面提到的"缺乏不变性"问题在声调感知中尤为严重。这不仅是因为声调在不同语境中受前后声调协同发音(coarticulation)的影响而呈现出很大的差异,更是因为不同说话者的基频极大地影响了声调的声学表现。首先,女声的基频普遍高于男声(当然也有例外,比如有的女声基频像男声一样低,而有的男声基频像女声一样高),因此同一个声调由女声所发的基频通常高于男声。其次,即使在同一性别内部,不同说话者间的基频亦有很大的高低之别。如 9 - 2 所示,粤语中的 3 个平调——高平调、中平调与低平调在 4 名随机选取的发音人(2 男 2 女)的言语信号中就表现出相当大的基频差异。这一差异也再次印证了声学信号与语音范畴的大脑表征之间的多对多映射问题,即不同的声学信号可以听成同一个音,而类似的声学信号却可听成不同的音。最后,同一说话者内部基频亦会浮动。受情绪、说话时间等因素影响,同一说话者的基频有时较低而有时较高。因此研究声调感知的语音恒常性尤为重要,这些研究对于理解言语感知的心理和神经机制会有重要贡献,对于汉语研究本身亦具有特殊意义。

以粤语为例,张偲偲等以行为研究、脑电图和功能性核磁共振成像(fMRI)等技术研究了在复杂声调系统中声调感知恒常性的机制。研究发现若是将粤语单音节词单独(in isolation)播放给粤语受试者听而不提供其他语境或说话者信息,声调感知的准确率通常较低。有趣的是,少数说话者所发的声调即使单独呈现却能被较为准确地感知,而另一些说话者所发的声调感知准确率却非常低(见图 9 - 2(a))。我们发现,这些差异与他们的基频典型性有关:若是某位说话者的基频接近于粤语人群的平均基频(男女分开计算),可认为该说话者的基频较典型,则该说话者所发的声调可被粤语受试者相对准确地识别出来;若是某位说话者的基频较不典型,则该说话者所发声调的识别准确率较低(见图 9 - 2(b))。进一步研究发现,若是某位说话者的基频高于性别匹配的粤语人群的平均基频,则该说话者所发的中平调会被混淆成高平调;反之,若是某位说话者的基频低于性别匹配的粤语人群的平均基频,则该说话者所发的中平调会被混淆成低平调。这说明粤语受试者在无语境或说话者信息的情况下,极大程度上依靠声调模板(tone template)来感知声调。这些声调模板基本由粤语人群的

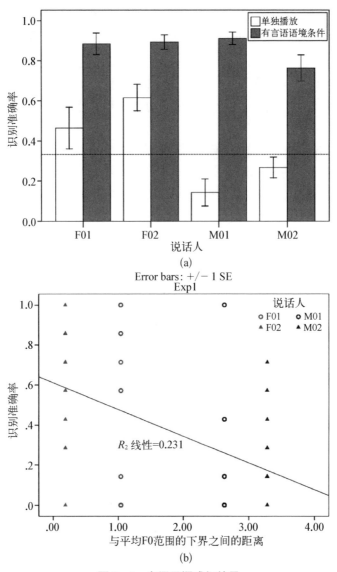

图 9-2 粤语平调感知结果

(a) 由 4 名说话者(2 男 2 女)所发的粤语平调在单独播放和有言语语境条件下的识别准确率(虚线表示随机反应的基线水平,因为一共有 3 个声调选择,随机反应为 33.3%) (b) 粤语平调识别准确率与说话者典型性的相关性分析

平均基频决定,且男女声各有一套声调模板。

若是为不同说话者所发的声调加一个言语语境,声调识别的准确率会大幅提高,而且不再受说话者典型性影响(见图 9-2(a))。这一言语语境无须特别的语意信息,语意中立即可("呢个字係_",这个字是_,这一语境对目标词无任何语意提示作用)。只要该语境包含说话者的音高信息,粤语受试者就可以通过这些音高信息厘清该说话者的声调空间(tone space),这样就可以相对轻松地分辨出目标声调到底是高平调、中平调,还是低平调。这是因为高平调会更接近某一说话者声调空间的上部,中平调会更接近声调空间的中间,而低平调会更接近声调空间的下部。这说明粤语声调感知的恒常性在很大程度上依赖于言语语境提供说话者的声调空间。

在以上发现的基础上,研究者进而研究了一般听觉加工机制对粤语声调感知恒常性的作用。如前所述,一般听觉理论认为特殊的言语感知模块并不存在,言语感知是基于听觉系统的一般特性。有不少研究比较了包含同样声学信息的非言语语境与言语语境对言语感知的影响,结果发现非言语语境对言语感知的作用与言语语境相若[2-5]。以声调为例,Huang 和 Holt[2,3]就发现,若是将普通话言语语境中的基频曲线提高几个半音而保持目标声调的基频不变,那么目标声调听起来更像是个低调;反之,若是将言语语境中的基频曲线降低几个半音而保持目标声调的基频不变,那么目标声调听起来更像是个高调。有趣的是,提高或降低由纯音或谐音生成的非言语语境的基频,对目标声调的影响方向一致,即反向影响——提高语境基频导致感知成低调,而降低语境基频导致感知成高调,虽然非言语语境影响的效力有所减弱。这些发现支持一般听觉理论的主张。

研究者还比较了包含同样基频信息的言语语境和非言语语境对粤语平调感知的影响,结果发现两者的效应并不相同。提高或降低言语语境的基频对改变目标声调的感知有显著的反向作用。反观非言语语境,提高或降低其基频对改变目标声调感知的作用微乎其微。这一结果与另外几项研究的发现[6]一致,但是与上述的不同。其中 Chen 和 Peng 使用了与 Huang 和 Holt 尽可能相近的实验设计,但是却未能复现 Huang 和 Holt 的发现。综观目前有关语境作用对声调感知的影响,似乎绝大部分研究发现非言语语境对声调感知的作用不大,这或许说明一般听觉信息在声调感知中即使有一定作用,其作用也相当有限。

基于这一结果,Zhang 和 Chen 探究了语境中包含的何种信息对声调感知作用最大。为此,其比较了 4 种不同语境对粤语平调感知的作用,这 4 种语境包含的信息量由只有最简单的声学信息到最丰富的所有信息(声学信息＋语音信息＋音韵信息＋语义信息)。研究结果再次发现对于粤语这种复杂声调系统来说,只有一般听觉信息的非言语语境对声调感知几乎没有作用。此外,并非所有言语语境都对声调感知有作用,只有当言语语境中包含的音韵信息(phonological information)能够帮助受试者厘清说话者的声调空间时,其才对声调感知有明显作用,而语义信息则可有可无。

在这些行为结果的基础之上，Zhang 等使用脑电图考察了粤语平调感知恒常性的时间进程(time course)(见图9-3)。通过对比对声调感知有显著作用的言语语境和几乎没有作用的非言语语境，Zhang 等在 N400 时间窗(250～500 ms)以及一个晚期正成分时间窗(late positive component，LPC)(500～800 ms)找到了感知恒常性效应，即在这两个时间窗出现了言语语境与非言语语境对目标声调神经加工的显著区别(见图9-3)。这一结果说明言语语境(不管有无语义)通过帮助听者厘清说话者的声调空间，有助于解决目标词的语义模糊性(N400效应)，并可协助后期的决策过程(LPC效应)。若是粤语受试者对于

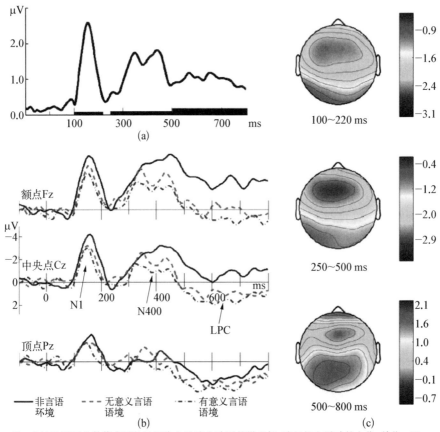

注：右边地形图的数值表示的量即为左边脑电波图的纵坐标，脑组织电活动的电位，单位 μV

图 9-3 脑电波及地形图

(a) 全向场功率 (b) 3种语境条件下的脑电波图(非言语语境、无意义言语语境和有意义言语语境)。注意，事件相关电位(event-related potential，ERP)分析的起始时间锁定到目标声调的起始时间而非语境的起始时间，因此3个语境条件下的目标声调都是一样的，只是目标声调之前的语境不同 (c) 3个时间窗的地形图(N1: 100～220 ms；N400: 250～500 ms；LPC: 500～800 ms)

目标声调有所预期（expectation），那么受试者更可采用一种自上而下的合成式分析法来进行声调感知调整，进而实现感知恒常性。若使用这一策略，感知恒常性更可发生在稍早的反映音韵加工的音韵映射负波时间窗（phonological mapping negativity，PMN）（250～310 ms）。简单来说，假如受试者预期将会听到的目标声调是中平调，他们可以根据言语语境中包含的说话者的音高信息在脑海中预先合成该说话者所发的中平调的基频形式，并将随后实际听到的言语信号与预期形式进行比较。若是言语信号的基频与预期相若，那么言语信号所承载的声调很有可能是中平调；若是言语信号的基频高于或低于预期，那么言语信号所承载的声调很有可能是高平调或者中平调。这种预先调整声调预期形式的策略亦可帮助受试者准确感知不同说话者所发的声调，实现声调感知的恒常性。

最后，Zhang 等使用 fMRI 考察了声调加工和说话者加工的脑功能区。传统的观点一般认为言语加工和说话者加工分别在左脑和右脑中进行。但是近期越来越多研究显示，言语加工和说话者加工在大脑中有很多交叉。实现声调恒常性其实正需要声调加工和说话者加工的交叉，这是因为声调加工需要以说话者信息为基础才能实现从富含差异的言语信号至大脑声调表征的准确映射。Zhang 等发现声调加工和说话者加工都激活双侧颞上回（见图 9-4）。这可能是因为在声调语言中，基频信息既区分不同的声调，也区分不同的说话人。因而在双侧颞上回中加工声调信息时也会对说话人信息进行不自觉的隐性加工（implicit processing），而在双侧颞上回中加工说话者信息时也会对声调信息进行隐性加工。

综上所述，目前的研究发现让我们对声调感知恒常性的心理和神经机制有了初步认识，但还需要进行更多研究以对这一问题有更全面的了解，尤其是脑成像研究目前还很缺乏。这些研究不仅对认识汉语声调的脑神经加工有特殊意义，而且可在更广泛的层面上为理解人类言语感知的脑机制做出贡献。

9.1.2　言语感知障碍的脑机制

很多大脑疾病与损伤都能造成言语感知问题。例如对于著名的 Wernicke 失语症，其主要症状就是言语理解障碍。通常，Wernicke 失语症患者的言语产出正常，可以流利地说话，但是说出来的话往往没有意义且患者多不自知。传统上，对造成 Wernicke 失语症的脑区没有非常清晰的界定，但是一般认为颞上回后侧的脑损伤会造成 Wernicke 失语症。

Wernicke 失语症的相关研究已经有很多，在此不再赘述。在本节中我将探

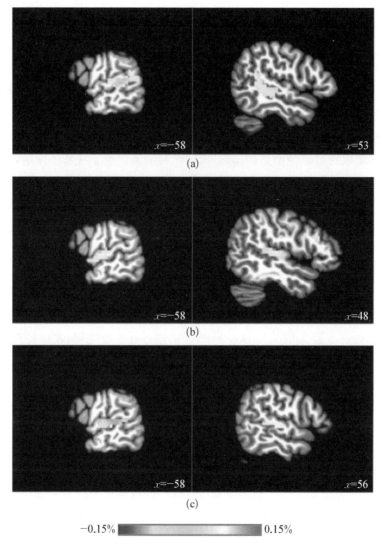

-0.15% 0.15%

图 9-4 声调加工和说话者加工激活的脑区

(a) 在声调任务下言语信号中说话者变化条件(任务无关)的激活强度高于声调变化条件(任务相关)的脑区   (b) 在说话者任务下言语信号中声调变化条件(任务无关)的激活强度高于无变化条件(基线条件)的脑区   (c) 在声调任务下言语信号中说话者变化条件(任务无关)的激活强度高于无变化条件(基线条件)的脑区

讨另一种感知障碍——先天性失乐症(又称失歌症或乐盲)——对声调感知的影响。理解这一障碍对汉语声调感知的影响尤其重要。失乐症是一种先天性音高感知障碍,主要表现为难以分辨旋律有否走调或难以记住熟悉的旋律。失乐症的占有率有争议,但一般认为人群中 $3\%\sim4\%$ 的人可能患有失乐症。失乐症一般使用蒙特利尔失乐症诊断(Montreal Battery of Evaluation of Amusia，MBEA)测试进行鉴定,这套测试包括音高感知、节奏感知、音乐记忆等 6 个子部分。另外也可通过一个更简短的网上测试来鉴定失乐症。

对失乐症的研究始于英语和法语等非声调语言,但是因为汉语声调以音高区分语义,所以研究失乐症这一音高感知障碍对汉语母语者的声调感知以及声调的脑神经加工的影响有特殊意义。Nan 等[7]就发现,失乐症可导致声调失认症(lexical tone agnosia)。这些研究者发现,以普通话为母语的失乐症患者在识别和分辨普通话声调的测试中整体准确率显著低于音乐能力正常的普通话受试。其中,6 名失乐症患者声调识别和分辨的准确率更低于正常受试者 3 个标准差,可见其声调感知问题之严重。因而,这些失乐症患者被判定为患有声调失认症。

近来有研究进一步证实,失乐症对声调感知的影响已经深入到声调的范畴感知。前面提到,范畴感知是将连续的音高变化归入一至两个声调范畴,因此两个跨范畴边界的声音刺激听起来会比同属一个范畴内的两个声音刺激区别更加明显。Jiang 等发现,以普通话为母语的失乐症患者在识别任务中的表现与正常受试者相若,但是在分辨任务中缺乏范畴感知。失乐症患者在分辨跨范畴的声调刺激时并没有表现出比分辨同范畴的声调刺激更高的准确率,这说明失乐症患者对声调的感知并非是范畴性的。近期 Huang 等的一项研究进一步证实这一结果,其指出患有声调失认症的普通话失乐症患者在声调识别和分辨任务中都缺乏正常的范畴感知表现,而另一组没有严重声调感知障碍的纯失乐症患者则表现出与正常受试者相若的范畴感知[8]。这说明不同的失乐症患者或许会表现出不同程度的非范畴性感知,有严重声调感知障碍(即声调失认症)的失乐症患者在识别和分辨任务中都表现出范畴感知障碍,而一般的失乐症患者起码会在分辨任务中表现出范畴感知障碍。这进一步说明失乐症对普通话声调感知的影响并不停留在低级的听觉加工,而是已经深入到对声调的高级音韵加工上。

目前使用脑成像技术考察汉语人群中失乐症的研究还不太多,但是已经开始有研究显示失乐症会影响声调在大脑中的加工。Nan 等发现患有声调失认症的失乐症患者在早期无注意力条件下对普通话声调的加工出现了问题,而没有严重声调感知障碍的纯失乐症患者则表现正常。在无注意力情况下听声音(受试者的注意力放在看书或者看配字幕的无声电影),当一串声音信号中有一个声音信号出现语音变化时,这一语音变化可被人脑自动检测,并在大脑中引发失配性负波(mismatch negativity，MMN)。MMN 的幅度值既受语音变化的物理差距影响,也受语言经验影响。Nan 等发现患有声调失认症的失乐症患者在声调变化条件下 MMN 的幅度值比正常受试者和纯失乐症患者的小，不过他们在辅音变化条件下 MMN 的幅度值则表现正常。这说明声调失认症患者在早期无注意力条件下有声调加工障碍，而这一神经加工障碍很可能影响到他们声调感知准确率偏低的行为表现。

目前大部分的失乐症研究都是基于普通话，对粤语等其他声调语言的失乐症研究相对较少。前面提到，由于粤语声调系统比普通话更为复杂，失乐症对粤语等其他声调语言的影响是否与普通话一样，这个问题很值得研究。为此，Zhang 等初步考察了失乐症对粤语声调感知和声调的脑神经加工的影响，目前有了一些初步结果。总体来说，失乐症对粤语声调感知的影响与普通话大致类似，但也有一些差异值得进一步研究。研究发现，粤语失乐症患者识别和分辨粤语声调的准确率低于音乐能力正常的粤语受试者，这一发现与前面提到的普通话失乐症的研究结果类似。有趣的是，在声调分辨任务中，失乐症患者尤其难以准确分辨几对声学上比较接近的粤语声调，例如 T3 中平调和 T6 低平调，以及 T2 高升调和 T5 低升调，这说明粤语复杂的声调系统会给失乐症患者造成感知困难。但是在粤语失乐症患者当中很难找到声调失认症与纯失乐症的子群区分，完全符合普通话中声调失认症标准的失乐症患者少之又少，这或许反映了粤语失乐症与普通话失乐症的差异。

近期一项研究发现粤语失乐症患者在声调分辨任务中缺乏范畴性感知，这一结果亦与上述的普通话研究结果一致。此外，我们也考察了粤语失乐症患者对元音和浊音起始时间（voice onset time，VOT）（例如"疤"/pa55/和"趴"/pha/之间的区别）的范畴感知，发现粤语失乐症患者在元音分辨任务中也缺乏范畴性感知，与声调的范畴感知障碍表现类似，且受试者在元音分辨任务中的表现与他们的音乐能力相关。粤语失乐症患者对浊音起始时间的范畴感知则表现正常，这是因为浊音起始时间是时长区别，而非音高区别。近来，在普通话失乐症患者中亦发现了元音感知问题。这些发现或许说明失乐症对言语感知的影响比一般所知的更宽，其不仅影响音高（声调区别）感知，也影响共振峰频率（元音区别）感知。

最后要提到的是，Zhang 等首先使用 fMRI 研究了粤语失乐症患者的脑障碍机制，研究结果显示失乐症患者在加工声调和音乐时在颞叶、顶叶、额叶等广泛神经网络都出现了脑功能异常。有趣的是，以往对非声调语言中的失乐症研究显示，当失乐症患者听到音高刺激时，负责听觉加工的颞上回激活通常并无异常，而是在右脑额上回与音乐编码或音乐记忆有关的脑区出现了异常。但是，粤语失乐症患者的脑功能异常与非声调语言失乐症患者的表现几乎相反。粤语失乐症患者的右脑额上回激活没有异常,反而是右脑颞上回没有显著激活。在正常受试者当中,右脑颞上回尤其在声调加工条件下出现了显著激活。据此,Zhang 等认为声调语言经验或会影响失乐症患者的脑障碍神经网络。由于声调与音乐都以音高区分,在粤语等声调语言中失乐症患者的脑障碍神经网络或许与声调加工的神经网络有所重合,而与音乐加工的脑区分隔。声调语言经验对失乐症脑障碍机制的影响这个问题很值得进一步研究。

9.2　助听技术与听障评估

听觉在言语链中是一个重要的环节,正常的听觉功能对于言语交流起着极其重要的作用。但是,由于各种原因产生的听力损失,给言语交流、生活质量等带来极大的影响。听力损伤是当前世界排名第 1 位的听力传导性功能疾病。据世界卫生组织统计,全球范围内约有 2.78 亿人患有耳聋和其他听力疾病,其中,我国听障人数约占全球听障人数的 10%。我国每年有 2 万～6 万严重听力损伤儿出生,因聋致哑,听力障碍极大影响了听力损伤儿的语言和认知能力的发展,甚至对其未来的学习、工作和生活以及家庭幸福也有深远的影响。同时,我国 60 岁以上老年人患听力残疾的比例高达 11%,每年全世界新增因噪声导致听力损伤的青少年多达 500 万人,研究和设计有效的助听设备,对听障患者的听力恢复、言语交流和生活质量有极其重要的意义。

助听器和人工电子耳(亦称人工耳蜗)是当前主要的助听设备。助听器使用者主要是外耳和中耳相关的传导性听力损伤的患者,助听器通过对语音信号能量的放大来实现听力补偿的功能;人工电子耳使用者主要是内耳相关的神经传导性听力(重度至极重度的)损伤的患者,此时,传统助听器的效用有限,需要通过手术的方法将多通道电极植入内耳,由电刺激的方法产生听觉感知。由于助听器的社会认知度高和使用人群众多,本节不做多介绍;人工电子耳作为一种新型的人工听觉技术,还没有获得广泛的社会认知,因此本节将专注介绍人工电子耳技术。

人工耳蜗是一种电子装置,由体外言语处理器将声音转换为一定编码形式的电信号,通过植入体内的电极系统直接刺激听神经来恢复、提高及重建听力损伤患者的听觉功能。近二十多年来,随着高科技的发展,人工耳蜗进展很快,已经从实验研究进入临床应用。现在全世界已把人工耳蜗作为治疗重度聋至全聋的常规方法。人工耳蜗是目前运用最成功的生物医学工程装置。

人工耳蜗的发展历史可以追溯到 1800 年意大利 Volta 发现电刺激正常耳可以产生听觉。1957 年法国 Djourno 和 Eyries 首次将电极植入一全聋患者的耳蜗内，使该患者感知环境声获得音感。20 世纪 60—70 年代，欧美等国的科学家也成功地通过电刺激使耳聋患者恢复听觉。通过对人和其他动物模型的研究发现了电刺激诱发出的听觉特点和需要解决的问题，如动态范围窄，响度增长陡峭及时阈音调识别差等。1972 年美国 House-3M 单通道人工耳蜗成为第 1 代商品化装置，从 1972 年到 20 世纪 80 年代中期共有 1 000 多名使用者。1982 年澳大利亚 Nucleus22 型人工耳蜗通过美国食品药品监督管理局（Food and Drug Administration，FDA）认可，成为全世界首先使用的多通道耳蜗装置。现在世界上主要的人工耳蜗公司是澳大利亚的 Cochlear 公司，奥地利的 MedEl 公司和美国的 AB 公司。至 2010 年初，全世界有十几万耳聋患者使用了人工耳蜗，其中半数以上是儿童。

在我国，多通道人工耳蜗植入开始于 1995 年，这项技术已经较为成熟。随着人工耳蜗植入工作的开展，病例数量的增加，适应证范围的扩大，一些特殊适应证耳聋病例的人工耳蜗植入的疗效和安全性也得到了证实，使人工耳蜗植入的适应证进一步扩大。例如：术前完全没有残余听力患者的人工耳蜗植入；内耳畸形和耳蜗骨化病例的人工耳蜗植入；合并慢性中耳炎患者的人工耳蜗植入；小龄耳聋患者的人工耳蜗植入；高龄耳聋患者的人工耳蜗植入。

人类获得正常的语言不仅需要正常的听力，还需要听觉语言中枢的正常发育，这就是为什么成人语前聋患者即使植入了人工耳蜗可以听到声音，也不能听懂语言及讲话。研究表明人类的听觉语言中枢在 5 岁左右就发育完成，成人语前聋患者在语言发育前就发生了耳聋，失去了听觉语言中枢正常发育的机会，他们的听觉语言中枢失去了可塑性，因此这些患者即使接受了人工耳蜗植入，也仅仅能够听到声音，无法获得正常的语言。语前聋患者的最佳植入年龄是 5 岁之前。

对于成人语后聋患者，他们的耳聋原因可能是突发性耳聋、药物性耳聋或先天性内耳畸形基础上的遗传性迟发性耳聋（大前庭导水管综合征）等。这些成年耳聋患者在耳聋之前有正常的听力，并且获得了正常的语言，其听觉语言中枢得到了充分发育，因此称这些耳聋患者为成人语后聋患者。成人语后聋是最佳的人工耳蜗植入适应证之一，这类耳聋患者听觉语言中枢在耳聋之前得到了正常的发育，他们在接受了人工耳蜗植入后重新获得了听力，能够唤起他们过去对语言的记忆，因此这类患者能够在较短时间内恢复语言能力。对于成人语后聋患者来说，一个重要的问题是耳聋后尽早植入人工耳蜗。如果耳聋时间很长，患者对过去语言的记忆会淡忘,导致人工耳蜗植入效果下降。目前老年耳聋患者的人工耳蜗植入问题越来越受到关注,老年耳聋患者多数为语后聋患者,他们耳聋的原因除上述原因外,更多的是老年性的渐进性听力减退,直至使用助听器无效。随着社会经济的发展、人口寿命的延长,老年人的生活质量也更多地受到社会、家庭的关注。恢复老年人的听觉语言能力,能增进他们的语言交流能力,改善他们的心理状态,使老年人获得自信,大大提高他们的生活质量。老年耳聋患者在接受人工耳蜗植入后,能够获得很好的听力语言效果。

9.2.1　人工电子耳的构成

人工电子耳主要由 4 部分构成,分别是体外处理器、发射器、接收器/解码器和刺激电极(见图 9-5)。

(1) 体外处理器由麦克风和语音信号处理器构成,一般佩戴在使用者的耳后。麦克风接收周围环境的声音信号,语言信号处理器将对声音信号进行分析处理,并且编码。语言信号处理器同时可以实现复杂的算法来进行降噪处理。

(2) 发射器连接在使用者的头皮上,由发射电路构成,发射器的作用是将语音信号处理器产生的特征传递到人工电子耳植入体内的单元。

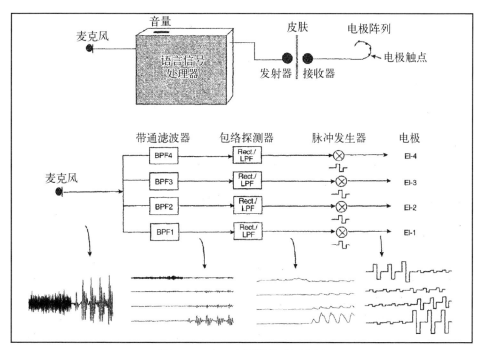

图 9-5　人工电子耳构成示意图

（3）接收器/解码器通过手术植入到头皮下，接收器和体外的发射器构成一个通信通路，可以接收来自发射器的信号；解码器将解码出控制信息，产生电脉冲信号，传递到电极，刺激听觉神经元。

（4）刺激电极透过手术植入耳蜗，现代人工电子耳一般采用多刺激电极，植入耳蜗不同位置的电极刺激其附近的残留听觉神经元。

9.2.2　人工电子耳语音信号编码方案

20 世纪 70 年代末，美国犹他大学研制出第 1 个商品型的多通道耳蜗植入装置，其语音信号处理器将声音分成 4 个不同频道，然后对每个频道输出的模拟信号进行压缩以适应电刺激窄小的动态范围。该言语处理方案称为模拟压缩（compressed analog，CA）。

20 世纪 80 年代初，澳大利亚墨尔本大学研制出具有 22 个蜗内环状电极的 Nucleus 耳蜗植入装置。Nucleus 语音信号处理器的设计思想是提取重要的语音特征，如基频和共振峰，然后通过编码的方式传递到对应的电极。Nucleus 语音信号处理器的特点是双相脉冲，双极（bipolar）刺激，分时刺激不同电极且刺激频率不超过 500 Hz。语音处理方案从最初的只提取基频和第 2 共振峰（F0F2）信息，到加上第 1 共振峰的 WSP 处理器（F0F1F2），F0F1F2 加上 3 个高频峰的多峰值（multipeak）处理器，到目前的只抽取 22 个分析频带中的任何 6 个最高能量频率信息的谱峰值（speatralpeak）处理器。

Wilson 等研究出连续间隔采样（continuous interleaved sampling，CIS）语音信号处理器。与 Nucleus 的特征提取设计思想相反，CIS 语音信号处理器尽量保存语音中的原始信息，仅将语音分成 4～8 个频段并提取每个频段上的波形包络信息；再用对数函数进行动态范围压缩，用高频双相脉冲对压缩过的包络进行连续采样；最后将带有语音包络信息的脉冲串间隔地送到对应的电极上。从信息含量角度看，CIS 和 CA 语音信号处理器基本上一样，但 CIS 的优点是避开了同时刺激多个电极带来的电场互扰问题。虽然 CIS 和 Nucleus 都使用双相脉冲间隔刺激，但它们有如下两个不同的地方：第一，CIS 的每个电极都用高频（800～2 000 Hz）脉冲串进行恒速和连续的刺激，即使在无声时也一样，只不过其脉冲幅度降到阈值水平；第二，CIS 的分析频带和刺激电极的数目一致，目前 CIS 语音处理方案已被世界多数人工耳蜗植入公司广泛采用，并且在此基础上又做出新的改进。如美国 ABC 公司推出 S 系列处理方案，澳大利亚 Nucleus 公司推出 CI24M 型 24 通道装置的 ACE 方案及奥地利 MedEl 公司推出的快速 CIS 方案等。

9.2.3　人工电子耳的当前技术挑战

人工电子耳使用者的人数在逐年大幅递增，尤其是广大的儿童使用者，早期植入人工电子耳对其语言学习、言语交流起着极其重要的作用，并能够使其进入普通学校进行学习。人工电子耳的成年使用者也获得了极好的效果，多数成年使用者可以正常进行言语交流，使用电话等。但是，人工电子耳技术目前仍然存在诸多的技术问题，此类问题有赖未来技术的发展予以解决，主要包含了以下几方面：

（1）噪声对人工电子耳言语识别的影响。人工电子耳语音编码策略仅保留了有限的声学特征用于电刺激，因此人工电子耳使用者在时间、频率等基本声学特征的识别上逊于正常听力人士，同时言语识别率受噪声的影响格外突出。如何提升在噪声、回响等恶劣声学环境下的言语识别率是人工电子耳技术未来发展的重点之一，研究方向包含设计新型降噪算法、使用麦克风阵列等。

（2）新型编码策略。当前的人工电子耳语音编码策略主要针对西方非声调语言而设计，没有有效传递基频等重要的、与声调识别相关的声学信息，因此，对于使用声调语言的广大人工电子耳使用者，其言语识别率尚有较大的提升空间，尤其是在噪声等环境下。诸多的针对声调语言优化的人工电子耳语言信号编码策略正在设计中，并在临床进行效果评估。

（3）音乐欣赏能力的提升。虽然人工电子耳使用者能够实现正常的语言交流，但是对节奏、韵律等音乐相关的特征识别仍然不尽如意；由于人工电子耳使用者有强烈的音乐欣赏的需求，如何设计新型编码策略，提升人工电子耳使用者的音乐欣赏能力，是当下的研究热点之一。

（4）低成本人工电子耳产品。当下的主流人工电子耳产品来自欧、美、澳洲的 3 家公司，其占据了较大市场份额，但是价格昂贵，对于中国等发展中国家的耳聋患者而言，是一个较重的经济负担。如何研发低价位、高性能的人工电子耳产品，对于未来推广和普及人工电子耳技术有重要的意义。

（5）消除人工电子耳使用效果的差异性。虽然多数的人工电子耳使用者恢复了听觉，能够较好地进行言语交流，但是，仍然有为数不少的使用者的使用效果较差，因此，使用者间的差异性较大。如何消除这种差异性让更多的人工电子耳使用者获得满意的听觉恢复效果，是一项技术挑战，需要更加深入研究人工电子耳性能的相关因素，设计新型编码策略，并辅以有效的听觉康复方案。

9.2.4　听障评估技术

在听觉系统功能正常的情况下，人的言语感知能力还必须经过后天的不断学习才能真正得以形成。这就使得言语感知的研究,既要考虑听觉系统的生理机制,又要考虑语音信号的物理属性,即声学特征。

音节是语音信号的基本单位,汉语普通话中的一个汉字即为一个音节,由声母、韵母及声调构成。在汉语言语的听觉感知中,声母、韵母、声调的感知都占有重要的地位。通常来说,语音信号里声母部分的时长和能量相对比较弱。相比于时域,人耳的听觉感知系统对频域的声学特征更加敏感。因此,在目前研究中通常提取一组 38 维的声学特征向量作为声母部分的感知特征向量,其中包括声母过零率参数 ZCR(5 维)、声母 MFCC 系数 M(12 维)以及声母 Bark 频带能量比率参数 B(21 维)。语音学认为韵母的主要区分在于其第 1 共振峰和第 2 共振峰的不同,因此共振峰也通常用于描述韵母间的听感差异。语音信号的频谱分布在言语感知中具有关键作用。人耳对语音信号的频域信息十分敏感,而听力学上也认为语言频率对人耳的言语感知有重要作用。因此,目前的研究多从韵母的频域特征出发,提取韵母的声学特征,考查韵母在语言频率下的特性。目前较好的方法是,选择 LPC 参数(9 维)作为韵母的声学特征向量。声调对于语音信号的感知也起着非常重要的作用。在不同声调之间,不同的感知特性主要体现在声调的基频包络上。因此,通常选取声调的基频包络作为声调部分的感知特征向量,得到一组 6 维的特征向量,其中包括基频包络 F0 中的均值、最小值、前置最大值、后置最大值、前置斜率、后置斜率。

在目前研究中,通常基于距离度量的方式,在声学特征与听觉感知之间建立联系,并对这种联系做出定量的描述。对于语音信号的声母、韵母、声调来说,通常将特征向量之间的欧氏距离作为信号之间的听感距离来描述其听感差异。对于人类交流中产生的言语信号而言,独立地使用声母、韵母或声调来衡量音节的感知不能完全客观地代表音节实际的听觉感知特性。因此有学者认为应该将声母、韵母和声调综合考虑来分析音节的听觉感知特性。目前较新的研究是在音节层面构建语音信号的感知距离矢量:$S = \alpha C + \beta V + \gamma T$,其中,$S$ 即为音节层面的感知距离矢量;C,V,T 分别代表了声母、韵母、声调的声学特征向量;α,β,γ 分别是音节感知距离矢量中声母、韵母、声调的特征权重系数。

1. 言语测听词表的构建

基于音节的听力评估方法分为开放式和闭合式。在开放式言语测听中,受试者的反馈信息没有范围约束,受试者可以根据自己的听感判断做出任意的反馈回答。而在闭合式言语测听中,受试者需要在闭合的区间内做出听感反馈。目前汉语言语测听多数采用开放式言语测听方法而较少使用闭合式。在开放式言语测听中,受试者无法独立完成测听流程,需要测试人员的介入,这影响言语测听的效率。闭合式言语测听由受试者与测听系统以交互形式进行,无须测试人员的辅助,受试者可以独立自主完成,这样可以提高汉语言语测听的效率,特别是测听系统在可触摸平台上运行时,测听效率将得到极大提高。

闭合式汉语言语测听方法所使用的测听词表,不仅包含开放式词表中的测试项,同时,每一个测试项还拥有与之匹配的混淆项,用于在测听中对受试者的听感进行混淆干扰。在闭合式汉语言语测听的测听词表研究中,混淆项的设计是关键技术。目前的混淆项设计遵循音位平衡和表间等价性等原则。这种设计方法是从音素层面编制混淆项,没有考虑各语音单元在音节层面的感知特性;且汉语言语测听中使用的测听词表,目前多通过人工编制,优质的测听词表制作周期长,很难做到全局最优。因此,本节介绍一种闭合式言语测听词表的构建方法,能够从音节层面衡量言语信号的感知特性,并且能够使用计算机自动生成。首先,将音节的感知分布计算结果作为词表混淆项设计的理论依据,计算闭合式测听词表中的混淆项,这在听感评估上更为客观。然后,基于混淆项的计算结果,自动生成全局最优的闭合式测听词表,提高测听效率。最后,设计与上述词表对应的言语感知评估方法,不仅加入了对音节层面的特征计算,还在测听流程中加入了对人耳听感特性的考虑,可提高言语感知评估的信度。

2. 言语测听系统

本节介绍一个分别在个人计算机(pc)端和移动设备端研发的言语测听系统,该系统可实现言语测听的自动化和受试者信息的管理等功能,不仅为研究人员及医务人员提供了实用有效的辅助工具,也提高了言语测听的效率,在一定程度上缓解了医疗资源的紧张程度。

在pc端的言语测听系统包括言语测听软件、测听语料和听力计3部分。在测试时,受试者需要处在隔音效果良好的隔音室内,通过麦克风与测试员沟通。该系统为受试者提供了友好的用户界面,既可以对纯音测听加以辅助,又可以辅助言语测听。可以辅助进行的言语测听项目包括单音节字、扬扬格词、噪声/安静环境下语句的识别率测试,以及扬扬格词、噪声/安静环境下语句识别阈测试等。软件的主界面如图9-6所示,软件所提供的功能都集成在主界面上,其主要功能流程如图9-7所示。平台分为两大模块:信息管理和测听流程管理。信息管理部分负责受试者各种信息的增加、删除、查询、修改、导入、导出等,而测听流程管理部分则将按照标准的言语测听流程,自动实现诸如测试条件设置、音频播放、文字显示、结果记录等。受试者的各种信息及数据将全部保存在一个简单的数据库中,各项功能的实现都离不开数据库的支持。

在移动设备端,言语测听系统遵循国际标准,自动生成准确的言语测试音信

图 9‑6 pc 端言语测听系统软件主界面

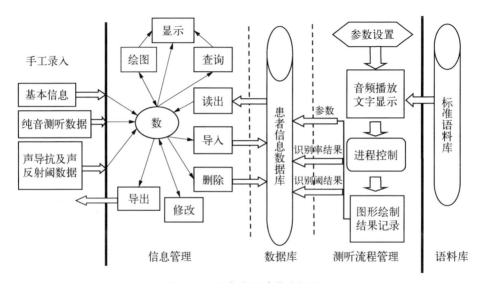

图 9‑7 平台主要功能流程图

号,智能调整测试音强度,基于人耳的听觉特性和言语信号的声学特征,自动计算言语测听中的各项评估结果。在使用移动设备进行言语测听时,受试者不需要隔音室或者听力计,只需要选择适合测听的、较为安静的环境即可,受试者在全部测听过程中不需要与医护人员做沟通交流,只需按移动设备测听系统中所要求的做人机交互即可。

9.3 嗓音障碍产生机制与客观评估技术

发音是言语交流的重要一环,在临床应用上,医生通过病嗓音的分析来评估患者的嗓音和声带状况。声带疾病通常导致不规则和不稳定的发音。声带发声系统是一个复杂的非线性系统,由于声带组织的非线性生物力学特性,声带非线性碰撞和声门湍流的非线性压流关系形成了发声的非线性特性。因此,嗓音障碍产生的非线性机理研究对于发展非入侵的嗓音障碍的治疗及其客观评价方法有重要科学意义和临床应用价值。

9.3.1 嗓音障碍产生机制

大多数哺乳动物(包括人类)是通过声带振动发声。目前黏弹—空气动力理论阐释了声带的振动发声机制:肺部产生声门下压作为驱动力,声带约束了从肺到声道的气流,当声门下压超过一定阈值时,声带开始振动。由伯努利效应可知,当气流通过声门间隙时,压力降低,组织张力使两侧声带靠拢甚至闭合,气流受阻。声门内压力增加会迫使声带再次打开,使空气流入声门,声门压力将再次降低。上述过程如此反复,形成了声带周期性振动。声门周期振动调制声门气流,产生周期性声门脉冲,从而激发周期性的嗓音信号。可见,发声系统的障碍将产生声带的异常振动,从而影响发声质量。

近年来,声带生物力学特性及其物理模型已应用于嗓音障碍产生的非线性机理研究。Alipour 和 Titze[9]以离体狗喉应力松弛实验为基础研究了声带的黏膜层和肌肉层,发现肌肉层相比黏膜层表现出更多的非线性特性,相应的松弛时间也更长。Zhang[10]提出两相理论来描述声带固有层在应力松弛期间的黏弹性行为。Hanson 等[11]测量了犬声带固有层在不同脱水程度时的固体和液体含量,通过实验证实了两相理论。为模拟声带振动特性,1968 年,Flanagan 等[12]建立了声带振动的单质量块模型。1972 年,Ishizaka 和 Flanagan[13]将其改进成二质量块模型来描述从声门气流向声带振动的能量传输。Tokuda 和 Herzel 研究了声带麻痹所导致的非对称双质量声带模型的不同步振动。Tao[14]建立了基于有限元的声带流固耦合模型,揭示了声带与流体间的相互作用。Zhang 和 Jiang[15]提出了一系列非线性声带模型来研究帕金森综合征、声带麻痹和声带小结等声带疾病所导致的非周期声带振动和不规则发声。这些工作为嗓音障碍产生机理研究提供了理论基础。

纤维喉镜、电子内窥镜以及频闪喉镜提供了声带振动的成像手段,然而这些设备受限于时间和空间的分辨率,难以有效测量病变声带振动发声过程。当前的高速摄影成像技术的成像分辨率高达 4 000 帧每秒,能够捕捉并记录下声带振动的全部细节过程,是目前研究嗓音障碍产生机理的有效成像手段。Luegmair[16]利用高速摄影成像技术重建了声带表面的三维运动。Herbst[17]定

量分析了声门面积、半声门面积相位以区分正常人与声带麻痹患者。Zhang 和
Jiang[18]利用高速摄影成像技术分析了声门下压对声带振动时空特性的影响,并进
一步分析了异常声门下压导致混沌声带振动和嗓音障碍的动力学过程。此外,可
利用离体狗喉模拟声带息肉的病理模型,研究病变声带振动的时空特性[19]。

9.3.2　嗓音障碍的声学客观评估方法

传统的嗓音疾病可通过发音质量的主观评估、客观评估、电子频闪喉镜、气
流动力学喉部功能评估、喉神经肌肉电功能评估等进行检查[20]。而其中的仪器
检查都为侵入性的检查方式,给患者带来一定的痛苦及损伤,且对其身体状况和
配合度有较高要求,同时耗时、费力、成本很高。当前对病理嗓音的质量评估主
要是依靠医生主观评判的嗓音听感知评估完成。但是其在评估的过程中受评委
之间的差异,评委对声音的感知、把握能力以及评委的经验等多个主观因素的影
响,这使得主观评估方式具有很大的主观性和偶然性,差异性极大,很难具有统
一标准。

病理嗓音的客观自动评估可通过嗓音的声学分析进行,该方法为嗓音障碍
提供了一种明确的、量化的分级方式,是一种快速、非侵入性的自动检测方法。
该方法可去除传统方法在时间、空间上的限制,能够在病理早期就做出诊断,在
患者治疗过程中的每个阶段都有相应的数据记载,医生通过这些数据可以完全
跟踪了解病情,最大限度保障患者治疗过程,为医生诊查、评价药物治疗效果提
供了一种客观的参考依据。该方法降低了主观评估的偶然性,而且方便、易用,
降低了医生的负担。基于此,在过去的 20 多年中,研究者尝试应用数字信号处
理、模式识别和统计模型相关技术来实现病理嗓音客观评估,并将其引入到了嗓
音评价、术后康复和疾病诊断的领域,这已成为国际嗓音问题研究领域的重要
方向。

当前,美国和一些欧洲国家已经率先开发了病理嗓音检测系统(如美国 Kay
嗓音实验室开发的多维嗓音分析软件 MDVP,德国 XION 公司开发的
DIVAs2.5声学分析软件、EVA 嗓音工作站等),通过对嗓音声学信号的采集量
化、算法分析来获取相应的特征参数,然后根据这些参数对病理嗓音障碍的等级
进行评价。然而其常模是以英语和法语为标准的,国内孔江平对其常模研究发
现,该常模并不适合于汉语发音的嗓音质量检测与分析。同时,上述设备虽然测
量的参数数目众多,但其仅仅是从单个参数进行测量与分析,而且其中的参数并
不是每个都具有明确的生理病理学意义。近年来,应用一系列声学方法客观定
量病理嗓音和嗓音质量进行客观声学评估已成为新的发展方向。常用的嗓音信

号客观评估方法有谱分析法、幅度和频率扰动分析法以及非线性动力学分析。其中谱分析法和扰动分析法只适用于周期噪音或近周期噪音分析。声学及空气动力学理论表明,语音信号是一个复杂的非线性过程。Titze 认为嗓音信号可分为 3 类:① 近似周期性信号;② 谐波调制信号;③ 非周期信号。而声带的病理改变导致嗓音信号由正常的近似周期信号转变为谐波调制信号,乃至于非周期信号。传统的特征参数适合用来分析周期性信号,对分析非周期的、混沌的信号就产生了一定的局限性。线性分析技术忽略了嗓音中的非线性特征,而这些非线性特征,在区分正常与病态嗓音时可以提供有效信息。近年来的研究表明非线性动力学分析方法不仅适用于周期嗓音,更能分析无序的,甚至混沌的病态嗓音信号。Titze 和 Herzel[21] 把非线性分析方法应用到声带病变的研究中。Behrman 和 Baken[22] 研究了非稳定、噪声和信号长度有限对正常和病理嗓音的电声门图信号的关联维数计算的影响。Hertrich[23] 发现帕金森患者与正常人的电声门图信号的分形维数存在显著差异。Giovanni[24] 对单边声带麻痹患者的嗓音与正常嗓音进行了对比,结果显示单边声带麻痹患者的嗓音信号的最大李雅普诺夫指数远高于正常人。Zhang 和 Jiang 在嗓音障碍的非线性分析方向开展了系统研究,他们分析了声带息肉患者术前和术后声音信号的关联维数和二阶熵,统计结果表明,非线性动力学方法可以有效地评估治疗效果。此外,他们比较了扰动分析法和非线性动力学方法在定量分析声带息肉和单边声带麻痹患者嗓音信号的能力,非线性动力学方法显示出对复杂嗓音分析的稳定性和有效性,为发声障碍的临床诊断和治疗评估提供重要手段。Yan 等发现,与正常语音相比,食道语和食气管语的嗓音信号非周期性增加,与主观感知评价成正相关关系。同时,将非线性参数加入传统的扰动参数组成新的分类特征向量后,其对单边声带麻痹的识别效果比传统参数有明显的改善。另外,寻找更能反映声带病理改变所导致的声带振动模式改变引起的嗓音变化的声学参数已成为病理嗓音特征参数研究的热点。研究者提出了一些基于倒谱、时频分析的声学参数,如 Michaelis 提出的声门噪声激励比(glottal to noise excitation ratio, GNE)和短时交叉相关函数(short time cross correlation function, STCCF),Boyanov 和 Hadjitodorov 提出的基频能量倒谱系数(pitch energy cepstral measure, PECM)等。该类参数也在病理嗓音特征描述上具有很好的效果,可以有效地反映病理嗓音特征。

　　在病理嗓音客观评价方面,很多研究证实了单个参数与听觉感知结果的相关性,但 Alku 等认为在临床上单个参数不足以准确评估嗓音的质量。由于声带特殊的结构和运动特征,对嗓音功能的客观评估难以使用一种参数进行衡量。

最近,采用多维特征参数的线性组合来反映整体的嗓音质量已成为一种发展方向。但其受到无关变量的影响较大,同时病理嗓音的评价是一个复杂的、更倾向于非线性问题的研究,使用的灵活性受到限制。近年来,应用于语音识别领域的模式识别方法也逐渐被引入到病理嗓音客观评价研究中。GMM、HMM、SVM、MLP等多种分类器已用于正常嗓音与病理嗓音或针对特定嗓音疾病的分类,并取得良好的分类效果,在一定程度上解决了正常-病理嗓音二分类问题。然而,只能进行正常嗓音与病理嗓音的区分已经不能满足目前临床上的需要,当前研究开始往两个方向发展:利用声学参数细化病理嗓音识别的范畴(如能区分功能性、器质性嗓音障碍和正常嗓音);对病理嗓音的严重程度进行识别。在细化病理嗓音方面,Gelzinis等研究者开展了探索性的研究,通过采用支持向量机对声带小结成人患者、声带震颤成人患者以及正常成人进行三分类,其正确率达到了84.6%。另有研究组尝试利用调制频谱特征和支持向量机对不同病理嗓音进行识别,取得了一定效果。中国科学院深圳先进技术研究院环绕智能实验室课题组也开展了相关研究,探讨了多种声学参数在区分痉挛性发音、声带小结、单边声带瘫痪和正常嗓音中的作用,寻找可用来区分多种嗓音的声学特征。而病理嗓音严重程度的客观评估,主要集中于对嗓音质量的客观评估,以 GRABS 等主观评估标准对不同等级的嗓音质量的声音信号提取声学特征并采用机器学习的方式实现自动评估。Pouchoulin 等首先使用了几种分类方法来研究语音信号带宽对知觉评级的影响,并使用倒谱参数(线性频谱系数和 Mel 频谱系数)自动评估 GRBAS 等级(G),且将 GMM 作为分类器,可取得 80% 的分类效率。Stránik 等使用包括不同类型测量(如噪声、倒谱和频率参数等)的 92 个声学特征来检测 GRBAS 呼吸(B)分级,在应用特征降维方法后,使用 4 维声学特征实现了 77% 的分类准确率。Sáenz-Lechón 等运用 Mel 倒谱系数(MFCC)和学习向量量化网络(LVQ)方法获得了 68% 和 63% 的等级(G)和粗糙度(B)分类准确率。在最近一项研究中,Morovelázquez 等分别将调制频谱特征(MS)和 MFCC 作为特征向量,采用 GMM 作为分器,分别取得了 81.6% 和 80.5% 的识别率。对于汉语病理嗓音的严重程度识别,中国科学院深圳先进技术研究院环绕智能实验室基于中国解放军总医院于萍教授开发的病理嗓音主观 GRABS 评估数据库开展了一系列研究。该实验室基于持续元音提取多维声学参数特征参数,应用特征降维方法获取特征集,将极限学习机(ELM)和支持向量机(SVM)作为分类器,分别取得了 77.2% 和 80.5% 总体等级(G)识别率。同时,该实验室还探讨了将连续语音作为声音样本并应用深度学习网络(DNN)来实现病理嗓音质量分级的方法,取得了 81.53% 的总体等级(G)识别率。

虽然,应用客观声学分析对嗓音质量进行客观评价的研究取得了一定的进展,但是仍然存在诸多问题。首先,需要谨慎设计语音采集实验与与之对应的特征提取方法,需要更多开放的病理嗓音数据库的采集与共享。当前英语数据库主要采用 kay 公司的马萨诸塞州眼耳部医疗保健实验室嗓音数据库(MEEI),汉语数据库有于萍教授开发标注的汉语病理嗓音质量数据库,仍然需要开发大型的病理嗓音数据库。其次,在嗓音质量评估中,多数以 GRABS 评分为标准,但是该评分是主观评估,如何消除主观评估影响也是亟待解决的问题之一。Berisha 研究组和 Narayanan 研究组在这一方面进行了一些探索性研究,以期望消除主观影响。另外,不同嗓音障碍引起的构音障碍语音数据的变化性也会影响客观评价准确性,Berisha 等提出采用说话人规整化方法或者说话人独立评估方法来降低不同构音障碍对嗓音质量客观评估的影响。再次,研究应该考虑不同嗓音障碍的亚型,对不同亚型的嗓音障碍进行识别将更加有助于客观声学分析在临床上的应用。最后,应考虑多中心、大样本采集病理嗓音数据,从而解决当前数据库病理嗓音数据的不平衡以及数据过于稀疏的问题。

总之,不同于经典嗓音分析方法强调线性、规则和频率的概念,非线性动力学强调了病理嗓音的非线性、不规则性和复杂性。虽然非线性动力学方法在研究病理嗓音的发声机制上有重要的价值,然而同经典分析方法相比,它在临床方面的应用还是很不充分的,这方面的应用研究势在必行。非线性动力学方法不需要代替现有的分析方法,而是为病理嗓音分析提供了更多方法和信息,使人们可以更全面地了解病理嗓音的产生机制。

9.4　言语康复训练与学习

言语沟通是人类传递信息、沟通交流、积累经验的重要方式,是人类社会生活的必要环节。作为一个人口大国,中国的言语障碍问题目前面临着严峻的现实。2010 年全国残疾人人口普查结果显示,全国残疾人口 8 500 多万,听力残疾 2 054 万人占残疾人总数的 24.06%,言语残疾 133 万人占残疾人总数 1.56%,较 2006 年普查结果显著上升。而新生儿听力损失在我国非常普遍,很多人由于听力的丧失,在言语链中缺少了来自别人和自己的语音刺激,对语音的认知和学习非常困难,从而形成言语障碍。听力损失者即使通过助听器或人工耳蜗获得了基本听力,但是由于发音器官缺乏运动,以及大脑中对语音的分辨力不够,也会发音困难或者不清楚。因此,听力损伤的儿童必然存在言语问题,需在佩戴人工耳蜗等设备后进行言语康复训练。此外,言语障碍在学龄前儿童有较高发生率,新华医院 2015 年在《中国儿童保健杂志》发表的统计数据显示,3～6 岁儿童的言语障碍发病率至少为 4%～6%,大量学龄期间儿童具有包括单纯的言语发展障碍、语言表达或理解障碍、发音障碍、口吃、社交对话障碍等言语障碍问题,并影响日后的阅读和书写。言语障碍给家庭及社会带来了沉重的负担,亟须针对儿童言语障碍的康复提供有效的治疗手段,因此言语障碍康复训练新方法和系统的推广已刻不容缓。

9.4.1 言语康复技术概述

康复医疗技术一直都是备受重视的行业,已被许多国家列入关乎国计民生的重大发展计划。利用科学技术的新发现和新进展,探索帮助言语障碍患者康复的新方法和新技术,研发高性能、新技术的言语康复器械产品,恢复和改善言语障碍患者尤其是儿童的交流功能,使其最大限度地恢复生活和融入社会、提高生活质量、减轻家庭和社会的负担、增进社会和谐,具有极其重要的经济和社会意义。从 2005 年至今,对言语障碍的言语感知和产生的神经受损机制认识逐步深入,基于脑可塑性(brain plasticity)和镜像神经元系统(mirror neurons system,MNS)的新干预康复策略和融合最新计算机技术的、新的康复方法不断涌现,各种不同领域的权威国际期刊如 *Nature*、*Science*、*Proceedings of National Academy of Sciences*(PNAS)、*IEEE Transactions on Neural Systems and Rehabilitation Engineering*、*Brain* 等多次发表这方面的研究工作。脑的可塑性的研究成果为脑损伤后的康复提供了新的思路和方法。研究证明,通过学习和训练,特别是采用多种刺激,如视觉、听觉、触觉的刺激,可促进儿童语言功能的发展以及紊乱的语言功能恢复。尤其是镜像神经元系统提供了一种动作观察-执行匹配机制,为儿童学习发展、神经中枢损伤功能康复提供了新的策略。我国在这个领域的研究尚处于初步阶段,需要深入探索如何有效利用计算模型和多模态技术为言语康复提供帮助。

基于镜像神经元理论的脑功能障碍康复治疗理论,儿童的镜像神经元使他们能够观察其他人的动作,并模仿看到的东西,有学者认为镜像神经元系统是儿童语言建立的基础。激活镜像神经元系统修复或重整受损的额下回后部促进患者语言功能的改善,可促进大脑发生可塑性改变和功能重组,进而促进受损的功能恢复。由于其与言语模仿相关,近年来科学家将其应用于失语症、构音障碍等的言语康复治疗之中,取得了良好的治疗效果。因此,计算机虚拟发音训练也开始广泛应用于针对构音、发音困难的言语康复训练,其主要利用的是三维虚拟头像发音运动模拟技术,该技术的最大特色在于能模拟真人发音,动态呈现内外部发音器官的运动,并且发音内容和速度都可以由程序控制。柏林工业大学的 Fagel 和 Madany[25] 开发了一个虚拟头像 Vivian 以用于辅助儿童言语康复训练,Vivian 内部发音器官可视,但其整个头像包含内部器官的刻画都很粗略,且只能呈现二维的、固定的几个音素发音,跟图片式呈现差别不大。加州大学圣克鲁兹分校的 Massaro 等[26] 开发的虚拟头像 Baldi 也是用于研究言语产生以及计算机辅助发音训练,同样的研究还有瑞典皇家理工学院 Engwall[27] 开发的虚拟头像 ARTUR,以及印度学者 Rathinavelu 利用三维发音训练辅导(CAAT)来呈现发音部位以帮助听力受损儿童等。这些虚拟头像都旨在呈现清晰的内部发音运动,然而目前它们都只停留在部分音素发音级别,并且虚拟头像的外部形象不够生动友好。澳大利亚西悉尼大学 MARCS 机构的 Stevens 等[28] 开发了一个非常真实的说话人头像来研究言语理解的认知负荷问题,该头像几乎可以以假乱真,但是却未见其能呈现内部发音器官的运动。微软亚洲研究院为了提供一种基于互联网的、低成本的、多模态的、高质量的语言学习服务,开发了一个三维虚拟 AVATAR 来模拟真人说话[29]。该说话人头像不仅能说出用户键入的任意英文句子和段落,还能在说话时表达简单的头部动作,如点头、摇头和眨眼等,非常形象生动,但在发音时只涉及简单的口部张合运动,不能呈现精细的发音器官运动。因此,要想将该技术有效运用于言语认知障碍康复系统中,需要研究能自动生成汉语音素、音节以及句子的三维虚拟头像发音运动模拟技术。

早在 20 世纪末 21 世纪初,计算机在言语障碍康复训练中就开展了有针对性的应用,主要包括听理解训练、言语表达训练、阅读理解训练、书写训练、辅助交流等几个方面。例如,针对脑卒中言语障碍用户存在的听知觉障碍,Grawemeyer 等[30] 设计了听觉辨别计算机系统,除了该系统固有的训练内容外,治疗师还可以根据用户的不同特点增加新的刺激,从而提供有针对性的特定的训练。该系统可以由治疗师指导使用,也可以在家根据计算机指令练习。Mates 等[31] 开发了一个视听时间顺序阈值(temporal-order threshold)评价和训练系统,通过采用刺激呈现间隔(stimulus onset atynchrony,SOA)的反馈训练程序,使用户的时间-顺序作业和音素辨别能力得到改善。针对言语表达训练,Aftonomos 等[32] 开发了语言图像(langraphica,LG)系统,该系统由 2 000 多个名词、动词、介词等的词项以及相应的图像构成。每个图像可以单独显示,也可以在它的语义范畴内与其他的图像并列显示,或由使用者设计的句法序列显示。在一些使用者应用 LG 系统后的自我报告中,使用者和家属认为 LG 系统传递的结果与传统治疗的材料和方法在质量上是不同的,而且更有效,言语表达能力有显著提高。另外,Katz 等[33]对比了 55 例失语症用户在计算机阅读组、计算机刺激组和非治疗组中的阅读训练效果,结果显示计算机阅读组较其他两组的言语表达复述成绩明显提高。还有国外学者训练了 17 例重度失语症患者用户使用计算机辅助视觉交流(computer-assisted visual communication, C-ViC),实验表明多数用户能够使用 C-ViC 自发进行交流[34]。C-ViC 是建立在重度失语症用户能够学会代替自然语言的符号系统,并能够应用这一选择系统进行交流的基础上的。

随后,又有研究者通过制作一些相应的阅读理解障碍和听力理解障碍的治疗软件,根据每个失语症患者的不同需要,设立不同的治疗程序,经过一定时间的学习操作,患者可以在家中完成一定内容的治疗。研究发现计算机辅助治疗技术对交流能力、找词能力和句法加工能力较差的用户治疗效果较好。利用言语语音识别软件对言语障碍患者特殊发声的识别及再认识,可辅助患者进行言语交流,同时通过直观的频谱及图片演示,可以辅助纠正患者异常的发声模式。Cherney 等[35]用计算机化的脚本训练对 3 名慢性失语症患者(包括 Broca 失语、Wernicke 失语和命名性失语)进行训练,并在治疗前后进行评估,结果发现用户在语法、取词等多个方面均有提高,这表明了计算机辅助的脚本训练对慢性失语症用户的治疗具有重要的作用。Laganaro 等[36]对 8 名急性命名性失语症用户进行计算机辅助治疗(computer-assisted therapy,CAT),结果发现 7/8 的用户命名障碍有不同程度的改善,且治疗效果与治疗项目数量关系较大,与治疗项目重复率的关系较小。van de Sandt-Koenderman 等[37]对使用便携式计算机语言交流辅助器 TouchSpeak(TS)的 34 例严重失语症用户进行长达 3 年的跟踪随访和评估,结果发现 76% 的用户言语交流能力都有了不同程度的提高,一半的用户已自己备有 TS 治疗仪,由此说明 TS 治疗仪确实可提高失语症用户的语言交流能力。美国波士顿大学创业公司开发的用于脑卒中、脑损伤后的言语康复训练系统 constant therapy 在 2015 年获得美国退休协会消费者在健康领域最佳消费者奖和美国心血管协会 2015 年度健康技术最佳消费者奖,并已获得波士顿风险投资,在苹果 App 中上线。

可见,国外利用先进的计算机相关技术设计新颖的康复训练模式已经非常丰富。国内相关研究开展的比较晚,但计算机技术在言语学习和治疗方面也有一些代表性的产品,如语言障碍诊疗仪、失语症计算机评测治疗系统、智能化听觉语言诊断康复系统、实时言语矫治仪等。其中,语言障碍诊疗仪主要应用于失语症、痴呆、构音障碍,主要功能包括了病历管理、诊断系统和康复训练 3 大模块,囊括了 5 大类 19 种语言障碍的诊疗。失语症计算机评测治疗系统主要面向失语症,以西方失语成套测验为基础改良而成,具有病历管理、评定、训练和分析功能,并且具有自动统计分析功能。智能化听觉语言诊断康复系统和实时言语矫治仪则主要针对构音障碍,采用实时的图片显示、反馈技术来提供诊断和训练两大功能。相对于单纯的键盘和鼠标输入,语言障碍诊疗仪和失语症计算机评测治疗系统还使用了触摸屏、手写板等特殊设备来配合鼠标达到同步输入。《社交思考实用手册 2—解构关键提示》一书以日常生活为背景,分解社交任务,提高言语障碍儿童社交能力。

9.4.2 可视化言语康复训练

本节介绍一种基于视觉语音合成和计算机图形动态模拟而构建的三维虚拟头像发音模拟系统[17],该系统将听觉和视觉两类信息进行有机结合,使得学习者可以形象地学习规范发音动作,观察到口腔内部发音器官的动作变化,从而提高发音训练的效率和准确度。首先,建立一套中文所有声母和韵母的三维电磁发音器官运动数据库,用以提取发音器官对应每个音素的特征位置点数据;其次,根据生理解剖学结构数据建立中文三维说话人头像,包括可观测发音器官的各个软组织和硬组织的静态三维模型;最后,针对三维发音运动数据,详细分析易混淆音素的发音动作,提出了基于音素链接和平滑的视觉语音合成算法,在较小训练数据的条件下,可获得优于传统视觉合成算法的效果。我们也实验了针对连续语音合成的基于 HMM 的统计合成方法,并获得对比结果。基于所合成的发音运动轨迹,可采用计算机图形技术来实现三维说话人头像的发音运动模拟,探索基于位移的变形和基于 DFFD 的变形算法,实现数据驱动的三维发音运动模拟系统。下面对所涉及的关键技术进行介绍。

1. 三维发音器官运动数据采集和处理

我们首先解决的关键技术是采集三维发音器官运动数据并建立带标注的发音数据库。我们利用电磁发音动作采集仪(electro-magnetic articulography, EMA)AG500 采集真实说话人舌部和唇部一定离散点处的发音动作数据。该设备可同步采集说话人的发音动作和语音信息,数据精确度可达到 0.1 mm。在语料库的选取上,力求做到各个音素出现的频率相等。利用该设备共采集了汉语普通话和英语的三维发音运动数据,其中 EMA 采集的中文数据语料包括3 个部分:第 1 部分,汉语拼音的 21 个声母和 35 个韵母;第 2 部分,用于声母辨析和韵母辨析的易混淆词对(如发生和花生、茄子和瘸子等),共计 23 对,46 个词语;第 3 部分,汉语句子和篇章。为了获得准确的数据信息,受试者为一位有多年汉语教学经验的老师。在说话人阅读语料时,使用 EMA AG500,以 200 帧每秒的采样率录制发音动作,并录制与其同步的语音波形。为了能够采集口腔内部和外部发音器官的发音动作,分别在说话人的面部、唇部及舌头的几个离散点处放置 11 个传感器。为进一步扩大研究范围,用同样的方法和方式采集英语标准说话人的三维发音器运动数据。所采集的三维位置电磁信号还需要经过多步处理、去除头部晃动并进行多个数据参考平面的校准等,才能获得体现发音动作的位置数据。

2. 音素层次的视觉语音合成算法

通过 EMA 采集的每个音素的三维发音运动数据是由若干帧组成的,包括静态帧和关键帧等。静态帧是从不发音的静音状态中选取出来的,它定义了发音动作的起始点,力求选取在嘴唇和舌部没有明显动作的静音段。关键帧是与音素的特征状态相对应的一帧或几帧,即音素的峰值位置,它是一个音素区别于其他音素的特征。音素的关键帧可以选取为与静态帧之间的欧氏距离最大的一帧。图 9-8 是经过处理的 EMA 数据,描述了两个相似音素/c/和/ch/的静态帧和关键帧,说明这对音素在发音时发音器官运动的可区分性。

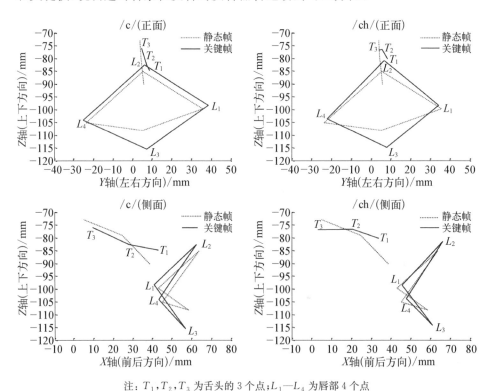

注:T_1,T_2,T_3 为舌头的 3 个点;L_1—L_4 为唇部 4 个点

图 9-8 音素发音静态帧和关键帧对应 7 个点的三维空间视图

　　基于汉语单音素的发音动作可以合成连续自然语言的发音动作,一个直接的方法就是连接单音素的发音动作来形成连续语音的发音动作。但是,协同发音在连续语流中会对嘴唇的发音动作产生很大的影响。协同发音是指在连续的发音过程中,每个音素都会受到与其相邻的两个音素的影响,同时也影响着周围的音素,从而使音素在连续语音中的发音动作不同于单个音素的发音动作,最终形成复杂的发音动作变化过程。因此我们在 Cohen 和 Massaro 提出的 CM 模型基础上提出了适合汉语的连续语音发音动作合成算法,采用指数函数描述音素主控函数,而混合函数则针对各个音素连接而成的包络进行平滑。由于单音素的发音时长往往较其在连续语言中的发音时长要长一些,因此利用自动语音识别系统对所需合成动作的音频进行强制对齐,可得到合成视觉语音中的音素时长,并建立单音素时长到连续语音中该音素时长的对应关系。基于单音素合成连续发音动作的算法,适合对小数据集合进行训练,可以获得较好的、音素级别的发音动作合成。

　　3. 三维虚拟头像变形算法

　　为获得三维说话人发音器官运动变形的真实感,可根据生理解剖学结构数据建立中文三维说话人头像,包括可观测发音器官的各个软组织和硬组织的静态三维模型。如图 9-9 所示,构建的静态三维头部模型包括舌头、小舌、下颚、

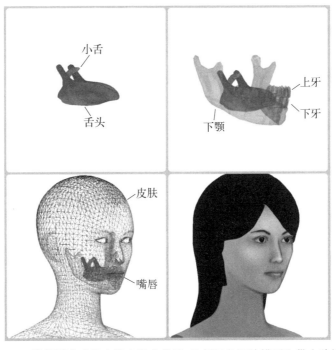

图 9-9　三维说话人头像中发音器官模型、头部三角面片模型和带皮肤的模型

牙齿、嘴唇、头部、面部等部分,其中面部可以设置成透明色,从而可观测到内部发音器官的运动模拟,加强对发音的深入理解和认知。

在变形算法研究中,可采用自由变形(free-form deformation, FFD)算法[20]。FFD算法是计算机图形学几何造型的一个经典算法,它有一系列扩展算法,例如狄利克雷自由变形(Dirichlet FFD, DFFD)算法。FFD算法及其一系列扩展算法都是通过一系列的点来构造一个网格,把需要变形的三维物体放入这个网格内,使其与网格建立相对的位置关系,从而通过移动这些有限的网格点实现对物体全局或者局部的变形。在FFD算法中,要求控制点所构成的网格必须是规则的立方体,这大大限制了其在变形中的应用,而后面一些扩展算法大多都是通过运用更复杂的差值算法使FFD算法克服这一局限性。其中,DFFD算法通过引用新的坐标系统,即自然邻居坐标希普森坐标(Sibson坐标)与广义的差值,建立局部坐标,这使得它可以把控制点设置在任何地方,控制网格也可以是任意形状,当然所要变形的物体必须在这个凸包性的控制网格内。新坐标系统的引入从根本上解决了FFD算法的限制,这使得它在应用中变得更加灵活,而这也非常符合虚拟三维说话人头像这种复杂的几何变形。

4. 基于普通话的三维虚拟呼吸气流模拟

为探明发音动作相似的读音在气流方面的差异性,选取来自北方官话方言区的受试者,使用言语发声空气动力系统(PAS6600)采集普通话易混淆的辅音在单因素和音节层面的相关气流、气压数据。选取普通话中较容易混淆的塞音、擦音和塞擦音,并将其与常用单元音韵母进行声韵拼合,设计制作实验词表。使用PAS系统进行信号采集后,采用端点检测语音端点检测(voice activity detection, VAD)算法获得辅音发音数据并进行平滑处理。最终得到各个辅音单因素在音节中的持续时间、气流量、平均气流速率和峰值气流速率的平均值。

气流模型是基于Navier-Stokes方程来实现流体动画模型:

$$\frac{\partial \boldsymbol{u}}{\partial t} = -(\boldsymbol{u} \cdot \nabla)\boldsymbol{u} + v \nabla^2 \boldsymbol{u} + \boldsymbol{f} \tag{9-1}$$

$$\frac{\partial \rho}{\partial t} = -(\boldsymbol{u} \cdot \nabla)\rho + k \nabla^2 \rho + S \tag{9-2}$$

式中,$\boldsymbol{u}$表示速度矢量;t表示时间;v表示黏性系数;$\boldsymbol{f}$表示外力;ρ表示气流密度;k表示发散系数;S表示密度源。式(9-1)右侧第1个因子表示流体水平对流运动,第2个因子表示流体自身的扩散(发散)运动,第3个因子表示外部作用。气流动画中显示的气流是气流密度,采用S表示气体由无到有的过程,由发

散系数 k 决定气体颗粒向邻域的扩散,由外力 f 来驱使气流速度的变化,黏性系数 v 来控制发散运动。二维气流模型的模块结构如图 9-10 所示。

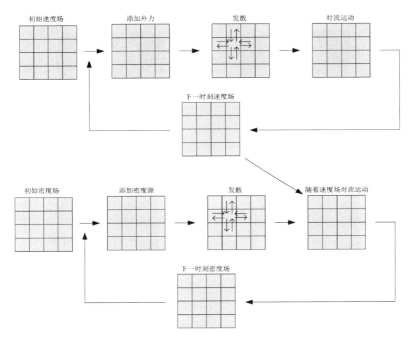

图 9-10　二维气流模型模块结构图

根据前述的汉语单音素发音气流的驱动数据,综合计算复杂度并考虑模型显示效果,采集 5 个发音气流数据:开始时间 t_e、峰值速率时间 t_p、结束时间 t_s、峰值速率 p_{vel}、总气流量 q。

根据 Navier-Stokes 方程,右端的第 1 项和第 2 项是气流自身的水平对流和发散过程,在同种环境下,对于所有的发音气流,发散系数和黏性系数是一样的,不同的发音气流区分在于各自的外力 $\boldsymbol{\rho}$ 和密度源 S 不同。因此,驱动机制在于由 t_s、t_p、t_s、p_{vel} 和 q 等 5 个参量来计算外力 $\boldsymbol{\rho}$ 和密度源 S。

上述三维虚拟说话人头像发音系统采用汉语单音素的 EMA 数据驱动,基于 DFFD 算法,合成了汉语单音素发音的嘴部、牙齿和舌头等的动作,有正面透视和侧面透视两种模型。气流模型需要加载到三维虚拟说话人头像系统的侧面透视模型上,形成了带发音气流,以及嘴部、牙齿和舌头等动作的三维虚拟说话人头像系统。

采用三维虚拟说话人头像发音和呼吸气流运动模型可实现符合人类认知过程的新型语言镜像学习系统,通过对面部和口腔内部发音器官的动态模拟,结合自然语音信号的同步播放,形成虚拟语言教师的效果,充分显示一种语言的发音特性,符合人类学习语言的认知过程(见图9 11)。

/ci/ /chi/

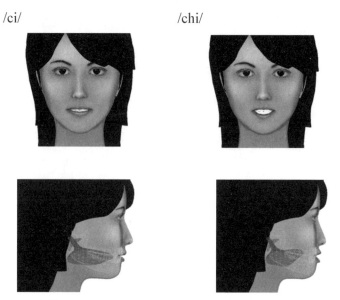

图9-11 音节/ci/和/chi/的三维虚拟说话人头像发音运动模拟视频截图

在上述基础研究的支持下,我们设计并实现了一个结合语音可视化、发音质量评测等先进技术的实时言语康复训练平台——可视化言语康复训练系统。该平台具有多输入、多输出、多模式信息融合的特点,可以提供包括听觉感知、听觉辨识、声长练习、声调练习、发音练习、人机对话等典型功能。考虑到听觉辨识和发音之间的关联性,该系统可以通过记录听障儿童在听觉辨识中发生错误的音素,将线索提供给“说”的模块,自动合成错误音素相关的三维发音运动轨迹,驱动三维说话人头像进行发音模拟,使得听障儿童可以有针对性地进行发音、言语训练,从而增强系统的个性化和人机交互模式。同时,考虑到听障儿童的康复是一个渐进的过程,特别开发了多用户存储和多模式数据管理等功能,为进一步跟踪用户康复状况提供有力支持。图9-12(a)为所开发系统的功能界面,图9-12(b)为可视化发音练习界面。该项功能主要针对听障儿童的发音音频、视频进行自动语音、唇形的检测,并以三维虚拟教师的形式演示正确的发音动作,通过慢放、透视图等形式加强可视化效果。

通过我们在深圳市晴晴言语康复中心的测试,系统的各项功能模块、人机交互模式和自动识别的鲁棒性日趋完善。该系统在情境中设计出符合听障儿童身心特点和认知水平的真实性任务,评价尺度多元化,有助于特教教师找到听障儿

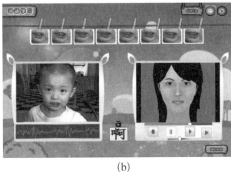

(a)   (b)

图 9 – 12　可视化言语康复训练系统功能界面和练习界面

（a）功能界面　（b）可视化发音练习界面

童的最近发展区,确定其目前的发展状况,制订更为有针对性的教学方案。系统的三维功能增强了听障儿童的使用兴趣,适龄性界面设计增强了使用者的表述意愿。中心特教老师认为该系统对持续追踪听障儿童的言语发展进程、确定教育方案的有效性具有很强的指导意义。

参考文献

［1］　Liberman A M. Speech：A special code［M］. Cambridge，Massachusetts：MIT Press，1996.

［2］　Huang J，Holt L L. General perceptual contributions to lexical tone normalization［J］. Journal of the Acoustical Society of America，2009，125(6)：3983 – 3994.

［3］　Huang J，Holt L L. Evidence for the central origin of lexical tone normalization (L)［J］. Journal of the Acoustical Society of America，2011，129(3)：1145 – 1148.

［4］　Lotto A J，Kluender K R. General contrast effects in speech perception：Effect of preceding liquid on stop consonant identification［J］. Perception & Psychophysics，1998，60(4)：602 – 619.

［5］　Lotto A J，Sullivan S C，Holt L L. Central locus for nonspeech context effects on phonetic identification［J］. The Journal of the Acoustical Society of America，2003，113(1)：53 – 56.

［6］　Francis　A L，Ciocca V，Wong N，et al. Extrinsic context affects perceptual normalization of lexical tone［J］. The Journal of the Acoustical Society of America，2006，119(3)：1712 – 1726.

［7］　Nan Y，Sun Y，Peretz L. Congenital amusia in speakers of a tone language：association with lexical tone agnosia［J］. Brain：A Journal of Neurology，2010，133

(9): 2635 - 2642.

[8] Huang W T, Akhter H, Jiang C, et al. Plasminogen activator inhibitor 1, fibroblast apoptosis resistance, and aging-related susceptibility to lung fibrosis[J]. Experimental Gerontology, 2015, 61: 62 - 75.

[9] Alipour F, Titze I R. Stress Relaxation in Vocal Fold Tissues[C]//Winter Meeting of ASME, 1990.

[10] Zhang Y, Czerwonka L, Tao C, et al. A biphasic theory for the viscoelastic behaviors of vocal fold lamina propria in stress relaxation[J]. Journal of the Acoustical Society of America, 2008, 123(3): 1627 - 1636.

[11] Hanson K P, Zhang Jiang J J. Parameters quantifying dehydration in canine vocal fold lamina propria[J]. Laryngoscope, 2010, 120(7): 1363 - 1369.

[12] Flanagan J L, Langraf L L. self-oscillating source for vocal tract synthesizers[J]. IEEE Transaction on Audio and Electroacoustics, 1968, 16: 57 - 62.

[13] Ishizaka K, Flanagan J L. Synthesis of voiced sounds from a two-mass model of the vocal cords[J]. Bell Labs Technical Journal, 2013, 51(6): 1233 - 1268.

[14] Tao C, Zhang Y, Hottinger D Q, et al. Asymmetric airflow and vibration induced by the Coanda effect in a symmetric model of the vocal fblds[J]. Journal of the Acoustical Society of America, 2007, 122(4): 2270 - 2278.

[15] Zhang Y, Jiang J J, Tao C, et al. Quantifying the complexity of excised larynx vibrations from high-speed imaging using spatiotemporal and nonlinear dynamic analyses[J]. Chaos An Interdisciplinary Journal of Nonlinear Science, 2007, 17(4): 923 - 930.

[16] Luegmair G, Mehta D, Kobler J, et al. Three-Dimensional Optical Reconstruction of Vocal Fold Kinematics Using High-Speed Video With a Laser Projection System [J]. IEEE Transactions on Medical Imaging, 2015: 2572 - 2582.

[17] Herbst C T, Unger J, Herzel H, et al. Phasegram analysis of vocal fold vibration documented with laryngeal high-speed video endoscopy[J]. Journal of Voice, 2016, 30(6): 771. el - 771. el5.

[18] Zhang Y, Jiang J J. Spatiotemporal chaos in excised larynx vibrations[J]. Physical Review E Statistical Nonlinear & Soft Matter Physics, 2005, 72(3 Pt 2): 035201.

[19] Zhang Y, Jiang J J. Asymmetric spatiotemporal chaos induced by a polypoid mass in the excised larynx[J]. Chaos, 2008, 18(4): 043102.

[20] 韩德民. 着力发展嗓音医学[J]. 中华耳鼻咽喉头颈外科杂志, 2007, 8: 78 - 98.

[21] Herzel H, Berry D, Titze I R, et al. Analysis of vocal disorders with methods from nonlinear dynamics [J]. Journal of Speech & Hearing Research, 1994, 37 (5): 1008 - 1019.

[22] Behnnan A, Baken R J. Correlation dimension of electroglottographic data from healthy and pathologic subjects[J]. The Journal of the Acoustical Society of America, 1997, 102(4): 2371-2379.

[23] Hertrich I, Lutzenberger W, Spieker S, et al. Fractal dimension of sustained vowel productions in neurological dysphonias: An acoustic and electroglottographic analysis [J]. The Journal of the Acoustical Society of America, 1997, 102(1): 652-654.

[24] Giovanni A, Ouaknine M, Iriglia J M. Determination of largest Lyapunov exponents of vocal signal: application to unilateral laryngeal paralysis[J]. Journal of Voice, 1999, 13(3): 341-354.

[25] Fagel S, Madany K. A 3-D virtual head as a tool for speech therapy for children[C]// INTERSPEECH 2008, 9th Annual Conference of the International Speech Communication Association, 2008: 2643-2646.

[26] Massaro D W, Bigler S, Chen T H, et al. Pronunciation Training: The Role of Eye and Ear[C]//Interspeech, Conference of the International Speech Communication Association, 2008: 2623-2626.

[27] Engwall O. Can audio-visual instructions help learners improve their articulation? — An ultrasound study of short term changes[C]//Interspeech, Conference of the International Speech Communication Association, 2008: 2631-2634.

[28] Stevens C J, Gibert G, Leung Y, et al. Evaluating a synthetic talking head using a dual task: Modality effects on speech understanding and cognitive load [J]. International Journal of Hu-man-Computer Studies, 2013, 71 (4) : 440-454.

[29] Wang L, Qian Y, Scott M R, et al. Computer-assisted audiovisual language learning [J]. Computer, 2012, 45(6): 38-47.

[30] Grawemeyer B, Cox R, Lum C. AUDIX: a knowledge-based system for speech-therapeutic auditory discrimination exercises[J]. Studies in Health Technology & Informatics, 2000, 77: 568-572.

[31] Mates J, Von Steinbuchal N, Wittmann M, et al. A system for the assessment and training of temporal-order discrimination[J]. Computer Methods and Programs in Biomedicine, 2001, 64(2): 125-131.

[32] Aftonomos L B, Steele R D, Wertz R T. Promoting recovery in chronic aphasia with an interactive technology[J]. Archives of Physical Medicine & Rehabilitation, 1997, 78(8): 841-846.

[33] Katz R C, Wertz R T. The Efficacy of Computer-Provided Reading Treatment for Chronic Aphasic Adults[J]. Journal of Speech Language & Hearing Research, 1997, 40(3): 493-507.

[34] Naeser M A, Baker E H, Palumbo C L, et al. Lesion site patterns in severe,

nonverbal aphasia to predict outcome with a computer-assisted treatment program [J]. Archives of Neurology, 1998, 55(11): 1438 - 1448.

[35] Cherney L R, Halper A S, Holland A L, et al. Computerized Script Training for Aphasia: Preliminary Results[J]. Am J Speech Lang Pathol, 2008, 17(1): 19 - 34.

[36] Laganaro M, Pietro M D, Schnider A. Computerised treatment of anomia in acute aphasia: Treatment intensity and training size[J]. Neuropsychological Rehabilitation, 2007, 16(6): 630 - 640.

[37] Van De Sandt-Koenderman W, Wiegers J, Wielaert S, et al. Acomputerised communication aid in severe aphasia: an exploratory study [J]. Disability&. Rehabilitation, 2007, 29(22) : 1701 - 1709.

索　引